| 山东省实用水文预报方案丛书 |

山东省沿海诸小河实用水文预报方案

王效忠　姜会杰　闫少华　鲁志杰　王　沁　潘忠海　杜久芳　郑　建◎著

河海大学出版社
HOHAI UNIVERSITY PRESS
·南京·

图书在版编目(CIP)数据

山东省沿海诸小河实用水文预报方案 / 王效忠等著
. -- 南京 : 河海大学出版社, 2025. 1
(山东省实用水文预报方案丛书)
ISBN 978-7-5630-7782-3

Ⅰ. ①山… Ⅱ. ①王… Ⅲ. ①沿海-河流-流域-水文预报-方案-山东 Ⅳ. ①P338

中国版本图书馆 CIP 数据核字(2022)第 207366 号

书　名	山东省沿海诸小河实用水文预报方案 **SHANDONG SHENG YANHAI ZHUXIAOHE SHIYONG SHUIWEN YUBAO FANG'AN**
书　号	ISBN 978-7-5630-7782-3
责任编辑	章玉霞
特约校对	袁　蓉
装帧设计	徐娟娟
出版发行	河海大学出版社
地　址	南京市西康路 1 号(邮编:210098)
电　话	(025)83737852(总编室)　(025)83722833(营销部)
经　销	江苏省新华发行集团有限公司
排　版	南京布克文化发展有限公司
印　刷	广东虎彩云印刷有限公司
开　本	787 毫米×1092 毫米　1/8
印　张	34. 75
字　数	841 千字
版　次	2025 年 1 月第 1 版
印　次	2025 年 1 月第 1 次印刷
定　价	850. 00 元

前言

水文预报是一项重要的防洪减灾非工程措施，水文预报方案是作业预报的基本依据和重要手段。近年来山东省暴雨频发，当前防汛形势下，除了对预报精度和预见期提出更高要求外，预报对象也由大江大河延伸至中小河流及中小型水库。因此有必要对山东全省中小河流主要控制站和中型水库站建立预报方案，并按照河流水系编制成册，供预报人员翻阅方便，以满足新时期防洪要求。

本册为山东省实用水文预报方案丛书的第八册，主要汇集了山东省沿海诸小河共计46个站点的预报方案，包含9个河道站、36个中型水库站以及1个大型水库站（八河水库为威海市大型水库，第1册《山东省大型水库实用水文预报方案》未将其纳入，因此放在本册）。全书按照河道站点、水库站点逐站点进行方案编排，共46章84万字。其中第1~5章由王效忠统筹负责编写，共计11.2万字；第6~10章由闫少华统筹负责编写，共计12.0万字；第11~15章由潘忠海统筹负责编写，共计9.2万字；第16~26章由王沁、郑建统筹负责编写，共计20.0万字；第27~40章由杜久芳、鲁志杰统筹负责编写，共计20.0万字；第41~46章由姜会杰统筹负责编写，共计10.0万字。

本书共有8个站点为有长系列流量资料站点，分别为招远站、臧格庄站、福山站、牟平站、团旺站、海阳站、鲍村站、八河水库站，其余38个为无资料站点。对于有资料站点，产流方案主要采用降雨径流相关图（$P+P_a-R$），汇流方案主要采用经验单位线和峰量关系图；对于无资料站点，产流方案直接借用临近相似流域站点参证站的产流方案，汇流方案则利用参证站的单位线进行缩放得到。受时间和水平的限制，本次方案汇编工作难免会有一些错误和遗漏，请使用单位发现问题后及时指正。

目　录

河道站点

大沽夹河水系

水库站点

王河水系

五龙河水系

第一章　界河招远站水文预报方案编制说明*

1　流域概况

1.1　流域自然地理特征

界河位于招远市区西北部，发源于罗峰街道石门孟家村西山麓，于辛庄镇东良村东北入渤海，干流全长 45 km，流域面积为 576.8 km²，占招远市总面积的 40.3%，是招远市内最大的河流，因该河是汉朝设的两县分界线，故取名界河。界河干流主要流经招远市张星镇、金岭镇、辛庄镇、温泉街道、泉山街道、罗峰街道、梦芝街道及龙口市诸由观镇。

界河流域形状为树枝状，其上游和东部为低山区，主要出露花岗岩和少量胶东群变质岩系；中下游为丘陵和冲洪积平原区，主要出露花岗岩、花岗片麻岩等，河流两侧的冲洪积平原为第四纪冲洪积砂土覆盖。泥沙主要分布于河流的中下游区，沿河流呈带状分布，宽度为 200~500 m，厚度为 5~8 m，局部达 20 m，主要为洪水冲积物，呈多元结构。

界河流域平均长度为 29.0 km，平均宽度为 20.0 km。其中界河支流 5 条，左岸汇入的有钟离河及馆前于家河，右岸汇入的有罗山河、城东河及曲家北河，罗山河共有 2 条支流，左右岸各 1 条，分别为小蒋家河及前村河。其中流域面积较大的支流为罗山河、钟离河。罗山河发源于阜山镇九曲村村西山麓，全长 18 km，流域面积为 174 km²；钟离河发源于金岭镇谢家沟村村南山麓，全长 25 km，流域面积为 116.0 km²，钟离河由南向北流经金岭、张星、辛庄 3 处乡镇，上游建有 1 座中型水库即金岭水库，金岭水库控制流域面积为 36 km²。

本流域属暖温带东亚半湿润大陆性季风气候，四季分明，春季风大，空气干燥，蒸发量大，降雨少；夏季炎热，降雨多；冬季寒冷。多年平均气温为 11.5 ℃，最低月平均气温为 3.7 ℃，出现在 1 月份；最高月平均气温为 25.3 ℃，出现在 7 月份。流域多年平均年降水量为 648.7 mm，多年平均年蒸发量为 1 583.2 mm，多年平均年径流深为 217.7 mm，降水量年际、年内变化大。降水年内分布极不均匀，汛期 6—9 月多年平均降水量为 466.2 mm，占全年降水量的 71.9% 左右。最大冻土深度为 0.5 m。多年平均最大风速为 14.6 m/s，年平风速为 2.5 m/s，夏季以偏南风为主，冬季以偏北风为主。

招远水文站以上流域图见图 1-1。

1.2　水利工程情况

招远水文站上游建有小（1）型水库 4 座、小（2）型水库 9 座，总库容 1 588.64 万 m³；上游河道上还兴建了橡胶坝、拦河闸等水利工程，这对防洪抗旱起到了重要的作用。招远水文站以上（区间）主要水利工程情况详见表 1-1。

表 1-1　界河招远站以上（区间）主要水利工程基本情况表

水库名称	兴建时间	规模	总库容（万 m³）	兴利库容（万 m³）
长山水库	1981-7-1	小（1）型	180.100	119.200
龙王水库	1960-3-1	小（1）型	796.500	427.000
张石埠水库	1967-5-1	小（1）型	235.300	128.000
石门宋家水库	1980-9-1	小（1）型	165.800	101.300
迟家沟水库	1978-8-1	小（2）型	22.360	15.500
郭家埠北沟水库	1966-12-1	小（2）型	11.990	7.900
牧羊沟水库	1956-6-1	小（2）型	11.020	4.840
西观水库	1970-12-1	小（2）型	43.460	9.050
半壁店水库	1973-6-1	小（2）型	48.600	18.750
长山二号水库	1982-6-1	小（2）型	20.550	14.800
孙家疃水库	1976-5-30	小（2）型	25.730	11.280
王家疃水库	1965-5-1	小（2）型	13.000	8.250
红花涧水库	1973-6-1	小（2）型	14.230	3.090

1.3　测站概况

1.3.1　基本情况

招远水文站位于山东省招远市泉山街道汤前村，界河支流城东河上。1982 年 1 月由山东省水利厅设立，现由山东省水文中心管理。测站为界河控制站，流域面积为 98.6 km²，为国家一般水文站、小河站、测验精度三类站。1996 年 6 月 1 日起停测水位、流量项目，仅保留降水、蒸发项目，2022 年 1 月恢复水位、流量测验项目。详见表 1-2。

招远水文站测验河段基本顺直，两岸为浆砌块石护岸。基本断面下游 200 m 处有一座公路桥，桥长 100 m。

表 1-2　界河招远站测站沿革表

时间	沿革	观测项目
1982 年 1 月	设站	水位、流量、降水、蒸发
1996 年 6 月	停测水位、流量	降水、蒸发
2022 年 1 月	恢复水位、流量	水位、流量、降水、蒸发

1.3.2　基面换算关系

招远站采用冻结基面观测，换算关系为：冻结基面以上高程+0 m＝1956 年黄海基面以上

* 为有水文资料站点水文预报方案。

高程。

1.3.3 报汛站情况

招远站以上流域内共设有雨量站2处，分别为郭家埠、招远，详见表1-3。

表1-3 界河招远站以上流域内参加面雨量计算的雨量站情况表

河名	站名	站址	设站年月
观家河	郭家埠	招远市罗峰街道郭家埠村	1956年6月
界河	招远	招远市泉山街道汤前村	1982年1月

2 预报方案编制

2.1 资料情况

本次分析选用实测资料年限为17年（1982—1998年），本着选取大水和有代表性的高中水，高中水不漏、小洪水筛选的原则，本方案选用分析27场次洪水。

2.2 产流方案

产流方案采用降雨径流相关图（$P+P_a-R$），根据点据分布绘制出两条关系线，详见图1-2。

2.2.1 流域平均雨量 P 的计算

流域平均降水量 P 根据郭家埠、招远两处有历史观测数据的雨量站采用算术平均法计算。

2.2.2 流域平均前期影响雨量 P_a 的计算

$$P_{a,\ t}=K(P_{a,\ t-1}+P_{t-1})$$

式中：$P_{a,t}$ 为当日的前期影响雨量（mm）；$P_{a,t-1}$ 为前一日的前期影响雨量（mm）；P_{t-1} 为前一日流域平均雨量（mm）；K 为前期影响雨量递减系数。

$K=0.95$（$P_{t-1}<1.0$ mm）；$K=0.98$（1.0 mm$\leqslant P_{t-1}<$10.0 mm）；$K=1.00$（$P_{t-1}\geqslant$10.0 mm）。

2.2.3 流域最大损失量 I_m 的确定

根据流域综合资料分析，采用 $I_m=100$ mm，当 $P_a\geqslant100$ mm 时，取 $P_a=I_m$，故 P_a 的取值范围 $0<P_a\leqslant100$ mm。

2.2.4 暴雨中心位置的确定

暴雨中心在郭家埠站为上游，在招远站为下游，流域普遍降雨时按均匀处理。

2.2.5 精度评定

在产流方案选取的27场洪水中，有24场洪水的点据合格，合格率为88.9%，达到甲等方案要求，详见表1-4。

2.3 汇流方案

汇流方案主要采用经验单位线法。根据淮河水利委员会水文局（以下简称“淮委水文局”）的实用水文预报构建系统中单位线汇流方案，求得1 h单位线3条，详见图1-3。

2.4 大断面图

根据2021年大断面实测成果点绘招远站大断面图，详见图1-4。

3 方案使用说明

3.1 产流方案

3.1.1 前期影响雨量 P_a 值的确定

在进行洪水预报时，应对雨前计算的 P_a 值进行合理性分析，以确定 P_a 的取用值。由于 P_a 是根据公式逐日推算的，如果流域内发生局部降雨或代表性差的雨型，容易造成 P_a 值的计算误差；如果 P_a 计算值很小，遭遇强度较大的降雨，查读 $P+P_a-R$ 关系曲线时容易造成 R 的查读值偏小；如果 P_a 计算值达到 I_m 值，应分析流域下垫面饱和程度，实际情况是否真正达到 I_m 值。同量级的 P_a 值在汛初、汛中、汛末对降雨径流的影响也不相同，一般来讲，相同的 P_a 值，汛中以后较汛中以前更有利于产汇流。

3.1.2 流域平均雨量 P 的确定

根据流域内雨情逐时段（$\Delta t=1$ h）计算时段平均雨量。当累积量达到或超过50 mm时，即可进行洪水作业预报。

3.1.3 径流深 R 的预报

根据所计算的前期影响雨量 P_a、流域平均雨量 P，查降雨径流相关图（$P+P_a-R$）得到径流深 R。在实际预报作业时，应对有关影响因素进行综合分析判断，确定线形，并进行经验修正。一般来讲，汛初或久旱无雨，查Ⅱ线；P_a 值较高、产流面积较大、降雨强度大、河网基流较大，查Ⅰ线；当已经发生洪水过程再遭遇较大降水过程时，应于Ⅰ线偏右查值。

3.2 汇流方案

3.2.1 经验单位线

根据时段降雨推求时段净雨深，然后根据暴雨中心位置选择合适的单位线，推求区间洪水流量过程。

3.2.2 最高水位预报

根据推求的流量过程，即可得到最大洪峰流量及洪峰出现时间，再根据实时使用的水位流量关系曲线，通过洪峰流量可查得最高水位。

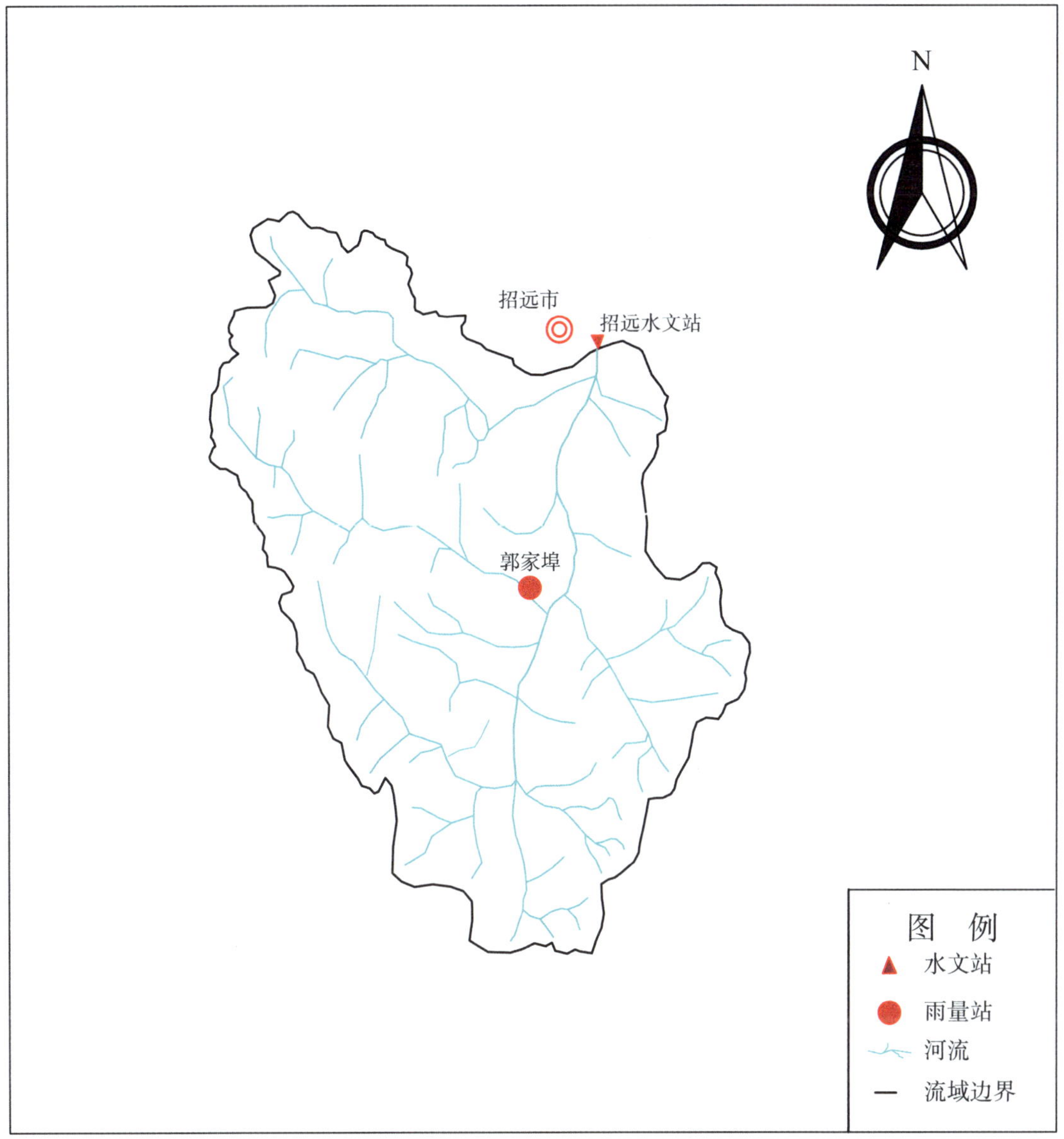

图 1-1　界河招远水文站以上流域图

表 1-4　招远水文站降雨径流预报精度评定表

序号	洪号	降雨起始时间	降雨结束时间	流域平均雨量 P（mm）	前期影响雨量 P_a（mm）	$P+P_a$（mm）	起涨流量（m^3/s）	实测径流深 $R_{实}$（mm）	预报径流深 $R_{预}$（mm）	预报误差（mm）	许可误差（mm）	评定结果		备注
												合格	不合格	
1	820805	1982/8/5　10：00	1982/8/6　2：00	44.2	82.3	126.5	0	3.1	2.8	−0.3	3.0	√		Ⅱ线
2	820809	1982/8/9　2：00	1982/8/9　10：00	26.3	100.0	126.3	0	7.4	6.1	−1.3	3.0	√		Ⅰ线
3	850819	1985/8/19　0：00	1985/8/19　20：00	108.9	100.0	208.9	1	22.6	23.5	0.9	4.5	√		Ⅱ线
4	850821	1985/8/20　10：00	1985/8/21　14：00	146.3	100.0	246.3	6	72.9	71.7	−1.2	14.6	√		Ⅱ线
5	850826	1985/8/26　12：00	1985/8/27　0：00	55.4	91.3	146.7	4	8.8	8.2	−0.6	3.0	√		Ⅰ线
6	860723	1986/7/23　12：00	1986/7/24　8：00	44.5	93.3	137.8	0	3.2	3.1	−0.1	3.0	√		Ⅱ线
7	860810	1986/8/10　6：00	1986/8/10　12：00	48.6	86.8	135.4	0	4.0	3.0	−1.0	3.0	√		Ⅱ线
8	860812	1986/8/12　18：00	1986/8/13　2：00	47.3	97.0	144.3	3	4.3	3.2	−1.1	3.0	√		Ⅱ线
9	870710	1987/7/10　2：00	1987/7/10　20：00	39.2	76.8	116.0	0	2.5	5.3	2.8	3.0	√		Ⅰ线
10	870818	1987/8/18　12：00	1987/8/19　2：00	89.6	100.0	189.6	0	19.7	22.4	2.7	3.9	√		Ⅰ线
11	870827	1987/8/26　16：00	1987/8/27　14：00	42.3	98.0	140.3	0	7.7	7.4	−0.3	3.0	√		Ⅰ线
12	880719	1988/7/19　0：00	1988/7/19　12：00	98.3	68.5	166.8	0	4.0	3.7	−0.3	3.0	√		Ⅱ线
13	880721	1988/7/21　12：00	1988/7/22　12：00	37.8	97.7	135.5	0	3.0	3.0	0.0	3.0	√		Ⅱ线
14	900706	1990/7/6　14：00	1990/7/7　4：00	80.3	65.9	146.2	0	1.9	3.2	1.3	3.0	√		Ⅱ线
15	900710	1990/7/10　2：00	1990/7/10　10：00	54.2	94.1	148.3	0	4.2	3.2	−1.0	3.0	√		Ⅱ线
16	900713	1990/7/13　16：00	1990/7/14　2：00	67.4	91.3	158.7	0	2.8	3.3	0.5	3.0	√		Ⅱ线
17	900717	1990/7/17　0：00	1990/7/17　6：00	48.1	100.0	148.1	3	5.5	8.4	2.9	3.0	√		Ⅰ线
18	900723	1990/7/21　22：00	1990/7/23　6：00	88.7	89.8	178.5	1	17.7	16.0	−1.7	3.5	√		Ⅰ线
19	900803	1990/8/3　12：00	1990/8/4　2：00	50.8	90.4	141.2	2	2.8	3.1	0.3	3.0	√		Ⅱ线
20	940629	1994/6/29　8：00	1994/6/29　20：00	122.0	62.1	184.1	0	5.5	6.9	1.4	3.0	√		Ⅱ线
21	950731	1995/7/30　22：00	1995/7/31　22：00	90.5	93.5	184.0	0	9.2	6.9	−2.3	3.0	√		Ⅱ线
22	950805	1995/8/5　10：00	1995/8/6　4：00	59.6	98.9	158.5	1	28.5	10.1	−18.4	5.7		√	Ⅰ线
23	950817	1995/8/17　16：00	1995/8/18　12：00	73.3	100.0	173.3	3	31.7	14.0	−17.7	6.3		√	Ⅰ线
24	950823	1995/8/22　10：00	1995/8/23　8：00	100.5	92.9	193.4	2	35.1	25.6	−9.5	7.0		√	Ⅰ线
25	960714	1996/7/14　0：00	1996/7/14　10：00	76.3	78.1	154.4	0	5.0	3.3	−1.7	3.0	√		Ⅱ线
26	960725	1996/7/24　14：00	1996/7/25　12：00	148.1	86.3	234.4	8	80.4	84.9	4.5	16.1	√		Ⅰ线
27	960730	1996/7/29　20：00	1996/7/31　10：00	110.1	91.8	201.9	5	42.6	34.9	−7.7	8.5	√		Ⅰ线

备注：1. 合格率＝88.9%；2. 预报误差＝预报值−实测值；3. 许可误差＝实测值的20%，并以20.0 mm为上限，以3.0 mm为下限；4. 本方案等级为甲级。

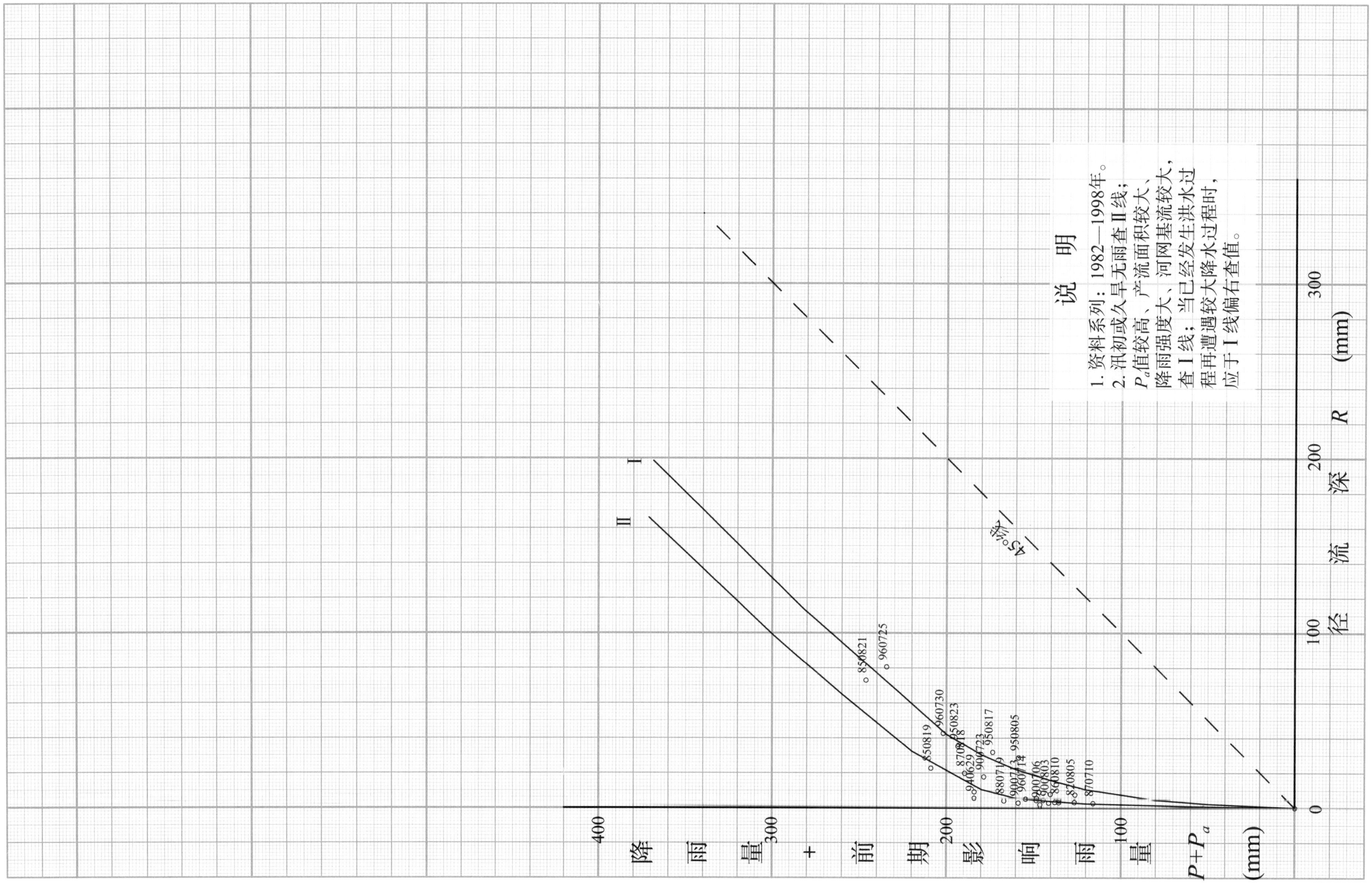

图 1-2　界河招远水文站降雨径流相关图（$P+P_a-R$）

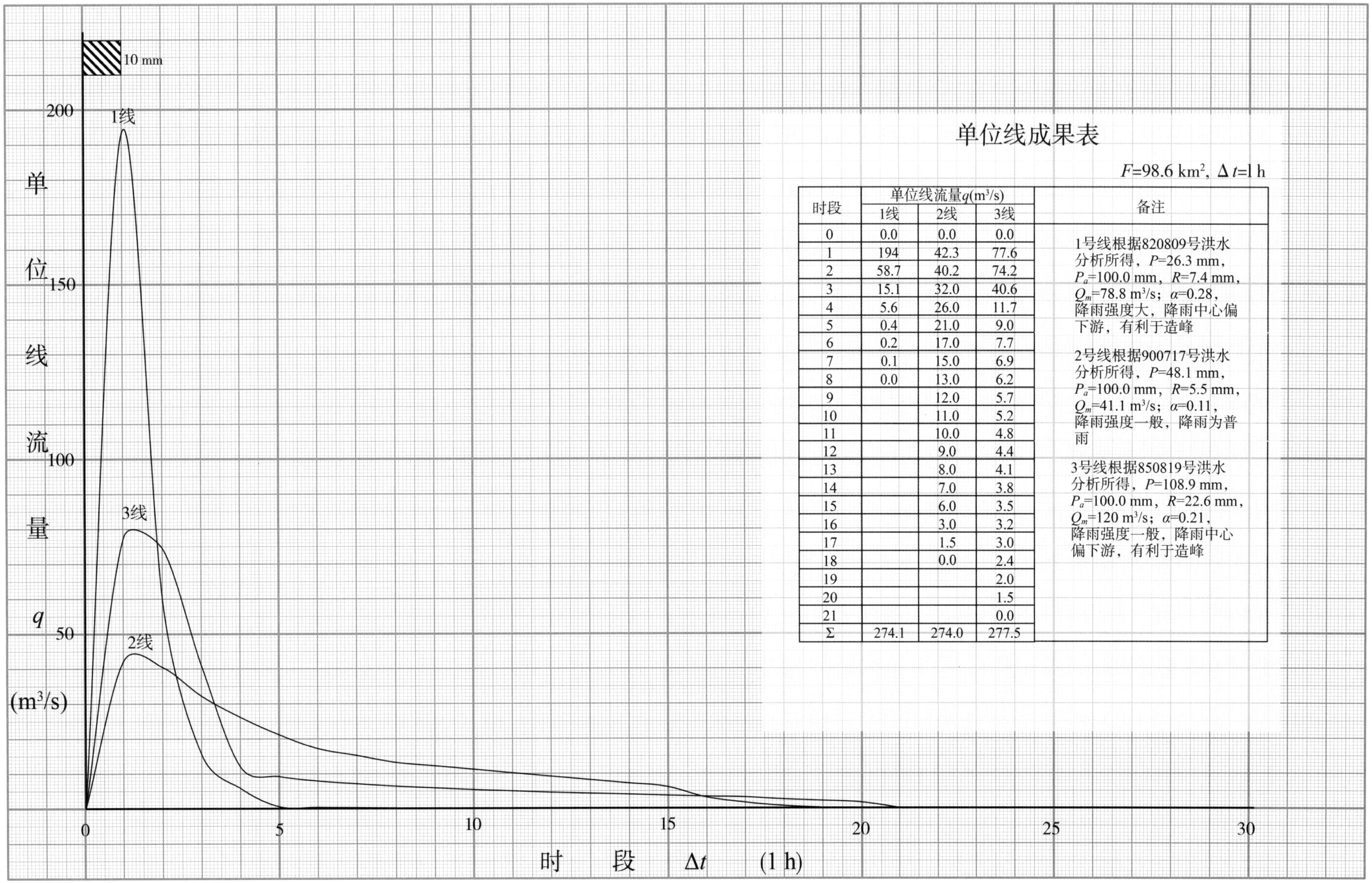

单位线成果表

F=98.6 km², Δ t=1 h

时段	单位线流量q(m³/s)			备注
	1线	2线	3线	
0	0.0	0.0	0.0	1号线根据820809号洪水分析所得，P=26.3 mm，P_a=100.0 mm，R=7.4 mm，Q_m=78.8 m³/s；α=0.28，降雨强度大，降雨中心偏下游，有利于造峰
1	194	42.3	77.6	
2	58.7	40.2	74.2	
3	15.1	32.0	40.6	
4	5.6	26.0	11.7	
5	0.4	21.0	9.0	
6	0.2	17.0	7.7	2号线根据900717号洪水分析所得，P=48.1 mm，P_a=100.0 mm，R=5.5 mm，Q_m=41.1 m³/s；α=0.11，降雨强度一般，降雨为普雨
7	0.1	15.0	6.9	
8	0.0	13.0	6.2	
9		12.0	5.7	
10		11.0	5.2	
11		10.0	4.8	
12		9.0	4.4	
13		8.0	4.1	3号线根据850819号洪水分析所得，P=108.9 mm，P_a=100.0 mm，R=22.6 mm，Q_m=120 m³/s；α=0.21，降雨强度一般，降雨中心偏下游，有利于造峰
14		7.0	3.8	
15		6.0	3.5	
16		3.0	3.2	
17		1.5	3.0	
18		0.0	2.4	
19			2.0	
20			1.5	
21			0.0	
Σ	274.1	274.0	277.5	

图 1-3 界河招远水文站单位线图

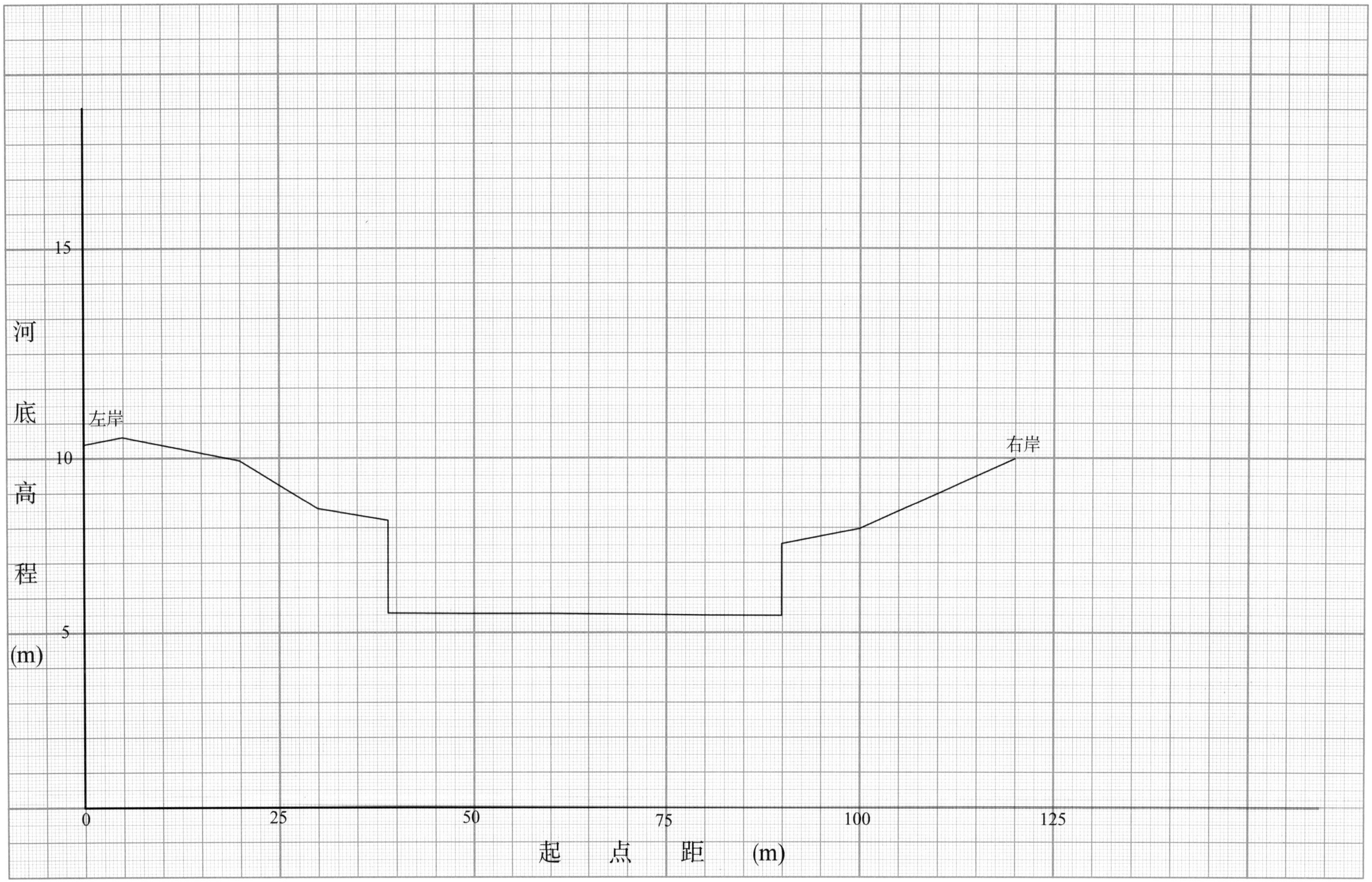

图 1-4　界河招远水文站大断面图

第二章　清洋河栖霞北站水文预报方案编制说明

1　流域概况

1.1　流域自然地理特征

大沽夹河为胶东半岛边沿水系中较大的河流之一，包括外夹河和内夹河两大支流，总控制流域面积 2 293 km^2，河道全长 140 km。内夹河即清洋河，亦系大沽夹河西支流，发源于栖霞市城南小灵山一带，流经栖霞，福山区的臧家庄、高疃、福山城区等重要城镇，在福山区小沙埠村北约 2 km 处和外夹河汇流，全长 75 km，河道比降 1.8‰，流域面积1 170 km^2，流域长度 52 km，流域最大宽度 35 km，平均宽度 22. 5 km；地貌为低山丘陵，其中山区占 80%，丘陵占 20%。流域地势为西南高、东北低，沿河两岸有少量的冲积平原。流域内多为砂石山，植被较好。土壤以棕壤土为主，约占总面积的 70%；其次是潮土，占 19. 2%；褐土占 10. 8%。多种植小麦、玉米、大豆、地瓜等作物，经济作物有果树和花生。土壤透水性较好，肥力一般，森林覆盖率在 30% 以上。流域内河网发达，左岸汇入的较大支流有仉村河、高疃河、中桥河、郭家岭河、丰粟河五条，右岸汇入的较大支流有杨家河、镇泉山河、楼底河、山东河、翰家疃河、豹山河六条。

大沽夹河水系河道弯曲，流水不畅，加之源短流急，冲刷力大，因此河床中游侧蚀，下游沉积，左右岸交替冲淤现象严重，其河床宽浅，系典型的雨源型山洪河道。内夹河即清洋河绕山而行，迂回曲折，有 7 条较大的支流，其中右岸 3 条，左岸 4 条；外夹河比较顺直，两岸山脉离河较远，沿河两岸平原、山区、丘陵分界较明显，共有较大的支流 8 条（含清洋河），左、右岸各 4 条，其分布为非对称的。

大沽夹河流域地貌几乎为低山丘陵，山地面积占总面积的 39. 2%，丘陵占 40. 8%，河谷平原占 19. 2%，洼地仅占 0. 8%，流域内较大的山峰有艾山和牙山，海拔分别为 817 m 和 805. 8 m，均属昆嵛山系，山脉呈东西走向。

清洋河栖霞北水文站以上流域图见图 2-1。

1.2　水利工程情况

栖霞北站上游建有 1 座中型水库——庵里水库，流域控制面积 150 km^2；4 座小（2）型水库，总控制面积 2. 9 km^2，总库容 63. 47 万 m^3，详见表 2-1。上游河道上还兴建了橡胶坝、拦河闸等水利工程，对防洪抗旱起到了重要的作用。

表 2-1　清洋河栖霞北站以上（庵里水库至栖霞北站区间）主要水利工程基本情况表

水库名称	地址	兴建时间	类型	控制面积（km^2）	总库容（万 m^3）	兴利库容（万 m^3）
虎龙口水库	栖霞市松山街道	1964-11-30	小（2）型	0. 35	22. 82	19. 0
隋家集水库	栖霞市松山街道	1989-1-31	小（2）型	1. 81	14. 95	11. 6
裕富庄水库	栖霞市松山街道	1966-6-30	小（2）型	0. 34	11. 2	6. 7
吕家埠水库	栖霞市松山街道	1977-9-30	小（2）型	0. 40	14. 5	6. 0
合计				2. 9	63. 47	43. 3

1.3　上游中型水库汛期控制运用情况

2022 年庵里水库汛期控制运用指标见表 2-2。

表 2-2　2022 年庵里水库汛期控制运用指标表

水库	特征值	允许最高水位（m）	警戒水位（m）	汛中限制水位（m）	允许超蓄水位（m）	汛末蓄水位（m）
庵里水库	水位（m）	119. 58	118. 86	114. 94	114. 94	114. 94
	库容（万 m^3）	—	—	4 070	4 070	4 070

1.4　测站概况

1.4.1　基本情况

栖霞北水文站，位于栖霞市松山街道裕富庄村、内夹河流域上游，测站以上控制流域面积 173 km^2。栖霞北水文站属于中小河流水文站，于 2017 年 12 月由烟台市水文中心设立。测验断面河段顺直，河流自西南向东北流向，断面处有公路桥一座，桥面宽约 9 m，桥体状况良好；桥上游 105 m 处有支流交汇，左岸有国道 G15 公路桥通过。河堤两岸为浆砌块石直墙，直墙右岸高约 1. 7 m，左岸高约 3 m，顶宽 30 cm。其中，右岸岸坡顺直，1∶1 边坡，坡内有绿化，坡顶有干砌石护砌压顶，岸顶紧邻嵩山路，路两侧种有绿化植被；左岸在断面上游有浆砌石直墙，高约 3 m，岸上种有杨树和塔松，断面下游为土石护坡，植有杨树，护坡外有一池塘，长×宽约为 72 m×18 m。断面上游两河交汇处为 3 m 高砌石直墙，直墙内种有杨树，河道内水草泛滥。

1.4.2　基面换算关系

栖霞北站基面换算关系为：冻结基面以上高程+68. 590 m＝1985 年国家高程基准面以上高程。

1.4.3 报汛站情况

栖霞北站以上流域内共设有报汛站4处，分别为栖霞、邹家、河东村、庵里水库。

2 预报方案编制

2.1 资料情况

栖霞北水文站于2017年建站，收集的水文资料年限太短，不符合水文预报编制资料的要求，故借用下游有长系列资料的臧格庄站作为栖霞北站的参证站。参证站臧格庄站以上流域面积$F_{参}=458\ km^2$，设计站栖霞北站以上流域面积$F_{设}=173\ km^2$。

2.2 产流方案

借用臧格庄站的产流方案推求栖霞北站的产流过程，栖霞北站降雨径流相关图（$P+P_a-R$）见图2-2。

2.2.1 流域平均雨量 P 的计算

流域平均降水量P根据栖霞、邹家、河东村、庵里水库4站雨量采用算术平均法计算。

2.2.2 流域平均前期影响雨量 P_a 的计算

$$P_{a,t}=K(P_{a,t-1}+P_{t-1})$$

式中：$P_{a,t}$为当日的前期影响雨量（mm）；$P_{a,t-1}$为前一日的前期影响雨量（mm）；P_{t-1}为前一日流域平均雨量（mm）；K为前期影响雨量递减系数。

$K=0.95$（$P_{t-1}<1.0$ mm）；$K=0.98$（$1.0\ mm \leqslant P_{t-1}<10.0$ mm）；$K=1.00$（$P_{t-1}\geqslant 10.0$ mm）。

2.2.3 流域最大损失量 I_m 的确定

根据流域综合资料分析，采用$I_m=100$ mm，当$P_a\geqslant 100$ mm时，取$P_a=I_m$，故P_a的取值范围$0<P_a\leqslant 100$ mm。

2.2.4 暴雨中心位置的确定

暴雨中心在栖霞站为上游，在庵里水库、邹家站为中游，在河东村站为下游，流域普遍降雨时按均匀处理。

2.3 汇流方案

汇流方案主要采用综合瞬时单位线、经验单位线等方法。

2.3.1 综合瞬时单位线

根据“关于印发《山东省中小河流治理工程初步设计设计洪水计算指导意见》的通知”中给定的山丘平原混合地区瞬时单位线参数公式计算M_1。

$$M_1=KF^{0.33}J^{-0.27}R^{-0.20}T_c^{0.17}$$

$$M_2=0.34M_1^{-0.12}$$

其中：K为系数，根据平原面积占全面积的百分比确定；F为流域集水面积（km^2）；J为干流坡度；R为径流深（mm）；T_c为有效净雨历时，根据雨型表确定（h）；M_1，M_2为瞬时单位线参数。

求得M_1后，推求本流域瞬时单位线，转换为相应的时段单位线，进而推求得出相应断面设计频率的洪水过程。

2.3.2 经验单位线

将参证站臧格庄水文站单位线（$\Delta t=1$ h）进行缩放后作为栖霞北站单位线，详见图2-3。

单位线的缩放按下列公式计算：

$$\alpha=(F_{设}/F_{参})^{0.5}$$

$$T_{设i}=\alpha T_{参i}$$

$$q_{设i}=\alpha q_{参i}$$

式中：α为单位线缩放系数；$F_{参}$、$F_{设}$分别为参证站、设计站以上控制流域面积；$T_{参i}$为参证站单位线逐时段，$T_{参i}=1, 2, \cdots, N$；$T_{设i}$为设计站单位线逐时段，通常为小数，为满足实际要求，需进一步对缩放结果进行插值，从而得到整时段单位线结果；$q_{参i}$为参证站单位线逐时段流量；$q_{设i}$为设计站单位线逐时段流量。

3 方案使用说明

3.1 产流方案

3.1.1 流域平均前期影响雨量 P_a 的确定

在进行洪水预报时，应对雨前计算的P_a值进行合理性分析，以确定P_a的取用值。由于P_a是根据公式逐日推算的，如果流域内发生局部降雨或代表性差的雨型，容易造成P_a值的计算误差；如果P_a计算值很小，遭遇强度较大的降雨，查读$P+P_a-R$关系曲线时容易造成R的查读值偏小；如果P_a计算值达到I_m值，应分析流域下垫面饱和程度，实际情况是否真正达到I_m值。同量级的P_a值在汛初、汛中、汛末对降雨径流的影响也不相同，一般来讲，相同的P_a值，汛中以后较汛中以前更有利于产汇流。

3.1.2 流域平均雨量 P 的确定

根据流域内雨情逐时段（$\Delta t=1$ h）计算时段平均雨量。当累积量达到或超过50 mm时，即可进行洪水作业预报。

3.1.3 径流深 R 的预报

根据所计算的前期影响雨量P_a、流域平均雨量P，查降雨径流相关图（$P+P_a-R$）得到径流深R。在实际预报作业时，应对有关影响因素进行综合分析判断，确定线形，并进行经验修正。一般来讲，汛初或久旱无雨，查Ⅱ线；P_a 值较高、产流面积较大、降雨强度大、河网基流较大，查Ⅰ线；当已经发生洪水过程再遭遇较大降水过程时，应于Ⅰ线偏右查值。

3.2 汇流方案

3.2.1 综合瞬时单位线

依据公式计算出 M_1 和 M_2，进而求出 n、k，代入 t/k 的 n 阶非完全伽马函数式，求得瞬时单位线的 $S(t)$ 曲线，由 $S(t)$ 曲线通过时段转化计算出时段单位线，再结合相应的时段净雨过程，用卷积公式求得预报洪水过程线。

3.2.2 经验单位线

在进行洪水作业预报时，视本次降雨情况选定与其降雨特点相近的经验单位线。

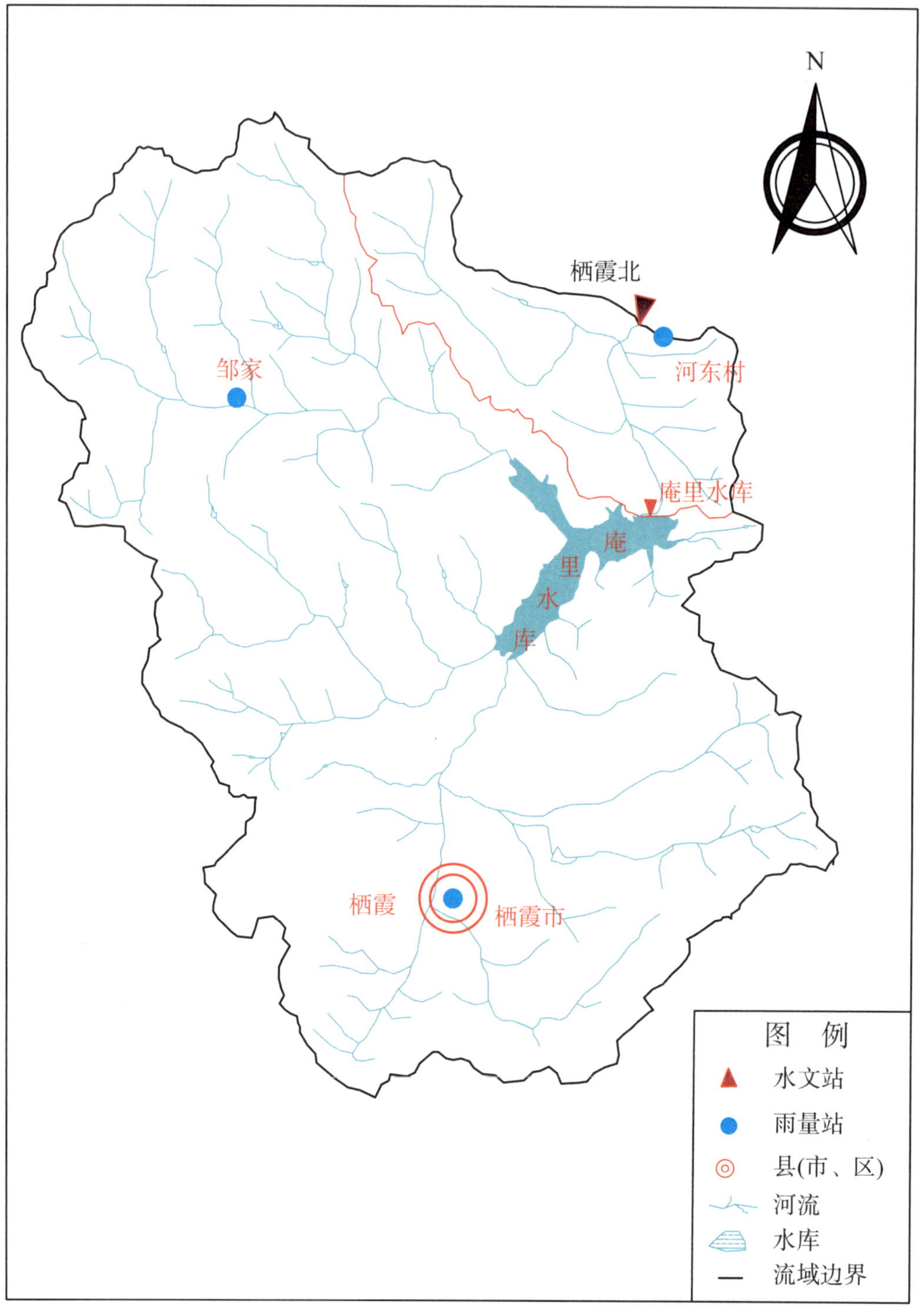

图 2-1 清洋河栖霞北水文站以上流域图

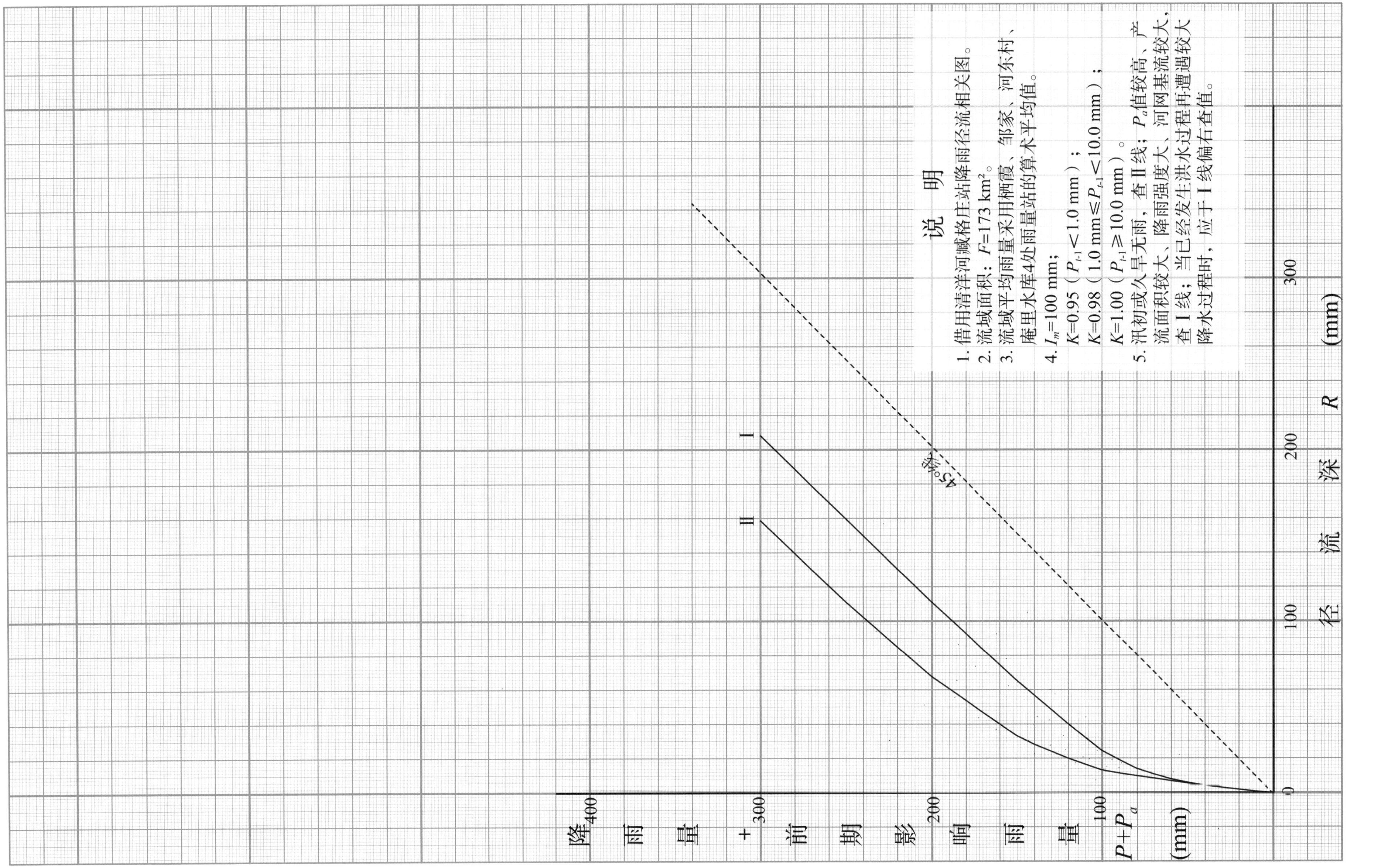

图 2-2　清洋河栖霞北站降雨径流相关图（$P+P_a$-R）

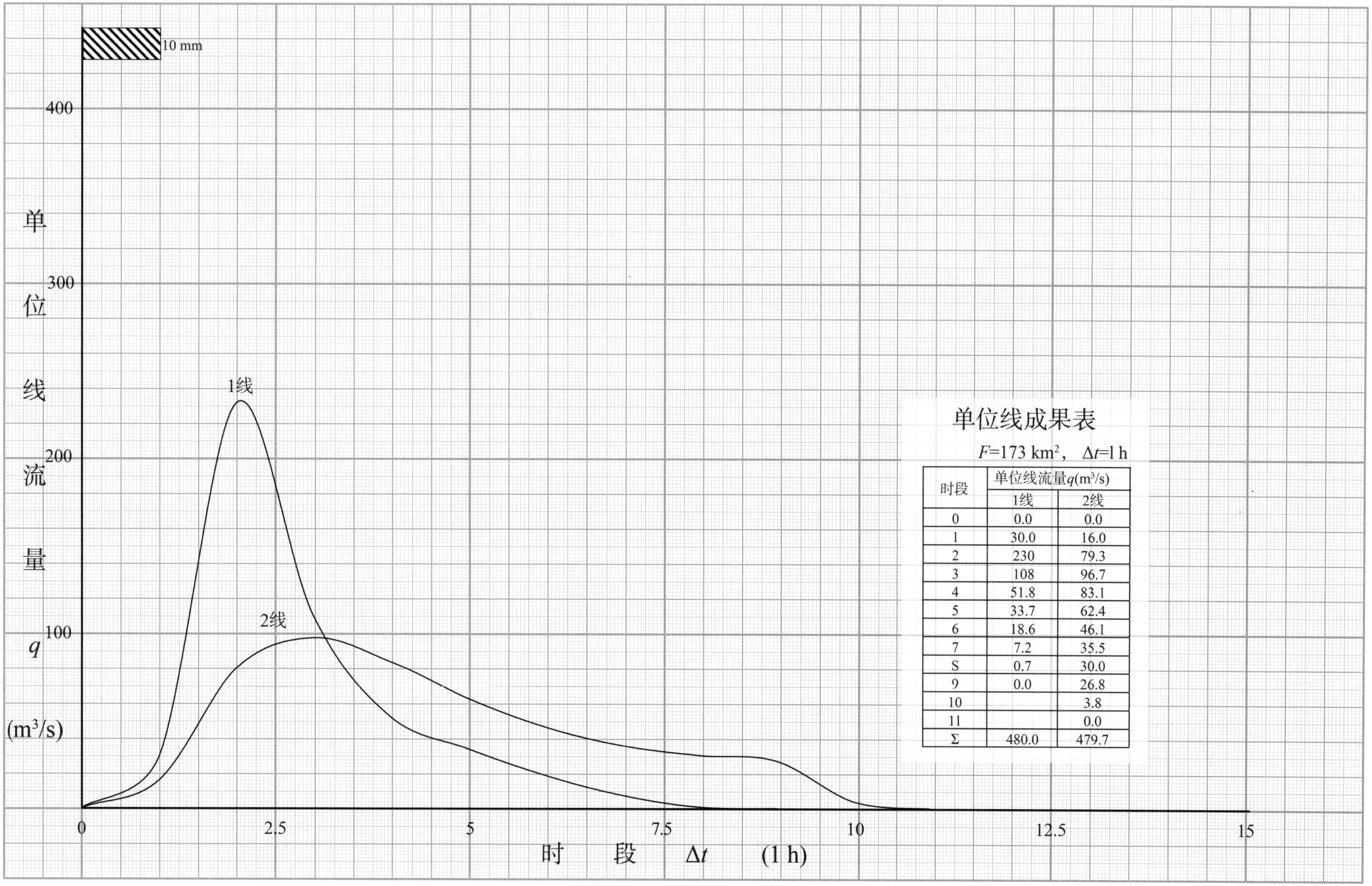

单位线成果表

F=173 km², Δt=1 h

时段	单位线流量q(m³/s)	
	1线	2线
0	0.0	0.0
1	30.0	16.0
2	230	79.3
3	108	96.7
4	51.8	83.1
5	33.7	62.4
6	18.6	46.1
7	7.2	35.5
S	0.7	30.0
9	0.0	26.8
10		3.8
11		0.0
Σ	480.0	479.7

图 2–3　清洋河栖霞北站单位线图

第三章 清洋河臧格庄站水文预报方案编制说明*

1 流域概况

1.1 流域自然地理特征

大沽夹河为胶东半岛边沿水系中较大的河流之一，包括外夹河和内夹河两大支流，总控制流域面积 2 293 km^2，河道全长 140 km。内夹河即清洋河，亦系大沽夹河西支流，发源于栖霞市城南小灵山一带，流经栖霞，福山区的臧格庄、高疃、福山城区等重要城镇，在福山区小沙埠村北约 2 km 处和外夹河汇流，全长 75 km，河道比降 1.8‰，流域面积 1 170 km^2，流域长度 52 km，流域最大宽度 35 km，平均宽度 22.5 km；地貌为低山丘陵，其中山区占 80%，丘陵占 20%。流域地势为西南高、东北低，沿河两岸有少量的冲积平原。流域内多为砂石山，植被较好。土壤以棕壤土为主，约占总面积的 70%；其次是潮土，占 19.2%；褐土占 10.8%。多种植小麦、玉米、大豆、地瓜等作物，经济作物有果树和花生。土壤透水性较好，肥力一般，森林覆盖率在 30% 以上。流域内较大的山峰有艾山和牙山，海拔分别为 817 m 和 805.8 m，均属昆嵛山系，山脉呈东西走向。

大沽夹河水系河道弯曲，流水不畅，加之源短流急，冲刷力大，因此河床中游侧蚀，下游沉积，左右岸交替冲淤现象严重，其河床宽浅，系典型的雨源型山洪河道。内夹河即清洋河绕山而行，迂回曲折，有 7 条较大的支流，其中右岸 3 条，左岸 4 条；外夹河比较顺直，两岸山脉离河较远，沿河两岸平原、山区、丘陵分界较明显，共有较大的支流 8 条（含清洋河），左、右岸各 4 条，其分布为非对称的。

清洋河臧格庄站以上流域图见图 3-1。

1.2 水利工程情况

该站上游建有 1 座中型水库（庵里水库），控制流域面积 150 km^2；小型水库 36 座，其中小（1）型 5 座、小（2）型 31 座，总控制流域面积 64.75 km^2，总库容 2 007.89 万 m^3，总兴利库容 1 269.24 万 m^3，详见表 3-1。上游河道上还兴建了橡胶坝、拦河闸等水利工程，对防洪抗旱起到了重要的作用。

表 3-1 清洋河臧格庄站以上（庵里水库至臧格庄站区间）主要水利工程基本情况表

水库名称	地址	兴建时间	类型	控制面积（km^2）	总库容（万 m^3）	兴利库容（万 m^3）
南寨水库	栖霞市松山街道	1967-6-20	小（1）型	4.85	204	131.55
瓮留水库	栖霞市臧家庄镇	1961-3-31	小（1）型	8.44	301.5	166
罗家水库	栖霞市臧家庄镇	1967-6-30	小（1）型	1.5	205.75	112
郭家店小一水库	栖霞市臧家庄镇	1971-6-30	小（1）型	4.38	222.4	148.5
石门河水库	烟台市蓬莱区村里集镇	1971-12-1	小（1）型	9.8	234.41	123
虎龙口水库	栖霞市松山街道	1964-11-30	小（2）型	0.35	22.82	19
金山店水库	栖霞市松山街道	1974-2-28	小（2）型	0.8	15.66	7.6
隋家集水库	栖霞市松山街道	1989-1-31	小（2）型	1.81	14.95	11.6
衣家庄西沟水库	栖霞市松山街道	1970-12-31	小（2）型	0.55	10.69	6.4
裕富庄水库	栖霞市松山街道	1966-6-30	小（2）型	0.34	11.2	6.7
枣林庄水库	栖霞市松山街道	1966-1-30	小（2）型	2.4	13.27	10.7
河南夼水库	栖霞市松山街道	1972-6-30	小（2）型	1.3	23.26	15.6
南庄水库	栖霞市松山街道	1967-6-30	小（2）型	2.3	98.67	69.5
兆甲沟水库	栖霞市松山街道	1978-12-31	小（2）型	0.8	21.4	13.4
东鹿头水库	栖霞市松山街道	1960-5-31	小（2）型	1.7	53.1	22
史家水库	栖霞市松山街道	1972-8-1	小（2）型	4.0	46.36	20
吕家埠水库	栖霞市松山街道	1977-9-30	小（2）型	0.4	14.5	6
英格庄北沟水库	烟台市蓬莱区村里集镇	1960-11-1	小（2）型	0.85	25.02	20.4
车里张家东柳沟水库	烟台市蓬莱区村里集镇	1970-9-1	小（2）型	0.4	17	14
车里张家石屋沟水库	烟台市蓬莱区村里集镇	1979-12-1	小（2）型	0.43	14.5	11
车里张家西北沟水库	烟台市蓬莱区村里集镇	1967-3-1	小（2）型	0.5	28	19.5
大柱上洼水库	烟台市蓬莱区村里集镇	1975-5-1	小（2）型	0.38	10.37	7
宋家西北沟水库	烟台市蓬莱区村里集镇	1970-3-1	小（2）型	1.0	40	26
小柱黑老婆湾水库	烟台市蓬莱区村里集镇	2001-9-1	小（2）型	3.1	12	9
小柞后沟水库	烟台市蓬莱区村里集镇	1970-3-1	小（2）型	1.0	18	12.5
英格庄东沟水库	烟台市蓬莱区村里集镇	1974-9-1	小（2）型	0.41	18	13
峨山东沟水库	栖霞市臧家庄镇	1959-8-31	小（2）型	0.41	23.51	16.95
龙回头水库	栖霞市臧家庄镇	1970-5-31	小（2）型	0.4	12.7	8.1

续表

水库名称	地址	兴建时间	类型	控制面积（km^2）	总库容（万 m^3）	兴利库容（万 m^3）
苇夼水库	栖霞市臧家庄镇	1971-12-31	小（2）型	1.1	32.79	23.71
峨山南夼水库	栖霞市臧家庄镇	1975-4-30	小（2）型	1.2	39.51	31.48
郭家店小二水库	栖霞市臧家庄镇	1982-8-31	小（2）型	0.8	30.29	24
马子夼水库	栖霞市臧家庄镇	1958-6-30	小（2）型	1.7	38.68	28
西山庄水库	栖霞市臧家庄镇	1959-7-31	小（2）型	1.8	99.88	90
东瓮水库	栖霞市臧家庄镇	1966-5-31	小（2）型	0.6	11.1	6.05
前姜格庄水库	栖霞市臧家庄镇	1979-7-31	小（2）型	2.6	11.6	10
臧家庄吴家水库	栖霞市臧家庄镇	1966-4-30	小（2）型	0.35	11	9
总计				64.75	2 007.89	1 269.24
其中		小（1）型		28.97	1 168.06	681.05
		小（2）型		35.78	839.83	588.19

1.3 上游中型水库汛期控制运用情况

2022 年庵里水库汛期控制运用指标见表 3-2。

表 3-2 2022 年庵里水库汛期控制运用指标表

水库	特征值	允许最高水位（m）	警戒水位（m）	汛中限制水位（m）	允许超蓄水位（m）	汛末蓄水位（m）
庵里水库	水位（m）	119.58	118.86	114.94	114.94	114.94
	库容（万 m^3）	—	—	4 070	4 070	4 070

1.4 测站概况

1.4.1 基本情况

臧格庄水文站处于内夹河中段，测站以上控制流域面积 458 km^2，属于区域代表站，是门楼水库的入库站，于 1953 年 1 月由华东军政委员会水利部设立，最初为雨量站；1960 年由山东省水利厅改为水文站；1967 年 6 月基本水尺断面上迁 260 m；1977 年 1 月基本水尺断面下迁 240 m。目前，该站主要测验项目有降水量、水位、比降、流量、输沙率、单沙、冰情、水质、墒情、水文调查、水准测量。现有基本水尺断面兼流速仪测流断面、比降上断面、比降下断面；主要测验设施有浮子式自记水位计、雨量器、直立式水尺、数传仪、流速仪、缆道；主要测验方式有流速仪法、浮标法及比降面积法。本站测得的最高水位为 10.17 m（1982 年 8 月 25 日），最大流量为 1 270 m^3/s（2022 年 9 月 16 日），详见表 3-3。

臧格庄水文站测验河段基本顺直，长约 1 000 m，为宽浅河道，河道宽约 180 m。沙壤土河岸，并筑有砂土河堤，迎水坡块石护坡。河床为沙砾结构，下游修建有拦河橡胶坝一处，河道中水草丛生，高约 1.5 m，低水时主河道易形成多股死水，高水时有阻水现象。基本断面上游 250 m 处建有公路桥一座，上游 20 km 处于 1961 年 1 月建成中型水库一座（庵里水库）。基本断面下游约 300 m 处有山东河汇入，下游约 28 km 处建有大型水库（门楼水库）。近年来因挖沙、河道整治工程，河底逐年加深，断面变化较大。

表 3-3 清洋河臧格庄站测站沿革表

时间	沿革	面积（km^2）
1953 年 1 月	华东军政委员会水利部设立，最初为雨量站	
1960 年	山东省水利厅改为水文站	524
1967 年 6 月	基本水尺断面上迁 260 m	524
1977 年 1 月	基本水尺断面下迁 240 m	458

1.4.2 基面换算关系

臧格庄站采用冻结基面观测，其换算关系为：冻结基面以上米数+40.427 m＝1985 年国家高程基准面以上米数。

1.4.3 报汛站情况

臧格庄站以上流域内共设有报汛站 8 处，参与面雨量计算的有 5 处，分别为栖霞、河东村、金山店子、百佛院、臧格庄，详见表 3-4。

表 3-4 清洋河臧格庄站以上参与面雨量计算雨量站情况表

站名	设站时间	站址	备注
栖霞	1951 年	山东省栖霞市庄园街道山城路 73 号	原为气象站
河东村	1965 年	山东省栖霞市松山街道裕富庄村	
金山店子	1967 年	山东省栖霞市松山街道金山店子村	
百佛院	1967 年	山东省栖霞市臧家庄镇百佛院村	
臧格庄	1953 年	山东省栖霞市臧家庄镇臧家庄村	

2 预报方案编制

2.1 预报区间的确定

臧格庄水文站上游建有中型水库庵里水库，当上游庵里水库库满（庵里水库有溢洪）时，预报区间确定为臧格庄站以上，面积为 458 km^2；当上游庵里水库库空（庵里水库不溢洪）时，预报区间为庵里水库至臧格庄站区间，控制面积为 308 km^2，即臧格庄站以上总控制面积

458 km^2 减去上游庵里水库控制面积 150 km^2。

2.2 资料情况

选取臧格庄水文站实测资料年限 60 年（1960—2019 年）。本着选取有代表性的高、中水及小洪水筛选的原则，共选用 44 场次洪水。

2.3 产流方案

产流方案采用降雨径流相关图（$P+P_a-R$），根据点据分布绘制出两条关系线，详见图 3-2。

2.3.1 流域平均雨量 P 的计算

流域平均雨量 P 根据栖霞、河东村、金山店子、百佛院、臧格庄 5 站雨量采用算术平均法计算。

2.3.2 流域平均前期影响雨量 P_a 的计算

$$P_{a,\ t}=K(P_{a,\ t-1}+P_{t-1})$$

式中：$P_{a,t}$ 为当日的前期影响雨量（mm）；$P_{a,t-1}$ 为前一日的前期影响雨量（mm）；P_{t-1} 为前一日流域平均雨量（mm）；K 为前期影响雨量递减系数。

$K=0.95$（$P_{t-1}<1.0$ mm）；$K=0.98$（1.0 mm$\leqslant P_{t-1}<10.0$ mm）；$K=1.00$（$P_{t-1}\geqslant10.0$ mm）。

2.3.3 流域最大损失量 I_m 的确定

根据烟台市 3 座大型水库的分析成果，采用 $I_m=100$ mm，当 $P_a\geqslant100$ mm 时，取 $P_a=I_m$，故 P_a 的取值范围 $0<P_a\leqslant100$ mm。

2.3.4 暴雨中心位置的确定

暴雨中心在栖霞、河东村站为上游，在金山店子、百佛院站为中游，在臧格庄站为下游，流域普遍降雨时按均匀处理。

2.3.5 精度评定

在选取的 44 场洪水中，有 32 场洪水的点据合格，合格率为 72.7%，属乙级方案，详见表 3-5。

2.4 汇流方案

汇流方案主要采用峰量关系图、经验单位线等方法。

2.4.1 峰量关系图 R-T_c-$Q_{m净}$

以有效降雨历时 T_c 作为参数，建立峰量关系曲线 R-T_c-$Q_{m净}$。其中，T_c 为有效降雨历时，是指实际能产生径流、对造峰有明显影响的降雨历时，采取占降水量 80% 的降雨连续时段数；R 为一次降雨产生的径流深；$Q_{m净}$ 为一次降雨过程产生的区间净峰流量。

根据 40 个洪水点据分析，通过点群中心并照顾同一 R 值随 T_c 的增大 $Q_{m净}$ 逐渐减少的趋势定线，详见图 3-3。

精度评定：按照许可误差为 20% 实测值的标准进行逐次洪水评定。本方案共选用臧格庄站 1960—2019 年 40 个实测点据，合格 28 个，合格率为 70.0%，符合乙等方案，详见表 3-6。

2.4.2 经验单位线

根据淮委水文局实用水文预报构建系统中单位线汇流方案，求得 1 h 单位线 3 条，详见图 3-4。

2.5 大断面图

根据 2022 年臧格庄站实测大断面资料点绘大断面图，详见图 3-5。

2.6 水位流量关系曲线

根据臧格庄站实测洪水资料点绘水位流量关系曲线，详见图 3-6。

3 方案使用说明

3.1 产流方案

3.1.1 流域平均前期影响雨量 P_a 值的确定

在进行洪水预报时，应对雨前计算的 P_a 值进行合理性分析，以确定 P_a 的取用值。由于 P_a 是根据公式逐日推算的，如果流域内发生局部降雨或代表性差的雨型，容易造成 P_a 值的计算误差；如果 P_a 计算值很小，遭遇强度较大的降雨，查读 $P+P_a-R$ 关系曲线时容易造成 R 的查读值偏小；如果 P_a 计算值达到 I_m 值，应分析流域下垫面饱和程度，实际情况是否真正达到 I_m 值。同量级的 P_a 值在汛初、汛中、汛末对降雨径流的影响也不相同，一般来讲，相同的 P_a 值，汛中以后较汛中以前更有利于产汇流。

3.1.2 流域平均雨量 P 的确定

根据流域内雨情逐时段（$\Delta t=1$ h）计算时段平均雨量。当累积量达到或超过 50 mm 时，即可进行洪水作业预报。经分析历史洪水资料可知，流域内臧格庄站代表性较好，准确掌握该站雨量过程，对精确计算流域平均雨量尤为重要。

3.1.3 径流 R 的预报

根据所计算的前期影响雨量 P_a、流域平均雨量 P，查降雨径流相关图（$P+P_a-R$）得到径流深 R。在实际预报作业时，应对有关影响因素进行综合分析判断，确定线形，并进行经验修正。一般来讲，汛初或久旱无雨，查Ⅱ线；P_a 值较高、产流面积较大、降雨强度大、河网基流较大，查Ⅰ线；当已经发生洪水过程再遭遇较大降水过程时，应于Ⅰ线偏右查值。

3.2 汇流方案

3.2.1 查峰量关系图

根据 R，T_c 查询 R-T_c-$Q_{m净}$关系曲线得到 $Q_{m净}$，当 T_c 介于两条关系曲线之间时，首先查出两条曲线中对应 $Q_{m净}$的数值，然后进行插补；当 T_c 大于 10 h 或者小于 2 h 时，根据最近的关系线插补外延。由查出的净峰流量加上预报场次洪水的起涨流量得出臧格庄站预报洪水的洪峰流量。

3.2.2 经验单位线

根据时段降水量求得时段净雨深，然后根据暴雨中心及降雨强度选择相应的单位线，求得洪水过程，最大洪峰流量计出现时间即可得到。

3.3 最高水位预报

根据洪峰流量查水位流量关系曲线，即可得到洪峰流量对应的水位。

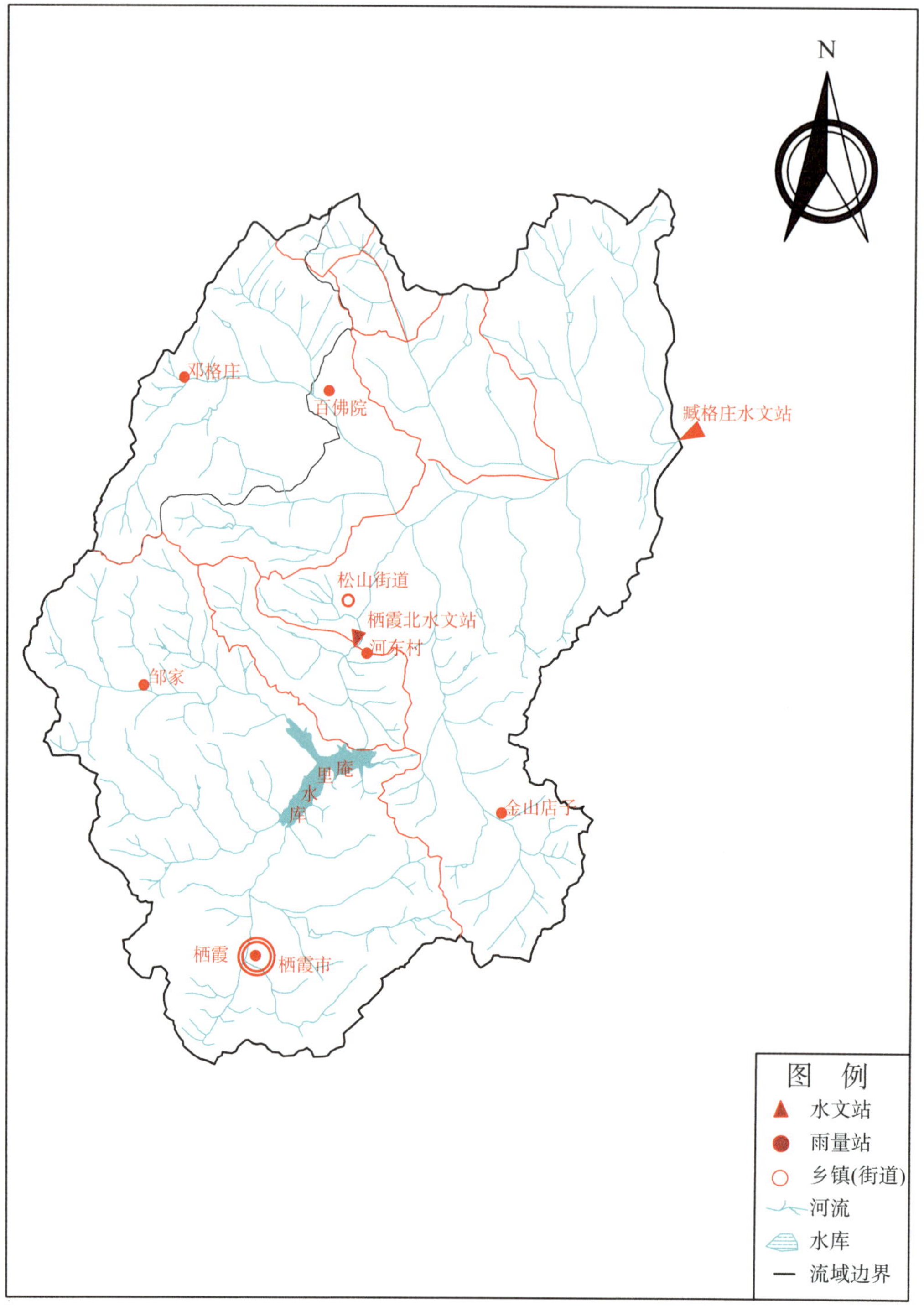

图 3-1　清洋河臧格庄站以上流域图

表 3-5　清洋河臧格庄水文站降雨径流预报精度评定表

序号	洪号	降雨起始时间	降雨结束时间	流域平均雨量 P（mm）	前期影响雨量 P_a（mm）	$P+P_a$（mm）	起涨流量（m^3/s）	实测径流深 $R_{实}$（mm）	预报径流深 $R_{预}$（mm）	预报误差（mm）	允许误差（mm）	评定结果	
												合格	不合格
1	600723	1960/7/23　8：00	1960/7/23　22：00	58.2	44.3	102.5	3	24.3	24.4	0.1	4.9	√	
2	600903	1960/9/2　16：00	1960/9/3　4：00	33.0	21.8	54.8	2	21.8	8.3	−13.5	4.4		√
3	610903	1961/9/3　8：00	1961/9/4　4：00	66.0	22.5	88.5	2	17.0	15.8	−1.2	3.4	√	
4	620729	1962/7/28　12：00	1962/7/30　2：00	124.6	59.8	184.4	6	85.6	95.3	9.7	17.1	√	
5	630724	1963/7/18　10：00	1963/7/18　18：00	16.4	41.9	58.3	5	11.7	8.9	−2.8	3.0	√	
6	640704	1964/7/4　18：00	1964/7/5　0：00	49.6	71.6	121.2	25	24.7	40.0	15.3	4.9		√
7	640729	1964/7/29　2：00	1964/7/29　12：00	74.3	56.0	130.3	9	59.5	48.0	−11.5	11.9	√	
8	650728	1965/7/27　2：00	1965/7/28　14：00	214.4	33.2	247.6	0	140.2	156.0	15.8	20.0	√	
9	660731	1966/7/31　14：00	1966/7/31　20：00	16.7	39.3	56.0	3	6.4	8.5	2.1	3.0	√	
10	670713	1967/7/12　18：00	1967/7/13　16：00	82.2	28.6	110.8	1	20.5	16.9	−3.6	4.1	√	
11	670805	1967/8/5　2：00	1967/8/5　18：00	44.6	45.4	90.0	3	14.2	16.5	2.3	3.0	√	
12	690808	1969/8/8　2：00	1969/8/8　16：00	112.4	49.5	161.9	0	36.5	40.8	4.3	7.3	√	
13	700724	1970/7/24　2：00	1970/7/24　22：00	148.5	58.8	207.3	4	81.7	72.3	−9.4	16.3	√	
14	710903	1971/9/2　6：00	1971/9/3　22：00	113.6	48.1	161.7	6	91.7	75.3	−16.4	18.3	√	
15	730831	1973/8/31　0：00	1973/8/31　20：00	122.3	33.6	155.9	2	77.3	70.2	−7.1	15.5	√	
16	740814	1974/8/13　8：00	1974/8/14　14：00	86.3	82.0	168.3	12	69.5	81.0	11.5	13.9	√	
17	750815	1975/8/15　0：00	1975/8/16　6：00	157.5	74.9	232.4	17	93.3	94.1	0.8	18.7	√	
18	760629	1976/6/29　10：00	1976/6/30　8：00	126.9	13.1	140.0	2	39.5	56.4	16.9	7.9		√
19	770703	1977/7/3　4：00	1977/7/3　10：00	67.8	26.2	94.0	3	19.0	18.6	−0.4	3.8	√	
20	770724	1977/7/24　8：00	1977/7/24　22：00	59.5	44.0	103.5	5	14.4	25.2	10.8	3.0		√
21	770806	1977/8/5　18：00	1977/8/6　14：00	100.9	29.7	130.6	3	42.0	48.2	6.2	8.4	√	
22	780816	1978/8/14　22：00	1978/8/16　12：00	120.7	53.4	174.1	3	72.9	86.0	13.1	14.6	√	
23	790731	1979/7/31　4：00	1979/7/31　14：00	146.6	25.5	172.1	1	43.3	47.7	4.4	8.7	√	
24	810817	1981/8/17　2：00	1981/8/17　8：00	85.0	11.8	96.8	0	15.1	12.5	−2.6	3.0	√	
25	820825	1982/8/25　6：00	1982/8/26　4：00	201.6	26.5	228.1	1	155.2	137.2	−18.0	20.0	√	
26	850821	1985/8/18　20：00	1985/8/19　18：00	146.1	39.2	185.3	2	64.8	56.3	−8.5	13.0	√	
27	910628	1991/6/28　16：00	1991/6/29　0：00	61.3	9.7	71.0	1	10.9	11.0	0.1	3.0	√	

续表

序号	洪号	降雨起始时间	降雨结束时间	流域平均雨量 P（mm）	前期影响雨量 P_a（mm）	$P+P_a$（mm）	起涨流量（m^3/s）	实测径流深 $R_{实}$（mm）	预报径流深 $R_{预}$（mm）	预报误差（mm）	允许误差（mm）	评定结果	
												合格	不合格
28	940716	1994/7/15　18：00	1994/7/16　8：00	58.6	56.9	115.5	4	17.2	16.8	-0.4	3.4	√	
29	940824	1994/8/24　6：00	1994/8/24　22：00	96.4	34.0	130.4	2	27.3	22.7	-4.6	5.5	√	
30	950818	1995/8/17　20：00	1995/8/18　6：00	84.0	70.6	154.6	8	61.6	69.1	7.5	12.3	√	
31	960702	1996/7/1　22：00	1996/7/2　2：00	61.8	41.4	103.2	1	7.3	25.0	17.7	3.0		√
32	970820	1997/8/19　4：00	1997/8/20　20：00	188.1	16.3	204.4	1	50.6	113.9	63.3	10.1		√
33	980823	1998/8/22　12：00	1998/8/23　4：00	101.2	21.2	122.4	1	32.8	41.1	8.3	6.6		√
34	010801	2001/8/1　8：00	2001/8/2　4：00	88.0	75.3	163.3	26	121.6	76.7	-44.9	20.0		√
35	040808	2004/8/8　14：00	2004/8/8　20：00	46.0	61.1	107.1	13	19.4	15.8	-3.6	3.9	√	
36	050808	2005/8/7　22：00	2005/8/8　8：00	68.2	71.4	139.6	7	22.3	26.2	3.9	4.5	√	
37	070812	2007/8/11　14：00	2007/8/12　10：00	104.5	82.0	186.5	25	55.0	57.1	2.1	11.0	√	
38	070920	2007/9/19　16：00	2007/9/20　22：00	131.1	7.0	138.1	2	44.0	54.7	10.7	8.8		√
39	080818	2008/8/17　16：00	2008/8/18　6：00	81.8	27.3	109.1	9	43.7	29.7	-14.0	8.7		√
40	090718	2009/7/17　22：00	2009/7/18　14：00	50.9	70.6	121.5	5	15.3	17.4	-2.1	3.1	√	
41	120819	2012/8/18　22：00	2012/8/19　10：00	87.0	56.2	143.2	5	30.1	28.2	-1.9	6.0	√	
42	130713	2013/7/27　2：00	2013/7/27　16：00	77.3	66.4	143.7	37	104.1	59.7	-44.4	20.0		√
43	140725	2014/7/24　20：00	2014/7/25　18：00	184.9	39.7	224.6	1	30.2	133.8	103.6	6.0		√
44	170803	2017/8/3　10：00	2017/8/3　22：00	75.0	52.5	127.5	3	56.9	45.6	-11.3	11.4	√	

备注：1. 合格率=72.7%；2. 预报误差=预报值-实测值；3. 许可误差=实测值的20%，并以20.0 mm为上限，以3.0 mm为下限；4. 本方案等级为乙级。

表 3-6　清洋河臧格庄站峰量关系预报精度评定表

序号	洪号	径流深 R（mm）	有效降雨历时 T_c（h）	净峰流量 $Q_{m净实}$（m^3/s）	净峰流量 $Q_{m净预}$（m^3/s）	预报误差（m^3/s）	许可误差（m^3/s）	评定结果 合格	评定结果 不合格
1	600723	24. 3	4	627	485	-142	125		√
2	600903	21. 8	4	288	435	147	57. 6		√
3	610903	17. 0	4	328	335	7	65. 6	√	
4	630724	11. 7	2	528	645	117	106		√
5	640704	24. 7	6	249	200	-49	49. 8	√	
6	640729	59. 5	8	471	445	-26	94. 2	√	
7	650728	140. 2	10	626	626	0	125	√	
8	660731	6. 4	2	670	427	-243	134		√
9	670713	20. 5	6	180	160	-20	36. 0	√	
10	670805	14. 2	4	205	275	70	41. 0		√
11	690808	36. 5	8	220	215	-5	44. 0	√	
12	700724	81. 7	10	523	462	-61	105	√	
13	710903	91. 7	8	758	790	32	152	√	
14	730831	77. 3	10	455	410	-45	91. 0	√	
15	740814	69. 5	8	640	555	-85	128	√	
16	750815	93. 3	10	556	556	0	111	√	
17	760629	39. 5	4	730	807	77	146	√	
18	770703	19. 0	4	326	385	59	65. 2	√	
19	770724	14. 4	4	246	280	34	49. 2	√	
20	770806	42. 0	8	223	265	42	44. 6	√	
21	780816	72. 9	10	355	345	-10	71. 0	√	
22	790731	43. 3	6	581	495	-86	116	√	
23	810817	15. 1	4	448	320	-128	89. 6		√
24	850821	64. 8	4	1 210	1 280	70	242	√	
25	910628	10. 9	2	631	631	0	126	√	
26	940716	17. 2	6	155	132	-23	31. 0	√	
27	940824	27. 3	8	146	131	-15	29. 2	√	
28	950818	61. 6	10	209	240	31	41. 8	√	
29	960702	7. 3	2	629	430	-199	126		√
30	970820	50. 6	10	96	125	29	19. 2		√
31	980823	32. 8	6	228	320	92	45. 6		√
32	040808	19. 4	2	759	975	216	152		√
33	050808	22. 3	6	184	175	-9	36. 8	√	
34	070812	55. 0	10	192	175	-17	38. 4	√	
35	070920	44. 0	8	389	295	-94	77. 8		√
36	080818	43. 7	8	254	282	28	50. 8	√	
37	090718	15. 3	4	405	325	-80	81. 0	√	
38	120819	30. 1	8	106	137	31	21. 2		√
39	140725	30. 2	6	228	265	37	45. 6	√	
40	170803	56. 9	10	147	170	23	29. 4	√	

备注：1. 合格率=70. 0%；2. 预报误差=预报值-实测值；3. 许可误差=实测值的 20%；4. 本方案等级为乙级。

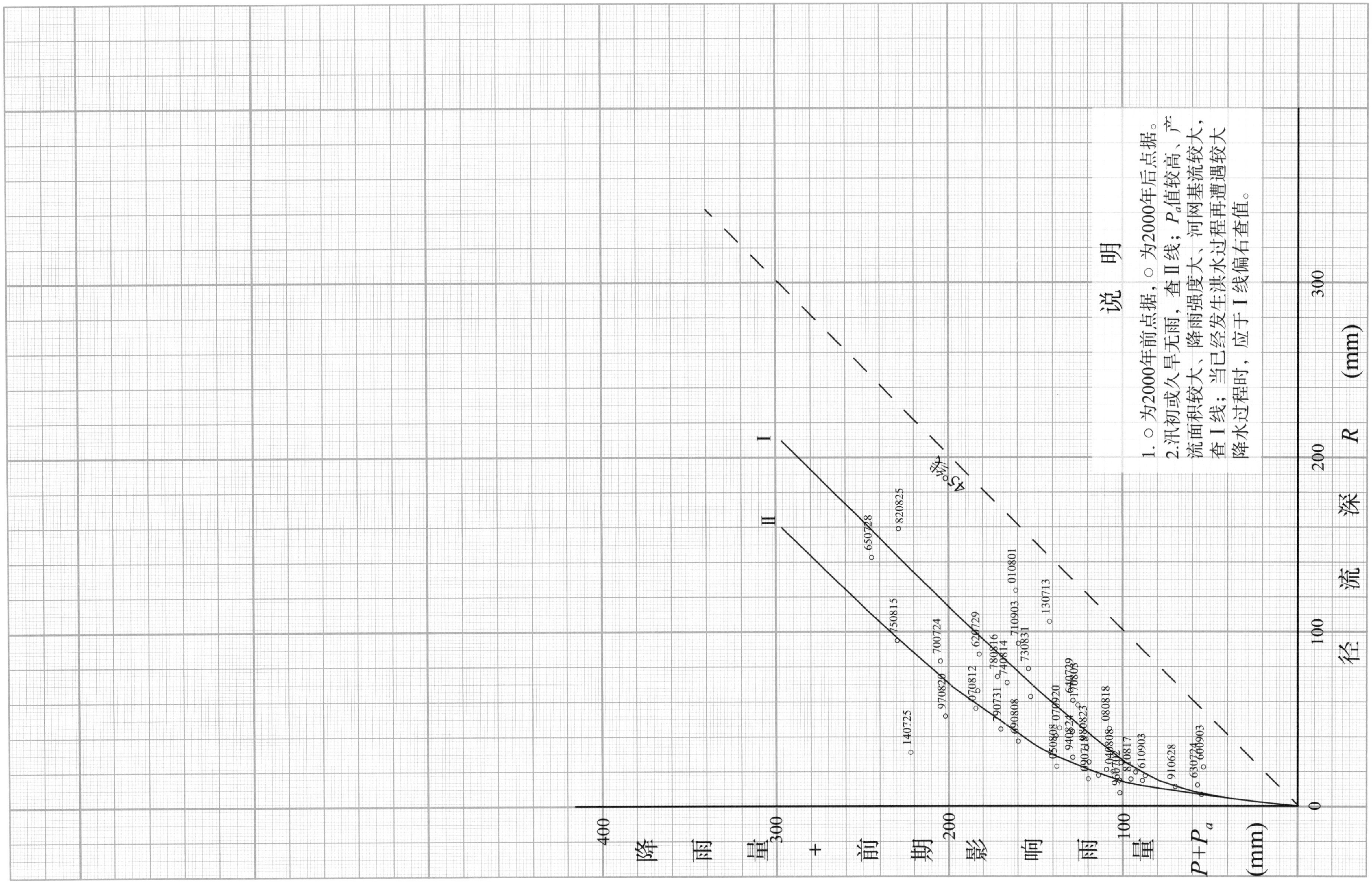

图 3-2 清洋河臧格庄站降雨径流相关图（$P+P_a$-R）

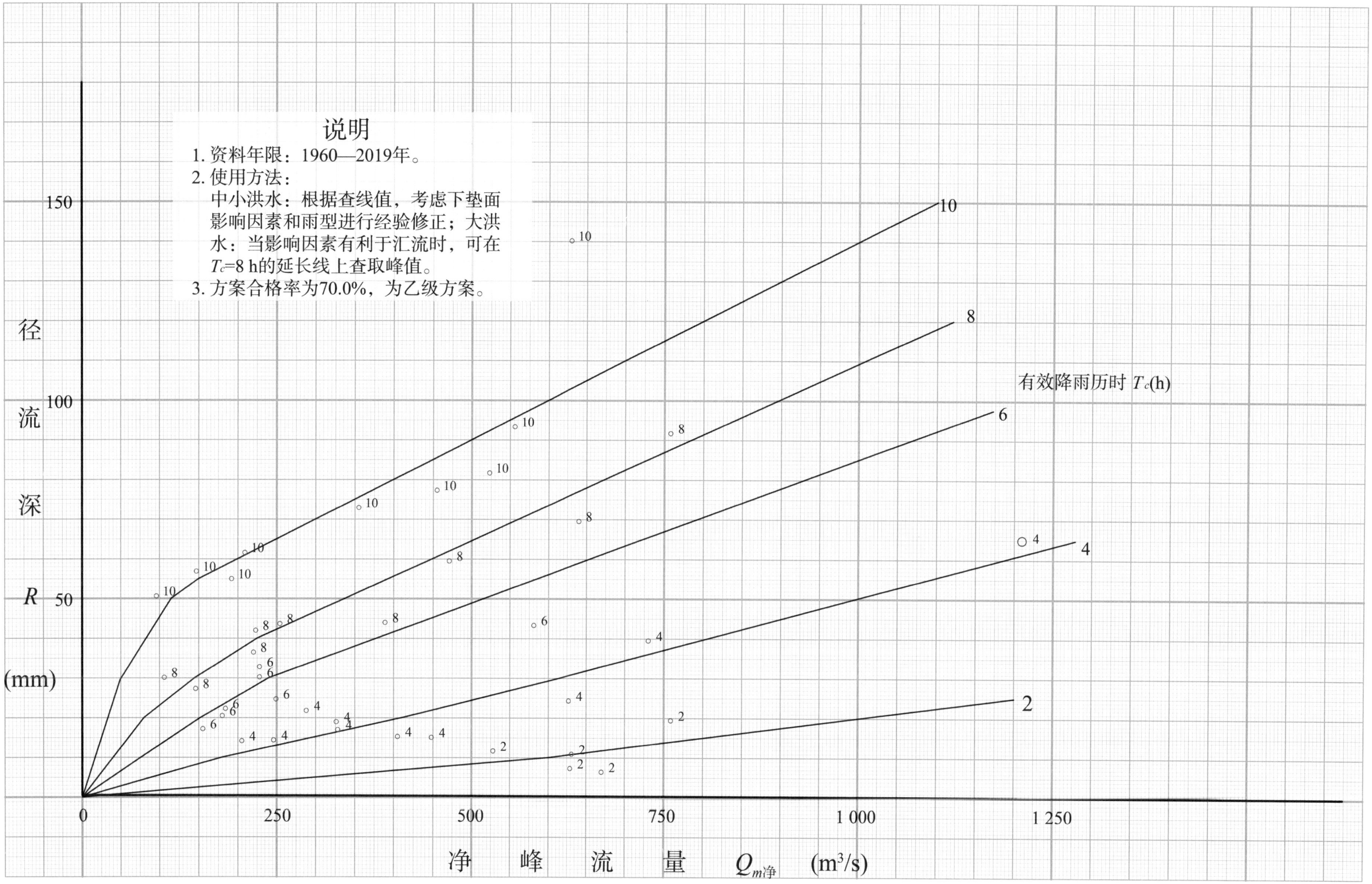

图 3-3 清洋河臧格庄站峰量关系图（R-T_c-$Q_{m净}$）

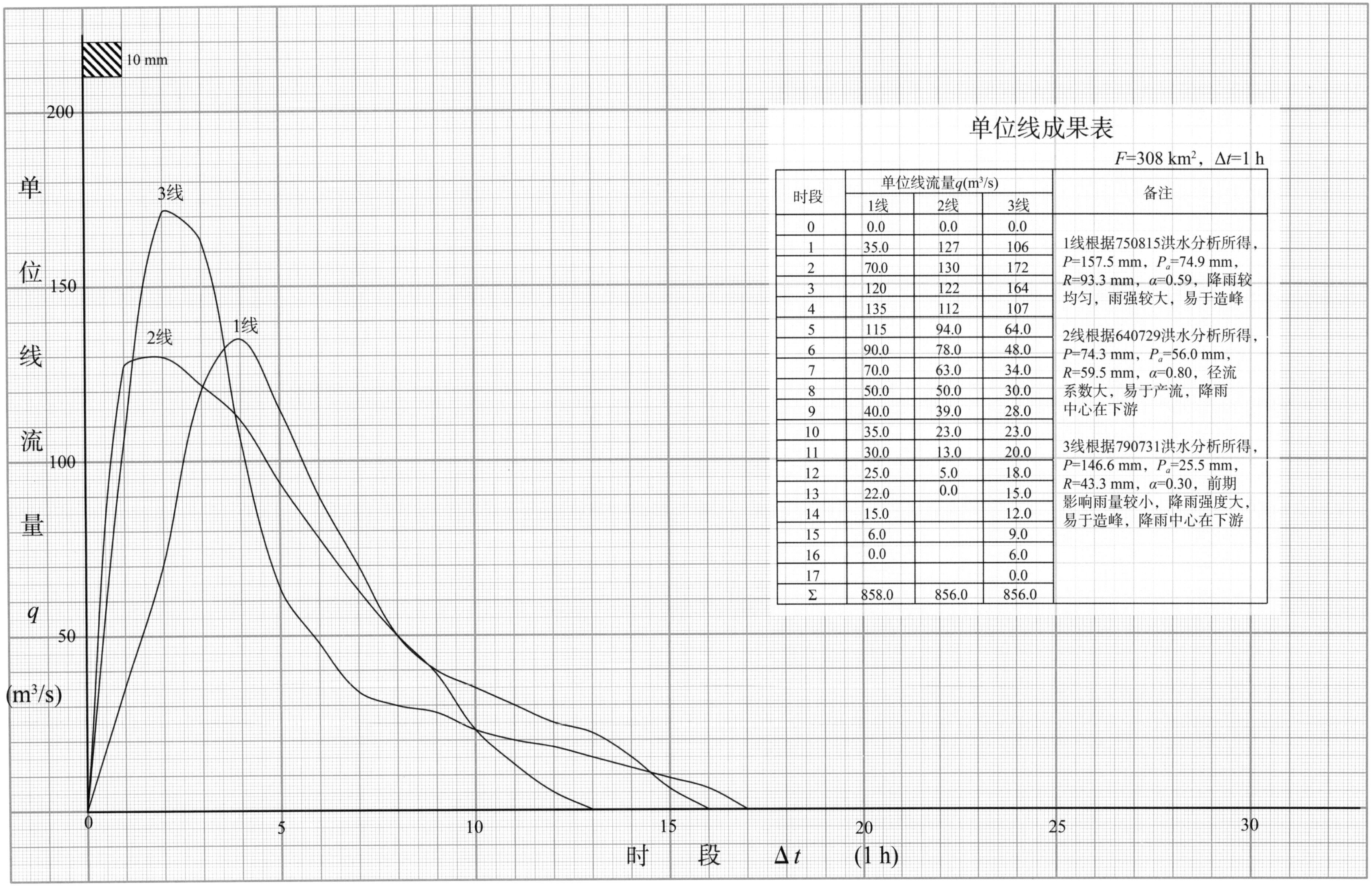

单位线成果表

F=308 km^2，Δt=1 h

时段	单位线流量q(m^3/s)			备注
	1线	2线	3线	
0	0.0	0.0	0.0	
1	35.0	127	106	1线根据750815洪水分析所得，P=157.5 mm，P_a=74.9 mm，R=93.3 mm，α=0.59，降雨较均匀，雨强较大，易于造峰
2	70.0	130	172	
3	120	122	164	
4	135	112	107	
5	115	94.0	64.0	2线根据640729洪水分析所得，P=74.3 mm，P_a=56.0 mm，R=59.5 mm，α=0.80，径流系数大，易于产流，降雨中心在下游
6	90.0	78.0	48.0	
7	70.0	63.0	34.0	
8	50.0	50.0	30.0	
9	40.0	39.0	28.0	
10	35.0	23.0	23.0	3线根据790731洪水分析所得，P=146.6 mm，P_a=25.5 mm，R=43.3 mm，α=0.30，前期影响雨量较小，降雨强度大，易于造峰，降雨中心在下游
11	30.0	13.0	20.0	
12	25.0	5.0	18.0	
13	22.0	0.0	15.0	
14	15.0		12.0	
15	6.0		9.0	
16	0.0		6.0	
17			0.0	
Σ	858.0	856.0	856.0	

图 3-4　清洋河臧格庄站单位线图

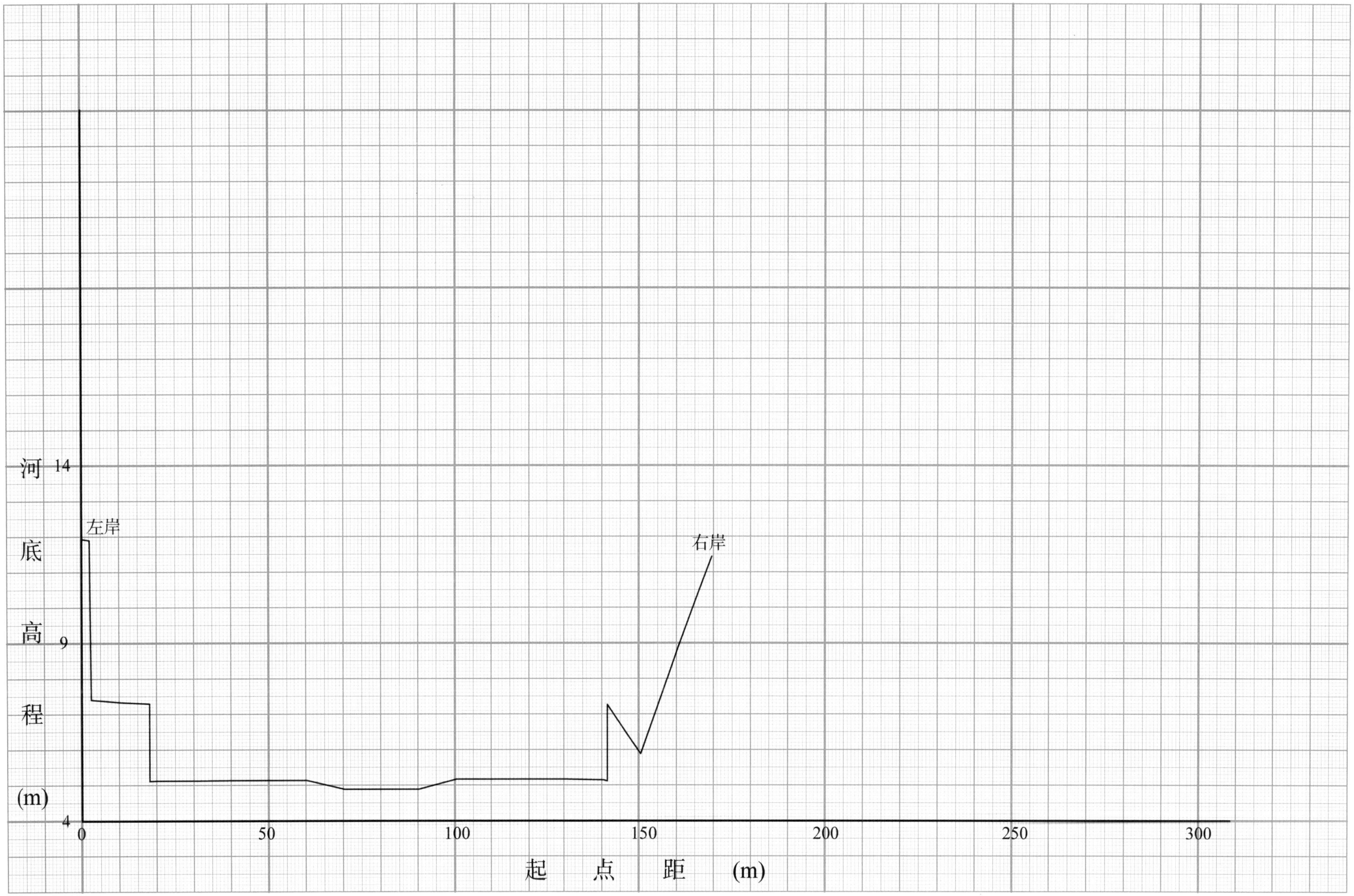

图 3-5　清洋河臧格庄站大断面图

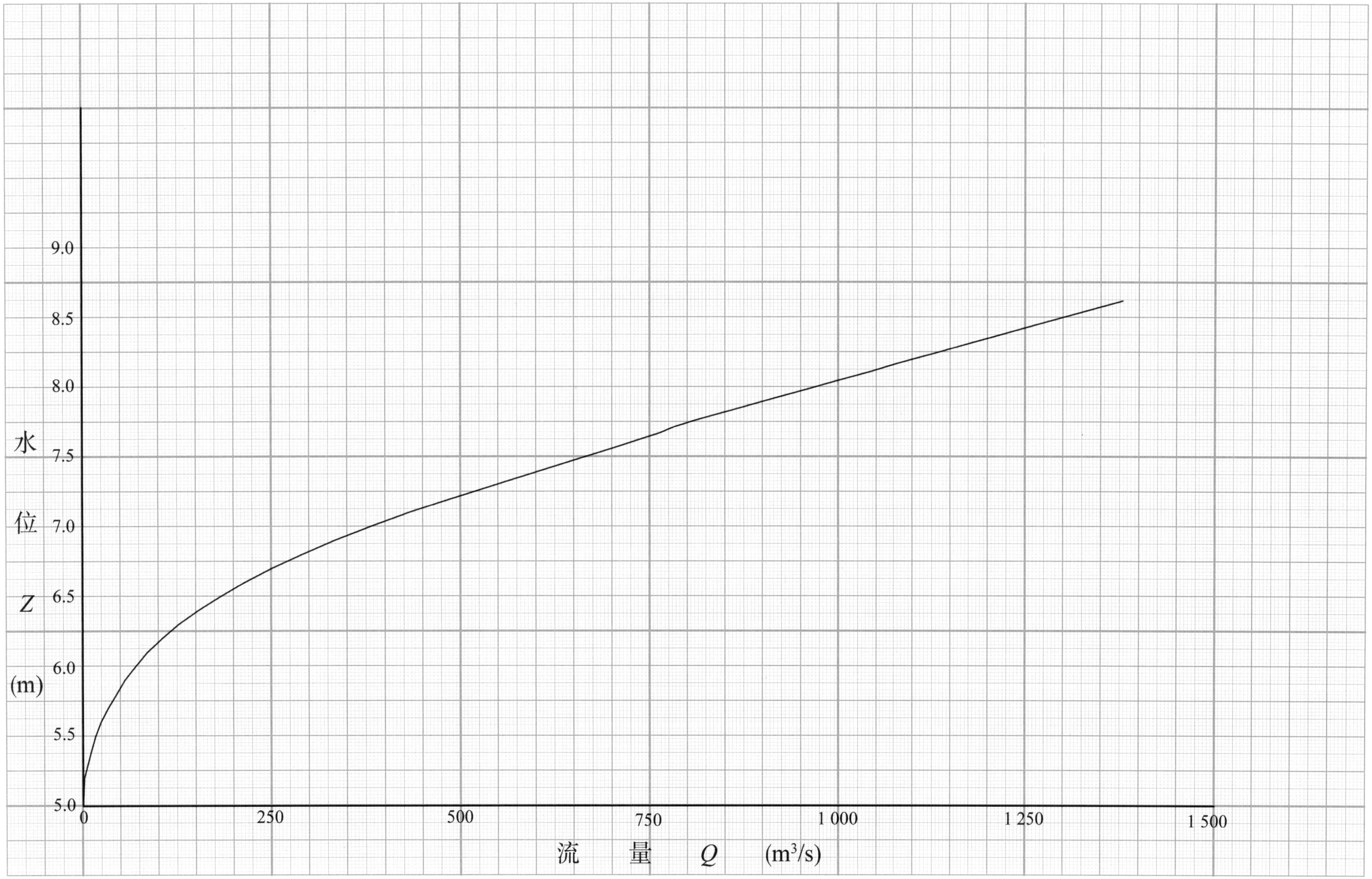

图 3-6 清洋河臧格庄站水位流量关系曲线图

第四章　大沽夹河老岚站水文预报方案编制说明

1　流域概况

1.1　流域自然地理特征

外夹河为大沽夹河东支，发源于海阳市郭城镇牧牛山，流经烟台市海阳市郭城、山西头，牟平区观水，栖霞市桃村，福山区回里、斗余及芝罘区黄务、只楚等乡镇（街道），在经济技术开发区胜利东村北注入黄海，全长 83 km。外夹河流域形状呈长条形，流域内低山丘陵居多，外夹河流域地势南高北低，河道纵坡平均比降 1.07‰，流域面积 1 123 km^2，流域长度 60 km。

外夹河为典型的山溪性雨源型河道，河道径流量与降水量变化规律相一致，且年内、年际变化大。枯季流量较小，洪水主要集中在汛期（6—9 月）。外夹河上游河道坡陡且曲折，河床冲刷力较大，河床中游侧蚀严重，下游泥沙沉积，造成河道淤积，形成流水不畅的现象；加之源短流急，左右岸交替冲刷现象甚为严重。洪水季节性很强，主要集中在汛期，呈陡涨陡落型，一次洪水过程持续时间较短。

外夹河流域属低山丘陵区，山丘起伏，沟壑纵横。地貌类型有侵蚀构造、构造剥蚀、剥蚀堆积、堆积地貌等几类，其中侵蚀构造、构造剥蚀地貌主要分布在丘陵山区；剥蚀堆积地貌主要分布在河谷两侧。外夹河流域内地层有元古界变质岩系，中生界侏罗系、白垩系和红色碎屑岩系，以及第四纪松散堆积层。元古界变质岩分布面积较大，主要岩层为片麻岩类。中生界红色碎屑岩层仅分布于埠西头村西南隅，岩层为泥岩、砂岩、泥砾岩等。第四纪松散堆积层主要分布于河谷及山前地带，在外夹河主河道侧厚度较大，最大可达 30 m，一般为 10~20 m，岩性为砂砾岩、中粗砂、雪砂土等。此外，流域内尚出露有较大面积的火成岩，主要岩性为花岗岩类。流域内构造以断层最为发育，褶皱多为断层所破坏，构造线方向主要为北东—南西方向，流域内以砂岩为主，海阳的源头附近有变质岩，断层裂隙较少，泉水不多。地表覆盖层沿河两岸多系黄黏砂土、黄黏土，主要分布在流域两侧山丘地带，一般厚度在 0.3~0.5 m。

外夹河流域属暖温带东亚大陆性季风气候，四季特征明显，具有冬暖夏凉、气候宜人、四季分明的特点。由于该流域地处沿海，夏季经常受太平洋暖气团控制，汛期湿热多雨、空气湿润且降水集中，雨量丰沛，时有台风登陆，形成暴雨洪水，麦收前后伴有冰雹灾害天气，干热风多数在 5 月下旬至 6 月中旬出现；秋季天气凉爽，风向较乱，个别年份甚至有连绵阴雨发生；而冬季又受西伯利亚干冷气团的袭击，北风盛行，降水量甚少；春季多风、空气干燥，降水量较少。全区年平均气温 11.5 ℃，极端最高气温 38 ℃（1972 年 6 月 10 日），极端最低气温-13.1 ℃（1970 年 1 月 4 日）。年平均日照时间 2 639 h，平均日照率 65%，太阳辐射量 124.7 kW/cm^2。全年相对湿度一般为 65%，霜期一般始于 11 月中旬，终于次年 3 月底 4 月初，平均无霜期 215.8 天左右。年平均风速 4~6 m/s，最大风速 40 m/s。历年最大冻土深 0.5 m。多年平均年蒸发量 1 186.5 mm，4—6 月达 475.7 mm，占全年蒸发量的 40.1%。

大沽夹河老岚水文站以上流域图见图 4-1。

1.2　水利工程情况

该站上游建有 10 座小（1）型水库、37 座小（2）型水库，总库容 2 638.67 万 m^3，详见表 4-1。上游河道上还兴建了橡胶坝、拦河闸等水利工程，对防洪抗旱起到了重要的作用。

表 4-1　大沽夹河老岚站以上（区间）主要水利工程基本情况表

水库名称	地址	兴建时间	类型	总库容（万 m^3）	兴利库容（万 m^3）
东刘家水库	海阳市郭城镇	1960-12-1	小（1）型	104.30	73.50
东鲁家夼水库	海阳市郭城镇	1959-12-1	小（2）型	14.20	8.50
西古现水库	海阳市郭城镇	1960-10-1	小（2）型	13.20	9.90
南野夼水库	海阳市徐家店镇	1978-9-1	小（1）型	194.80	148.00
于家长沙水库	海阳市徐家店镇	1965-12-1	小（2）型	14.80	7.10
核桃树水库	海阳市徐家店镇	1975-4-1	小（2）型	50.60	39.60
营盘水库	栖霞市桃村镇	1972-9-1	小（1）型	301.15	187.00
圈里水库	栖霞市桃村镇	1972-2-29	小（1）型	168.90	100.30
卫星水库	栖霞市桃村镇	1972-7-31	小（1）型	334.40	240.00
大白马夼北山水库	栖霞市桃村镇	1976-1-31	小（2）型	10.35	7.90
孔家庄水库	栖霞市桃村镇	1967-5-31	小（2）型	14.00	10.60
上桃村水库	栖霞市桃村镇	1971-12-31	小（2）型	22.65	15.92
西柳子头水库	栖霞市桃村镇	1963-3-31	小（2）型	17.75	9.20
新庄庄子沟水库	栖霞市桃村镇	1978-12-30	小（2）型	14.78	11.50
楚留店南沟水库	栖霞市桃村镇	1981-4-30	小（2）型	29.01	21.25
上崖头西口子水库	栖霞市桃村镇	1960-12-31	小（2）型	14.99	11.31
西瓦屋水库	栖霞市桃村镇	1974-6-30	小（2）型	19.85	14.15
宅头水库	栖霞市桃村镇	1980-9-30	小（2）型	18.72	14.30
南涝都水库	栖霞市桃村镇	1978-5-30	小（2）型	27.38	15.00
前埠水库	栖霞市桃村镇	1968 12 30	小（2）型	27.08	16.35
肖灵夼水库	栖霞市桃村镇	1972-12-30	小（2）型	27.59	22.00
新安庄水库	栖霞市桃村镇	1973-6-30	小（2）型	33.48	24.08
安东水库	栖霞市桃村镇	1975-5-30	小（2）型	19.87	8.60
北楚留水库	栖霞市桃村镇	1969-3-30	小（2）型	16.63	10.25
大白马夼西南沟水库	栖霞市桃村镇	1976-1-30	小（2）型	13.10	9.50

续表

水库名称	地址	兴建时间	类型	总库容（万 m^3）	兴利库容（万 m^3）
道柱夼水库	栖霞市桃村镇	1965-3-1	小（2）型	11.00	7.20
东下夼北夼水库	栖霞市桃村镇	1987-5-30	小（2）型	12.67	8.73
东下夼井儿沟水库	栖霞市桃村镇	1966-12-30	小（2）型	10.20	5.79
后白马夼后沟水库	栖霞市桃村镇	1966-3-30	小（2）型	11.63	8.68
后白马夼西沟水库	栖霞市桃村镇	1971-10-30	小（2）型	10.88	8.28
蒋家庄水库	栖霞市桃村镇	1990-12-30	小（2）型	11.10	5.51
西城水库	栖霞市桃村镇	1968-11-30	小（2）型	10.30	7.01
西庄水库	栖霞市桃村镇	1980-3-30	小（2）型	17.70	11.40
小芹子夼水库	栖霞市桃村镇	1965-11-30	小（2）型	13.80	9.00
牙东西沟水库	栖霞市桃村镇	1966-3-31	小（2）型	14.10	8.00
窑夼泉沟水库	栖霞市桃村镇	1960-5-30	小（2）型	13.90	10.00
观水村水库	牟平区观水镇	1961-4-5	小（2）型	33.00	26.40
八甲水库	牟平区观水镇	1980-6-1	小（1）型	143.80	78.00
辽上水库	牟平区观水镇	1960-7-1	小（1）型	169.14	81.00
落金水库	牟平区观水镇	1979-6-1	小（1）型	117.39	68.00
青松水库	牟平区观水镇	1975-5-1	小（1）型	120.50	54.00
下杨家水库	牟平区观水镇	1966-5-1	小（1）型	272.61	145.00
鞠家庄水库	牟平区观水镇	1980-2-1	小（2）型	41.58	28.20
龙口水库	牟平区观水镇	1978-5-1	小（2）型	12.19	8.00
富村水库	福山区回里镇	1969-5-30	小（2）型	33.20	19.10
土门里水库	福山区回里镇	1969-12-25	小（2）型	18.50	8.11
唐家埠水库	福山区回里镇	1968-11-28	小（2）型	15.90	12.29
合计				2 638.67	1 653.51

1.3 测站概况

1.3.1 基本情况

老岚水文站属于中小河流水文站，于 2017 年 12 月由烟台市水文局建站。老岚水文站测验断面位于外夹河流域中游，测验断面以上流域面积 691 m^2，距离河口 42 km。断面处河道顺直，浆砌石坝坡，坡高 4 m 左右，断面下游有一座长 190 m、宽 11.5 m 的交通桥，桥体状况良好。断面处堤顶两岸均为果树，断面下游 300 m 处有橡胶坝一座，左岸建有橡胶坝管理所。

1.3.2 基面换算关系

老岚冻结基面以上米数-0.492 m=1985 年国家高程基准面以上米数。

1.3.3 报汛站情况

老岚站以上流域由共设有报汛站 5 处，分别为铁口、清泉埠、桃村、古现、老树夼。

2 预报方案编制

2.1 资料情况

老岚水文站于 2017 年建站，收集的水文资料年限太短，不符合水文预报编制资料的要求，故借用下游有长系列资料的福山水文站作为老岚水文站的参证站。参证站福山站以上流域面积 $F_{参}=997\ km^2$，设计站老岚站以上流域面积 $F_{设}=691\ km^2$。

2.2 产流方案

借用福山站的产流方案推求老岚站的产流过程，老岚站降雨径流相关图（$P+P_a-R$）见图 4-2。

2.2.1 流域平均雨量 *P* 的计算

流域平均雨量 P 根据铁口、清泉埠、桃村、古现、老树夼 5 站雨量采用算术平均法计算。

2.2.2 流域平均前期影响雨量 P_a 的计算

$$P_{a,\ t}=K(P_{a,\ t-1}+P_{t-1})$$

式中：$P_{a,t}$ 为当日的前期影响雨量（mm）；$P_{a,t-1}$ 为前一日的前期影响雨量（mm）；P_{t-1} 为前一日的流域平均雨量（mm）；K 为前期影响雨量递减系数。

K=0.95（P_{t-1}<1.0 mm），K=0.98（1.0 mm≤P_{t-1}<10.0 mm），K=1.00（P_{t-1}≥10.0 mm）。

2.2.3 暴雨中心位置的确定

暴雨中心在古现、老树夼站为上游，在清泉埠、桃村站为中游，在铁口站为下游，流域普遍降雨时按均匀处理。

2.3 汇流方案

汇流方案主要采用综合瞬时单位线、经验单位线等方法。

2.3.1 综合瞬时单位线

根据“关于印发《山东省中小河流治理工程初步设计设计洪水计算指导意见》的通知”中给定的山丘平原混合地区瞬时单位线参数公式计算 M_1。

$$M_1=KF^{0.33}J^{-0.27}R^{-0.20}T_c^{0.17}$$

$$M_2=0.34M_1^{-0.12}$$

其中：K 为系数，根据平原面积占全面积的百分比确定；F 为流域集水面积（km^2）；J 为干流坡度；R 为径流深（mm）；T_c 为有效净雨历时，根据雨型表确定（h）；M_1、M_2 为瞬时单位线参数。

求得 M_1 后，推求本流域瞬时单位线，转换为相应的时段单位线，进而推求得出相应断面设计频率的洪水过程。

2.3.2 经验单位线

将参证站福山水文站单位线（$\Delta t=1$ h）进行缩放后作为老岚站单位线，详见图 4-3。

单位线的缩放按下列公式计算：

$$\alpha=(F_{设}/F_{参})^{0.5}$$

$$T_{设i}=\alpha T_{参i}$$

$$q_{设i}=\alpha q_{参i}$$

式中：α 为单位线缩放系数；$F_{参}$、$F_{设}$ 分别为参证站、设计站以上控制流域面积；$T_{参i}$ 为参证站单位线逐时段，$T_{参i}=1, 2, \cdots, N$；$T_{设i}$ 为设计站单位线逐时段，通常为小数，为满足实际要求，需进一步对缩放结果进行插值，从而得到整时段单位线结果；$q_{参i}$ 为参证站单位线逐时段流量；$q_{设i}$ 为设计站单位线逐时段流量。

3 方案使用说明

3.1 产流方案

3.1.1 流域平均前期影响雨量 P_a 的确定

在进行洪水预报时，应对雨前计算的 P_a 值进行合理性分析，以确定 P_a 的取用值。由于 P_a 是根据公式逐日推算的，如果流域内发生局部降雨或代表性差的雨型，容易造成 P_a 值的计算误差；如果 P_a 计算值很小，遭遇强度较大的降雨，查读 $P+P_a$-R 关系曲线时容易造成 R 的查读值偏小；如果 P_a 计算值达到 I_m 值，应分析流域下垫面饱和程度，实际情况是否真正达到 I_m 值。同量级的 P_a 值在汛初、汛中、汛末对降雨径流的影响也不相同，一般来讲，相同的 P_a 值，汛中以后较汛中以前更有利于产汇流。

3.1.2 径流深 R 的预报

根据所计算的前期影响雨量 P_a、流域平均雨量 P，查降雨径流相关图（$P+P_a$-R）得到径流深 R。在实际预报作业时，应对有关影响因素进行综合分析判断，确定线形，并进行经验修正。一般来讲，汛初或久旱无雨，查Ⅱ线；P_a 值较高、产流面积较大、降雨强度大、河网基流较大，查Ⅰ线；当已经发生洪水过程再遭遇较大降水过程时，应于Ⅰ线偏右查值。

3.2 汇流方案

3.2.1 综合瞬时单位线

依据公式计算出 M_1 和 M_2，进而求出 n、k，代入 t/k 的 n 阶非完全伽马函数式，求得瞬时单位线的 $S(t)$ 曲线，由 $S(t)$ 曲线通过时段转化计算出时段单位线，再结合相应的时段净雨过程，用卷积公式求得预报洪水过程线。

3.2.2 经验单位线

在进行洪水作业预报时，视本次降雨情况选定与其降雨特点相近的经验单位线。

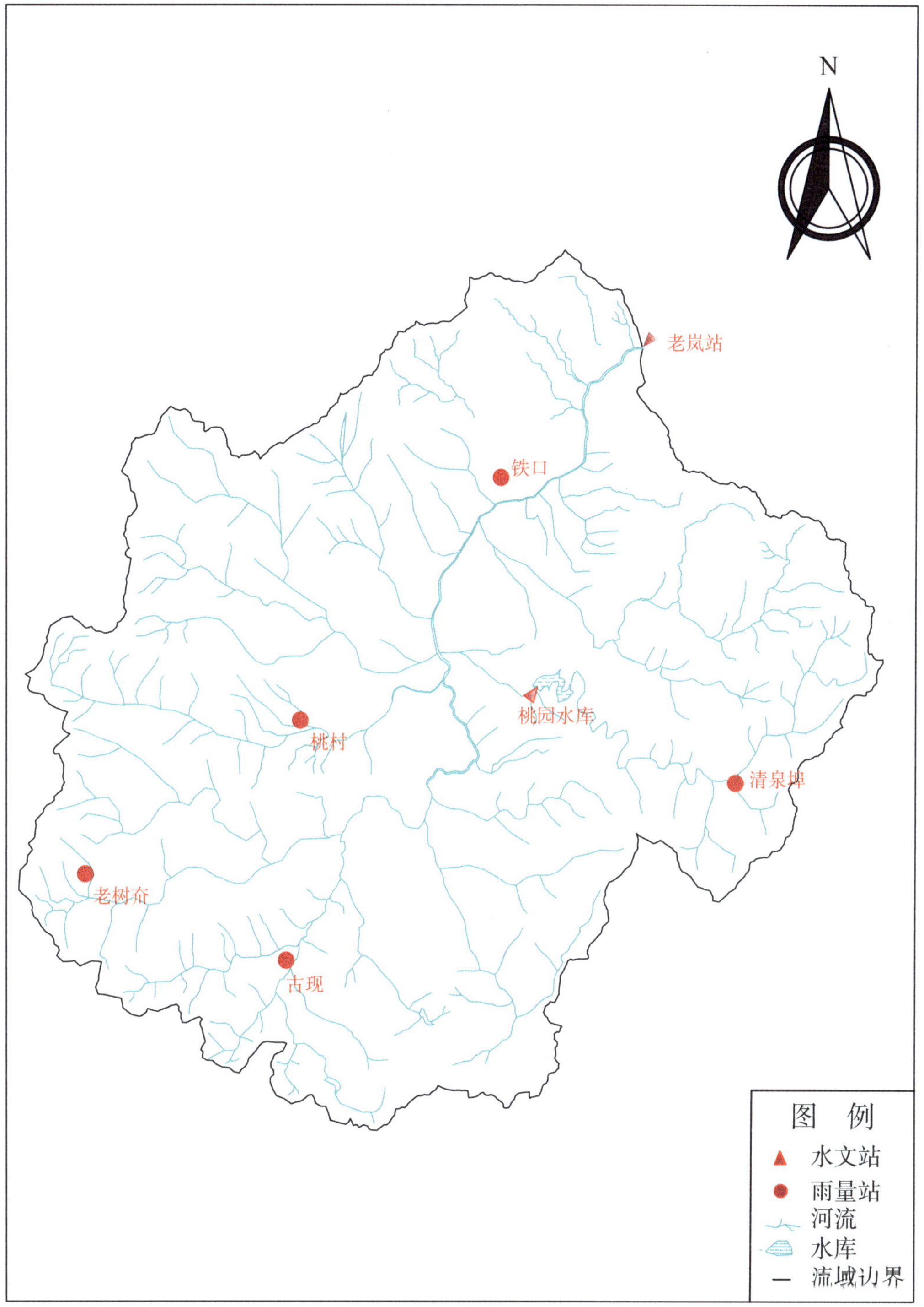

图 4-1　大沽夹河老岚水文站以上流域图

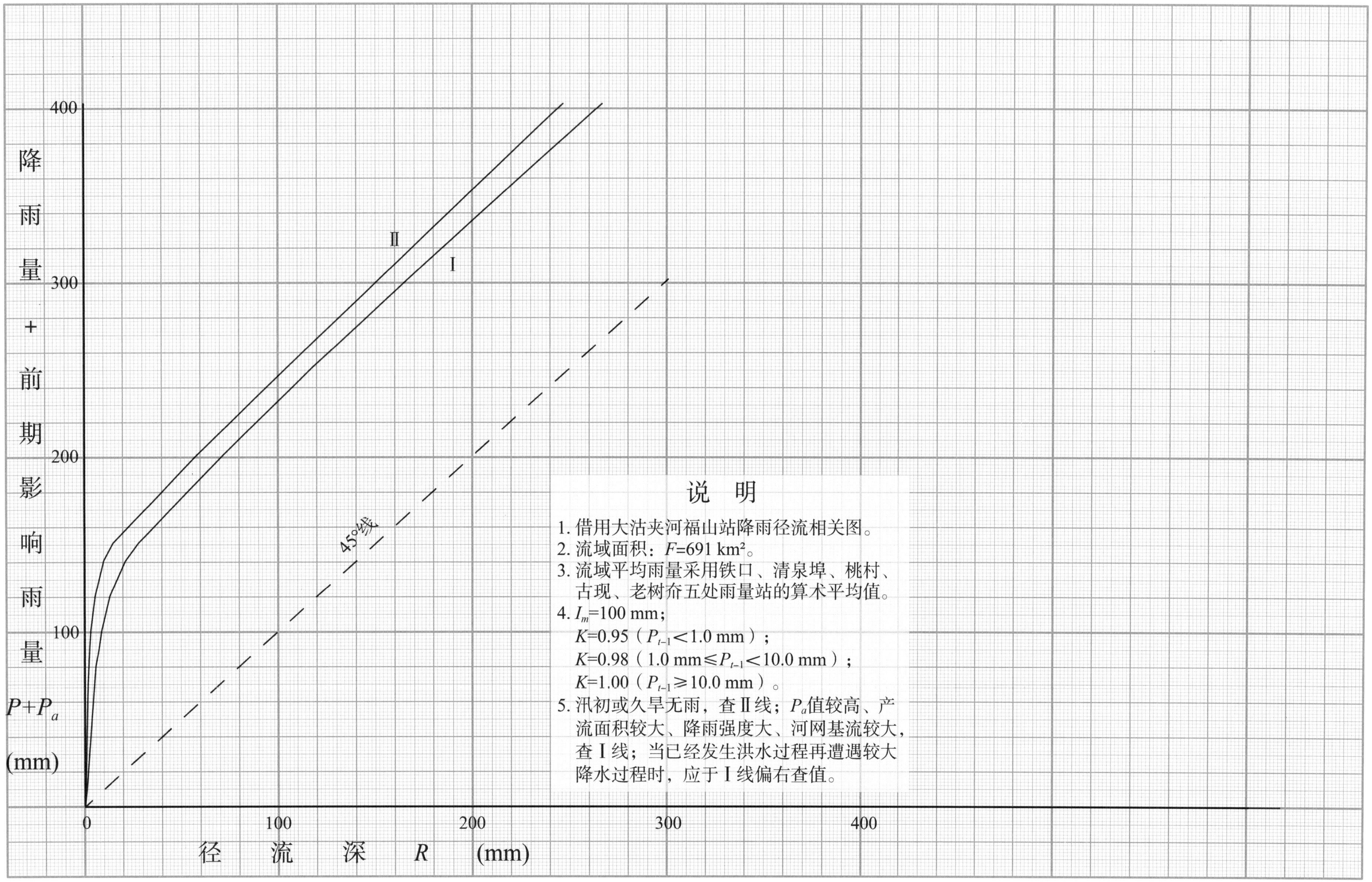

图 4-2 大沽夹河老岚站降雨径流相关图（$P+P_a$-R）

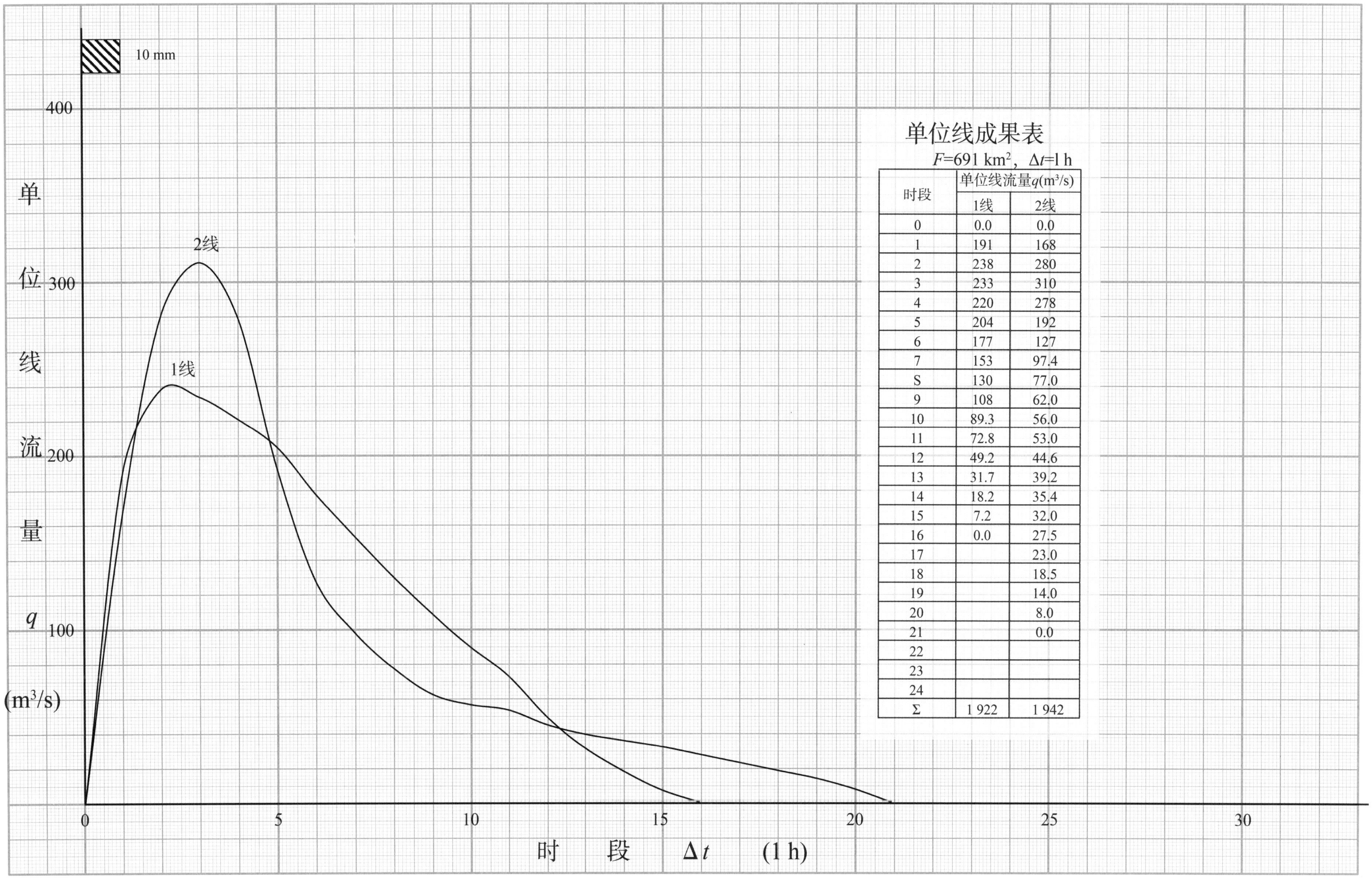

单位线成果表

F=691 km², Δt=1 h

时段	单位线流量q(m³/s)	
	1线	2线
0	0.0	0.0
1	191	168
2	238	280
3	233	310
4	220	278
5	204	192
6	177	127
7	153	97.4
S	130	77.0
9	108	62.0
10	89.3	56.0
11	72.8	53.0
12	49.2	44.6
13	31.7	39.2
14	18.2	35.4
15	7.2	32.0
16	0.0	27.5
17		23.0
18		18.5
19		14.0
20		8.0
21		0.0
22		
23		
24		
Σ	1 922	1 942

图 4-3 大沽夹河老岚站单位线图

第五章　大沽夹河福山站水文预报方案编制说明*

1　流域概况

1.1　流域自然地理特征

大沽夹河为胶东半岛边沿水系中较大的河流之一，包括外夹河和内夹河两大支流，总控制流域面积 2 293 km^2，河道全长 140 km。内夹河即清洋河，亦系大沽夹河西支流，发源于栖霞市城南小灵山一带，流经栖霞，福山区的臧格庄、高疃、福山城区等重要城镇，在福山区小沙埠村北约 2 km 处和外夹河汇流，全长 75 km，河道比降 1.8‰，流域面积 1 170 km^2，流域长度 52 km，流域最大宽度 35 km，平均宽度 22.5 km。东支外夹河亦系大沽夹河主流，发源于海阳市郭城镇牧牛山，流经烟台市海阳市的郭城、山西头，牟平区的观水，栖霞市的桃村，福山区的回里、斗余及芝罘区的黄务、只楚等地，在福山区的胜利东村北注入黄海，全长 83 km，河道的纵坡平均比降为 1.07‰，流域面积 1 123 km^2，流域长度 60 km，流域最大宽度 25 km，平均宽度 15.5 km。

大沽夹河水系河道弯曲，流水不畅，加之源短流急，冲刷力大，因此河床中游侧蚀，下游沉积，左右岸交替冲淤现象严重，其河床宽浅，系典型的雨源型山洪河道。内夹河即清洋河绕山而行，迂回曲折，有 7 条较大的支流，其中右岸 3 条，左岸 4 条；外夹河比较顺直，两岸山脉离河较远，沿河两岸平原、山区、丘陵分界较明显，共有较大的支流 8 条（含清洋河），左、右岸各 4 条，其分布为非对称的。

大沽夹河流域地貌几乎为低山丘陵，山地面积占总面积的 39.2%，丘陵占 40.8%，河谷平原占 19.2%，洼地仅占 0.8%，流域内较大的山峰有艾山和牙山，海拔分别为 817 m 和 805.8 m，均属昆嵛山系，山脉呈东西走向。

流域内土壤分布以棕壤土为主，约占总流域面积的 70.7%，土壤表层一般为透水性较好的壤土，其肥力一般，流域内种植的农作物主要有小麦、玉米、花生、大豆、地瓜等；流域内森林覆盖率大约为 27%。

大沽夹河福山水文站以上流域图见图 5-1。

1.2　水利工程情况

福山站上游建有 1 座中型水库——桃园水库、3 座小（1）型水库和 29 座小（2）型水库，小型水库总库容 1 213.591 万 m^3，详见表 5-1。上游河道上还兴建了橡胶坝、拦河闸等水利工程，对防洪抗旱起到了重要的作用。

表 5-1　大沽夹河福山站以上（区间）主要水利工程基本情况表

水库名称	地址	兴建时间	规模	总库容（万 m^3）	兴利库容（万 m^3）
桃园水库	牟平区观水镇	1964 年	中型	245.7	197.8
山南周水库	莱山区莱山街道	1966-5-1	小（1）型	110.6	80.0
向阳水库	莱山区院格庄街道	1979-5-1	小（1）型	115.9	71.5
善疃水库	福山区回里镇	1979-3-8	小（1）型	171.2	130.0
八甲水库	牟平区观水镇	1980-6-1	小（1）型	113.0	67.0
卫星水库	栖霞市桃村镇	1972-7-1	小（1）型	334.0	240.0
青松水库	牟平区观水镇	1972-6-1	小（1）型	120.6	54.0
圈里水库	栖霞市桃村镇	1972-7-1	小（1）型	157.0	103.0
营盘水库	栖霞市桃村镇	1972-9-1	小（1）型	301.15	187.0
南野夼水库	海阳市徐家店镇	1978-9-1	小（1）型	194.8	148.0
东刘家水库	海阳市郭城镇	1960-12-1	小（1）型	104.3	73.5
辽上水库	牟平区观水镇	1960-7-1	小（1）型	168.5	81.0
下杨家水库	牟平区观水镇	1966-5-1	小（1）型	240.0	145.0
落金水库	牟平区观水镇	1979-6-1	小（1）型	118.9	68.0
东庄水库	莱山区莱山街道	1970-5-31	小（2）型	16.7	7.0
安吉村水库	莱山区莱山街道	1958-5-1	小（2）型	51.25	22.0
南村水库	莱山区莱山街道	1957-5-1	小（2）型	28.0	12.0
石家疃水库	莱山经济开发区	1972-5-31	小（2）型	10.9	5.1
董家庄水库	莱山经济开发区	1958-5-1	小（2）型	12.0	6.2
狼夼水库	莱山区院格庄街道	1974-5-31	小（2）型	37.2	31.86
老母猪沟水库	莱山区院格庄街道	1990-6-30	小（2）型	11.5	7.4
哗啦湾水库	莱山区院格庄街道	1980-5-31	小（2）型	19.6	15.8
巫山庄水库	莱山区院格庄街道	1958-5-31	小（2）型	25.8	15.4
院格庄金清水库	莱山区院格庄街道	1958-5-1	小（2）型	39.6	24.4
尾夼水库	莱山区院格庄街道	1970-5-31	小（2）型	12.9	6.62
北夼水库	福山区回里镇	1958-6-3	小（2）型	22.1	19.1
道平水库	福山区回里镇	1970-9-28	小（2）型	23.85	21.1
槐树夼水库	福山区回里镇	1971-10-28	小（2）型	38.4	31.3
马家夼水库	福山区回里镇	1966-11-23	小（2）型	16.4	13.0
西北山水库	福山区回里镇	1978-6-30	小（2）型	36.2	24.8
北篓水库	福山区回里镇	1968-12-10	小（2）型	23.97	12.95
黄山院水库	福山区回里镇	1969-12-26	小（2）型	99.83	51.99
巨甲东沟水库	福山区回里镇	1967-6-22	小（2）型	20.08	15.2
塔口水库	福山区回里镇	1968-12-18	小（2）型	18.02	5.16
胡家夼水库	福山区回里镇	1958-12-24	小（2）型	54.0	37.5
改河水库	福山区回里镇	1968-11-22	小（2）型	60.01	18.8
龙湾水库	福山区回里镇	1968-12-27	小（2）型	25.86	12.61
初家水库	高新技术产业开发区卧龙园管委	1970-8-31	小（2）型	14.0	9.4
上车门水库	高新技术产业开发区卧龙园管委	1959-6-30	小（2）型	16.25	11.74
夏家水库	高新技术产业区卧龙园管委	1962-4-30	小（2）型	45.1	26.8
刘家水库	芝罘区黄务街道	1971-5-30	小（2）型	11.5	6.6
张家水库	芝罘区黄务街道	1966-4-30	小（2）型	10.739	5.926
东南哨水库	芝罘区只楚街道	1978-10-31	小（2）型	14.132	8.546
合计				3 311.541	2 132.102

1.3 测站概况

1.3.1 基本情况

福山水文站处于大沽夹河下游，距入海口 7.5 km，测站以上控制流域面积 997 km^2，属于区域代表站，于 1951 年 7 月由华东军政委员会水利部设立，1958 年 1 月撤站，1966 年 6 月复设，1975 年 6 月基本水尺断面上迁 94 m，详见表 5-2。

福山水文站测验河段顺直长约 1 000 m，河面宽 374 m，其中主槽约 200 m，右岸滩地 90 m，左岸滩地 84 m，2000 年河道加宽，两岸砌石护坡。主槽两岸为阔叶林带，滩地为沙壤土，砂质河床。基本水尺断面上游 400 m 处有公路桥一座，桥上游河道向右弯曲。2008 年 9 月基本水尺断面下游 140 m 处建成大沙埠橡胶坝一座，受其拦蓄影响，水位流量关系不稳定。基本水尺断面下游 2 km 处与清洋河汇合，当门楼水库大量泄洪时，会受回水顶托影响。

表 5-2 大沽夹河福山站测站沿革表

时间	沿革	观测项目
1951 年 7 月	设站	降水量
1958 年 1 月	撤站	—
1966 年 6 月	复设	水位、流量、降水量、蒸发量
1975 年 6 月	基本水尺断面上迁 94 m	水位、流量、降水量、蒸发量

1.3.2 基面换算关系

福山站采用冻结基面观测，其换算关系为：冻结基面以上米数-0.002 m = 1985 年国家高程基准面以上米数。

1.3.3 报汛站情况

福山站以上流域内共设有报汛站 7 处，分别为古现、老树夼、桃村、清泉埠、铁口、西回里、福山，详见表 5-3。

表 5-3 大沽夹河福山站以上参加面雨量计算雨量站情况表

河名	站名	站址	设站年月
大沽夹河	福山	福山区清洋街道大沙埠村	1966 年 6 月
大沽夹河	古现	海阳市郭城镇西古现村	1966 年 6 月
清阳河	老树夼	栖霞市桃村镇老树夼村	1966 年 6 月
桃村河	桃村	栖霞市桃村镇	1951 年 5 月
中村河	清泉埠	牟平区王格庄镇清泉埠村	1966 年 6 月
大沽夹河	铁口	栖霞市桃村镇铁口村	1952 年 7 月
大沽夹河	西回里	福山区回里镇西回里村	1971 年 6 月

1.3.4 集水面积变化情况

福山站以上流域面积变化情况见表 5-4。

表 5-4 大沽夹河福山站以上流域面积变化情况表

年份	1951—1953 年	1953—1966 年	1966 年至今
流域面积（km^2）	792	790（重新量算）	997（重新量算）

2 预报方案编制

2.1 资料情况

取用福山水文站复设之后的资料，即 1966—2019 年，年限为 54 年。本着选大水和有代表性的高中水、小洪水筛选的原则，选用 56 场次洪水编制预报方案。

2.2 产流方案

产流方案采用降雨径流相关图（$P+P_a-R$），详见图 5-2。

2.2.1 流域平均雨量 P 的计算

流域平均雨量 P 根据 7 处报汛站雨量采用算术平均法计算。

2.2.2 流域平均前期影响雨量 P_a 的计算

$$P_{a,t} = K(P_{a,t-1} + P_{t-1})$$

式中：$P_{a,t}$ 为当日的前期影响雨量（mm）；$P_{a,t-1}$ 为前一日的前期影响雨量（mm）；P_{t-1} 为前一日流域平均雨量（mm）；K 为前期影响雨量递减系数。

K=0.95（P_{t-1}<1.0 mm）；K=0.98（1.0 mm≤P_{t-1}<10.0 mm）；K=1.00（P_{t-1}≥10.0 mm）。

2.2.3 流域最大损失量 I_m 的确定

根据流域综合资料分析，采用 I_m = 100 mm，当 P_a≥100 mm 时，取 P_a=I_m，故 P_a 的取值范围 0<P_a≤100 mm。

2.2.4 暴雨中心位置的确定

暴雨中心在桃村、古现、老树夼、清泉埠站为上游，在铁口、西回里站为中游，在福山站为下游，流域普遍降雨时按均匀处理。

2.2.5 精度评定

在选取的 56 场洪水中，有 47 场洪水的点据合格，合格率为 83.9%，属乙级方案，详见表 5-5。

2.3 汇流方案

汇流方案主要采用经验单位线等方法。

根据淮委水文局实用水文预报构建系统中单位线汇流方案，求得 2 h 单位线 4 条，详见图 5-3。

2.4 大断面图

根据福山站 2021 年大断面实测成果点绘大断面图，详见图 5-4。

3 方案使用说明

3.1 产流方案

3.1.1 流域平均前期影响雨量 P_a 的确定

在进行洪水预报时，应对雨前计算的 P_a 值进行合理性分析，以确定 P_a 的取用值。由于 P_a 是根据公式逐日推算的，如果流域内发生局部降雨或代表性差的雨型，容易造成 P_a 值的计算误差；如果 P_a 计算值很小，遭遇强度较大的降雨，查读 $P+P_a$-R 关系曲线时容易造成 R 的查读值偏小；如果 P_a 计算值达到 I_m 值，应分析流域下垫面饱和程度，实际情况是否真正达到 I_m 值。同量级的 P_a 值在汛初、汛中、汛末对降雨径流的影响也不相同，一般来讲，相同的 P_a 值，汛中以后较汛中以前更有利于产汇流。

3.1.2 流域平均雨量 P 的确定

根据流域内雨情逐时段（$\Delta t=2$ h）计算时段平均雨量。当累积量达到或超过 50 mm 时，即可进行洪水作业预报。

3.1.3 径流深 R 的预报

根据所计算的前期影响雨量 P_a、流域平均雨量 P，查降雨径流相关图（$P+P_a$-R）得到径流 R。在实际预报作业时，应对有关影响因素进行综合分析判断，确定线形，并进行经验修正。一般来讲，汛初或久旱无雨，查Ⅱ线；P_a 值较高、产流面积较大、降雨强度大、河网基流较大，查Ⅰ线；当已经发生洪水过程再遭遇较大降水过程时，应于Ⅰ线偏右查值。

3.2 汇流方案

3.2.1 经验单位线

根据时段降雨推求时段净雨深，然后根据暴雨中心位置选择合适的单位线，推求区间流量洪水过程。

3.2.2 最高水位预报

根据推求的流量过程，即可得到最大洪峰流量及洪峰出现时间，再根据实际使用的水位流量关系曲线，通过洪峰流量可查得最高水位。

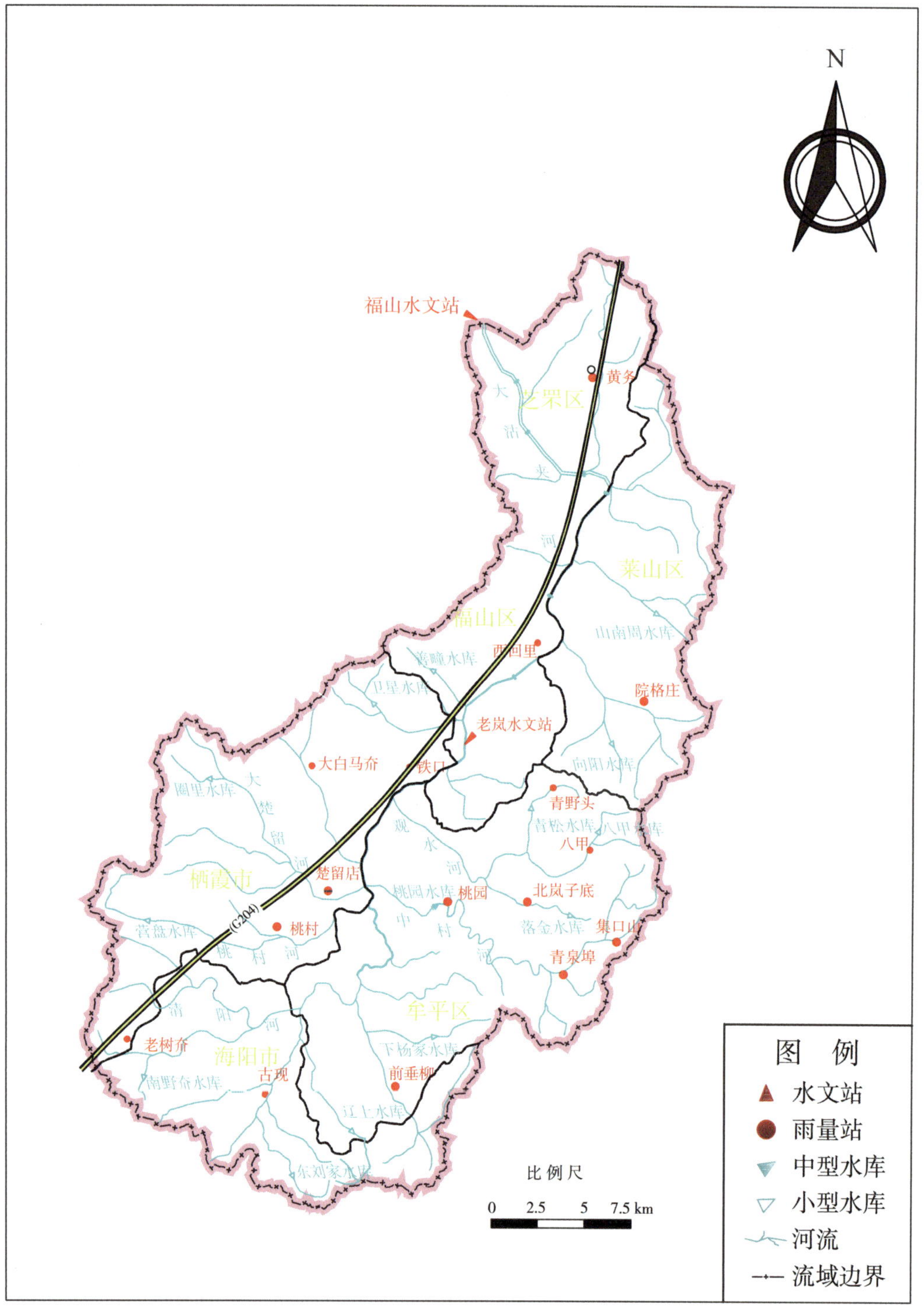

图 5-1 大沽夹河福山站以上流域图

表 5-5　大沽夹河福山水文站降雨径流预报精度评定表

序号	洪号	降雨起始时间	降雨结束时间	流域平均雨量 P（mm）	前期影响雨量 P_a（mm）	$P+P_a$（mm）	起涨流量（m^3/s）	实测径流深 $R_{实}$（mm）	预报径流深 $R_{预}$（mm）	预报误差（mm）	许可误差（mm）	评定结果		备注
												合格	不合格	
1	660810	1966/8/10　8：00	1966/8/10　20：00	27.6	100.0	127.6	13	8.3	6.0	-2.3	3.0	√		Ⅱ线
2	670812	1967/8/11　16：00	1967/8/12　6：00	45.2	100.0	145.2	27	13.2	10.7	-2.5	3.0	√		Ⅱ线
3	680820	1968/8/19　2：00	1968/8/21　2：00	84.6	73.4	158.0	14	15.6	18.3	2.7	3.1	√		Ⅱ线
4	690822	1969/8/21　18：00	1969/8/22　10：00	66.0	88.3	154.3	5	20.4	31.4	11.0	4.1		√	Ⅰ线
5	700724	1970/7/24　0：00	1970/7/24　22：00	117.9	100.0	217.9	42	102.8	87.6	-15.2	20.0	√		Ⅰ线
6	710829	1971/8/28　8：00	1971/8/28　20：00	60.6	98.5	159.1	27	37.5	35.5	-2.0	7.5	√		Ⅰ线
7	710904	1971/9/2　6：00	1971/9/3　22：00	124.8	95.2	220.0	25	91.2	89.5	-1.7	18.2	√		Ⅰ线
8	720708	1972/7/7　14：00	1972/7/8　14：00	113.4	39.0	152.4	3	25.1	29.8	4.7	5.0	√		Ⅰ线
9	720805	1972/8/5　2：00	1972/8/5　18：00	84.6	85.2	169.8	8	25.1	29.0	3.9	5.0	√		Ⅱ线
10	720809	1972/8/8　4：00	1972/8/9　0：00	41.0	98.0	139.0	25	26.2	8.5	-17.7	5.2		√	Ⅱ线
11	720818	1972/8/17　20：00	1972/8/18　22：00	77.3	90.6	167.9	8	28.9	27.2	-1.7	5.8	√		Ⅱ线
12	730901	1973/8/31　2：00	1973/8/31　22：00	154.8	85.4	240.2	10	82.3	95.0	12.7	16.5	√		Ⅱ线
13	730918	1973/9/17　12：00	1973/9/18　4：00	79.4	86.8	166.2	16	36.6	41.6	5.0	7.3	√		Ⅰ线
14	740814	1974/8/13　4：00	1974/8/14　18：00	91.3	100.0	191.3	29	63.4	63.6	0.2	12.7	√		Ⅰ线
15	750816	1975/8/13　12：00	1975/8/16　12：00	275.5	94.1	369.6	16	209.8	217.2	7.4	20.0	√		Ⅱ线
16	760813	1976/8/15　10：00	1976/8/15　20：00	18.5	98.2	116.7	91	7.7	8.9	1.2	3.0	√		Ⅰ线
17	770725	1977/7/24　12：00	1977/7/25　12：00	64.3	98.7	163.0	10	25.0	22.6	-2.4	5.0	√		Ⅱ线
18	770806	1977/8/5　18：00	1977/8/7　0：00	119.8	92.5	212.3	9	66.0	69.1	3.1	13.2	√		Ⅱ线
19	780816	1978/8/14　22：00	1978/8/16　14：00	90.8	98.6	189.4	36	55.7	62.0	6.3	11.1	√		Ⅰ线
20	790802	1979/8/1　12：00	1979/8/2　22：00	137.8	100.0	237.8	61	83.1	92.8	9.7	16.6	√		Ⅱ线
21	810728	1981/8/17　0：00	1981/8/17　14：00	55.8	74.6	130.4	4	5.8	6.4	0.6	3.0	√		Ⅱ线
22	850726	1985/7/26　4：00	1985/7/26　18：00	84.4	55.6	140.0	13	20.2	19.5	-0.7	4.0	√		Ⅰ线
23	850821	1985/8/20　10：00	1985/8/21　20：00	110.1	100.0	210.1	248	98.1	80.5	-17.6	19.6	√		Ⅰ线
24	850910	1985/9/5　4：00	1985/9/6　16：00	79.6	93.5	173.1	12	28.3	32.2	3.9	5.7	√		Ⅱ线
25	900722	1990/7/21　12：00	1990/7/23　10：00	72.8	97.4	170.2	38	30.3	29.3	-1.0	6.1	√		Ⅱ线
26	910725	1991/7/24　20：00	1991/7/25　16：00	95.1	63.4	158.5	0	15.5	18.7	3.2	3.1		√	Ⅱ线
27	910903	1991/9/2　14：00	1991/9/3　6：00	44.9	54.7	99.6	0	3.3	2.9	-0.4	3.0	√		Ⅱ线
28	930801	1993/7/28　2：00	1993/7/29　0：00	20.1	89.2	109.3	5	3.9	3.7	-0.2	3.0	√		Ⅱ线
29	940716	1994/7/15　16：00	1994/7/16　10：00	58.5	100.0	158.5	18	28.0	35.0	7.0	5.6		√	Ⅰ线

续表

序号	洪号	降雨起始时间	降雨结束时间	流域平均雨量 P（mm）	前期影响雨量 P_a（mm）	$P+P_a$（mm）	起涨流量（m^3/s）	实测径流深 $R_{实}$（mm）	预报径流深 $R_{预}$（mm）	预报误差（mm）	许可误差（mm）	评定结果		备注
												合格	不合格	
30	940810	1994/8/15　12：00	1994/8/16　14：00	48. 7	90. 7	139. 4	7	6. 2	8. 7	2. 5	3. 0	√		Ⅱ线
31	950823	1995/8/22　10：00	1995/8/23　10：00	100. 6	94. 2	194. 8	17	46. 8	53. 1	6. 3	9. 4	√		Ⅱ线
32	960617	1996/6/17　2：00	1996/6/17　18：00	53. 2	30. 6	83. 8	0	7. 9	5. 9	-2. 0	3. 0	√		Ⅰ线
33	960702	1996/7/1　20：00	1996/7/2　8：00	38. 5	97. 0	135. 5	13	11. 4	16. 4	5. 0	3. 0		√	Ⅰ线
34	980823	1998/8/22　12：00	1998/8/23　12：00	88. 2	88. 6	176. 8	12	45. 2	50. 9	5. 7	9. 0	√		Ⅰ线
35	010725	2001/7/25　14：00	2001/7/25　20：00	42. 5	96. 9	139. 4	0	8. 7	8. 7	0. 0	3. 0	√		Ⅱ线
36	010802	2001/8/1　2：00	2001/8/2　0：00	67. 4	100. 0	167. 4	190	27. 5	26. 7	-0. 8	5. 5	√		Ⅱ线
37	010805	2001/8/5　14：00	2001/8/5　20：00	37. 6	98. 0	135. 6	67	20. 3	16. 5	-3. 8	4. 1	√		Ⅰ线
38	030623	2003/6/22　18：00	2003/6/23　12：00	98. 6	35. 1	133. 7	0	16. 0	15. 1	-0. 9	3. 2	√		Ⅰ线
39	030728	2003/7/27　22：00	2003/7/28　10：00	70. 1	78. 5	148. 6	0	20. 4	12. 2	-8. 2	4. 1		√	Ⅱ线
40	030801	2003/8/1　2：00	2003/8/1　16：00	65. 3	94. 2	159. 5	8	38. 5	35. 8	-2. 7	7. 7	√		Ⅰ线
41	030824	2003/8/22　20：00	2003/8/24　6：00	147. 2	89. 4	236. 6	3	104. 7	91. 7	-13. 0	20. 0	√		Ⅱ线
42	030918	2003/9/17　14：00	2003/9/18　6：00	72. 8	80. 6	153. 4	7	28. 4	30. 7	2. 3	5. 7	√		Ⅰ线
43	040804	2004/8/4　4：00	2004/8/4　14：00	35. 2	98. 0	133. 2	0	12. 9	14. 8	1. 9	3. 0	√		Ⅰ线
44	050808	2005/8/7　20：00	2005/8/8　14：00	87. 2	98. 0	185. 2	78	48. 6	44. 2	-4. 4	9. 7	√		Ⅱ线
45	060727	2006/7/26　22：00	2006/7/27　22：00	70. 6	68. 4	139. 0	0	22. 0	18. 8	-3. 2	4. 4	√		Ⅰ线
46	070920	2007/9/18　20：00	2007/9/20　20：00	133. 1	31. 3	164. 4	0	31. 7	23. 9	-7. 8	6. 3		√	Ⅱ线
47	080724	2008/7/23　6：00	2008/7/24　14：00	57. 1	97. 0	154. 1	33	20. 6	15. 4	-5. 2	4. 1		√	Ⅱ线
48	080818	2008/8/17　12：00	2008/8/18　8：00	77. 9	97. 3	175. 2	14	33. 3	34. 3	1. 0	6. 7	√		Ⅱ线
49	090714	2009/7/13　16：00	2009/7/14　14：00	58. 8	97. 1	155. 9	42	13. 9	16. 6	2. 7	3. 0	√		Ⅱ线
50	100719	2010/7/17　22：00	2010/7/18　14：00	96. 6	45. 3	141. 9	0	8. 2	9. 4	1. 2	3. 0	√		Ⅱ线
51	110703	2011/7/2　14：00	2011/7/3　18：00	76. 6	86. 4	163. 0	0	36. 2	38. 9	2. 7	7. 2	√		Ⅰ线
52	110808	2011/8/7　16：00	2011/8/8　20：00	105. 0	100. 0	205. 0	89	73. 3	75. 9	2. 6	14. 7	√		Ⅰ线
53	120706	2012/7/5　4：00	2012/7/6　2：00	81. 7	56. 1	137. 8	0	16. 4	17. 9	1. 5	3. 3	√		Ⅰ线
54	120819	2012/8/18　2：00	2012/8/19　14：00	75. 7	96. 1	171. 8	0	38. 3	30. 9	-7. 4	7. 7	√		Ⅱ线
55	130713	2013/7/13　0：00	2013/7/13　22：00	103. 1	100. 0	203. 1	185	74. 0	74. 2	0. 2	14. 8	√		Ⅰ线
56	130724	2013/7/27　2：00	2013/7/27　20：00	52. 6	94. 1	146. 7	56	17. 2	11. 4	-5. 8	3. 5		√	Ⅱ线

备注：1. 合格率=83. 9%；2. 预报误差=预报值-实测值；3. 许可误差=实测值的 20%，并以 20. 0 mm 为上限，以 3. 0 mm 为下限；4. 本方案等级为乙级。

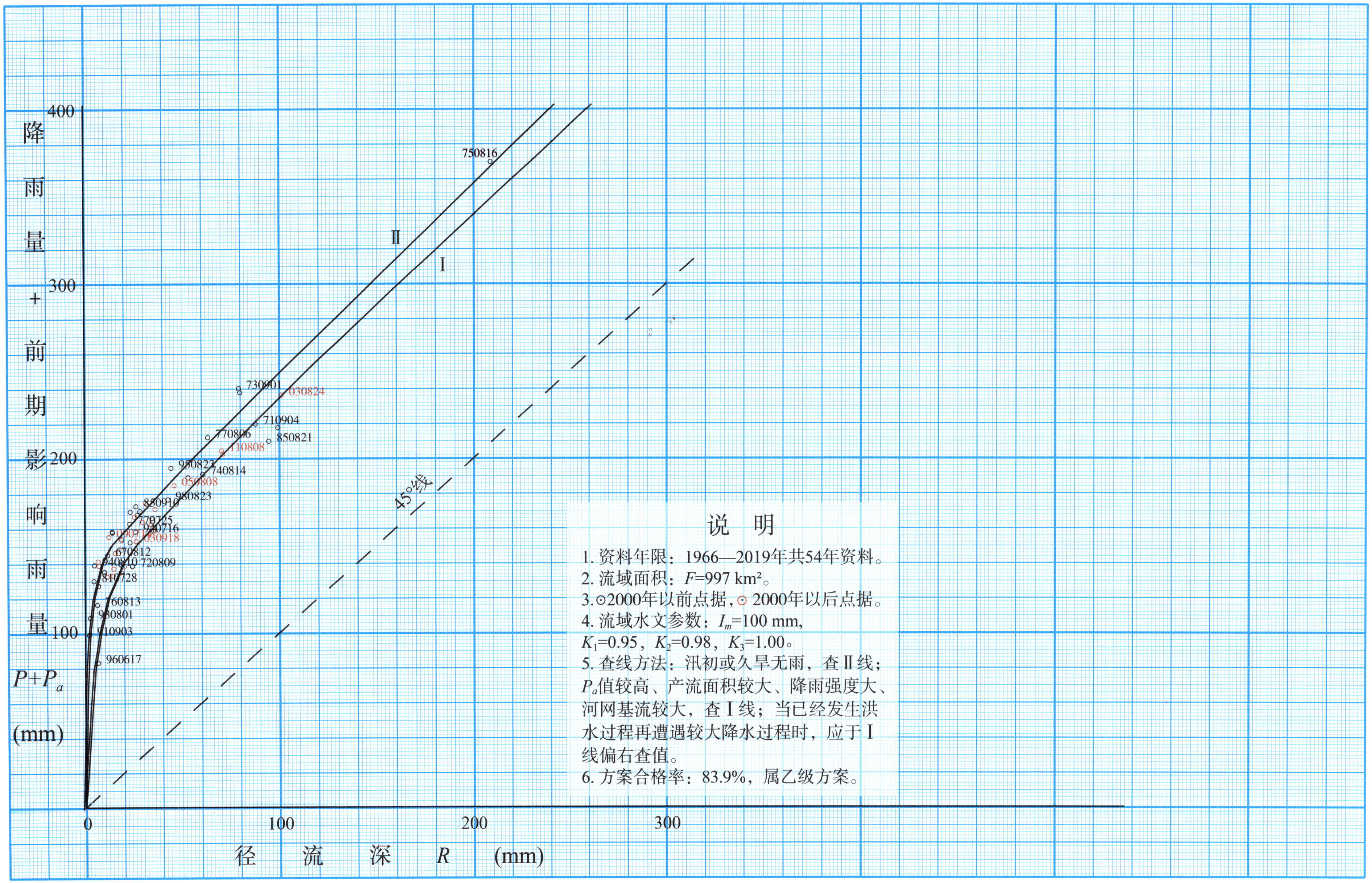

图 5-2　大沽夹河福山站降雨径流相关图（$P+P_a$-R）

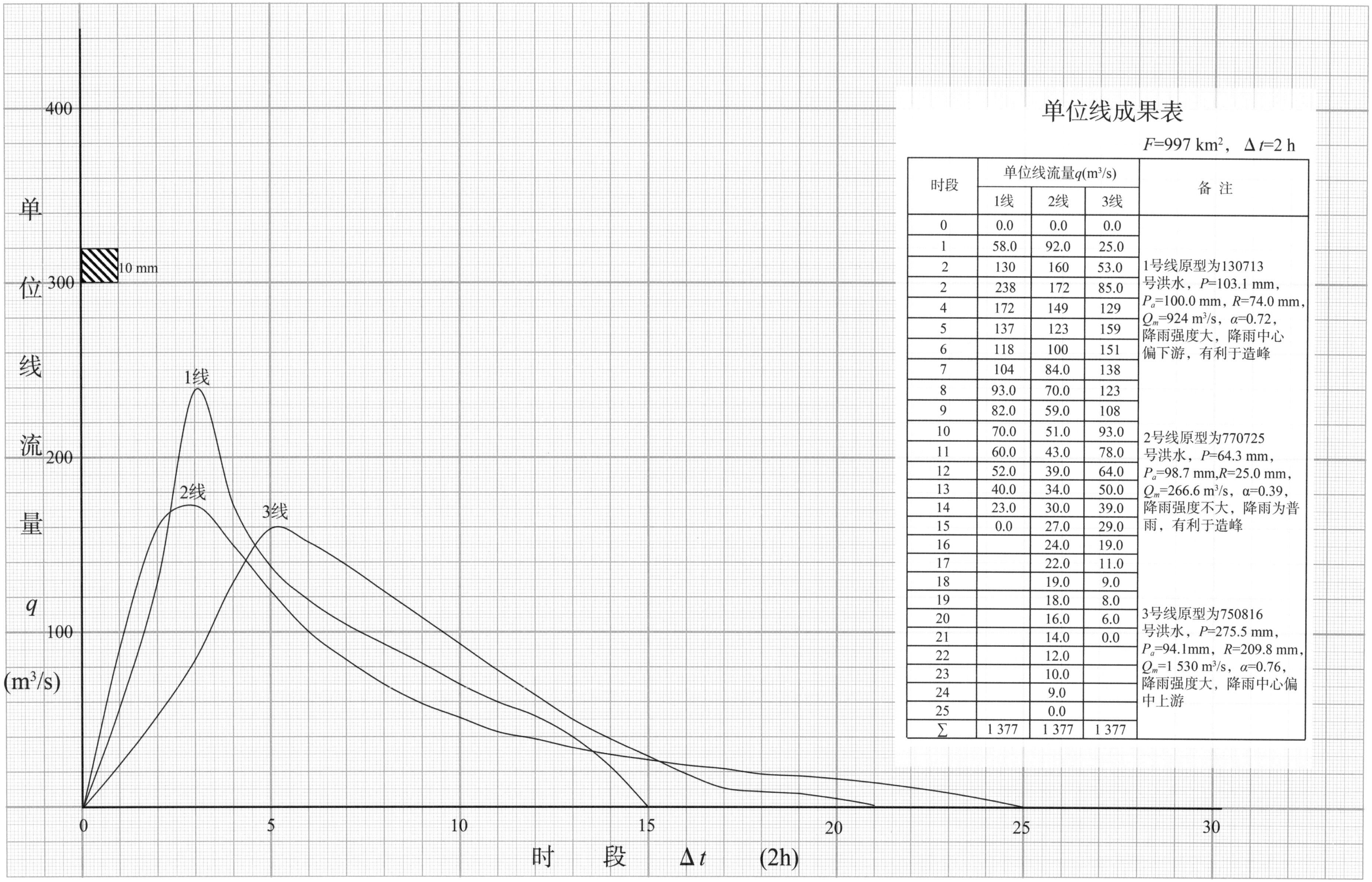

单位线成果表

F=997 km², Δt=2 h

时段	单位线流量q(m³/s)			备 注
	1线	2线	3线	
0	0.0	0.0	0.0	
1	58.0	92.0	25.0	
2	130	160	53.0	1号线原型为130713号洪水，P=103.1 mm，P_a=100.0 mm，R=74.0 mm，Q_m=924 m³/s，α=0.72，降雨强度大，降雨中心偏下游，有利于造峰
2	238	172	85.0	
4	172	149	129	
5	137	123	159	
6	118	100	151	
7	104	84.0	138	
8	93.0	70.0	123	
9	82.0	59.0	108	
10	70.0	51.0	93.0	2号线原型为770725号洪水，P=64.3 mm，P_a=98.7 mm,R=25.0 mm，Q_m=266.6 m³/s，α=0.39，降雨强度不大，降雨为普雨，有利于造峰
11	60.0	43.0	78.0	
12	52.0	39.0	64.0	
13	40.0	34.0	50.0	
14	23.0	30.0	39.0	
15	0.0	27.0	29.0	
16		24.0	19.0	
17		22.0	11.0	
18		19.0	9.0	
19		18.0	8.0	
20		16.0	6.0	3号线原型为750816号洪水，P=275.5 mm，P_a=94.1mm，R=209.8 mm，Q_m=1 530 m³/s，α=0.76，降雨强度大，降雨中心偏中上游
21		14.0	0.0	
22		12.0		
23		10.0		
24		9.0		
25		0.0		
∑	1 377	1 377	1 377	

图 5-3 大沽夹河福山站单位线图

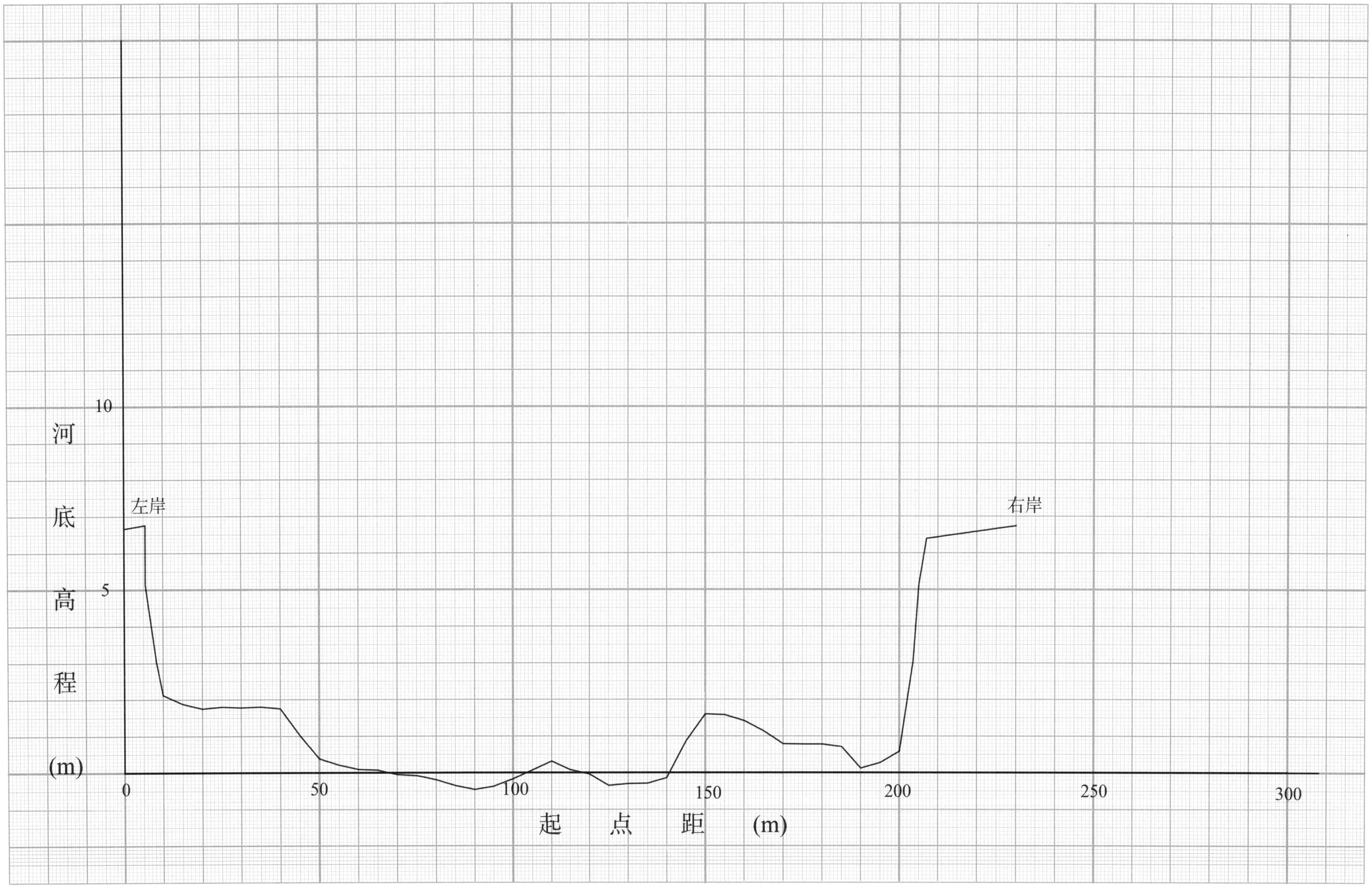

图 5–4　大沽夹河福山站大断面图

第六章　沁水河牟平站水文预报方案编制说明*

1　流域概况

1.1　流域自然地理特征

沁水河发源于烟台市牟平区玉林店镇大尖崮南山峰及水道镇西直格庄一带，位于牟平区中部，流域面积 179.3 km^2，主干河流全长 25.5 km，平均宽 150 m，河床纵坡降平原区 2%。沁水河支流屯圈河流经玉林店镇，全长 10.5 km，宽 30 m，流域面积 36.4 km^2。

沁水河流域地势南高北低。羊角埠村以南地区为山丘区，最高为五爪山，海拔 518 m，次有岿山 455 m；丘陵区高程一般在 100~200 m，山坡坡度多在 30°左右，沟谷狭窄，其他丘陵地形平缓，坡度一般在 10°~20°，沟谷开阔，相对切割深度小于 100 m。羊角埠村以北为平原区和准平原区，地形平坦或稍有起伏，高程一般在 50 m 以内，沁水河河谷两侧发育一级阶地，阶面平坦，高出河床 3~5 m；河床两侧尚有不连续的漫滩阶地，宽 10~20 m，最宽 50 m，高出河床 1~3 m。

沁水河流域地层为太古界和元古界中深变质岩系和第四纪松散堆积层。变质岩主要分布于水道镇、玉林店镇以西。松散堆积层主要在山丘区河谷两侧及下游平原区分布，岩性为冲洪积、坡洪积、海积等亚砂土、亚黏土、砂砾层等，局部有淤泥质土，各地厚度不一，山丘区河谷两侧厚度不到 10 m，平原一般 20~40 m，最厚达 50 m。

沁水河流域为温暖带东亚大陆性季风气候，四季特征明显，多年平均气温 11.6 ℃，多年平均年降水量 753.0 mm，70%以上降雨集中于汛期，30 年一遇洪峰流量 1 321 m^3/s，多年平均年径流量 3 532 万 m^3。沁水河流域现有林地面积 6 956 hm^2、草地 279 hm^2、荒地 1 194 hm^2。流域内由于采取封山育林等水土保持措施，林地保护得较好，尚有 65.61 km^2 的水土流失面积有待治理。

沁水河牟平水文站以上流域图见图 6-1。

1.2　水利工程情况

沁水河流域内有小（1）型水库 4 座、小（2）型水库 6 座，总控制面积 35.37 km^2，总兴利库容 721.45 万 m^3；塘坝 27 座，拦河闸 1 处，橡胶坝 2 处。详见表 6-1。

表 6-1　沁水河牟平站以上（区间）主要水利工程基本情况表

水库名称	地址	兴建时间	类型	控制面积（km^2）	总库容（万 m^3）	兴利库容（万 m^3）
大窑水库	烟台市牟平区大窑街道南大窑村	1969-05-01	小（1）型	4.8	151.3	118.6
新愚公水库	烟台市牟平区大窑街道新愚公村	1966-08-01	小（1）型	11.5	485.5	285
东风水库	烟台市牟平区玉林店镇东风村	1972-01-01	小（1）型	8.0	293.6	162
店子水库	烟台市牟平区玉林店镇店子村	1979-12-01	小（1）型	2.7	119.0	79.6
后庄水库	烟台市牟平区玉林店镇后庄村	1965-05-01	小（2）型	1.6	14.6	7.2
头日庵水库	烟台市牟平区玉林店镇头日庵村	1980-05-01	小（2）型	0.81	18.4	12.3
九龙池水库	烟台市牟平区玉林店镇九龙夼村	1977-05-01	小（2）型	1.96	19.1	10.0
南红石头水库	烟台市牟平区玉林店镇南红石头村	1969-05-01	小（2）型	1.3	14.3	4.3
西埠水库	烟台市牟平区玉林店镇西埠村	1977-03-01	小（2）型	1.4	50.5	35.45
玉林店水库	烟台市牟平区玉林店镇玉林店村	1957-05-01	小（2）型	1.3	12.0	7.0
合计				35.37	1 178.3	721.45

1.3　测站概况

1.3.1　基本情况

牟平水文站属于小河站，于 1981 年 1 月由山东省水文总站设立，集水面积 150 km^2。2002 年 6 月断面下迁 1 000 m，位于宁海街道烟威公路桥北 800 m、芷坊村东约 500 m 处，集水面积变为 168 km^2，由常年测流改为汛期测流。

测验河段主槽宽约 130 m，两岸为浆砌块石护坡。河床由沙壤土组成，河底为细沙。测验断面距河口 5 km，坡降较大，一般不受潮水顶托影响。

原测流断面在热电厂橡胶坝上游约 1 000 m 处，橡胶坝的建成导致无法测流，故原测流断面下迁至橡胶坝断面，流量测验采用建筑物公式推流。橡胶坝坝头为倾斜式，过水断面为梯形，最大坝高为 3.35 m。坝上水尺设在左岸，距橡胶坝断面 30 m。放水洞入口在橡胶坝上游左岸处，放水洞直径 0.8 m，采用碟形闸门控制，系暗管，其出水口在消力池内。橡胶坝上游 1 200 m 的范围内两岸系浆砌块石砌成，近似垂直；下游 100 m 左岸有漫滩，大洪水时影响泄洪。在橡胶坝上游约 30 m 处的右岸有一小支流汇入。

1.3.2 基面换算关系

牟平站采用冻结基面观测，其换算关系为：冻结基面以上米数+5.368 m=1985 年国家高程基准面以上米数。

1.3.3 报汛站情况

牟平站以上流域内共设有报汛站 5 处，分别为徐家疃、玉林店、西柳庄、十六里头、牟平，详见表 6-2。

表 6-2 沁水河牟平站以上流域内参加面雨量计算的雨量站情况表

站名	站址	设站时间
徐家疃	山东省烟台市牟平区玉林店镇徐家疃村	1981 年
玉林店	山东省烟台市牟平区玉林店镇玉林店村	1981 年
西柳庄	山东省烟台市昆嵛区西柳庄村	1981 年
十六里头	山东省烟台市牟平区玉林店镇十六里头村	1981 年
牟平	山东省烟台市牟平区宁海街道芷坊村	1981 年

1.3.4 集水面积变化情况

牟平站以上流域面积变化情况见表 6-3。

表 6-3 沁水河牟平站以上流域面积变化情况表

年份	1981—2001 年	2002 年至今
流域面积（km^2）	150	168

2 预报方案编制

2.1 资料情况

本方案取用牟平站建站以后的资料，即 1981—2019 年共 39 年资料。其中，2002 年之后牟平站改用橡胶坝推流，整编资料按照水库整编。本次方案编制本着高中水不漏、小洪水筛选的原则，选用 32 场次洪水。

2.2 产流方案

产流方案采用降雨径流经验相关的方法，降雨径流相关图（$P+P_a-R$）见图 6-2。

2.2.1 流域平均雨量 P 的计算

流域平均雨量 P 根据 5 处报汛站雨量采用算术平均法计算。

2.2.2 流域平均前期影响雨量 P_a 的计算

$$P_{a,t}=K(P_{a,t-1}+P_{t-1})$$

式中：$P_{a,t}$ 为当日的前期影响雨量（mm）；$P_{a,t-1}$ 为前一日的前期影响雨量（mm）；P_{t-1} 为前一日流域平均雨量（mm）；K 为前期影响雨量递减系数。

$K=0.95$（$P_{t-1}<1.0$ mm）；$K=0.98$（1.0 mm$\leqslant P_{t-1}<$10.0 mm）；$K=1.00$（$P_{t-1}\geqslant$10.0 mm）。

2.2.3 流域最大损失量 I_m 的确定

根据流域综合资料分析，采用 $I_m=100$ mm，当 $P_a\geqslant100$ mm 时，取 $P_a=I_m$，故 P_a 的取值范围 $0<P_a\leqslant100$ mm。

2.2.4 暴雨中心位置的确定

暴雨中心在西柳庄、徐家疃站为上游，在玉林店、十六里头站为中游，在牟平站为下游，流域普遍降雨时按均匀处理。

2.2.5 精度评定

在选取的 32 场洪水中，有 25 场洪水的点据合格，合格率为 78.1%，属乙级方案，详见表 6-4。

2.3 汇流方案

汇流方案主要采用峰量关系图、经验单位线等方法。

2.3.1 峰量关系图 R-T_c-$Q_{m净}$

以有效降雨历时 T_c 作为参数，建立峰量关系曲线 R-T_c-$Q_{m净}$。其中，T_c 为有效降雨历时，是指实际能产生径流、对造峰有明显影响的降雨历时，采取占降水量 80% 的降雨连续时段数；R 为一次降雨产生的径流深；$Q_{m净}$ 为一次降雨过程产生的区间净峰流量。$Q_{m净}$ 为实测净峰流量 $Q'_{m净}$ 根据集水面积改正后的净峰流量，牟平站需要修正 2002 年以前的洪峰，其改正公式为

$$Q_{m净}=Q'_{m净}(F_{现}/F_{原})^{2/3}$$

式中：$Q_{m净}$ 为根据集水面积改正后的净峰流量（m^3/s）；$Q'_{m净}$ 为实测净峰流量（m^3/s）；$F_{现}$ 为现牟平站以上区间面积，为 168 km^2；$F_{原}$ 为 1981—2001 年牟平站以上区间面积，即 150 km^2。

根据 32 个洪水点据分析，通过点群中心并照顾同一 R 值随 T_c 增大 $Q_{m净}$ 逐渐减少的趋势定线，峰量关系图见图 6-3。

精度评定：按照许可误差为 20% 实测值的标准进行逐次洪水评定。本方案共选用牟平站 1981—2019 年实测点据 32 个，合格 24 个，合格率为 75.0%，符合乙等方案，详见表 6-5。

2.3.2 经验单位线法

根据淮委水文局实用水文预报构建系统中单位线汇流方案，求得 1 h 单位线 3 条，详见图 6-4。

3 方案使用说明

3.1 产流方案

3.1.1 流域平均前期影响雨量 P_a 值的确定

在进行洪水预报时，应对雨前计算的 P_a 值进行合理性分析，以确定 P_a 的取用值。由于 P_a 是根据公式逐日推算的，如果流域内发生局部降雨或代表性差的雨型，容易造成 P_a 值的计算误差；如果 P_a 计算值很小，遭遇强度较大的降雨，查读 $P+P_a-R$ 关系曲线时容易造成 R 的查读值偏小；如果 P_a 计算值达到 I_m 值，应分析流域下垫面饱和程度，实际情况是否真正达到 I_m 值。同量级的 P_a 值在汛初、汛中、汛末对降雨径流的影响也不相同，一般来讲，相同的 P_a 值，汛中以后较汛中以前更有利于产汇流。

3.1.2 流域平均雨量 P 的确定

根据流域内雨情逐时段（Δt = 1 h）计算时段平均雨量。当累积雨量达到或超过 50 mm 时，即可进行洪水作业预报。经分析历史洪水资料可知，流域内玉林店雨量站代表性较好，准确掌握该站雨量过程，对精确计算流域平均雨量尤为重要。

3.1.3 径流深 R 的预报

根据所计算的前期影响雨量 P_a、流域平均雨量 P，查降雨径流相关图（$P+P_a-R$）得到径流深 R。在实际预报作业时，应对有关影响因素进行综合分析判断，确定线形，并进行经验修正。一般来讲，汛初或久旱无雨，查Ⅱ线；P_a 值较高、产流面积较大、降雨强度大、河网基流较大，查Ⅰ线；当已经发生洪水过程再遭遇较大降水过程时，应于Ⅰ线偏右查值。

3.2 汇流方案

3.2.1 峰量关系图

根据 R，T_c 查询 $R\text{-}T_c\text{-}Q_{m净}$ 关系曲线得到 $Q_{m净}$，当 T_c 介于两条关系曲线之间时，首先查出两条曲线中对应 $Q_{m净}$ 的数值，然后进行插补；当 T_c 大于 10 h 或者小于 2 h 时根据最近的关系线插补外延。由查出的净峰流量加上预报场次洪水的起涨流量得出牟平站预报洪水的洪峰流量。

3.2.2 经验单位线

在进行洪水作业预报时，视本次降雨情况选定与其降雨特点相近的经验单位线。

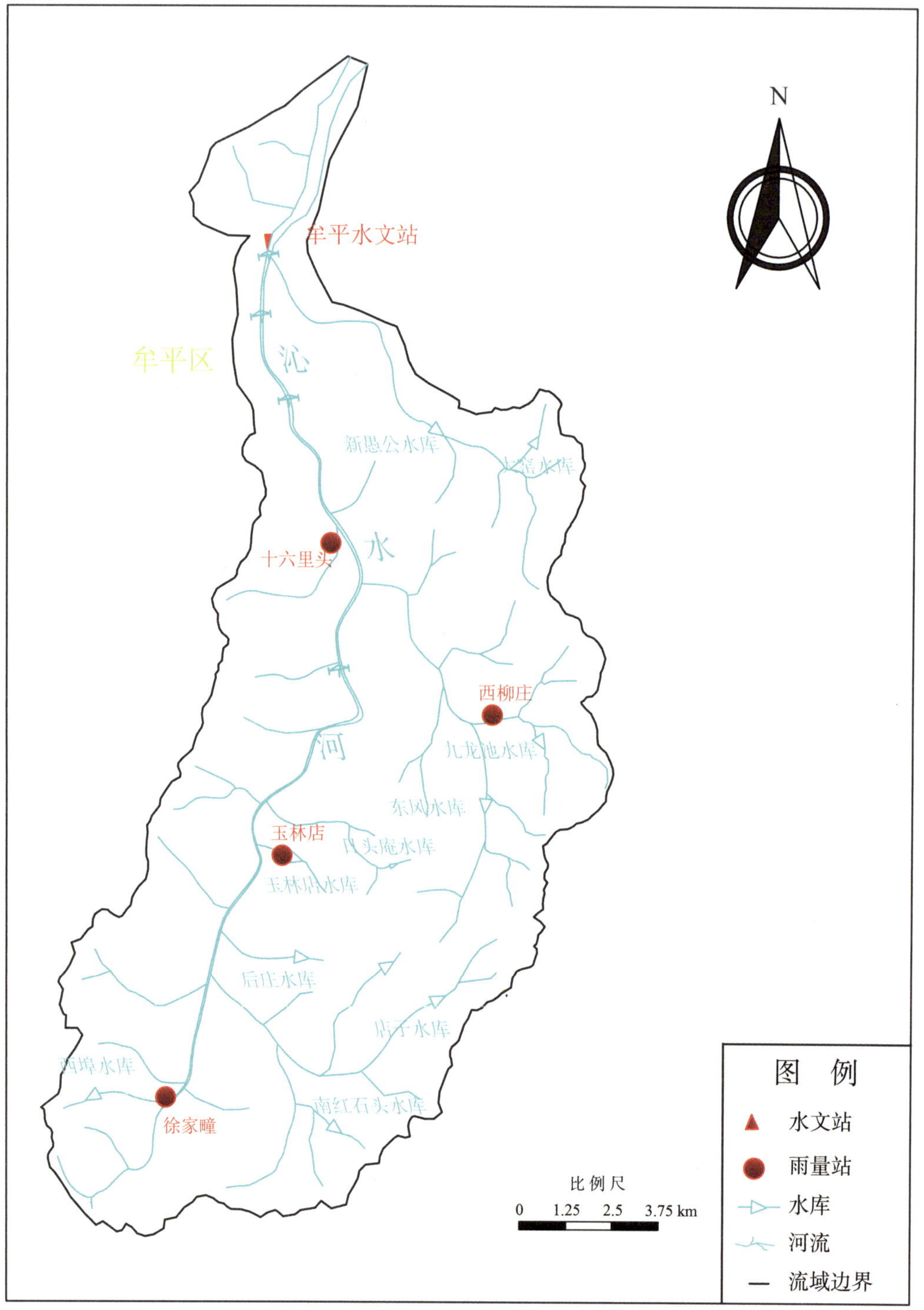

图 6-1 沁水河牟平水文站以上流域图

表 6-4　沁水河牟平水文站降雨径流预报精度评定表

序号	洪号	降雨起始时间	降雨结束时间	流域平均雨量 P（mm）	前期影响雨量 P_a（mm）	$P+P_a$（mm）	起涨流量（m^3/s）	实测径流深 $R_{实}$（mm）	预报径流深 $R_{预}$（mm）	预报误差（mm）	许可误差（mm）	评定结果	
												合格	不合格
1	810705	1981/7/5　10：00	1981/7/5　22：00	61.0	28.4	89.4	0	6.3	8.2	1.9	3.0	√	
2	810708	1981/7/8　14：00	1981/7/8　20：00	27.8	66.4	94.2	1	6.8	9.1	2.3	3.0	√	
3	810817	1981/8/17　2：00	1981/8/17　8：00	78.1	8.8	86.9	0	9.2	7.8	-1.4	3.0	√	
4	830730	1983/7/30　0：00	1983/7/30　8：00	38.6	22.8	61.4	0	4.2	4.6	0.4	3.0	√	
5	830909	1983/9/8　16：00	1983/9/9　10：00	72.3	25.3	97.6	0	14.8	9.9	-4.9	3.0		√
6	840727	1984/7/27　2：00	1984/7/27　10：00	25.2	43.0	68.2	2	7.0	5.4	-1.6	3.0	√	
7	840830	1984/8/30　10：00	1984/8/30　18：00	25.7	46.9	72.6	8	12.7	12.3	-0.4	3.0	√	
8	850726	1985/7/25　20：00	1985/7/26　2：00	63.0	10.6	73.6	0	11.8	12.5	0.7	3.0	√	
9	850820	1985/8/19　4：00	1985/8/19　16：00	61.4	60.3	121.7	3	32.8	30.8	-2.0	6.6	√	
10	850905	1985/9/5　4：00	1985/9/5　18：00	91.5	27.9	119.4	0	28.5	29.8	1.3	5.7	√	
11	870827	1987/8/27　8：00	1987/8/27　14：00	36.9	52.1	89.0	0	10.9	8.1	-2.8	3.0	√	
12	870904	1987/9/4　0：00	1987/9/5　2：00	72.3	35.6	107.9	0	11.8	13.1	1.3	3.0	√	
13	880817	1988/8/16　18：00	1988/8/17　6：00	70.0	32.4	102.4	1	26.9	22.6	-4.3	5.4	√	
14	880827	1988/8/26　16：00	1988/8/27　10：00	72.3	44.0	116.3	1	25.7	28.3	2.6	5.1	√	
15	900707	1990/7/6　18：00	1990/7/7　4：00	67.0	29.2	96.2	0	18.2	20.2	2.0	3.6	√	
16	900813	1990/8/13　18：00	1990/8/13　22：00	23.2	22.6	45.8	19	13.0	3.1	-9.9	3.0		√
17	900818	1990/8/18　4：00	1990/8/18　16：00	44.9	74.7	119.6	3	22.0	17.9	-4.1	4.4	√	
18	910725	1991/7/25　2：00	1991/7/25　12：00	86.8	16.5	103.3	0	13.6	11.6	-2.0	3.0	√	
19	940816	1994/8/15　16：00	1994/8/16　2：00	58.3	50.5	108.8	1	23.8	25.1	1.3	4.8	√	
20	950804	1995/8/4　14：00	1995/8/4　22：00	59.3	57.2	116.5	0	16.6	16.5	-0.1	3.3	√	
21	950818	1995/8/18　0：00	1995/8/18　8：00	41.5	44.9	86.4	5	20.4	16.7	-3.7	4.1	√	
22	950823	1995/8/22　22：00	1995/8/23　6：00	71.9	54.5	126.4	5	38.7	33.2	-5.5	7.7	√	
23	970820	1997/8/19　16：00	1997/8/20　4：00	175.4	100.0	275.4	0	63.8	115.9	52.1	12.8		√
24	980731	1998/7/31　4：00	1998/7/31　14：00	76.8	30.1	106.9	1	10.5	12.8	2.3	3.0	√	
25	980823	1998/8/22　12：00	1998/8/23　4：00	67.6	37.8	105.4	2	20.5	23.7	3.2	4.1	√	
26	010728	2001/7/28　2：00	2001/7/28　12：00	64.7	76.5	141.2	15	33.3	28.6	-4.7	6.7	√	
27	030823	2003/8/23　16：00	2003/8/23　22：00	106.2	100.0	206.2	61	55.6	66.5	10.9	11.1	√	
28	080719	2008/7/18　14：00	2008/7/19　8：00	109.8	54.6	164.4	0	56.4	57.3	0.9	11.3	√	
29	110916	2011/9/16　0：00	2011/9/16　4：00	47.6	100.0	147.6	4	21.0	32.0	11.0	4.2		√
30	120818	2012/8/18　2：00	2012/8/18　10：00	45.8	96.0	141.8	1	19.7	28.9	9.2	3.9		√
31	130713	2013/7/13　2：00	2013/7/13　16：00	91.3	100.0	191.3	18	23.0	56.9	33.9	4.6		√
32	140725	2014/7/24　22：00	2014/7/25　18：00	221.9	54.9	276.8	1	87.0	116.9	29.9	17.4		√

备注：1. 合格率=78.1%；2. 预报误差=预报值-实测值；3. 许可误差=实测值的 20%，并以 20.0 mm 为上限，以 3.0 mm 为下限；4. 本方案等级为乙级。

表6-5　沁水河牟平水文站峰量关系预报精度评定表

序号	洪号	径流深 R（mm）	有效降雨历时 T_c（h）	净峰流量		预报误差（m^3/s）	许可误差（m^3/s）	评定结果		序号	洪号	径流深 R（mm）	有效降雨历时 T_c（h）	净峰流量		预报误差（m^3/s）	许可误差（m^3/s）	评定结果	
				$Q_{m净实}$（m^3/s）	$Q_{m净预}$（m^3/s）			合格	不合格					$Q_{m净实}$（m^3/s）	$Q_{m净预}$（m^3/s）			合格	不合格
1	810705	6.3	4	26.4	45.0	18.6	5.3		√	17	900818	22.0	6	152	134	-18	30.4	√	
2	810708	6.8	6	38.6	33.0	-5.6	7.7	√		18	910725	13.6	6	65.3	67.5	2.2	13.1	√	
3	810817	9.2	4	87.4	84.1	-3.3	17.5	√		19	940816	23.8	6	126	153	27	25.2		√
4	830730	4.2	4	18.5	30.0	11.5	3.7		√	20	950804	16.6	6	95.4	88.0	-7.4	19.1	√	
5	830909	14.8	4	151	131	-20	30.2	√		21	950818	20.4	8	68.3	71.0	2.7	13.7	√	
6	840727	7.0	8	22.4	22.4	0	4.5	√		22	950823	38.7	6	370	341	-29	74.0	√	
7	840830	12.7	6	61.6	68.5	6.9	12.3	√		23	970820	63.8	8	450	470	20	90.0	√	
8	850726	11.8	2	187	194	7	37.4	√		24	980731	10.5	2	148	168	20	29.6	√	
9	850820	32.8	6	203	257	54	40.6		√	25	980823	20.5	8	92.0	70.5	-21.5	18.4		√
10	850905	28.5	6	181	202	21	36.2	√		26	010728	33.3	6	195	265	70	39.0		√
11	870827	10.9	4	75.0	88.0	13	15.0	√		27	030823	55.6	2	1 300	1 257	-43	260	√	
12	870904	11.8	6	63.9	58.6	-5.3	12.8	√		28	080719	56.4	8	420	385	-35	84.0	√	
13	880817	26.9	10	65.7	65.7	0	13.1	√		29	110916	21.0	6	96.7	124	27.3	19.3		√
14	880827	25.7	6	156	170	14	31.2	√		30	120818	19.7	6	110	112	2	22.0	√	
15	900707	18.2	4	170	177	7	34.0	√		31	130713	23.0	6	172	143	-29	34.4	√	
16	900813	13.0	6	82.6	64.0	-18.6	16.5		√	32	140725	87.0	10	520	520	0	104	√	

备注：1. 合格率=75.0%；2. 预报误差=预报值-实测值；3. 许可误差=实测值的20%；4. 本方案等级为乙级。

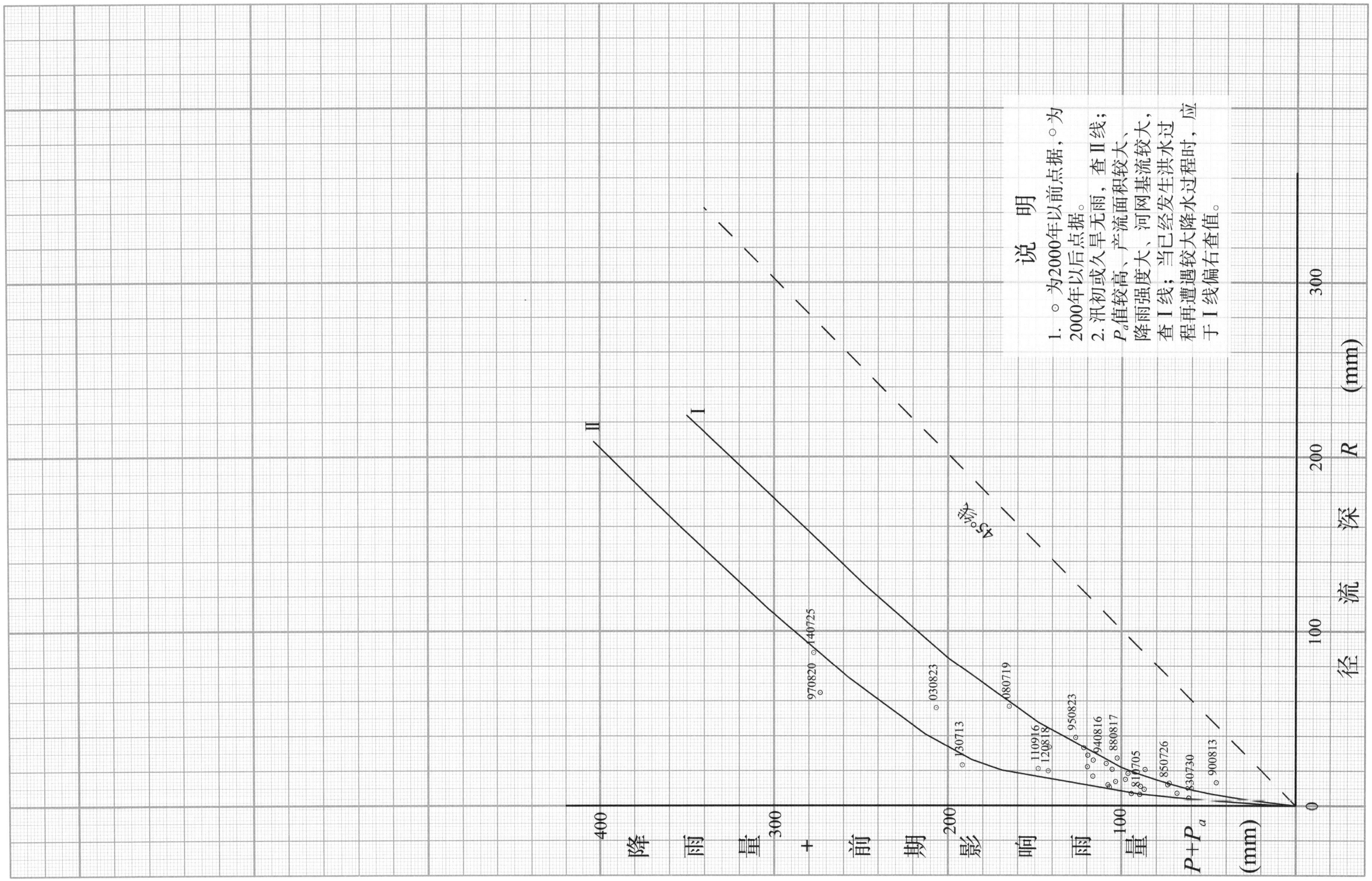

图 6-2　沁水河牟平站降雨径流相关图（$P+P_a$-R）

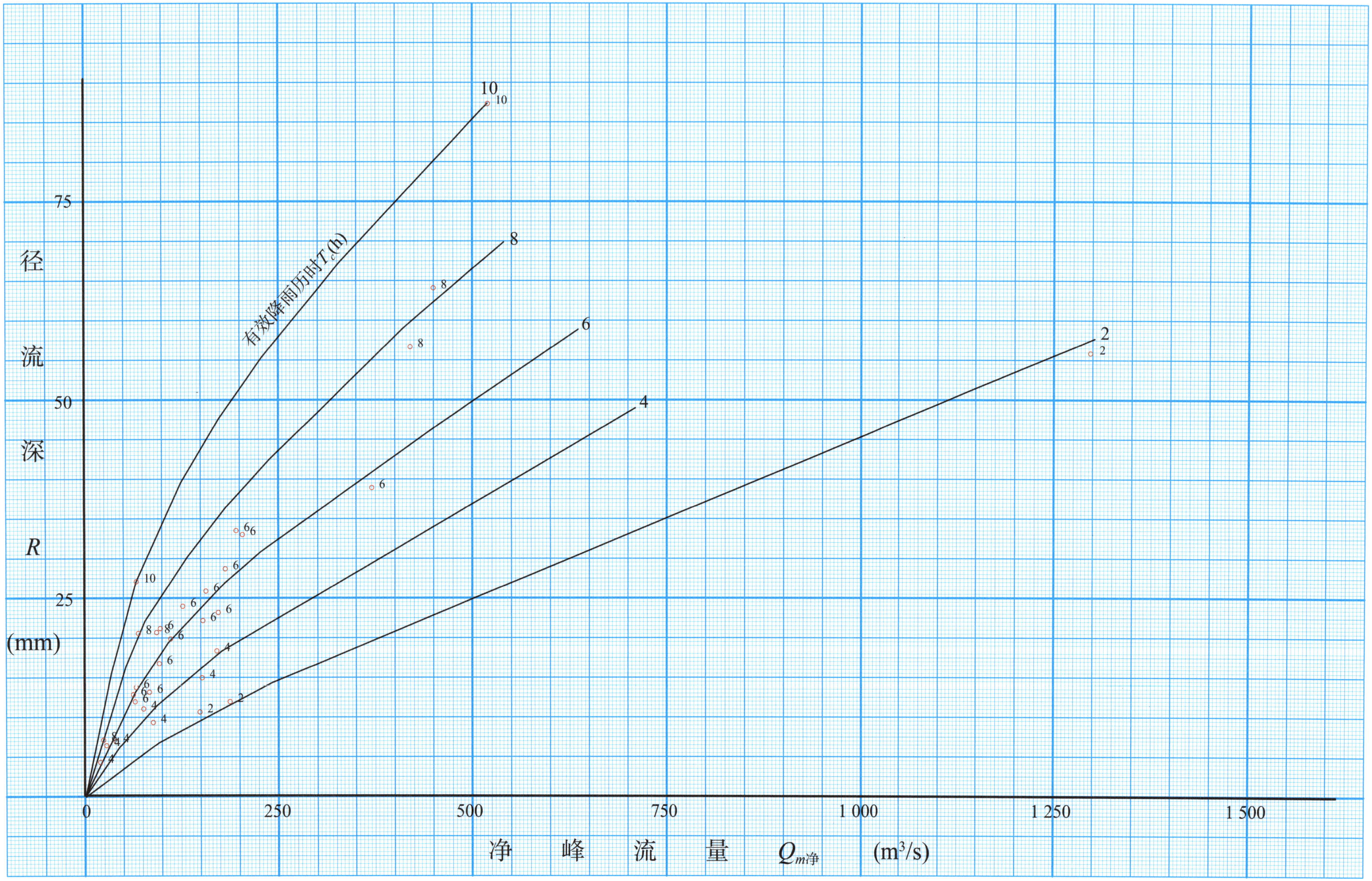

图 6-3 沁水河牟平站峰量关系图

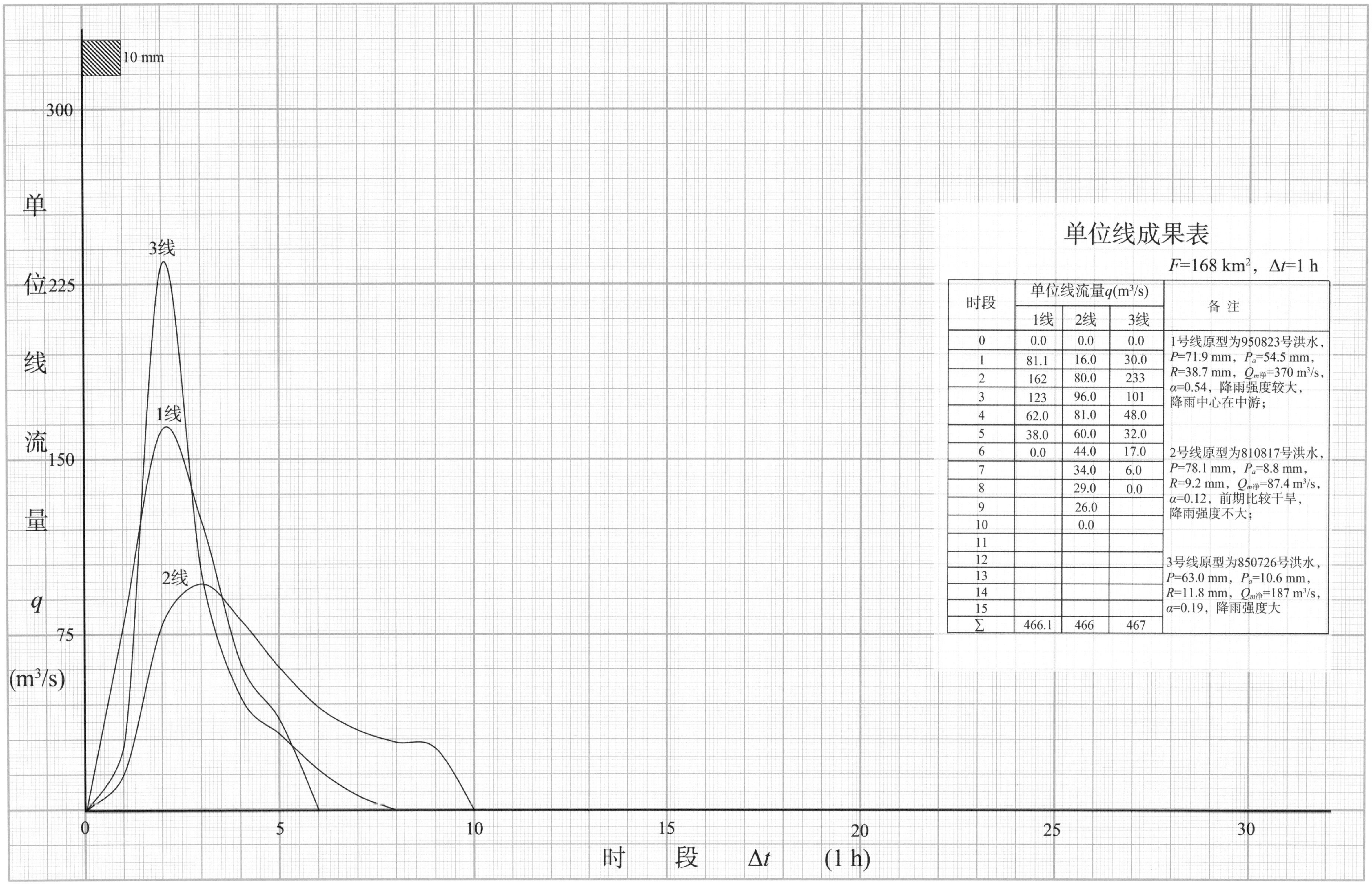

单位线成果表

F=168 km^2，Δt=1 h

时段	单位线流量q(m^3/s)			备 注
	1线	2线	3线	
0	0.0	0.0	0.0	1号线原型为950823号洪水，P=71.9 mm，P_a=54.5 mm，R=38.7 mm，$Q_{m净}$=370 m^3/s，α=0.54，降雨强度较大，降雨中心在中游；
1	81.1	16.0	30.0	
2	162	80.0	233	
3	123	96.0	101	
4	62.0	81.0	48.0	
5	38.0	60.0	32.0	
6	0.0	44.0	17.0	2号线原型为810817号洪水，P=78.1 mm，P_a=8.8 mm，R=9.2 mm，$Q_{m净}$=87.4 m^3/s，α=0.12，前期比较干旱，降雨强度不大；
7		34.0	6.0	
8		29.0	0.0	
9		26.0		
10		0.0		
11				
12				3号线原型为850726号洪水，P=63.0 mm，P_a=10.6 mm，R=11.8 mm，$Q_{m净}$=187 m^3/s，α=0.19，降雨强度大
13				
14				
15				
∑	466.1	466	467	

图 6-4　沁水河牟平站单位线图

第七章　五龙河团旺站水文预报方案编制说明*

1　流域概况

1.1　流域自然地理概况

五龙河是烟台市第一大河流，发源于栖霞牙山北麓，流经莱阳、莱西、栖霞、海阳四市，从莱阳市境内的丁字湾流入黄海，流域面积 2 832 km^2，上游自西向东有白龙河、蚬河、清水河、墨水河、富水河五大支流，于莱阳市城南 12 km 处汇入五龙村的五龙口后，清水河为干流，胡城拦河闸水位站位于五龙河下游干流，流域形状呈扇形，流域平均宽度 29.7 km，干流平均坡度 1.62‰。

五龙河流域属暖温带东亚大陆性季风气候，四季特征明显，具有冬暖夏凉、气候宜人、四季分明的特点。由于该流域地处沿海，夏季经常受太平洋暖气团控制，汛期湿热多雨、空气湿润且降水集中，雨量丰沛，时有台风登陆，形成暴雨洪水，麦收前后伴有冰雹灾害天气，中度干热风多数在 5 月下旬至 6 月中旬出现；秋季天气凉爽，风向较乱，个别年份甚至有连绵阴雨发生；而冬季又受西伯利亚干冷气团的袭击，北风盛行，降水量甚少；春季多风、空气干燥，降水量较少，雨量少，蒸发量大，经常出现干旱。全区多年平均气温 11.4 ℃，最低气温-24 ℃，12 月中旬至次年的 2 月中旬，平均气温在 0 ℃以下。全年相对湿度一般为 65%，霜期一般始于 11 月中旬，终于次年 3 月底 4 月初，平均无霜期 190 天左右。年平均风速 4~6 m/s，最大风速 40 m/s。历年最大冻土深 0.5 m。多年平均年蒸发量 1 000~1 200 mm。

五龙河流域地势北高南低，大部分面积为山区丘陵，属低山丘陵区，山丘起伏，沟壑纵横。地貌类型有侵蚀构造、构造剥蚀、剥蚀堆积、堆积地貌等几类。

五龙河团旺站以上流域图见图7 1。

1.2　水利工程情况

团旺水文站上游建成一座大型水库（沐浴水库）、3 座中型水库（龙门口水库、小平水库、建新水库），总控制流域面积为 533 km^2；小（1）型水库 17 座，小（2）型水库 111 座，总控制流域面积 195.65 km^2，总库容 5 635.85 万 m^3，总兴利库容 3 641.89 万 m^3。详见表 7-1。胡城拦河闸建于 1969 年，最大过水能力为 3 580 m^3/s。

表 7-1　五龙河团旺站以上主要水利工程基本情况表

规模	水库名称	地址	兴建时间	控制面积（km^2）	总库容（万 m^3）	兴利库容（万 m^3）
大（2）型	沐浴水库	莱阳市沐浴店镇	1959 年 5 月	452	18 948	10 740
中型	龙门口水库	栖霞市观里镇	1960 年 8 月	116	6 761.8	4 105
	小平水库	莱阳市柏林庄街道	1960 年 10 月	21	1 040	564
	建新水库	海阳市郭城镇	1960 年 3 月	60	2 500	855
小（1）型	焦家店水库	莱阳市柏林庄街道	1970 年 5 月 1 日	5.5	276.6	184
	留寺庄水库	莱阳市沐浴店镇	1960 年 11 月 1 日	2.5	112.6	81
	钟家院水库	莱阳市沐浴店镇	1980 年 10 月 1 日	0.8	151.2	82
	胜利庄水库	莱阳市河洛镇	1969 年 12 月 1 日	4	239.2	135
	下范家沟水库	栖霞市蛇窝泊镇	1965 年 5 月 31 日	4.5	143.7	45.08
	瓦屋夼水库	莱阳市龙旺庄街道	1960 年 5 月 1 日	3.5	157.41	88
	东孙家夼水库	莱阳市山前店镇	1966 年 11 月 1 日	2.3	141.9	95
	上庄水库	栖霞市唐家泊镇	1971 年 12 月 31 日	1.84	115.5	74
	三里庄水库	莱阳市大夼镇	1975 年 12 月 1 日	13.4	286.4	270
	南榆疃水库	栖霞市蛇窝泊镇	1972 年 9 月 30 日	2.4	131	100
	帽江家水库	栖霞市杨础镇	1965 年 8 月 31 日	0.53	152.25	51.5
	柳林水库	栖霞市蛇窝泊镇	1971 年 10 月 31 日	8.26	234.28	149
	黄燕底水库	栖霞市翠屏街道	1973 年 5 月 31 日	17.5	199.34	159.6
	河西夼水库	栖霞市蛇窝泊镇	1970 年 11 月 30 日	2.5	124	80
	郭落庄水库	栖霞市翠屏街道	1971 年 12 月 31 日	2.31	106	66.2
	古家夼水库	海阳市小纪镇	1977 年 8 月 1 日	6.5	243.5	179
	东八田水库	栖霞市唐家泊镇	1980 年 9 月 30 日	2.2	111.45	85
小（2）型水库（共 111 座）				115.11	2 709.52	1 717.51
大中型合计				533	29 249.8	16 264
小型合计				195.65	5 635.85	3 641.89

1.3　上游水库汛期控制运用情况

2022 年上游水库汛期控制运用指标见表 7-2。

表 7-2　2022 年上游水库汛期控制运用指标表

水库	特征值	允许最高	警戒	汛中限制	允许超蓄	汛末蓄
沐浴水库	水位（m）	86.92	83.89	81.00	81.50	81.96
	库容（万 m^3）	18 469	13 449	9 915	10 458	10 970

续表

水库	特征值	允许最高	警戒	汛中限制	允许超蓄	汛末蓄
龙门口水库	水位（m）	144.04	142.47	140.60	140.60	140.60
	库容（万 m^3）	6 718	5 556	4 325	4 325	4 325
小平水库	水位（m）	94.91	94.43	93.24	93.74	94.24
	库容（万 m^3）	852	795	672	720	772
建新水库	水位（m）	124.79	123.29	120.43	120.43	120.43
	库容（万 m^3）	2 035	1 604	935	935	935

1.4 测站概况

1.4.1 基本情况

团旺水文站位于山东省莱阳市团旺镇崔疃村，属于区域代表站，于 1951 年 7 月由华东军政委员会水利部设立，现由山东省水文中心管理，2008 年 1 月基本水尺断面下迁。目前该站主要测验项目有降水量、水位、比降、流量、输沙率、单沙、冰凌、水质、墒情、水文调查、水准测量等。现有基本水尺断面兼流速仪测流断面及比降上、下断面；主要测验设施有浮子式自记水位计、雨量器、数传仪、直立式水尺、桥测车、缆道；主要测验方式有流速仪法、浮标法及比降面积法。

1970 年团旺站基本测流断面上游 4 800 m 处建有高 4 m 的翻板式拦河闸一处，其左岸建 3 孔放水闸，可蓄水 380 万 m^3，对本站水位流量及泥沙测验有影响。基本测流断面下游 30 m 处于 2004 年建有 12 孔公路桥一座，取代了原 18 孔中水漫水桥。

1.4.2 基面换算关系

团旺站采用冻结基面观测，其换算关系为：冻结基面以上米数+0.946 m = 1985 年国家高程基准面以上米数。

1.4.3 报汛站情况

团旺站以上流域内共设有报汛站 10 处，分别为团旺、蛇窝泊、万第、中疃、莱阳、佛店头、杨础、沐浴水库、观里、建新，详见表 7-3。

表 7-3 五龙河团旺站以上流域内参加面雨量计算的雨量站情况表

河名	站名	站址	设站时间
五龙河	团旺	山东省莱阳市团旺镇崔疃村	1951 年
清水河	蛇窝泊	山东省栖霞市蛇窝泊镇埠梅头村	1953 年
富水河	万第	山东省莱阳市万第镇前万第村	1952 年
清水河	中疃	山东省栖霞市唐家泊镇东中疃村	1965 年
蚬河	莱阳	山东省莱阳市河洛镇唐家洼村	1949 年
清水河	佛店头	山东省莱阳市山前店镇佛店头村	1966 年

续表

河名	站名	站址	设站时间
杨础河	杨础	山东省栖霞市杨础镇杨础村	1965 年
蚬河	沐浴水库	山东省莱阳市沐浴店镇沐浴水库	1956 年
蚬河	观里	山东省栖霞市观里镇	1952 年
昌水河	建新	山东省海阳市郭城镇战场泊村	1960 年

1.4.4 集水面积变化情况

团旺站以上流域集水面积变化情况见表 7-4。

表 7-4 五龙河团旺站以上流域集水面积变化情况表

年份	1951 年 7 月—1955 年 1 月	1955 年 2 月—1965 年 1 月	1965 年 2 月—2008 年 1 月	2008 年 2 月至今
流域面积（km^2）	2 280	2 282（重新量算）	2 445（重新量算）	2 450（断面下迁）

2 预报方案编制

2.1 预报区间的确定

团旺站上游有大型水库——沐浴水库，当沐浴水库、小平水库、建新水库均溢洪时，预报区间面积为 2 450 km^2；当沐浴水库不溢洪，建新水库、小平水库溢洪时，预报区间面积为 1 998 km^2；当沐浴水库、建新水库、小平水库均不溢洪时，预报区间面积为 1 917 km^2。

2.2 资料情况

实测资料年限为 69 年（1951—2019 年）。本着选大水和有代表性的高中水，高中水不漏、小洪水酌情筛选的原则，本次共选用 35 场次洪水。

2.3 产流方案

产流方案采用降雨径流经验相关的方法，团旺站降雨径流相关图（$P+P_a-R$）详见图 7-2。

2.3.1 流域平均雨量 *P* 的计算

流域平均雨量 P 根据 10 处报汛站的雨量采用算术平均法计算。

2.3.2 流域平均前期影响雨量 P_a 的计算

$$P_{a,\ t} = K(P_{a,\ t-1} + P_{t-1})$$

式中：$P_{a,t}$ 为当日的前期影响雨量（mm）；$P_{a,t-1}$ 为前一日的前期影响雨量（mm）；P_{t-1} 为前一日流域平均雨量（mm）；K 为前期影响雨量递减系数。

K=0.95（P_{t-1}<1.0 mm）；K=0.98（1.0 mm≤P_{t-1}<10.0 mm）；K=1.00（P_{t-1}≥10.0 mm）。

2.3.3 流域最大损失量 I_m 的确定

根据流域综合资料分析，采用 $I_m = 100$ mm，当 $P_a \geq 100$ mm 时，取 $P_a = I_m$，故 P_a 的取值范围 $0 < P_a \leq 100$ mm。

2.3.4 暴雨中心位置的确定

暴雨中心在沐浴水库、观里、杨础、蛇窝泊站为上游，在莱阳、中疃站为中游，在团旺、万第、建新、佛店头站为下游，流域普遍降雨时按均匀处理。

2.3.5 精度评定

共选取 35 场洪水，其中合格的有 27 场，合格率为 77.1%，属乙级方案，可用于作业预报，详见表 7-5。

2.4 汇流方案

汇流方案主要采用峰量关系图、经验单位线等方法。

2.4.1 峰量关系图 R-T_c-$Q_{m净}$

以有效降雨历时 T_c 作为参数，建立峰量关系曲线 R-T_c-$Q_{m净}$。其中，T_c 为有效降雨历时，是指实际能产生径流、对造峰有明显影响的降雨历时，采取占降水量 80% 的降雨连续时段数；R 为一次降雨产生的径流深；$Q_{m净}$ 为一次降雨过程产生的区间净峰流量。$Q_{m净}$ 为实测净峰流量 $Q'_{m净}$ 根据集水面积改正后的净峰流量，团旺站需要修正 2008 年以前的洪峰，其改正公式为

$$Q_{m净} = Q'_{m净}(F_{现}/F_{原})^{2/3}$$

式中：$Q_{m净}$ 为经过集水面积改正后的净峰流量（m^3/s）；$Q'_{m净}$ 为实测净峰流量（m^3/s）；$F_{现}$ 为现经大型水库拦截后团旺站以上区间面积，为 1 998 km^2；$F_{原}$ 为 2008 年前经大型水库拦截后团旺站以上区间面积，为 1 993 km^2。

根据 35 个洪水点据分析，通过点群中心并照顾同一 R 值随 T_c 增大 $Q_{m净}$ 逐渐减少的趋势定线，峰量关系图见图 7-3。

精度评定：按照许可误差为 20% 实测值的标准进行逐次洪水评定。本方案共选用团旺站 1951—2019 年实测点据 35 个，合格 26 个，合格率为 74.3%，符合乙级方案，详见表 7-6。

2.4.2 经验单位线法

根据淮委水文局实用水文预报构建系统中单位线汇流方案，求得沐浴水库至团旺站区间（区间面积 1 998 km^2）时段长为 2 h 的单位线 3 条，详见图 7-4。

2.5 水位流量关系曲线

根据团旺站近几年的实测资料点绘水位流量关系曲线，详见图 7-5。

2.6 大断面图

根据团旺站 2021 年大断面实测成果点绘大断面图，详见图 7-6。

3 方案使用说明

3.1 产流方案

3.1.1 流域平均前期影响雨量 P_a 值的确定

在进行洪水预报时，应对雨前计算的 P_a 值进行合理性分析，以确定 P_a 的取用值。由于 P_a 是根据公式逐日推算的，如果流域内发生局部降雨或代表性差的雨型，容易造成 P_a 值的计算误差；如果 P_a 计算值很小，遭遇强度较大的降雨，查读 $P+P_a$-R 关系曲线时容易造成 R 的查读值偏小；如果 P_a 计算值达到 I_m 值，应分析流域下垫面饱和程度，实际情况是否真正达到 I_m 值。同量级的 P_a 值在汛初、汛中、汛末对降雨径流的影响也不相同，一般来讲，相同的 P_a 值，汛中以后较汛中以前更有利于产汇流。

3.1.2 流域平均雨量 P 的确定

根据流域内雨情逐时段（$\Delta t = 2$ h）计算时段平均雨量。当累积量达到或超过 50 mm 时，即可进行洪水作业预报。

3.1.3 径流深 R 的预报

根据所计算的前期影响雨量 P_a、流域平均雨量 P，查降雨径流相关图（$P+P_a$-R）得到径流深 R。在实际预报作业时，应对有关影响因素进行综合分析判断，确定线形，并进行经验修正。一般来讲，汛初或久旱无雨，查Ⅱ线；P_a 值较高、产流面积较大、降雨强度大、河网基流较大，查Ⅰ线；当已经发生洪水过程再遭遇较大降水过程时，应于Ⅰ线偏右查值。

3.2 汇流方案

3.2.1 峰量关系图

根据 R，T_c 查询 R-T_c-$Q_{m净}$ 关系曲线得到 $Q_{m净}$，当 T_c 介于两条关系曲线之间时，首先查出曲线中对应的 $Q_{m净}$ 的数值，然后进行插补；当 T_c 大于 14 h 或者小于 2 h 时，使用最近的关系线插补外延。

3.2.2 经验单位线

根据时段降雨推求时段净雨深，然后根据暴雨中心位置选择合适的单位线，推求区间流量洪水过程。

3.3 最高水位的预报

根据推求的流量过程，即可得到最大洪峰流量及洪峰出现时间，再根据水位流量关系曲线，通过洪峰流量查得最高水位。

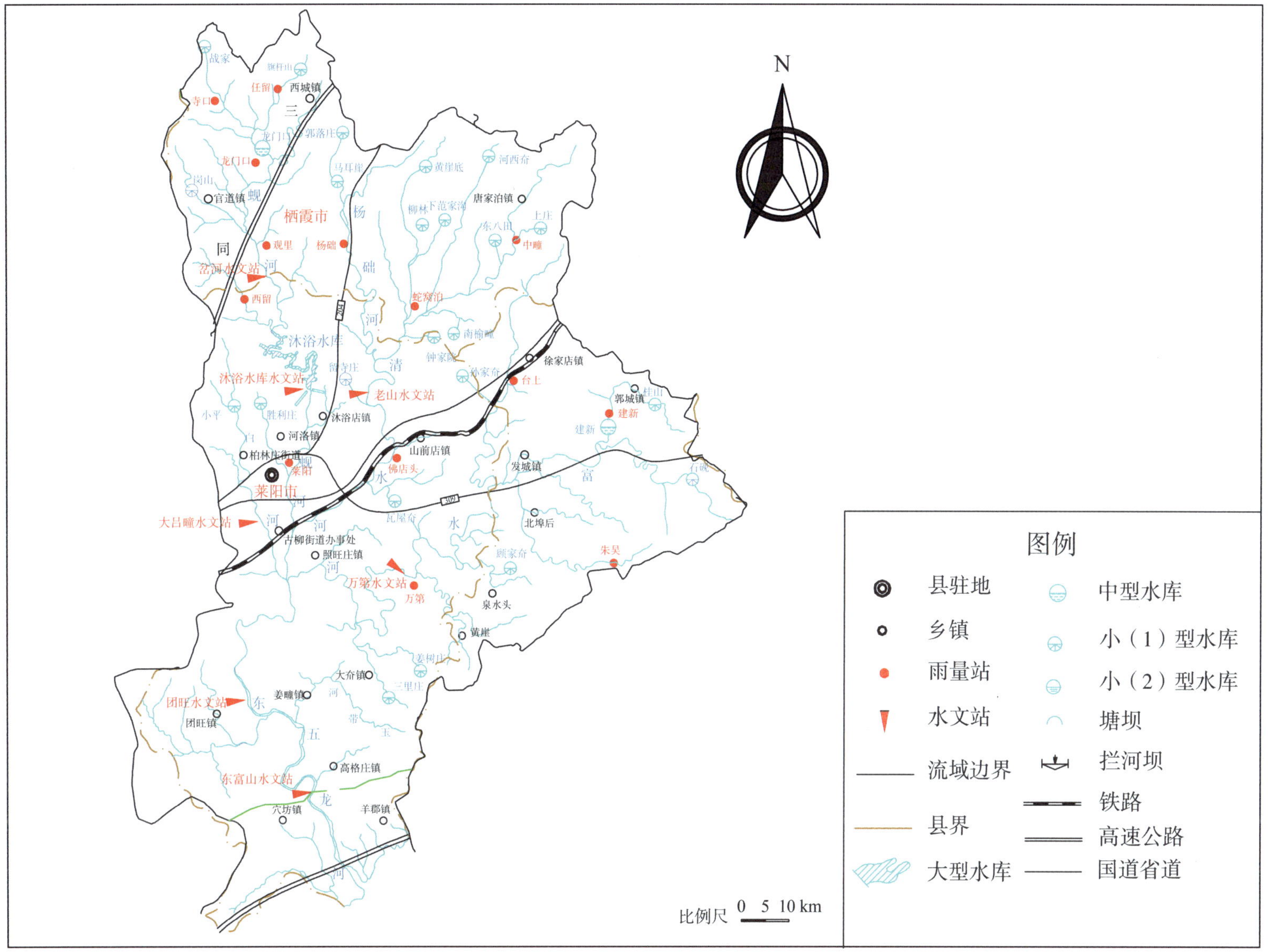

图 7-1　五龙河团旺站以上流域图

表 7-5　五龙河团旺站降雨径流关系（$P+P_a-R$）精度评定表

序号	洪号	降雨起始时间	降雨结束时间	流域平均雨量 P（mm）	前期影响雨量 P_a（mm）	$P+P_a$（mm）	起涨流量（m^3/s）	实测径流深 $R_{实}$（mm）	预报径流深 $R_{预}$（mm）	预报误差（mm）	许可误差（mm）	评定结果	
												合格	不合格
1	530805	1953/8/3　10：00	1953/8/5　12：00	93.2	100.0	193.2	46	66.8	60.3	-6.5	13.4	√	
2	540902	1954/8/31　10：00	1954/9/3　4：00	91.1	92.3	183.4	24	54.4	53.2	-1.2	10.9	√	
3	550717	1955/7/15　22：00	1955/7/17　18：00	161.0	92.3	253.3	22	104.9	110.3	5.4	20.0	√	
4	560905	1956/9/4　22：00	1956/9/5　16：00	178.1	62.0	240.1	56	75.8	69.9	-5.9	15.2	√	
5	570719	1957/7/18　10：00	1957/7/19　22：00	117.0	98.1	215.1	70	86.3	53.2	-33.1	17.3		√
6	580903	1958/9/2　20：00	1958/9/3　16：00	83.5	97.0	180.5	12	42.4	32.9	-9.5	8.5		√
7	590717	1959/7/16　10：00	1959/7/17　10：00	95.8	92.9	188.7	26	46.1	37.6	-8.5	9.2	√	
8	590907	1959/8/30　12：00	1959/8/31　16：00	108.6	91.8	200.4	13	42.8	44.4	1.6	8.6	√	
9	620814	1962/8/13　2：00	1962/8/14　12：00	97.5	95.6	193.1	40	57.3	60.1	2.8	11.5	√	
10	640829	1964/8/18　2：00	1964/8/26　12：00	114.5	100.0	214.5	79	87.1	76.9	-10.2	17.4	√	
11	650728	1965/7/26　22：00	1965/7/28　16：00	184.1	90.4	274.5	9	137.8	129.9	-7.9	20.0	√	
12	660623	1966/6/23　2：00	1966/6/23　4：00	17.5	78.1	95.6	12	14.3	11.6	-2.7	3.0	√	
13	690808	1969/8/8　14：00	1969/8/9　6：00	91.1	92.2	183.3	16	38.9	34.6	-4.3	7.8	√	
14	700724	1970/7/24　4：00	1970/7/24　20：00	98.9	100.0	198.9	55	71.3	64.6	-6.7	14.3	√	
15	710904	1971/9/2　8：00	1971/9/3　20：00	83.3	93.2	176.5	63	44.8	48.4	3.6	9.0	√	
16	730831	1973/8/31　2：00	1973/8/31　16：00	124.4	85.4	209.8	12	81.3	73.1	-8.2	16.3	√	
17	740814	1974/8/13　4：00	1974/8/14　10：00	104.1	100.0	204.1	30	53.6	46.5	-7.1	10.7	√	
18	750816	1975/8/13　10：00	1975/8/16　4：00	214.0	93.3	307.3	26	187.8	161.3	-26.5	20.0		√
19	770807	1977/8/6　22：00	1977/8/7　20：00	74.5	100.0	174.5	197	45.4	47.1	1.7	9.1	√	
20	790731	1979/7/31　6：00	1979/7/31　22：00	94.3	74.4	168.7	100	52.0	43.4	-8.6	10.4	√	
21	880719	1988/7/19　0：00	1988/7/19　16：00	74.9	100.0	174.9	23	25.1	29.8	4.7	5.0	√	
22	900830	1990/8/29　16：00	1990/8/30　10：00	64.9	81.7	146.6	9	30.7	31.3	0.6	6.1	√	
23	940630	1994/6/29　14：00	1994/6/29　22：00	117.1	69.3	186.4	1	40.6	36.3	-4.3	8.1	√	
24	940716	1994/7/14　22：00	1994/7/16　4：00	103.4	90.0	193.4	35	34.1	40.3	6.2	6.8	√	
25	950823	1995/8/22　12：00	1995/8/23　4：00	57.5	96.0	153.5	41	42.9	34.7	-8.2	8.6	√	
26	970821	1997/8/19　6：00	1997/8/20　18：00	205.7	67.8	273.5	0	53.6	129.0	75.4	10.7		√
27	010802	2001/8/1　6：00	2001/8/2　4：00	86.7	100.0	186.7	215	89.2	55.5	-33.7	17.8		√
28	030918	2003/9/17　14：00	2003/9/18　4：00	74.3	73.8	148.1	24	36.8	32.0	-4.8	7.4	√	
29	070812	2007/8/10　6：00	2007/8/12　10：00	200.4	100.0	300.4	3	139.5	154.7	15.2	20.0	√	
30	070920	2007/9/19　20：00	2007/9/20　16：00	127.1	35.2	162.3	12	49.0	39.6	-9.4	9.8	√	
31	110915	2011/9/15　2：00	2011/9/15　14：00	40.1	81.7	121.8	30	32.0	20.6	-11.4	6.4		√
32	130713	2013/7/10　18：00	2013/7/13　18：00	198.3	88.5	286.8	14	94.8	106.7	11.9	19.0	√	
33	140725	2014/7/24　20：00	2014/7/25　20：00	205.3	58.9	264.2	2	53.6	120.3	66.7	10.7		√
34	170805	2017/8/5　2：00	2017/8/5　10：00	116.8	100.0	216.8	26	51.1	54.3	3.2	10.2	√	
35	180820	2018/8/19　6：00	2018/8/20　8：00	118.5	91.8	210.3	7	35.3	73.5	38.2	7.1		√

备注：1. 合格率=77.1%；2. 预报误差=预报值-实测值；3. 许可误差=实测值的 20%，并以 20.0 mm 为上限，以 3.0 mm 为下限；4. 本方案等级为乙级。

表 7-6　五龙河团旺站峰量关系精度评定表

序号	洪号	实测径流深 $R_{实}$（mm）	有效降雨历时 T_c（h）	净峰流量		预报误差（m^3/s）	许可误差（m^3/s）	评定结果	
				实测 $Q_{m净实}$（m^3/s）	预报 $Q_{m净预}$（m^3/s）			合格	不合格
1	530805	66.8	12.0	2 350	1 120	-1 230	470		√
2	540902	54.4	8.0	2 010	1 090	-920	402		√
3	550717	104.9	8.0	2 040	2 050	10	408	√	
4	560905	75.8	14.0	2 930	1 120	-1 810	586		√
5	570719	86.3	12.0	1 600	1 440	-160	320	√	
6	580903	42.4	2.0	1 680	1 450	-230	336	√	
7	590717	46.1	8.0	1 170	920	-250	234		√
8	590907	42.8	8.0	1 140	854	-286	228		√
9	620814	57.3	8.0	1 181	1 140	-41	236	√	
10	640829	87.1	10.0	1 760	1 590	-170	352	√	
11	650728	137.8	16.0	2 450	2 190	-260	490	√	
12	660623	14.3	2.0	451	487	36	90.2	√	
13	690808	38.9	8.0	1 010	777	-233	202		√
14	700724	71.3	4.0	1 730	1 830	100	346	√	
15	710904	44.8	2.0	1 660	1 530	-130	332	√	
16	730831	81.3	12.0	1 400	1 370	-30	280	√	
17	740814	53.6	6.0	1 280	1 190	-90	256	√	
18	750816	187.8	12.0	3 100	3 080	-20	620	√	
19	770807	45.4	4.0	801	1 180	379	160		√
20	790731	52.0	2.0	1 670	1 770	100	334	√	
21	880719	25.1	4.0	636	664	28	127	√	
22	900830	30.7	10.0	573	573	0	115	√	
23	940630	40.6	4.0	1 040	1 060	20	208	√	
24	940716	34.1	6.0	736	750	14	147	√	
25	950823	42.9	14.0	651	635	-16	130	√	
26	970821	53.6	6.0	1 210	1 190	-20	242	√	
27	010802	89.2	6.0	1 650	1 900	250	330	√	
28	030918	36.8	2.0	1 370	1 250	-120	274	√	
29	070812	139.5	12.0	2 210	2 220	10	442	√	
30	070920	49.0	8.0	981	978	-3	196	√	
31	110915	32.0	4.0	801	836	35	160	√	
32	130713	94.8	12.0	1 530	1 560	30	306	√	
33	140725	53.6	16.0	1 160	886	-274	232		√
34	170805	51.1	6.0	1 140	1 140	0	228	√	
35	180820	35.3	4.0	627	929	302	125		√

备注：1. 合格率=74.3%；2. 预报误差=预报值-实测值；3. 许可误差=实测值的 20%；4. 本方案等级为乙级。

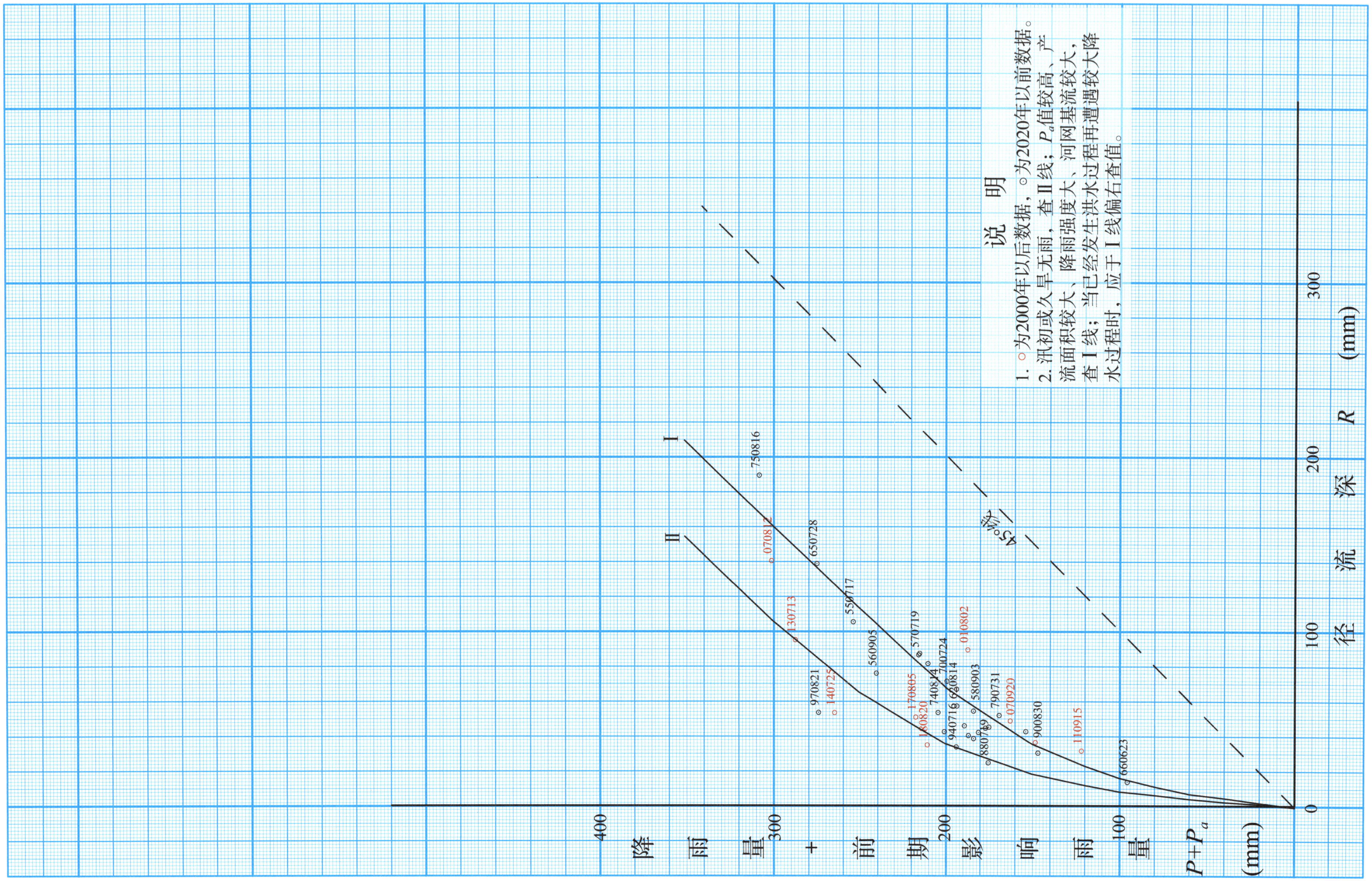

图 7-2　五龙河团旺站降雨径流相关图（$P+P_a$-R）

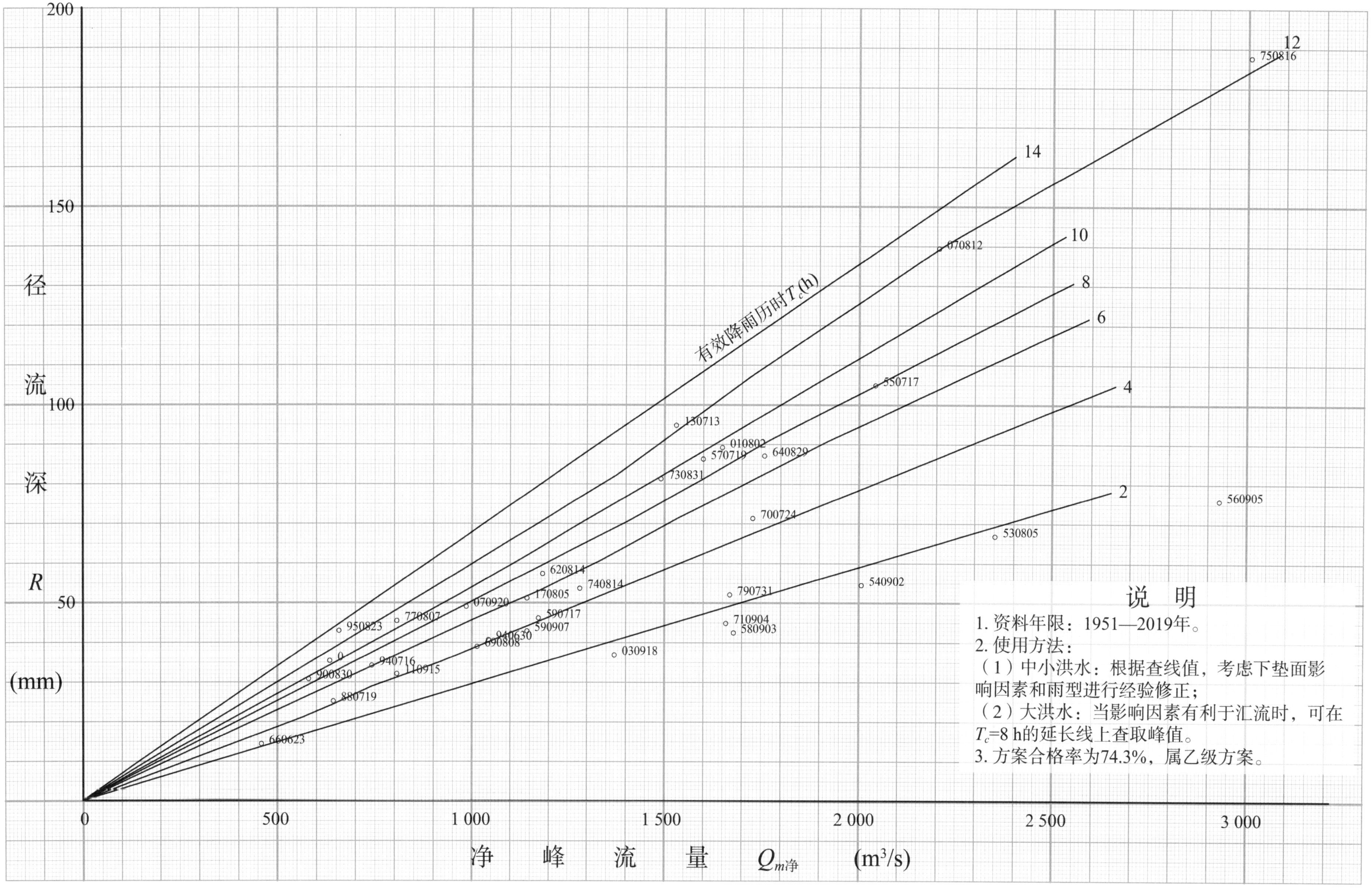

图 7-3　五龙河团旺站峰量关系图

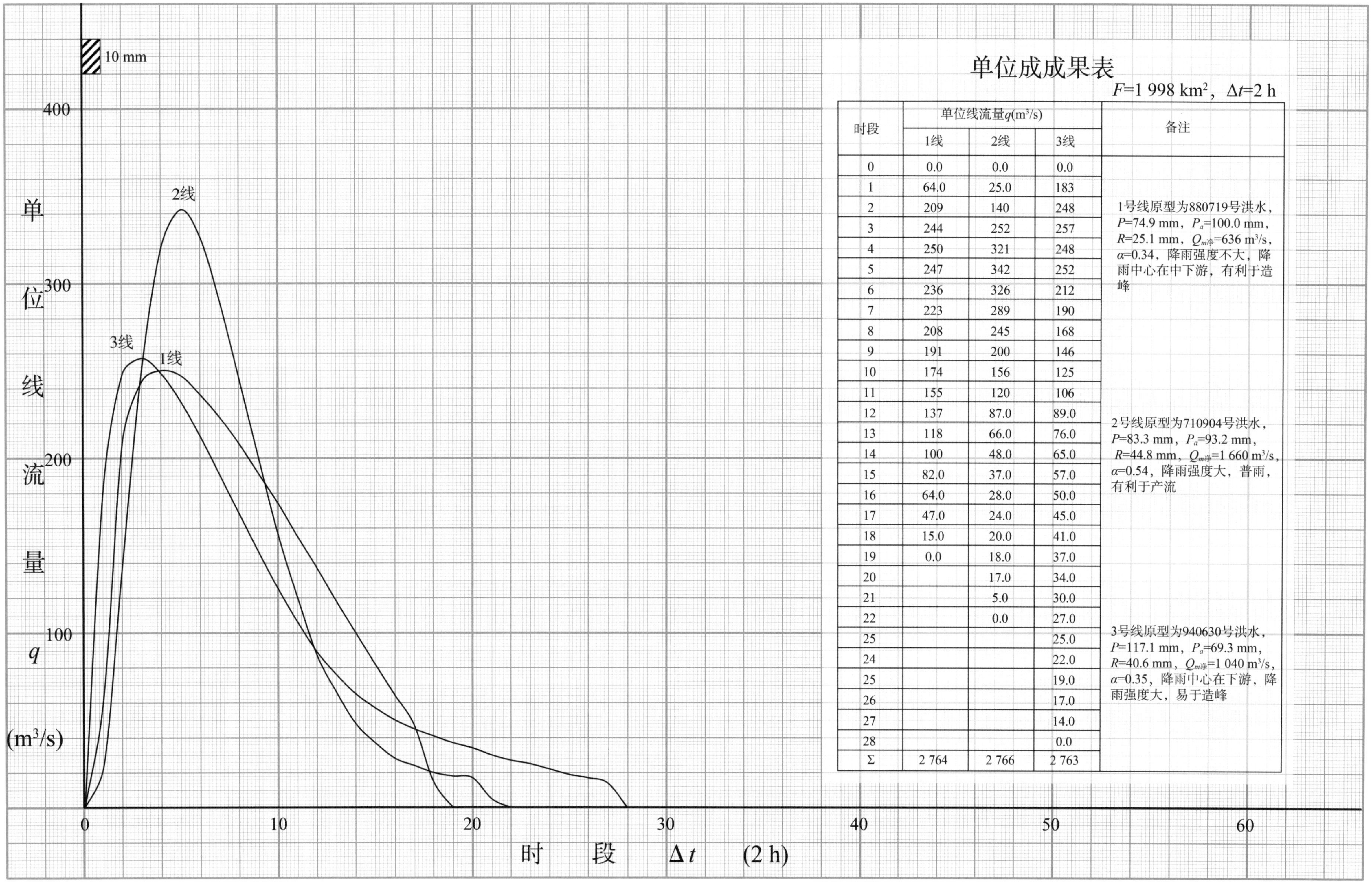

单位成成果表

F=1 998 km²，Δt=2 h

时段	单位线流量q(m³/s)			备注
	1线	2线	3线	
0	0.0	0.0	0.0	
1	64.0	25.0	183	
2	209	140	248	1号线原型为880719号洪水，P=74.9 mm，P_a=100.0 mm，R=25.1 mm，$Q_{m净}$=636 m³/s，α=0.34，降雨强度不大，降雨中心在中下游，有利于造峰
3	244	252	257	
4	250	321	248	
5	247	342	252	
6	236	326	212	
7	223	289	190	
8	208	245	168	
9	191	200	146	
10	174	156	125	
11	155	120	106	
12	137	87.0	89.0	
13	118	66.0	76.0	2号线原型为710904号洪水，P=83.3 mm，P_a=93.2 mm，R=44.8 mm，$Q_{m净}$=1 660 m³/s，α=0.54，降雨强度大，普雨，有利于产流
14	100	48.0	65.0	
15	82.0	37.0	57.0	
16	64.0	28.0	50.0	
17	47.0	24.0	45.0	
18	15.0	20.0	41.0	
19	0.0	18.0	37.0	
20		17.0	34.0	
21		5.0	30.0	
22		0.0	27.0	
25			25.0	3号线原型为940630号洪水，P=117.1 mm，P_a=69.3 mm，R=40.6 mm，$Q_{m净}$=1 040 m³/s，α=0.35，降雨中心在下游，降雨强度大，易于造峰
24			22.0	
25			19.0	
26			17.0	
27			14.0	
28			0.0	
Σ	2 764	2 766	2 763	

图 7-4　五龙河团旺站单位线图

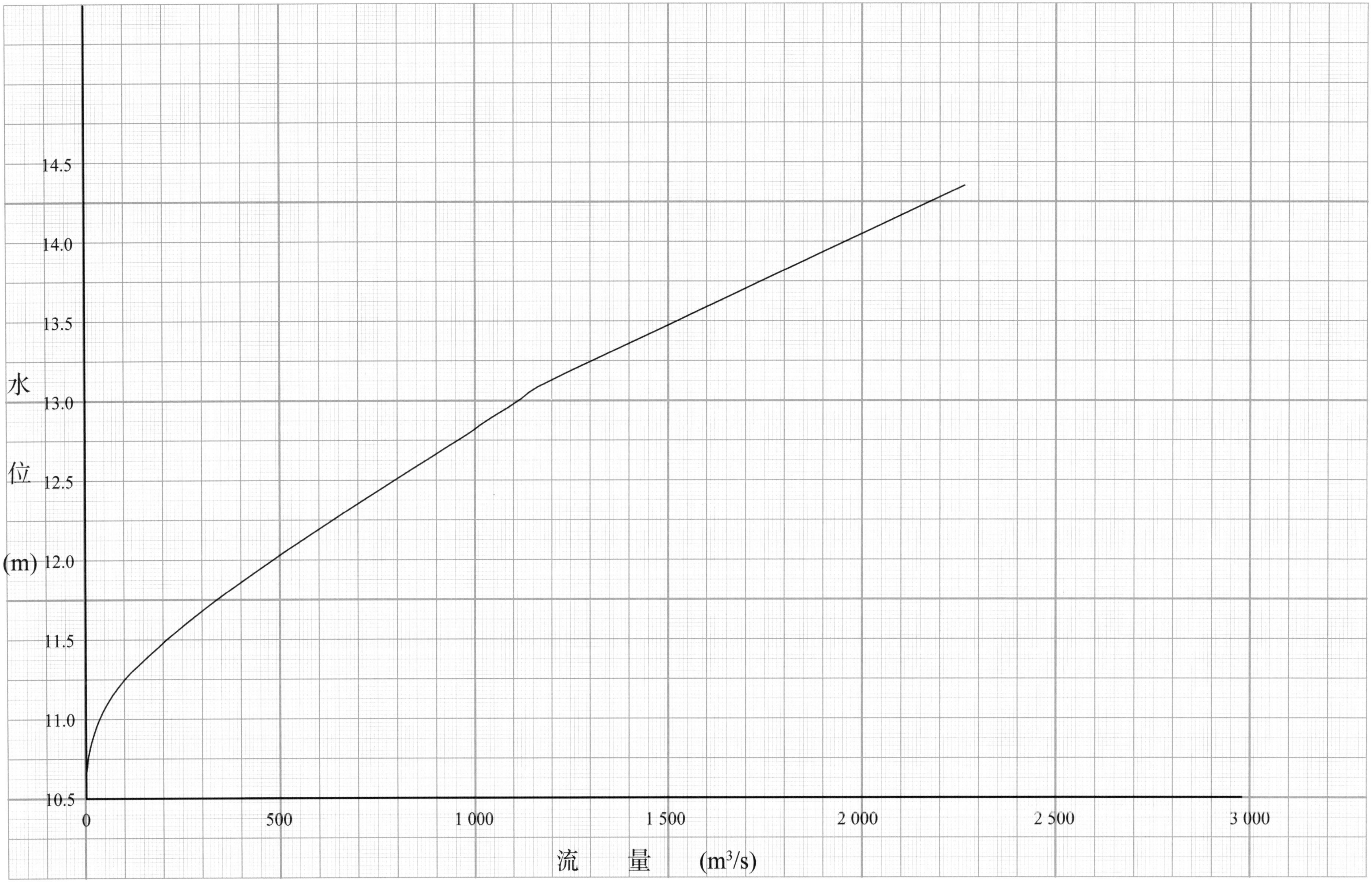

图 7-5 五龙河团旺站水位流量关系曲线图

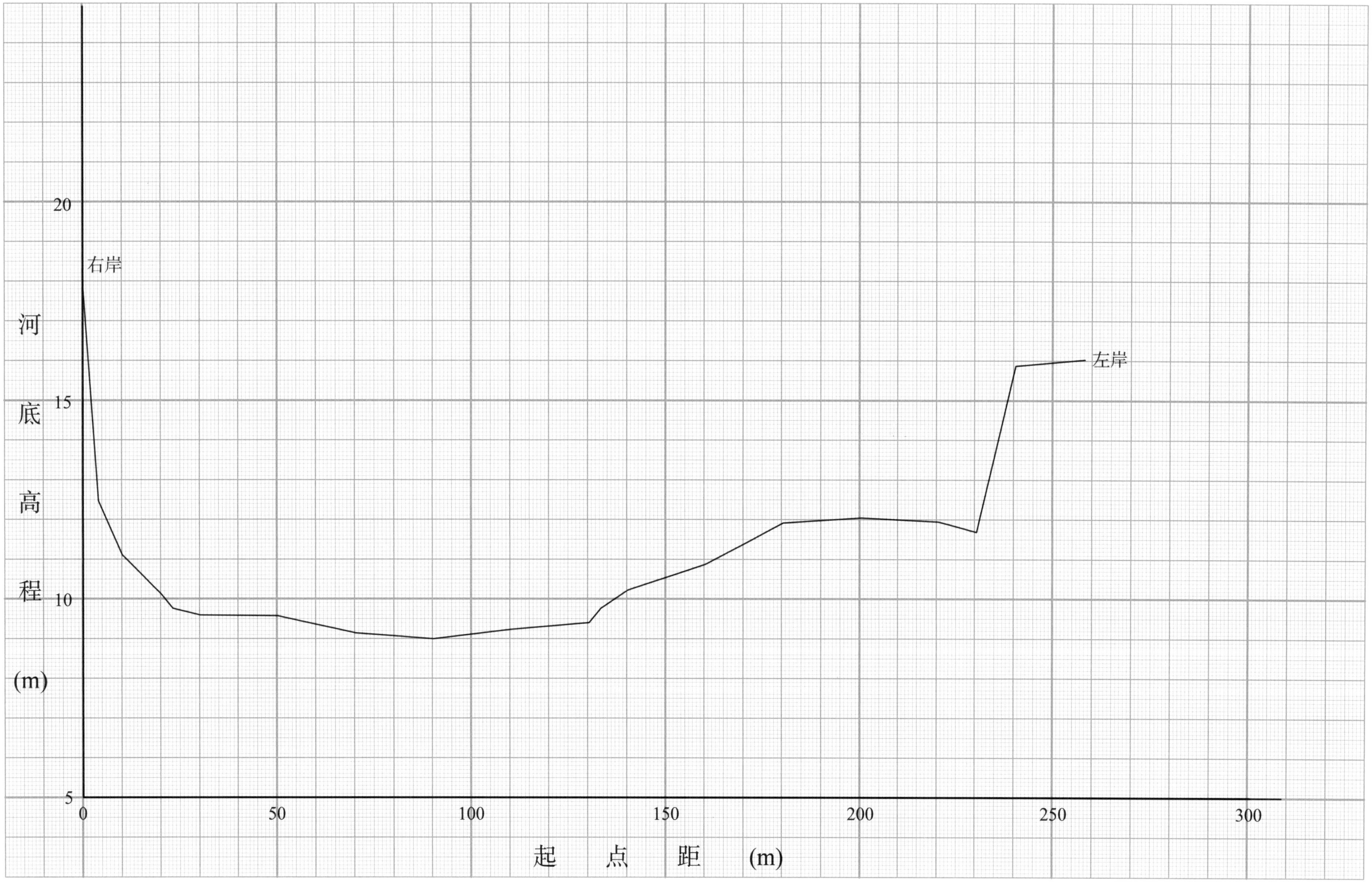

图 7-6 五龙河团旺站大断面图

第八章　东村河海阳站水文预报方案编制说明*

1　流域概况

1.1　流域自然地理特征

东村河发源于海阳市朱吴镇后山中涧村，流经朱吴镇、东村街道、方圆街道、碧城工业区、旅游度假区、经济开发区，于经济开发区小海口入海，流域面积245 km^2，干流长33 km。

东村河流域内河谷区出露地层为新生界第四系；河谷两岸基岩裸露，出露地层为中生界白垩系莱阳群、古元古界荆山群。区内大面积出露花岗岩侵入岩体，岩石呈肉红色，中粗粒斑状结构，块状及整体状构造，矿物成分为斜长石、钾长石、石英及少量黑云母，强风化层多呈砂土状。

东村河流域地处温带大陆性季风气候区。受大气环流影响，四季分明，春季多风少雨，夏季多雨炎热，秋季天高气爽，冬季寒冷干燥。多年平均气温为12.6 ℃，极端最高气温为39.5 ℃（1958年6月27日），极端最低气温为-21.6 ℃（1957年1月17日）。全市多年平均年降水量为695.3 mm，年内降雨多集中于6—9月份，占全年降水量的73%。海阳市河流均属于山东沿海诸河直流入海水系，多砂石河，源短流急，涨落急剧，冲刷力强，属季风雨源型河流，径流量受季节影响差异甚大，汛期径流量占全年径流量的80%以上；枯水季节河床暴露，往往干涸。东村河海阳站以上流域图见图8-1。

1.2　水利工程情况

海阳站上游建有2座小（2）型水库，总控制面积3.28 km^2，总库容89万 m^3，总兴利库容70万 m^3，详见表8-1。上游河道上还兴建了橡胶坝、拦河闸等水利工程，对防洪抗旱起到了重要的作用。

表8-1　东村河海阳站以上（区间）主要水利工程基本情况表

水库名称	地址	兴建时间	类型	控制面积（km^2）	总库容（万 m^3）	兴利库容（万 m^3）
乐畎水库	海阳市朱吴镇	1979-5-1	小（2）型	0.78	24.5	20
石剑水库	海阳市东村街道	1978-12-1	小（2）型	2.5	64.5	50
合计				3.28	89.0	70

1.3　测站概况

1.3.1　基本情况

海阳水文站处于东村河下游段，测站以上控制流域面积54.6 km^2，属于小流域站，于1978年1月由山东省水文总站设立，其测站任务有降水、水位、流量、含沙量、墒情、蒸发；1980年1月改为汛期站，观测项目为水位、流量、含沙量；2011年1月1日恢复常年观测。海阳站测站沿革情况详见表8-2。

海阳水文站测验河段顺直长约3 000 m，河面宽约70 m。上游左岸290 m、右岸150 m处各有一小支流汇入，下游500 m处有弯道，对该站测验无影响，左岸系人工筑堤，右岸以烟台至海阳的公路为堤，两岸系浆砌块石护坡；河床由粗沙、砾石组成，低水时沙滩暴露形成分流，洪水期源短流急，洪水暴涨暴落，冲淤情况较严重，在测验上存在一定的困难。流域内无大中型蓄水工程，基本水尺断面以下80 m处新建4孔钢筋混凝土桥一座、翻板式拦河闸一处，上游300 m处于2004年修建拦河闸一处，断面上下游共建有拦河闸25处。

表8-2　东村河海阳站测站沿革表

时间	沿革	观测项目
1978年1月	设站	水位、流量、降水、含沙量、墒情、蒸发
1980年1月	项目变更	水位、流量、含沙量，改为汛期站
2011年1月	恢复常年观测	水位、流量、降水、含沙量、墒情、蒸发

1.3.2　基面换算关系

海阳站采用冻结基面观测，其换算关系为：冻结基面以上米数+0.016 m＝1985年国家高程基准面以上米数。

1.3.3　报汛站情况

海阳站以上流域内共设有报汛站4处，分别为山中涧、石剑、里口、海阳，详见表8-3。

表8-3　东村河海阳站以上流域内参加面雨量计算的雨量站情况表

河名	站名	站址	设站年月
东村河	海阳	海阳市方圆街道新兴村	1951年6月
东村河	山中涧	海阳市朱吴镇前山中涧村	1978年5月
东村河	石剑	海阳市东村街道石剑村	1978年5月
东村河	里口	海阳市方圆街道里口村	1978年6月

2 预报方案编制

2.1 资料情况

本次分析选用的实测资料年限为 42 年（1978—2019 年）。本着选大水和有代表性的高中水，高中水不漏、小洪水酌情筛选的原则，本方案共选用 28 场次洪水。

2.2 产流方案

产流方案采用降雨径流经验相关的方法，海阳站降雨径流相关图（$P+P_a-R$）详见图 8-2。

2.2.1 流域平均雨量 P 的计算

流域平均雨量根据 4 处报汛站雨量采用算术平均法计算。

2.2.2 流域平均前期影响雨量 P_a 的计算

$$P_{a,\ t} = K(P_{a,\ t-1} + P_{t-1})$$

式中：$P_{a,t}$ 为当日的前期影响雨量（mm）；$P_{a,t-1}$ 为前一日的前期影响雨量（mm）；P_{t-1} 为前一日流域平均雨量（mm）；K 为前期影响雨量递减系数。

$K=0.95$（$P_{t-1}<1.0$ mm）；$K=0.98$（1.0 mm$\leqslant P_{t-1}<10.0$ mm）；$K=1.00$（$P_{t-1}\geqslant 10.0$ mm）。

2.2.3 流域最大损失量 I_m 的确定

根据流域综合资料分析，采用 $I_m=100$ mm，当 $P_a\geqslant 100$ mm 时，取 $P_a=I_m$，故 P_a 的取值范围 $0<P_a\leqslant 100$ mm。

2.2.4 暴雨中心位置的确定

暴雨中心在山中涧站为上游，在里口、石剑站为中游，在海阳站为下游，流域普遍降雨时按均匀处理。

2.2.5 精度评定

本方案共选取 28 场洪水，合格的有 22 个，合格率为 78.6%，属乙级方案，可用于作业预报，详见表 8-4。

2.3 汇流方案

汇流方案主要采用经验单位线方法。根据淮委水文局实用水文预报构建系统中单位线汇流方案，求得 1 h 单位线 4 条，详见图 8-3。

2.4 大断面图

根据海阳站 2021 年大断面实测成果点绘大断面图，详见图 8-4。

3 方案使用说明

3.1 产流方案

3.1.1 流域平均前期影响雨量 P_a 的确定

在进行洪水预报时，应对雨前计算的 P_a 值进行合理性分析，以确定 P_a 的取用值。由于 P_a 是根据公式逐日推算的，如果流域内发生局部降雨或代表性差的雨型，容易造成 P_a 值的计算误差。如果 P_a 计算值很小，遭遇强度较大的降雨，查读 $P+P_a-R$ 关系曲线时容易造成 R 的查读值偏小；如果 P_a 计算值达到 I_m 值，应分析流域下垫面饱和程度，实际情况是否真正达到 I_m 值。同量级的 P_a 值在汛初、汛中、汛末对降雨径流的影响也不相同，一般来讲，相同的 P_a 值，汛中以后较汛中以前更有利于产汇流。

3.1.2 流域平均雨量 P 的确定

根据流域内雨情逐时段（$\Delta t=1$ h）计算时段平均雨量。当累积量达到或超过 50 mm 时，即可进行洪水作业预报。

3.1.3 径流深 R 的预报

根据所计算的前期影响雨量 P_a、流域平均雨量 P，查降雨径流相关图（$P+P_a-R$）得到径流深 R。在实际预报作业时，应对有关影响因素进行综合分析判断，确定线形，并进行经验修正。一般来讲，汛初或久旱无雨，查Ⅱ线；P_a 值较高、产流面积较大、降雨强度大、河网基流较大，查Ⅰ线；当已经发生洪水过程再遭遇较大降水过程时，应于Ⅰ线偏右查值。

3.2 汇流方案

3.2.1 经验单位线

根据时段降雨推求时段净雨深，然后根据暴雨中心位置选择合适的单位线，推求区间洪水流量过程。

3.2.2 最高水位的预报

根据推求的流量过程，即可得到最大洪峰流量及洪峰出现时间，再根据实际使用的水位流量关系曲线，通过洪峰流量查得最高水位。

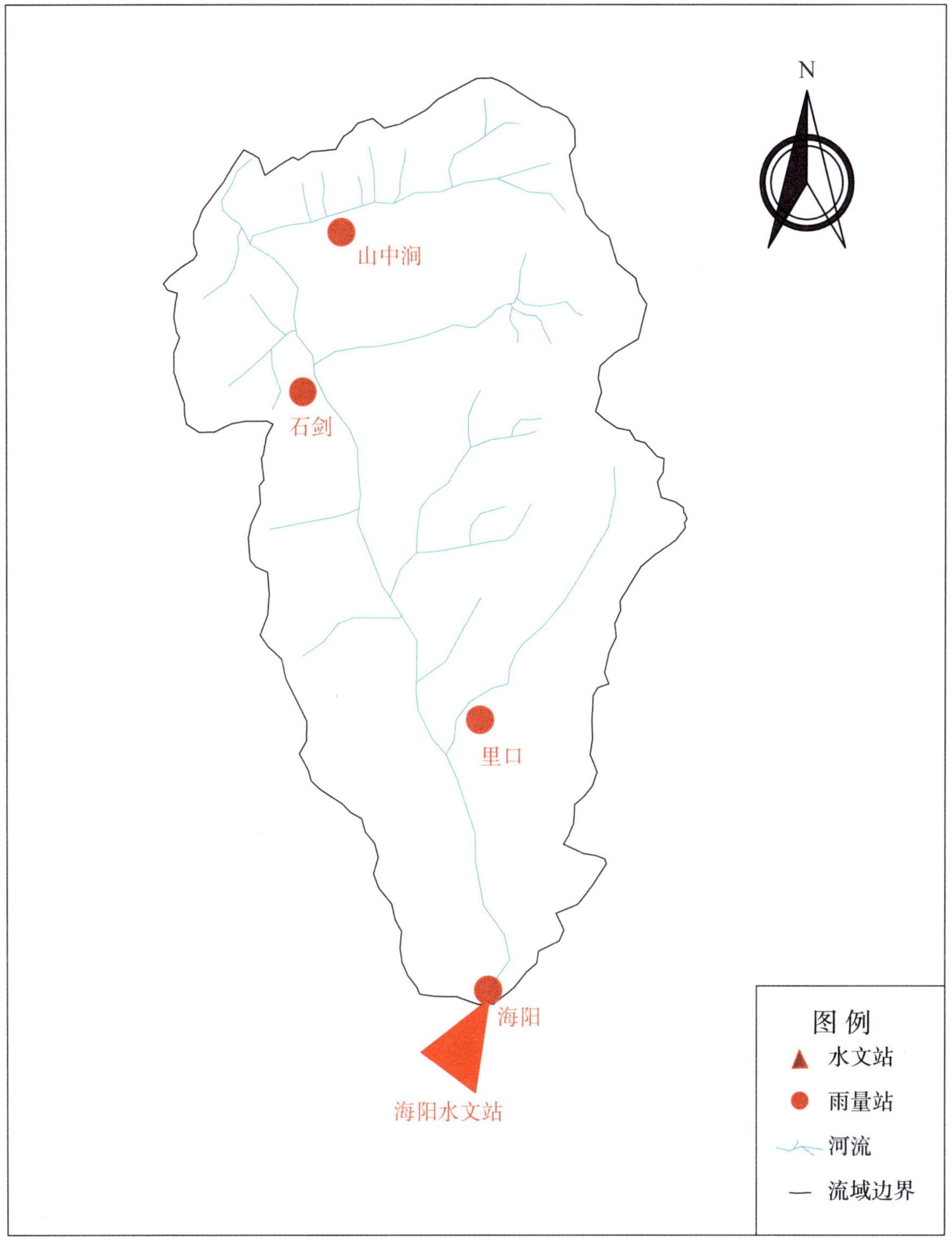

图 8-1　东村河海阳站以上流域图

表 8-4　东村河海阳站降雨径流关系（$P+P_a-R$）精度评定表

序号	洪号	降雨起始时间	降雨结束时间	流域平均雨量 P（mm）	前期影响雨量 P_a（mm）	$P+P_a$（mm）	起涨流量（m^3/s）	实测径流深 $R_{实}$（mm）	预报径流深 $R_{预}$（mm）	预报误差（mm）	许可误差（mm）	评定结果	
												合格	不合格
1	780628	1978/6/28　6：00	1978/6/28　14：00	41.0	34.9	75.9	0	5.8	6.7	0.9	3.0	√	
2	780812	1978/8/12　8：00	1978/8/12　14：00	36.2	36.9	73.1	0	3.8	6.0	2.2	3.0	√	
3	790624	1979/6/24　0：00	1979/6/24　12：00	88.6	14.5	103.1	0	23.9	21.2	-2.7	4.8	√	
4	790719	1979/7/19　18：00	1979/7/19　22：00	54.6	30.2	84.8	8	11.7	10.3	-1.4	3.0	√	
5	810726	1981/7/26　10：00	1981/7/26　18：00	81.7	14.3	96.0	0	15.2	16.6	1.4	3.0	√	
6	840830	1984/8/30　10：00	1984/8/30　18：00	46.7	29.6	76.3	0	5.2	6.8	1.6	3.0	√	
7	850726	1985/7/26　10：00	1985/7/26　16：00	64.1	82.0	146.1	16	33.7	33.4	-0.3	6.7	√	
8	850819	1985/8/19　2：00	1985/8/19　14：00	131.4	55.8	187.2	2	87.0	93.5	6.5	17.4	√	
9	850905	1985/9/9　14：00	1985/9/9　20：00	51.0	59.8	110.8	3	12.2	13.1	0.9	3.0	√	
10	870904	1987/9/4　10：00	1987/9/5　0：00	146.5	33.1	179.6	0	99.4	86.8	-12.6	19.9	√	
11	880710	1988/7/10　0：00	1988/7/10　12：00	111.8	40.7	152.5	11	10.5	62.9	52.4	3.0		√
12	880719	1988/7/19　2：00	1988/7/19　12：00	62.7	63.0	125.7	2	42.0	39.3	-2.7	8.4	√	
13	900717	1990/7/17　4：00	1990/7/17　8：00	47.4	73.0	120.4	9	21.0	18.0	-3.0	4.2	√	
14	900724	1990/7/22　4：00	1990/7/22　14：00	52.0	74.8	126.8	10	45.3	40.2	-5.1	9.1	√	
15	900908	1990/9/8　18：00	1990/9/8　22：00	81.1	37.5	118.6	1	51.9	33.2	-18.7	10.4		√
16	920901	1992/8/31　22：00	1992/9/1　16：00	161.4	66.4	227.8	7	98.3	104.6	6.3	19.7	√	
17	940629	1994/6/29　12：00	1994/6/29　22：00	158.0	42.1	200.1	0	50.5	105.0	54.5	10.1		√
18	950823	1995/8/23　0：00	1995/8/23　2：00	75.9	66.4	142.3	46	28.7	31.0	2.3	5.7	√	
19	010801	2001/8/1　2：00	2001/8/1　20：00	110.0	82.0	192.0	20	67.0	70.6	3.6	13.4	√	
20	030623	2003/6/22　20：00	2003/6/23　6：00	107.4	15.7	123.1	0	22.0	19.5	-2.5	4.4	√	
21	030806	2003/8/5　22：00	2003/8/6　8：00	82.6	55.2	137.8	0	49.6	49.9	0.3	9.9	√	
22	030827	2003/8/27　0：00	2003/8/27　12：00	105.2	44.1	149.3	0	71.1	60.1	-11.0	14.2	√	
23	050808	2005/8/7　22：00	2005/8/8　10：00	104.2	73.8	178.0	0	64.2	57.9	-6.3	12.8	√	
24	060826	2006/8/26　8：00	2006/8/26　14：00	130.1	25.1	155.2	0	130.3	65.3	-65.0	20.0		√
25	080724	2008/7/23　6：00	2008/7/24　10：00	111.9	66.0	177.9	1	112.6	85.3	-27.3	20.0		√
26	180710	2018/7/10　0：00	2018/7/10　10：00	96.0	31.8	127.8	1	38.8	41.0	2.2	7.8	√	
27	180820	2018/8/20　4：00	2018/8/20　12：00	67.9	39.7	107.6	4	28.6	24.4	-4.2	5.7	√	
28	190811	2019/8/11　8：00	2019/8/11　22：00	101.5	52.8	154.3	0	14.9	64.5	49.6	3.0		√

备注：1. 合格率=78.6%；2. 预报误差=预报值-实测值；3. 许可误差=实测值的 20%，并以 20.0 mm 为上限，以 3.0 mm 为下限；4. 本方案等级为乙级。

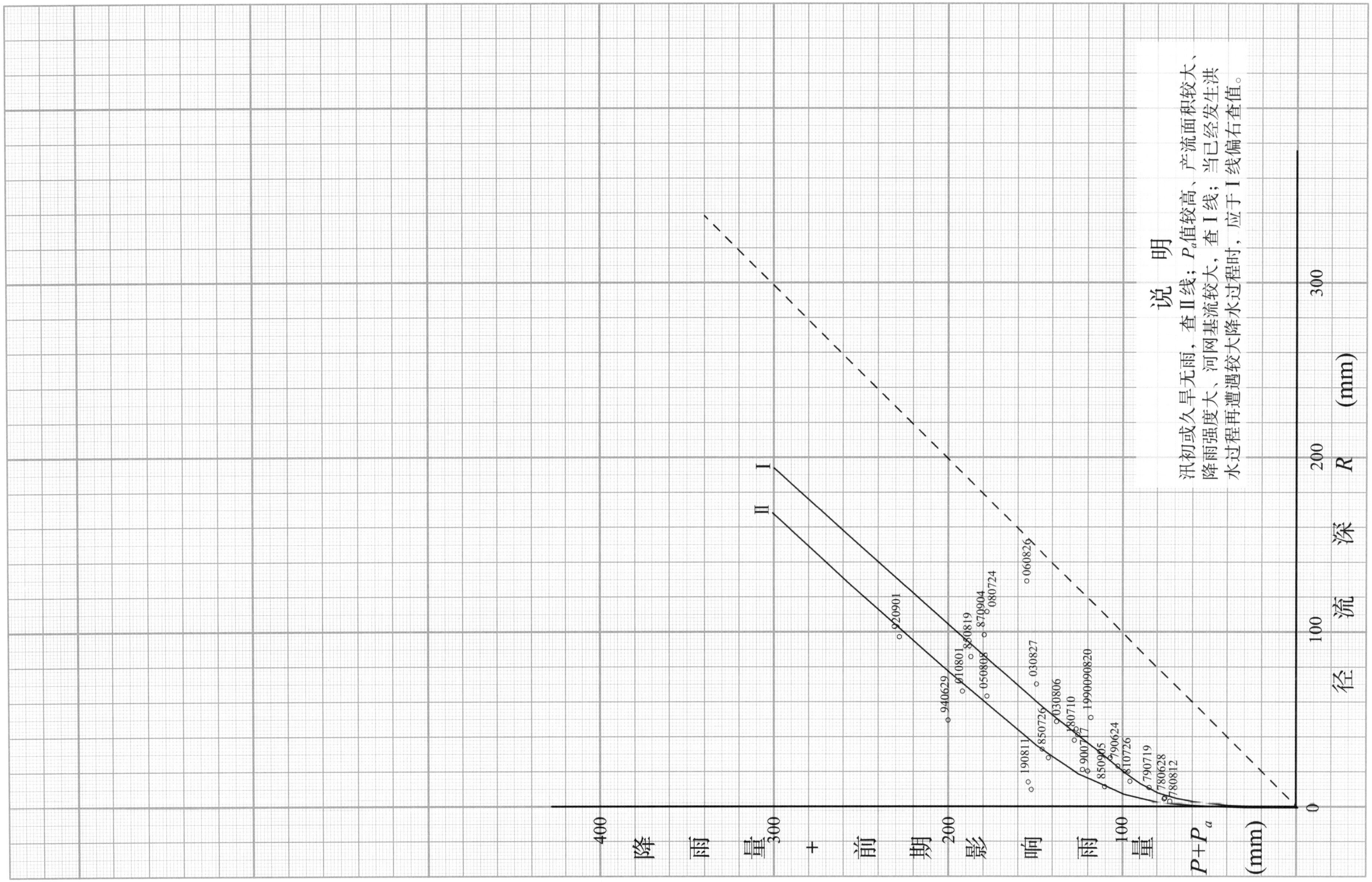

图 8-2　东村河海阳站降雨径流相关图（$P+P_a-R$）

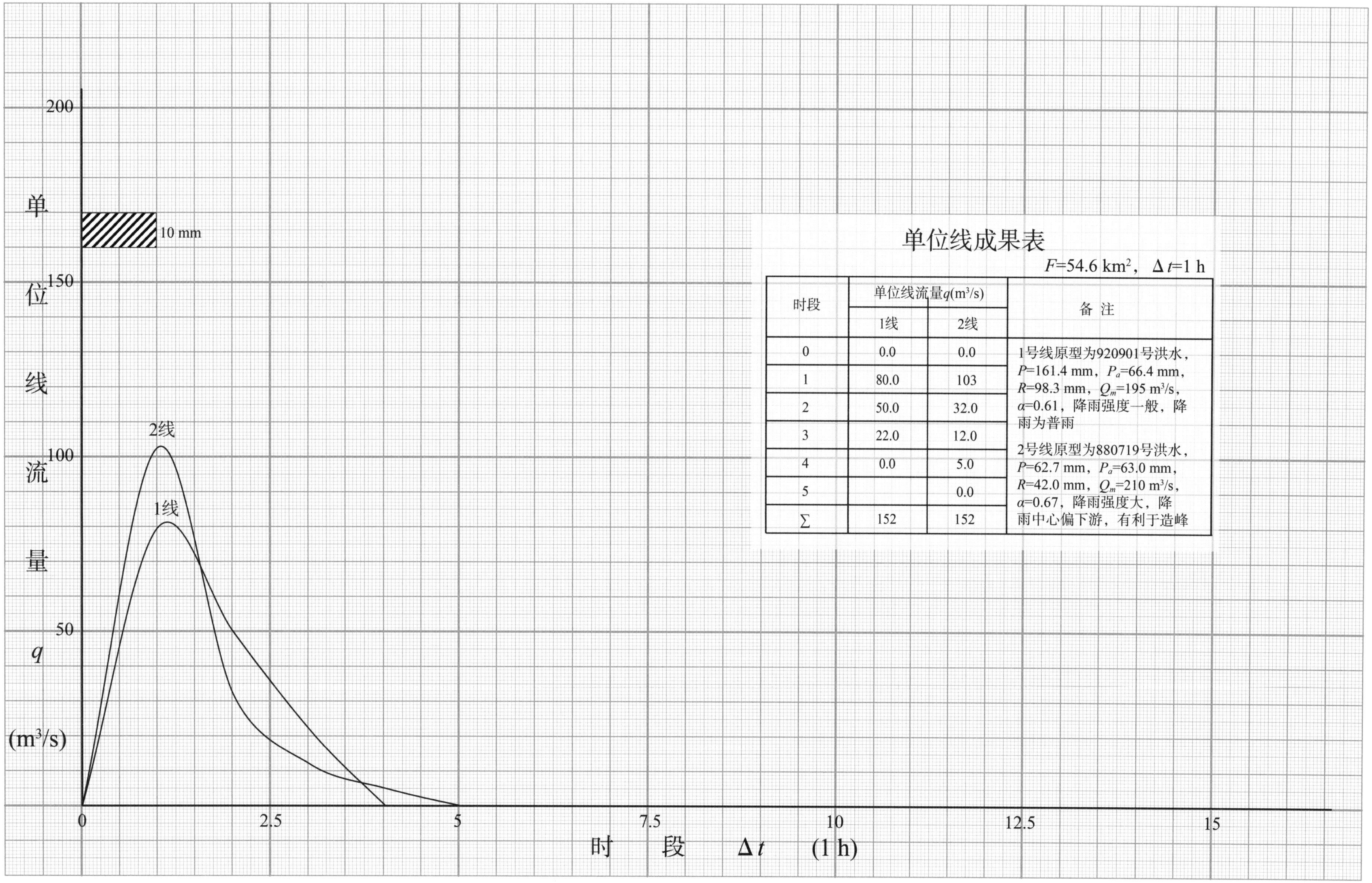

单位线成果表

F=54.6 km²，Δt=1 h

时段	单位线流量q(m³/s)		备 注
	1线	2线	
0	0.0	0.0	1号线原型为920901号洪水，P=161.4 mm，P_a=66.4 mm，R=98.3 mm，Q_m=195 m³/s，α=0.61，降雨强度一般，降雨为普雨 2号线原型为880719号洪水，P=62.7 mm，P_a=63.0 mm，R=42.0 mm，Q_m=210 m³/s，α=0.67，降雨强度大，降雨中心偏下游，有利于造峰
1	80.0	103	
2	50.0	32.0	
3	22.0	12.0	
4	0.0	5.0	
5		0.0	
∑	152	152	

图 8-3　东村河海阳站单位线图

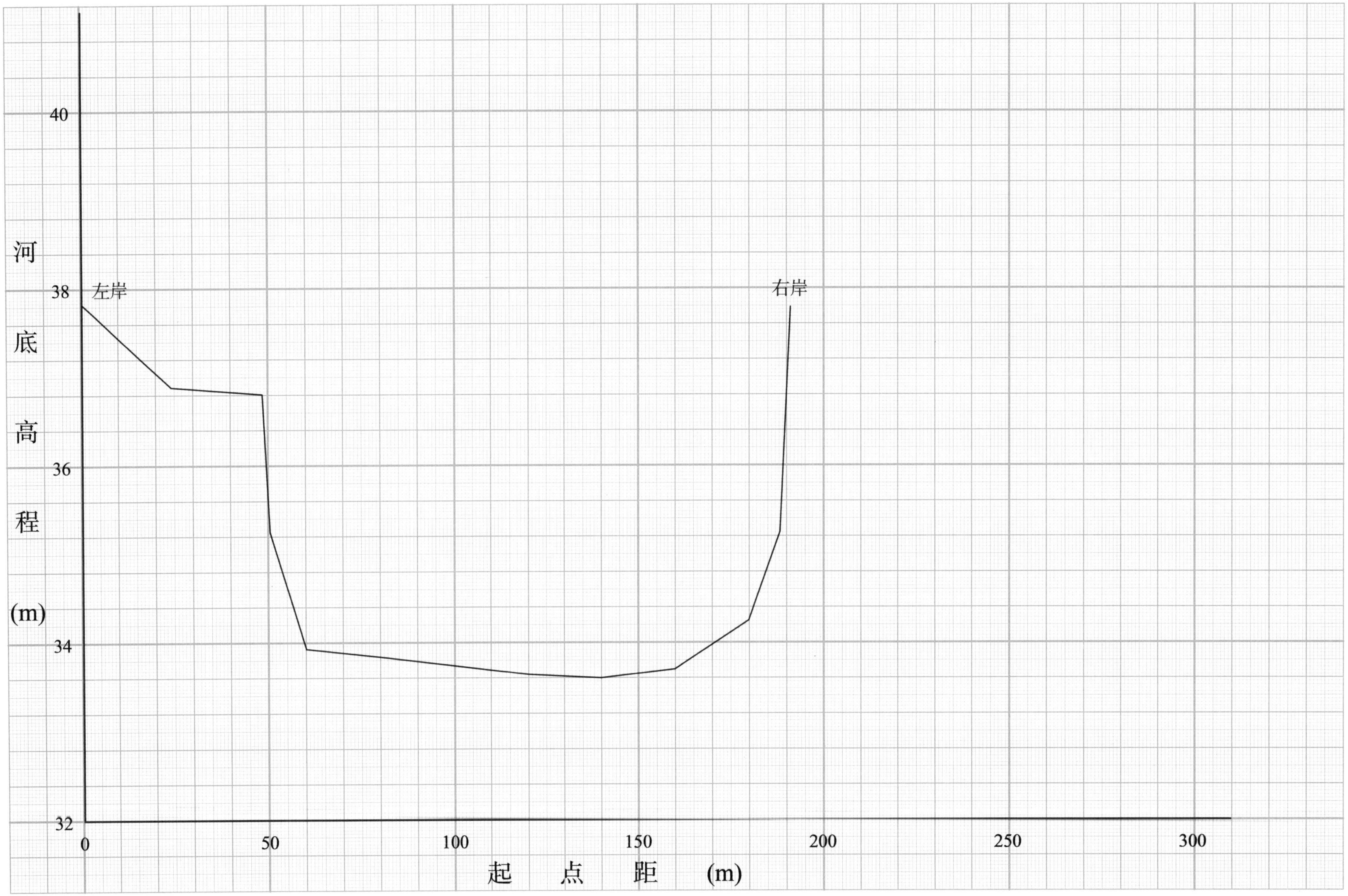

图 8-4　东村河海阳站大断面图

第九章　沽河鲍村站水文预报方案编制说明*

1　流域概况

1.1　流域自然地理特征

沽河属山溪性河流，两岸全是丘陵、山区，境内有少量花岗岩暴露，还有5%～10%的砂石山。境内耕地除少量的河川滩地外，其余为丘陵梯田。农作物以小麦、地瓜、花生、玉米为主。境内荒山上均已绿化造林和种植苹果树等，约占总耕地面积的21%；此外，梯田的地堰、河道荒滩地均被多年生草皮覆盖。干流长度18.5 km，流域平均坡度8.2‰，干流平均坡度3.50‰，河道弯曲系数1.29。鲍村站以上流域图见图9-1。

鲍村站以上流域属暖温带大陆性季风气候，具有春暖、夏热、秋凉、冬冷之特点，四季分明，冬春干旱，夏秋多雨。据荣成市1958—2015年气象资料统计，多年平均气温11.4 ℃，极端最高气温36.8 ℃，发生于1958年8月20日；极端最低气温-18.3 ℃，发生于1977年1月4日。

该流域多年平均降水量812.5 mm，最大年降水量为2003年的1 219.7 mm，最小为1999年的383.7 mm；多年平均径流量0.240亿m^3。雨量自北向南逐渐增大，6—9月是全年温度最高月份也是降雨最多的月份，6—9月降水量占全年的70%以上。其降雨特点：一是年际变化大，二是年内分布极不均匀，三是地区差异明显。

1.2　上游水利工程

鲍村水文站以上流域内无大中型水利工程，有8座小型水库，控制面积13.63 km^2，占总控制面积的15.7%，详见表9-1。

表9-1　鲍村站以上流域内主要水利工程统计表

工程类别	水库名称	所在地	流域面积（km^2）	总库容（万m^3）	兴利库容（万m^3）	建成年份
小型	魏家	大水泊镇	0.9	12.8	6.5	1960年
小型	毕家店	大水泊镇	2.6	115	75.2	1978年
小型	古格	城西街道	0.83	45.9	22.4	1979年
小型	堡子后	城西街道	2.6	115	75.2	1978年
小型	马家岭	荫子镇	0.35	14.7	10	1959年
小型	立驾山	荫子镇	0.55	13.1	5.7	1960年
小型	后荫子	荫子镇	2.0	100	71	1979年
小型	雨山	荫子镇	3.8	272	180	1958年

1.3　测站概况

鲍村水文站于1958年6月建站，位于荣成市大疃镇东北沽河中下游，距河口12 km，控制流域面积86.6 km^2，流域长度16.1 km，流域平均宽度5.38 km。测验河段顺直长度约1 800 m，两岸为山岭，滩地生长有树木杂草，并种有农作物。河床为砂质，自采用该断面以来，因水利河道整治，下切深度约3.0 m，现微有冲淤。基本断面处于2013年5月新建测流桥1座，桥下挂轨道式水文缆道。鲍村水文站基本情况见表9-2。

表9-2　沽河鲍村水文站基本情况

<table>
<tr><td rowspan="3">测站概况</td><td colspan="2">测站编码</td><td>41815501</td><td>建站时间</td><td colspan="2">1958年6月</td></tr>
<tr><td>所在地点</td><td colspan="5">山东省荣成市大疃镇</td></tr>
<tr><td>所在河流</td><td>沽河</td><td>集水面积</td><td>86.6 km^2</td><td>至河口距离</td><td>12 km</td></tr>
<tr><td>水沙特性</td><td colspan="6">洪水暴涨暴落，流速大，漂浮物多，洪水历时一般在24 h以内</td></tr>
<tr><td rowspan="7">水文特征</td><td colspan="2">项目</td><td>出现日期</td><td colspan="2">相应数据</td><td>施测方法</td></tr>
<tr><td colspan="2">实测最高水位</td><td>1974-8-14</td><td colspan="2">4.98 m（冻结基面）</td><td>人工观读</td></tr>
<tr><td colspan="2">实测最大流量</td><td>2007-8-11</td><td colspan="2">785 m^3/s</td><td>流速仪</td></tr>
<tr><td colspan="2">建站以来最大流量</td><td>2007-8-11</td><td colspan="2">785 m^3/s</td><td>流速仪</td></tr>
<tr><td colspan="2">实测最大流速</td><td>2007-8-11</td><td colspan="2">7.02 m/s</td><td>流速仪</td></tr>
<tr><td colspan="2">实测最大水深</td><td>1997-8-19</td><td colspan="2">3.15 m</td><td>缆道铅鱼</td></tr>
<tr><td colspan="2">实测最大含沙量</td><td>1966-6-3</td><td colspan="2">25.5 kg/m^3</td><td>瓶式0.5一点法</td></tr>
<tr><td>测验河段及断面情况</td><td colspan="6">测验河段较顺直，测流断面基本稳定，河床冲刷较少，基本水尺断面处新建测流桥1座，桥下新建水文缆道1处，采用冻结基面</td></tr>
</table>

鲍村水文站冻结基面与黄海基面换算关系为：冻结基面高程+14.261 m＝1985年国家高程基准高程，其大断面图见图9-2。

2 预报方案编制

2.1 资料情况

鲍村站实测资料年限为 66 年（1958—2023 年），本方案选用 1958—2023 年代表性较强、受工程因素影响较小的洪水。

2.2 产流方案

产流方案采用降雨径流相关图（$P+P_a-R$），利用分析计算的 71 个点据点绘定线。因鲍村水文站上游自 1978 年以来兴建多座小型水利工程，加上河道挖沙严重，产流呈明显的年代变化，绘制了 1958—1977 年、1978—2013 年、2014—2023 年 3 条曲线，详见图 9-3。其中：P 为次降雨流域平均雨量（mm）；P_a 为流域平均前期影响雨量（mm）；R 为次降雨所产生的径流深（mm）。

2.2.1 主要参数的计算

2.2.1.1 流域平均雨量 P 的计算

鲍村站以上流域平均雨量 P 由鲍村、山马家、荫子夼、雨夼 4 处雨量代表性较好的报汛雨量站的算术平均值计算。

2.2.1.2 流域平均前期影响雨量 P_a 的计算

每年自汛初开始连续计算，先用算术平均法计算流域平均雨量，然后计算前期影响雨量 P_a。其计算公式为

$$P_{a,t+1}=K(P_{a,t}+P_t)$$

式中：$P_{a,t+1}$ 为第 $t+1$ 日的前期影响雨量（mm）；$P_{a,t}$ 为第 t 日的前期影响雨量（mm）；P_t 为第 t 日的流域平均雨量（mm）；K 为前期影响雨量递减系数。

2.2.1.3 最大初损值 I_m 和 K 值的确定

鲍村站以上流域采用 $I_m=100$ mm。当 $P<5$ mm 时，$K=0.9$；当 5 mm$\leqslant P<15$ mm 时，$K=0.95$；当 $P\geqslant15$ mm 时，$K=1.0$。

2.2.1.4 产流面积 F 的确定

鲍村水文站以上流域内有 8 座小型水库，控制面积 11.63 km^2，根据各水利工程的建成时间以及运行情况，在计算洪水净雨时具体确定产流面积的大小。

2.2.1.5 径流深 R 的推求

在洪水过程线上采用斜线分割法切除基流，本次洪水径流深 R 等于洪水总量 W（扣除基流量）除以集水面积 F。鲍村水文站降雨径流分析成果见表 9-3。

2.2.1.6 暴雨中心位置的确定

根据流域特性和代表站分布情况，雨夼、荫子夼站为上游区，山马家站为中游区，鲍村站为下游区。

2.2.2 精度评定

按许可误差=20%实测值的标准（并当许可误差大于 20.0 mm 时以 20.0 mm 为上限，小于 3.0 mm 时以 3.0 mm 为下限）进行逐次洪水评定。1958—1977 年 $P+P_a-R$ 相关图选用 32 个点据，26 个合格，合格率为 81.3%；1978—2013 年 $P+P_a-R$ 相关图选用 28 个点据，20 个合格，合格率为 71.4%；2014—2023 年 $P+P_a-R$ 相关图选用 11 个点据，9 个合格，合格率为 81.8%，详见表 9-4、表 9-5、表 9-6。

2.3 汇流方案

根据 210831、230828 场次洪水资料分析出 2 条单位线，所有单位线 Δt 均取 1 h，鲍村站单位线图见图 9-4。

3 方案使用说明

预报径流深、洪峰流量及洪水过程线时，可按下列框图进行：

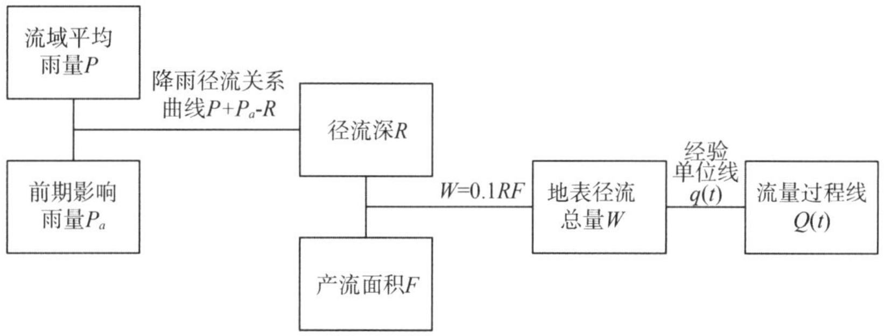

3.1 径流深预报

首先计算出流域平均降雨量和流域平均前期影响雨量，根据降雨径流关系图（$P+P_a-R$）的查算结果进行综合分析，确定地表径流深 R 的预报值。

3.2 洪峰流量及洪水历时（单位线法）预报

由次雨径流深 R、时段降雨量采用扣损法割除基流得到各时段净雨，然后根据暴雨中心位置选择相应单位线，各时段净雨错时段与 0.1 倍的单位线各时段流量相乘，同时段流量相加，再加上基流量即为入库流量过程，最大入库流量及其出现时间即可得到。其中，各时段净雨部分径流量计算公式为

$$Q_i'(t)=\frac{h_i(t)}{10}q(t)$$

式中：$Q_i'(t)$ 为第 i 次时段净雨形成的部分径流量；$h_i(t)$ 为第 i 次时段净雨量；$q(t)$ 为单位线对应的时段单位流量。

3.3 地表径流总量 *W* 预报

根据确定的产流面积 F、预报的径流深 R，由公式 $W=0.1RF$ 计算得到地表径流总量 W。

4 方案合理性检查及评定

在方案修订过程中，根据《水文情报预报规范》（GB/T 22482—2008）要求及有关文件规定进行合理性检查，特别对突出点据从原始资料反复查对，对中间处理过程也进行了认真审查，发现不合理的问题基本上做了检查改正。然后对每个方案尽量根据水情规范规定采用表格形式进行了精度评定（用许可误差法）。

5 方案适应能力

本方案适用于防洪标准以下的洪水作业预报。如遇超标准洪水，则需根据当时具体情况酌情修正。

6 注意事项

（1）方案的制作未考虑上游塘坝的影响，作业预报时也要根据前期降雨情况进行适当修正。

（2）应随时掌握上游工程蓄水及泄洪情况，对预报值要根据实际情况进行及时修正。

（3）局部暴雨时要注意超渗产流，可适当将查算的 R 值加大；久旱初雨时产流偏小，应适当修正所查 R 值。

总之，由于影响因素太多，本方案不能完全反映实际情况，因而不能照搬，应具体问题具体分析，并采用多种方法，考虑各种因素进行综合分析，确定采用的预报值。

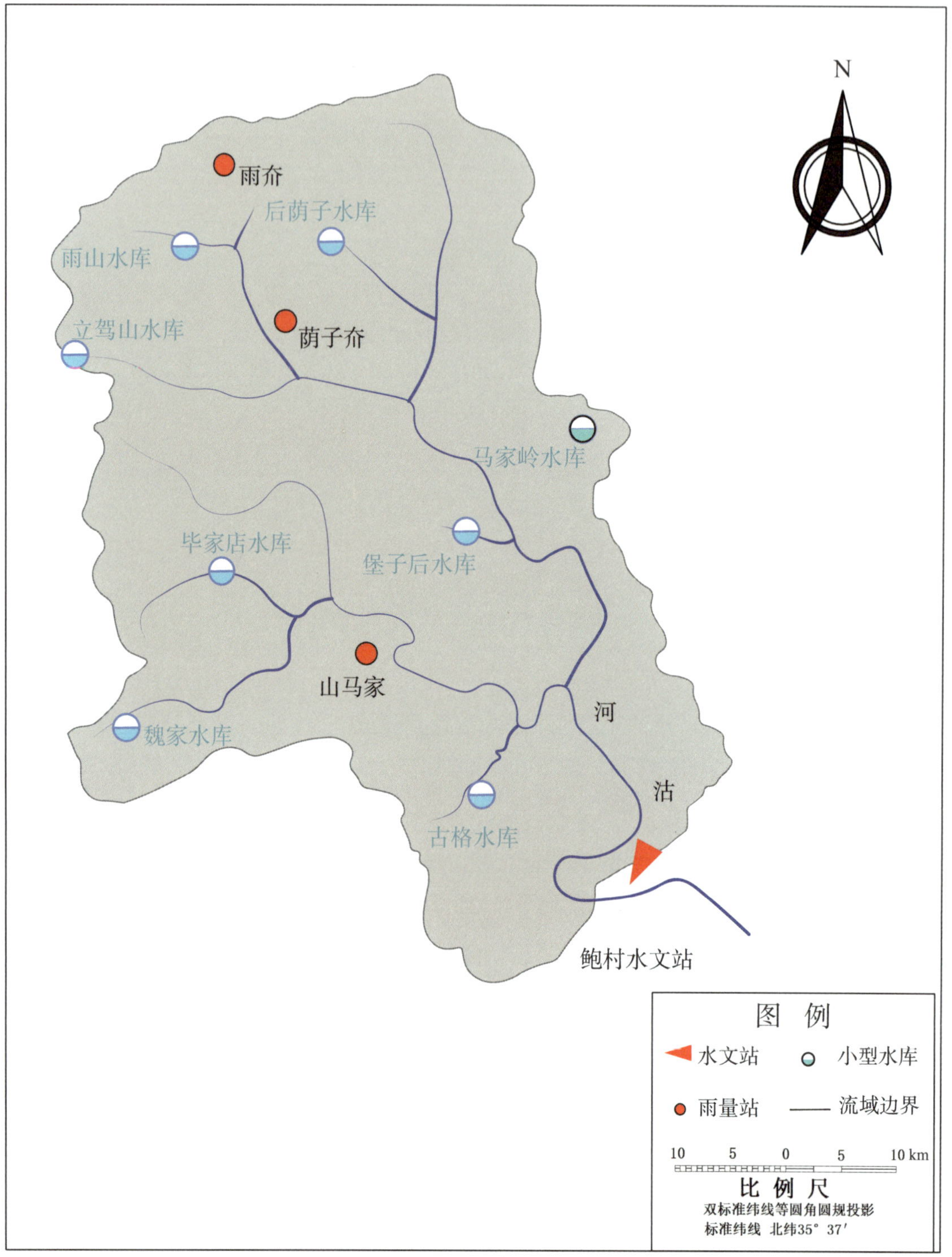

图 9-1 沽河鲍村站以上流域图

表 9-3 沽河鲍村水文站降雨径流分析成果表

序号	洪号	降雨起止时间		流域平均雨量 P（mm）	前期影响雨量 P_a（mm）	降雨历时（h）		暴雨中心位置	洪水发生时间			洪水总历时 $T_{洪}$（h）	洪峰流量 Q_m（m^3/s）	净峰流量 $Q_{m净}$（m^3/s）	地表径流总量（万 m^3）	集水面积 F（km^2）	径流深 R（mm）	径流系数 α
		起	止			全部 T	有效 T_c		起涨	峰顶	落平							
1	580903	9 月 3 日 02：00	9 月 3 日 12：00	41.7	16.9	10	4	上游	9 月 3 日 10：00	9 月 3 日 14：00	9 月 6 日 02：00	64	63	63	73	86.6	8.4	0.20
2	590717	7 月 16 日 08：00	7 月 17 日 16：00	123.9	27.4	32	24	上游	7 月 17 日 02：00	7 月 17 日 08：00	7 月 24 日 02：00	168	262	262	678	86.6	78.3	0.63
3	590830	8 月 30 日 14：00	9 月 1 日 02：00	147.0	63.7	12	6	上游	8 月 30 日 16：00	8 月 30 日 22：00	9 月 6 日 16：00	168	280	279	1 000	86.6	115.5	0.79
4	600706	7 月 6 日 10：00	7 月 7 日 06：00	108.5	61.8	20	12	上游	7 月 6 日 12：00	7 月 6 日 22：00	7 月 11 日 02：00	110	360	360	900	86.6	104.0	0.96
5	600728	7 月 28 日 14：00	7 月 28 日 22：00	66.0	37.1	8	6	上游	7 月 28 日 14：00	7 月 28 日 20：00	7 月 31 日 02：00	60	230	227	409	86.6	47.2	0.72
6	600805	8 月 4 日 16：00	8 月 5 日 12：00	114.3	56.4	20	14	上游	8 月 5 日 01：00	8 月 5 日 06：00	8 月 7 日 02：00	49	350	348	688	86.6	79.5	0.70
7	610729	7 月 29 日 01：00	7 月 29 日 20：00	108.1	70.6	19	12	上游	7 月 29 日 06：00	7 月 29 日 12：00	8 月 1 日 04：00	70	315	314	753	86.6	86.9	0.80
8	610807	8 月 7 日 18：00	8 月 8 日 02：00	85.0	35.9	8	6	上游	8 月 7 日 18：00	8 月 7 日 20：00	8 月 10 日 06：00	60	255	253	377	86.6	43.5	0.51
9	620719	7 月 19 日 08：00	7 月 19 日 16：00	71.8	41.9	8	4	上游	7 月 19 日 12：00	7 月 19 日 16：00	7 月 22 日 02：00	62	155	155	224	86.6	25.8	0.36
10	620729	7 月 29 日 10：00	7 月 30 日 06：00	73.7	53.3	20	12	上游	7 月 29 日 10：00	7 月 30 日 00：00	8 月 3 日 00：00	110	85	85	463	86.6	53.5	0.73
11	620808	8 月 7 日 14：00	8 月 8 日 04：00	77.0	52.1	14	6	上游	8 月 7 日 16：00	8 月 8 日 02：00	8 月 11 日 10：00	90	110	110	507	86.6	58.5	0.76
12	620907	9 月 6 日 20：00	9 月 7 日 14：00	126.7	21.7	18	8	上游	9 月 7 日 00：00	9 月 7 日 12：00	9 月 12 日 02：00	122	100	100	458	86.6	52.9	0.42
13	620916	9 月 16 日 06：00	9 月 16 日 22：00	83.8	41.1	16	6	上游	9 月 16 日 14：00	9 月 16 日 22：00	9 月 19 日 18：00	76	140	139	435	86.6	50.2	0.60
14	630718	7 月 18 日 02：00	7 月 18 日 10：00	81.7	76.2	8	6	上游	7 月 18 日 02：00	7 月 18 日 10：00	7 月 20 日 02：00	48	340	333	804	86.6	92.9	1.14
15	640912	9 月 12 日 10：00	9 月 12 日 22：00	49.6	54.1	12	8	上游	9 月 12 日 14：00	9 月 12 日 18：00	9 月 15 日 02：00	60	190	190	396	86.6	45.8	0.92
16	650805	8 月 4 日 10：00	8 月 5 日 10：00	175.1	52.4	24	12	上游	8 月 5 日 01：00	8 月 5 日 08：00	8 月 6 日 20：00	43	640	640	1424	86.6	164.4	0.94
17	660908	9 月 8 日 02：00	9 月 9 日 06：00	139.2	40.9	28	20	上游	9 月 8 日 06：00	9 月 8 日 18：00	9 月 12 日 10：00	100	152	152	795	86.6	91.8	0.66
18	670730	7 月 28 日 08：00	7 月 30 日 16：00	226.1	49.8	56	36	上游	7 月 28 日 12：00	7 月 30 日 06：00	8 月 4 日 02：00	158	350	350	1625	86.6	187.6	0.83
19	680820	8 月 19 日 06：00	8 月 20 日 04：00	101.8	41.5	22	16	上游	8 月 19 日 10：00	8 月 20 日 04：00	8 月 22 日 02：00	64	120	120	542	86.6	62.6	0.61
20	680823	8 月 22 日 14：00	8 月 23 日 10：00	71.2	66.4	20	12	上游	8 月 23 日 01：00	8 月 23 日 06：00	8 月 27 日 10：00	105	95	95	392	86.6	45.3	0.64
21	690808	8 月 7 日 16：00	8 月 9 日 02：00	98.3	54.9	34	24	上游	8 月 8 日 01：00	8 月 8 日 16：00	8 月 11 日 02：00	73	250	250	592	86.6	68.4	0.70
22	700725	7 月 24 日 06：00	7 月 26 日 10：00	145.3	67.4	52	24	上游	7 月 24 日 14：00	7 月 25 日 06：00	7 月 28 日 14：00	96	280	280	1 036	86.6	119.7	0.82
23	710903	9 月 3 日 06：00	9 月 3 日 22：00	135.1	28.9	16	12	上游	9 月 3 日 10：00	9 月 3 日 14：00	9 月 7 日 02：00	88	190	188	673	86.6	77.7	0.58
24	710925	9 月 24 日 10：00	9 月 25 日 08：00	122.2	11.6	22	12	上游	9 月 24 日 16：00	9 月 25 日 04：00	9 月 27 日 08：00	64	130	129	443	86.6	51.1	0.42
25	720818	8 月 18 日 02：00	8 月 19 日 02：00	108.8	34.4	24	12	上游	8 月 18 日 06：00	8 月 18 日 14：00	8 月 21 日 22：00	88	115	115	502	86.6	58.0	0.53
26	730507	5 月 7 日 00：01	5 月 7 日 12：00	73.1	53.8	12	6	上游	5 月 7 日 04：00	5 月 7 日 08：00	5 月 10 日 02：00	70	185	185	429	86.6	49.6	0.68
27	730822	8 月 22 日 04：00	8 月 22 日 10：00	74.2	6.4	6	4	上游	8 月 22 日 04：00	8 月 22 日 08：00	8 月 24 日 02：00	46	180	180	213	86.6	24.6	0.33

续表

序号	洪号	降雨起止时间		流域平均雨量 P (mm)	前期影响雨量 P_a (mm)	降雨历时（h）		暴雨中心位置	洪水发生时间			洪水总历时 $T_{洪}$（h）	洪峰流量 Q_m (m^3/s)	净峰流量 $Q_{m净}$ (m^3/s)	地表径流总量（万 m^3）	集水面积 F (km^2)	径流深 R (mm)	径流系数 α
		起	止			全部 T	有效 T_c		起涨	峰顶	落平							
28	740814	8月14日00：01	8月14日14：00	114.2	61.1	14	8	上游	8月14日06：00	8月14日12：00	8月16日02：00	44	630	628	918	86.6	106.1	0.93
29	750828	8月28日04：00	8月28日18：00	124.0	28.6	14	8	上游	8月28日06：00	8月28日12：00	8月30日06：00	48	215	214	547	86.6	63.1	0.51
30	760813	8月12日02：00	8月13日10：00	212.7	13.8	32	24	上游	8月12日08：00	8月13日04：00	8月15日16：00	80	370	370	1 222	86.6	141.1	0.66
31	760819	8月18日20：00	8月19日10：00	85.9	57.4	14	8	上游	8月19日00：00	8月19日06：00	8月21日02：00	50	470	468	654	86.6	75.5	0.88
32	770831	8月30日22：00	8月31日14：00	101.8	13.2	16	8	上游	8月31日04：00	8月31日10：00	9月2日10：00	54	225	225	284	86.6	32.8	0.32
33	780816	8月15日02：00	8月16日14：00	108.4	54.9	36	24	中游	8月15日02：00	8月16日14：00	8月18日14：00	84	100	100	515	86.6	59.5	0.55
34	790804	8月4日02：00	8月4日16：00	57.5	77.4	14	12	上游	8月4日04：00	8月4日16：00	8月8日22：00	114	62	62	430	86.6	49.7	0.86
35	800630	6月29日20：00	6月30日16：00	64.4	37.2	20	14	上游	6月30日00：00	6月30日16：00	7月5日10：00	130	12	12	155	86.6	17.9	0.28
36	810817	8月17日02：00	8月17日12：00	79.7	16.6	10	6	上游	8月17日06：00	8月17日12：00	8月20日02：00	68	20	20	62	86.6	7.2	0.09
37	830909	9月8日20：00	9月9日16：00	96.3	41.4	20	12	上游	9月9日04：00	9月9日12：00	9月13日00：00	92	40	40	186	86.6	21.5	0.22
38	840726	7月26日04：00	7月27日12：00	121.9	52.6	32	24	上游	7月26日08：00	7月26日18：00	7月31日00：00	112	68	68	548	86.6	63.3	0.52
39	850820	8月19日14：00	8月20日12：00	106.6	56.1	22	12	上游	8月19日22：00	8月20日12：00	8月24日02：00	100	160	160	651	86.6	75.2	0.71
40	870905	9月4日00：00	9月5日08：00	85.2	34.8	32	24	上游	9月4日10：00	9月5日06：00	9月9日00：00	110	40	40	264	86.6	30.5	0.36
41	880827	8月27日00：00	8月30日02：00	104.5	53.7	12	8	上游	8月27日01：00	8月27日08：00	8月31日22：00	117	125	124	450	86.6	52.0	0.50
42	890702	7月2日12：00	7月2日18：00	34.8	12.1	6	4	上游	7月2日16：00	7月3日16：00	7月7日02：00	106	7	7	25	86.6	2.9	0.08
43	900818	8月18日04：00	8月18日22：00	94.1	31.1	18	12	上游	8月18日10：00	8月18日18：00	8月22日00：00	86	53	53	179	86.6	20.7	0.22
44	940825	8月24日16：00	8月25日04：00	94.5	35.3	12	8	上游	8月24日18：00	8月25日04：00	8月29日12：00	114	85	85	351	86.6	40.6	0.43
45	970819	8月19日02：00	8月20日04：00	358.7	24.2	26	18	上游	8月19日12：00	8月20日00：00	8月23日02：00	86	520	520	1 771	86.6	204.5	0.57
46	980731	7月31日04：00	7月31日18：00	116.5	37.1	14	10	上游	7月31日08：00	7月31日18：00	8月2日02：00	42	110	109	483	86.6	55.8	0.48
47	980823	8月22日16：00	8月23日04：00	73.7	41.2	12	8	上游	8月22日22：00	8月23日02：00	8月24日16：00	42	155	153	301	86.6	34.7	0.47
48	010728	7月28日06：00	7月28日14：00	99.0	74.3	8	8	上游	7月28日10：00	7月28日14：00	7月30日06：00	44	155	154	233	86.6	26.9	0.27
49	010805	8月5日10：00	8月5日16：00	45.6	66.6	6	6	中游	8月5日10：00	8月5日14：00	8月8日00：00	62	135	135	285	86.6	33.0	0.72
50	030823	8月23日06：00	8月24日04：00	189.7	31.6	22	18	上游	8月23日14：00	8月23日22：00	8月26日00：00	58	540	533	1064	86.6	122.8	0.65
51	040806	8月5日04：00	8月6日06：00	106.3	35.6	26	18	上游	8月5日06：00	8月6日06：00	8月8日22：00	88	70	70	380	86.6	43.9	0.41
52	050808	8月7日22：00	8月8日10：00	143.1	73.8	12	12	上游	8月8日02：00	8月8日08：00	8月10日00：00	46	630	613	908	86.6	104.8	0.73
53	060727	7月27日00：00	7月27日20：00	287.0	21.7	20	16	上游	7月27日02：00	7月27日12：00	7月29日10：00	56	530	528	1 604	86.6	185.2	0.65
54	070811	8月10日06：00	8月12日14：00	313.1	79.4	56	48	上游	8月10日08：00	8月11日20：00	8月15日04：00	116	750	739	2174	86.6	251.0	0.80

续表

序号	洪号	降雨起止时间		流域平均雨量 P（mm）	前期影响雨量 P_a（mm）	降雨历时（h）		暴雨中心位置	洪水发生时间			洪水总历时 $T_{洪}$（h）	洪峰流量 Q_m（m^3/s）	净峰流量 $Q_{m净}$（m^3/s）	地表径流总量（万 m^3）	集水面积 F（km^2）	径流深 R（mm）	径流系数 α
		起	止			全部 T	有效 T_c		起涨	峰顶	落平							
55	080724	7月23日12：00	7月25日12：00	118.0	66.4	48	40	上游	7月24日00：00	7月24日10：00	7月27日02：00	74	230	229	630	86.6	72.8	0.62
56	090712	7月13日20：00	7月14日12：00	57.8	73.8	16	12	上游	7月13日22：00	7月12日02：00	7月16日12：00	62	108	107	338	86.6	39.1	0.68
57	100903	9月3日02：00	9月4日02：00	116.4	78.6	24	20	上游	9月3日04：00	9月3日12：00	9月6日04：00	72	205	204	763	86.6	88.1	0.76
58	110808	8月7日20：00	8月8日18：00	84.5	59.7	22	18	上游	8月7日22：00	8月8日06：00	8月10日12：00	62	60	60	358	86.6	41.3	0.49
59	120828	8月28日04：00	8月28日22：00	160.6	42.5	18	14	上游	8月28日10：00	8月28日16：00	8月30日08：00	46	480	473	967	86.6	111.7	0.70
60	130923	9月23日12：00	9月24日02：00	82.4	12.8	14	12	上游	9月23日22：00	9月24日00：00	9月25日08：00	34	60	60	117	86.6	13.6	0.16
61	140725	7月24日20：00	7月25日20：00	197.6	51.3	24	18	上游	7月24日22：00	7月25日14：00	7月28日08：00	82	185	184	596	86.6	68.8	0.35
62	150712	7月11日20：00	7月13日02：00	215.5	7.0	30	18	上游	7月12日14：00	7月12日20：00	7月15日02：00	60	75	75	291	86.6	33.6	0.16
63	160808	8月8日08：00	8月8日14：00	74.4	22.1	6	4	上游	8月8日14：00	8月8日18：00	8月10日00：00	34	27	27	76	86.6	8.8	0.12
64	160814	8月14日12：00	8月14日20：00	70.1	49.0	8	6	上游	8月14日18：00	8月14日20：00	8月16日12：00	42	28	28	108	86.6	12.4	0.18
65	170804	8月4日04：00	8月4日16：00	100.8	63.3	12	8	上游	8月4日06：00	8月4日16：00	8月6日02：00	44	49	49	139	86.6	16.0	0.16
66	180710	7月9日08：00	7月11日04：00	135.6	43.8	44	36	上游	7月10日00：00	7月10日18：00	7月13日04：00	76	51	50	350	86.6	40.4	0.30
67	190811	8月11日02：00	8月12日06：00	106.3	52.5	28	22	上游	8月11日10：00	8月12日00：00	8月13日10：00	48	18	18	103	86.6	11.9	0.11
68	200723	7月23日00：00	7月24日00：00	80.1	66.4	24	18	上游	7月23日00：00	7月23日14：00	7月26日02：00	74	29	29	254	86.6	29.3	0.37
69	210831	8月31日05：00	8月31日15：00	121.0	79.0	10.0	8.0	上游	8月31日08：00	8月31日12：30	9月2日08：00	48	155	145	255	86.6	29.4	0.24
70	220713	7月12日09：00	7月13日03：00	88.7	72.0	18.0	10.0	中游	7月12日20：00	7月13日06：00	7月14日08：00	36	74	71	120	86.6	13.9	0.17
71	230828	8月27日15：00	8月28日20：00	117.0	75.0	29.0	16.0	中游	8月28日13：00	8月28日18：00	8月30日08：00	43	42	41	171	86.6	19.8	0.17

说明：有效降雨历时采用 $P+P_a=I_m$（100.0 mm）起至降雨结束的总历时。

表 9-4　沽河鲍村站 1958—1977 年 $P+P_a-R$ 精度评定表

序号	洪号	流域平均雨量 P（mm）	前期影响雨量 P_a（mm）	实测径流深 $R_{实}$（mm）	预报径流深 $R_{预}$（mm）	预报误差（mm）	许可误差（mm）	评定结果		序号	洪号	流域平均雨量 P（mm）	前期影响雨量 P_a（mm）	实测径流深 $R_{实}$（mm）	预报径流深 $R_{预}$（mm）	预报误差（mm）	许可误差（mm）	评定结果	
								合格	不合格									合格	不合格
1	580903	41.7	16.9	8.4	6.0	−2.4	3.0	√		17	660908	139.2	40.9	91.8	101.2	9.4	18.4	√	
2	590717	123.9	27.4	78.3	73.3	−5.0	15.7	√		18	670730	226.1	49.8	187.6	202.1	14.5	20.0	√	
3	590830	147.0	63.7	115.5	132.3	16.8	20.0	√		19	680820	101.8	41.5	62.6	65.7	3.1	12.5	√	
4	600706	108.5	61.8	104.0	91.5	−12.5	20.0	√		20	680823	71.2	66.4	45.3	60.4	15.1	9.1		√
5	600728	66.0	37.1	47.2	28.2	−19.0	9.4		√	21	690808	98.3	54.9	68.4	75.2	6.8	13.7	√	
6	600805	114.3	56.4	79.5	92.0	12.5	15.9	√		22	700725	145.3	67.4	119.7	134.5	14.8	20.0	√	
7	610729	108.1	70.6	86.9	99.7	12.8	17.4	√		23	710903	135.1	28.9	77.7	85.5	7.8	15.5	√	
8	610807	85.0	35.9	43.5	44.7	1.2	8.7	√		24	710925	122.2	11.6	51.1	56.8	5.7	10.2	√	
9	620719	71.8	41.9	25.8	38.0	12.2	5.2		√	25	720818	108.8	34.4	58.0	65.7	7.7	11.6	√	
10	620729	73.7	53.3	53.5	50.4	−3.1	10.7	√		26	730507	73.1	53.8	49.6	50.3	0.7	9.9	√	
11	620808	77.0	52.1	58.5	52.3	−6.2	11.7	√		27	730822	74.2	6.4	24.6	13.6	−11.0	4.9		√
12	620907	126.7	21.7	52.9	70.6	17.7	10.6		√	28	740814	114.2	61.1	106.1	96.5	−9.6	20.0	√	
13	620916	83.8	41.1	50.2	48.4	−1.8	10.0	√		29	750828	124.0	28.6	63.1	74.6	11.5	12.6	√	
14	630718	81.7	76.2	92.9	79.6	−13.3	18.6	√		30	760813	212.7	13.8	141.1	149.1	8.0	20.0	√	
15	640912	49.6	54.1	45.8	28.8	−16.9	9.2		√	31	760819	85.9	57.4	75.5	65.7	−9.8	15.1	√	
16	650805	175.1	52.4	164.4	150.2	−14.2	20.0	√		32	770831	101.8	13.2	32.8	39.2	6.4	6.6	√	

备注：1. 预报误差=预报值-实测值；2. 许可误差=实测值的 20%，以 20.0 mm 为上限，以 3.0 mm 为下限；3. 合格率=81.3%，为乙级方案。

表 9-5　沽河鲍村站 1978—2013 年 $P+P_a-R$ 精度评定表

序号	洪号	流域平均雨量 P（mm）	前期影响雨量 P_a（mm）	实测径流深 $R_{实}$（mm）	预报径流深 $R_{预}$（mm）	预报误差（mm）	许可误差（mm）	评定结果		序号	洪号	流域平均雨量 P（mm）	前期影响雨量 P_a（mm）	实测径流深 $R_{实}$（mm）	预报径流深 $R_{预}$（mm）	预报误差（mm）	许可误差（mm）	评定结果	
								合格	不合格									合格	不合格
1	780816	108.4	54.9	59.5	84.8	25.3	11.9		√	15	980823	73.7	41.2	34.7	28.3	-6.4	6.9	√	
2	790804	57.5	77.4	49.7	57.8	8.1	9.9	√		16	010728	99.0	74.3	26.9	69.1	42.2	5.4		√
3	800630	64.4	37.2	17.9	19.9	2.0	3.6	√		17	010805	45.6	66.6	33.0	26.6	-6.4	6.6	√	
4	810817	79.7	16.6	7.2	16.6	9.4	3.0		√	18	030823	189.7	31.6	122.8	107.0	-15.8	20.0	√	
5	830909	96.3	41.4	21.5	43.5	22.0	4.3		√	19	040806	106.3	35.6	43.9	46.3	2.4	8.8	√	
6	840726	121.9	52.6	63.3	69.9	6.6	12.7	√		20	050808	143.1	73.8	104.8	103.4	-1.4	20.0	√	
7	850820	106.6	56.1	75.2	84.3	9.1	15.0	√		21	060727	287.0	21.7	185.2	179.2	-6.0	20.0	√	
8	870905	85.2	34.8	30.5	31.7	1.2	6.1	√		22	070811	313.1	79.4	251.0	250.4	-0.6	20.0	√	
9	880827	104.5	53.7	52.0	79.9	27.9	10.4		√	23	080724	118.0	66.4	72.8	77.6	4.8	14.6	√	
10	890702	34.8	12.1	2.9	3.9	1.0	3.0	√		24	090712	57.8	73.8	39.1	39.3	0.2	7.8	√	
11	900818	94.1	31.1	20.7	48.7	28.0	4.1		√	25	100903	116.4	78.6	88.1	86.0	-2.1	17.6	√	
12	940825	94.5	35.3	40.6	38.1	-2.5	8.1	√		26	110808	84.5	59.7	41.3	47.9	6.6	8.3	√	
13	970819	358.7	24.2	204.5	316.9	112.4	20.0		√	27	120828	160.6	42.5	111.7	92.4	-19.3	20.0	√	
14	980731	116.5	37.1	55.8	75.6	19.8	11.2		√	28	130923	82.4	12.8	13.6	16.0	2.4	3.0	√	

备注：1. 预报误差=预报值-实测值；2. 许可误差=实测值的 20%，以 20.0 mm 为上限，以 3.0 mm 为下限；3. 合格率=71.4%，为乙级方案。

表 9-6　沽河鲍村站 2014—2023 年 $P+P_a-R$ 精度评定表

序号	洪号	流域平均雨量 P（mm）	前期影响雨量 P_a（mm）	实测径流深 $R_{实}$（mm）	预报径流深 $R_{预}$（mm）	预报误差（mm）	许可误差（mm）	评定结果		序号	洪号	流域平均雨量 P（mm）	前期影响雨量 P_a（mm）	实测径流深 $R_{实}$（mm）	预报径流深 $R_{预}$（mm）	预报误差（mm）	许可误差（mm）	评定结果	
								合格	不合格									合格	不合格
1	140725	197.6	51.3	68.8	59.3	-9.5	13.8	√		7	190811	106.3	52.5	11.9	14.5	2.6	3.0	√	
2	150712	215.5	7.0	33.6	40.1	6.5	6.7	√		8	200723	80.1	66.4	29.3	13.0	-16.3	5.9		√
3	160808	74.4	22.1	8.8	9.0	0.2	3.0	√		9	210831	121.0	79.0	29.4	28.0	-1.4	5.9	√	
4	160814	70.1	49.0	12.4	10.3	-2.1	3.0	√		10	220713	88.7	72.0	13.9	15.0	1.1	3.0	√	
5	170804	100.8	63.3	16.0	15.8	-0.2	3.2	√		11	230828	117.0	75.0	19.8	23.5	3.7	4.0	√	
6	180710	135.6	43.8	40.4	19.5	-20.9	8.1		√										

备注：1. 预报误差=预报值-实测值；2. 许可误差=实测值的 20%，以 20.0 mm 为上限，以 3.0 mm 为下限；3. 合格率=81.8%，为乙级方案。

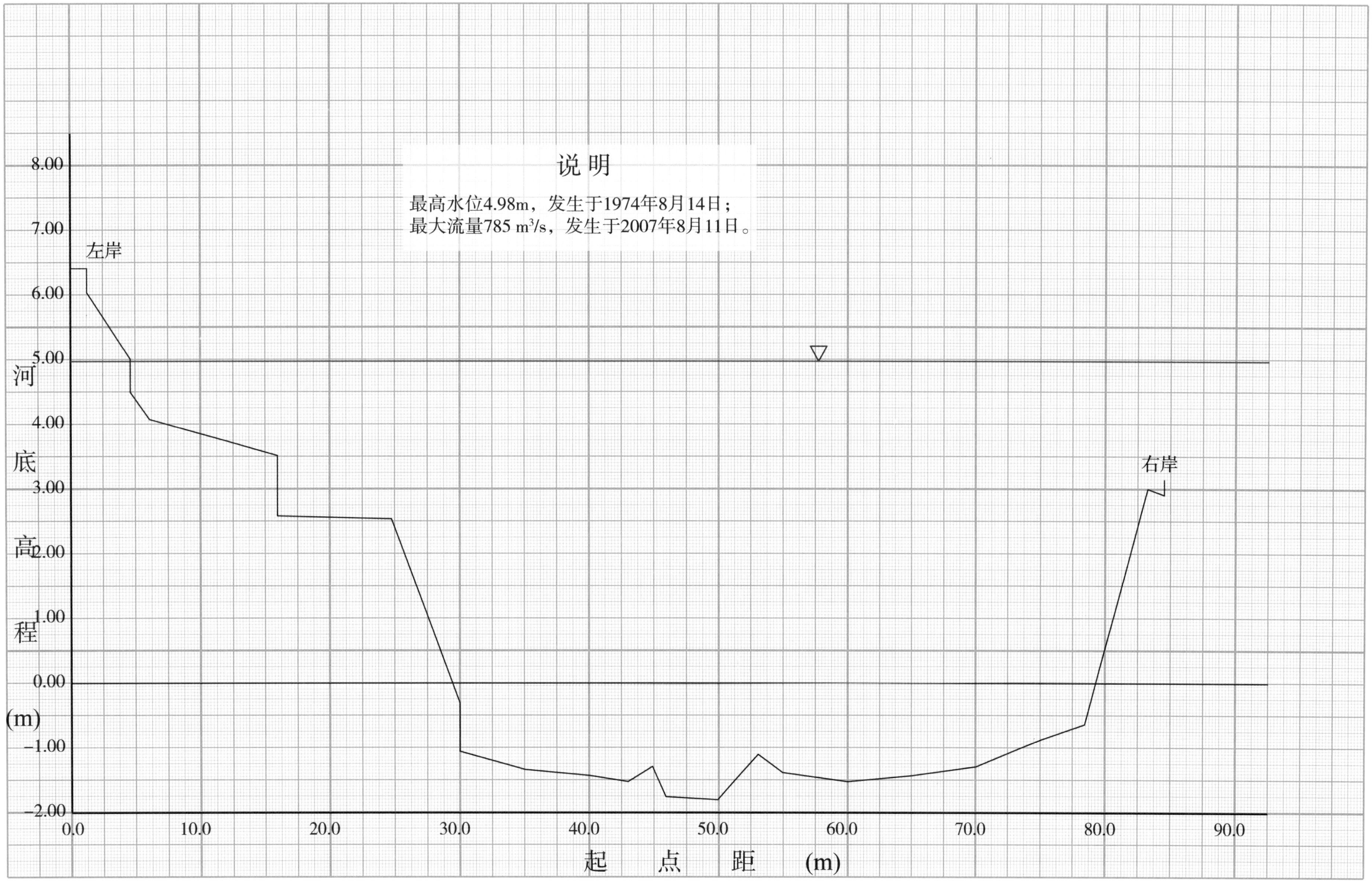

图 9-2　沽河鲍村站大断面图

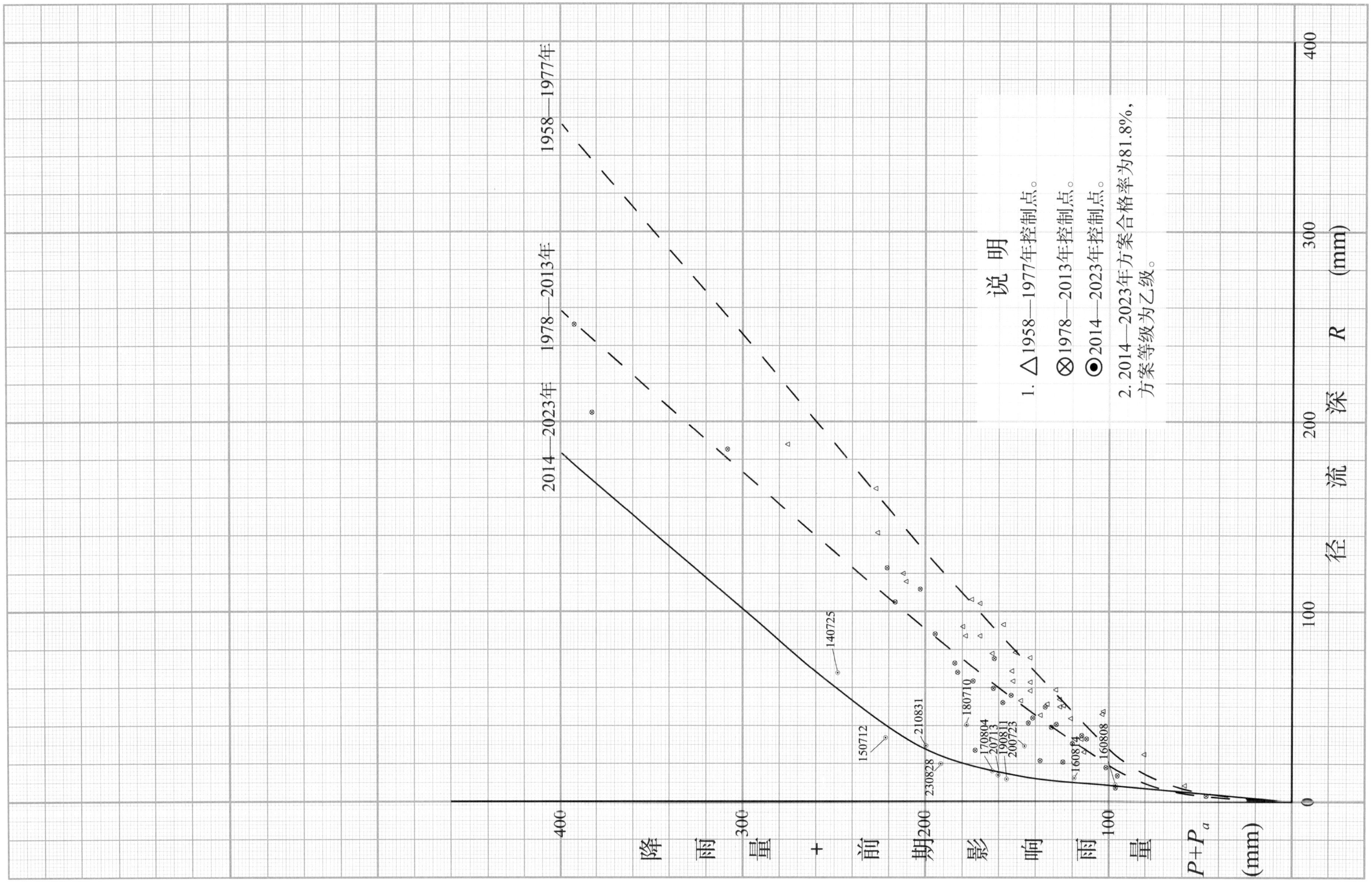

图 9-3　沽河鲍村站降雨径流相关图（$P+P_a-R$）

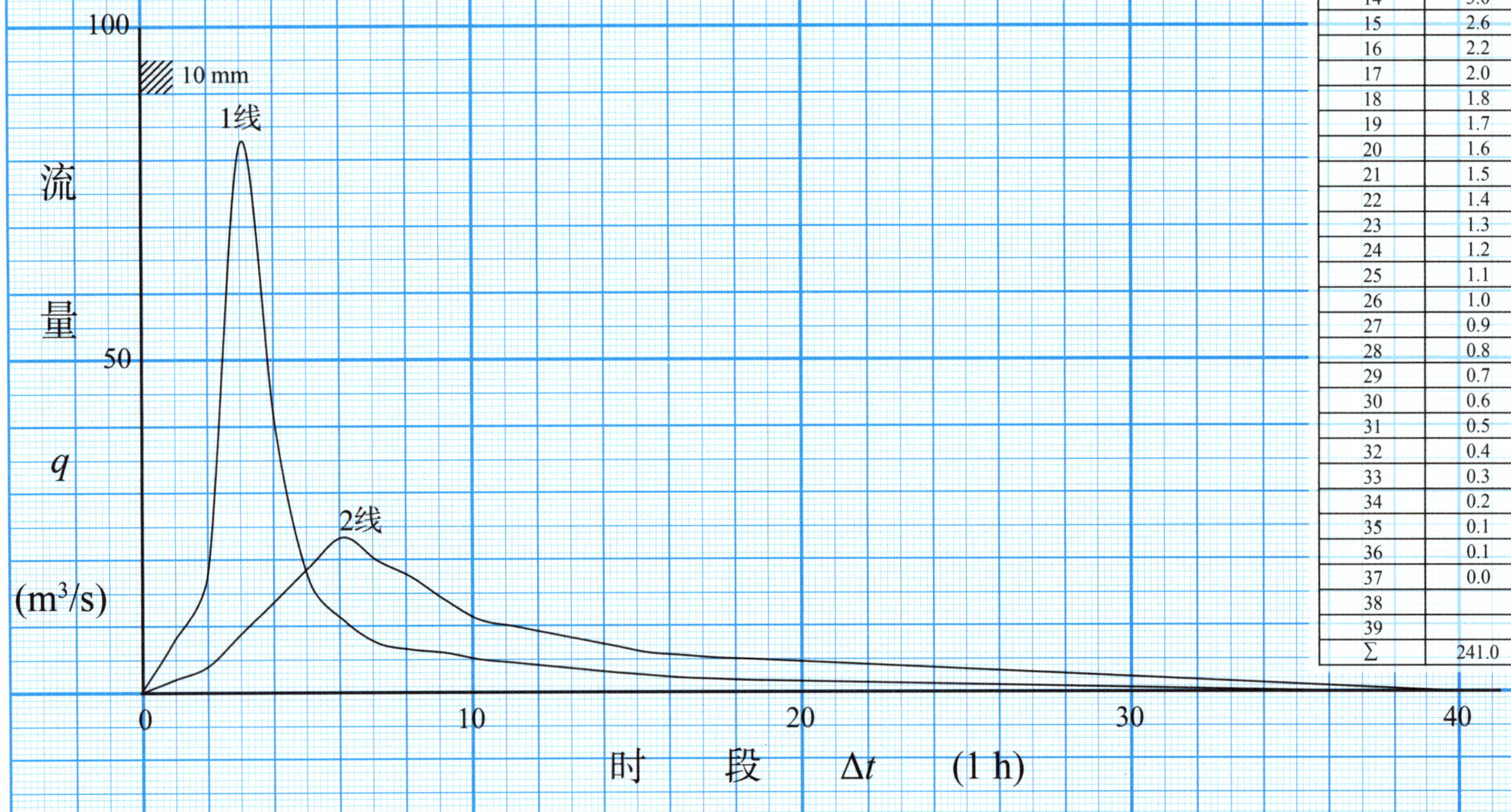

单位线成果表

F=86.6 km²，Δt=1 h

时段	单位线流量q(m³/s)		备注
	1线	2线	
0	0.0	0.0	
1	8.0	2.0	
2	18.0	4.0	
3	83.0	9.0	
4	40.0	14.0	
5	17.0	19.0	
6	11.0	23.5	
7	7.5	20.0	
8	6.5	17.5	
9	6.0	14.0	
10	5.0	11.0	1号单位线根据2021年 8月31日洪水分析所得，暴雨中心在上游，且降雨集中，P=121.0 mm，P_a=79.0 mm，R=29.4 mm，$Q_{m净}$=145 m³/s，T_c=8 h；
11	4.5	10.0	
12	4.0	9.0	
13	3.5	8.0	
14	3.0	7.0	
15	2.6	6.0	
16	2.2	5.6	
17	2.0	5.2	
18	1.8	5.0	
19	1.7	4.8	
20	1.6	4.5	
21	1.5	4.3	
22	1.4	4.0	
23	1.3	3.8	
24	1.2	3.6	2号单位线根据 2023年8月28日洪水分析所得，降雨分布均匀， 降雨强度中等，降雨历时长，P=117.0 mm，P_a=75.0 mm，R=19.8 mm，$Q_{m净}$=171 m³/s，T_c=16 h
25	1.1	3.3	
26	1.0	3.1	
27	0.9	2.9	
28	0.8	2.6	
29	0.7	2.4	
30	0.6	2.1	
31	0.5	1.9	
32	0.4	1.7	
33	0.3	1.4	
34	0.2	1.2	
35	0.1	1.0	
36	0.1	0.7	
37	0.0	0.5	
38		0.2	
39		0.0	
Σ	241.0	239.8	

图 9-4 沽河鲍村站单位线图

第十章　白沙河留驾水库站水文预报方案编制说明

1　流域概况

1.1　流域自然地理特征

留驾水库位于莱州市城南夏邱镇留驾村东北、白沙河中游，属沿海诸小河水系，水库控制流域面积 148 km²，其中山区占 50%，丘陵占 50%。流域形状为扇形，平均宽度 8.3 km，干流平均比降 8‰。白沙河是莱州市第二大河，河道干流长度 45 km。

留驾水库流域属暖温带东亚大陆性季风气候区，多年平均年降水量 676.6 mm，汛期 6—9 月降水量约占全年的 73.9%，其中 7—8 月份最多，约占全年的 53%。流域内河网发育较好，河床比降大，源短流急，暴涨暴落，属山溪性雨源型河流。流域内土壤多为砂土和砂质黏土，主要种植果树。

白沙河留驾水库站以上流域图见图 10-1。

1.2　水库工程概况

留驾水库于 1966 年 7 月主体竣工，是一座集防洪、城镇供水、农业灌溉、渔业养殖等功能为一体的综合利用的中型水库，工程等别为三等，主要建筑物为Ⅲ级，次要建筑物为Ⅳ级，临时建筑物为Ⅴ级。水库除险加固后设计洪水标准为 100 年一遇，校核洪水标准为 1 000 年一遇。水库工程地震设防烈度为Ⅶ度。

留驾水库枢纽工程由大坝、溢洪道和输水洞三部分组成。

大坝全长 3 480 m，其中 0+000 至 0+560 段为主坝，主坝长度 560 m，0+560 至 3+480 段为副坝，副坝长度 2 920 m，坝顶高程 69.80 m，最大坝高 18.48 m，坝顶宽 7.0 m。

溢洪道坐落于风化岩基础上，与大坝有天然山丘相隔，为无控制陡坡泄流型式，底宽 95.0 m，底高程 64.14 m，最大泄洪流量 1 002.7 m³/s。

输水洞位于大坝西端，闸前为浆砌石压力拱洞，长 23 m，闸后为廊道式钢筋混凝土内衬管结构，管道直径 1.50 m，长 42 m。进口底高程 59.08 m，出口底高程 59.07 m，设计输水流量 11.2 m³/s。

1.3　上游水利工程概况

留驾水库流域内自 1966 年以来先后建成中型水库 1 座、小（1）型水库 2 座、小（2）型水库 3 座，总控制流域面积 61.5 km²，兴利库容 1 480.95 万 m³，总库容 891.7 万 m³，详见表 10-1。

表 10-1　留驾水库坝址以上小型水库情况表

水库名称		建成时间	控制流域面积（km²）	库容（万 m³）	
				总库容	兴利库容
中型水库	临疃河	1960 年 8 月	32	1 096	610
小（1）型	东朱宋	1966 年 6 月	16	200	155
	南庙	1969 年 1 月	2.7	108.25	78
小（2）型	大庄子	1969 年 6 月	1.2	16	10
	消水	1974 年 1 月	1.6	31	26
	石门	1966 年 12 月	8	29.7	12.7
合计			61.5	1 480.95	891.7

1.4　水库工程指标及汛期控制运用指标

留驾水库工程指标及汛期控制运用指标见表 10-2。

表 10-2　留驾水库工程指标及汛期控制运用指标表

1. 工程指标					
总库容（万 m³）	防浪墙顶高程（m）	坝顶高程（m）	溢洪道		
			底高程（m）	孔数	净宽（m）
3 105	—	69.80	64.14	无闸	95.0
兴利水位（m）	兴利水位相应库容（万 m³）	死水位（m）	死库容（万 m³）		
64.14	1 550	59.08	375		
2. 防洪标准					
设计		校核		历史	
重现期（年）	最高水位（m）	重现期（年）	最高水位（m）	最高水位（m）/出现日期	最大泄量（m³/s）/出现日期
50	66.74	1 000	67.95	65.64/1975-8-15	240/1975-8-15
3. 控制运用指标					
汛中				汛末	
限制水位（m）	相应库容（万 m³）	超蓄水位（m）	相应库容（万 m³）	蓄水位（m）	相应库容（万 m³）
64.14	1 550	64.14	1 550	64.14	1 550

续表

3. 控制运用指标					
允许壅高水位（m）	警戒水位（m）	允许最高水位（m）	高程基准面		
—	66.74	67.95	1956年黄海		
水库下游安全泄量（m^3/s）				456	
控泄方式				无闸开敞式	

1.5 测站概况

1.5.1 基本情况

留驾水库水文站位于山东省莱州市夏邱镇留驾村，站码为41814288，于2020年设站，主要搜集汛期降水量，水库水位，出、入库流量等有关水文资料，用于水库洪水预报、抗洪能力计算、调洪演算等，为防汛抗旱、水资源控制运用提供信息。

留驾水库站以上流域内有留驾水库、孙家黄花、尚家山、临疃河水库四处雨量站。其中，孙家黄花站位于山东省莱州市柞村镇孙家黄花村，站码为41816190，为汛期站；尚家山站位于山东省莱州市柞村镇班家村，站码为41836180，为汛期站；临疃河水库站位于山东省莱州市柞村镇临疃河水库，站码为41836100，为汛期站。

1.5.2 高程系情况

留驾水库站高程基面采用1956年黄海基面。

2 预报方案编制

2.1 资料情况

留驾水库站无实测年鉴水文摘录资料。

2.2 历史洪水

经调查，留驾水库流域历史上曾发生过多次较大洪水，根据《山东省莱州市山洪灾害调查评价历史洪水调查报告》（烟台市水文局2015年），主要洪水如下：

1953年7月14日至8月12日，近一个月内4次降雨共799 mm，其中7月14日降雨101 mm，29日降雨327 mm，最大1 h降雨180 mm。

1964年年降水量1 204.8 mm。6月30日至9月18日，区域面平均降雨量达825.1 mm，其中7月5日降雨125.4 mm。

2.3 参证站选择

留驾水库站地形地貌和下垫面基本特征与牟平站相似，故以牟平站作为留驾水库站的参证站。参证站牟平站以上流域面积 $F_{参}=168\ km^2$；设计站留驾水库站以上流域面积 $F_{设}=148\ km^2$。

2.4 产流方案

2.4.1 降雨径流关系

产流方案根据留驾水库流域地形地貌、自然地理、水土保持、水利工程、暴雨时空分布等，移用牟平站的降雨径流关系，修订后在该流域应用，并在实际预报中完善，形成适合该流域的降雨径流关系。详见图10-2。

牟平水文站降雨径流关系，因为流域内水利工程、下垫面条件、水土保持条件等的变化，出现了两条关系曲线，一条同级降水产流较小，一条同级降水产流较大，前者适合较干旱或者汛初降水发生洪水情况；另一条适合汛中后期、下垫面含水量较大、水利工程近于蓄满情况。

2.4.2 相关要素的分析计算

2.4.2.1 流域平均雨量 P 的计算

流域平均雨量 P 采用流域内留驾水库、孙家黄花、尚家山、临疃河水库四处雨量站的算术平均值。

2.4.2.2 流域平均前期影响雨量 P_a 的计算

分析汛前降水情况，初步确定四月或五月初土壤含水量经验值，然后根据公式逐日计算，直到汛期发生暴雨洪水，P_a 基本接近实值。其计算公式为

$$P_{a,t}=K(P_{a,t-1}+P_{t-1})$$

式中：$P_{a,t}$ 为当日的前期影响雨量（mm）；$P_{a,t-1}$ 为前一日的前期影响雨量（mm）；P_{t-1} 为前一日流域平均雨量（mm）；K 为前期影响雨量递减系数。

$K=0.95$（$P_{t-1}<1.0$ mm）；$K=0.98$（1.0 mm $\leqslant P_{t-1}<$ 10.0 mm）；$K=1.00$（$P_{t-1}\geqslant$ 10.0 mm）。

2.4.2.3 最大损失量 I_m 的确定

根据本流域下垫面情况综合分析，采用 $I_m=100$ mm，当 $P_a\geqslant100$ mm 时，取 $P_a=I_m$，故 P_a 的取值范围为 $0<P_a\leqslant100$ mm。

2.5 汇流方案

将参证站牟平站单位线（$\Delta t=1$ h）进行缩放后作为留驾水库站单位线，详见图10-3。

单位线的缩放按下列公式计算：

$$\alpha=(F_{设}/F_{参})^{0.5}$$

$$T_{设i}=\alpha T_{参i}$$

$$q_{设i}=\alpha q_{参i}$$

式中：α 为单位线缩放系数；$F_{参}$、$F_{设}$ 分别为参证站、设计站以上控制流域面积；$T_{参i}$ 为参证站单位线逐时段，$T_{参i}=1$，2，…，N；$T_{设i}$ 为设计站单位线逐时段，通常为小数，为满足实际要求，需进一步对缩放结果进行插值，从而得到整时段单位线结果；$q_{参i}$ 为参证站单位线逐时段流量；$q_{设i}$ 为设计站单位线逐时段流量。

3 方案使用说明

预报方案反映了流域综合因素影响下的降雨径流关系、峰量关系。就单次洪水而言，它既有群体的共性，又有单体的个性，所以在具体预报作业中，要从主到次分析影响降雨径流的各水文因素，用以修正各预报值，提高预报精度。

3.1 产流方案

3.1.1 流域平均前期影响雨量 P_a 的确定

在进行洪水预报时，应对雨前计算的 P_a 值进行合理性分析，以确定 P_a 的取用值。由于 P_a 是根据公式逐日推算的，如果是流域内局部降雨等代表性差的雨型，容易造成 P_a 值计算误差；如果 P_a 计算值很小，遭遇强度较大的降雨，查读 $P+P_a-R$ 关系曲线时容易造成 R 的查读值偏小；如果 P_a 计算值达到 I_m 值，应分析流域下垫面饱和程度，实际情况是否真正达到 I_m 值。同量级的 P_a 值在汛初、汛中、汛末对降雨径流的影响也不相同，一般来讲，汛初 P_a 计算值代表性较差，往往偏大；汛中以后的 P_a 计算值代表性较好，相对准确。

3.1.2 流域平均雨量 P 的确定

根据流域内雨情逐时段（$\Delta t=1$ h）计算时段平均雨量。当累积量达到或超过 50 mm 时，即可进行洪水作业预报。

3.1.3 产流面积 F 的确定

产流面积的取值视下垫面、本次降雨情况而定。一般来讲，当本流域次雨量达到50 mm时，首先考虑上游中小型水库蓄水情况，若中型、小（1）型、小（2）型水库均未蓄满，产流面积取 86.5 km^2；若小（2）型水库蓄满，中型、小（1）型水库未蓄满，产流面积取 97.3 km^2；当小（1）、小（2）型水库均蓄满，中型水库未蓄满时，产流面积取 116 km^2；若上游水库均蓄满，产流面积取 148 km^2。当流域平均降水量大于 100 mm 时，流域内小型水库等水利工程全部蓄满，全流域产流，产流面积取 148 km^2（具体视前期降水情况、蓄水情况等而定）。

3.1.4 综合因素的影响

降雨径流除受前期影响雨量 P_a、产流面积 F、雨强 i 因素影响外，降雨自身的时空分布、河网基流情况等因素的影响也不可忽视。一般来讲，降雨中心在中下游、降雨强度大、历时短，有利于产汇流。产流面积大，流域河网基流充足，遇到较大降水，将会产生峰高量大的洪水过程，绝大多数大洪水、特大洪水具备以上有利于产汇流的因素；产流面积小，河网基流较小或干枯，即使遇到较大降水，也很难产生大的洪水过程，尤其是汛初或久旱无雨状态下，特别明显。当降雨径流各影响因素互补平衡时，会产生相对正常的洪水过程。因此在洪水预报作业时，应准确分析各影响因素，灵活运用相关曲线，并进行经验修订，做出相应的洪水预报。

3.1.5 径流深 R 的预报

根据所计算的前期影响雨量 P_a、流域平均雨量 P 查降雨径流相关图（$P+P_a-R$）得到径流深 R。在实际预报作业时，应对有关影响因素进行分析判断，确定线形，并进行经验修正。一般来讲，汛初或久旱无雨，查Ⅱ线；P_a 值较高、产流面积较大、降雨强度较大、河网基流充盈，查Ⅰ线；当已经发生洪水过程再遭遇较大降水过程时，应结合上一场次暴雨洪水的径流系数校核预报的径流深。

3.1.6 洪水总量 W 的计算

根据确定的产流面积 F、预报的径流深 R，由公式 $W=0.1RF$ 计算得到洪水总量 W（或 $W_{净}$）。

3.2 汇流方案

3.2.1 降雨强度的影响

同量级的降雨因雨强的不同，产汇流的效果也不相同。雨强越大，越有利于产汇流；反之，则不利于产汇流。雨强的大小对洪峰流量、峰现时间的影响尤其明显。

3.2.2 单位线推流

在进行洪水预报作业时，根据洪水特性选取代表性较好的经验单位线，由 R_1，R_2，…，R_n 叠加计算来水过程。如果前后时段净雨强度相差很大，可变更经验单位线叠加推求来水过程。

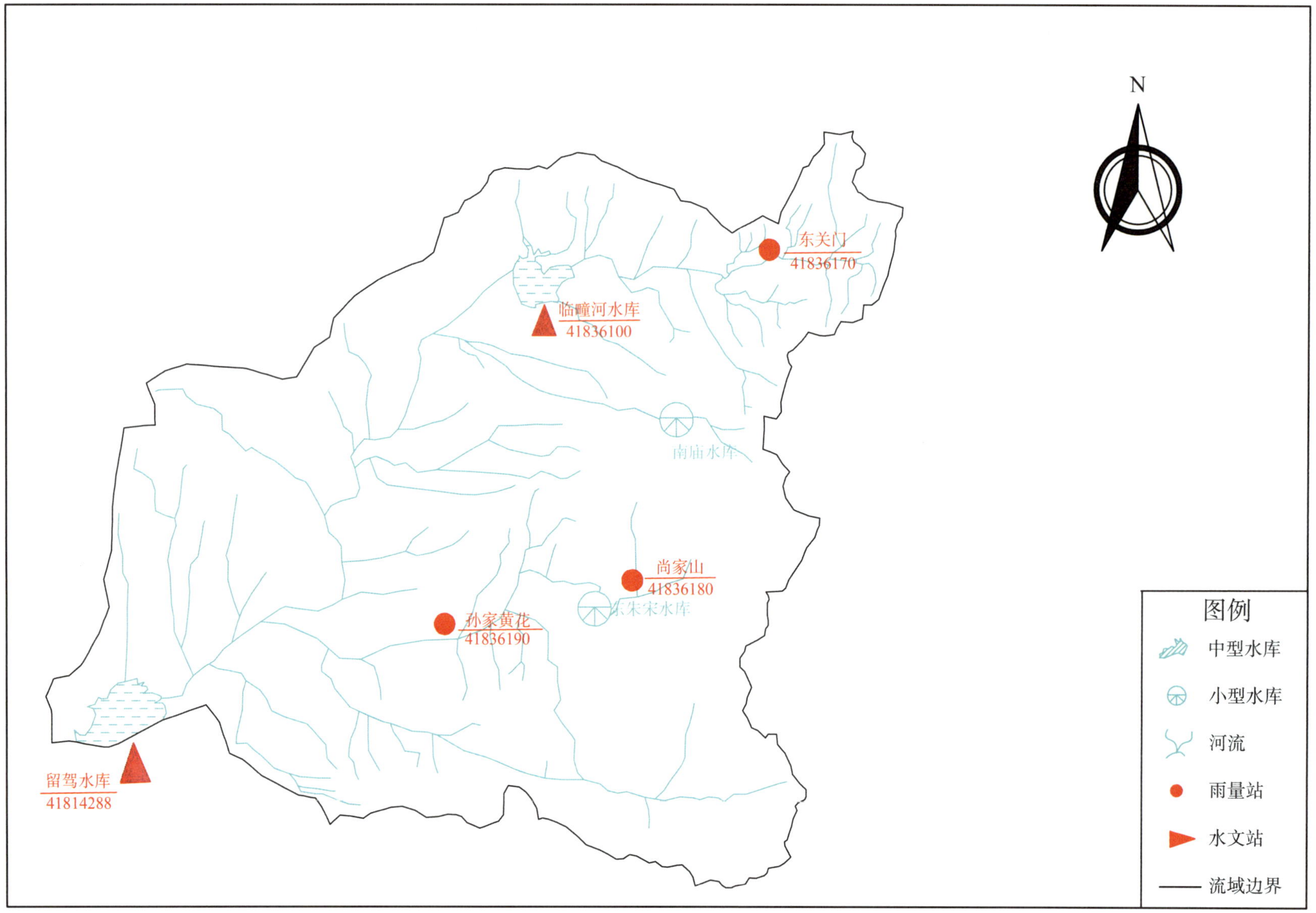

图 10-1　白沙河留驾水库站以上流域图

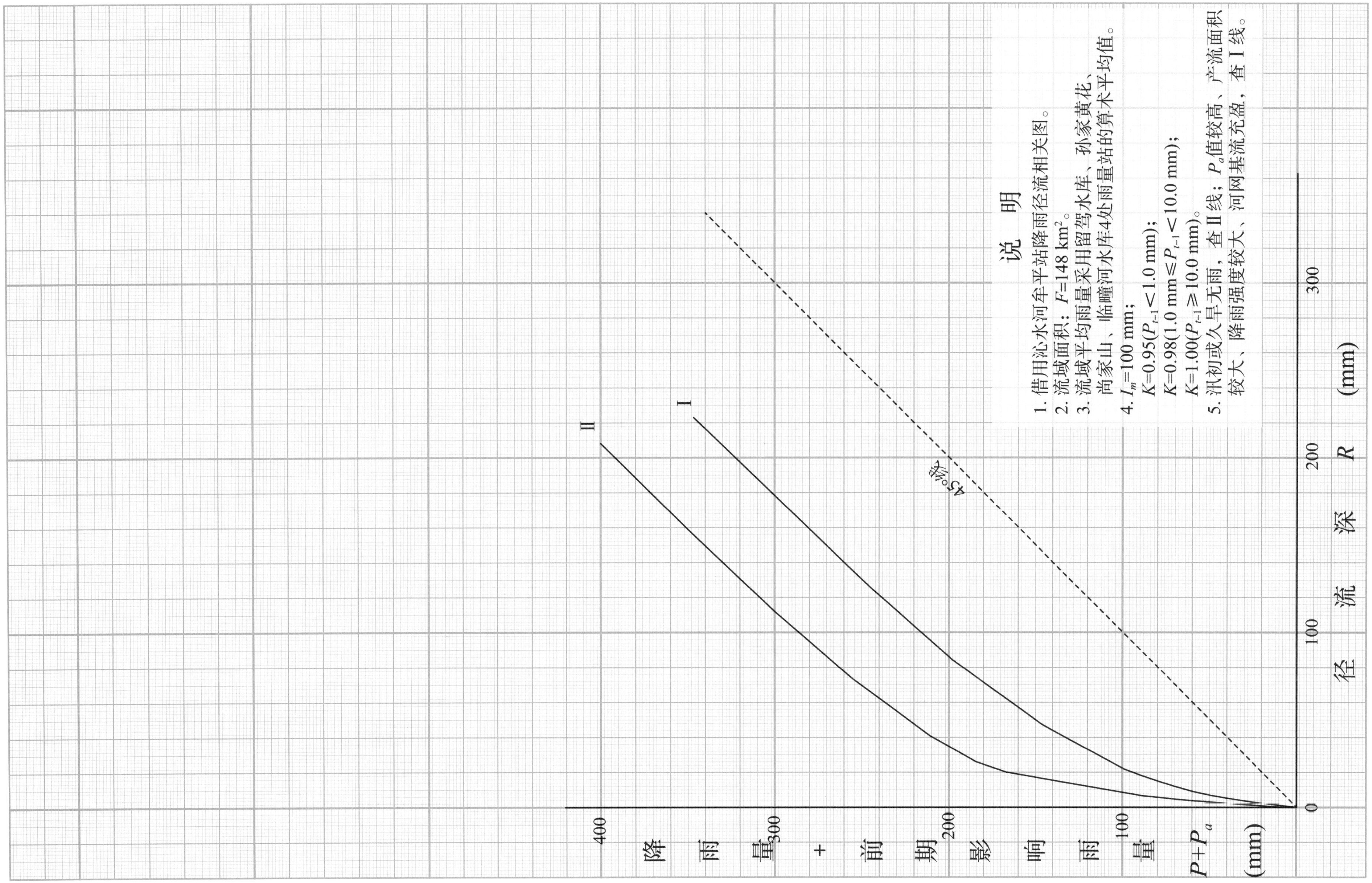

图 10-2　白沙河留驾水库站降雨径流相关图（$P+P_a$-R）

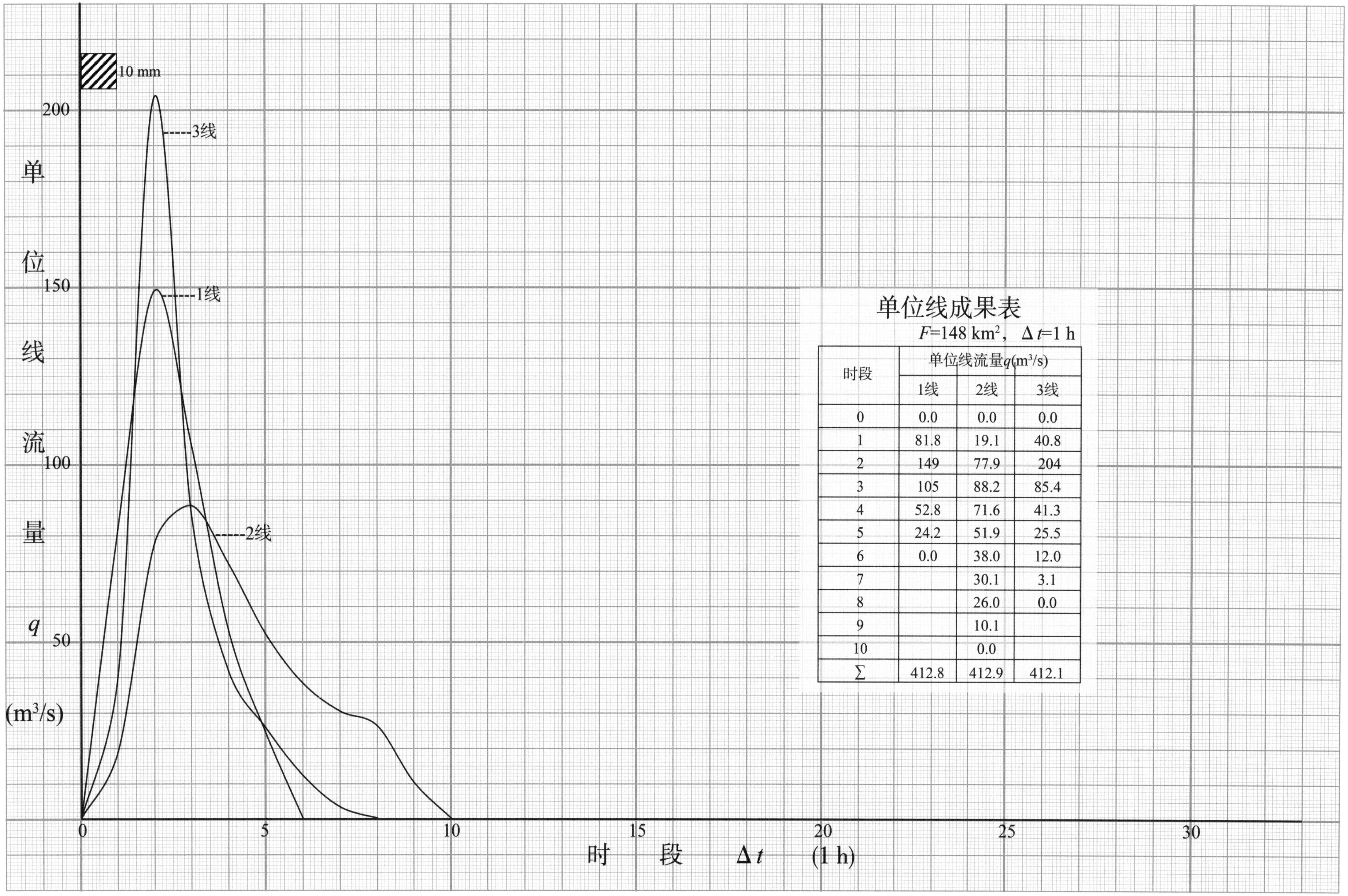

单位线成果表

F=148 km²，Δt=1 h

时段	单位线流量q(m³/s)		
	1线	2线	3线
0	0.0	0.0	0.0
1	81.8	19.1	40.8
2	149	77.9	204
3	105	88.2	85.4
4	52.8	71.6	41.3
5	24.2	51.9	25.5
6	0.0	38.0	12.0
7		30.1	3.1
8		26.0	0.0
9		10.1	
10		0.0	
Σ	412.8	412.9	412.1

图 10-3　白沙河留驾水库单位线图

第十一章　白沙河临疃河水库站水文预报方案编制说明

1　流域概况

1.1　流域自然地理特征

临疃河水库位于莱州市柞村镇临疃河村东北白沙河支流临疃河上游，是一座具有防洪、灌溉、城市供水等多功能的中型水库。水库控制流域面积 32 km^2，距莱州城区 9 km，距下游留驾水库 13 km。流域形状呈扇形，坝址以上干流长度 9.51 km，干流平均坡降 6.4‰，流域内山区占 85%，以石山为主，南北分别为大泽山脉的老平顶和铁塔山，流域最高点为吴家大山顶，高程 407.4 m。流域地势东高西低，南北高中间凹。流域内土壤以砂土和砂质黏土为主，土层一般厚 0.4～1.5 m，土壤透水性较好，肥力一般。

白沙河临疃河水库站以上流域图见图 11-1。

1.2　水库工程概况

临疃河水库是烟台市比较大的中型水库，于 1956 年 6 月动工修建，灌区设计灌溉面积 1.24 万亩①，城市生活供水量 1 万 m^3。工程等别为三等，主要建筑物为Ⅲ级，次要建筑物为Ⅳ级，临时建筑物为Ⅴ级。水库枢纽工程包括主坝、溢洪闸和放水洞等。

主坝为黏土心墙砂壳坝，坝顶长度 1 084.6 m，宽 7.0 m，坝顶高程 123.80 m，防浪墙顶高程 124.80 m，黏土心墙顶高程 123.30 m。

溢洪闸为 2009 年水库除险加固新建的溢洪闸，闸门型式为平板钢闸门，堰顶为宽顶堰式，堰顶高程 117.24 m，堰上设三孔提升闸，三孔净宽（3×4.5 m）13.5 m，闸门高 3 m，挡水高度 2.5 m，最大泄量 347 m^3/s。

放水洞为坝下压载浆砌石盖板有压涵洞，长 63 m，进口底高程 111.60 m，出口底高程 111.20 m，断面尺寸为 0.6 m×0.9 m（宽×高），设计流量 3.0 m^3/s，闸门型式为直升式钢闸门。

1.3　上游水利工程概况

临疃河水库流域内自 1958 年先后建成小（1）型水库 1 座、小（2）型水库 2 座，总控制流域面积 5.55 km^2，兴利库容 93.7 m^3，详见表 11-1。

① 1 亩≈666.7 m^2。

表 11-1　临疃河水库坝址以上小型水库情况表

水库名称		建成时间	控制流域面积（km^2）	库容（万 m^3）	
				总库容	兴利库容
小（1）型	南庙	1969 年 10 月	2.7	108.25	78
小（2）型	窝洛子	1978 年 11 月	1	18.9	9.9
	东关门	1958 年	1.85	11.8	5.8
合计			5.55	138.95	93.7

1.4　水库工程指标及汛期控制运用指标

临疃河水库工程指标及汛期控制运用指标见表 11-2。

表 11-2　临疃河水库工程指标及汛期控制运用指标表

1. 工程指标					
总库容（万 m^3）	防浪墙顶高程（m）	坝顶高程（m）	溢洪道（闸）		
			底高程（m）	孔数	净宽（m）
1 099	124.80	123.80	117.24	3	13.5
兴利水位（m）	兴利水位相应库容（万 m^3）	死水位（m）	死库容（万 m^3）		
119.74	662	111.60	52		
2. 防洪标准					
设计		校核		历史	
重现期（年）	最高水位（m）	重现期（年）	最高水位（m）	最高水位（m）/出现日期	最大泄量（m^3/s）/出现日期
50	120.93	1 000	122.50	121.08/2013-7-13	91.0/2013-7-13
3. 控制运用指标					
汛中				汛末	
限制水位（m）	相应库容（万 m^3）	超蓄水位（m）	相应库容（万 m^3）	蓄水位（m）	相应库容（万 m^3）
118.70	544	119.46	629	119.74	662
允许壅高水位（m）	警戒水位（m）	允许最高水位（m）	高程基准面		
—	120.93	122.50	1956 年黄海		
水库下游安全泄量（m^3/s）				95	
控泄方式				一级控泄	

1.5 测站概况

1.5.1 基本情况

临疃河水库水文站位于山东省莱州市柞村镇临疃河村，站码为41836100，于2020年6月设站，主要搜集汛期降水量，水库水位，出、入库流量等有关水文资料，用于水库洪水预报、抗洪能力计算、调洪演算等，为防汛抗旱、水资源控制运用提供信息。

临疃河水库站以上流域内有两处雨量站：临疃河水库站、东关门站。其中，东关门雨量站位于莱州市柞村镇东关门村，站码为41836170，于2015年设站，为汛期站。

1.5.2 高程系情况

临疃河水库站高程基面采用1956年黄海基面。

2 预报方案编制

2.1 资料情况

临疃河水库站无实测年鉴水文摘录资料。

2.2 参证站选择

临疃河水库站地形地貌和下垫面基本特征与海阳站相似，故以海阳站作为临疃河水库站的参证站。参证站海阳站以上流域面积 $F_{参}=54.6\ \text{km}^2$；设计站临疃河水库站以上流域面积 $F_{设}=32\ \text{km}^2$。

2.3 产流方案

2.3.1 降雨径流关系

产流方案根据临疃河水库站以上流域地形地貌、自然地理、水土保持、水利工程、暴雨时空分布等，移用海阳站的降雨径流关系，修订后在该流域应用，并在实际预报中完善，形成适合该流域的降雨径流关系，详见图11-2。

海阳水文站降雨径流关系，因为流域内水利工程、下垫面条件、水土保持条件等的变化，出现了两条关系曲线，一条同级降水产流较小，一条同级降水产流较大，前者适合较干旱或者汛初降水发生洪水情况；另一条适合汛中后期、下垫面含水量较大、水利工程近于蓄满情况。

2.3.2 相关要素的分析计算

2.3.2.1 流域平均雨量 P 的计算

流域平均雨量 P 采用流域内东关门、临疃河水库两个雨量站的算术平均值。

2.3.2.2 流域平均前期影响雨量 P_a 的计算

分析汛前降水情况，初步确定四月或五月初土壤含水量经验值，然后根据公式逐日计算，直到汛期发生暴雨洪水，P_a 基本接近实值。其计算公式为

$$P_{a,t}=K(P_{a,t-1}+P_{t-1})$$

式中：$P_{a,t}$ 为当日的前期影响雨量（mm）；$P_{a,t-1}$ 为前一日的前期影响雨量（mm）；P_{t-1} 为前一日流域平均雨量（mm）；K 为前期影响雨量递减系数。

$K=0.95$（$P_{t-1}<1.0$ mm）；$K=0.98$（1.0 mm$\leqslant P_{t-1}<$10.0 mm）；$K=1.00$（$P_{t-1}\geqslant$10.0 mm）。

2.3.2.3 最大损失量 I_m 的确定

根据本流域下垫面情况综合分析，采用 $I_m=100$ mm，当 $P_a\geqslant 100$ mm 时，取 $P_a=I_m$，故 P_a 的取值范围 $0<P_a\leqslant 100$ mm。

2.4 汇流方案

将参证站海阳站单位线（$\Delta t=1$ h）进行缩放后作为临疃河水库站单位线，详见图11-3。

单位线的缩放按下列公式计算：

$$\alpha=(F_{设}/F_{参})^{0.5}$$

$$T_{设i}=\alpha T_{参i}$$

$$q_{设i}=\alpha q_{参i}$$

式中：α 为单位线缩放系数；$F_{参}$、$F_{设}$ 分别为参证站、设计站以上控制流域面积；$T_{参i}$ 为参证站单位线逐时段，$T_{参i}=1，2，\cdots，N$；$T_{设i}$ 为设计站单位线逐时段，通常为小数，为满足实际要求，需进一步对缩放结果进行插值，从而得到整时段单位线结果；$q_{参i}$ 为参证站单位线逐时段流量；$q_{设i}$ 为设计站单位线逐时段流量。

3 方案使用说明

预报方案反映了流域综合因素影响下的降雨径流关系、峰量关系。就单次洪水而言，它既有群体的共性，又有单体的个性，所以在具体预报作业中，要从主到次分析影响降雨径流的各水文因素，用以修正各预报值，提高预报精度。

3.1 产流方案

3.1.1 流域平均前期影响雨量 P_a 的确定

在进行洪水预报时，应对雨前计算的 P_a 值进行合理性分析，以确定 P_a 的取用值。由于 P_a 是根据公式逐日推算的，如果是流域内局部降雨等代表性差的雨型，容易造成 P_a 值计算误差；如果 P_a 计算值很小，遭遇强度较大的降雨，查读 $P+P_a$-R 关系曲线时容易造成 R 的查读值偏小；如果 P_a 计算值达到 I_m 值，应分析流域下垫面饱和程度，实际情况是否真正达到 I_m 值。同量级的 P_a 值在汛初、汛中、汛末对降雨径流的影响也不相同，一般来讲，汛初 P_a 计算值代表性较差，往往偏大；汛中以后的 P_a 计算值代表性较好，相对准确。

3.1.2 流域平均雨量 P 的确定

根据流域内雨情逐时段（$\Delta t=1$ h）计算时段平均雨量。当累积量达到或超过50 mm时，

即可进行洪水作业预报。

3.1.3　产流面积 *F* 的确定

产流面积的取值视下垫面、本次降雨情况而定。一般来讲，当本流域次雨量达到50 mm时，首先考虑上游小型水库蓄水情况，若小（1）、小（2）型水库均未蓄满，产流面积取26.45 km^2；若小（2）型水库蓄满、小（1）型水库未蓄满，产流面积取29.3 km^2；当小（1）、小（2）型水库均蓄满时，产流面积取32 km^2。当流域平均降水量大于100 mm时，流域内小型水库等水利工程全部蓄满，全流域产流，产流面积取32 km^2（具体视前期降水情况、蓄水情况等而定）。

3.1.4　综合因素的影响

降雨径流除受 P_a、F、i 因素影响外，降雨自身的时空分布、河网基流情况等因素的影响也不可忽视。一般来讲，降水中心在中下游、降雨强度大、降雨历时短，有利于产汇流。产流面积大，流域河网基流充足，遇有较大降水，将会产生峰高量大的洪水过程，绝大多数大洪水、特大洪水具备以上有利于产汇流的因素；产流面积小，河网基流较小或干枯，即使遭遇较大降水，也很难产生大的洪水过程，尤其是汛初和久旱无雨状态下。当降雨径流各影响因素互补平衡时，会产生相对正常的洪水过程。因此在进行洪水预报作业时，应准确分析各影响因素，灵活运用相关曲线，并进行经验修订，做出相应的洪水预报。

3.1.5　径流深 *R* 的预报

根据所计算的前期影响雨量 P_a、流域平均雨量 P 查降雨径流相关图（$P+P_a-R$）得到径流深 R。在实际预报作业时，应对有关影响因素进行分析判断，确定线形，并进行经验修正。一般来讲，汛初或久旱无雨，查Ⅱ线；P_a 值较高、产流面积较大、降雨强度较大、河网基流充盈，查Ⅰ线；当已经发生洪水过程再遭遇较大降水过程时，应结合上一场次暴雨洪水的径流系数校核预报的径流深。

3.1.6　洪水总量 *W* 的计算

根据确定的产流面积 F、预报的径流深 R，由公式 $W=0.1RF$ 计算得到洪水总量 W（或 $W_{净}$）。

3.2　汇流方案

3.2.1　降雨强度的影响

同量级的降雨因雨强的不同，产汇流的效果也不相同。雨强越大，越有利于产汇流；反之，则不利于产汇流。雨强的大小对洪峰流量、峰现时间的影响尤其明显。

3.2.2　单位线推流

在进行洪水预报作业时，根据洪水特性选取代表性较好的经验单位线，由 R_1，R_2，…，R_n 叠加计算来水过程。如果前后时段净雨强度相差很大，可变更经验单位线叠加推求来水过程。

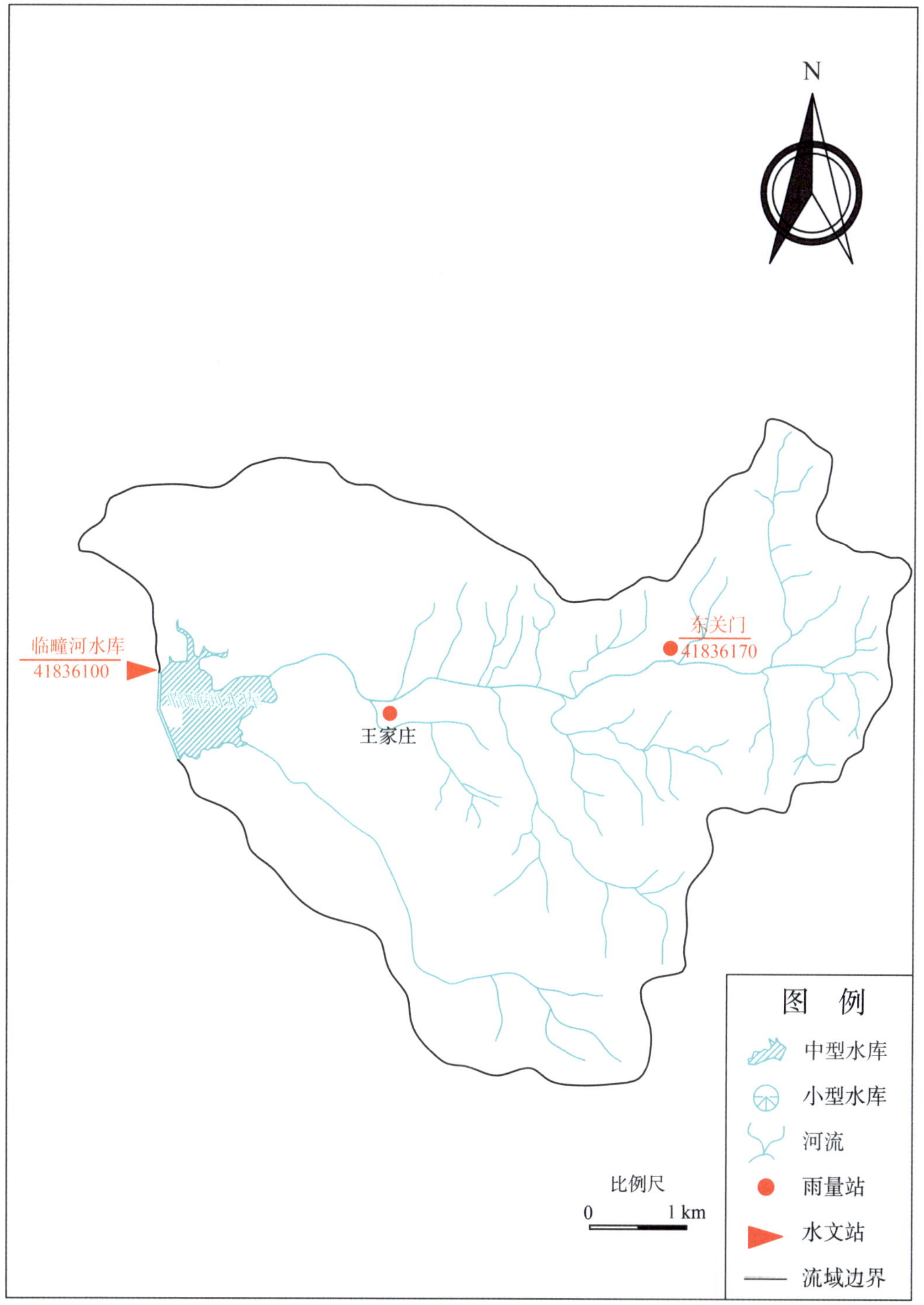

图 11-1　白沙河临疃河水库以上流域图

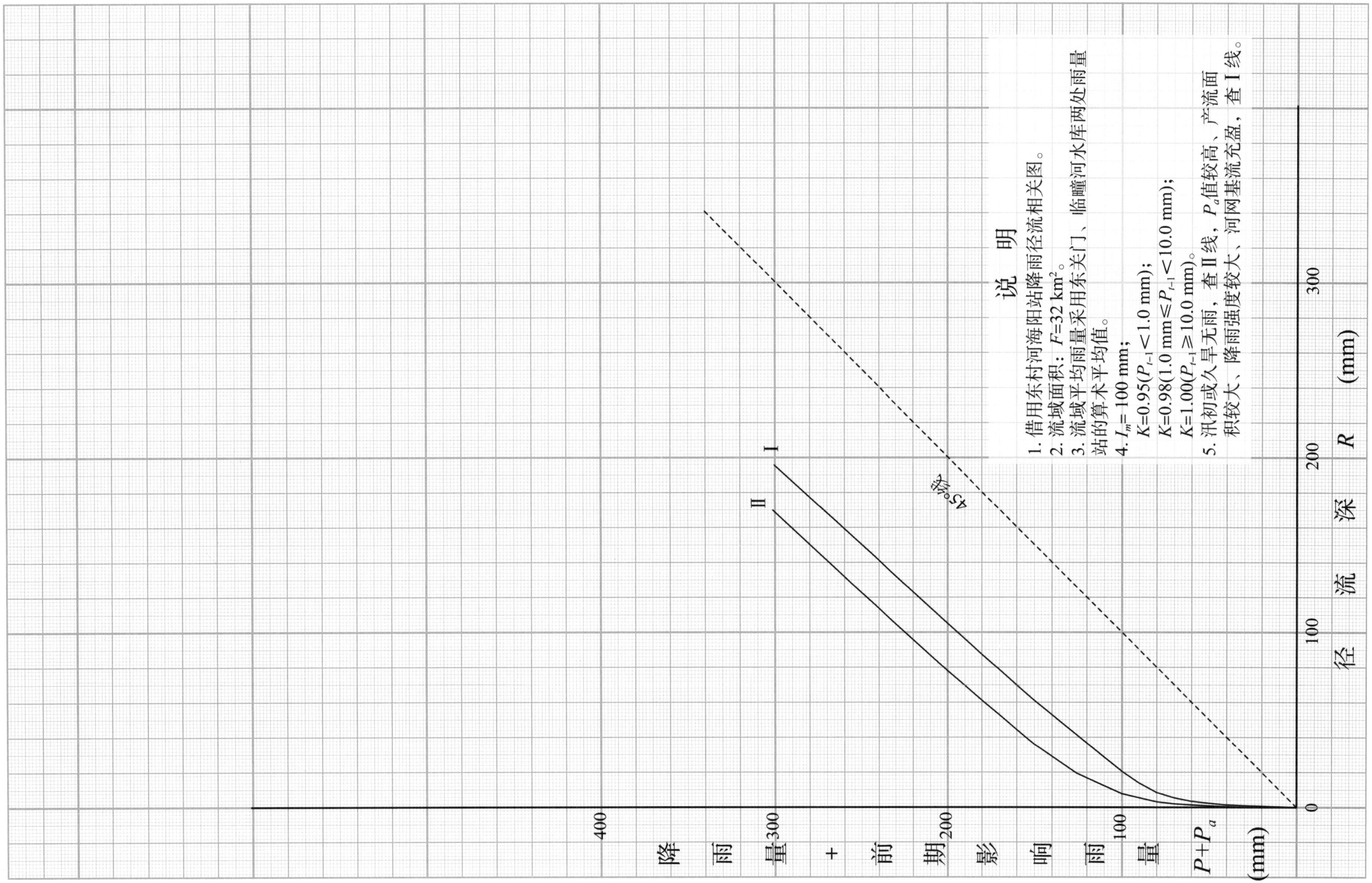

图 11-2　白沙河临疃河水库站降雨径流相关图（$P+P_a$-R）

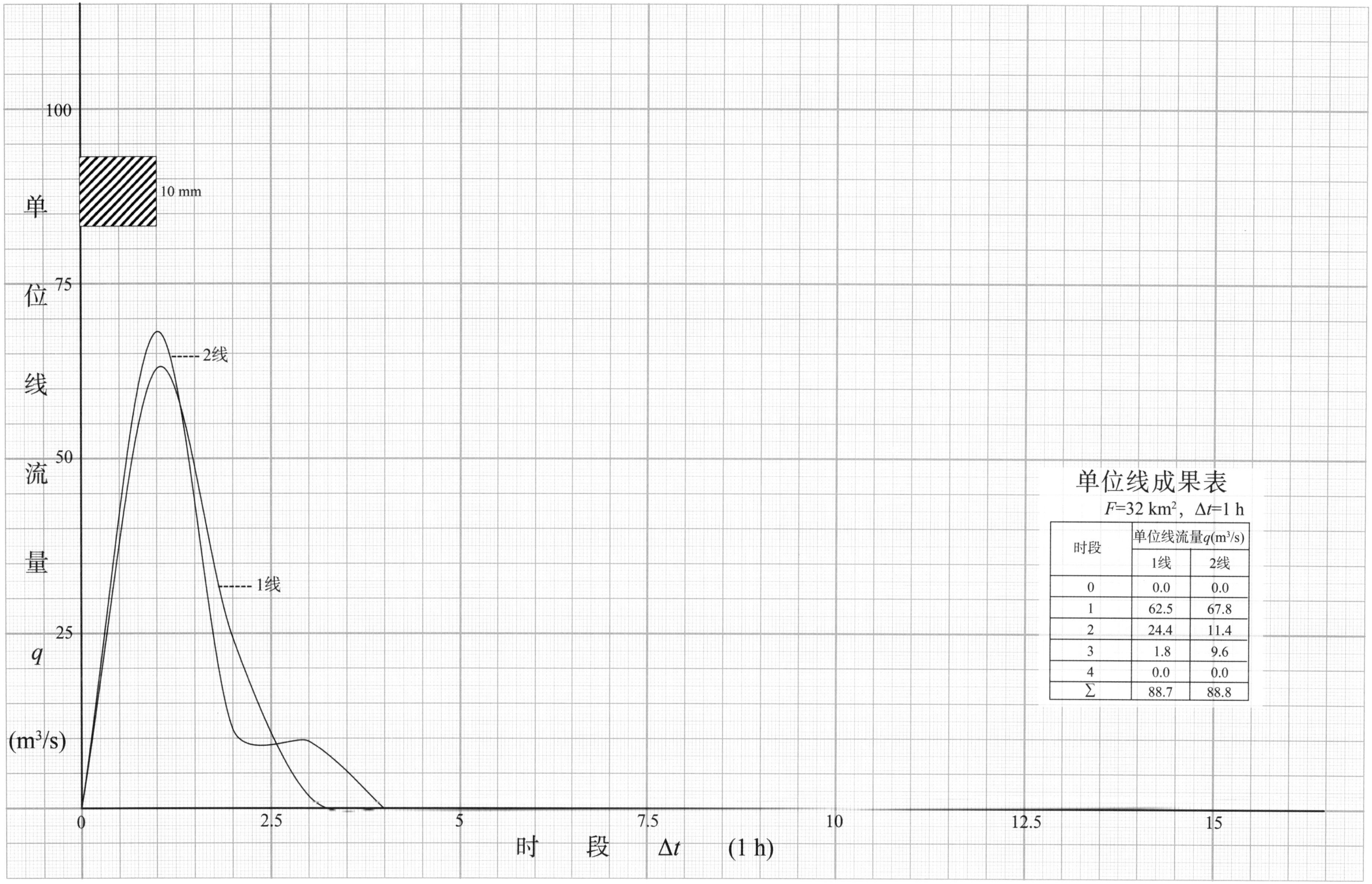

单位线成果表

F=32 km²，Δt=1 h

时段	单位线流量q(m³/s)	
	1线	2线
0	0.0	0.0
1	62.5	67.8
2	24.4	11.4
3	1.8	9.6
4	0.0	0.0
Σ	88.7	88.8

图 11–3　白沙河临疃河水库站单位线图

第十二章　王河坎上水库站水文预报方案编制说明

1　流域概况

1.1　流域自然地理特征

坎上水库位于莱州市程郭镇坎上村西、王河支流九曲河中游，距莱州市城区 15 km，距莱海路 2.5 km，距大莱龙铁路 16 km。水库控制流域面积 31 km^2，其中山区占 65%，丘陵占 35%。流域呈扇形，平均宽度 4.4 km，河道平均坡度 8‰，支流分布为单支型。坎上水库站以上流域图见图 12-1。

该流域地层为第四纪晚更新统至全新统残坡积层、第四纪全新统冲洪积层。库区岩石岩性单一，大面积出露的花岗岩侵入岩体为中元古代四堡期郭家店单元中、粗粒二长花岗岩，库区及坝区发育的脉岩主要为燕山早期的煌斑岩及闪长斑岩两种。土壤以壤土和黏土为主，其次是砂土，植被一般，农作物以冬小麦、夏玉米和花生为主。

坎上水库站以上流域属暖温带东亚大陆性季风气候，四季分明，气候温和，具有明显的海洋性气候特征。流域多年平均年降水量 536 mm，多年平均年径流深 205 mm，多年平均气温 11.2 ℃，多年平均年蒸发量 1 170 mm，多年平均最大风速 12.1 m/s，多年平均无霜期 210 d，最大冻土深 0.5 m。

1.2　水库工程概况

坎上水库是一座集防洪、城市供水、农业灌溉等功能于一体的综合运用的多年调节中型水库，总库容 1 199 万 m^3，兴利库容 525 万 m^3，坝顶高程 97.00 m，死水位 84.30 m。坎上水库可保护下游程郭镇、平里店镇、驿道镇的 94 个村庄、17.5 万亩土地、7.2 万人口和若干厂矿企业的防洪安全，还担负着向莱州市城区下游乡镇供水的任务，随着莱州市经济不断发展，坎上水库的供水量将逐渐增加。

坎上水库枢纽工程由大坝、溢洪道和输水洞三部分组成。

大坝全长 999 m，最大坝高 18.82 m，坝顶宽 6.85 m，坝型为均质土坝，坝顶高程 97.80 m。

坎上水库溢洪道坐落于大坝东端风化岩上，为无控制陡坡泄流型式，堰顶高程 91.98 m，净宽 20 m，长 350 m，最大泄洪流量 259 m^3/s。

输水洞位于大坝西端，为钢筋混凝土方涵洞，断面尺寸 1.4 m×1.4 m（宽×高），洞长 69 m。进口底高程 84.30 m，出口底高程 83.89 m，设计输水流量 51.5 m^3/s。

1.3　上游水利工程概况

坎上水库坝址以上现有小（2）型水库 4 座，控制流域面积 3.88 km^2，总库容 72.1 万 m^3，兴利库容 32.3 万 m^3，详见表 12-1。

表 12-1　坎上水库坝址以上小型水库情况表

水库名称		建成时间	控制流域面积（km^2）	库容（万 m^3）	
				总库容	兴利库容
小（2）型	东埠	1976 年 11 月	1.23	15.5	7.6
	李家沟	1977 年 11 月	0.6	11.4	4.1
	崖窝	1972 年 10 月	1.15	22.6	13
	南宿	1972 年 12 月	0.9	22.6	7.6
合计			3.88	72.1	32.3

1.4　水库工程指标及汛期控制运用指标

坎上水库建成于 1960 年 6 月，其工程指标及汛期控制运用指标见表 12-2。

表 12-2　坎上水库工程及汛期控制运用指标表

1. 工程指标					
总库容（万 m^3）	防浪墙顶高程（m）	坝顶高程（m）	溢洪道（闸）		
			底高程（m）	孔数	净宽（m）
1 199	97.80	97.00	91.98	无闸	20.0
兴利水位（m）	兴利水位相应库容（万 m^3）	死水位（m）	死库容（万 m^3）		
91.98	595	84.30	70		
2. 防洪标准					
设计		校核		历史	
重现期（年）	最高水位（m）	重现期（年）	最高水位（m）	最高水位（m）/出现日期	最大泄量（m^3/s）/出现日期
50	94.82	1 000	96.28	94.05/2013-7-13	95.0/2013-7-13
3. 控制运用指标					
汛中				汛末	
限制水位（m）	相应库容（万 m^3）	超蓄水位（m）	相应库容（万 m^3）	蓄水位（m）	相应库容（万 m^3）
91.98	595	91.98	595	91.98	595

续表

3. 控制运用指标					
允许壅高水位（m）	警戒水位（m）	允许最高水位（m）	高程基准面		
94.82	94.82	96.28	1956 年黄海		
水库下游安全泄量（m^3/s）				45.0	
控泄方式				无闸	

1.5 测站概况

1.5.1 站网情况

坎上水库水文站位于山东省莱州市程郭镇坎上村，于 2010 年 6 月设站，主要收集水库水位、出入库流量、汛期雨量等有关水文资料，进行水库洪水预报、抗洪能力计算、调洪演算等，为防汛抗旱、水资源控制运用提供信息。

南宿雨量站位于山东省烟台市莱州市程郭镇南宿村，于 2015 年设站，雨量器型式为 20 cm JDZ05 型翻斗式雨量计，站类为汛期站。

1.5.2 高程系情况

本站高程基面采用 1956 年黄海基面。

2 预报方案编制

2.1 资料情况

坎上水库站无实测年鉴水文摘录资料。

2.2 参证站选择

坎上水库站地形地貌和下垫面基本特征与海阳站相似，故以海阳站作为坎上水库站的参证站。参证站海阳站以上流域面积 $F_{参}=54.6\ km^2$；设计站坎上水库站以上流域面积 $F_{设}=31\ km^2$。

2.3 产流方案

2.3.1 降雨径流关系

产流方案根据坎上水库站以上流域地形地貌、自然地理、水土保持、水利工程、暴雨时空分布等，移用海阳站的降雨径流关系，修订后在该流域应用，并在实际预报中完善，形成适合该流域的降雨径流关系，详见图 12-2。

海阳水文站降雨径流关系，因为流域内水利工程、下垫面条件、水土保持条件等的变化，出现了两条关系曲线，一条同级降水产流较小，一条同级降水产流较大，前者适合较干旱或者汛初降水发生洪水情况，另一条适合汛中后期、下垫面含水量较大、水利工程近于蓄满情况。

2.3.2 相关要素的分析计算

2.3.2.1 流域平均降水量 P 的计算

流域平均雨量 P 采用流域内坎上水库、南宿两个雨量站的算术平均值。

2.3.2.2 流域平均前期影响雨量 P_a 的计算

分析汛前降水情况，初步确定四月或五月初土壤含水量经验值，然后根据公式逐日计算，直到汛期发生暴雨洪水，P_a 基本接近实值，其计算公式为

$$P_{a,\ t}=K(P_{a,\ t-1}+P_{t-1})$$

式中：$P_{a,t}$ 为当日的前期影响雨量（mm）；$P_{a,t-1}$ 为前一日的前期影响雨量（mm）；P_{t-1} 为前一日流域平均雨量（mm）；K 为前期影响雨量递减系数。

$K=0.95$（$P_{t-1}<1.0$ mm）；$K=0.98$（$1.0\ mm\leqslant P_{t-1}<10.0$ mm）；$K=1.00$（$P_{t-1}\geqslant 10.0$ mm）。

2.3.2.3 最大损失量 I_m 的确定

根据本流域下垫面情况综合分析，采用 $I_m=100$ mm，当 $P_a\geqslant 100$ mm 时，取 $P_a=I_m$，故 P_a 的取值范围为 $0<P_a\leqslant 100$ mm。

2.4 汇流方案

将参证站海阳站单位线（$\Delta t=1$ h）进行缩放后作为坎上水库站单位线，详见图 13-2。

单位线的缩放按下列公式计算：

$$\alpha=(F_{设}/F_{参})^{0.5}$$

$$T_{设i}=\alpha T_{参i}$$

$$q_{设i}=\alpha q_{参i}$$

式中：α 为单位线缩放系数；$F_{参}$、$F_{设}$ 分别为参证站、设计站以上控制流域面积；$T_{参i}$ 为参证站单位线逐时段，$T_{参i}=1,\ 2,\ \cdots,\ N$；$T_{设i}$ 为设计站单位线逐时段，通常为小数，为满足实际要求，需进一步对缩放结果进行插值，从而得到整时段单位线结果；$q_{参i}$ 为参证站单位线逐时段流量；$q_{设i}$ 为设计站单位线逐时段流量。

3 方案使用说明

预报方案反映了流域综合因素影响下的降雨径流关系、峰量关系。就单次洪水而言，它既有群体的共性，又有单体的个性，所以在具体预报作业中，要从主到次分析影响降雨径流的各水文因素，用以修正各预报值，提高预报精度。

3.1 产流方案

3.1.1 流域平均前期影响雨量 P_a 的确定

在进行洪水预报时，应对雨前计算的 P_a 值进行合理性分析，以确定 P_a 的取用值。由于 P_a 是根据公式逐日推算的，如果是流域内局部降雨等代表性差的雨型，容易造成 P_a 值计算误差；如果 P_a 计算值很小，遭遇强度较大的降雨，查读 $P+P_a$-R 关系曲线时容易造成 R 的查读值偏小；如果 P_a 计算值达到 I_m 值，应分析流域下垫面饱和程度，实际情况是否真正达到

I_m 值。同量级的 P_a 值在汛初、汛中、汛末对降雨径流的影响也不相同，一般来讲，汛初 P_a 计算值代表性较差，往往偏大；汛中以后的 P_a 计算值代表性较好，相对准确。

3.1.2 流域平均雨量 *P* 的确定

根据流域内雨情逐时段（$\Delta t=1$ h）计算时段平均雨量。当累积量达到或超过 50 mm 时，即可进行洪水作业预报。

3.1.3 产流面积 *F* 的确定

产流面积的取值视下垫面、本次降雨情况而定。一般来讲，当本流域次雨量达到50 mm 时，首先考虑上游小型水库蓄水情况，坎上水库上游只有小（2）型水库，若小（2）型水库未蓄满，产流面积取 27.12 km^2；当流域平均降水量大于 100 mm 时，流域内小型水库等水利工程全部蓄满，全流域产流，产流面积取 31 km^2（具体视前期降水情况、蓄水情况等而定）。

3.1.4 综合因素的影响

降雨径流除受 P_a、F、i 因素影响外，降雨自身的时空分布、河网基流情况等因素的影响也不可忽视。一般来讲，降水中心在中下游、降雨强度大、降雨历时短，有利于产汇流。产流面积大，流域河网基流充足，遇有较大降水，将会产生峰高量大的洪水过程，绝大多数大洪水、特大洪水具备以上有利于产汇流的因素；产流面积小，河网基流较小或干枯，即使遭遇较大降水，也很难产生大的洪水过程，尤其是汛初和久旱无雨状态下。当降雨径流各影响因素互补平衡时，会产生相对正常的洪水过程。因此在进行洪水预报作业时，应准确分析各影响因素，灵活运用相关曲线，并进行经验修订，做出相应的洪水预报。

3.1.5 径流深 *R* 的预报

根据所计算的前期影响雨量 P_a、流域平均雨量 P 查降雨径流相关图（$P+P_a$-R）得到径流深 R。在实际预报作业时，应对有关影响因素进行分析判断，确定线形，并进行经验修正。一般来讲，汛初或久旱无雨，查Ⅱ线；P_a 值较高、产流面积较大、降雨强度较大、河网基流充盈，查Ⅰ线；当已经发生洪水过程再遭遇较大降水过程时，应结合上一场次暴雨洪水的径流系数校核预报的径流深。

3.1.6 洪水总量 *W* 的计算

根据确定的产流面积 F、预报的径流深 R，由公式 $W=0.1RF$ 计算得到洪水总量 W（或 $W_{净}$）。

3.2 汇流方案

3.2.1 降雨强度的影响

同量级的降雨因雨强的不同，产汇流的效果也不相同。雨强越大，越有利于产汇流，反之，则不利于产汇流。雨强的大小对洪峰流量、峰现时间的影响尤其明显。

3.2.2 单位线推流

在洪水预报作业时，根据洪水特性选取代表性较好的经验单位线，由 R_1，R_2，…，R_n 叠加计算来水过程。如果前后时段净雨强度相差很大，可变更经验单位线叠加推求来水过程。

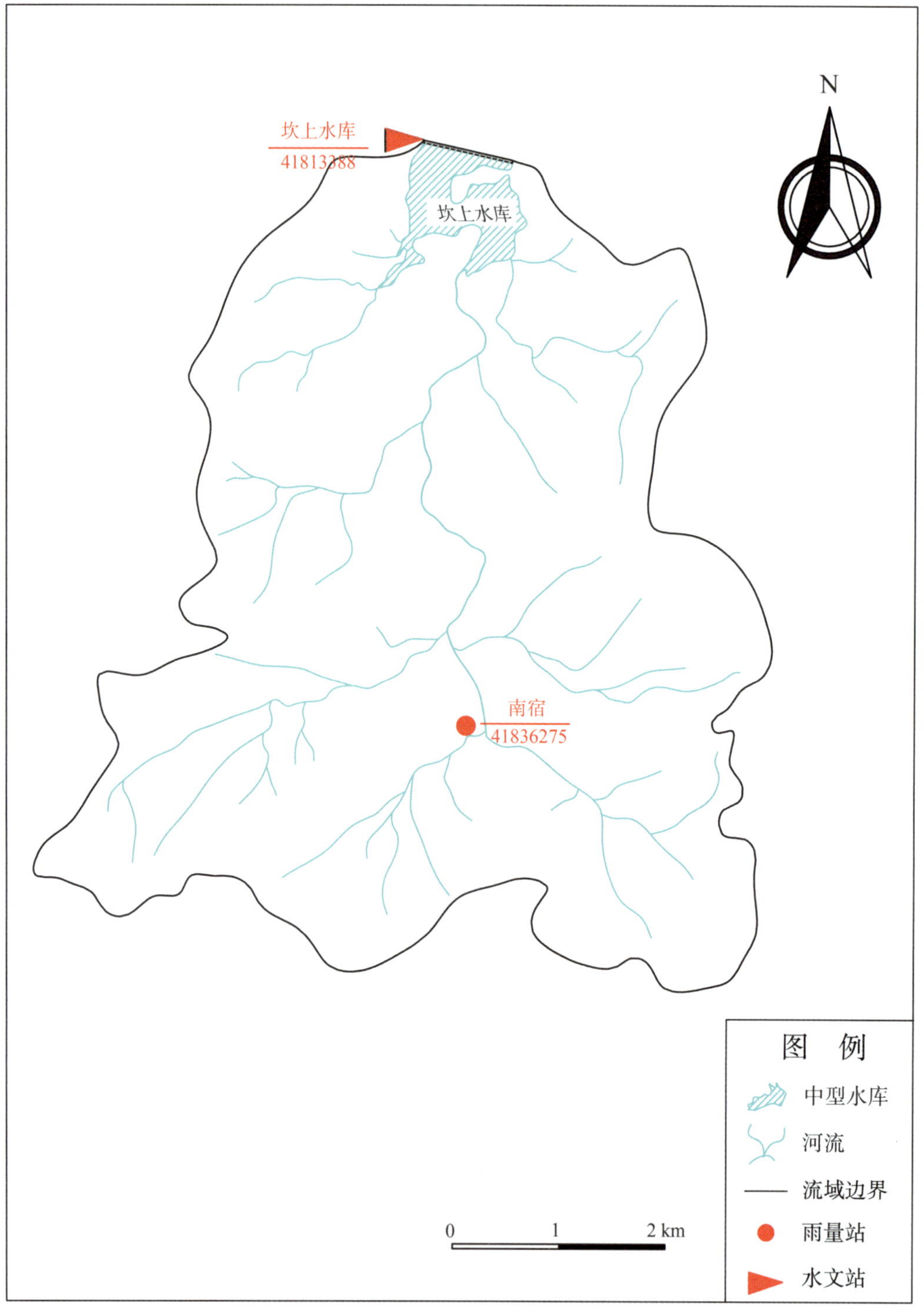

图 12-1 王河坎上水库站以上流域图

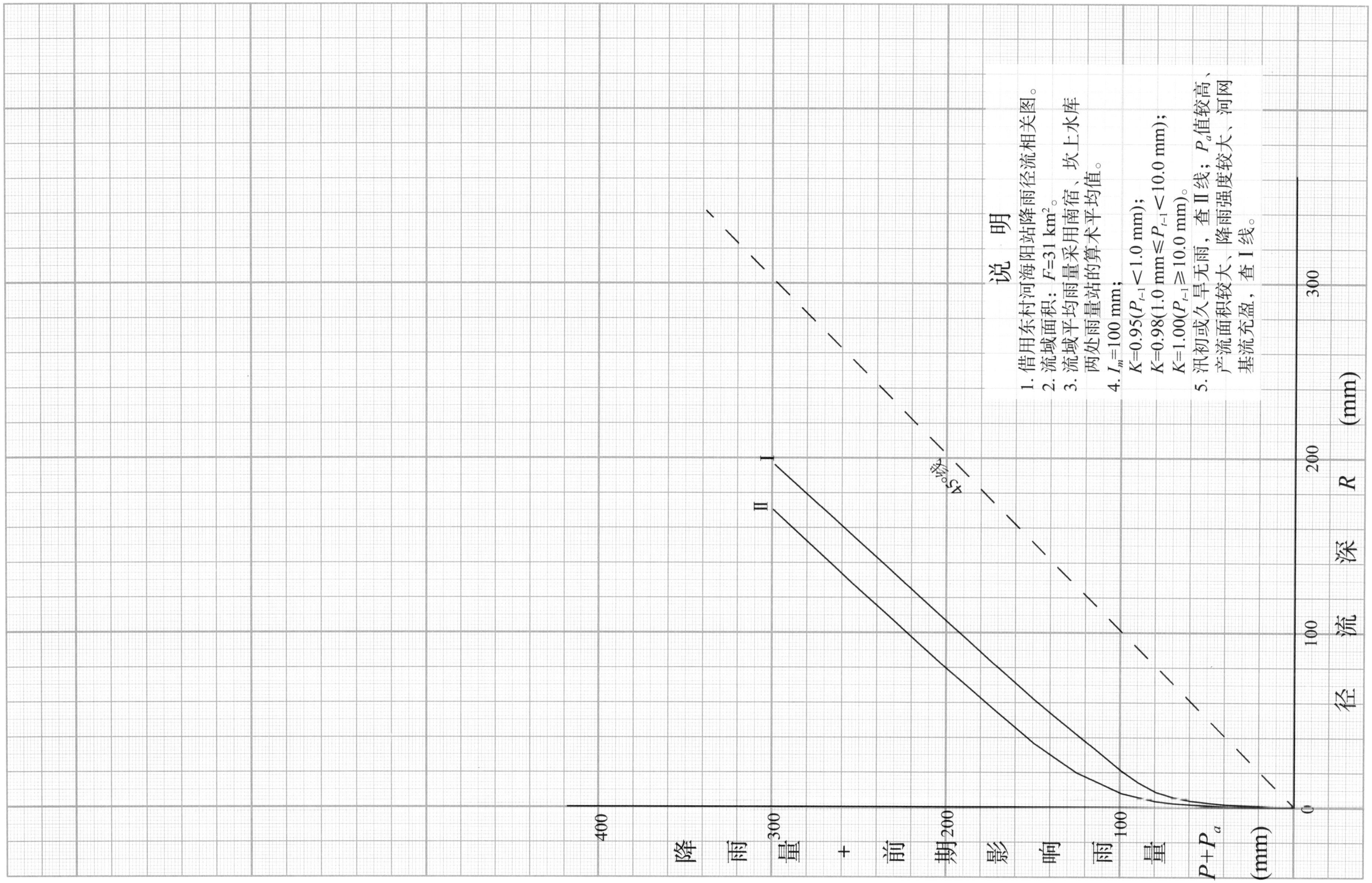

图 12-2　王河坎上水库站降雨径流相关图（$P+P_a$-R）

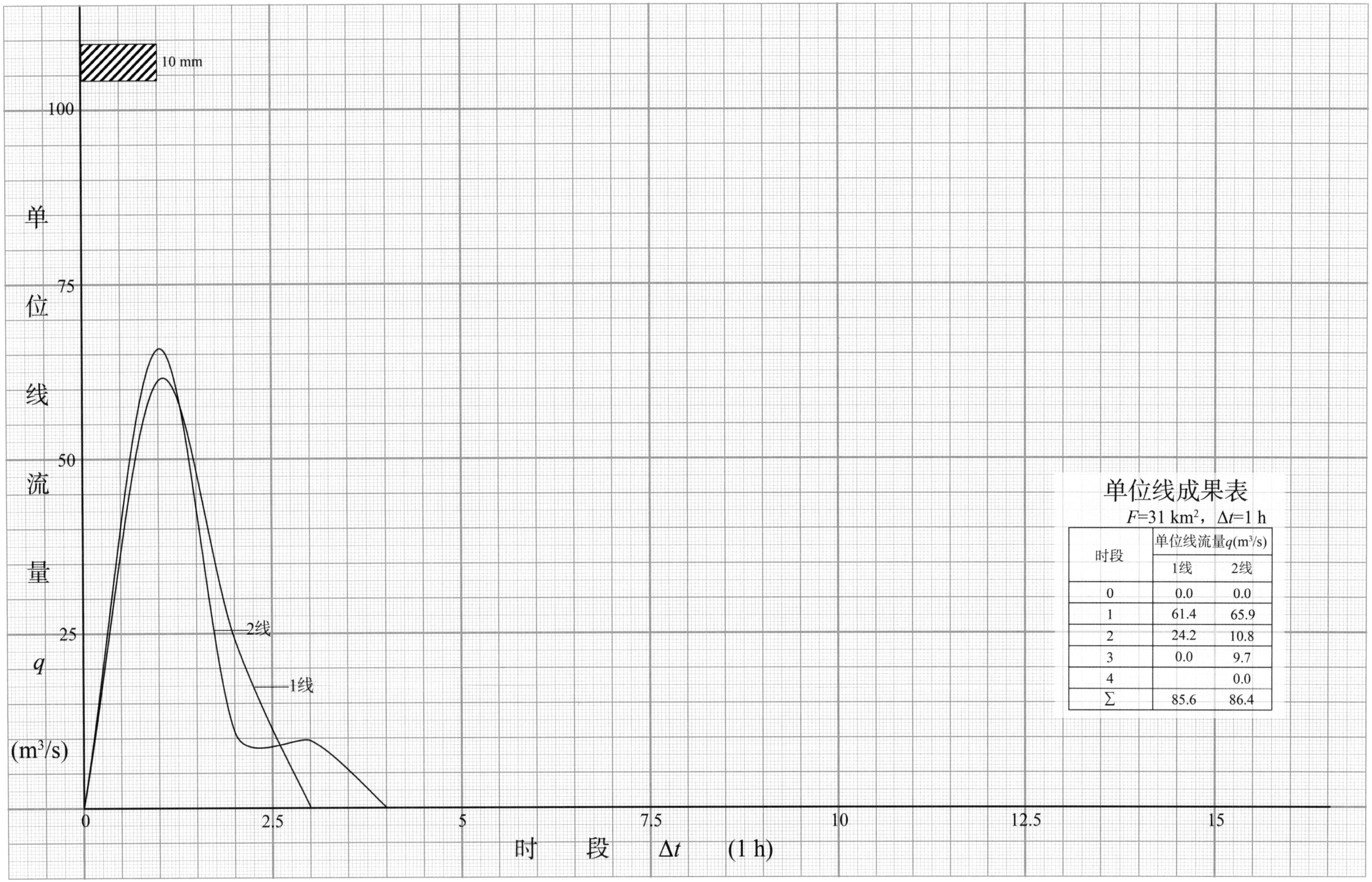

单位线成果表

F=31 km^2，Δt=1 h

时段	单位线流量q(m^3/s)	
	1线	2线
0	0.0	0.0
1	61.4	65.9
2	24.2	10.8
3	0.0	9.7
4		0.0
Σ	85.6	86.4

图 12-3　王河坎上水库站单位线图

第十三章 王河赵家水库站水文预报方案编制说明

1 流域概况

1.1 自然地理特征

赵家水库位于莱州市驿道镇西赵村南、王河支流西赵河（迟家河）的下游，属沿海诸小河水系，是一座山丘型水库。水库控制流域面积 35 km^2，其中山区占 37%，丘陵占 63%，总的地势为南高北低。流域形状为扇形，平均宽度 4 km，河流全长 8.5 km，干流平均坡度 6.5‰，支流分布为单支型。水库周围为构造剥蚀低山丘陵地形，山顶浑圆，坝址两端为低缓的丘陵，地形较为开阔。王河赵家水库站以上流域图见图 13-1。

赵家水库库区及坝区河流河谷两岸分布有第四纪冲积、洪积层，呈条带状，岩性为砾砂、细砾、砾卵石及壤土，厚度 5~10 m；丘陵及坡麓分布有第四纪坡积层，岩性为碎石土及壤土，厚度 1~5 m。流域内岩石为风化的片麻岩，山地土层厚度一般在 0.2~0.3 m，山根平地一般在 2 m 左右，土壤大部分为沙壤土，其次为黄黏土。主要农作物以冬小麦、玉米和花生为主。

赵家水库站以上流域气候属暖温带大陆性季风气候，暴雨天气系统以台风、台风侧槽、高空槽、江淮气旋为主。年平均降水量 695 mm，汛期 6—9 月降水量约占全年的 70%，其中 7—8 月份最多。流域内河网发育较好，河床比降大，源短流急，暴涨暴落，属山溪性雨源型河流。

1.2 水库工程概况

赵家水库是一座集防洪、城镇供水、农业灌溉、渔业养殖等综合运用的多年调节中型水库，灌区设计灌溉面积 1.64 万亩，城市供水可达 324.2 万 m^3（供水保证率 90%）。工程等别为Ⅲ等，主要建筑物为 3 级，次要建筑物为 4 级，临时建筑物为 5 级。水库除险加固前，设计洪水标准为 PMP，实际达到 100 年一遇洪水标准。水库除险加固后，设计洪水标准为 100 年一遇，校核洪水标准为 2 000 年一遇。赵家水库除险加固后总库容 1 598 万 m^3，兴利库容 1 052 万 m^3，死库容 38 万 m^3。

赵家水库枢纽工程由大坝、溢洪道和放水洞三部分组成。

大坝系黏土心墙坝，坝长 572 m，最大坝高 25.63 m，坝顶宽 8 m，坝顶高程 87.50 m，防浪墙高 1.0 m，迎水坡为干砌石护坡，75.50 m 高程处设有戗台，戗台以上坡比为 1∶2.5，以下坡比为 1∶3.25；背水坡为草皮护坡，77.10 m 高程处和 69.10 m 高程处各设有戗台，自上而下坡比分别为 1∶2.0、1∶3.0、1∶3.7，坝踵处设堆石排水体。

溢洪道位于大坝西端，为无闸控制开敞式溢洪道，由进水口、平顶堰、跌水组成，通过山坡岩石与坝体相连，溢洪道无护砌，底宽 70 m，底高程 82.63 m，总长 175 m，最大泄洪流量 569.1 m^3/s。

放水洞共有两处，分为东、西放水洞。东放水洞位于大坝桩号 0+185 处，为砌石矩形无压洞，断面尺寸 0.6 m×0.9 m，设计流量 0.3 m^3/s，进口底高程 68.63 m，全长 109 m；西放水洞位于大坝桩号 0+294 处，为砌石矩形压力洞，断面尺寸 0.7 m×1 m，设计流量 1.2 m^3/s，进口高程 72.18 m，全长 100 m。

1.3 上游水利工程概况

经调查核实，目前赵家水库上游有 5 座小（2）型水库，控制流域面积 6.55 km^2，总库容 101.55 万 m^3，详见表 13-1。

表 13-1 赵家水库坝址以上小型水库情况表

水库名称		建成时间	控制流域面积（km^2）	库容（万 m^3）	
				总库容	兴利库容
小（2）型	南夼	1966 年 12 月	1.2	23	17.9
	幸福	1966 年 12 月	0.6	10.3	7.8
	石虎路	1960 年 3 月	0.35	14.2	10.8
	石门	1973 年 3 月	2.75	12.45	5.05
	长岭	1966 年 3 月	1.65	41.6	29.2
合计			6.55	101.55	70.75

1.4 水库工程指标及汛期控制运用指标

赵家水库建成于 1960 年 5 月，其工程指标及汛期控制运用指标见表 13-2。

表 13-2 赵家水库工程指标及汛期控制运用指标

1. 工程指标					
总库容（万 m^3）	防浪墙顶高程（m）	坝顶高程（m）	溢洪道（闸）		
			底高程（m）	孔数	净宽（m）
1 598	88.50	87.50	82.63	无闸	70.0
兴利水位（m）	兴利水位相应库容（万 m^3）	死水位（m）	死库容（万 m^3）		
82.63	1 090	68.60	38		

续表

2. 防洪标准					
设计		校核		历史	
重现期（年）	最高水位（m）	重现期（年）	最高水位（m）	最高水位（m）/出现日期	最大泄量（m^3/s）/出现日期
100	84.66	2 000	85.46	83.90/ 2001-8-1	150/ 2001-8-1
3. 控制运用指标					
汛中				汛末	
限制水位（m）	相应库容（万 m^3）	超蓄水位（m）	相应库容（万 m^3）	蓄水位（m）	相应库容（万 m^3）
82.63	1 090	82.63	1 090	82.63	1 090
允许壅高水位（m）	警戒水位（m）	允许最高水位（m）	高程基准面		
—	84.66	85.46	1985 年国家基准高程		
水库下游安全泄量（m^3/s）				175	
控泄方式				无闸	

1.5 测站概况

1.5.1 站网情况

赵家水库水文站位于山东省莱州市驿道镇西赵村，于 2017 年 6 月设站，主要收集流域内汛期降水量、水库水位、出入库流量等有关水文资料，进行水库洪水预报、抗洪能力计算、调洪演算等，为防汛抗旱、水资源控制运用提供信息。

三岔口雨量站位于山东省莱州市驿道镇三岔口村，于 2015 年 6 月设站，为汛期站。

1.5.2 高程系情况

本站高程基面采用 1985 年国家基准高程基面。

2 预报方案编制

2.1 资料情况

赵家水库站无实测年鉴水文摘录资料。

2.2 历史洪水

经调查，赵家水库流域历史上发生过多次较大洪水，根据《山东省莱州市山洪灾害调查评价历史洪水调查报告》（烟台市水文局 2015 年），主要洪水如下：

1953 年流域暴雨引发山洪，当时驿道镇三岔口村河流没有河堤，造成洪水入村，5 户村民家中受淹，20 世纪 90 年代开始对河道进行逐步治理，河道两岸河堤加高，未再发生入村洪水事件。

1953 年流域暴雨引发山洪，洪水漫过河堤进入驿道镇官李家村，造成村东低洼处村民家中进水。20 世纪 70 年代对河道进行治理后未再发生入村洪水事件，1985 年 8 月 18 日流域局部突降暴雨引发山洪，上游水库溢洪，洪水入村，造成村东 70 余户村民家中进水。

1985 年 7 月 4 日下午，三元镇北部至梁郭镇东北部 35 km^2 面积上突降暴雨，狗爪埠村两小时降雨 310 mm，灾情严重。

2.3 参证站选择

赵家水库站地形地貌和下垫面基本特征与海阳站相似，故以海阳站作为赵家水库站的参证站。参证站海阳站以上流域面积 $F_{参}=54.6\ km^2$；设计站赵家水库站以上流域面积 $F_{设}=35\ km^2$。

2.4 产流方案

2.4.1 降雨径流关系

产流方案根据赵家水库站以上流域地形地貌、自然地理、水土保持、水利工程、暴雨时空分布等，移用海阳站的降雨径流关系，修订后在该流域应用，并在实际预报中完善，形成适合该流域的降雨径流关系，详见图 13-2。

海阳水文站降雨径流关系，因为流域内水利工程、下垫面条件、水土保持条件等的变化，出现了两条关系曲线，一条同级降水产流较小，一条同级降水产流较大，前者适合较干旱或者汛初降水发生洪水情况，另一条适合汛中后期、下垫面含水量较大、水利工程近于蓄满情况。

2.4.2 相关要素的分析计算

2.4.2.1 流域平均降水量 P 的计算

流域平均雨量 P 采用流域内赵家水库、三岔口两个雨量站的算术平均值。

2.4.2.2 流域平均前期影响雨量 P_a 的计算

分析汛前降水情况，初步确定四月或五月初土壤含水量经验值，然后根据公式逐日计算，直到汛期发生暴雨洪水，P_a 基本接近实值。其计算公式为

$$P_{a,t}=K(P_{a,t-1}+P_{t-1})$$

式中：$P_{a,t}$ 为当日的前期影响雨量（mm）；$P_{a,t-1}$ 为前一日的前期影响雨量（mm）；P_{t-1} 为前一日流域平均雨量（mm）；K 为前期影响雨量递减系数。

$K=0.95$（$P_{t-1}<1.0$ mm）；$K=0.98$（$1.0\ mm\leqslant P_{t-1}<10.0$ mm）；$K=1.00$（$P_{t-1}\geqslant 10.0$ mm）。

2.4.2.3 最大损失量 I_m 的确定

根据本流域下垫面情况综合分析，采用 I_m=100 mm，当 P_a≥100 mm 时，取 $P_a=I_m$，故 P_a 的取值范围为 0<P_a≤100 mm。

2.5 汇流方案

将参证站海阳站单位线（Δt=1 h）进行缩放后作为赵家水库站单位线，详见图 13-3。

单位线的缩放按下列公式计算：

$$\alpha=(F_{设}/F_{参})^{0.5}$$

$$T_{设i}=\alpha T_{参i}$$

$$q_{设i}=\alpha q_{参i}$$

式中：α 为单位线缩放系数；$F_{参}$、$F_{设}$ 分别为参证站、设计站以上控制流域面积；$T_{参i}$ 为参证站单位线逐时段，$T_{参i}$=1，2，…，N；$T_{设i}$ 为设计站单位线逐时段，通常为小数，为满足实际要求，需进一步对缩放结果进行插值，从而得到整时段单位线结果；$q_{参i}$ 为参证站单位线逐时段流量；$q_{设i}$ 为设计站单位线逐时段流量。

3 方案使用说明

预报方案反映了流域综合因素影响下的降雨径流关系、峰量关系。就单次洪水而言，它既有群体的共性，又有单体的个性，所以在具体预报作业中，要从主到次分析影响降雨径流的各水文因素，用以修正各预报值，提高预报精度。

3.1 产流方案

3.1.1 流域平均前期影响雨量 P_a 的确定

在进行洪水预报时，应对雨前计算的 P_a 值进行合理性分析，以确定 P_a 的取用值。由于 P_a 是根据公式逐日推算的，如果是流域内局部降雨等代表性差的雨型，容易造成 P_a 值计算误差；如果 P_a 计算值很小，遭遇强度较大的降雨，查读 $P+P_a$-R 关系曲线时容易造成 R 的查读值偏小；如果 P_a 计算值达到 I_m 值，应分析流域下垫面饱和程度，实际情况是否真正达到 I_m 值。同量级的 P_a 值在汛初、汛中、汛末对降雨径流的影响也不相同，一般来讲，汛初 P_a 计算值代表性较差，往往偏大；汛中以后的 P_a 计算值代表性较好，相对准确。

3.1.2 流域平均雨量 P 的确定

根据流域内雨情逐时段（Δt=1 h）计算时段平均雨量。当累积量达到或超过 50 mm 时，即可进行洪水作业预报。

3.1.3 产流面积 F 的确定

产流面积的取值视下垫面、本次降雨情况而定。一般来讲，当本流域次雨量达到50 mm 时，首先考虑上游小型水库蓄水情况，赵家水库上游只有小（2）型水库，若小（2）型水库未蓄满，产流面积取 28.45 km²；当流域平均降水量大于 100 mm 时，流域内小型水库等水利工程全部蓄满，全流域产流，产流面积取近于 35 km²（具体视前期降水情况、蓄水情况等而定）。

3.1.4 综合因素的影响

降雨径流除受 P_a、F、i 因素影响外，降雨自身的时空分布、河网基流情况等因素的影响也不可忽视。一般来讲，降水中心在中下游、降雨强度大、降雨历时短，有利于产汇流。产流面积大，流域河网基流充足，遇有较大降水，将会产生峰高量大的洪水过程，绝大多数大洪水、特大洪水具备以上有利于产汇流的因素；产流面积小，河网基流较小或干枯，即使遭遇较大降水，也很难产生大的洪水过程，尤其是汛初和久旱无雨状态下。当降雨径流各影响因素互补平衡时，会产生相对正常的洪水过程。因此在进行洪水预报作业时，应准确分析各影响因素，灵活运用相关曲线，并进行经验修订，做出相应的洪水预报。

3.1.5 径流深 R 的预报

根据所计算的前期影响雨量 P_a、流域平均雨量 P 查降雨径流相关图（$P+P_a$-R）得到径流深 R。在实际预报作业时，应对有关影响因素进行分析判断，确定线形，并进行经验修正。一般来讲，汛初或久旱无雨，查Ⅱ线；P_a 值较高、产流面积较大、降雨强度较大、河网基流充盈，查Ⅰ线；当已经发生洪水过程再遭遇较大降水过程时，应结合上一场次暴雨洪水的径流系数校核预报的径流深。

3.1.6 洪水总量 W 的计算

根据确定的产流面积 F、预报的径流深 R，由公式 $W=0.1RF$ 计算得到洪水总量 W（或 $W_{净}$）。

3.2 汇流方案

3.2.1 降雨强度的影响

同量级的降雨因雨强的不同，产汇流的效果也不相同。雨强越大，越有利于产汇流，反之，则不利于产汇流。雨强的大小对洪峰流量、峰现时间的影响尤其明显。

3.2.2 单位线推流

在洪水预报作业时，根据洪水特性选取代表性较好的经验单位线，由 R_1，R_2，…，R_n 叠加计算来水过程。如果前后时段净雨强度相差很大，可变更经验单位线叠加推求来水过程。

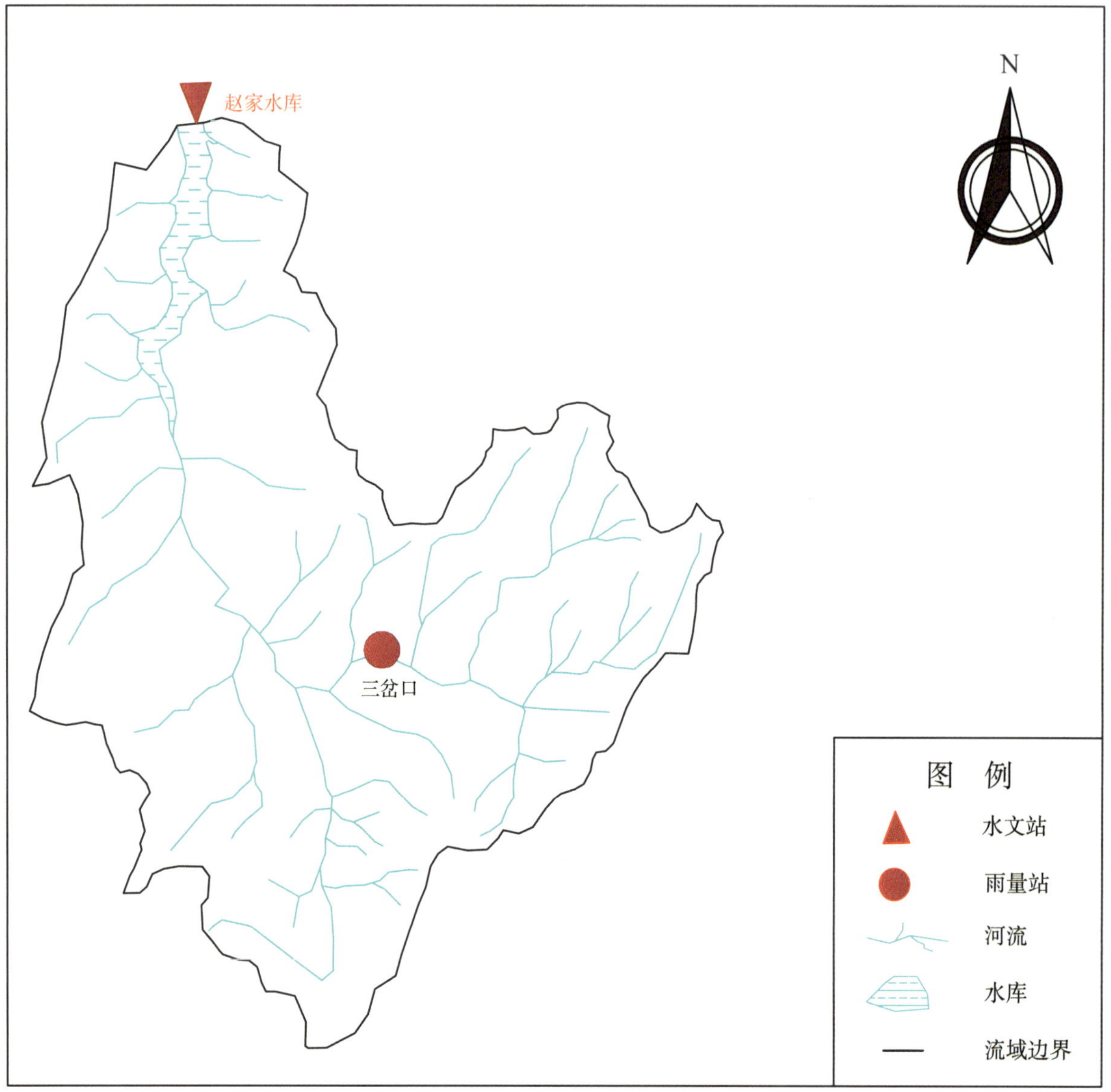

图 13-1　王河赵家水库站以上流域图

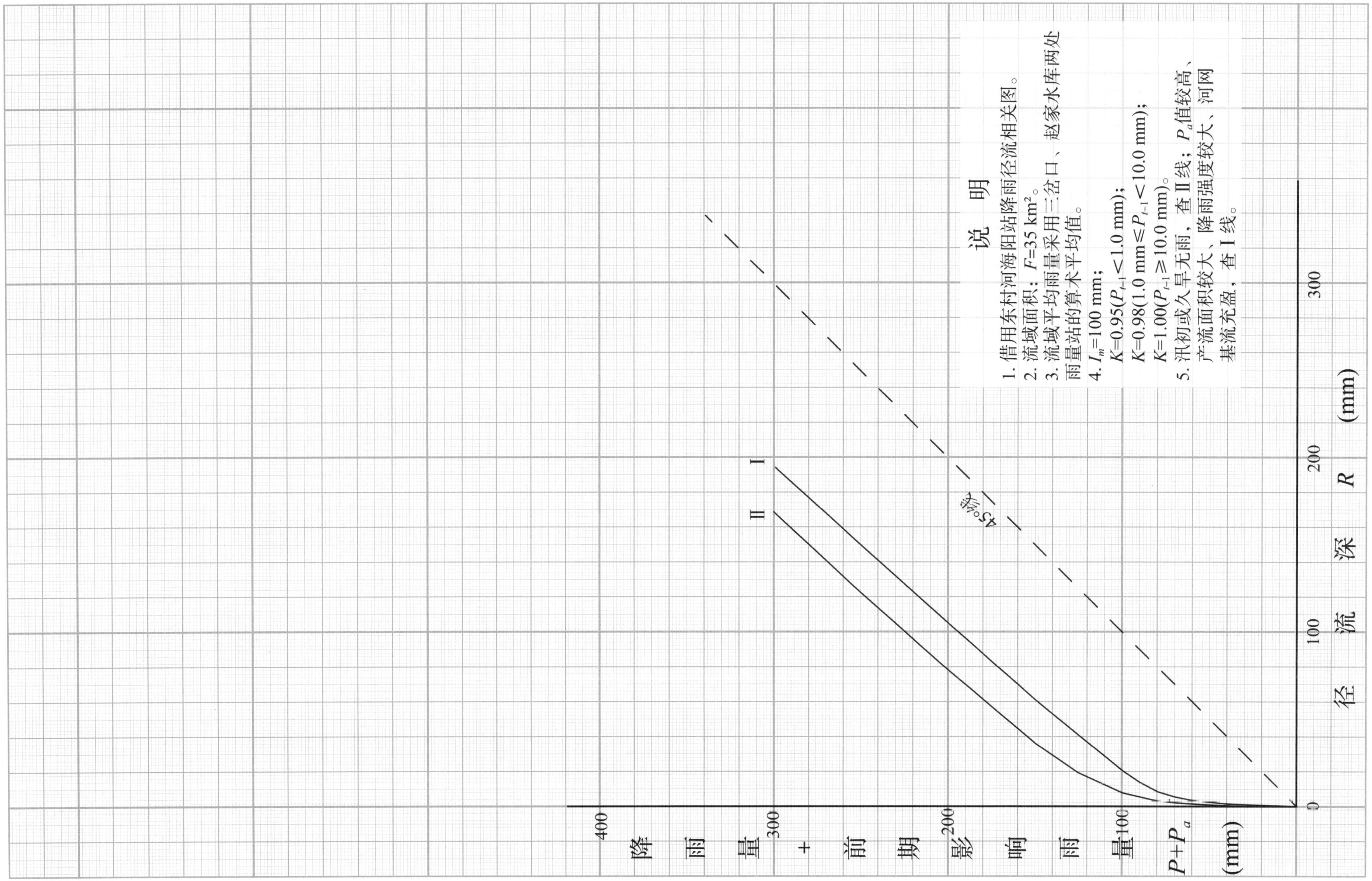

图 13-2　王河赵家水库站降雨径流相关图（$P+P_a$-R）

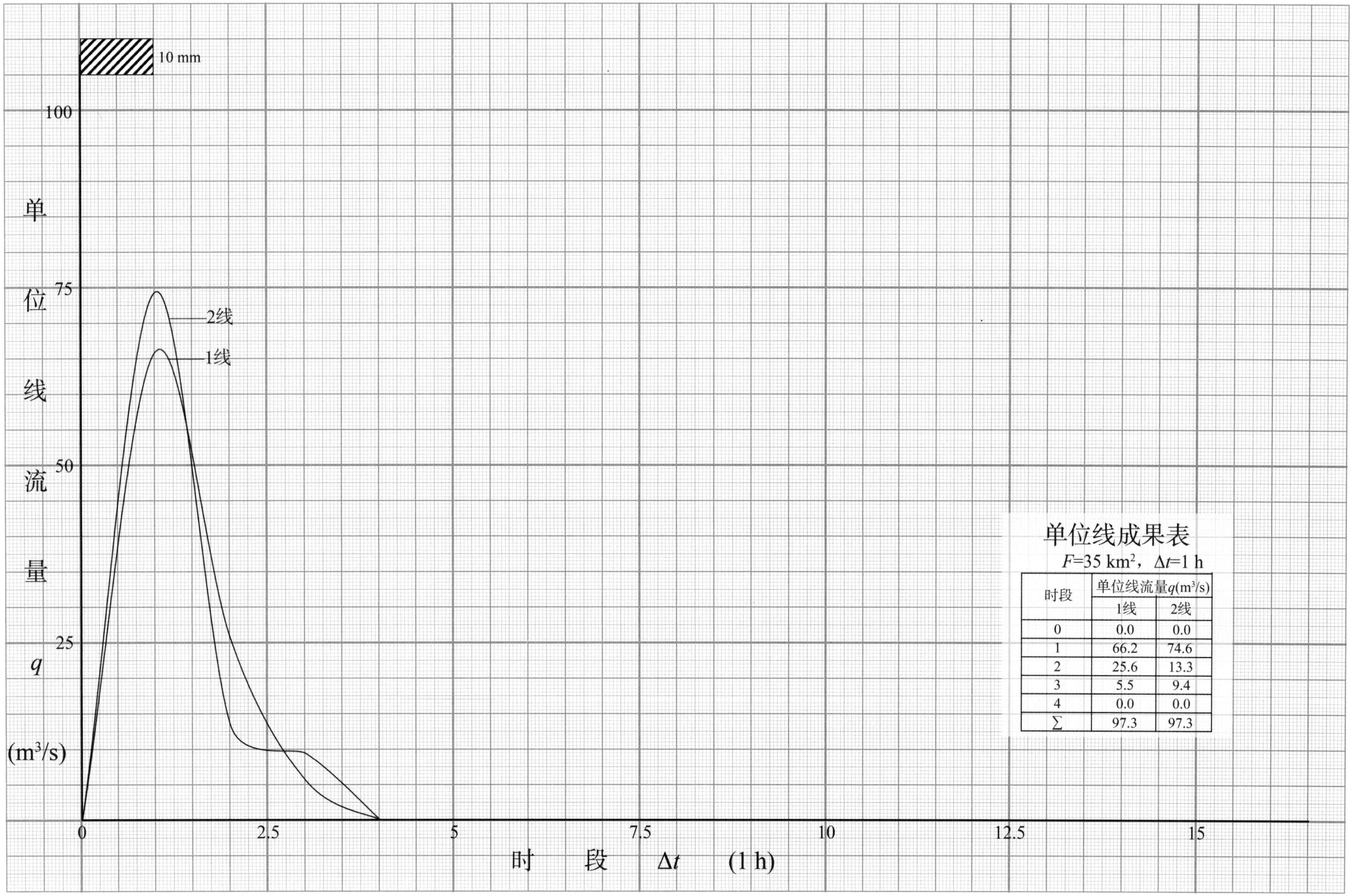

时段	单位线流量q(m^3/s)	
	1线	2线
0	0.0	0.0
1	66.2	74.6
2	25.6	13.3
3	5.5	9.4
4	0.0	0.0
∑	97.3	97.3

图 13-3　王河赵家水库站单位线图

第十四章　王河白云洞水库站水文预报方案编制说明

1　流域概况

1.1　流域自然地理特征

白云洞水库位于莱州市驿道镇高家村东、万水河中游，属王河水系南支流，水库距莱州市城区约 42 km，控制流域面积 24 km^2。流域全系山区，岩石多为风化严重的片麻岩，流域形状扇形，平均宽度 2.7 km，干流平均坡度 6.1‰，支流分布为单支型。白云洞水库站以上流域图见图 14-1。

白云洞水库流域属于暖温带东亚大陆性季风气候，具有明显的海洋性气候特征，流域多年平均气温 12.4 ℃。历年最低气温 -17 ℃，最高气温 38.9 ℃，流域多年平均年降水量 632.6 mm，多年平均水面蒸发量 1 150 mm，坝址处最大冻土深度 0.5 m。降水年际变化较大，建库后的 1964 年降水量 1 333.8 mm，1981 年降水量 319.2 mm，丰枯比 4.2；降水量年内分布极不均匀，汛期 6—9 月多年平均降水量 451.2 mm，占年降水量的 71.3%。有些年份全年降水量的 80% 以上都集中在一两次特大暴雨，且暴雨多发生在 7—8 月。

1.2　水库工程概况

白云洞水库是一座集防洪、农业灌溉、养殖等综合利用为一体的中型水库，工程等别为Ⅲ等，大坝、溢洪道、放水洞等主要建筑物级别为 3 级，次要建筑物为 4 级。水库除险加固后，设计洪水标准为 100 年一遇，校核洪水标准为 2 000 年一遇，总库容 1 179 万 m^3，兴利库容 775 万 m^3，死库容 100 万 m^3。水库工程基本地震烈度为 6 度。

白云洞水库枢纽工程由大坝、溢洪道、放水洞组成。

大坝为宽心墙坝，坝顶长 317 m，坝顶高程 132.04~132.23 m，坝顶宽度 8.0~10.0 m。上游侧建有防护墙，墙顶高程为 133.12~133.27 m，下游侧建有路缘石。大坝上游坡为干砌方块石护坡及抛石护坡，高程 114.25 m 以上采用干砌方块石护坡，高程 114.25 m 以下采用抛石护坡。高程 127.50 m 处设一级马道，宽 2.0 m；高程 115.42 m 处设二级马道，宽 8.0 m；高程 114.25 m 处设三级马道，宽 5.0 m。一级马道以上坡比为 1：2.42~1：2.62，一级马道以下坡比为 1：2.49~1：2.61。大坝下游坡为草皮护坡，高程 118.80 m 处设一级马道，宽 4.0 m，马道以上坡比为 1：2.44~1：2.46，马道以下坡比为 1：2.74~1：2.83；马道内侧设置纵向排水沟，坝坡坝面设置横向排水沟，大坝两端及坝脚设岸坡排水沟，排水沟均采用 M10 浆砌块石结构。

溢洪道由进口段、控制段、泄槽段、消能防冲段、出水渠段组成。进口段长 35.4 m，铺盖与翼墙为分离式混凝土结构。控制段为开敞式整体钢筋混凝土水闸结构。溢洪闸设 2 孔提升闸，总宽 20.0 m，闸孔净宽 2×6.0 m，闸门为 6.0 m×4.5 m（宽×高）平板钢闸门，机架桥宽 5.02 m。泄槽段采用 C30 钢筋混凝土护底，泄槽为矩形断面，长 48.6 m，比降为 0.125。泄槽后接消能防冲设施。消能防冲段采用挑流消能方式，宽 16.2 m、长 5.0 m，反弧半径 10 m，挑角 20°。出水渠右侧为 M10 浆砌块石重力式挡墙结构，最大墙高 4.45 m。南北溢洪道出水渠交汇处右岸采用 M10 浆砌块石护坡，厚 0.25 m，护坡坡度 1：1.5；左岸为山体。

放水洞进口底高程 113.59 m，出口底高程 113.16 m，全长 125.12 m。进口段采用喇叭口，扩散角 8°，长 20.32 m，采用平底式与下游涵洞相连。底板与两侧翼墙采用整体式 C25 钢筋混凝土结构，底板厚 0.4 m，顶高程为 113.59 m，两侧翼墙高 2.4 m。上游涵洞段长 32.0 m，采用钢筋混凝土单孔箱涵结构，孔口尺寸为 1.2 m×1.8 m（宽×高），壁厚 0.4 m。洞身轴线方向每 10 m 设置变形缝，缝内设 652 型橡胶止水带，内侧采用聚硫密封胶进行封闭。竖井段采用整体式钢筋混凝土结构，长 7.6 m，孔口尺寸 1.2 m×1.8 m（宽×高），检修平台高程 128.00 m。竖井内设一扇工作闸门和一扇检修闸门，启闭设备均为固定式卷扬启闭机。下游涵洞段长 59.2 m，结构型式及布置均同上游涵洞段，底板纵坡 1/138，涵洞末端底板顶高程 113.16 m。出口段长 6.0 m，采用钢筋混凝土矩形盖板涵结构，孔口尺寸为 1.2 m×1.8 m（宽×高），下游与原灌溉渠道平顺连接。

1.3　上游水利工程概况

白云洞水库坝址以上现有小（2）型水库 2 座，控制流域面积 4.3 km^2，总库容 73.7 万 m^3，兴利库容 38.9 万 m^3，详见表 14-1。

表 14-1　白云洞水库坝址以上小型水库情况统计表

序号	水库名称	类别	建成时间	集水面积（km^2）	库容（万 m^3）		灌溉面积（万亩）
					总库容	兴利库容	
1	周家涧	小（2）型	1978 年 12 月	0.6	17.6	12.3	0.03
2	皂户	小（2）型	1959 年 5 月	3.7	56.1	26.6	0.06
合计				4.3	73.7	38.9	0.09

1.4　水库工程指标及汛期控制运用指标

白云洞水库于 1957 年 12 月开工建设，1958 年 8 月竣工。白云洞水库除险加固工程于 2014 年 11 月 18 日开工建设，2015 年 12 月 31 日完工，2016 年 12 月竣工验收。水库工程指标及汛期控制运用指标见表 14-2。

表 14-2　白云洞水库工程指标以及汛期控制运用指标表

1. 工程指标					
总库容（万 m^3）	防浪墙顶高程（m）	坝顶高程（m）	溢洪道（闸）		
			底高程（m）	孔数	净宽（m）
1 179	133.20	132.20	122.97	2	12.0
兴利水位（m）	兴利水位相应库容（万 m^3）	死水位（m）	死库容（万 m^3）		
126.97	875	113.59	100		
2. 防洪标准					
设计		校核		历史	
重现期（年）	最高水位（m）	重现期（年）	最高水位（m）	最高水位（m）/出现日期	最大泄量（m^3/s）/出现日期
100	127.33	2 000	128.82	127.87/2003-8-1	45.0/2003-8-1
3. 控制运用指标					
汛中				汛末	
限制水位（m）	相应库容（万 m^3）	超蓄水位（m）	相应库容（万 m^3）	蓄水位（m）	相应库容（万 m^3）
124.67	676	126.75	855	126.97	875
允许壅高水位（m）	警戒水位（m）	允许最高水位（m）	高程基准面		
—	127.33	128.82	1985 年国家高程基准		
水库下游安全泄量（m^3/s）				80	
控泄方式				一级控泄	

1.5　测站概况

1.5.1　站网情况

白云洞水库水文站，站码 41813288，为白云洞水库坝上站，位于山东省莱州市驿道镇高家村，设于 2011 年 1 月，主要收集流域内降水量、水库水位、出入库流量等有关水文资料，为防汛抗旱、水资源控制运用提供信息。

1.5.2　高程系情况

白云洞水库站高程基面采用 1985 年国家高程基准面。

2　预报方案编制

2.1　资料情况

白云洞水库站无实测年鉴水文摘录资料。

2.2　历史洪水

经调查，白云洞水库流域历史上发生过多次较大洪水，根据《山东省莱州市山洪灾害调查评价历史洪水调查报告》（烟台市水文局 2015 年），主要洪水如下：

1964 年 6 月 30 日至 9 月 18 日，莱州市平均降雨量达 825.1 mm，7 月 5 日降雨量 125.4 mm，由于降雨强度大，历时长，冲毁小型水库 23 座、塘坝 125 座，河堤决口 141 处，死亡 4 人，受伤 16 人，农作物受灾面积达 33 万亩，道路损坏 50 km，毁坏桥涵 20 座，破坏各类河道 17 条，破坏塘坝、谷坊 177 座，破坏地堰 3 036 km，毁坏房屋 1.8 万间，损失总值 2 547 万元。

1985 年 7 月 4 日下午，三元乡北部至梁郭镇东北部 35 km^2 面积上突降暴雨，狗爪埠村两小时降雨 310 mm，灾情严重，1.5 万亩农田致涝；冲毁塘坝 2 座，谷坊、塘坝 21 座，桥涵 5 座，房屋倒塌 70 余间；冲走粮食 4 万 kg，造成直接经济损失 250 万元。

2.3　参证站选择

白云洞水库站地形地貌和下垫面基本特征与招远站相似，故以招远站作为白云洞水库站的参证站。参证站招远站以上流域面积 $F_{参}=98.6\ km^2$；设计站白云洞水库站以上流域面积 $F_{设}=24\ km^2$。

2.4　产流方案

2.4.1　降雨径流关系

2.4.1.1　移用招远站降雨径流关系

产流方案根据白云山水库站以上流域地形地貌、自然地理、水土保持、水利工程、暴雨时空分布等，移用招远站的降雨径流关系，修订后在该流域应用，并在实际预报中完善，形成适合该流域的降雨径流关系，详见图 14-2。

招远站降雨径流关系，因为流域内水利工程、下垫面条件、水土保持条件等的变化，出现了两条关系曲线，一条同级降水产流较小，一条同级降水产流较大，前者适合较干旱或者汛初降水发生洪水情况，另一条适合汛中后期、下垫面含水量较大、水利工程近于蓄满情况。

2.4.1.2　山东省中小河流设计洪水胶东半岛降雨径流关系（2 号线）

根据《山东省中小河流治理工程初步设计设计洪水计算指导意见》（以下简称《中小河流意见》），由暴雨推求设计洪水，不同地区采用不同的降雨径流关系线。对于胶东半岛地区，当设计流域面积小于 300 km^2 时，降雨径流关系采用 2 号线。

2.4.1.3　胶东半岛降雨径流关系与参证站招远站降雨径流关系比较

由表 14-3 可以看出，山东省设计洪水模式下胶东半岛降雨径流关系明显大于实测值（相对增大 34.7%～76.3%，并随降雨增加而减少，有利于工程安全），在实际预报中应根据实测情况加以修正。

表 14-3 胶东半岛降雨径流关系与招远站降雨径流关系比较

序号	$P+P_a$ (mm)	R (mm)		相对误差 (%)	序号	$P+P_a$ (mm)	R (mm)		相对误差 (%)
		参证站	中小河流意见				参证站	中小河流意见	
1	0	0	0		7	200	57	129	-55.8
2	100	9	38	-76.3	8	220	73	148	-50.7
3	120	13	55	-76.4	9	240	89.5	137	-34.7
4	140	20	73	-72.6	10	260	106.5	187	-43.0
5	160	29	91	-68.1	11	280	124.5	206	-39.6
6	180	42	110	-61.8	12	300	143	226	-36.7

2.4.2 相关要素的分析计算

2.4.2.1 流域平均雨量 P 的计算

流域平均雨量 P 采用流域内白云洞、夫子石 2 处雨量站的算术平均值。

2.4.2.2 流域平均前期影响雨量 P_a 的计算

分析汛前降水情况，初步确定四月或五月初土壤含水量经验值，然后根据公式逐日计算，直到汛期发生暴雨洪水，P_a 基本接近实值。其计算公式为

$$P_{a,t} = K(P_{a,t-1} + P_{t-1})$$

式中：$P_{a,t}$ 为当日的前期影响雨量（mm）；$P_{a,t-1}$ 为前一日的前期影响雨量（mm）；P_{t-1} 为前一日流域平均雨量（mm）；K 为前期影响雨量递减系数。

$K=0.95$（$P_{t-1}<1.0$ mm）；$K=0.98$（1.0 mm $\leqslant P_{t-1}<10.0$ mm）；$K=1.00$（$P_{t-1}\geqslant 10.0$ mm）。

2.4.2.3 最大损失量 I_m 的确定

根据本流域下垫面情况综合分析，采用 $I_m=100$ mm，当 $P_a\geqslant 100$ mm 时，取 $P_a=I_m$，故 P_a 的取值范围为 $0<P_a\leqslant 100$ mm。

2.5 汇流方案

将参证站招远站单位线（$\Delta t=1$ h）进行缩放后作为白云洞水库站单位线，详见图 14-3。

单位线的缩放按下列公式计算：

$$\alpha = (F_{设}/F_{参})^{0.5}$$

$$T_{设i} = \alpha T_{参i}$$

$$q_{设i} = \alpha q_{参i}$$

式中：α 为单位线缩放系数；$F_{参}$、$F_{设}$ 分别为参证站、设计站以上控制流域面积；$T_{参i}$ 为参证站单位线逐时段，$T_{参i}=1, 2, \cdots, N$；$T_{设i}$ 为设计站单位线逐时段，通常为小数，为满足实际要求，需进一步对缩放结果进行插值，从而得到整时段单位线结果；$q_{参i}$ 为参证站单位线逐时段流量；$q_{设i}$ 为设计站单位线逐时段流量。

3 方案使用说明

预报方案反映了流域综合因素影响下的降雨径流关系、峰量关系。就单次洪水而言，它既有群体的共性，又有单体的个性，所以在具体预报作业中，要从主到次分析影响降雨径流的各水文因素，用以修正各预报值，提高预报精度。

3.1 产流方案

3.1.1 流域平均前期影响雨量 P_a 的确定

在进行洪水预报时，应对雨前计算的 P_a 值进行合理性分析，以确定 P_a 的取用值。由于 P_a 是根据公式逐日推算的，如果是流域内局部降雨等代表性差的雨型，容易造成 P_a 值计算误差。如果 P_a 计算值很小，遭遇强度较大的降雨，查读 $P+P_a$-R 关系曲线时容易造成 R 的查读值偏小；如果 P_a 计算值达到 I_m 值，应分析流域下垫面饱和程度，实际情况是否真正达到 I_m 值。同量级的 P_a 值在汛初、汛中、汛末对降雨径流的影响也不相同，一般来讲，汛初 P_a 计算值代表性较差，往往偏大；汛中以后的 P_a 计算值代表性较好，相对准确。

3.1.2 流域平均雨量 P 的确定

根据流域内雨情逐时段（$\Delta t=1$ h）计算时段平均雨量。当累积量达到或超过 50 mm 时，即可进行洪水作业预报。

3.1.3 产流面积 F 的确定

产流面积的取值视下垫面、本次降雨情况而定。一般来讲，当本流域次雨量达到 50 mm 时，首先考虑上游小型水库蓄水情况，白云洞水库上游只有小（2）型水库，若小（2）型水库未蓄满，产流面积取 19.7 km^2；当小（2）型水库均蓄满时，产流面积取 24 km^2。当流域平均降水量大于 100 mm 时，流域内小型水库等水利工程全部蓄满，全流域产流，产流面积取近于 24 km^2（具体视前期降水情况、蓄水情况等而定）。

3.1.4 综合因素的影响

降雨径流除受 P_a、F、i 因素影响外，降雨自身的时空分布、河网基流情况等因素的影响也不可忽视。一般来讲，降水中心在中下游、降雨强度大、降雨历时短，有利于产汇流。产流面积大，流域河网基流充足，遇有较大降水，将会产生峰高量大的洪水过程，绝大多数大洪水、特大洪水具备以上有利于产汇流的因素；产流面积小，河网基流较小或干枯，即使遇较大降水，也很难产生大的洪水过程，尤其是汛初和久旱无雨状态下，特别明显。当降雨径流各影响因素互补平衡时，会产生相对正常的洪水过程。因此在进行洪水预报作业时，应准

确分析各影响因素，灵活运用相关曲线，并进行经验修订，做出相应的洪水预报。

3.1.5 径流深 R 的预报

根据所计算的前期影响雨量 P_a、流域平均雨量 P 查降雨径流相关图（$P+P_a$-R）得到径流深 R。在实际预报作业时，应对有关影响因素进行分析判断，确定线形，并进行经验修正。一般来讲，汛初或久旱无雨，查Ⅱ线；P_a 值较高、产流面积较大、降雨强度较大、河网基流充盈，查Ⅰ线；当已经发生洪水过程再遭遇较大降水过程时，应结合上一场次暴雨洪水的径流系数校核预报的径流深。

3.1.6 洪水总量 W 的计算

根据确定的产流面积 F、预报的径流深 R，由公式 $W=0.1RF$ 计算得到洪水总量 W（或 $W_{净}$）。

3.2 汇流方案

3.2.1 降雨强度的影响

同量级的降雨因雨强的不同，产汇流的效果也不相同。雨强越大，越有利于产汇流，反之，则不利于产汇流。雨强的大小对洪峰流量、峰现时间的影响尤其明显。

3.2.2 单位线推流

在洪水预报作业时，根据洪水特性选取代表性较好的经验单位线，由 R_1，R_2，…，R_n 叠加计算来水过程。如果前后时段净雨强度相差很大，可变更经验单位线叠加推求来水过程。

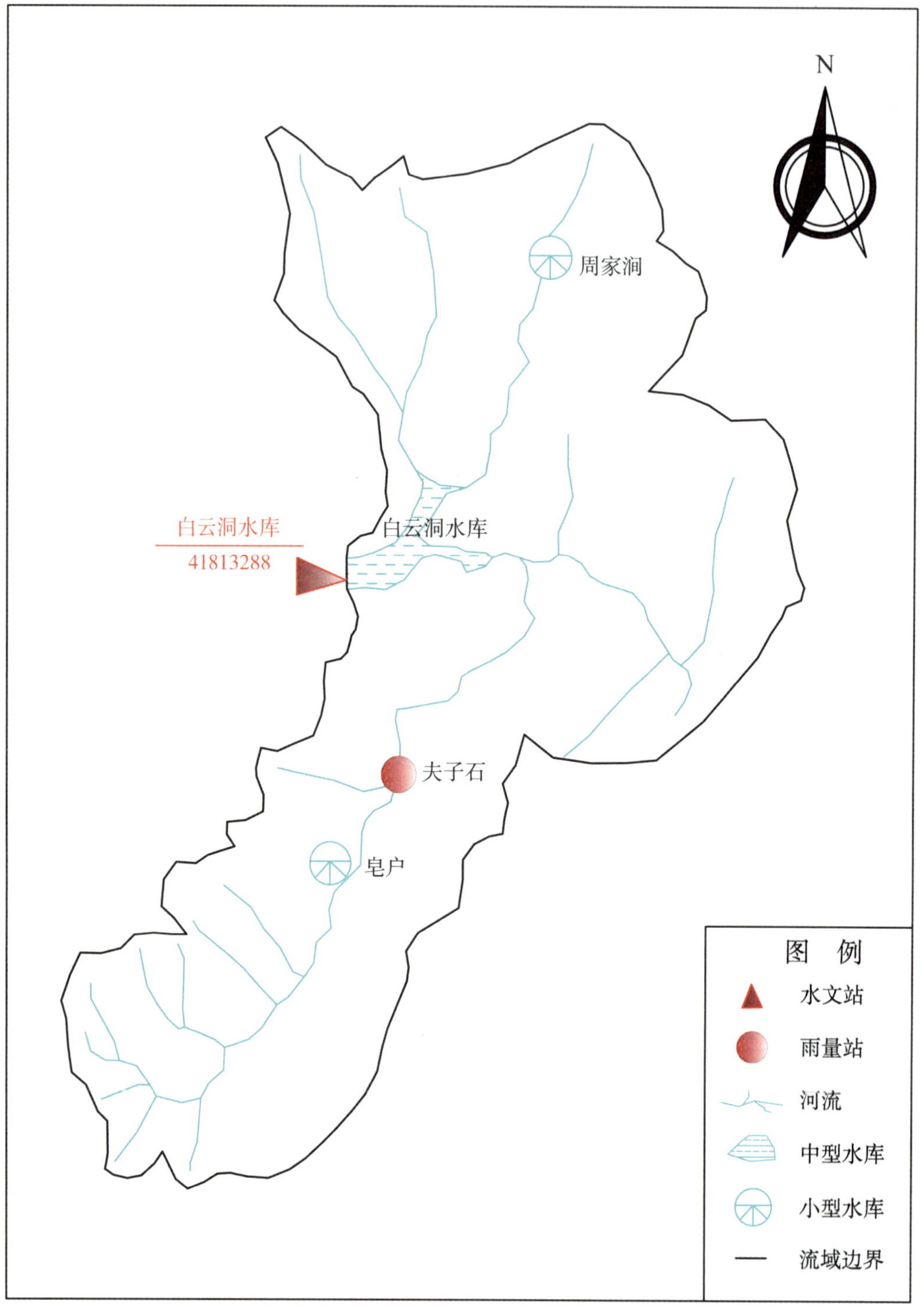

图 14-1 王河白云洞水库站以上流域图

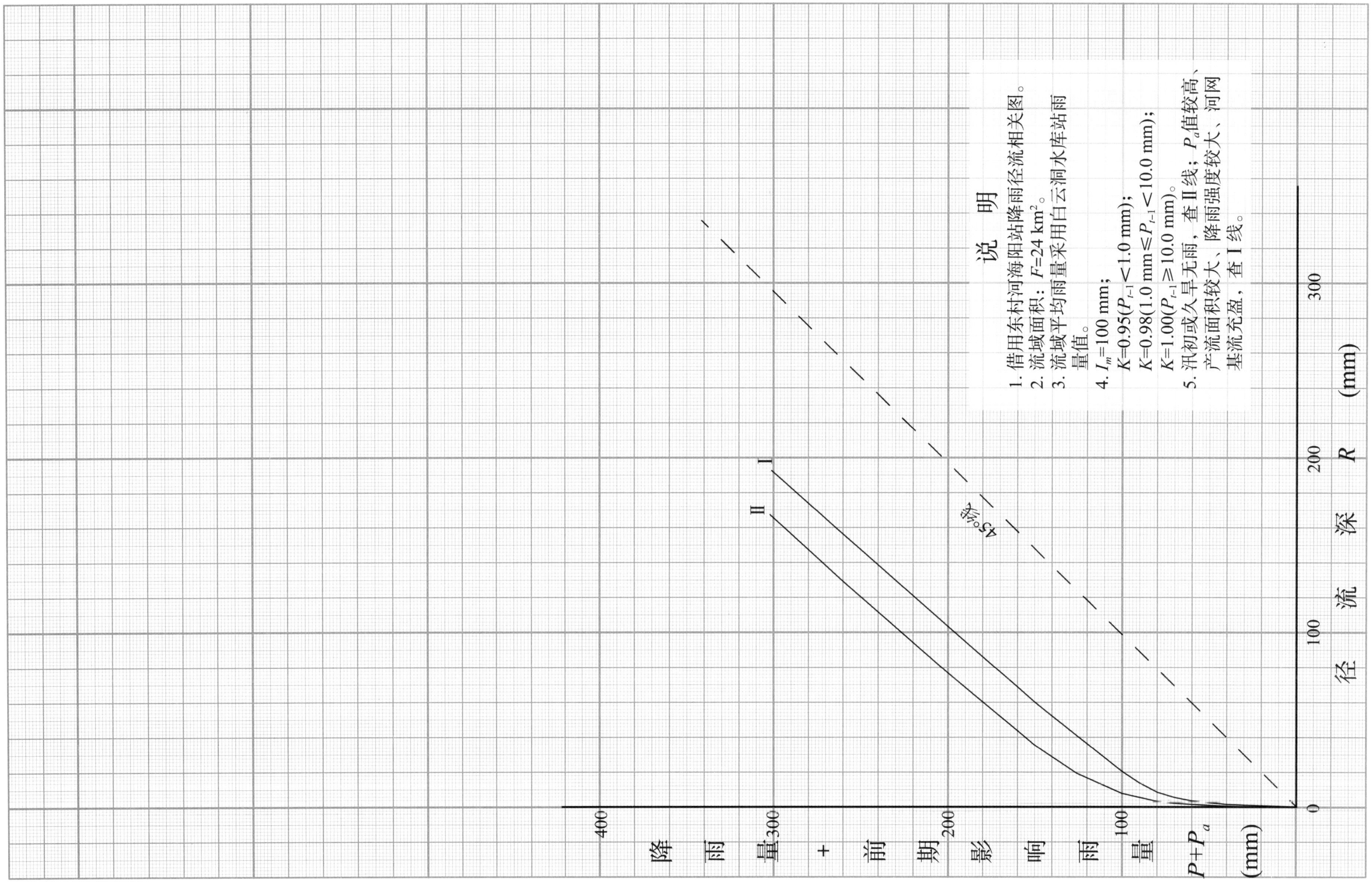

图 14-2　王河白云洞水库站降雨径流相关图（P+P_a-R）

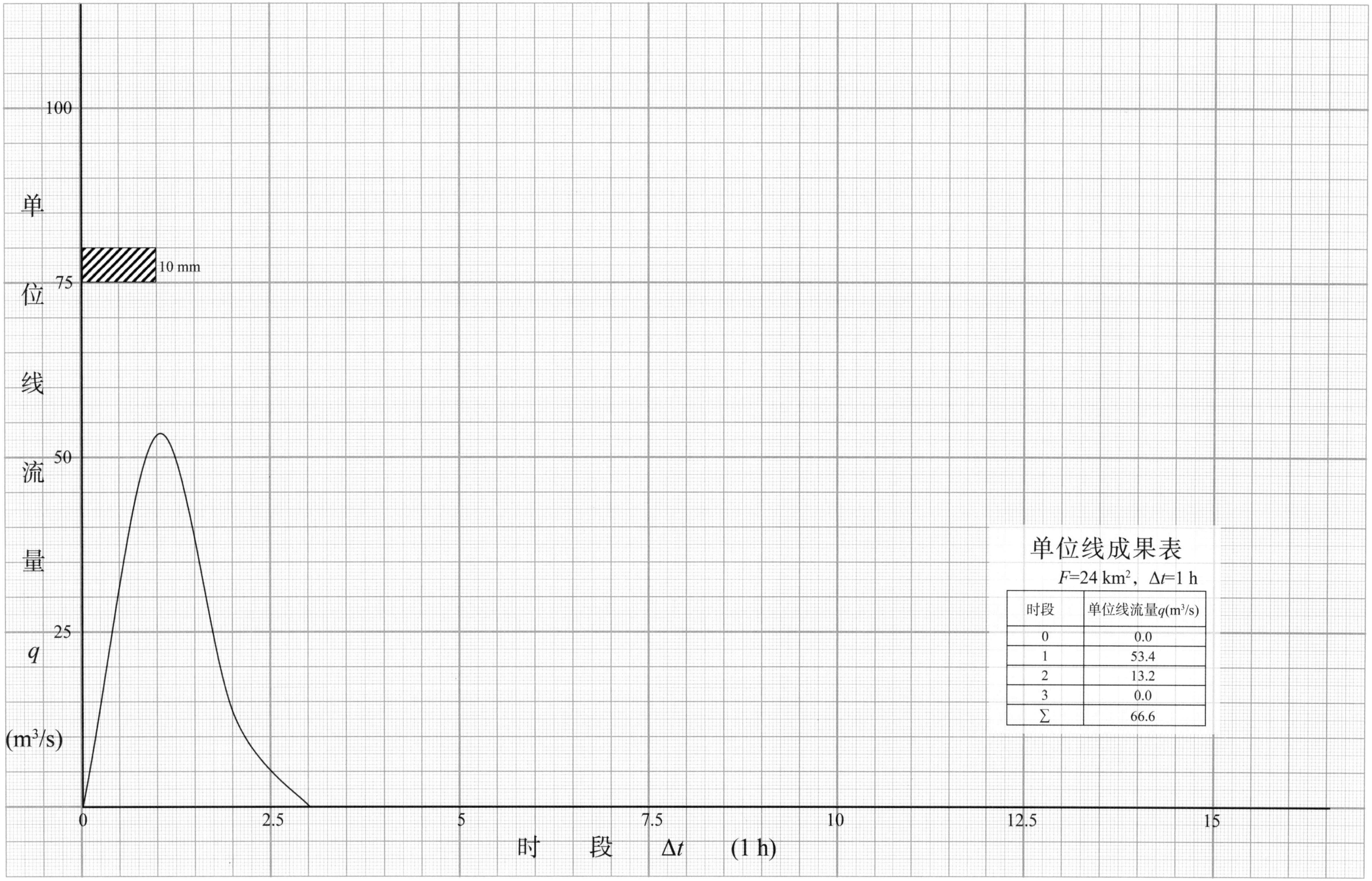

单位线成果表

F=24 km^2，Δt=1 h

时段	单位线流量q(m^3/s)
0	0.0
1	53.4
2	13.2
3	0.0
∑	66.6

图 14-3　王河白云洞水库站单位线图

第十五章 淘金河侯家水库站水文预报方案编制说明

1 流域概况

1.1 流域自然地理特征

侯家水库位于招远市辛庄镇北侯家村、淘金河下游，属沿海诸小河水系，水库控制流域面积 25.3 km^2。流域地势南高北低、东西高中间低，流域形状为狭长形，平均宽度 2.6 km，干流平均比降为 6.84‰。该流域总体上属丘陵地貌，土壤多为砂土和砂质黏土，主要农作物为冬小麦、玉米和花生。侯家水库站以上流域图详见图 15-1。

侯家水库流域属暖温带东亚大陆性季风气候，多年平均年降水量 674.4 mm，汛期 6—9 月降水量约占全年的 82%。

1.2 水库工程概况

侯家水库是一座集防洪、城镇供水、农业灌溉等综合利用于一体的中型水库，灌区设计灌溉面积 0.5 万亩，城市及工业用水日供水量 2.39 万 m^3。水库工程等别为Ⅲ等，主要建筑物为 3 级，次要建筑物为 4 级，临时建筑物为 5 级。水库除险加固后设计洪水标准为 50 年一遇，校核洪水标准 1 000 年一遇。水库工程地震设防烈度 7 度。

水库枢纽工程包括主坝、溢洪道和放水洞等。主坝为壤土均质坝，坝顶长度 1 130 m，最大坝高 15.08 m，坝顶高程 39.40 m。溢洪道为有闸控制溢洪道，堰顶宽 18.0 m，堰顶高程 33.10 m，最大泄洪流量 310.4 m^3/s。放水洞闸门尺寸 1.6 m×1.8 m，洞长 84.46 m。

1.3 上游水利工程概况

该流域内自 1959 年先后建成小（2）型水库 3 座，总控制流域面积 6.16 km^2，总兴利库容 49.3 万 m^3，详见表 15-1。

1.4 水库工程指标及汛期控制运用指标

侯家水库于 1959 年 5 月建成，其工程指标及汛期控制运用指标见表 15-2。

表 15-1 侯家水库坝址以上小型水库情况统计表

水库名称		建成时间	控制流域面积（km^2）	库容（万 m^3）	
				总库容	兴利库容
小（2）型	郭家村南	1957 年 5 月	4.00	60.90	35.7
	南河	1965 年 5 月	1.31	16.77	6.6
	魏家沟淘金河	1964 年 5 月	0.85	10.50	7.0
合计			6.16	88.17	49.3

表 15-2 侯家水库工程指标及汛期控制运用指标表

1. 工程指标					
总库容（万 m^3）	防浪墙顶高程（m）	坝顶高程（m）	溢洪道（闸）		
			底高程（m）	孔数	净宽（m）
1 191	40.40	39.40	33.10	3	18.0
兴利水位（m）	兴利水位相应库容（万 m^3）	死水位（m）	死库容（万 m^3）		
37.01	1 042	27.57	42		
2. 防洪标准					
设计		校核		历史	
重现期（年）	最高水位（m）	重现期（年）	最高水位（m）	最高水位（m）/出现日期	最大泄量（m^3/s）/出现日期
50	37.32	1 000	37.93	36.67/2022-5-18	4.20/2022-10-2
3. 控制运用指标					
汛中				汛末	
限制水位（m）	相应库容（万 m^3）	超蓄水位（m）	相应库容（万 m^3）	蓄水位（m）	相应库容（万 m^3）
37.01	1 042	37.01	1 042	37.01	1 042
允许壅高水位（m）	警戒水位（m）	允许最高水位（m）	高程基准面		
37.32	37.32	37.93	1985 年国家高程基准		
水库下游安全泄量（m^3/s）				140	
控泄方式				一级控泄	

1.5 测站概况

1.5.1 站网情况

侯家水库水文站，站码 41813580，为侯家水库坝上站，位于山东省招远市辛庄镇北侯家村，于2020年1月设站，主要收集流域内汛期降水量、水库水位、出入库流量等有关水文资料，进行水库洪水预报、抗洪能力计算、调洪演算等，为防汛抗旱、水资源控制运用提供信息。

1.5.2 高程系情况

侯家水库站高程基面采用1985年国家高程基准面。

2 预报方案编制

2.1 资料情况

侯家水库站无实测年鉴水文摘录资料。

2.2 参证站选择

侯家水库站地形地貌和下垫面基本特征与海阳站相似，故以海阳站作为侯家水库站的参证站。参证站海阳站以上流域面积 $F_{参}=54.6\ km^2$；设计站侯家水库站以上流域面积 $F_{设}=25.3\ km^2$。

2.3 产流方案

2.3.1 降雨径流关系

产流方案根据侯家水库站以上流域地形地貌、自然地理、水土保持、水利工程、暴雨时空分布等，移用海阳站的降雨径流关系，修订后在该流域应用，并在实际预报中完善，形成适合该流域的降雨径流关系，详见图15-2。

海阳站降雨径流关系，因为流域内水利工程、下垫面条件、水土保持条件等的变化，出现了两条关系曲线，一条同级降水产流较小，一条同级降水产流较大，前者适合较干旱或者汛初降水发生洪水情况，另一条适合汛中后期、下垫面含水量较大、水利工程近于蓄满情况。

2.3.2 相关要素的分析计算

2.3.2.1 流域平均雨量 P 的计算

流域平均雨量 P 采用侯家水库、小董家、郭家3个雨量站的雨量算术平均值。

2.3.2.2 流域平均前期影响雨量 P_a 的计算

分析汛前降水情况，初步确定四月或五月初土壤含水量经验值，然后根据公式逐日计算，直到汛期发生暴雨洪水，P_a 基本接近实值。其计算公式为

$$P_{a,\ t}=K(P_{a,\ t-1}+P_{t-1})$$

式中：$P_{a,t}$ 为当日的前期影响雨量（mm）；$P_{a,t-1}$ 为前一日的前期影响雨量（mm）；P_{t-1} 为前一日流域平均雨量（mm）；K 为前期影响雨量递减系数。

$K=0.95$（$P_{t-1}<1.0$ mm）；$K=0.98$（$1.0\ \text{mm}\leqslant P_{t-1}<10.0$ mm）；$K=1.00$（$P_{t-1}\geqslant 10.0$ mm）。

2.3.2.3 最大损失量 I_m 的确定

根据本流域下垫面情况综合分析，采用 $I_m=100$ mm，当 $P_a\geqslant 100$ mm时，取 $P_a=I_m$，故 P_a 的取值范围为 $0<P_a\leqslant 100$ mm。

2.4 汇流方案

将参证站海阳站单位线（$\Delta t=1$ h）进行缩放后作为侯家水库站单位线，详见图15-3。

单位线的缩放按下列公式计算：

$$\alpha=(F_{设}/F_{参})^{0.5}$$

$$T_{设i}=\alpha T_{参i}$$

$$q_{设i}=\alpha q_{参i}$$

式中：α 为单位线缩放系数；$F_{参}$、$F_{设}$ 分别为参证站、设计站以上控制流域面积；$T_{参i}$ 为参证站单位线逐时段，$T_{参i}=1,2,\cdots,N$；$T_{设i}$ 为设计站单位线逐时段，通常为小数，为满足实际要求，需进一步对缩放结果进行插值，从而得到整时段单位线结果；$q_{参i}$ 为参证站单位线逐时段流量；$q_{设i}$ 为设计站单位线逐时段流量。

3 方案使用说明

预报方案反映了流域综合因素影响下的降雨径流关系、峰量关系。就单次洪水而言，它既有群体的共性，又有单体的个性，所以在具体预报作业中，要从主到次分析影响降雨径流的各水文因素，用以修正各预报值，提高预报精度。

3.1 产流方案

3.1.1 流域平均前期影响雨量 P_a 的确定

在进行洪水预报时，应对雨前计算的 P_a 值进行合理性分析，以确定 P_a 的取用值。由于 P_a 是根据公式逐日推算的，如果是流域内局部降雨等代表性差的雨型，容易造成 P_a 值计算误差。如果 P_a 计算值很小，遭遇强度较大的降雨，查读 $P+P_a$-R 关系曲线时容易造成 R 的查读值偏小；如果 P_a 计算值达到 I_m 值，应分析流域下垫面饱和程度，实际情况是否真正达到 I_m 值。同量级的 P_a 值在汛初、汛中、汛末对降雨径流的影响也不相同，一般来讲，汛初 P_a 计算值代表性较差，往往偏大；汛中以后的 P_a 计算值代表性较好，相对准确。

3.1.2 流域平均雨量 P 的确定

根据流域内雨情逐时段（$\Delta t=1$ h）计算时段平均雨量。当累积量达到或超过50 mm时，即可进行洪水作业预报。

3.1.3 产流面积 *F* 的确定

产流面积的取值视下垫面、本次降雨情况而定。一般来讲，当本流域次雨量达到50 mm时，首先考虑上游小型水库蓄水情况，侯家水库上游只有小（2）型水库，若小（2）型水库未蓄满，产流面积取19.14 km²，当小（2）型水库均蓄满时，产流面积取25.3 km²。当流域平均降水量大于100 mm时，流域内小型水库等水利工程全部蓄满，全流域产流，产流面积取近于25.3 km²（具体视前期降水情况、蓄水情况等而定）。

3.1.4 综合因素的影响

降雨径流除受 P_a、F、i 因素影响外，降雨自身的时空分布、河网基流情况等因素的影响也不可忽视。一般来讲，降水中心在中下游、降雨强度大、降雨历时短，有利于产汇流。产流面积大，流域河网基流充足，遇有较大降水，将会产生峰高量大的洪水过程，绝大多数大洪水、特大洪水具备以上有利于产汇流的因素；产流面积小，河网基流较小或干枯，即使遭遇较大降水，也很难产生大的洪水过程，尤其是汛初和久旱无雨状态下，特别明显。当降雨径流各影响因素互补平衡时，会产生相对正常的洪水过程。因此在进行洪水预报作业时，应准确分析各影响因素，灵活运用相关曲线，并进行经验修订，做出相应的洪水预报。

3.1.5 径流深 *R* 的预报

根据所计算的前期影响雨量 P_a、流域平均雨量 P 查降雨径流相关图（$P+P_a$-R）得到径流深 R。在实际预报作业时，应对有关影响因素进行分析判断，确定线形，并进行经验修正。一般来讲，汛初或久旱无雨，查Ⅱ线；P_a 值较高、产流面积较大、降雨强度较大、河网基流充盈，查Ⅰ线；当已经发生洪水过程再遭遇较大降水过程时，应结合上一场次暴雨洪水的径流系数校核预报的径流深。

3.1.6 洪水总量 *W* 的计算

根据确定的产流面积 F、预报的径流深 R，由公式 $W=0.1RF$ 计算得到洪水总量 W（或 $W_{净}$）。

3.2 汇流方案

3.2.1 降雨强度的影响

同量级的降雨因雨强的不同，产汇流的效果也不相同。雨强越大，越有利于产汇流，反之，则不利于产汇流。雨强的大小对洪峰流量、峰现时间的影响尤其明显。

3.2.2 单位线推流

在洪水预报作业时，根据洪水特性选取代表性较好的经验单位线，由 R_1，R_2，…，R_n 叠加计算来水过程。如果前后时段净雨强度相差很大，可变更经验单位线叠加推求来水过程。

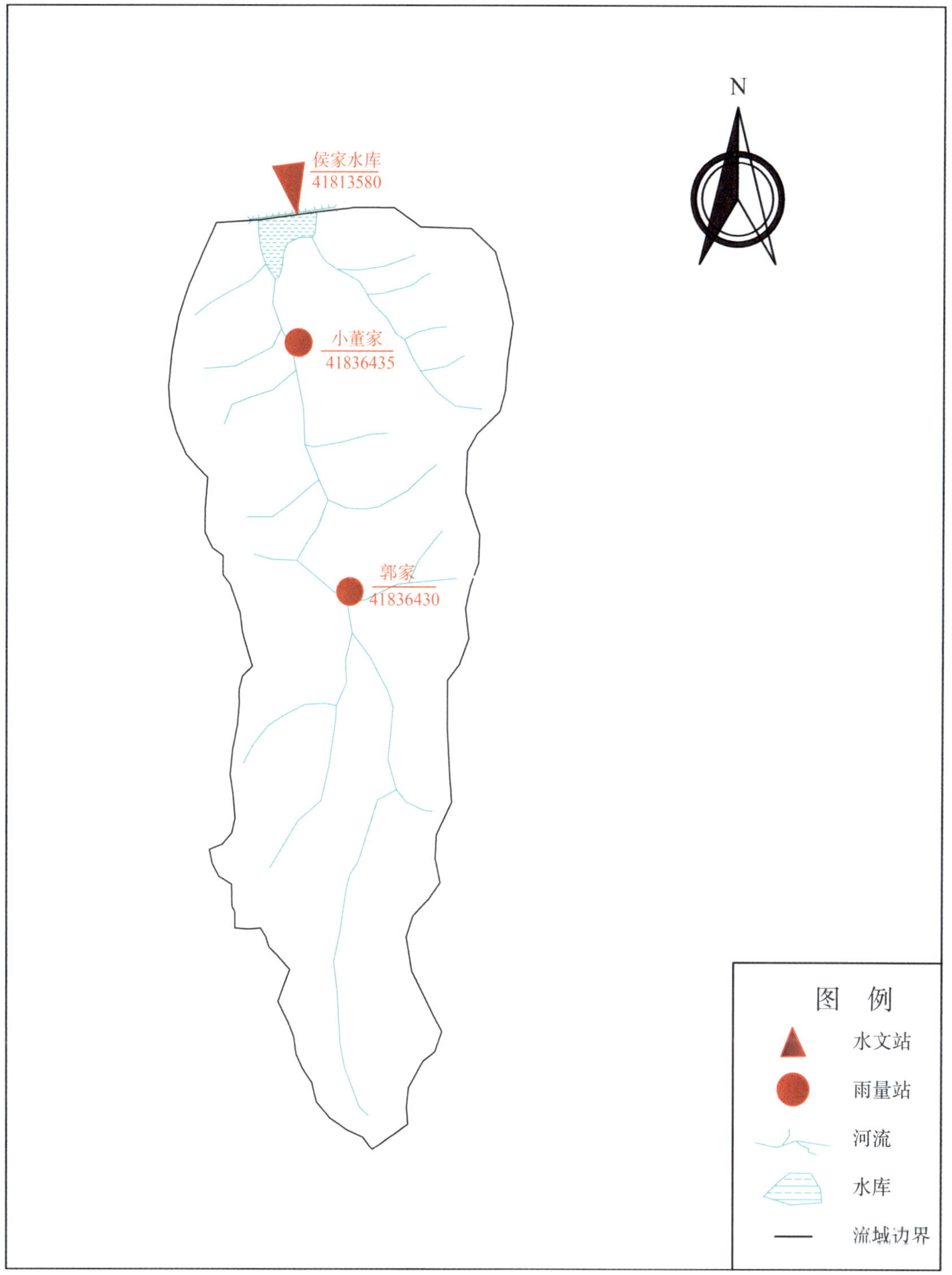

图 15-1 淘金河侯家水库站以上流域图

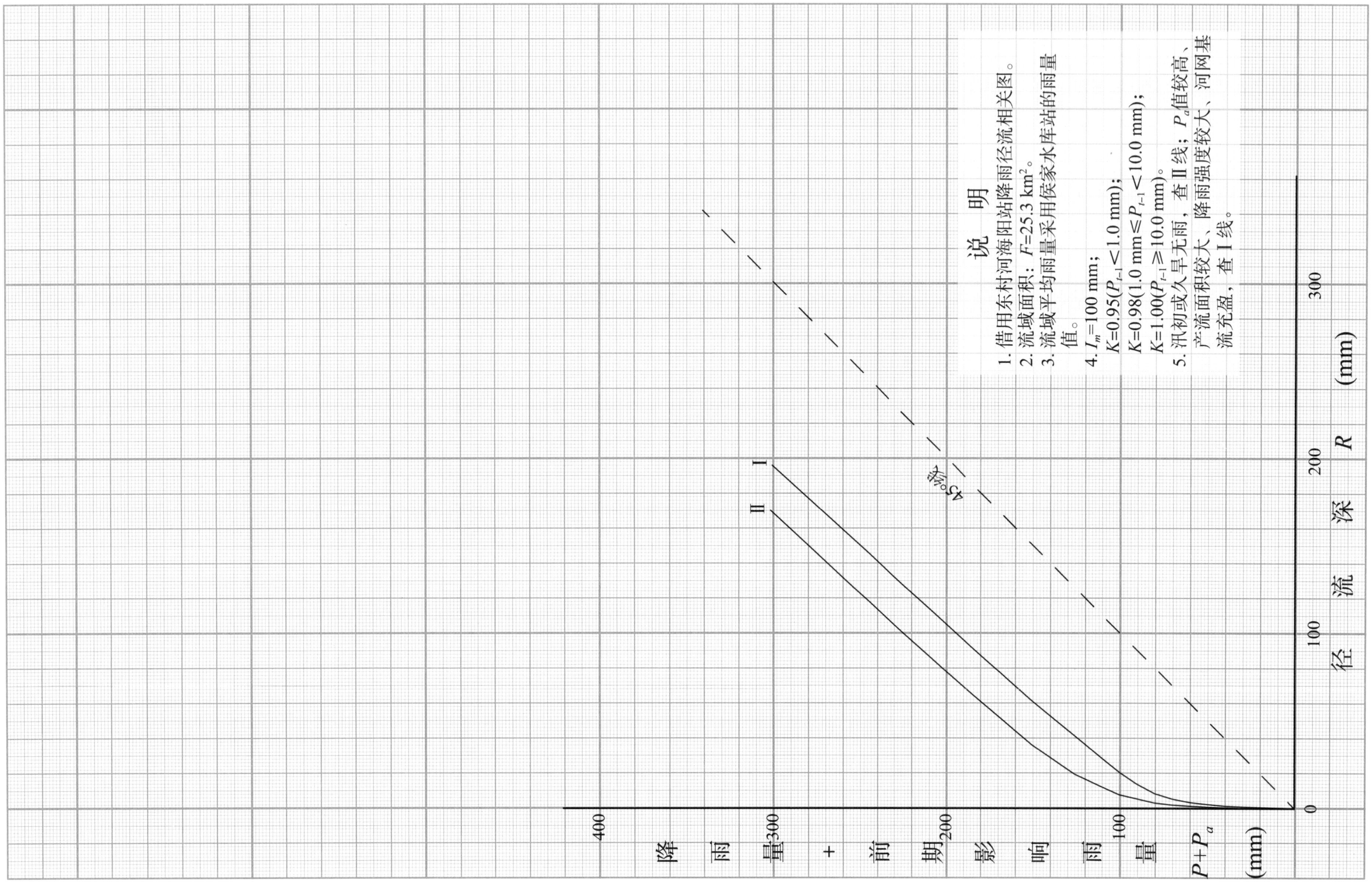

图 15-2　淘金河侯家水库站降雨径流相关图（$P+P_a$-R）

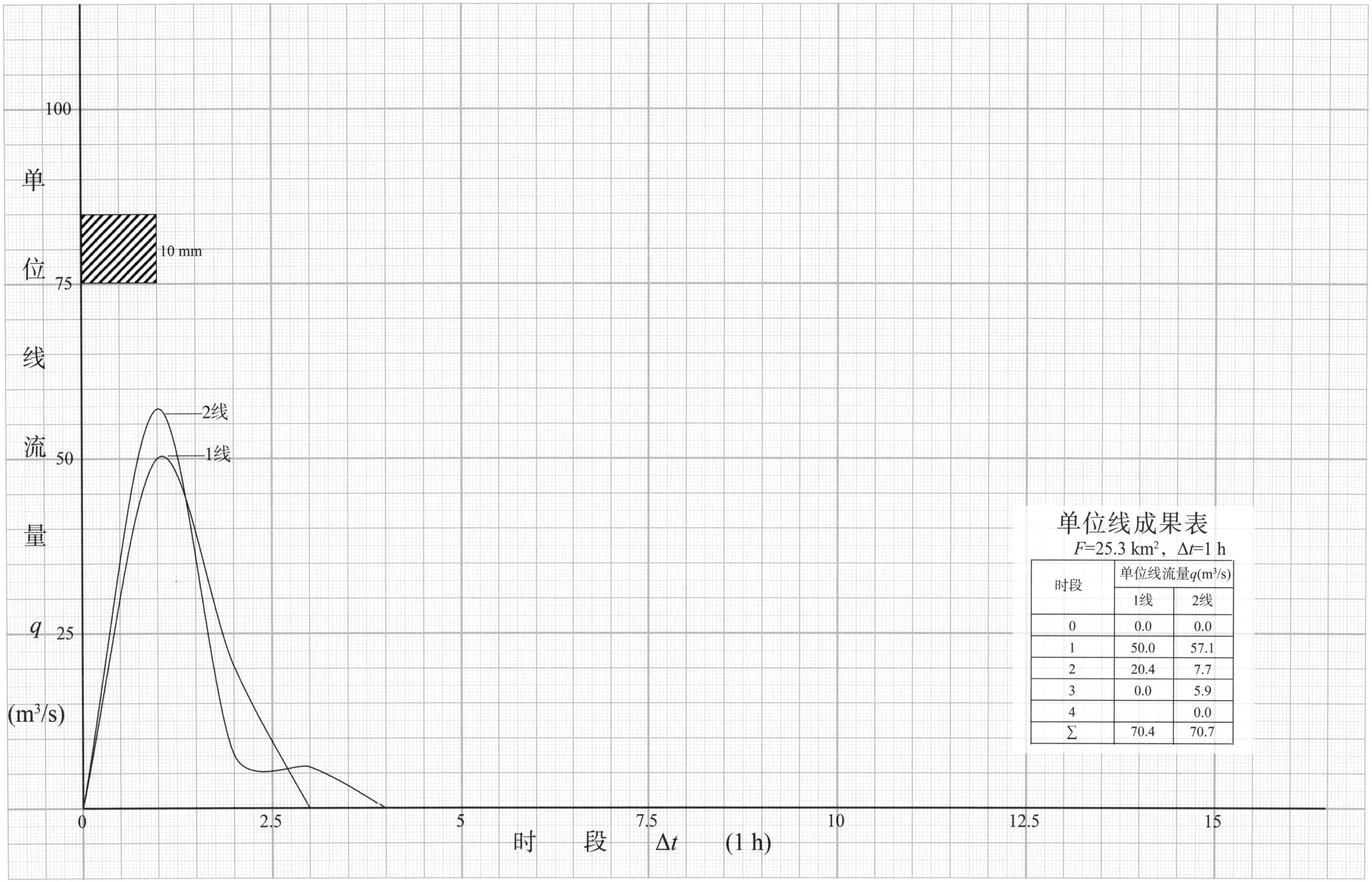

单位线成果表

F=25.3 km²，Δt=1 h

时段	单位线流量q(m³/s)	
	1线	2线
0	0.0	0.0
1	50.0	57.1
2	20.4	7.7
3	0.0	5.9
4		0.0
∑	70.4	70.7

图 15–3 淘金河侯家水库站单位线图

第十六章　界河金岭水库站水文预报方案编制说明

1　流域概况

1.1　流域自然地理特征

金岭水库位于招远市金岭镇草沟头村南、界河支流钟离河上游，属沿海诸小河水系，水库控制流域面积 36 km^2，其中山区占 75%，丘陵占 25%，地势为南高北低、东西高中间低。流域形状为椭圆形，干流平均比降 9.1‰，河道干流长度 23 km。金岭水库站以上流域图见图 16–1。

金岭水库库区属低山丘陵区，主要由花岗岩组成，褐黄色，质地较硬，多呈厚层状，微风化，力学强度高，不易塌岸。覆盖层主要为壤土、壤土夹碎石、碎石土，地形平缓，植被良好，不易发生泥石流和滑坡。土壤以砂土、砂质黏土为主，主要农作物为小麦、玉米，主要经济作物为苹果。

金岭水库流域属暖温带半湿润大陆性季风气候，暴雨主要受太平洋副热带高压影响，由气旋形成。多年平均年降水量 560 mm，汛期 6—9 月降水量约占全年的 77%。流域内河网发育较好，河床比降大，源短流急，洪水暴涨暴落，属山溪性雨源型河流。

1.2　水库工程概况

金岭水库是烟台市比较大的中型水库，灌区设计灌溉面积 0.87 万亩，年供水总量 105 万 m^3。工程等别为Ⅲ等，主要建筑物为 3 级，次要建筑物为 4 级。水库除险加固前，设计洪水标准为 PMP，实际达到 50 年一遇洪水标准。水库除险加固后，设计洪水标准为 50 年一遇，校核洪水标准为 1 000 年一遇。水库工程地震设防烈度 7 度。

水库枢纽工程包括主坝、溢洪道和放水洞等。主坝为壤土心墙分区坝，全长 810 m，最大坝高 17.1 m，坝顶宽 7 m，坝顶高程 104.00 m。溢洪道位于大坝西端，为有闸控制开敞式溢洪道，全长 520 m，堰顶宽 60 m，堰顶高程 96.94 m，溢洪闸净宽 15 m。放水洞位于大坝东端桩号 0+112 处，长 80.5 m，断面尺寸 ϕ0.8 m，进口底高程 92.14 m，设计流量 1.79 m^3/s。

1.3　上游水利工程概况

金岭水库坝址以上，自 20 世纪 60 年代开始先后建成小（1）型水库 1 座、小（2）型水库 10 座，总流域面积 13.55 km^2，总库容 401.8 万 m^3，总兴利库容 204.4 万 m^3，详见表 16–1。

表 16–1　金岭水库坝址以上小型水库情况表

水库名称		建成时间	控制流域面积（km^2）	库容（万 m^3）	
				总库容	兴利库容
小（1）型	北寨子	1960 年 5 月	3.3	127	38
小（2）型	古宅村西	1971 年 12 年	0.5	11.1	7.8
	侯家沟村南	1965 年 12 月	0.4	15.5	10.1
	谢家沟南沟	1975 年 5 月	0.5	19.9	14.4
	谢家沟北沟	1975 年 5 月	0.49	12.0	9.5
	上夼西北沟	1976 年 12 月	0.8	22.4	13.9
	上夼双子沟	1975 年 12 月	0.8	16.4	10.7
	大户羊角河	1976 年 12 月	4.0	90.0	51.0
	赵书策南河	1975 年 7 月	0.86	34.9	20.2
	梧桐夼塔后沟	1973 年 6 月	1.2	29.1	14.3
	梧桐夼东南沟	1980 年 12 月	0.7	23.5	14.5
合计			13.55	401.8	204.4

1.4　水库工程指标及汛期控制运用指标

金岭水库建成于 1960 年 3 月，其工程指标及汛期控制运用指标见表 16–2。

表 16–2　金岭水库工程指标及汛期控制运用指标表

1. 工程指标					
总库容（万 m^3）	防浪墙顶高程（m）	坝顶高程（m）	溢洪道（闸）		
			底高程（m）	孔数	净宽（m）
1 251	104.80	104.00	96.94	3	15.0
兴利水位（m）	兴利水位相应库容（万 m^3）	死水位（m）	死库容（万 m^3）		
99.94	745	94.14	83		
2. 防洪标准					
设计		校核		历史	
重现期（年）	最高水位（m）	重现期（年）	最高水位（m）	最高水位（m）/出现日期	最大泄量（m^3/s）/出现日期
50	101.45	1 000	103.00	100.51/1996-7-30	240/2001-8-1

续表

3. 控制运用指标					
汛中				汛末	
限制水位（m）	相应库容（万 m^3）	超蓄水位（m）	相应库容（万 m^3）	蓄水位（m）	相应库容（万 m^3）
99.94	745	99.94	745	99.94	745
允许壅高水位（m）	警戒水位（m）	允许最高水位（m）	高程基准面		
101.35	101.45	102.61	1956 年黄海		
水库下游安全泄量（m^3/s）				130	
控泄方式				一级控泄	

1.5 测站概况

1.5.1 站网情况

金岭水库水文站，站码 41814388，设于 2020 年 6 月，主要收集流域内汛期降水量、水库水位、出入库流量等有关水文资料，进行水库洪水预报、抗洪能力计算、调洪演算等，为防汛抗旱、水资源控制运用提供信息。

金岭水库流域内有一处雨量站，为梧桐夼雨量站，位于山东省招远市金岭镇西梧桐夼村，站码 41836805，汛期站。

1.5.2 高程系情况

金岭水库站高程基面采用 1956 年黄海基面。

2 预报方案编制

2.1 资料情况

金岭水库站无实测年鉴水文摘录资料。

2.2 历史洪水

经调查，金岭水库流域历史上曾发生洪水，根据《山东省招远市山洪灾害调查评价历史洪水调查报告》（烟台市水文局 2015 年），主要洪水如下：

1953 年齐山镇岔道村、张秀家村发生洪水，后期由于两村靠近河道，西侧地势较低，也常受洪水威胁。

1953 年齐山镇东肇家沟村、下林庄村发生洪水，水库建成后没有再发生过洪水进村情况。

2.3 参证站选择

金岭水库站地形地貌和下垫面基本特征与海阳站相似，故以海阳站作为金岭水库站的参证站。参证站海阳站以上流域面积 $F_{参}=54.6\ km^2$；设计站金岭水库站以上流域面积 $F_{设}=36\ km^2$。

2.4 产流方案

2.4.1 降雨径流关系

产流方案根据金岭水库站以上流域地形地貌、自然地理、水土保持、水利工程、暴雨时空分布等，移用海阳站的降雨径流关系，修订后在该流域应用，并在实际预报中完善，形成适合该流域的降雨径流关系，详见图 16-2。

海阳水文站降雨径流关系，因为流域内水利工程、下垫面条件、水土保持条件等的变化，出现了两条关系曲线，一条同级降水产流较小，一条同级降水产流较大，前者适合较干旱或者汛初降水发生洪水情况，另一条适合汛中后期、下垫面含水量较大、水利工程近于蓄满情况。

2.4.2 相关要素的分析计算

2.4.2.1 流域平均降水量 P 的计算

流域平均降水量 P 采用流域内金岭水库、梧桐夼两站的算术平均值。

2.4.2.2 流域平均前期影响雨量 P_a 的计算

分析汛前降水情况，初步确定四月或五月初土壤含水量经验值，然后根据公式逐日计算，直到汛期发生暴雨洪水，P_a 基本接近实值。其计算公式为

$$P_{a,t}=K(P_{a,t-1}+P_{t-1})$$

式中：$P_{a,t}$ 为当日的前期影响雨量（mm）；$P_{a,t-1}$ 为前一日的前期影响雨量（mm）；P_{t-1} 为前一日流域平均雨量（mm）；K 为前期影响雨量递减系数。

$K=0.95$（$P_{t-1}<1.0$ mm）；$K=0.98$（1.0 mm $\leqslant P_{t-1}<10.0$ mm）；$K=1.00$（$P_{t-1}\geqslant$ 10.0 mm）。

2.4.2.3 最大损失量 I_m 的确定

根据本流域下垫面情况综合分析，采用 $I_m=100$ mm，当 $P_a\geqslant 100$ mm 时，取 $P_a=I_m$，故 P_a 的取值范围为 $0<P_a\leqslant 100$ mm。

2.5 汇流方案

将参证站海阳站单位线（$\Delta t=1$ h）进行缩放后作为金岭水库站单位线，详见图 16-3。

单位线的缩放按下列公式计算：

$$\alpha=(F_{设}/F_{参})^{0.5}$$

$$T_{设i} = \alpha T_{参i}$$

$$q_{设i} = \alpha q_{参i}$$

式中：α 为单位线缩放系数；$F_{参}$、$F_{设}$ 分别为参证站、设计站以上控制流域面积；$T_{参i}$ 为参证站单位线逐时段，$T_{参i}=1$，2，…，N；$T_{设i}$ 为设计站单位线逐时段，通常为小数，为满足实际要求，需进一步对缩放结果进行插值，从而得到整时段单位线结果；$q_{参i}$ 为参证站单位线逐时段流量；$q_{设i}$ 为设计站单位线逐时段流量。

3 方案使用说明

预报方案反映了流域综合因素影响下的降雨径流关系、峰量关系。就单次洪水而言，它既有群体的共性，又有单体的个性，所以在具体预报作业中，要从主到次分析影响降雨径流的各水文因素，用以修正各预报值，提高预报精度。

3.1 产流方案

3.1.1 流域平均前期影响雨量 P_a 的确定

在进行洪水预报时，应对雨前计算的 P_a 值进行合理性分析，以确定 P_a 的取用值。由于 P_a 是根据公式逐日推算的，如果是流域内局部降雨等代表性差的雨型，容易造成 P_a 值计算误差。如果 P_a 计算值很小，遭遇强度较大的降雨，查读 $P+P_a-R$ 关系曲线时容易造成 R 的查读值偏小；如果 P_a 计算值达到 I_m 值，应分析流域下垫面饱和程度，实际情况是否真正达到 I_m 值。同量级的 P_a 值在汛初、汛中、汛末对降雨径流的影响也不相同，一般来讲，汛初 P_a 计算值代表性较差，往往偏大；汛中以后的 P_a 计算值代表性较好，相对准确。

3.1.2 流域平均雨量 P 的确定

根据流域内雨情逐时段（$\Delta t=1$ h）计算时段平均雨量。当累积量达到或超过 50 mm 时，即可进行洪水作业预报。

3.1.3 产流面积 F 的确定

产流面积的取值视下垫面、本次降雨情况而定，一般来讲，当本流域次雨量达到 50 mm时，首先考虑上游小型水库蓄水情况，若小（1）型和小（2）型水库均未蓄满，产流面积取 22.45 km^2；若小（2）型水库蓄满、小（1）型水库未蓄满，产流面积取 32.7 km^2；当小（1）、小（2）型水库均蓄满时，产流面积取 36 km^2。当流域平均降水量大于 100 mm 时，流域内小型水库等水利工程全部蓄满，全流域产流，产流面积取近于 36 km^2（具体视前期降水情况、蓄水情况等而定）。

3.1.4 综合因素的影响

降雨径流除受 P_a、F、i 因素影响外，降雨自身的时空分布、河网基流情况等因素的影响也不可忽视。一般来讲，降水中心在中下游、降雨强度大、降雨历时短，有利于产汇流。产流面积大，流域河网基流充足，遇有较大降水，将会产生峰高量大的洪水过程，绝大多数大洪水、特大洪水具备以上有利于产汇流的因素；产流面积小，河网基流较小或干枯，即使遭遇较大降水，也很难产生大的洪水过程，尤其是汛初和久旱无雨状态下，特别明显。当降雨径流各影响因素互补平衡时，会产生相对正常的洪水过程。因此在进行洪水预报作业时，应准确分析各影响因素，灵活运用相关曲线，并进行经验修订，做出相应的洪水预报。

3.1.5 径流深 R 的预报

根据所计算的前期影响雨量 P_a、流域平均雨量 P 查降雨径流相关图（$P+P_a-R$）得到径流深 R。在实际预报作业时，应对有关影响因素进行分析判断，确定线形，并进行经验修正。一般来讲，汛初或久旱无雨，查Ⅱ线；P_a 值较高、产流面积较大、降雨强度较大、河网基流充盈，查Ⅰ线；当已经发生洪水过程再遭遇较大降水过程时，应结合上一场次暴雨洪水的径流系数校核预报的径流深。

3.1.6 洪水总量 W 的计算

根据确定的产流面积 F、预报的径流深 R，由公式 $W=0.1RF$ 计算得洪水总量 W（或 $W_{净}$）。

3.2 汇流方案

3.2.1 降雨强度的影响

同量级的降雨因雨强的不同，产汇流的效果也不相同。雨强越大，越有利于产汇流，反之，则不利于产汇流。雨强的大小对洪峰流量、峰现时间的影响尤其明显。

3.2.2 单位线推流

在进行洪水预报作业时，根据洪水特性选取代表性较好的经验单位线，由 R_1，R_2，…，R_n 叠加计算来水过程。如果前后时段净雨强度相差很大，可变更经验单位线叠加推求来水过程。

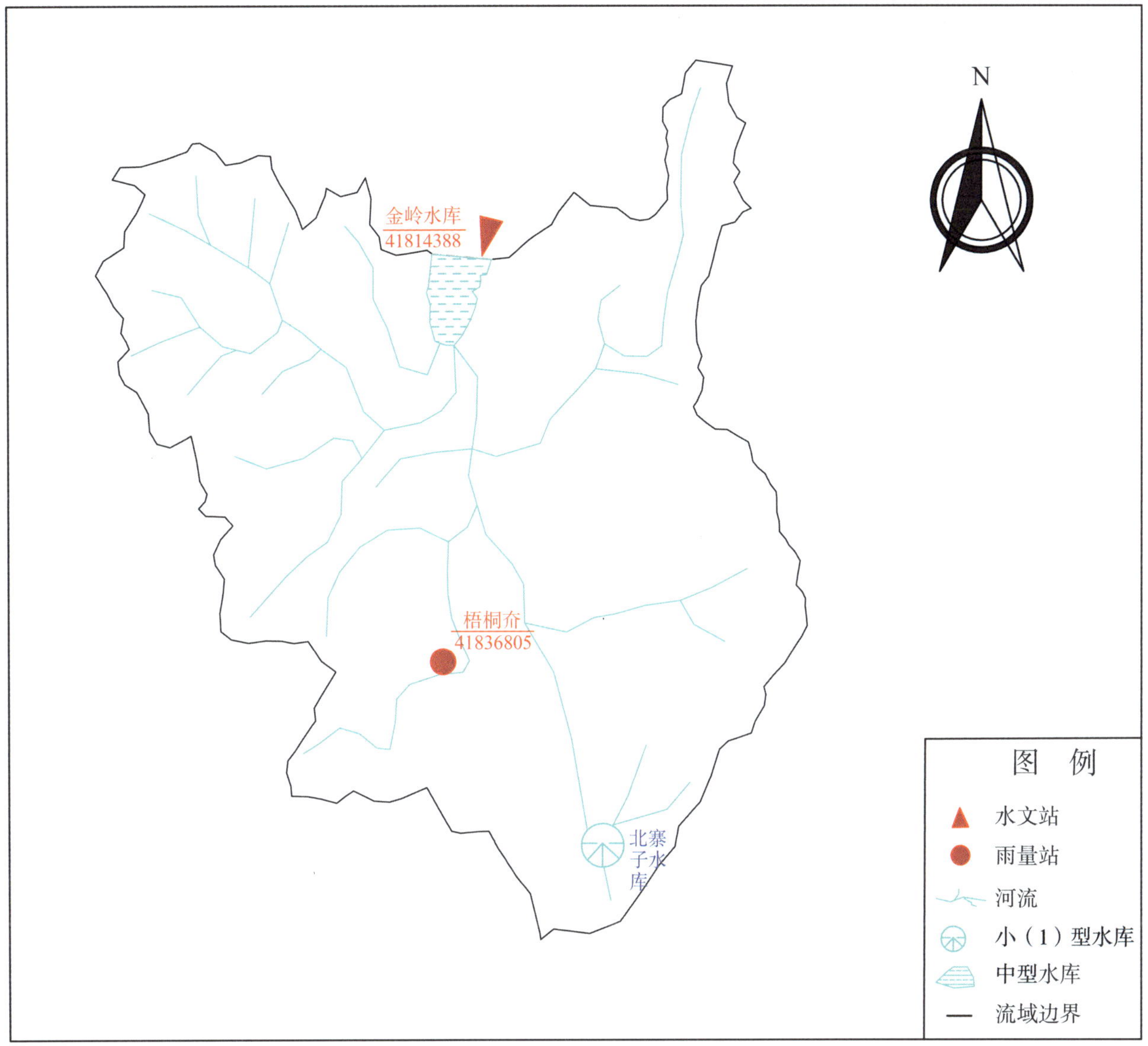

图 16-1　界河金岭水库站以上流域图

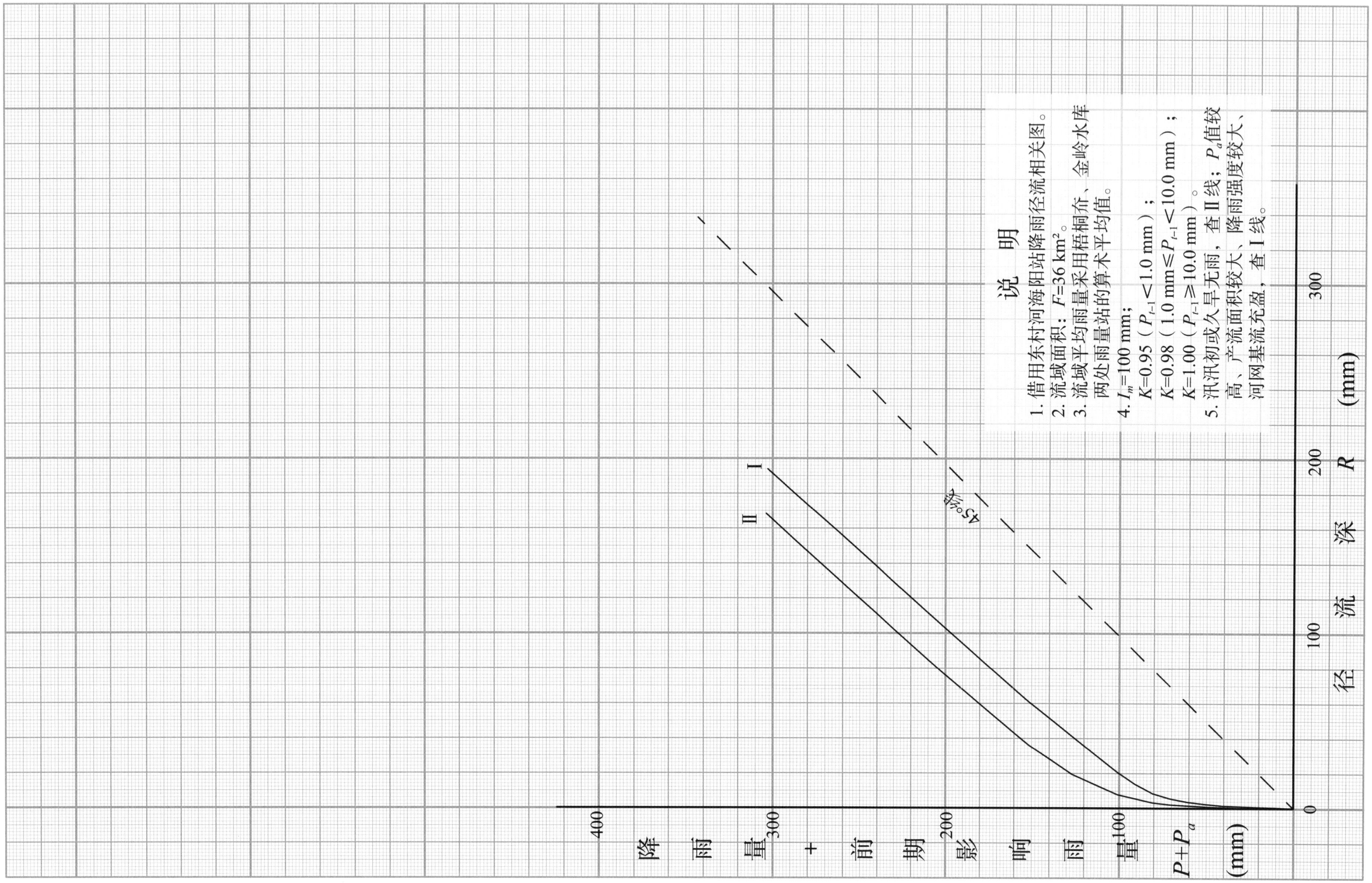

图 16–2　界河金岭水库站降雨径流相关图（$P+P_a$–R）

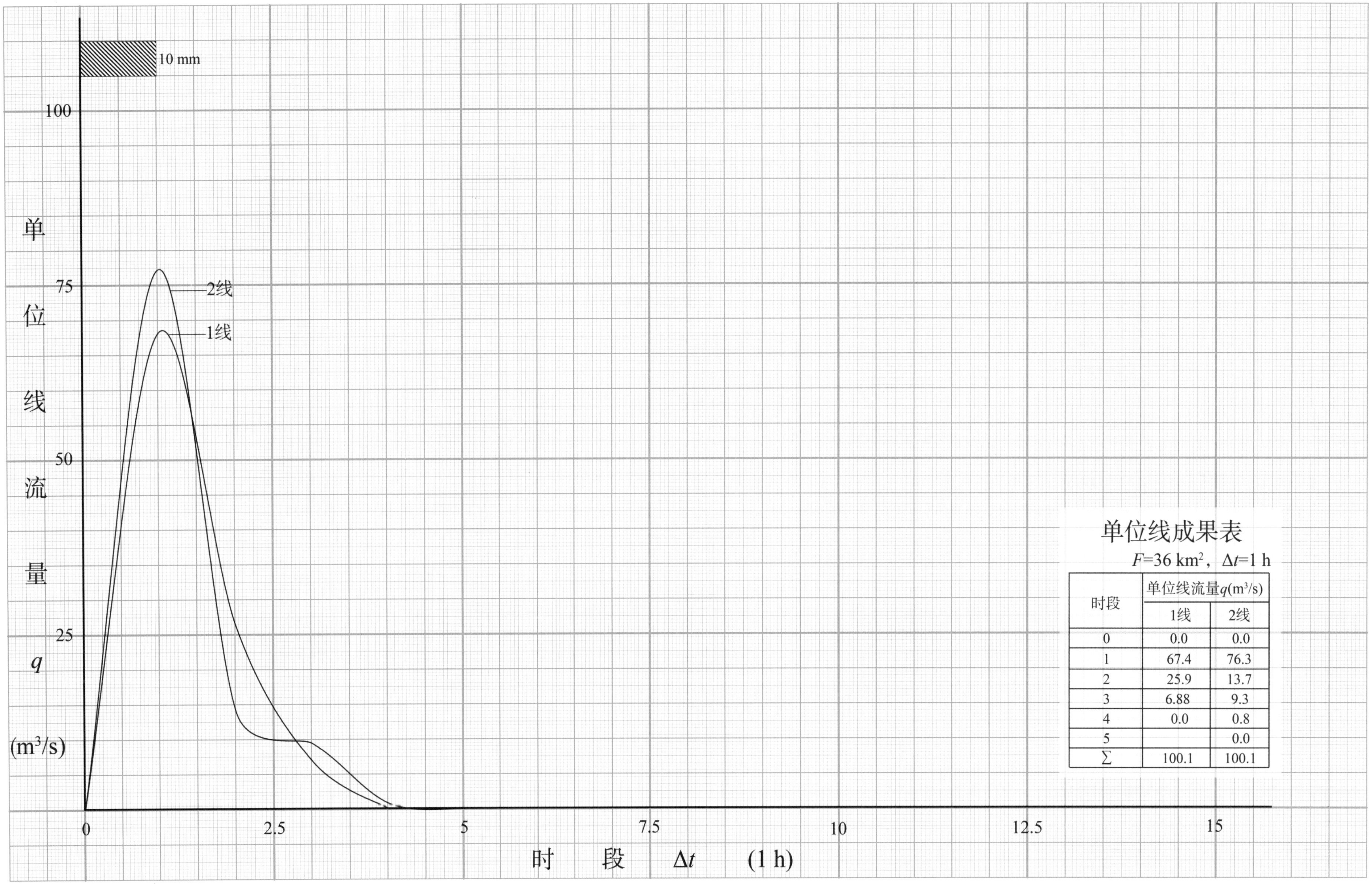

单位线成果表

F=36 km^2，Δt=1 h

时段	单位线流量q(m^3/s)	
	1线	2线
0	0.0	0.0
1	67.4	76.3
2	25.9	13.7
3	6.88	9.3
4	0.0	0.8
5		0.0
Σ	100.1	100.1

图 16-3 界河金岭水库站单位线图

第十七章　泳汶河北邢家水库站水文预报方案编制说明

1　流域概况

1.1　流域自然地理特征

北邢家水库位于龙口市下丁家镇北邢家村西、泳汶河的中上游，控制流域面积64 km^2，水库流域呈带形狭窄分布，平均宽 4.29 km、长 14.92 km，单支汇流，河谷中沉积多数为亚砂土和砾石。流域内全为山地，地形坡度较大，干流平均坡度 10‰。山脚地为壤土，土层厚一般在 1 m 左右；山坡地为砂土和沙壤土，土层厚 0.2～0.4 m，地下为风化的片麻岩，高程在 90 m 左右。流域内水土保持情况良好，植被覆盖率在 30% 以上。北邢家水库站以上流域图见图 17-1。

1.2　水库工程概况

北邢家水库是一座集防洪、调水、灌溉、工业供水、养殖等功能于一体的年调节中型水库，总库容 1 325 万 m^3，兴利库容 607.5 万 m^3，防洪库容 630 万 m^3，死库容 87.5 万 m^3，兴利水位 88.76 m，设计洪水位 92.43 m，死水位 78.62 m，允许最高水位 93.85 m，设计灌溉面积 2.0 万亩。

水库枢纽工程包括大坝、溢洪道和放水洞等。

大坝为黏土心墙砂壳坝，坝高 24.94 m，坝轴线长 400 m，顶宽 7 m，坝顶高程 94.65 m，坝顶设防浪墙，高 1 m，坝顶每隔 50 m 设有照明设施。坝顶设沥青混凝土路面，厚 0.1 m。为了便于坝顶排水，在下游坝坡做横、纵向排水沟。

溢洪道位于大坝南端 250 m 处，由引水渠、闸室段、消能设施、海漫段、尾水渠及两岸导流墙等组成。

新建放水洞位于大坝 0+050 处，为 2 m×2 m 钢筋混凝土方涵，长 40 m，方涵后接 2 支 ϕ1 200 钢管和 1 支 ϕ800 钢管。放水洞进口高程 78.62 m，ϕ1 200 钢管出口高程 80.29 m，ϕ800 钢管出口高程 78.43 m。放水洞设计流量 25.91 m^3/s。放水洞设拦污栅、检修闸门和工作闸门。

1.3　上游水利工程概况

北邢家水库坝址以上建有小（1）型水库 2 座、小（2）型水库 7 座，总控制流域面积 15.15 m^2，总兴利库容 264.3 万 m^3，详见表 17-1。

表 17-1　北邢家水库上游水利工程表

水库名称		建成时间	控制流域面积（km^2）	库容（万 m^3）	
				总库容	兴利库容
小（1）型	大园	1971 年 6 月	5.9	134.6	110
	常胜	1979 年 11 月	4.0	111.1	73.5
	小计		9.9	245.7	183.5
小（2）型	柳沟	1958 年 1 月	0.96	10.6	5.4
	蒋家险道	1959 年 11 月	0.49	27.3	20.9
	高山	1979 年 5 月	0.85	19.3	16.1
	于家口北申	1985 年 1 月	0.86	16.26	11.4
	上孟六里沟	1981 年 6 月	0.64	12.19	7.6
	北夼	1979 年 6 月	0.94	13.5	9.0
	夼里关东场	1985 年 6 月	0.51	13.8	10.4
	小计		5.25	112.95	80.8
合计			15.15	358.65	264.3

1.4　水库工程指标及汛期控制运用指标

北邢家水库工程指标及汛期控制运用指标见表 17-2。

表 17-2　北邢家水库工程指标及汛期控制运用指标表

1. 工程指标					
总库容（万 m^3）	防浪墙顶高程（m）	坝顶高程（m）	溢洪道（闸）		
			底高程（m）	孔数	净宽（m）
1 325	95.65	94.65	85.00	3	24.0
兴利水位（m）	兴利水位相应库容（万 m^3）	死水位（m）	死库容（万 m^3）		
88.76	696	78.62	87.5		
2. 防洪标准					
设计		校核		历史	
重现期（年）	最高水位（m）	重现期（年）	最高水位（m）	最高水位（m）/出现日期	最大泄量（m^3/s）/出现日期
100	92.43	2 000	93.85	91.48/1961-8-2	387/1961-8-2

续表

3. 汛期控制运用指标					
汛中				汛末	
限制水位（m）	相应库容（万 m^3）	超蓄水位（m）	相应库容（万 m^3）	蓄水位（m）	相应库容（万 m^3）
88.76	696	88.76	696	88.76	696
允许壅高水位（m）	警戒水位（m）	允许最高水位（m）	高程基准面		
92.35	92.43	93.85	1956 年黄海		
水库下游安全泄量（m^3/s）				230	
控泄方式				一级控泄	

1.5 测站概况

1.5.1 站网情况

北邢家水库水文站，站码 41836900，为北邢家水库坝上站，位于山东省龙口市下丁家镇北邢家村，于 2010 年设站，主要收集流域内降水量、水库水位、出入库流量等有关水文资料，进行水库洪水预报、抗洪能力计算、调洪演算等，为防汛抗旱、水资源控制运用提供信息。

北邢家水库水位采用人工加浮子式自记水位计观测，汛期每日 8 时人工校核修订水位计水位。

北邢家水库流域内有三处雨量站，分别为北邢家、常胜庄、大园雨量站。北邢家雨量站（站号同水文站），位于山东省龙口市下丁家镇北邢家村，于 1960 年设站，为汛期站；常胜庄雨量站，站码 41836890，位于龙口市下丁家镇常胜庄村，于 2015 年设站，为汛期站；大园雨量站，站码 41836880，位于龙口市下丁家镇大园村，于 2015 年设站，为汛期站，三个雨量站控制权重分别为：北邢家 34%，常胜庄 33%，大园 33%。

1.5.2 高程系情况

北邢家水库站高程基面采用 1956 年黄海基面。

2 预报方案编制

2.1 资料情况

北邢家水库站无实测年鉴水文摘录资料。

2.2 参证站选择

北邢家水库站地形地貌和下垫面基本特征与招远站相似，故以招远站作为北邢家水库站的参证站。参证站招远站以上流域面积 $F_{参}=98.6\ km^2$；设计站北邢家水库站以上流域面积 $F_{设}=64\ km^2$。

2.3 产流方案

2.3.1 降雨径流关系

2.3.1.1 移用招远站降雨径流关系

产流方案根据北邢家水库站以上流域地形地貌、自然地理、水土保持、水利工程、暴雨时空分布等，移用招远站的降雨径流关系，修订后在该流域应用，并在实际预报中完善，形成适合该流域的降雨径流关系，详见图 17-2。

招远水文站降雨径流关系，因为流域内水利工程、下垫面条件、水土保持条件等的变化，出现了两条关系曲线，一条同级降水产流较小，一条同级降水产流较大，前者适合较干旱或者汛初降水发生洪水情况；另一条适合汛中后期、下垫面含水量较大、水利工程近于蓄满情况。北邢家水库流域内有 2 个小（1）型水库、7 座小（2）型水库，流域平均坡度较大，更有利于产流，故北邢家水库站降雨径流关系直接移用招远站较有利于产流的降雨径流关系。

2.3.1.2 山东省中小河流设计洪水胶东半岛降雨径流关系（2 号线）

根据《中小河流意见》，由暴雨推求设计洪水，其产流方案中不同地区采用不同的降雨径流关系线。对于胶东半岛地区，当设计流域面积小于 300 km^2 时，降雨径流关系采用 2 号线。

2.3.1.3 胶东半岛降雨径流关系与参证站降雨径流关系比较

由表 17-3 可以看出，山东省设计洪水模式下胶东半岛降雨径流关系明显大于实测值（相对增大 33.8%～88.4%，并随降雨增加而减少，有利于工程安全），在实际预报中应根据实测情况加以修正。

表 17-3 胶东半岛降雨径流关系与移用的招远站降雨径流关系比较

序号	$P+P_a$（mm）	R（mm）		相对误差（%）	序号	$P+P_a$（mm）	R（mm）		相对误差（%）
		参证站	中小河流意见				参证站	中小河流意见	
1	0	0	0		7	200	32.4	129	-74.9
2	100	4.4	38	-88.4	8	220	66.7	148	-54.9
3	120	6.5	55	-88.2	9	240	86.5	137	-36.9
4	140	11.8	73	-83.8	10	260	107.8	187	-42.4
5	160	17.8	91	-80.4	11	280	128.0	206	-37.9
6	180	28.5	110	-74.1	12	300	149.5	226	-33.8

2.3.2 相关要素的分析计算

2.3.2.1 流域平均雨量 P 的计算

流域平均雨量 P 采用流域内北邢家、常胜庄、大园三个雨量站的加权平均值。

2.3.2.2 流域平均前期影响雨量 P_a 的计算

分析汛前降水情况，初步确定四月或五月初土壤含水量经验值，然后根据公式逐日计算，直到汛期发生暴雨洪水，P_a 基本接近实值。其计算公式为

$$P_{a,t}=K(P_{a,t-1}+P_{t-1})$$

式中：$P_{a,t}$ 为当日的前期影响雨量（mm）；$P_{a,t-1}$ 为前一日的前期影响雨量（mm）；P_{t-1} 为前一日流域平均雨量（mm）；K 为前期影响雨量递减系数。

$K=0.95$（$P_{t-1}<1.0$ mm）；$K=0.98$（1.0 mm $\leqslant P_{t-1}<10.0$ mm）；$K=1.00$（$P_{t-1}\geqslant 10.0$ mm）。

2.3.2.3 最大损失量 I_m 的确定

根据本流域下垫面情况综合分析，采用 $I_m=100$ mm，当 $P_a\geqslant 100$ mm 时，取 $P_a=I_m$，故 P_a 的取值范围为 $0<P_a\leqslant 100$ mm。

2.4 汇流方案

将参证站界河招远站单位线（$\Delta t=1$ h）进行缩放后作为北邢家水库站单位线，详见图 17-3。

单位线的缩放按下列公式计算：

$$\alpha=(F_{设}/F_{参})^{0.5}$$

$$T_{设i}=\alpha T_{参i}$$

$$q_{设i}=\alpha q_{参i}$$

式中：α 为单位线缩放系数；$F_{参}$、$F_{设}$ 分别为参证站、设计站以上控制流域面积；$T_{参i}$ 为参证站单位线逐时段，$T_{参i}=1, 2, \cdots, N$；$T_{设i}$ 为设计站单位线逐时段，通常为小数，为满足实际要求，需进一步对缩放结果进行插值，从而得到整时段单位线结果；$q_{参i}$ 为参证站单位线逐时段流量；$q_{设i}$ 为设计站单位线逐时段流量。

3 方案使用说明

预报方案反映了流域综合因素影响下的降雨径流关系、峰量关系。就单次洪水而言，它既有群体的共性，又有单体的个性，所以在具体预报作业中，要从主到次分析影响降雨径流的各水文因素，用以修正各预报值，提高预报精度。

3.1 产流方案

3.1.1 前期影响雨量 P_a 的确定

在进行洪水预报时，应对雨前计算的 P_a 值进行合理性分析，以确定 P_a 的取用值。由于 P_a 是根据公式逐日推算的，如果是流域内局部降雨等代表性差的雨型，容易造成 P_a 值计算误差。如果 P_a 计算值很小，遭遇强度较大的降雨，查读 $P+P_a$-R 关系曲线时容易造成 R 的查读值偏小；如果 P_a 计算值达到 I_m 值，应分析流域下垫面饱和程度，实际情况是否真正达到 I_m 值。同量级的 P_a 值在汛初、汛中、汛末对降雨径流的影响也不相同，一般来讲，汛初 P_a 计算值代表性较差，往往偏大；汛中以后的 P_a 计算值代表性较好，相对准确。

3.1.2 流域平均雨量 P 的确定

根据流域内雨情逐时段（$\Delta t=1$ h）计算时段平均雨量。当累积量达到或超过 50 mm 时，即可进行洪水作业预报。

3.1.3 产流面积 F 的确定

产流面积的取值视下垫面、本次降雨情况而定，一般来讲，当本流域次雨量达到50 mm 时，首先考虑上游小型水库蓄水情况。若小（2）型水库蓄满、小（1）型水库未蓄满，产流面积取 54.1 km^2；当小（1）、小（2）型水库均未蓄满时，产流面积为 48.85 km^2。当流域平均降水量大于 100 mm 时，流域内小型水库等水利工程全部蓄满，全流域产流，产流面积取近于 64 km^2（具体视前期降水情况、蓄水情况等而定）。

3.1.4 综合因素的影响

降雨径流除受 P_a、F、i 因素影响外，降雨自身的时空分布、河网基流情况等因素的影响也不可忽视。一般来讲，降水中心在中下游、降雨强度大、降雨历时短，有利于产汇流。产流面积大，流域河网基流充足，遇有较大降水，将会产生峰高量大的洪水过程，绝大多数大洪水、特大洪水具备以上有利于产汇流的因素；产流面积小，河网基流较小或干枯，即使遭遇较大降水，也很难产生大的洪水过程，尤其是汛初和久旱无雨状态下，特别明显。当降雨径流各影响因素互补平衡时，会产生相对正常的洪水过程。因此在进行洪水预报作业时，应准确分析各影响因素，灵活运用相关曲线，并进行经验修订，做出相应的洪水预报。

3.1.5 径流深 R 的预报

根据所计算的前期影响雨量 P_a、流域平均雨量 P 查降雨径流相关图（$P+P_a$-R）得到径流深 R。在实际预报作业时，应对有关影响因素进行分析判断，确定线形，并进行经验修正。一般来讲，汛初或久旱无雨，查Ⅱ线；P_a 值较高、产流面积较大、降雨强度较大、河网基流充盈，查Ⅰ线；当已经发生洪水过程再遭遇较大降水过程时，应结合上一场次暴雨洪水的径流系数校核预报的径流深。

3.1.6 洪水总量 W 的计算

根据确定的产流面积 F、预报的径流深 R，由公式 $W=0.1RF$ 计算得到洪水总量 W（或 $W_{净}$）。

3.2 汇流方案

3.2.1 降雨强度的影响

同量级的降雨因雨强的不同，产汇流的效果也不相同。雨强越大，越有利于产汇流，反之，则不利于产汇流。雨强的大小对洪峰流量、峰现时间的影响尤其明显。

3.2.2 单位线推流

在洪水预报作业时，根据洪水特性选取代表性较好的经验单位线，由 R_1，R_2，…，R_n 叠加计算来水过程。如果前后时段净雨强度相差很大，可变更经验单位线叠加推求来水过程。

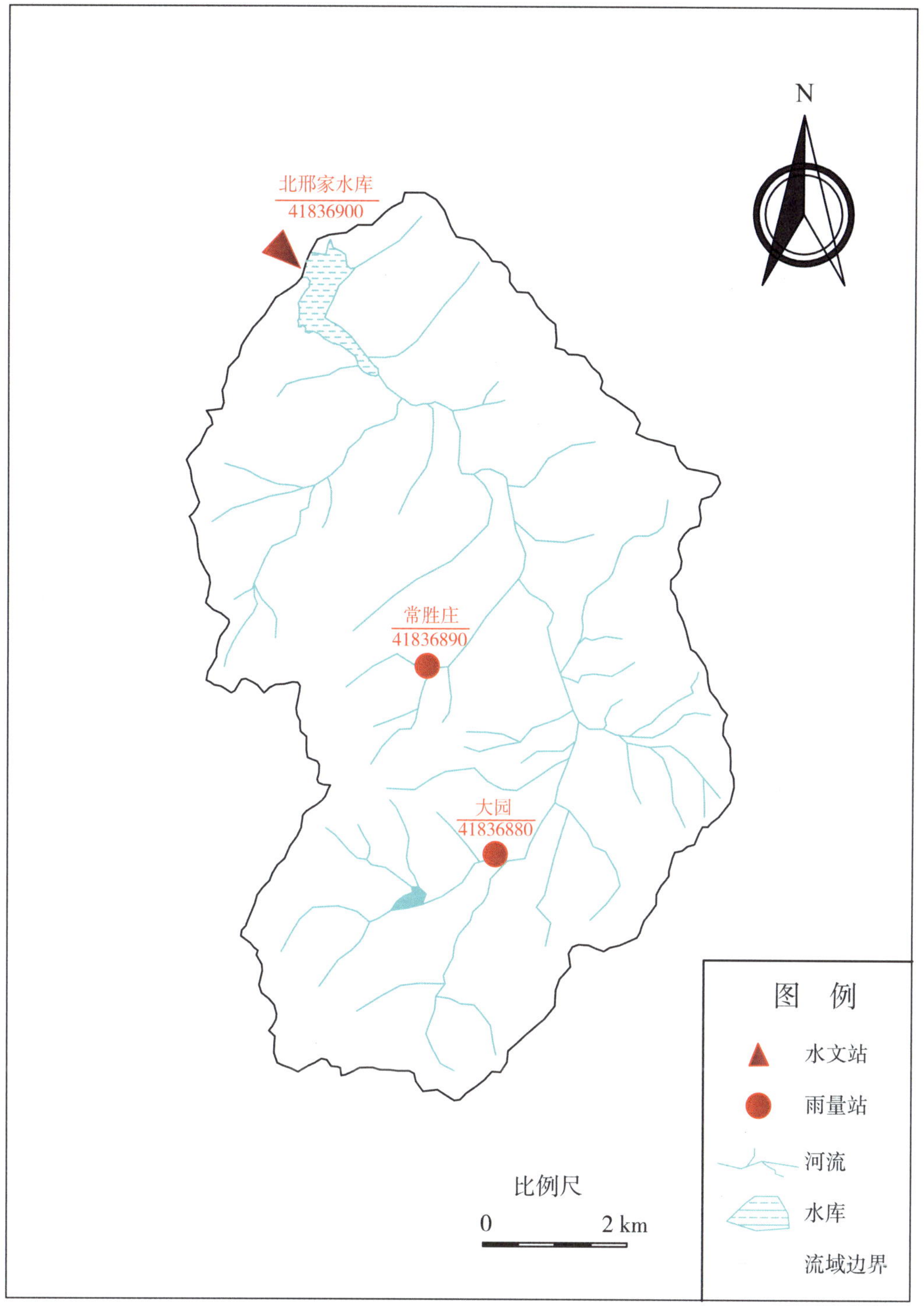

图 17-1　泳汶河北邢家水库站以上流域图

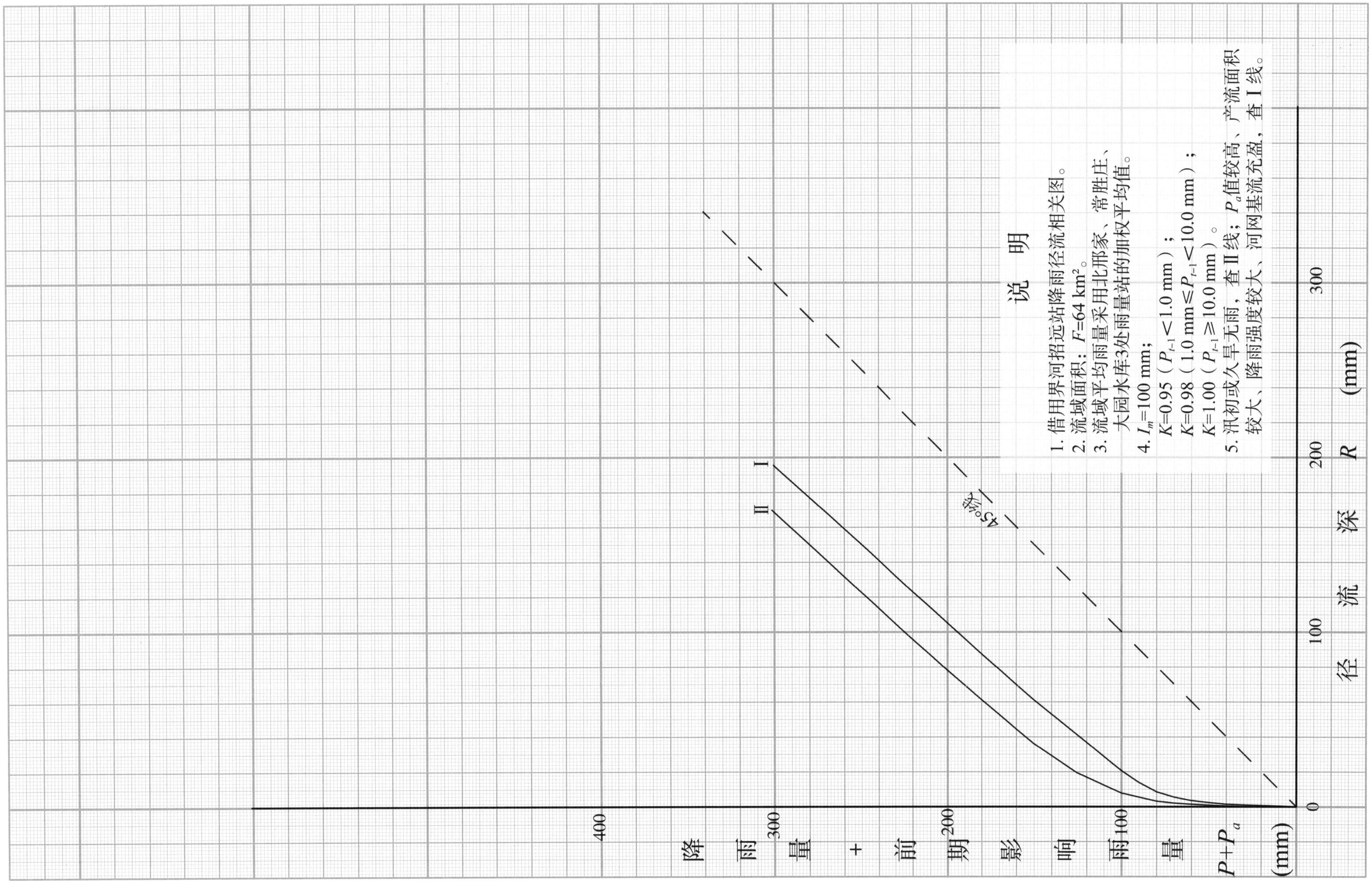

图 17-2　泳汶河北邢家水库站降雨径流相关图（$P+P_a$-R）

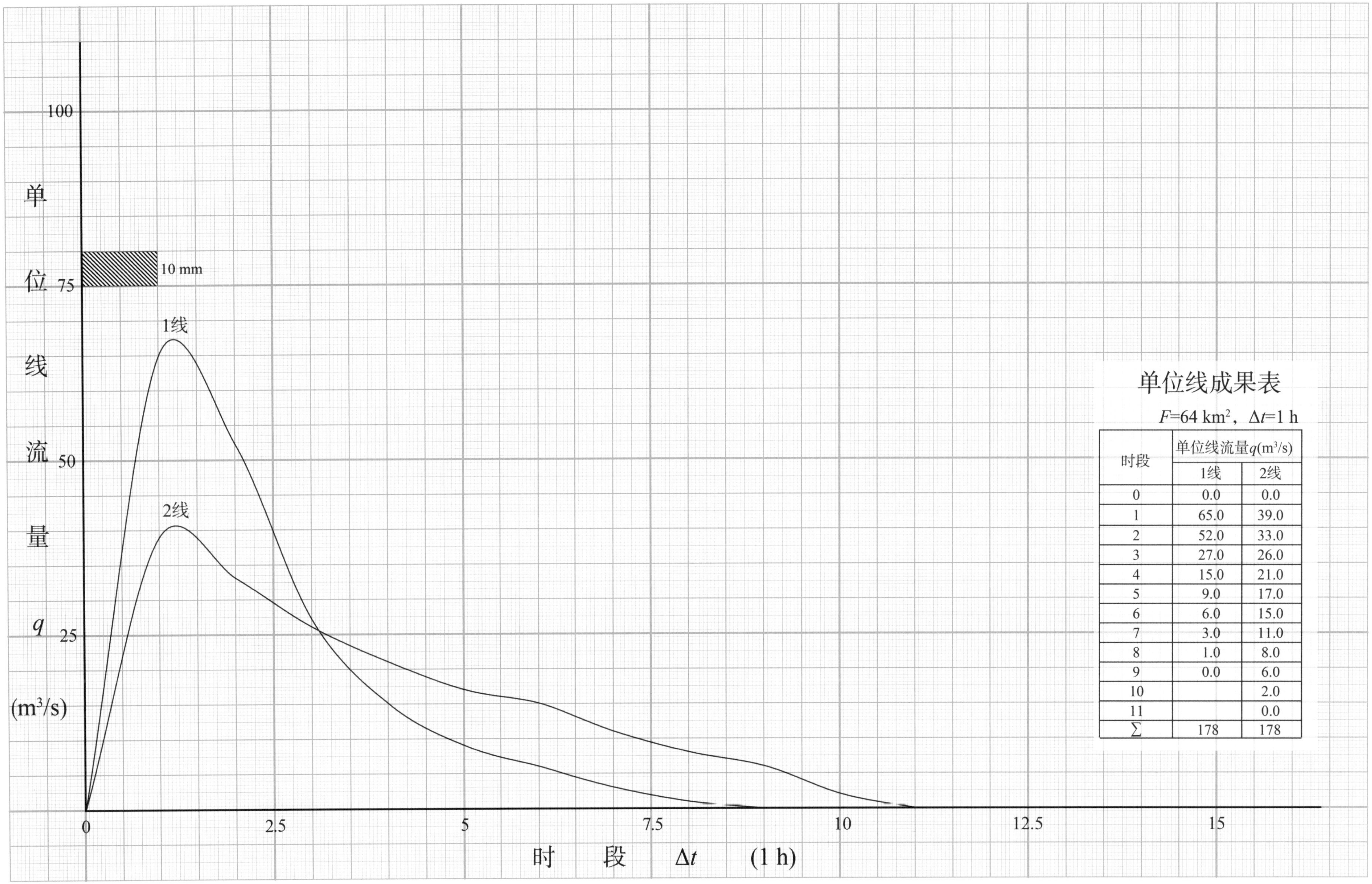

单位线成果表

F=64 km²，Δt=1 h

时段	单位线流量q(m³/s)	
	1线	2线
0	0.0	0.0
1	65.0	39.0
2	52.0	33.0
3	27.0	26.0
4	15.0	21.0
5	9.0	17.0
6	6.0	15.0
7	3.0	11.0
8	1.0	8.0
9	0.0	6.0
10		2.0
11		0.0
∑	178	178

图 17-3　泳汶河北邢家水库站单位线图

第十八章　泳汶河迟家沟水库站水文预报方案编制说明

1　流域概况

1.1　流域自然地理特征

迟家沟水库位于龙口市芦头镇寺后乔家村南、泳汶河水系南栾河中游，控制流域面积为47 km²，其中山区占95%，丘陵区占5%，流域呈羽毛状，平均宽度4.7 km，干流平均坡度10‰。迟家沟水库站以上流域图见图18-1。

该流域内山根地为壤土，土层厚一般在1 m左右；山坡地为砂土和沙壤土，土层厚0.2~0.4 m，地下为风化的片麻岩，高程在90 m左右。流域内水土保持良好，植被覆盖率在30%以上。

迟家沟水库流域属于暖温带半湿润大陆性季风气候，四季分明，季风进退明显，雨热同季；其特点是：春季干燥多南风，夏季湿热多阴雨，秋季凉爽雨水少，冬季寒冷北风多。流域多年平均气温12.2 ℃，极端最高气温38.3 ℃（1972年7月5日），极端最低气温-21.3 ℃（1977年1月30日）；终霜日一般为4月17日，初霜日一般为10月26日，全年无霜期160~210 d；多年平均蒸发量1 239.2 mm，最大年蒸发量为1966年的1 580.2 mm，最小年蒸发量为1998年的894.5 mm；流域多年平均降水量为641.3 mm，最大年降水量为1985年的998.5 mm，最小年降水量为1988年的342.4 mm；多年平均日照总时数2 794.2 h，年太阳总辐射量127.8 kcal/(cm²·a)，热量资源较丰富，光能资源在山东省和烟台市均属高值区；多年平均最大风速19.6 m/s，多年平均冻土深度0.4 m。

1.2　水库工程概况

迟家沟水库是一座集防洪、调水、灌溉、工业供水、养殖等功能于一体的年调节中型节水库，总库容1 862万m³，兴利库容1 283万m³，防洪库容506万m³，死库容73万m³，兴利水位79.30 m，设计洪水位81.05 m，死水位64.31 m，校核洪水位81.99 m，水库灌区原设计灌溉面积2.36万亩，核实1.5万亩，有效灌溉面积1.7万亩，多年平均实灌面积1.25万亩。水库于1958年10月开工，1960年6月竣工，2009年2月开始进行除险加固，2010年12月工程完工并通过验收，目前水库达到100年一遇洪水设计、2 000年一遇洪水校核的防洪标准。

迟家沟水库枢纽工程由大坝、溢洪道、放水洞等组成。

大坝为黏土心墙砂壳坝，坝长485 m，最大坝高27.5 m，坝顶高程84.40 m，坝顶宽6.4 m，防浪墙顶高程85.40 m。坝顶上游侧设1.07 m高、0.4 m宽的浆砌石防浪墙和照明设备。

溢洪道位于大坝东端，西岸距坝端40 m左右，中心线与大坝轴线夹角97°，为开敞式，进口宽75 m，堰顶高程79.33 m，下游由天然沟与原河道相接，最大泄量为800 m³/s。

放水洞位于大坝西端（桩号0+070 m），闸后为小廊道钢筋混凝土衬管，管道为内径1.5 m的圆管，进口底高程为64.34 m，出口底高程为64.06 m。竖井为浆砌石，内径2.1 m，闸门为1.5 m×1.5 m的平板钢闸门，设计流量为17.34 m³/s，闸前为圆拱直墙式隧洞，石质坚硬，已衬砌，断面尺寸为1.65 m×1.4 m。

1.3　上游水利工程概况

迟家沟水库坝址以上已建有小（1）型水库1座、小（2）型水库3座，详见表18-1。

表18-1　迟家沟水库坝址以上小型水库情况表

水库名称		建成时间	控制流域面积（km²）	库容（万m³）	
				总库容	兴利库容
小（1）型	陈家水库	1977年5月	12.6	483	354.5
小（2）型	大傅家水库	1957年12月	2.9	16.0	9.6
	庵夼水库	2000年12月	1.73	27.6	12.3
	唐家水库	1980年12月	0.42	16.1	12.1
合计			17.65	542.7	388.5

1.4　水库工程指标及汛期控制运用指标

迟家沟水库于1960年6月建成运行，其工程指标及汛期控制运用指标见表18-2。

表18-2　迟家沟水库工程指标及汛期控制运用指标表

1. 工程指标					
总库容（万m³）	防浪墙顶高程（m）	坝顶高程（m）	溢洪道（闸）		
			底高程（m）	孔数	净宽（m）
1 862	85.40	84.40	79.33	5	35.0
兴利水位（m）	兴利水位相应库容（万m³）	死水位（m）	死库容（万m³）		
79.30	1 356	64.31	73		
2. 防洪标准					
设计		校核		历史	
重现期（年）	最高水位（m）	重现期（年）	最高水位（m）	最高水位（m）/出现日期	最大泄量（m³/s）/出现日期
100	81.05	2 000	81.99	80.45 /1976年8月	61.0 /1976年8月

续表

3. 控制运用指标					
汛中				汛末	
限制水位（m）	相应库容（万 m^3）	超蓄水位（m）	相应库容（万 m^3）	蓄水位（m）	相应库容（万 m^3）
79.30	1 356	79.30	1 356	79.30	1 356
允许壅高水位（m）	警戒水位（m）	允许最高水位（m）	高程基准面		
80.29	80.42	81.05	1985 年国家高程基准		
水库下游安全泄量（m^3/s）		180 m^3/s			
控泄方式		一级控泄			

1.5 测站概况

1.5.1 站网情况

迟家沟水库水文站，站码 41837050，为迟家沟水库坝上站，位于山东省龙口市芦头镇寺口乔家村，于 2015 年设站，主要收集流域内降水量、水库水位、出入库流量等有关水文资料，进行水库洪水预报、抗洪能力计算、调洪演算等，为防汛抗旱、水资源控制运用提供信息。该站水位、流量、降水量等水文资料具有较好的连续性。

迟家沟水库流域内有两处雨量站：一处为迟家沟雨量站，站码同水文站站码，于 2015 年设站，为汛期站；一处是界沟刘家雨量站，站码 41836920，位于山东省烟台市龙口市芦头镇界沟刘家村，于 2015 年设站，雨量器采用 20 cm JDZ05 型翻斗式雨量计，站类为汛期站。

1.5.2 高程系情况

迟家沟水库站高程基面采用 1985 年国家高程基准面。

2 预报方案编制

2.1 资料情况

迟家沟水库站无实测年鉴水文摘录资料。

2.2 历史洪水

2002 年 8 月 5 日，该流域发生洪水，洪水淹上公路，公路旁房屋进水，积深约 40 cm。

2.3 参证站选择

迟家沟水库站地形地貌和下垫面基本特征与海阳站相似，故以海阳站作为迟家沟水库站的参证站。参证站海阳站以上流域面积 $F_{参}=54.6\ km^2$；设计站迟家沟水库站以上流域面积 $F_{设}=47\ km^2$。

2.4 产流方案

2.4.1 降雨径流关系

2.4.1.1 移用海阳站降雨径流关系

产流方案根据迟家沟水库站以上流域地形地貌、自然地理、水土保持、水利工程、暴雨时空分布等，移用海阳站的降雨径流关系，修订后在该流域应用，并在实际预报中完善，形成适合该流域的降雨径流关系，详见图 18-2。

海阳水文站降雨径流关系，因为流域内水利工程、下垫面条件、水土保持条件等的变化，出现了两条关系曲线，一条同级降水产流较小，一条同级降水产流较大，前者适合较干旱或者汛初降水发生洪水情况；另一条适合汛中后期、下垫面含水量较大、水利工程近于蓄满情况。迟家沟水库流域内有小（1）型水库 1 座、小（2）型水 3 座，流域平均坡度较大，更有利于产流，故迟家沟水库站降雨径流关系直接移用海阳站较有利于产流的降雨径流关系。

2.4.1.2 山东省中小河流设计洪水胶东半岛降雨径流关系（2 号线）

根据《中小河流意见》，由暴雨推求设计洪水，其产流方案中不同地区采用不同的降雨径流关系线。对于胶东半岛地区，当设计流域面积小于 300 km^2 时，降雨径流关系采用 2 号线。

2.4.1.3 胶东半岛降雨径流关系与移用的海阳站降雨径流关系比较

将参证站海阳站降雨径流关系中产流较大的曲线与山东省设计洪水模式下的 2 号线进行比较，详见表 18-3。由此可以看出，山东省设计洪水模式下胶东半岛降雨径流关系明显大于实测值（相对增大 13.7%~45.0%，并随降雨增加而减少，有利于工程安全），在实际预报中应根据实测情况加以修正。

表 18-3 胶东半岛降雨径流关系与移用的海阳站降雨径流关系比较

序号	$P+P_a$（mm）	R（mm）		相对误差（%）	序号	$P+P_a$（mm）	R（mm）		相对误差（%）
		参证站	中小河流意见				参证站	中小河流意见	
1	0	0	0		7	200	105.0	129	-18.6
2	100	20.9	38	-45.0	8	220	123.0	148	-16.9
3	120	36.8	55	-33.1	9	240	141	167	-15.6
4	140	53.0	73	-27.4	10	260	159	187	-15.0
5	160	69.8	91	-23.3	11	280	177	206	-14.1
6	180	87.5	110	-20.5	12	300	195	226	-13.7

2.4.2 相关要素的分析计算

2.4.2.1 流域平均雨量 P 的计算

流域平均雨量 P 采用流域内迟家沟、界沟刘家两个站的算术平均值。

2.4.2.2 流域平均前期影响雨量 P_a 的计算

分析汛前降水情况，初步确定四月或五月初土壤含水量经验值，然后根据公式逐日计算，直到汛期发生暴雨洪水，P_a 基本接近实值。其计算公式为

$$P_{a,\ t} = K(P_{a,\ t-1} + P_{t-1})$$

式中：$P_{a,t}$ 为当日的前期影响雨量（mm）；$P_{a,t-1}$ 为前一日的前期影响雨量（mm）；P_{t-1} 为前一日流域平均雨量（mm）；K 为前期影响雨量递减系数。

$K=0.95$（$P_{t-1}<1.0$ mm）；$K=0.98$（1.0 mm $\leq P_{t-1}<10.0$ mm）；$K=1.00$（$P_{t-1}\geq$ 10.0 mm）。

2.4.2.3 最大损失量 I_m 的确定

根据本流域下垫面情况综合分析，采用 $I_m=100$ mm，当 $P_a\geq100$ mm 时，取 $P_a=I_m$，故 P_a 的取值范围为 $0<P_a\leq100$ mm。

2.5 汇流方案

将参证站海阳站单位线（$\Delta t=1$ h）进行缩放后作为迟家沟水库站单位线，详见图 18-3。

单位线的缩放按下列公式计算：

$$\alpha = (F_{设}/F_{参})^{0.5}$$

$$T_{设i} = \alpha T_{参i}$$

$$q_{设i} = \alpha q_{参i}$$

式中：α 为单位线缩放系数；$F_{参}$、$F_{设}$ 分别为参证站、设计站以上控制流域面积；$T_{参i}$ 为参证站单位线逐时段，$T_{参i}=1,\ 2,\ \cdots,\ N$；$T_{设i}$ 为设计站单位线逐时段，通常为小数，为满足实际要求，需进一步对缩放结果进行插值，从而得到整时段单位线结果；$q_{参i}$ 为参证站单位线逐时段流量；$q_{设i}$ 为设计站单位线逐时段流量。

3 方案使用说明

预报方案反映了流域综合因素影响下的降雨径流关系、峰量关系。就单次洪水而言，它既有群体的共性，又有单体的个性，所以在具体预报作业中，要从主到次分析影响降雨径流的各水文因素，用以修正各预报值，提高预报精度。

3.1 产流方案

3.1.1 前期影响雨量 P_a 的确定

在进行洪水预报时，应对雨前计算的 P_a 值进行合理性分析，以确定 P_a 的取用值。由于 P_a 是根据公式逐日推算的，如果是流域内局部降雨等代表性差的雨型，容易造成 P_a 值计算误差。如果 P_a 计算值很小，遭遇强度较大的降雨，查读 $P+P_a-R$ 关系曲线时容易造成 R 的查读值偏小；如果 P_a 计算值达到 I_m 值，应分析流域下垫面饱和程度，实际情况是否真正达到 I_m 值。同量级的 P_a 值在汛初、汛中、汛末对降雨径流的影响也不相同，一般来讲，汛初 P_a 计算值代表性较差，往往偏大；汛中以后的 P_a 计算值代表性较好，相对准确。

3.1.2 流域平均雨量 P 的确定

根据流域内雨情逐时段（$\Delta t=1$ h）计算时段平均雨量。当累积量达到或超过 50 mm 时，即可进行洪水作业预报。

3.1.3 产流面积 F 的确定

产流面积的取值视下垫面、本次降雨情况而定，一般来讲，当本流域次雨量达到50 mm 时，首先考虑上游小型水库蓄水情况。若小（1）型、小（2）型水库均未蓄满，产流面积取 29.35 km^2；当小（2）型水库蓄满、小（1）型水库未蓄满时，产流面积取 34.4 km^2。当流域平均降水量大于 100 mm 时，流域内小型水库等水利工程全部蓄满，全流域产流，产流面积取近于 47 km^2（具体视前期降水情况、蓄水情况等而定）。

3.1.4 综合因素的影响

降雨径流除受 P_a、F、i 因素影响外，降雨自身的时空分布、河网基流情况等因素的影响也不可忽视。一般来讲，降水中心在中下游、降雨强度大、降雨历时短，有利于产汇流。产流面积大，流域河网基流充足，遇有较大降水，将会产生峰高量大的洪水过程，绝大多数大洪水、特大洪水具备以上有利于产汇流的因素；产流面积小，河网基流较小或干枯，即使遭遇较大降水，也很难产生大的洪水过程，尤其是汛初和久旱无雨状态下，特别明显。当降雨径流各影响因素互补平衡时，会产生相对正常的洪水过程。因此在进行洪水预报作业时，应准确分析各影响因素，灵活运用相关曲线，并进行经验修订，做出相应的洪水预报。

3.1.5 径流深 R 的预报

根据所计算的前期影响雨量 P_a、流域平均雨量 P 查降雨径流相关图（$P+P_a-R$）得到深 R。在实际预报作业时，应对有关影响因素进行分析判断，确定线形，并进行经验修正。一般来讲，汛初或久旱无雨，查Ⅱ线；P_a 值较高、产流面积较大、降雨强度较大、河网基流充盈，查Ⅰ线；当已经发生洪水过程再遭遇较大降水过程时，应结合上一场次暴雨洪水的径流系数校核预报的径流深。

3.1.6 洪水总量 W 的计算

根据确定的产流面积 F、预报的径流深 R，由公式 $W=0.1RF$ 计算得洪水总量 W（或 $W_{净}$）。

3.2 汇流方案

3.2.1 降雨强度的影响

同量级的降雨因雨强的不同，产汇流的效果也不相同。雨强越大，越有利于产汇流，反之，则不利于产汇流。雨强的大小对洪峰流量、峰现时间的影响尤其明显。

3.2.2 单位线推流

在洪水预报作业时，根据洪水特性选取代表性较好的经验单位线，由 R_1，R_2，…，R_n 叠加计算来水过程。如果前后时段净雨强度相差很大，可变更经验单位线叠加推求来水过程。

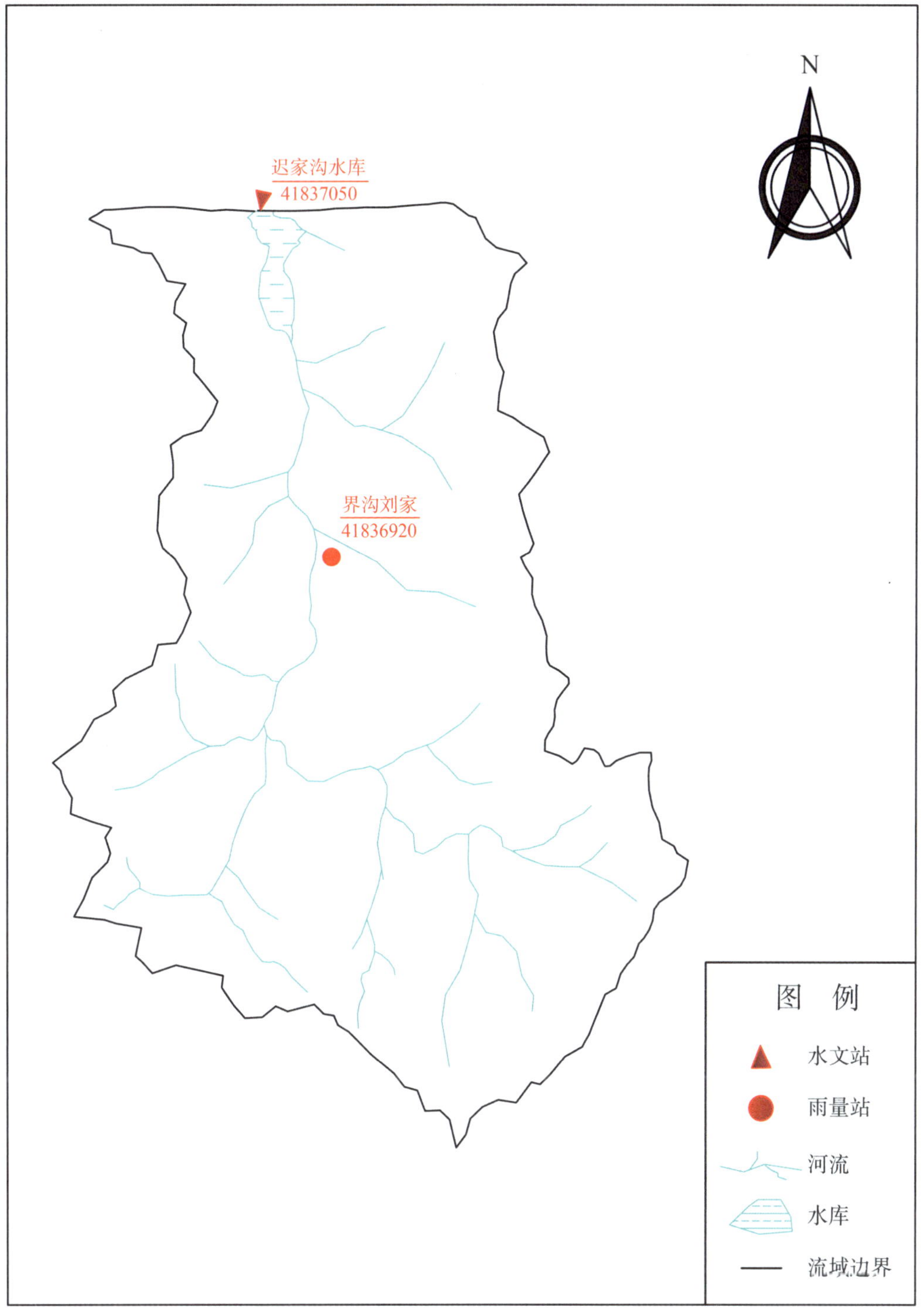

图 18-1 泳汶河迟家沟水库站以上流域图

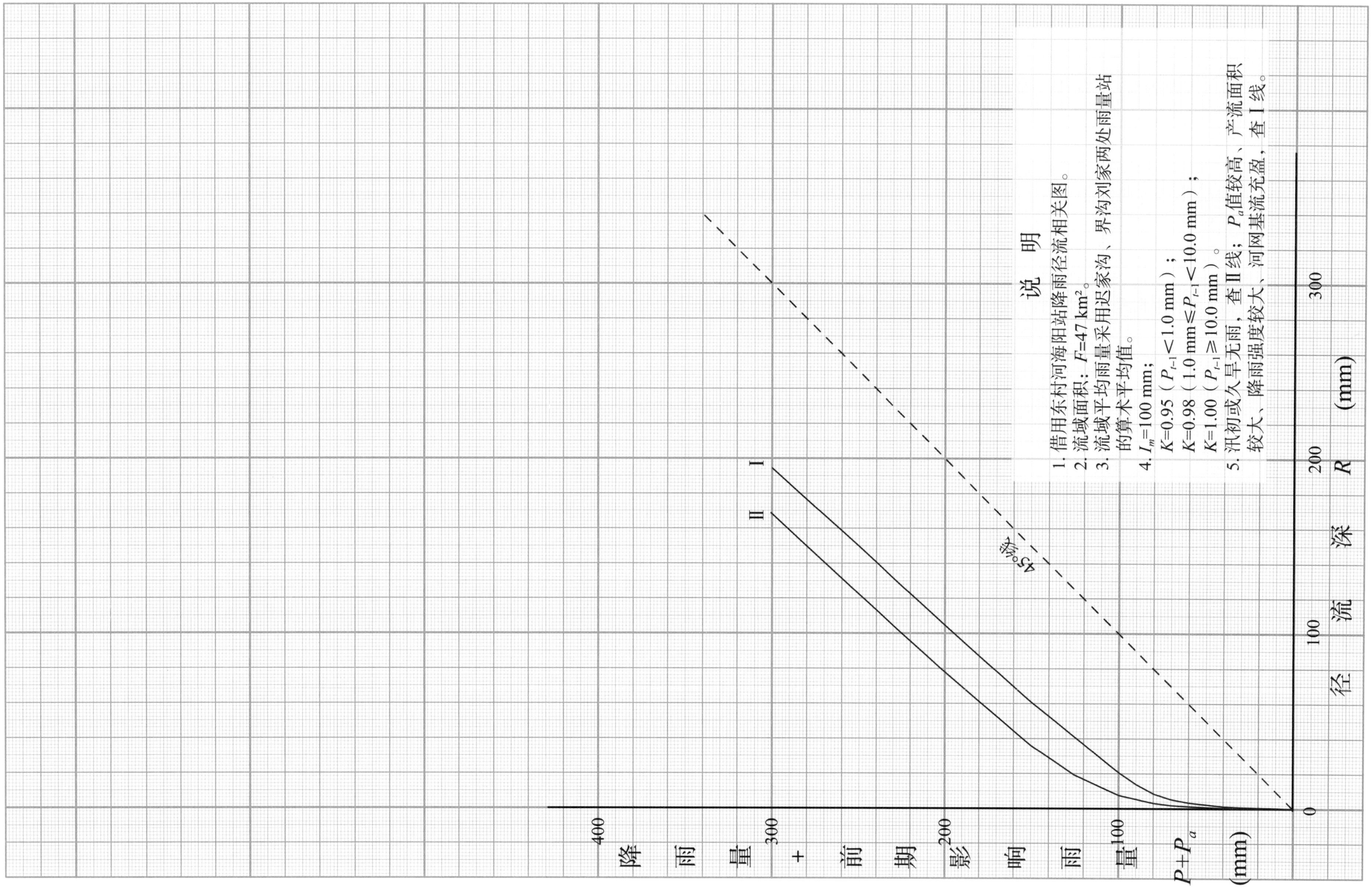

图 18-2　泳汶河迟家沟水库站降雨径流相关图（P+P_a-R）

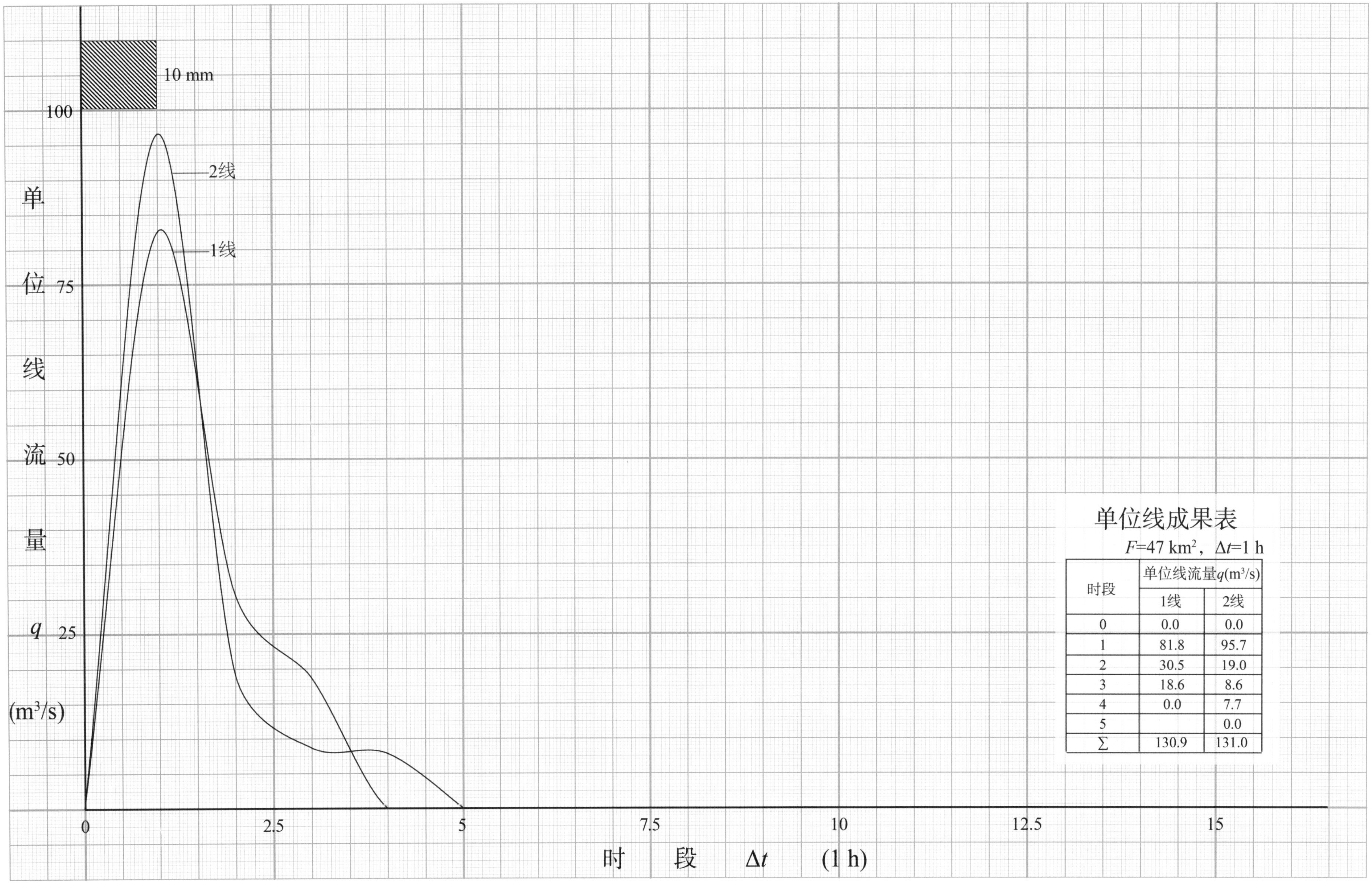

单位线成果表

F=47 km²，Δt=1 h

时段	单位线流量q(m³/s)	
	1线	2线
0	0.0	0.0
1	81.8	95.7
2	30.5	19.0
3	18.6	8.6
4	0.0	7.7
5		0.0
∑	130.9	131.0

图 18-3　泳汶河迟家沟水库站单位线图

第十九章　平山河平山水库站水文预报方案编制说明

1　流域概况

1.1　流域自然地理特征

平山水库位于烟台市蓬莱区南王街道魏家庄村西、平山河上游，属沿海诸小河水系。水库控制流域面积 21 km^2，其中山区、丘陵区各占 50%。流域形状为扇状，平均宽度 4.6 km，干流平均比降 5‰。该流域较大支流有两条：泥河、石庙河。支流长度大于 3 km 的有 5 条。平山水库站以上流域图见图 19-1。

该流域内土壤多为沙壤土和壤土，其次是黏土和砂土，地下多为风化的火成岩。农作物以冬小麦、玉米和花生为主。

平山水库流域属于暖温带东亚大陆性季风气候，暴雨天气系统以黄淮气旋、高空切变线、台风以及低槽冷锋等为主。流域多年平均降水量 603.5 mm，汛期 6—9 月降水量约占全年的 71%，7—8 月份最多，约占全年的 50%。流域内河网发育较好，河床比降大，源短流急，洪水暴涨暴落，属山溪性雨源型河流。

1.2　水库工程概况

平山水库是一座集防洪、供水、养殖等综合利用于一体的中型水库。工程等别为Ⅲ等，主要建筑物（大坝、溢洪道、放水洞）为 3 级，次要建筑物为 4 级。水库除险加固后设计洪水标准为 100 年一遇，校核洪水标准为 2 000 年一遇，总库容 1 232 万 m^3，兴利库容 602 万 m^3，死库容 65 万 m^3。水库工程地震设防烈度为Ⅶ度。

平山水库枢纽工程由大坝、溢洪道、放水洞组成。

大坝为壤土心墙砂壳坝，全长 540 m，最大坝高 20.3 m，坝顶宽 7.0 m，坝顶高程 67.10 m。

溢洪道位于大坝左坝肩，为无闸控制开敞式溢洪道，溢洪道控制段为钢筋混凝土，堰顶高程 62.07 m，长 10.0 m，宽 9.0 m，最大泄洪流量 102 m^3/s。

放水洞位于大坝桩号 0+125 处，放水洞为 1.2 m×1.8 m（宽×高）的矩形 C25 钢筋混凝土箱涵，放水洞设计流量 1.5 m^3/s。

1.3　上游水利工程概况

平山水库流域内自 1958 年先后建成小（2）型水库 2 座，总控制流域面积 1.85 km^2，总库容 45.74 万 m^3，总兴利库容 25.29 万 m^3，详见表 19-1。

表 19-1　平山水库坝址以上小型水库情况表

水库名称		建成时间	控制流域面积（km^2）	库容（万 m^3）	
				总库容	兴利库容
小（2）型	下寺夼东方红	1958 年 11 月	0.85	22.84	14.39
	纪家西河	1967 年 11 月	1.00	22.9	10.9
合计			1.85	45.74	25.29

1.4　水库工程指标及汛期控制运用指标

平山水库建成于 1961 年 5 月，其工程指标及汛期控制运用指标见表 19-2。

表 19-2　平山水库工程指标及汛期控制运用指标表

1. 工程指标					
总库容（万 m^3）	防浪墙顶高程（m）	坝顶高程（m）	溢洪道（闸）		
			底高程（m）	孔数	净宽（m）
1 232	68.17	67.10	62.07	无闸	9.0
兴利水位（m）	兴利水位相应库容（万 m^3）	死水位（m）	死库容（万 m^3）		
62.07	667	52.18	65		
2. 防洪标准					
设计		校核		历史	
重现期（年）	最高水位（m）	重现期（年）	最高水位（m）	最高水位（m）/出现日期	最大泄量（m^3/s）/出现日期
100	65.26	2 000	66.69	63.70 /2009-7-18	29.0 /2009-7-18
3. 控制运用指标					
汛中				汛末	
限制水位（m）	相应库容（万 m^3）	超蓄水位（m）	相应库容（万 m^3）	蓄水位（m）	相应库容（万 m^3）
62.07	667	62.07	667	62.07	667
允许壅高水位（m）	警戒水位（m）	允许最高水位（m）	高程基准面		
—	65.26	66.69	1985 年国家高程基准		
水库下游安全泄量（m^3/s）				50	
控泄方式				无闸	

1.5 测站概况

1.5.1 站网情况

平山水库水文站，位于山东省烟台市蓬莱区南王街道魏家庄村西、平山河上游，站码41814488，于2011年1月设站，主要收集流域内汛期降水量、水库水位、出入库流量等有关水文资料，进行水库洪水预报、抗洪能力计算、调洪演算等，为防汛抗旱、水资源控制运用提供信息。

汪家庄雨量站，位于山东省烟台市蓬莱区北沟镇下寺夼村，站码41837820，于2020年7月设站，为汛期站。

1.5.2 高程系情况

平山水库站高程基面采用1985年国家高程基准面。

2 预报方案编制

2.1 资料情况

平山水库站无实测年鉴水文摘录资料。

2.2 历史洪水

经调查，平山水库流域历史上曾发生过多次较大洪水，根据《山东省蓬莱市山洪灾害调查评价历史洪水调查报告》（烟台市水文局2015年），主要洪水如下：

1971年7月10日，全市平均降雨232 mm，冲垮塘坝3座、桥涵3座，河道决口7处，倒塌房屋100余间，受涝耕地2万亩，其中绝产2千亩，雷击淹死12人。

1974年7月17日，全市1小时降雨300 mm，山洪暴发，冲倒房屋。共有15条河道32处决口，倒塌房屋283间，死亡3人。

2009年7月17日20时至18日5时，全市遭受了自1958年有气象记录以来来势最猛、强度最大、波及最广、损失最重的洪灾。全市平均降雨量达到182.3 mm，短时间内的强降雨给蓬莱市（现烟台市蓬莱区）造成巨大损失。全市共倒塌房屋690间，倒塌院墙4 500 m，进水住户13 610户，冲毁农村道路34 500 m，受淹农田16.13万亩，受淹果园5.94万亩，冲毁河坝2 425 m，冲毁塘坝1座，冲毁平塘20座，冲毁公路桥1座，冲毁防汛桥1座，冲毁防汛路2条，冲毁农村道路桥梁153座，冲毁漫水桥4座，冲毁城区自来水供水主管道4处。

2.3 参证站选择

平山水库站地形地貌和下垫面基本特征与海阳站相似，故以海阳站作为平山水库站的参证站。参证站海阳站以上流域面积 $F_{参}=54.6\ km^2$；设计站平山水库站以上流域面积 $F_{设}=21\ km^2$。

2.4 产流方案

2.4.1 降雨径流关系

产流方案根据平山水库站以上流域地形地貌、自然地理、水土保持、水利工程、暴雨时空分布等，移用海阳站的降雨径流关系，修订后在该流域应用，并在实际预报中完善，形成适合该流域的降雨径流关系，详见图19-2。

海阳水文站降雨径流关系，因为流域内水利工程、下垫面条件、水土保持条件等的变化，出现了两条关系曲线，一条同级降水产流较小，一条同级降水产流较大，前者适合较干旱或者汛初降水发生洪水情况，另一条适合汛中后期、下垫面含水量较大、水利工程近于蓄满情况。

2.4.2 相关要素的分析计算

2.4.2.1 流域平均雨量 P 的计算

流域平均雨量 P 采用流域内平山水库、汪家庄两个站的算术平均值。

2.4.2.2 流域平均前期影响雨量 P_a 的计算

分析汛前降水情况，初步确定四月或五月初土壤含水量经验值，然后根据公式逐日计算，直到汛期发生暴雨洪水，P_a 基本接近实值。其计算公式为

$$P_{a,t}=K(P_{a,t-1}+P_{t-1})$$

式中：$P_{a,t}$ 为当日的前期影响雨量（mm）；$P_{a,t-1}$ 为前一日的前期影响雨量（mm）；P_{t-1} 为前一日流域平均雨量（mm）；K 为前期影响雨量递减系数。

$K=0.95$（$P_{t-1}<1.0$ mm）；$K=0.98$（$1.0\ \text{mm}\leqslant P_{t-1}<10.0$ mm）；$K=1.00$（$P_{t-1}\geqslant 10.0$ mm）。

2.4.2.3 最大损失量 I_m 的确定

根据本流域下垫面情况综合分析，采用 $I_m=100$ mm，当 $P_a\geqslant 100$ mm时，取 $P_a=I_m$，故 P_a 的取值范围为 $0<P_a\leqslant 100$ mm。

2.5 汇流方案

将参证站海阳站单位线（$\Delta t=1$ h）进行缩放后作为平山水库站单位线，详见图19-3。

单位线的缩放按下列公式计算：

$$\alpha=(F_{设}/F_{参})^{0.5}$$

$$T_{设i}=\alpha T_{参i}$$

$$q_{设i}=\alpha q_{参i}$$

式中：α 为单位线缩放系数；$F_{参}$、$F_{设}$ 分别为参证站、设计站以上控制流域面积；$T_{参i}$ 为参证站单位线逐时段，$T_{参i}=1, 2, \cdots, N$；$T_{设i}$ 为设计站单位线逐时段，通常为小数，为满足实际

要求，需进一步对缩放结果进行插值，从而得到整时段单位线结果；$q_{参i}$ 为参证站单位线逐时段流量；$q_{设i}$ 为设计站单位线逐时段流量。

3　方案使用说明

预报方案反映了流域综合因素影响下的降雨径流关系、峰量关系。就单次洪水而言，它既有群体的共性，又有单体的个性，所以在具体预报作业中，要从主到次分析影响降雨径流的各水文因素，用以修正各预报值，提高预报精度。

3.1　产流方案

3.1.1　前期影响雨量 P_a 的确定

在进行洪水预报时，应对雨前计算的 P_a 值进行合理性分析，以确定 P_a 的取用值。由于 P_a 是根据公式逐日推算的，如果是流域内局部降雨等代表性差的雨型，容易造成 P_a 值计算误差。如果 P_a 计算值很小，遭遇强度较大的降雨，查读 $P+P_a-R$ 关系曲线时容易造成 R 的查读值偏小；如果 P_a 计算值达到 I_m 值，应分析流域下垫面饱和程度，实际情况是否真正达到 I_m 值。同量级的 P_a 值在汛初、汛中、汛末对降雨径流的影响也不相同，一般来讲，汛初 P_a 计算值代表性较差，往往偏大；汛中以后的 P_a 计算值代表性较好，相对准确。

3.1.2　流域平均雨量 P 的确定

根据流域内雨情逐时段（$\Delta t=1$ h）计算时段平均雨量。当累积量达到或超过 50 mm 时，即可进行洪水作业预报。

3.1.3　产流面积 F 的确定

产流面积的取值视下垫面、本次降雨情况而定，一般来讲，当本流域次雨量达到50 mm时，首先考虑上游小型水库蓄水情况，平山水库上游只有小（2）水库，若小（2）型水库未蓄满，产流面积取 19.15 km^2；当流域平均降水量大于 100 mm 时，流域内小型水库等水利工程全部蓄满，全流域产流，产流面积取近于 21 km^2（具体视前期降水情况、蓄水情况等而定）。

3.1.4　综合因素的影响

降雨径流除受 P_a、F、i 因素影响外，降雨自身的时空分布、河网基流情况等因素的影响也不可忽视。一般来讲，降水中心在中下游、降雨强度大、降雨历时短，有利于产汇流。产流面积大，流域河网基流充足，遇有较大降水，将会产生峰高量大的洪水过程，绝大多数大洪水、特大洪水具备以上有利于产汇流的因素；产流面积小，河网基流较小或干枯，即使遭遇较大降水，也很难产生大的洪水过程，尤其是汛初和久旱无雨状态下，特别明显。当降雨径流各影响因素互补平衡时，会产生相对正常的洪水过程。因此在进行洪水预报作业时，应准确分析各影响因素，灵活运用相关曲线，并进行经验修订，做出相应的洪水预报。

3.1.5　径流深 R 的预报

根据所计算的前期影响雨量 P_a、流域平均雨量 P 查降雨径流相关图（$P+P_a-R$）得到径流深 R。在实际预报作业时，应对有关影响因素进行分析判断，确定线形，并进行经验修正。一般来讲，汛初或久旱无雨，查Ⅱ线；P_a 值较高、产流面积较大、降雨强度较大、河网基流充盈，查Ⅰ线；当已经发生洪水过程再遭遇较大降水过程时，应结合上一场次暴雨洪水的径流系数校核预报的径流深。

3.1.6　洪水总量 W 的计算

根据确定的产流面积 F、预报的径流深 R，由公式 $W=0.1RF$ 计算得到洪水总量 W（或 $W_{净}$）。

3.2　汇流方案

3.2.1　降雨强度的影响

同量级的降雨因雨强的不同，产汇流的效果也不相同。雨强越大，越有利于产汇流，反之，则不利于产汇流。雨强的大小对洪峰流量、峰现时间的影响尤其明显。

3.2.2　单位线推流

在洪水预报作业时，根据洪水特性选取代表性较好的经验单位线，由 R_1，R_2，…，R_n 叠加计算来水过程。如果前后时段净雨强度相差很大，可变更经验单位线叠加推求来水过程。

图 19–1　平山河平山水库站以上流域图

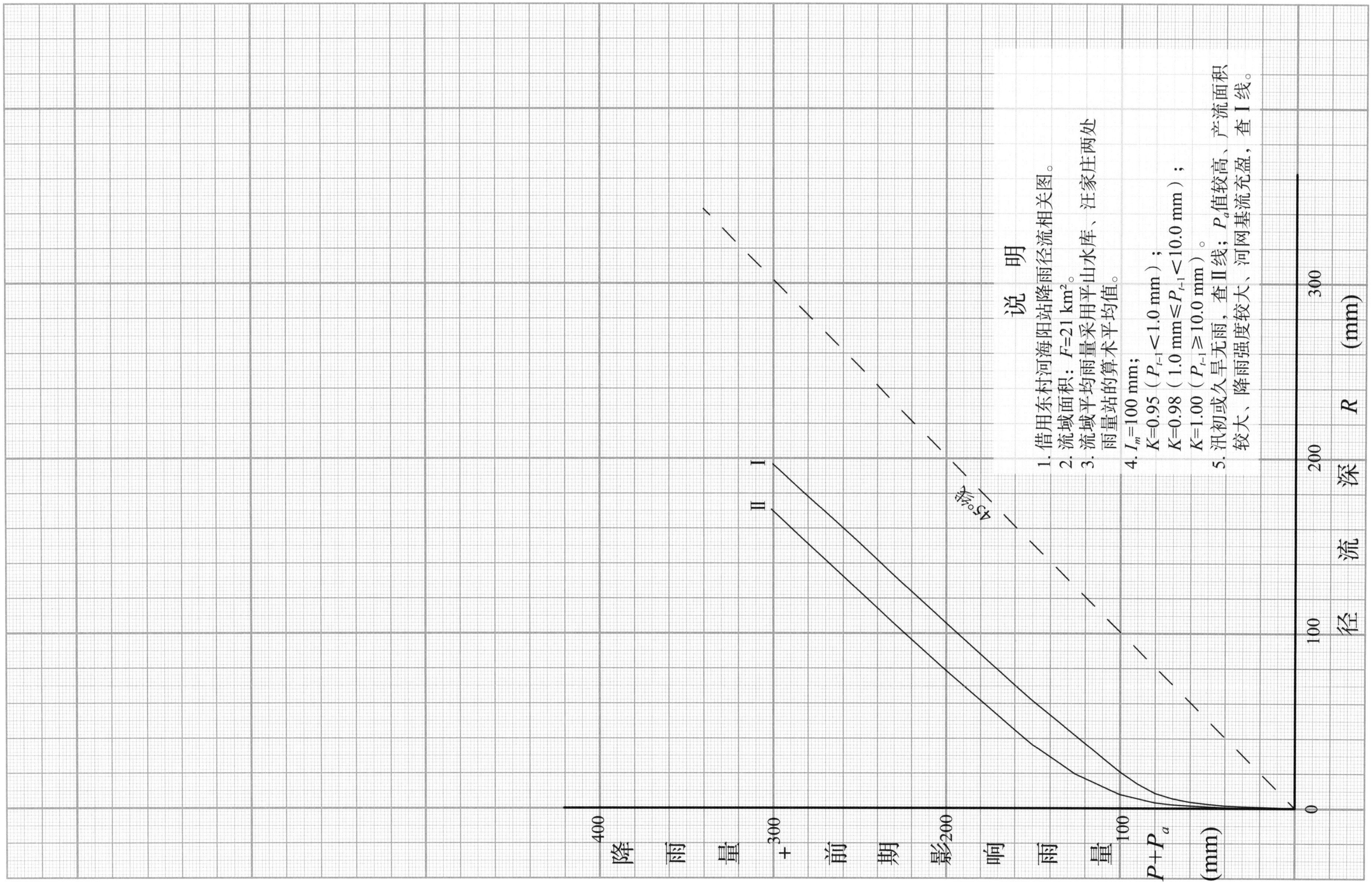

图 19-2　平山河平山水库站降雨径流相关图（$P+P_a$-R）

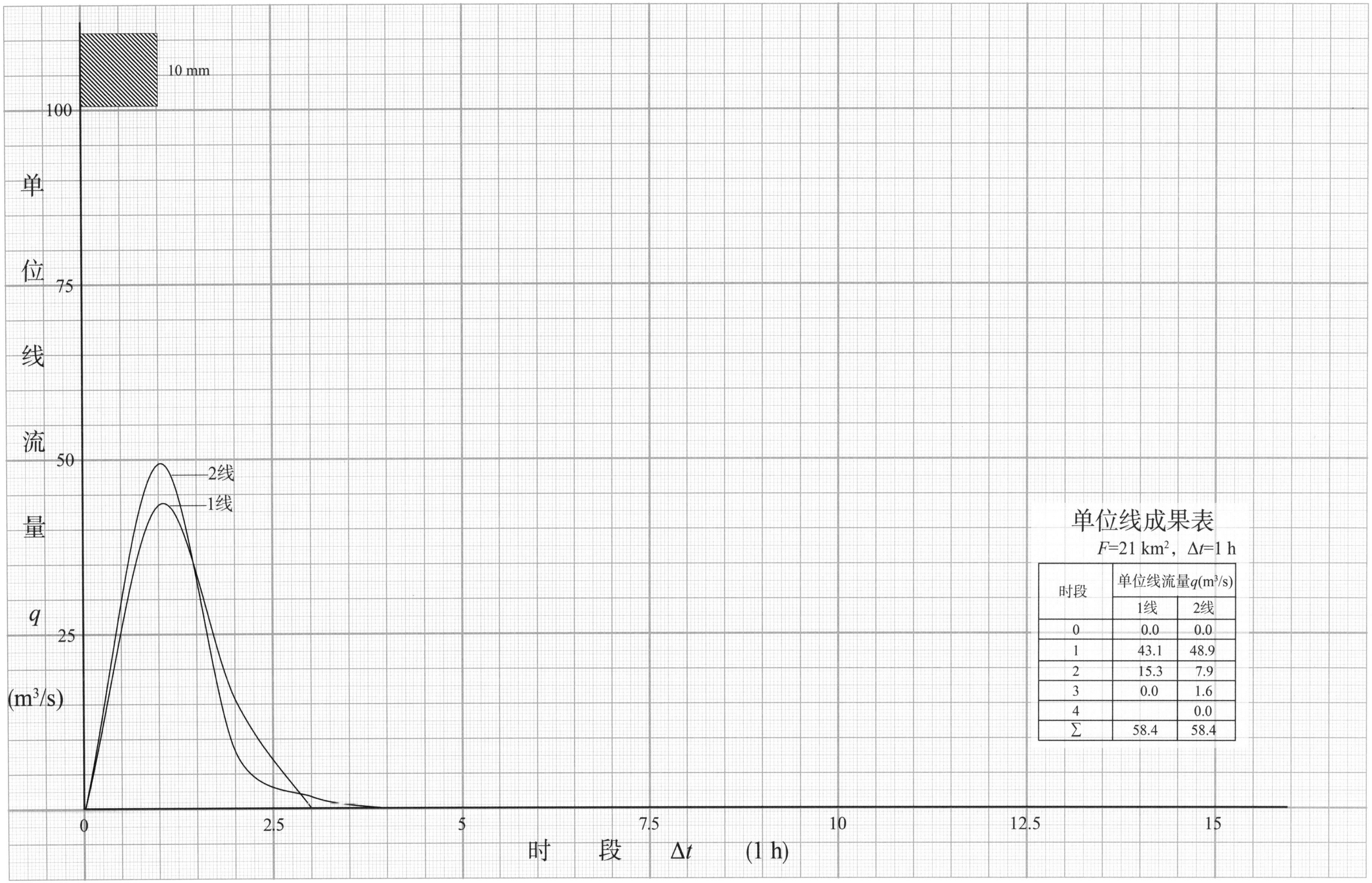

单位线成果表

F=21 km²，Δt=1 h

时段	单位线流量q(m³/s)	
	1线	2线
0	0.0	0.0
1	43.1	48.9
2	15.3	7.9
3	0.0	1.6
4		0.0
Σ	58.4	58.4

图 19-3　平山河平山水库站单位线图

第二十章　龙山河战山水库站水文预报方案编制说明

1　流域概况

1.1　流域自然地理特征

战山水库位于烟台市蓬莱区刘家沟镇古梓庄村南、龙山河中游，控制流域面积79 km^2，其中山区占60%，丘陵占40%，总的地势为南高北低。流域形状为长方形，平均长12.5 km，平均宽6.3 km，干流平均坡度3.88‰，属单支河流。战山水库站以上流域图见图20-1。

战山水库周围为构造剥蚀的低山丘陵地形，左岸山顶高程53.0~55.4 m，右岸战山山顶高程112.2 m，流域最高峰为龙山，海拔396.4 m。流域内多为砂石山，土壤以壤土和沙壤土为主，其次是砂土和黏土，植被相对较好，农作物以冬小麦、玉米和花生为主。

战山水库流域属于暖温带东亚大陆性季风气候，雨热同期。夏季以西南风为主，最大风力达10级以上，多年平均气温11.8 ℃，最高气温出现在7、8月份，为41.8 ℃，最低气温在1、2月份，为-15.1 ℃，流域多年平均降水量647.0 mm，多年平均水面蒸发量1 236.3 mm，历年最大冻土深0.5 m。

1.2　水库工程概况

战山水库规模为中型，工程等别为Ⅲ等，大坝、溢洪道、放水洞等主要建筑物级别为3级，次要建筑物级别为4级。水库除险加固前，设计洪水标准为50年一遇，校核洪水标准为1 000年一遇。水库除险加固后，设计洪水标准为100年一遇，校核洪水标准为2 000年一遇，总库容3 156万 m^3，兴利库容1 515万 m^3，死库容70万 m^3。水库工程地震设防烈度为7度。

战山水库枢纽工程由大坝、溢洪道、放水洞组成。

大坝为壤土心墙砂壳坝，全长510 m，最大坝高21.8 m，坝顶宽6.5 m，坝顶高程38.00 m，上游坝肩设有1 m高的防浪墙。大坝上游坡在高程33.00 m处设有2.0 m宽的马道，马道以上坡比1∶2.5，马道以下坡比1∶3.0；下游坡在高程26.75 m处设有2.0 m宽的马道，马道以上坡比1∶2.75，马道以下坡比1∶3.0，为草皮护坡。

溢洪道位于距大坝西侧500 m的天然山凹处，为开敞式无闸控制溢洪道，堰型为宽顶堰，堰顶高程32.61 m，宽49.0 m。溢洪道工程由进水渠、控制段、泄槽段、消能防冲设施及出水渠组成。

放水洞分东、西两个放水洞。东放水洞为1.2 m×1.8 m（宽×高）的矩形C25钢筋混凝土箱涵，壁厚0.40 m。竖井为C25钢筋混凝土结构，长6.2 m，宽4.0 m。闸室底板顺水流方向长8.8 m，厚1.0 m，底板顶高程21.18 m，为C25钢筋混凝土结构，闸室内设工作闸门和检修闸门。放水洞进口底高程为21.18 m，出口底高程为20.94 m，全长103.24 m，闸室后洞身比降为1/250，出口处接城市供水管路。现状西放水洞已封堵。

1.3　上游水利工程概况

战山水库坝址以上现有小（2）型水库14座，控制流域面积20.68 km^2，总库容266.8万 m^3，总兴利库容123.0万 m^3，详见表20-1。

表20-1　战山水库坝址以上小型水库情况表

序号	水库名称	类别	建成时间	集水面积（km^2）	库容（万 m^3）		灌溉面积（万亩）
					总库容	兴利库容	
1	葛洼	小（2）	1960年7月	1.18	22.1	10	0.095
2	川李	小（2）	1973年11月	0.60	27	12.3	0.113
3	龙阳	小（2）	1967年5月	0.80	51	26.4	0.026
4	高家庄	小（2）	1966年12月	0.43	7.1	3	0.02
5	周梁	小（2）	1960年11月	0.82	14.4	5	0.04
6	后河	小（2）	1974年12月	0.36	7	5.3	0.04
7	魏家	小（2）	1966年11月	1.60	12.6	4.2	0.03
8	马家沟	小（2）	1966年11月	0.31	16.7	6.7	0.015
9	上河	小（2）	1958年8月	10.00	38.7	20	0.054
10	响吕	小（2）	1967年12月	0.34	9.1	4.5	0.02
11	石门曲家	小（2）	1968年1月	0.42	9.8	5.5	0.01
12	井周家	小（2）	1975年6月	0.50	18.5	8.1	0.04
13	后扬头	小（2）	1958年8月	2.12	20.5	8	0.054
14	驻家庄	小（2）	1960年11月	1.20	12.3	4	0.04
合计				20.68	266.8	123	0.597

1.4　水库工程指标及汛期控制运用指标

战山水库建成于1963年3月，其工程指标及汛期控制运用指标见表20-2。

表20-2　战山水库工程指标及汛期控制运用指标表

1. 工程指标					
总库容（万 m^3）	防浪墙顶高程（m）	坝顶高程（m）	溢洪道（闸）		
			底高程（m）	孔数	净宽（m）
3 156	39.00	38.00	32.61	无闸	49.0

续表

1. 工程指标					
兴利水位（m）	兴利水位相应库容（万 m^3）	死水位（m）	死库容（万 m^3）		
32.61	1 585	21.18	70		
2. 防洪标准					
设计		校核		历史	
重现期（年）	最高水位（m）	重现期（年）	最高水位（m）	最高水位（m）/出现日期	最大泄量（m^3/s）/出现日期
100	36.01	2 000	37.50	34.55 /2009-7-18	209 /2009-7-18
3. 控制运用指标					
汛中				汛末	
限制水位（m）	相应库容（万 m^3）	超蓄水位（m）	相应库容（万 m^3）	蓄水位（m）	相应库容（万 m^3）
32.61	1 585	32.61	1 585	32.61	1 585
允许壅高水位（m）	警戒水位（m）	允许最高水位（m）	高程基准面		
—	36.01	37.50	1956 年黄海		
水库下游安全泄量（m^3/s）				331	
控泄方式				开敞式溢洪道，自由下泄	

1.5 测站概况

1.5.1 站网情况

战山水库水文站，站码 41814500，位于烟台市蓬莱区刘家沟镇古梓庄村，于 2017 年设站，主要收集汛期降水量、水库水位、出入库流量等有关水文资料，进行水库洪水预报、抗洪能力计算、调洪演算等，为防汛抗旱、水资源控制运用提供信息。

龙山店雨量站，站码 41837840，设于 2015 年，属汛期观测站。

1.5.2 测报设施

1.5.3 高程系情况

战山水库站高程基面采用 1956 年黄海基面。

2 预报方案编制

2.1 资料情况

战山水库站无实测年鉴水文摘录资料。

2.2 历史洪水

经调查，战山水库流域历史上曾发生过多次较大洪水，根据《山东省蓬莱市山洪灾害调查评价历史洪水调查报告》（烟台市水文局 2015 年），主要洪水如下：

1972 年 8 月 4 日，蓬莱市平均降雨 97.3 mm，其中战山水库站降雨 238.8 mm，当时的龙山店公社响吕水库垮坝，造成响吕、响李、三十堡 79 户受灾，死亡 11 人，伤 3 人，倒塌房屋 352 间。

1996 年 7 月 24 日和 7 月 31 日两次暴雨分别为 103.0 mm 和 84.7 mm，降雨时间短、雨量大，全市 8 万亩粮田内涝成灾，1 160 亩蔬菜、9 470 亩水果受灾严重，254 间房屋、5 410 m 院墙倒塌，25 km 公路遭到破坏，37 座桥涵倒塌，其中北王大桥和峰山朱家大桥及 4 座中桥被冲垮，6 280 m 河堤被冲毁，全市 50% 的村路、山路破坏严重。7 月 25 日上岚子村井沟塘坝滑坡，龙山店响吕水库放水洞塌陷，7 月 31 日登州三里桥水库滑坡。

2.3 参证站选择

战山水库站地形地貌和下垫面基本特征与招远站相似，故以招远站作为战山水库站的参证站。参证站招远站以上流域面积 $F_{参} = 98.6\ km^2$；设计站战山水库站以上流域面积 $F_{设} = 79\ km^2$。

2.4 产流方案

2.4.1 降雨径流关系

产流方案根据战山水库站以上流域地形地貌、自然地理、水土保持、水利工程、暴雨时空分布等，移用招远站的降雨径流关系，修订后在该流域应用，并在实际预报中完善，形成适合该流域的降雨径流关系，详见图 20-2。

招远水文站降雨径流关系，因为流域内水利工程、下垫面条件、水土保持条件等的变化，出现了两条关系曲线，一条同级降水产流较小，一条同级降水产流较大，前者适合较干旱或者汛初降水发生洪水情况，另一条适合汛中后期、下垫面含水量较大、水利工程近于蓄满情况。

2.4.2 相关要素的分析计算

2.4.2.1 流域平均雨量 P 的计算

流域平均雨量 P 采用流域内战山水库、龙山店两处雨量站的算术平均值。

2.4.2.2 流域平均前期影响雨量 P_a 的计算

分析汛前降水情况，初步确定四月或五月初土壤含水量经验值，然后根据公式逐日计算，直到汛期发生暴雨洪水，P_a 基本接近实值。其计算公式为

$$P_{a,t} = K(P_{a,t-1} + P_{t-1})$$

式中：$P_{a,t}$ 为当日的前期影响雨量（mm）；$P_{a,t-1}$ 为前一日的前期影响雨量（mm）；P_{t-1} 为前一日流域平均雨量（mm）；K 为前期影响雨量递减系数。

K=0.95（P_{t-1}<1.0 mm）；K=0.98（1.0 mm≤P_{t-1}<10.0 mm）；K=1.00（P_{t-1}≥10.0 mm）。

2.4.2.3 最大损失量 I_m 的确定

根据本流域下垫面情况综合分析，采用 I_m=100 mm，当 P_a≥100 mm 时，取 $P_a=I_m$，故 P_a 的取值范围为 0<P_a≤100 mm。

2.5 汇流方案

将参证站招远站单位线（Δt=1 h）进行缩放后作为战山水库站单位线，详见图 20-3。

单位线的缩放按下列公式计算：

$$\alpha=(F_{设}/F_{参})^{0.5}$$

$$T_{设i}=\alpha T_{参i}$$

$$q_{设i}=\alpha q_{参i}$$

式中：α 为单位线缩放系数；$F_{参}$、$F_{设}$ 分别为参证站、设计站以上控制流域面积；$T_{参i}$ 为参证站单位线逐时段，$T_{参i}$=1，2，…，N；$T_{设i}$ 为设计站单位线逐时段，通常为小数，为满足实际要求，需进一步对缩放结果进行插值，从而得到整时段单位线结果；$q_{参i}$ 为参证站单位线逐时段流量；$q_{设i}$ 为设计站单位线逐时段流量。

3 方案使用说明

预报方案反映了流域综合因素影响下的降雨径流关系、峰量关系。就单次洪水而言，它既有群体的共性，又有单体的个性，所以在具体预报作业中，要从主到次分析影响降雨径流的各水文因素，用以修正各预报值，提高预报精度。

3.1 产流方案

3.1.1 前期影响雨量 P_a 的确定

在进行洪水预报时，应对雨前计算的 P_a 值进行合理性分析，以确定 P_a 的取用值。由于 P_a 是根据公式逐日推算的，如果是流域内局部降雨等代表性差的雨型，容易造成 P_a 值计算误差。如果 P_a 计算值很小，遭遇强度较大的降雨，查读 $P+P_a-R$ 关系曲线时容易造成 R 的查读值偏小；如果 P_a 计算值达到 I_m 值，应分析流域下垫面饱和程度，实际情况是否真正达到 I_m 值。同量级的 P_a 值在汛初、汛中、汛末对降雨径流的影响也不相同，一般来讲，汛初 P_a 计算值代表性较差，往往偏大；汛中以后的 P_a 计算值代表性较好，相对准确。

3.1.2 流域平均雨量 P 的确定

根据流域内雨情逐时段（Δt=1 h）计算时段平均雨量。当累积量达到或超过 50 mm 时，即可进行洪水作业预报。

3.1.3 产流面积 F 的确定

产流面积的取值视下垫面、本次降雨情况而定。一般来讲，当本流域次雨量达到 50 mm 时，首先考虑上游小型水库蓄水情况，若小（2）型水库未蓄满，产流面积取 58.32 km^2；当小（2）型水库均蓄满，产流面积取 79 km^2。当流域平均降水量大于 100 mm 时，流域内小型水库等水利工程全部蓄满，全流域产流，产流面积取近于 79 km^2（具体视前期降水情况、蓄水情况等而定）。

3.1.4 综合因素的影响

降雨径流除受 P_a、F、i 因素影响外，降雨自身的时空分布、河网基流情况等因素的影响也不可忽视。一般来讲，降水中心在中下游、降雨强度大、降雨历时短，有利于产汇流。产流面积大，流域河网基流充足，遇有较大降水，将会产生峰高量大的洪水过程，绝大多数大洪水、特大洪水具备以上有利于产汇流的因素；产流面积小，河网基流较小或干枯，即使遭遇较大降水，也很难产生大的洪水过程，尤其是汛初和久旱无雨状态下，特别明显。当降雨径流各影响因素互补平衡时，会产生相对正常的洪水过程。因此在进行洪水预报作业时，应准确分析各影响因素，灵活运用相关曲线，并进行经验修订，做出相应的洪水预报。

3.1.5 径流深 R 的预报

根据所计算的前期影响雨量 P_a、流域平均雨量 P 查降雨径流相关图（$P+P_a-R$）得到径流深 R。在实际预报作业时，应对有关影响因素进行分析判断，确定线形，并进行经验修正。一般来讲，汛初或久旱无雨，查Ⅱ线；P_a 值较高、产流面积较大、降雨强度较大、河网基流充盈，查Ⅰ线；当已经发生洪水过程再遭遇较大降水过程时，应结合上一场次暴雨洪水的径流系数校核预报的径流深。

3.1.6 洪水总量 W 的计算

根据确定的产流面积 F、预报的径流深 R，由公式 $W=0.1RF$ 计算得到洪水总量 W（或 $W_{净}$）。

3.2 汇流方案

3.2.1 降雨强度的影响

同量级的降雨因雨强的不同，产汇流的效果也不相同。雨强越大，越有利于产汇流，反之，则不利于产汇流。雨强的大小对洪峰流量、峰现时间的影响尤其明显。

3.2.2 单位线推流

在洪水预报作业时，根据洪水特性选取代表性较好的经验单位线，由 R_1，R_2，…，R_n 叠加计算来水过程。如果前后时段净雨强度相差很大，可变更经验单位线叠加推求来水过程。

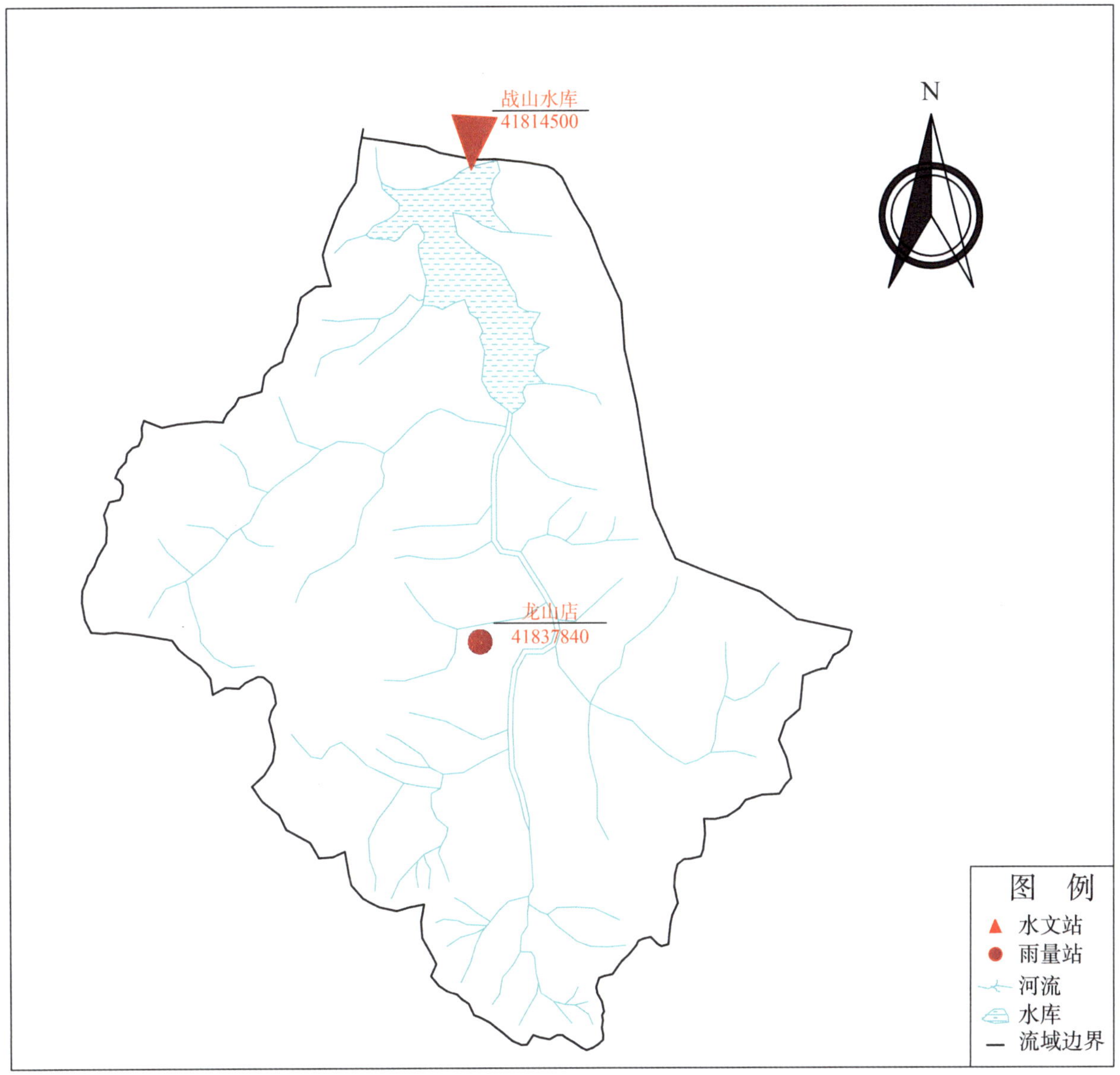

图 20-1　龙山河战山水库站以上流域图

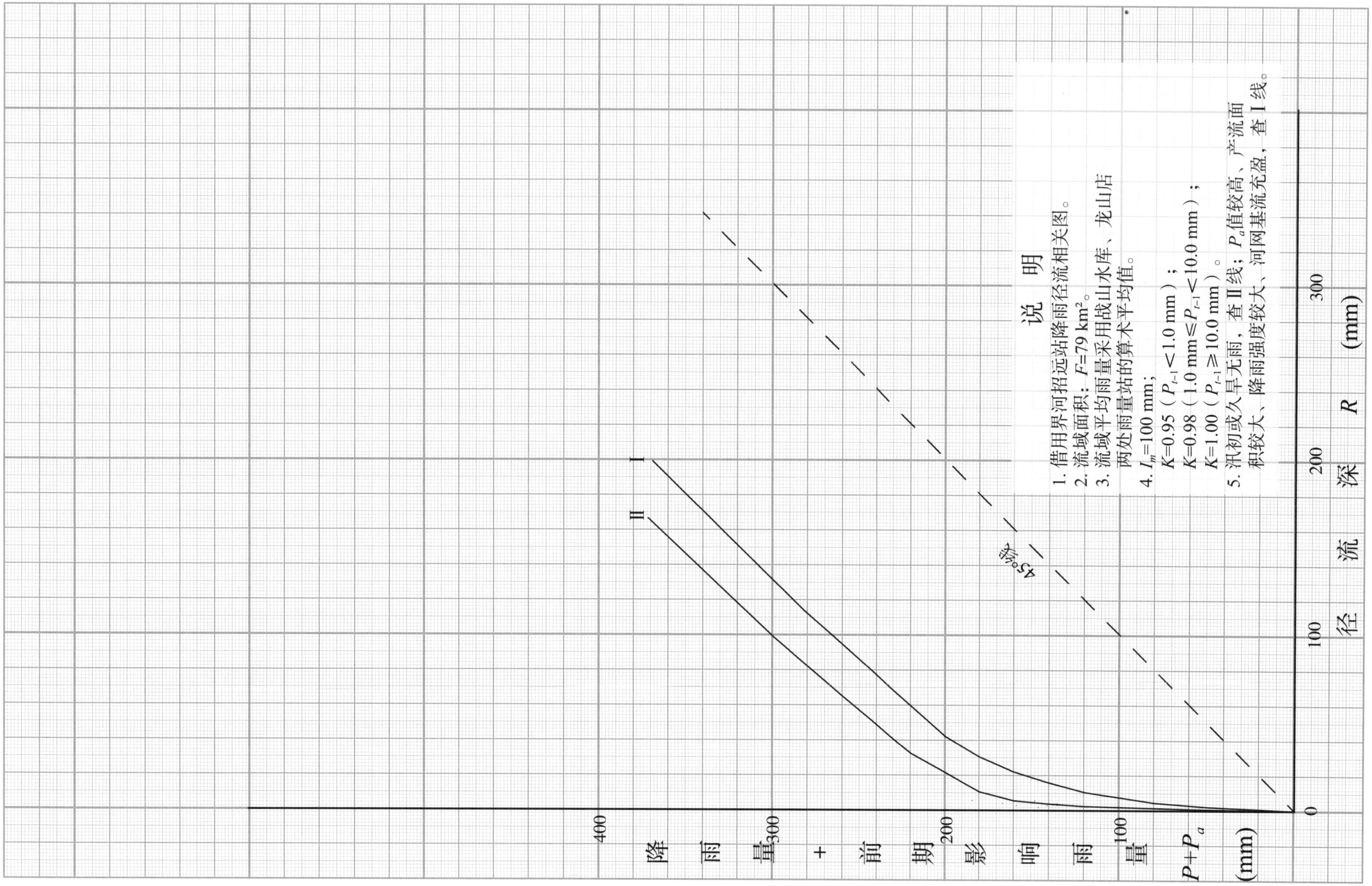

图 20-2　龙山河战山水库站降雨径流相关图（$P+P_a$-R）

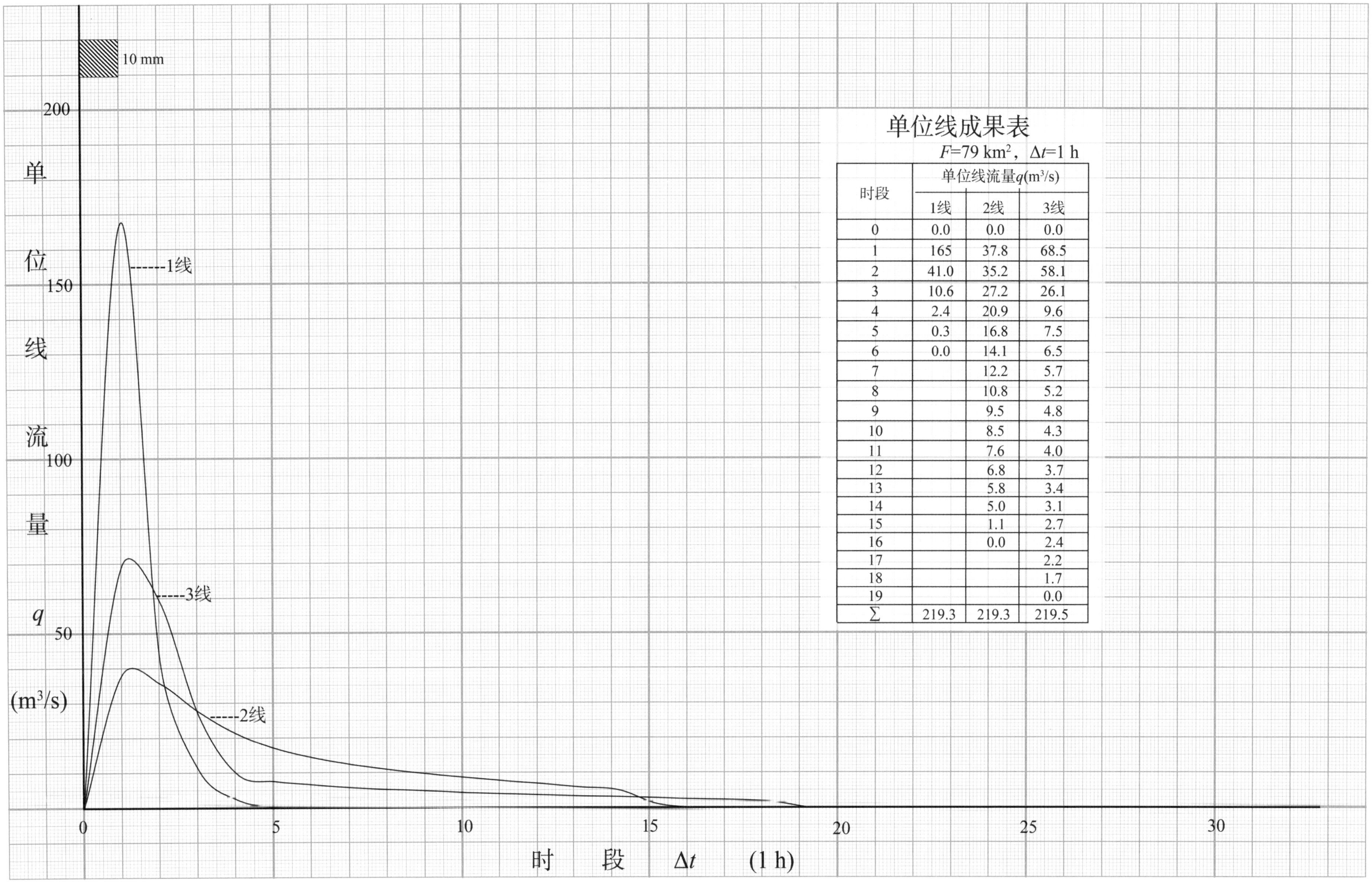

单位线成果表

F=79 km²，Δt=1 h

时段	单位线流量q(m³/s)		
	1线	2线	3线
0	0.0	0.0	0.0
1	165	37.8	68.5
2	41.0	35.2	58.1
3	10.6	27.2	26.1
4	2.4	20.9	9.6
5	0.3	16.8	7.5
6	0.0	14.1	6.5
7		12.2	5.7
8		10.8	5.2
9		9.5	4.8
10		8.5	4.3
11		7.6	4.0
12		6.8	3.7
13		5.8	3.4
14		5.0	3.1
15		1.1	2.7
16		0.0	2.4
17			2.2
18			1.7
19			0.0
Σ	219.3	219.3	219.5

图 20-3 龙山河战山水库站单位线图

第二十一章　平畅河邱山水库站水文预报方案编制说明

1　流域概况

1.1　流域自然地理特征

邱山水库位于烟台市蓬莱区大辛店镇四甲村西、平畅河上游，发源于栖霞市东北石壁山，属沿海诸小河水系。水库控制流域面积 76 km²，其中山区占 20%，丘陵占 80%，地势为南高北低、东西高中间低。流域形状为椭圆形，干流平均比降为 5.42‰。邱山水库站以上流域图见图 21-1。

邱山水库库区地处华北地台（Ⅰ）鲁东地盾（Ⅱ）之胶北隆起区（Ⅲ）的北部边缘，鲁东地盾在性质上属于中等活动强度的边缘断块，区域构造相对稳定。土壤以壤土和沙壤土为主，主要农作物为冬小麦、夏玉米和春玉米，主要经济作物为花生，主要经济树为苹果树等。

邱山水库流域属暖温带东亚大陆性季风气候，暴雨天气系统以台风、台风侧槽、高空槽、江淮气旋为主。年平均降水量 647 mm，汛期 6—9 月降水量约占全年的 70%，其中 7—8 月是暴雨洪水的多发期。流域内河网发育较好，河床比降大，源短流急，洪水暴涨暴落，属山溪性雨源型河流。

1.2　水库工程概况

邱山水库是烟台市比较大的中型水库，灌区设计灌溉面积 4.51 万亩，水库现状没有向城市供水。水库工程等别为Ⅲ等，主要建筑物级别为 3 级，次要建筑物级别为 4 级。水库除险加固前，设计洪水标准为 PMP，实际达到洪水标准 100 年一遇。水库除险加固后，设计洪水标准为 100 年一遇，校核洪水标准 2 000 年一遇。水库工程地震设防烈度为 7 度。

水库枢纽工程包括主坝、副坝、溢洪道和两处放水洞等。

主坝为壤土心墙砂壳坝，现状坝顶中心线全长 640 m，坝顶宽 7.0 m，上游坝肩设有高 0.6 m 的防浪墙，长 600 m、厚 0.45 m。

副坝为自破式非常溢洪道，位于正常溢洪道西侧 10 m 处，未建自破口门，长 40 m，现状为碎石土均质坝。坝顶高程 63.67 m，坝顶宽 6.5 m。

溢洪道位于主坝西端，为有闸控制开敞式。建有 3 孔溢洪闸，采用露顶式平板钢闸门，溢流堰为梯形折线堰，堰顶高程 54.47 m。闸前铺盖长 20 m，铺盖两侧建浆砌石翼墙扭面。闸后紧接陡坡，陡坡长 116 m，陡坡末端为钢筋混凝土连续式挑流消能。

放水洞分为东、西两个。西放水洞洞身为钢筋混凝土压力管结构，内径 1.0 m，进口高程 49.18 m，长 97 m，比降 1/300，设计流量 3.0 m³/s。竖井位于坝前坡，闸室内设 1.0 m×1.0 m 平板铸铁闸门。东放水洞为无压隧洞，进口高程 49.18 m，长 180 m，比降 1/300，洞身断面净尺寸 1.4 m×1.5 m，闸门为 1.0 m×1.1 m 平板铸铁闸门。

1.3　上游水利工程概况

邱山水库坝址以上自 20 世纪 60 年代开始先后建成小（2）型水库 14 座，控制总流域面积 8.99 km²，总兴利库容 195.65 万 m³，总库容 271.7 万 m³，详见表 21-1。

表 21-1　邱山水库坝址以上小型水库情况表

水库名称		建成时间	控制流域面积（km²）	总库容（万 m³）	兴利库容（万 m³）
小（2）型水库	花沟	1966 年 6 月	1.51	71.2	48.0
	台上沟	1974 年 5 月	0.6	26.1	21.8
	苗护沟	1968 年 11 月	0.42	18.7	14.0
	初格庄东沟	1973 年 10 月	0.83	10.2	5.6
	后沟	1965 年 5 月	1.77	23.3	18.0
	石榴沟	1974 年 6 月	0.48	10.3	6.3
	瓦沟	1973 年 6 月	0.31	16.3	13.0
	泉水眼	1966 年 5 月	0.24	11.0	9.2
	果实沟	1966 年 6 月	0.52	11.7	6.9
	讨福沟	1972 年 5 月	0.54	11.7	7.6
	臧家夼东沟	1966 年 7 月	0.83	20.3	15.0
	查木沟	1976 年 5 月	0.3	17.6	15.2
	臧家夼南沟	1972 年 6 月	0.33	13.3	9.05
	东南沟	1973 年 4 月	0.31	10.0	6.0
合计			8.99	271.7	195.65

1.4　水库工程指标及汛期控制运用指标

邱山水库建于 1961 年 6 月，其工程指标及汛期控制运用指标见表 21-2。

表 21-2　邱山水库工程指标及汛期控制运用指标表

1. 工程指标					
总库容（万 m^3）	防浪墙顶高程（m）	坝顶高程（m）	溢洪道（闸）		
			底高程（m）	孔数	净宽（m）
3 003	64.35	63.75	54.47	3	24.0
兴利水位（m）	兴利水位相应库容（万 m^3）	死水位（m）	死库容（万 m^3）		
58.57	1 950	49.18	180		
2. 防洪标准					
设计		校核		历史	
重现期（年）	最高水位（m）	重现期（年）	最高水位（m）	最高水位（m）/出现日期	最大泄量（m^3/s）/出现日期
100	59.63	2 000	61.19	59.32 /1962-8-19	235 /1982-8-26
3. 控制运用指标					
汛中				汛末	
限制水位（m）	相应库容（万 m^3）	超蓄水位（m）	相应库容（万 m^3）	蓄水位（m）	相应库容（万 m^3）
57.37	1 566	58.20	1 829.3	58.57	1 950
允许壅高水位（m）	警戒水位（m）	允许最高水位（m）	高程基准面		
59.13/59.43	59.63	61.19	1985 年国家高程基准		
水库下游安全泄量（m^3/s）		150/290			
控泄方式		随着洪水入库过程变化，当库水位低于第一允许壅高水位 59.13 m 时，按闸门均匀等高开启 1.28 m，控制泄流量不大于 150 m^3/s；当库水位达到第一允许壅高水位时，应将闸门开启度加大至 2.59 m，控制泄流量不大于 290 m^3/s；当库水位达到第二允许壅高水位 59.43 m 时，应全开溢洪闸门敞泄，以确保水库大坝安全			

1.5　测站概况

1.5.1　站网情况

邱山水库水文站，位于山东省烟台市蓬莱区大辛店镇邱山水库，站码 41837900，于 2017 年设站，主要收集汛期降水量、水库水位、出入库流量等有关水文资料，进行水库洪水预报、抗洪能力计算、调洪演算等，为防汛抗旱、水资源控制运用提供信息。

邱山水库站以上流域内有邱山水库、龙回头、遇驾夼三处雨量站。其中龙回头雨量站位于山东省烟台市福山区臧家庄镇龙回头村，站码 41837890，为汛期站；遇驾夼雨量站位于山东省烟台市蓬莱区大辛店镇遇驾夼村，站码 41837895，为汛期站。

1.5.2　高程系情况

邱山水库站高程基面采用 1985 年国家高程基准面。

2　预报方案编制

2.1　资料情况

邱山水库站无实测年鉴水文摘录资料。

2.2　历史洪水

经调查，邱山水库流域历史上曾发生过多次较大洪水，根据《山东省蓬莱市山洪灾害调查评价历史洪水调查报告》（烟台市水文局 2015 年），主要洪水如下：

1972 年 8 月 4 日，全市平均降雨 97.3 mm，大辛店镇响李村因上游响吕水库决口导致洪水入村。

1976 年 7 月 30 日，6 h 降雨 340 mm，大辛店镇川李村村中河洪水漫出河道，进入河道北侧房屋。

1982 年 8 月 25 日，全市 24 h 降雨 253.4 mm，大辛店镇仙人李家村当日洪水漫出河道，进入沿河房屋。

1985 年 8 月 18 日，全市平均降雨 295.2 mm，大辛店镇龙山店村龙山河洪水漫出进入老河道，使老河道洪水漫出，从村东南进入村内。

2009 年 7 月 17 日 20 时至 18 日 5 时，全市平均降雨量达到 182.3 mm，大辛店镇石门曲家村村中河洪水与东河洪水发生托顶，洪水漫出，进入沿河房屋。

2.3　参证站选择

邱山水库站地形地貌和下垫面基本特征与海阳站相似，故以海阳站作为邱山水库站的参证站。参证站海阳站以上流域面积 $F_{参} = 54.6\ km^2$；设计站邱山水库站以上流域面积 $F_{设} = 76\ km^2$。

2.4　产流方案

2.4.1　降雨径流关系

产流方案根据邱山水库站以上流域地形地貌、自然地理、水土保持、水利工程、暴雨时空分布等，移用海阳站的降雨径流关系，修订后在该流域应用，并在实际预报中完善，形成适合该流域的降雨径流关系，详见图 21-2。

海阳水文站降雨径流关系，因为流域内水利工程、下垫面条件、水土保持条件等的变化，出现了两条关系曲线，一条同级降水产流较小，一条同级降水产流较大，前者适合较干旱或者汛初降水发生洪水情况，另一条适合汛中后期、下垫面含水量较大、水利工程近于蓄满情况。

2.4.2 相关要素的分析计算

2.4.2.1 流域平均降水量 P 的计算

流域平均降水量采用流域内邱山水库、龙沟头、遇驾夼三处雨量站的算术平均值。

2.4.2.2 流域平均前期影响雨量 P_a 的计算

分析汛前降水情况，初步确定四月或五月初土壤含水量经验值，然后根据公式逐日计算，直到汛期发生暴雨洪水，P_a 基本接近实值。其计算公式为

$$P_{a,t}=K(P_{a,t-1}+P_{t-1})$$

式中：$P_{a,t}$ 为当日的前期影响雨量（mm）；$P_{a,t-1}$ 为前一日的前期影响雨量（mm）；P_{t-1} 为前一日流域平均雨量（mm）；K 为前期影响雨量递减系数。

$K=0.95$（$P_{t-1}<1.0$ mm）；$K=0.98$（1.0 mm $\leqslant P_{t-1}<10.0$ mm）；$K=1.00$（$P_{t-1}\geqslant 10.0$ mm）。

2.4.2.3 最大损失量 I_m 的确定

根据本流域下垫面情况综合分析，采用 $I_m=100$ mm，当 $P_a\geqslant 100$ mm 时，取 $P_a=I_m$，故 P_a 的取值范围为 $0<P_a\leqslant 100$ mm。

2.5 汇流方案

将参证站海阳站单位线（$\Delta t=1$ h）进行缩放后作为邱山水库站单位线，详见图 21-3。

单位线的缩放按下列公式计算：

$$\alpha=(F_{设}/F_{参})^{0.5}$$

$$T_{设i}=\alpha T_{参i}$$

$$q_{设i}=\alpha q_{参i}$$

式中：α 为单位线缩放系数；$F_{参}$、$F_{设}$ 分别为参证站、设计站以上控制流域面积；$T_{参i}$ 为参证站单位线逐时段，$T_{参i}=1, 2, \cdots, N$；$T_{设i}$ 为设计站单位线逐时段，通常为小数，为满足实际要求，需进一步对缩放结果进行插值，从而得到整时段单位线结果；$q_{参i}$ 为参证站单位线逐时段流量；$q_{设i}$ 为设计站单位线逐时段流量。

3 方案使用说明

预报方案反映了流域综合因素影响下的降雨径流关系、峰量关系。就单次洪水而言，它既有群体的共性，又有单体的个性，所以在具体预报作业中，要从主到次分析影响降雨径流的各水文因素，用以修正各预报值，提高预报精度。

3.1 产流方案

3.1.1 前期影响雨量 P_a 的确定

在进行洪水预报时，应对雨前计算的 P_a 值进行合理性分析，以确定 P_a 的取用值。由于 P_a 是根据公式逐日推算的，如果是流域内局部降雨等代表性差的雨型，容易造成 P_a 值计算误差。如果 P_a 计算值很小，遭遇强度较大的降雨，查读 $P+P_a-R$ 关系曲线时容易造成 R 的查读值偏小；如果 P_a 计算值达到 I_m 值，应分析流域下垫面饱和程度，实际情况是否真正达到 I_m 值。同量级的 P_a 值在汛初、汛中、汛末对降雨径流的影响也不相同，一般来讲，汛初 P_a 计算值代表性较差，往往偏大；汛中以后的 P_a 计算值代表性较好，相对准确。

3.1.2 流域平均雨量 P 的确定

根据流域内雨情逐时段（$\Delta t=1$ h）计算时段平均雨量。当累积量达到或超过 50 mm 时，即可进行洪水作业预报。

3.1.3 产流面积 F 的确定

产流面积的取值视下垫面、本次降雨情况而定，一般来讲，当本流域次雨量达到 50 mm 时，首先考虑上游小型水库蓄水情况，若小（2）型水库未蓄满，产流面积取 67.01 km^2；当小（2）型水库蓄满，产流面积取 76 km^2。当流域平均降水量大于 100 mm 时，流域内小型水库等水利工程全部蓄满，全流域产流，产流面积取近于 76 km^2（具体视前期降水情况、蓄水情况等而定）。

3.1.4 综合因素的影响

降雨径流除受 P_a、F、i 因素影响外，降雨自身的时空分布、河网基流情况等因素的影响也不可忽视。一般来讲，降水中心在中下游、降雨强度大、降雨历时短，有利于产汇流。产流面积大，流域河网基流充足，遇有较大降水，将会产生峰高量大的洪水过程，绝大多数大洪水、特大洪水具备以上有利于产汇流的因素；产流面积小，河网基流较小或干枯，即使遭遇较大降水，也很难产生大的洪水过程，尤其是汛初和久旱无雨状态下，特别明显。当降雨径流各影响因素互补平衡时，会产生相对正常的洪水过程。因此在进行洪水预报作业时，应准确分析各影响因素，灵活运用相关曲线，并进行经验修订，做出相应的洪水预报。

3.1.5 径流深 R 的预报

根据所计算的前期影响雨量 P_a、流域平均雨量 P 查降雨径流相关图（$P+P_a-R$）得到径流深 R。在实际预报作业时，应对有关影响因素进行分析判断，确定线形，并进行经验修正。一般来讲，汛初或久旱无雨，查Ⅱ线；P_a 值较高、产流面积较大、降雨强度较大、河网基流充盈，查Ⅰ线；当已经发生洪水过程再遭遇较大降水过程时，应结合上一场次暴雨洪水的径流系数校核预报的径流深。

3.1.6 洪水总量 W 的计算

根据确定的产流面积 F、预报的径流深 R，由公式 $W=0.1RF$ 计算得到洪水总量 W（或 $W_{净}$）。

3.2 汇流方案

3.2.1 降雨强度的影响

同量级的降雨因雨强的不同，产汇流的效果也不相同。雨强越大，越有利于产汇流，反之，则不利于产汇流。雨强的大小对洪峰流量、峰现时间的影响尤其明显。

3.2.2 单位线推流

在洪水预报作业时，根据洪水特性选取代表性较好的经验单位线，由 R_1，R_2，…，R_n 叠加计算来水过程。如果前后时段净雨强度相差很大，可变更经验单位线叠加推求来水过程。

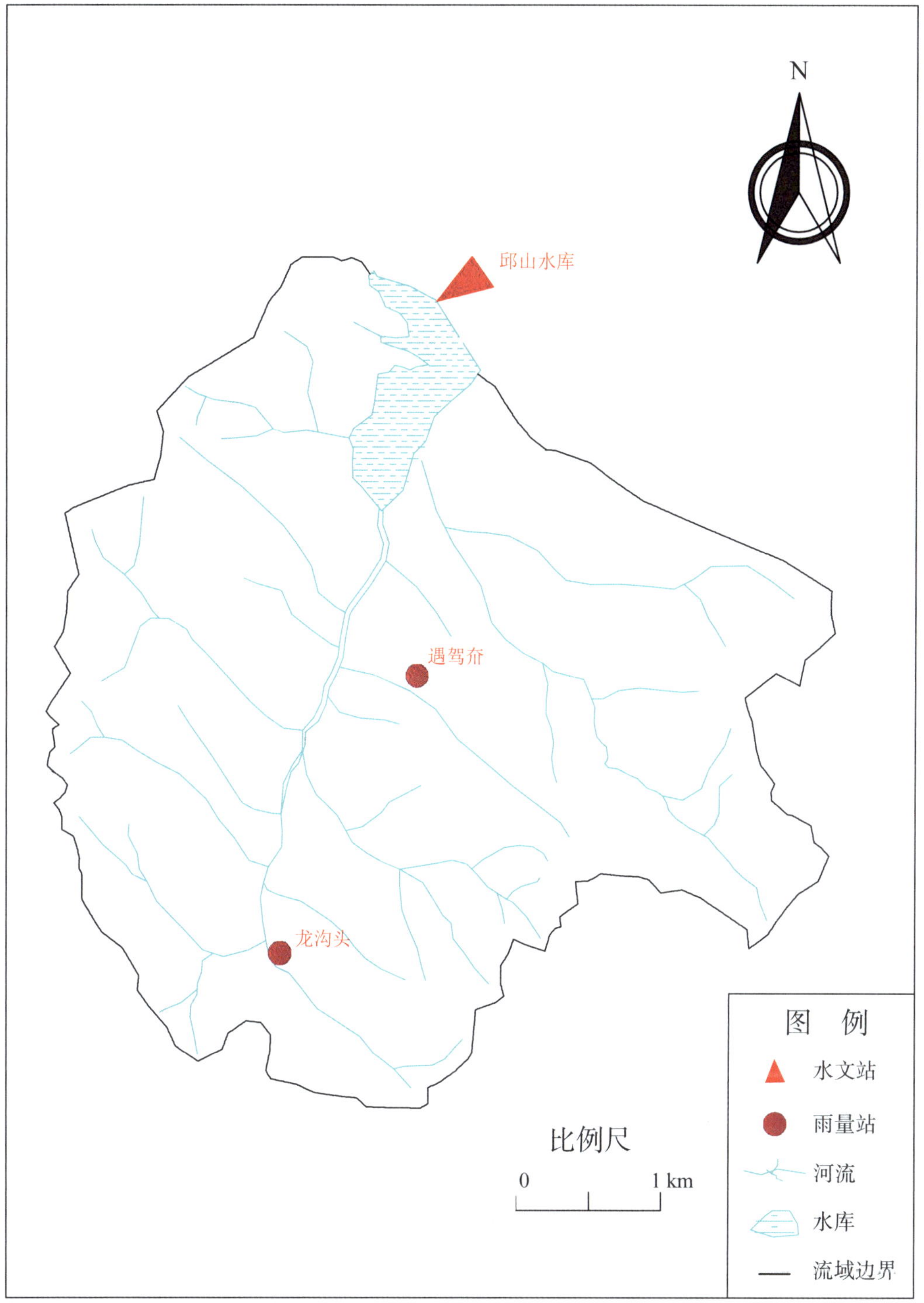

图 21-1　平畅河邱山水库站以上流域图

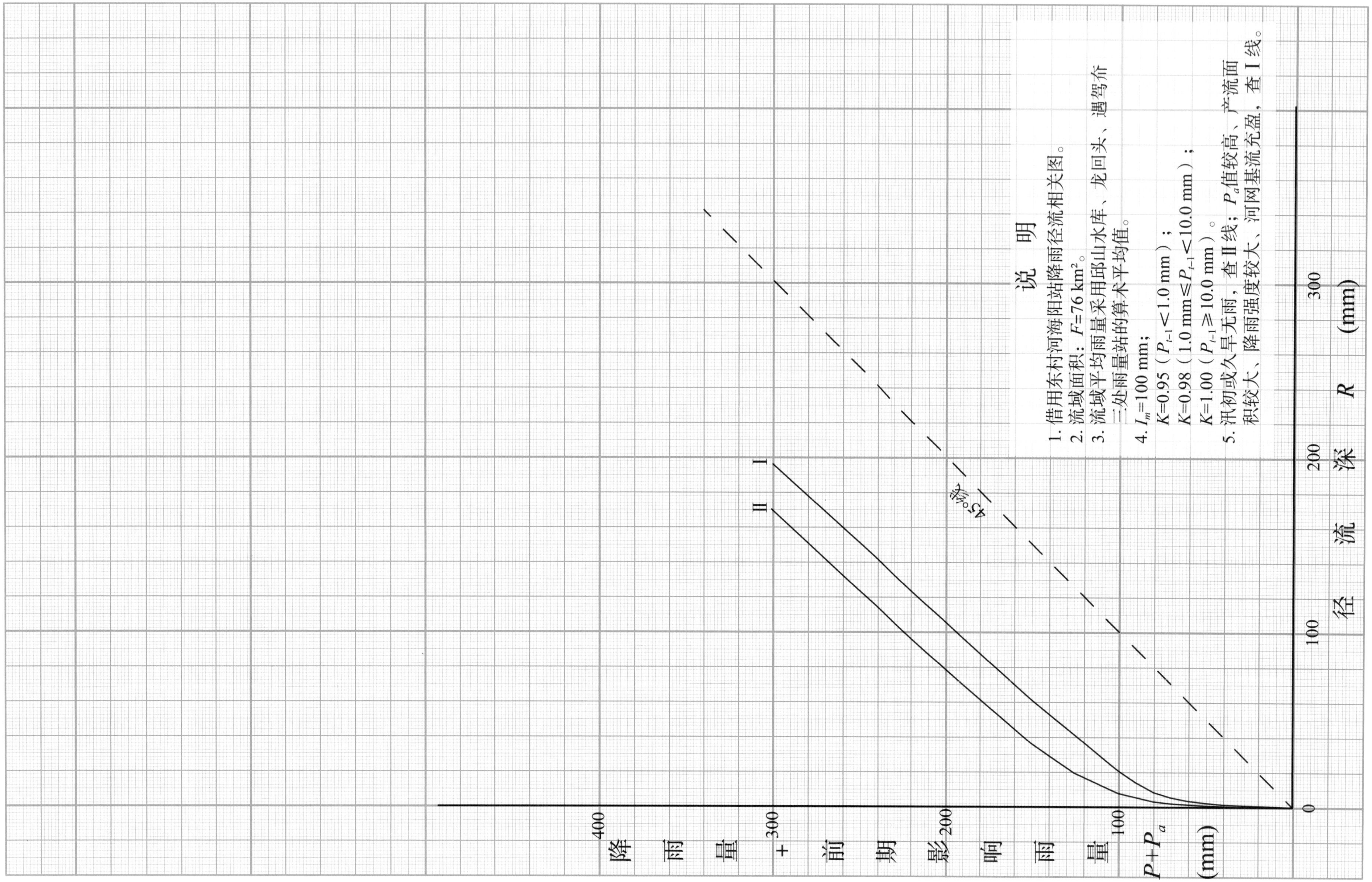

图 21-2 平畅河邱山水库站降雨径流相关图（$P+P_a$-R）

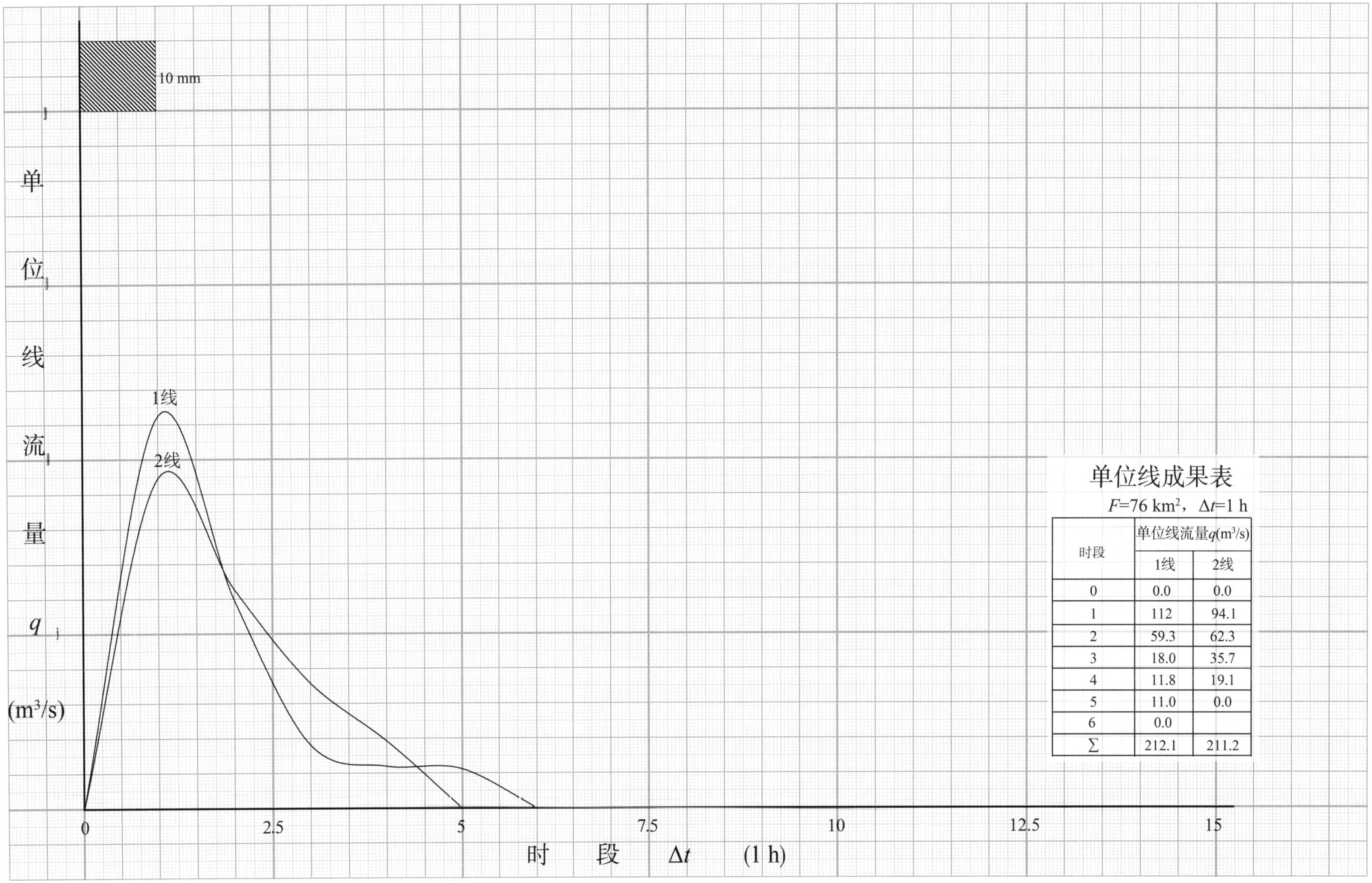

单位线成果表

F=76 km²，Δt=1 h

时段	单位线流量q(m³/s)	
	1线	2线
0	0.0	0.0
1	112	94.1
2	59.3	62.3
3	18.0	35.7
4	11.8	19.1
5	11.0	0.0
6	0.0	
∑	212.1	211.2

图 21-3　平畅河邱山水库站单位线图

第二十二章　白洋河庵里水库站水文预报方案编制说明

1　流域概况

1.1　流域自然地理特征

庵里水库位于栖霞市松山街道庵里村南、白洋河上游，属大沽夹河水系清洋河流域，流域面积 150 km^2。水库流域形状呈扇形，地形坡度较大，属低山丘陵区，山区占 95%，丘陵区占 5%。地势南高北低、东西高中间洼，高程都在 100 m 以上。流域平均宽度 10 km，干流长 15 km，干流平均坡降为 3.3‰。庵里水库站以上流域图见图 22-1。

庵里水库流域内土壤多为壤土和沙壤土，其次是黏土。土壤透水性较好，肥力一般。整个流域经过多年的水土治理，森林覆盖率已经达到 45% 以上。

庵里水库流域属暖温带东亚大陆性季风气候，气候温和，四季分明。多年平均气温 11.5 ℃，最高气温达 38 ℃，最低温度-17.3 ℃，年无霜期 222 d，历年最大冻土深 0.5 m，平均风速 4.5 m/s。多年平均蒸发量 1 186.5 mm，4—6 月达 475.7 mm，占全年蒸发量的 40.1%。其气候特点是：春季常刮大风，以西南风为多，空气相对干燥；夏季麦收前后伴有冰雹灾害天气，中干热风多在 5 月下旬至 6 月中旬出现，汛期湿热多雨且降水集中，时有台风登陆，形成暴雨洪水；秋季天气凉爽，风向较乱，个别年份甚至有连绵阴雨发生；冬季干冷，雨雪稀少，多北风或西北风。

清洋河流域为典型的山溪性雨源型河道，河道径流量与降水量变化规律一致，且年内、年际变化大。洪水季节性很强，枯季流量较小，洪水主要集中在汛期（6—9 月），陡涨陡落，一次洪水过程持续时间较短。

1.2　水库工程概况

庵里水库规模为中型，总库容 7 603 万 m^3，兴利库容 3 810 万 m^3，灌区设计灌溉面积 6 万亩。工程等级为Ⅲ等，主要建筑物级别为 3 级，次要建筑物级别为 4 级。水库除险加固前，设计洪水标准为 100 年一遇，校核洪水标准为 300 年一遇。水库除险加固后，设计洪水标准为 100 年一遇，校核洪水标准为 2 000 年一遇。水库工程地震设防烈度为 7 度。

水库枢纽工程包括主坝、副坝、溢洪道、放水洞和电站。

主坝为黏土心墙坝，坝顶长 737 m、宽 7 m，最大坝高 28.17 m，坝顶高程 121.10 m。

副坝为黏土心墙砂壳坝，坝顶长 120 m、宽 6 m，坝顶高程 120.98 m，最大坝高15.57 m。

溢洪道位于水库大坝的西部、松山街道公山后村前，与水库大坝之间有公路、山丘相隔，相距 1.0 km 左右。溢洪道为无闸控制开敞式，全长 1 720 m，进口底高程 114.94 m，净宽 40 m。

放水洞位于主坝西端桩号 0+165 处，为浆砌石压力拱涵洞，断面尺寸为 1.23 m×1.23 m，矢高 0.615 m，进口底高程 100.44 m，出口底高程 99.94 m，全长 106.8 m，设计引水流量为 5.34 m^3/s。竖井内设 1.5 m×1.5 m 铸铁闸门，启闭机为 30 t 电动固定螺杆式，放水洞出口设蝶阀控制。

电站位于主坝放水洞末端，为坝后式电站，1960 年 6 月开工，1960 年 12 月竣工，两台机组，总装机容量 325 kW。

1.3　上游水利工程概况

庵里水库流域内有小（1）型水库 2 座、小（2）型水库 4 座，控制流域面积 16.26 km^2，总库容 413.2 万 m^3，总兴利库容 235 万 m^3，详见表 22-1。

表 22-1　庵里水库流域内水利工程情况表

水库名称		建成时间	流域面积（km^2）	库容（万 m^3）	
				总库容	兴利库容
小（1）型	王格庄	1971 年	6.2	198	113.6
	主格庄	1959 年	7.0	135	81.6
小（2）型	上宋家	1962 年	1.42	13.6	8.0
	陈家	1972 年	0.34	12.5	8.0
	大霞址	1968 年	0.6	19.1	15.0
	枣林庄	1966 年	0.7	35.0	8.8
合计			16.26	413.2	235

1.4　水库工程指标及汛期控制运用指标

庵里水库于 1958 年 6 月动工修建，1960 年 8 月基本建成并投于使用。其工程指标及汛期控制运用指标见表 22-2。

表 22-2　庵里水库工程指标及汛期控制运用指标表

1. 工程指标					
总库容（万 m^3）	防浪墙顶高程（m）	主坝坝顶高程（m）	溢洪道（闸）		
			底高程（m）	孔数	净宽（m）
7 603	122.10	121.10	114.94	无闸	40.0
兴利水位（m）	兴利水位相应库容（万 m^3）	死水位（m）	死库容（万 m^3）		
114.94	4 070	100.44	260		

续表

2. 防洪标准					
设计		校核		历史	
重现期（年）	最高水位（m）	重现期（年）	最高水位（m）	最高水位（m）/出现日期	最大泄量（m^3/s）/出现日期
100	118.82	2 000	119.58	117.57 /2022-9-16	255.90 /2022-9-16
3. 控制运用指标					
汛中				汛末	
限制水位（m）	相应库容（万 m^3）	超蓄水位（m）	相应库容（万 m^3）	蓄水位（m）	相应库容（万 m^3）
114.94	4 070	114.94	4 070	114.94	4 070
允许壅高水位（m）	警戒水位（m）	允许最高水位（m）	高程基准面		
—	118.86	119.58	1956 年黄海		
水库下游安全泄量（m^3/s）				668	
控泄方式				敞泄	

1.5 测站概况

1.5.1 站网情况

庵里水库水文站，于 2020 年 1 月设站，站码 41814390，位于山东省栖霞市松山街道庵里村，主要收集流域内降水量、水库水位、出入库流量等有关水文资料，为防汛抗旱、水资源控制运用提供信息。

庵里水库流域内有一处国家雨量站、两处报汛站。栖霞雨量站，站码 41837950，位于山东省栖霞市庄园街道山城路 73 号，于 1951 年设站，雨量器型式为 20 cm JDZ05 型翻斗式雨量计，为常年站，刊布逐日降水量表、降水量摘录表、各时段最大降水量表 1。邹家雨量站，站码 41838000，位于栖霞市松山街道邹家村，于 1986 年设站，为汛期雨量站。庵里雨量站，站码 41814390，位于庵里水库，于 1956 年设站，为门楼水库报汛站。

1.5.2 高程系情况

庵里水库站高程基面采用 1956 年黄海基面。

2 预报方案编制

2.1 资料情况

庵里水库站无实测年鉴水文摘录资料。

2.2 历史洪水

经调查，庵里水库流域历史上曾发生过多次较大洪水，根据《山东省烟台市栖霞市山洪灾害调查评价历史洪水调查报告》（烟台市水文局 2015 年），主要洪水如下：

1979 年 7 月 31 日，栖霞市翠屏街道老龙湾村清洋河发生洪水，并进入村中，淹没村民房屋，最大水深达 1.4 m。

1979 年 7 月 31 日，栖霞市翠屏街道石盒子村刘家河发生洪水，并进入村中，淹没房屋，水深最高达 1.5 m；上孙家村刘家河发生洪水，并进入村中，淹没房屋，水深最高达 1.3 m。

2.3 参证站选择

庵里水库站地形地貌和下垫面基本特征与牟平站相似，故以牟平站作为庵里水库站的参证站。参证站牟平站以上流域面积 $F_{参}=168\ km^2$；设计站庵里水库站以上流域面积 $F_{设}=150\ km^2$。

2.4 产流方案

2.4.1 降雨径流关系

2.4.1.1 移用牟平站降雨径流关系

产流方案根据庵里水库站以上流域地形地貌、自然地理、水土保持、水利工程、暴雨时空分布等，移用牟平站的降雨径流关系，修订后在该流域应用，并在实际预报中完善，形成适合该流域的降雨径流关系，详见图 22-2。

牟平水文站降雨径流关系，因为流域内水利工程、下垫面条件、水土保持条件等的变化，出现了两条关系曲线，一条同级降水产流较小，一条同级降水产流较大，前者适合较干旱或者汛初降水发生洪水情况，另一条适合汛中后期、下垫面含水量较大、水利工程近于蓄满情况。庵里水库流域内水利工程有 2 座小（1）型水库、4 座小（2）型水库，流域平均坡度较大，更有利于产流，故庵里水库站降雨径流关系直接移用牟平站较有利于产流的降雨径流关系。

2.4.1.2 山东省中小河流设计洪水胶东半岛降雨径流关系（2 号线）

根据《中小河流意见》，由暴雨推求设计洪水，其产流方案中不同地区采用不同的降雨径流关系线。对于胶东半岛地区，当设计流域面积小于 300 km^2 时，降雨径流关系采用 2 号线。

2.4.1.3　胶东半岛降雨径流关系与移用的牟平站降雨径流关系比较

将参证站牟平站降雨径流关系中产流较大的曲线与山东省设计洪水模式下的 2 号线进行比较，详见表 22-3。由该表可以看出，山东省设计洪水模式下胶东半岛降雨径流关系明显大于实测值（相对增大 36.7%~76.3%，并随降雨增加而减少，在有利于工程安全），在实际预报中应根据实测情况加以修正。

表 22-3　胶东半岛降雨径流关系与移用的牟平站降雨径流关系比较

序号	$P+P_a$（mm）	R（mm）		相对误差（%）	序号	$P+P_a$（mm）	R（mm）		相对误差（%）
		参证站	中小河流意见				参证站	中小河流意见	
1	0	0	0		7	200	57	129	-55.8
2	100	9	38	-76.3	8	220	73	148	-50.7
3	120	13	55	-76.4	9	240	89.5	137	-34.7
4	140	20	73	-72.6	10	260	106.5	187	-43.0
5	160	29	91	-68.1	11	280	124.5	206	-39.6
6	180	42	110	-61.8	12	300	143	226	-36.7

2.4.2　相关要素的分析计算

2.4.2.1　流域平均降水量 P 的计算

流域平均降水量采用流域内栖霞、庵里、邹家三个雨量站的算术平均值。

2.4.2.2　流域平均前期影响雨量 P_a 的计算

分析汛前降水情况，初步确定四月或五月初土壤含水量经验值，然后根据公式逐日计算，直到汛期发生暴雨洪水，P_a 基本接近实值。其计算公式为

$$P_{a,t} = K(P_{a,t-1} + P_{t-1})$$

式中：$P_{a,t}$ 为当日的前期影响雨量（mm）；$P_{a,t-1}$ 为前一日的前期影响雨量（mm）；P_{t-1} 为前一日流域平均雨量（mm）；K 为前期影响雨量递减系数。

$K=0.95$（$P_{t-1}<1.0$ mm）；$K=0.98$（$1.0\ \text{mm} \leqslant P_{t-1}<10.0$ mm）；$K=1.00$（$P_{t-1} \geqslant 10.0$ mm）。

2.4.2.3　最大损失量 I_m 的确定

根据本流域下垫面情况综合分析，采用 $I_m=100$ mm，当 $P_a \geqslant 100$ mm 时，取 $P_a=I_m$，故 P_a 的取值范围为 $0<P_a \leqslant 100$ mm。

2.5　汇流方案

将参证站沁水河牟平站单位线（$\Delta t=2$ h）进行缩放后作为庵里水库站单位线，详见图 22-3。

单位线的缩放按下列公式计算：

$$\alpha = (F_{设}/F_{参})^{0.5}$$

$$T_{设i} = \alpha T_{参i}$$

$$q_{设i} = \alpha q_{参i}$$

式中：α 为单位线缩放系数；$F_{参}$、$F_{设}$ 分别为参证站、设计站以上控制流域面积；$T_{参i}$ 为参证站单位线逐时段，$T_{参i}=1, 2, \cdots, N$；$T_{设i}$ 为设计站单位线逐时段，通常为小数，为满足实际要求，需进一步对缩放结果进行插值，从而得到整时段单位线结果；$q_{参i}$ 为参证站单位线逐时段流量；$q_{设i}$ 为设计站单位线逐时段流量。

3　方案使用说明

预报方案反映了流域综合因素影响下的降雨径流关系、峰量关系。就单次洪水而言，它既有群体的共性，又有单体的个性，所以在具体预报作业中，要从主到次分析影响降雨径流的各水文因素，用以修正各预报值，提高预报精度。

3.1　产流方案

3.1.1　前期影响雨量 P_a 的确定

在进行洪水预报时，应对雨前计算的 P_a 值进行合理性分析，以确定 P_a 的取用值。由于 P_a 是根据公式逐日推算的，如果是流域内局部降雨等代表性差的雨型，容易造成 P_a 值计算误差。如果 P_a 计算值很小，遭遇强度较大的降雨，查读 $P+P_a$-R 关系曲线时容易造成 R 的查读值偏小；如果 P_a 计算值达到 I_m 值，应分析流域下垫面饱和程度，实际情况是否真正达到 I_m 值。同量级的 P_a 值在汛初、汛中、汛末对降雨径流的影响也不相同，一般来讲，汛初 P_a 计算值代表性较差，往往偏大；汛中以后的 P_a 计算值代表性较好，相对准确。

3.1.2　流域平均雨量 P 的确定

根据流域内雨情逐时段（$\Delta t=2$ h）计算时段平均雨量。当累积量达到或超过 50 mm 时，即可进行洪水作业预报。

3.1.3　产流面积 F 的确定

产流面积的取值视下垫面、本次降雨情况而定。一般来讲，当本流域次雨量达到 50 mm 时，首先考虑上游小型水库蓄水情况，若小（2）型水库蓄满、小（1）型水库未蓄满，产流面积取 136.8 km^2；当小（1）、小（2）型水库均未蓄满时，产流面积为 133.74 km^2。当流域平均降水量大于 100 mm 时，流域内小型水库等水利工程全部蓄满，全流域产流，产流面积取近于 150 km^2（具体视前期降水情况、蓄水情况等而定）。

3.1.4 综合因素的影响

降雨径流除受 P_a、F、i 因素影响外，降雨自身的时空分布、河网基流情况等因素的影响也不可忽视。一般来讲，降水中心在中下游、降雨强度大、降雨历时短，有利于产汇流。产流面积大，流域河网基流充足，遇有较大降水，将会产生峰高量大的洪水过程，绝大多数大洪水、特大洪水具备以上有利于产汇流的因素；产流面积小，河网基流较小或干枯，即使遭遇较大降水，也很难产生大的洪水过程，尤其是汛初和久旱无雨状态下，特别明显。当降雨径流各影响因素互补平衡时，会产生相对正常的洪水过程。因此在进行洪水预报作业时，应准确分析各影响因素，灵活运用相关曲线，并进行经验修订，做出相应的洪水预报。

3.1.5 径流深 *R* 的预报

根据所计算的前期影响雨量 P_a、流域平均雨量 P 查降雨径流相关图（$P+P_a-R$）得到径流深 R。在实际预报作业时，应对有关影响因素进行分析判断，确定线形，并进行经验修正。一般来讲，汛初或久旱无雨，查Ⅱ线；P_a 值较高、产流面积较大、降雨强度较大、河网基流充盈，查Ⅰ线；当已经发生洪水过程再遭遇较大降水过程时，应结合上一场次暴雨洪水的径流系数校核预报的径流深。

3.1.6 洪水总量 *W* 的计算

根据确定的产流面积 F、预报的径流深 R，由公式 $W=0.1RF$ 计算得到洪水总量 W（或 $W_{净}$）。

3.2 汇流方案

3.2.1 降雨强度的影响

同量级的降雨因雨强的不同，产汇流的效果也不相同。雨强越大，越有利于产汇流，反之，则不利于产汇流。雨强的大小对洪峰流量、峰现时间的影响尤其明显。

3.2.2 单位线推流

在洪水预报作业时，根据洪水特性选取代表性较好的经验单位线，由 R_1，R_2，…，R_n 叠加计算来水过程。如果前后时段净雨强度相差很大，可变更经验单位线叠加推求来水过程。

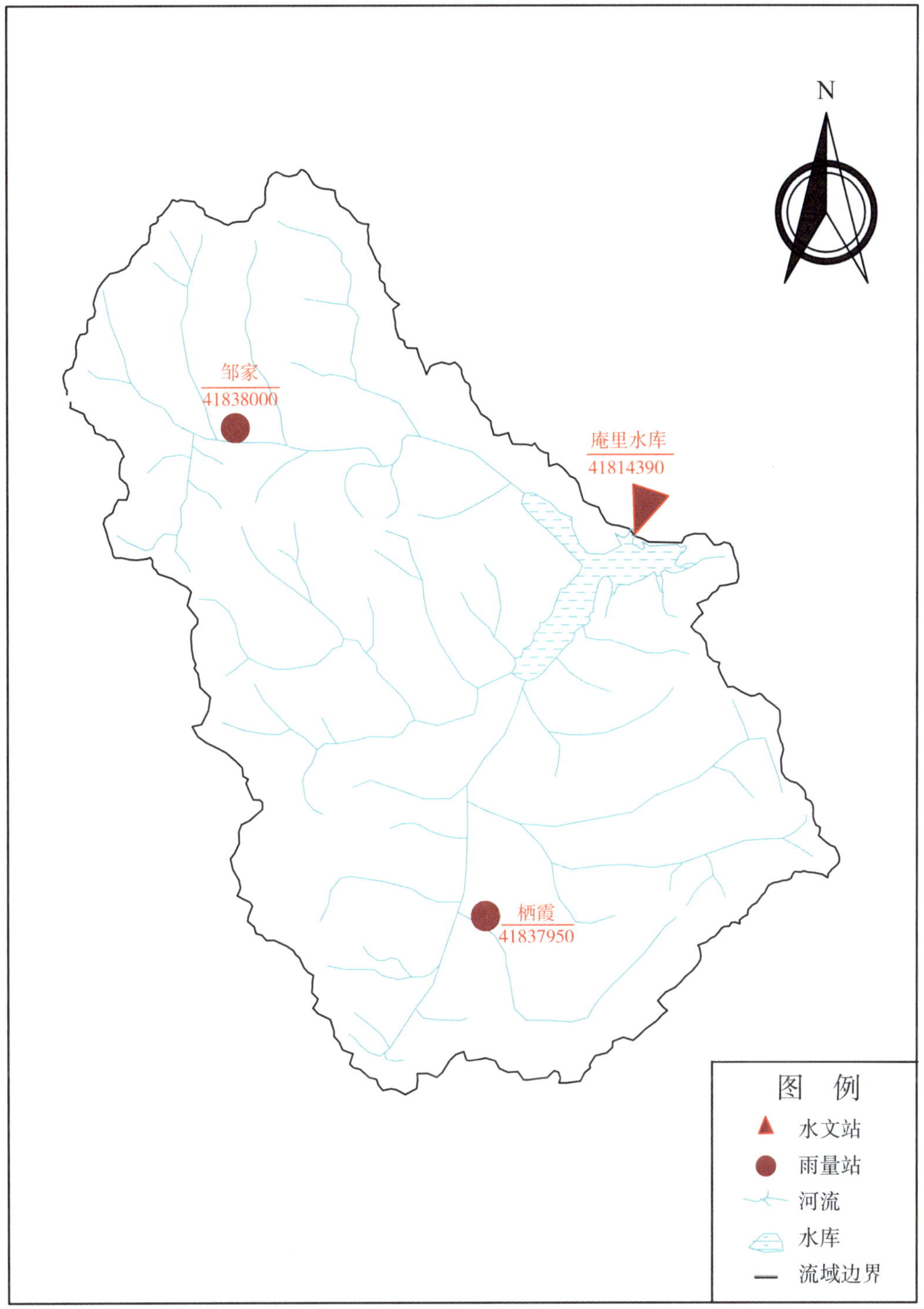

图 22-1　白洋河庵里水库站以上流域图

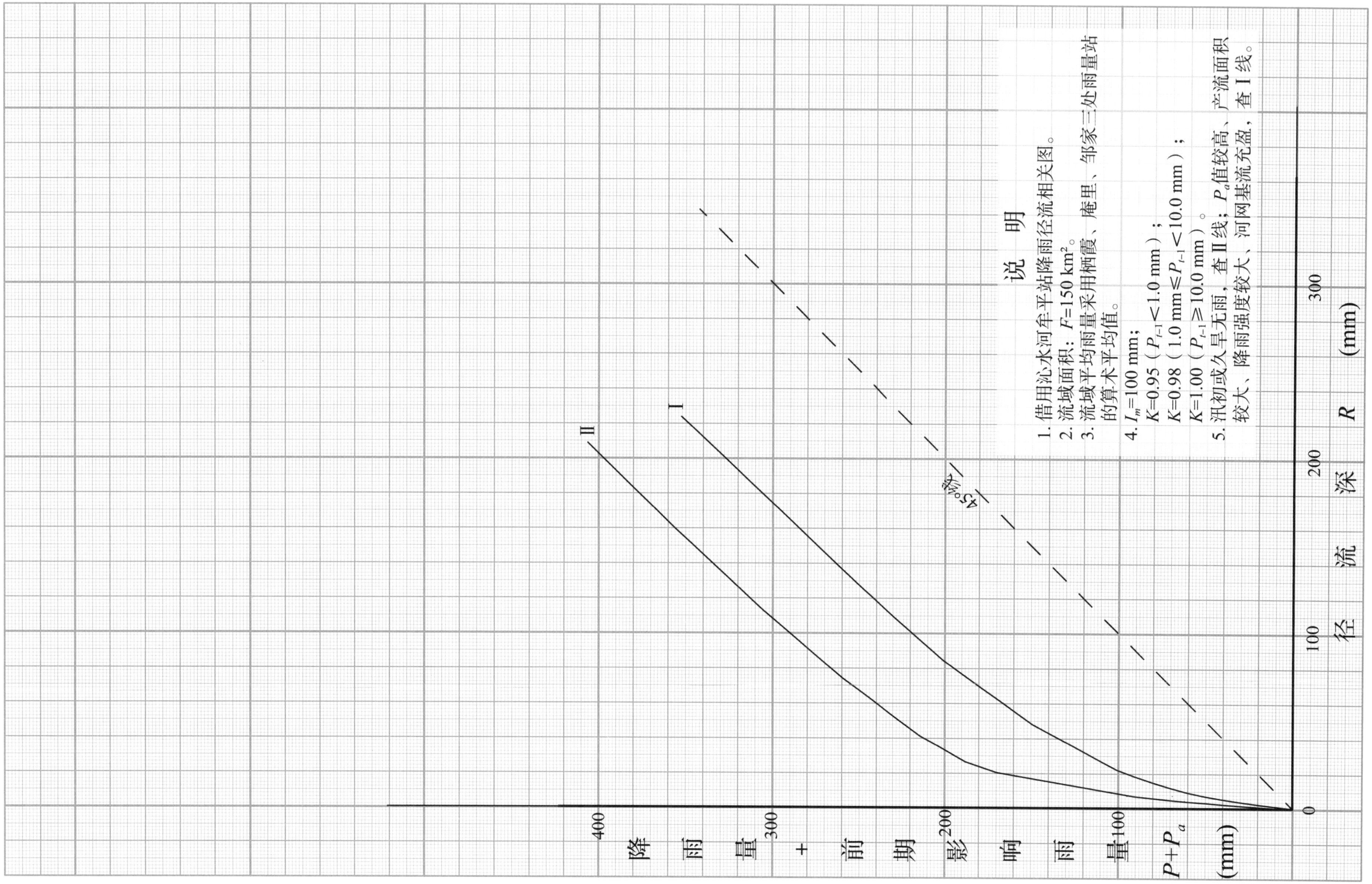

图 22-2 白洋河庵里水库站降雨径流相关图（$P+P_a$-R）

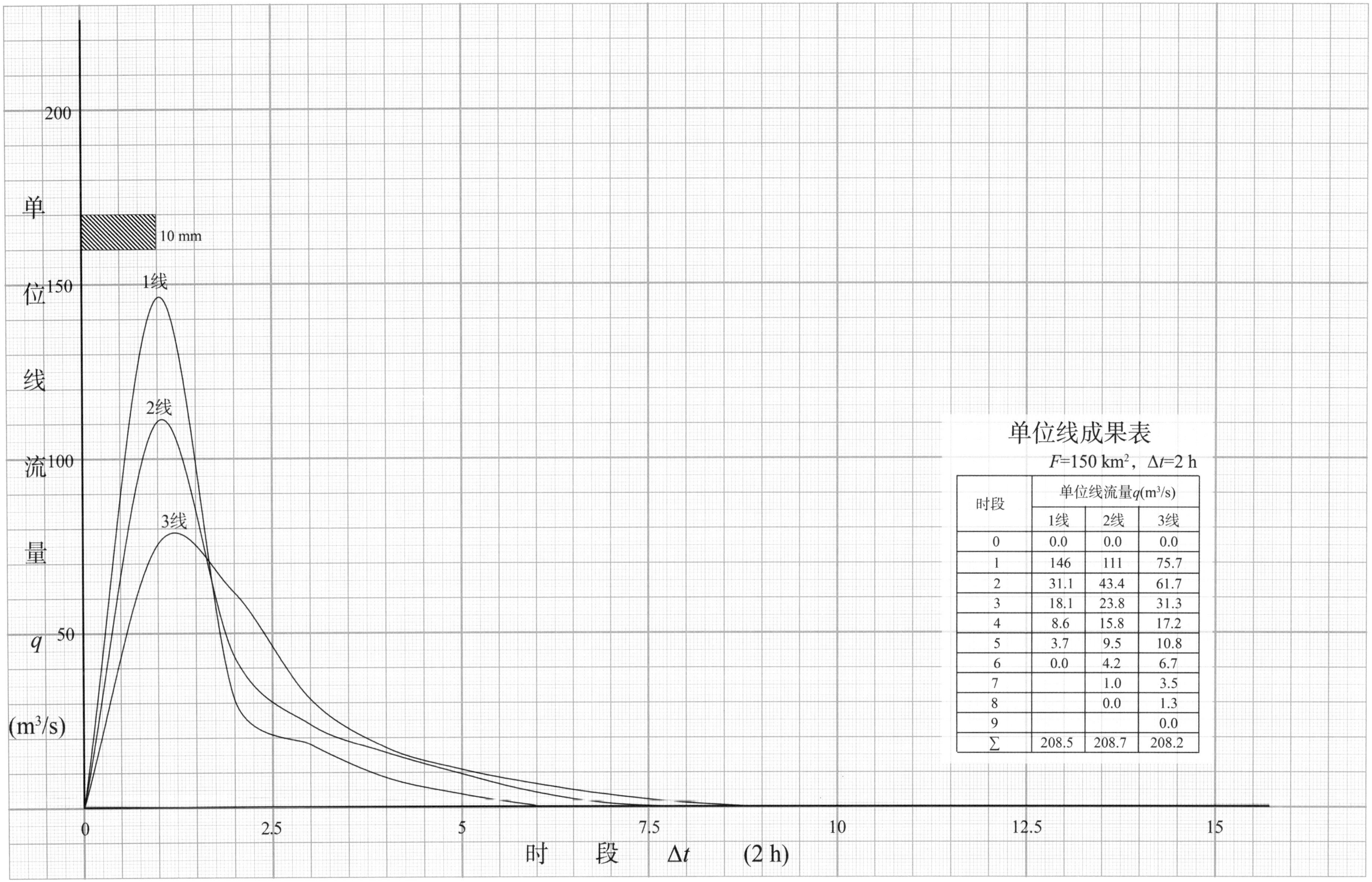

时段	单位线流量 q (m³/s)		
	1线	2线	3线
0	0.0	0.0	0.0
1	146	111	75.7
2	31.1	43.4	61.7
3	18.1	23.8	31.3
4	8.6	15.8	17.2
5	3.7	9.5	10.8
6	0.0	4.2	6.7
7		1.0	3.5
8		0.0	1.3
9			0.0
∑	208.5	208.7	208.2

图 22-3　白洋河庵里水库站单位线图

第二十三章　中村河桃园水库站水文预报方案编制说明

1　流域概况

1.1　流域自然地理特征

桃园水库位于烟台市牟平区观水镇韩家中村东、外夹河支流中村河下游，控制流域面积 64 km^2。流域内低山丘陵连绵起伏，总的地势为东高西低、南北高中间低。流域内山区约占 60%，丘陵约占 40%，流域平均宽 3.8 km，平均长 25 km，属单支河流，干流平均坡度 6.4‰。桃园水库站以上流域图见图 23-1。

桃园水库流域属低山丘陵地形。裸露岩石多为风化花岗岩、片麻岩，表层风化较为严重，覆盖层主要为壤土、砂土和黏土，厚 0.5~3.0 m，水土保持情况良好。农作物以冬小麦、玉米和花生为主。近几年来，牟平区加强了对林果业的种植和管理，实行了封山造林，促进了林果业的全面发展，使森林覆盖率达到了 40% 以上。

桃园水库流域属暖温带东亚大陆性季风气候，具有明显的海洋性气候特征，年内温差较小。流域多年平均气温 11.2 ℃，多年平均蒸发量 1 050 mm。暴雨天气系统以台风、台风侧槽、高空槽、江淮气旋为主。多年平均降水量 700 mm，其降水量年际变化较大，建库后的 1964 年降水量 1 227.6 mm，1968 年降水量 286 mm，丰枯比 4.29；降水年内分布极不均匀，汛期 6—9 月多年平均降水量 503.5 mm，占全年的 71.9%。有些年份全年降水量的 80% 以上都集中在一两次特大暴雨上，且暴雨多发生在 7—8 月。根据选用站实测暴雨资料计算，流域多年平均最大 24 h 降水量 114 mm，实测最大 24 h 点雨量 276.4 mm，发生于 2003 年；最小 24 h 点雨量 39.7 mm，发生于 2002 年。多年平均径流深 200 mm，多年平均最大冻土深 0.5 m，多年平均最大风速 16.7 m/s。

流域内河网发育较好，河床比降大，源短流急，洪水暴涨暴落，属山溪性雨源型河流。

1.2　水库工程概况

桃园水库为中型水库，根据 2020 年 5 月水库增容工程初步设计，水库防洪标准为 50 年一遇洪水设计，1 000 年一遇洪水校核，工程等别为Ⅲ等，主要建筑物级别为 3 级，次要建筑物级别为 5 级。

桃园水库枢纽工程由大坝（主坝、副坝）、溢洪道、放水洞组成。

大坝为壤土均质坝，坝顶长 406.0 m，坝顶高程 85.60 m，防浪墙顶高程 86.30 m，最大坝高 24.24 m，坝顶宽 5.5 m，沥青混凝土路面净宽 4.5 m。上游坡高程 79.60 m 处设一道宽 2.0 m 的马道，马道以上坝坡坡比 1 : 2.5，以下坝坡坡比 1 : 3.2；高程 71.10 m 处设一抛石压重平台，宽 25.4 m，外坡坡比 1 : 1.2。下游坡高程 73.60 m 处设一道宽 2.0 m 的马道，马道以上坝坡坡比 1 : 2.4，以下坝坡坡比 1 : 3.0，其中坝脚桩号 0+036—0+125 段设贴坡排水体。大坝桩号0+001—0+011、0+149—0+400 段坝基设有基岩帷幕灌浆体，桩号 0+011—0+091、0+265—0+385（老溢洪道坝段）段坝体设有混凝土防渗墙截渗。

溢洪道位于大坝左坝肩，新建溢洪闸，为 C30 钢筋混凝土结构，总宽 50.0 m，共 5 孔，单孔净宽 9.0 m，总净宽 45.0 m，中墩宽 1.25 m，闸室底板高程 78.42 m，墩顶高程 85.60 m，长 15.0 m，堰上设有钢筋混凝土交通桥，桥面宽（5+0.5×2）m，宽顶堰两岸及上、下游均设有浆砌石翼墙，堰顶下游为长 30.0 m、坡比 1 : 5 的陡坡段，C20 钢筋混凝土护底；末端设 C30 钢筋混凝土挑流消能设施，与现状下游河道连接。

放水洞位于大坝桩号 0+010 处，进口底高程 69.62 m，出口底高程 68.72 m，总长 134.5 m。进口为浆砌石八字形翼墙，竖井前洞身为长 30.0 m、净尺寸 1.2 m×1.5 m 的钢筋混凝土箱涵，竖井后为钢筋混凝土管（隧洞衬砌），丙乳砂浆补强，长 92.0 m，出口至水库下游灌溉渠道。竖井上为长 6.2 m、宽 3.0 m、高 3.6 m 的启闭机房，建筑面积 18.6 m^2，砖混结构，设有 QP-1×160 kN 单吊点手电两用卷扬式启闭机。放水洞设计流量 9.0 m^3/s。

根据《山东省牟平区桃园水库增容工程初步设计报告（报批稿）》，桃园水库农村居民点、淹没范围为高程 79.42 ~ 84.18 m 的部分；根据实测资料，现状居民点最低高程 84.60 m。

1.3　上游水利工程概况

桃园水库上游有 1 座小（1）型水库和 1 座小（2）型水库，总控制面积 5.8 km^2，总兴利库容 197.8 万 m^3，总库容为 245.7 万 m^3，详见表 23-1。

表 23-1　桃园水库坝址以上小型水库情况表

水库名称		建成时间	控制流域面积（km^2）	库容（万 m^3）	
				总库容	兴利库容
小（1）型	清泉埠	1976 年 9 月	3.5	159.3	145
小（2）型	六甲	1971 年 5 月	2.3	86.4	52.8
合计			5.8	245.7	197.8

1.4　水库工程指标及汛期控制运用指标

桃园水库建成于 1960 年 6 月，其工程指标及汛期控制运用指标见表 23-2。

表 23-2　桃园水库工程指标及汛期控制运用指标表

1. 工程指标					
总库容（万 m^3）	防浪墙顶高程（m）	坝顶高程（m）	溢洪道（闸）		
			底高程（m）	孔数	净宽（m）
1 150	86. 30	85. 60	78. 42	5	45. 0
兴利水位（m）	兴利水位相应库容（万 m^3）	死水位（m）	死库容（万 m^3）		
82. 10	924	65. 59	60		
2. 防洪标准					
设计		校核		历史	
重现期（年）	最高水位（m）	重现期（年）	最高水位（m）	最高水位（m）/出现日期	最大泄量（m^3/s）/出现日期
50	82. 89	1 000	84. 34	83. 00 /1975-8-15	283. 3 /1975-8-15
3. 控制运用指标					
汛中				汛末	
限制水位（m）	相应库容（万 m^3）	超蓄水位（m）	相应库容（万 m^3）	蓄水位（m）	相应库容（万 m^3）
82. 10	924	82. 10	924	82. 10	924
允许壅高水位（m）	警戒水位（m）	允许最高水位（m）	高程基准面		
82. 83	82. 89	84. 34	1985 年国家高程基准		
水库下游安全泄量（m^3/s）		456. 2			
控泄方式		一级控泄			

1.5　测站概况

1.5.1　站网情况

桃园水库水文站，位于山东省烟台市牟平区观水镇韩家中村，站码 41814988，于 2010 年设站，主要收集汛期降水量、水库水位、出入库流量等有关水文资料，进行水库洪水预报、抗洪能力计算、调洪演算等，为防汛抗旱、水资源控制运用提供信息。

桃园水库流域内有 3 处雨量站，分别为桃园水库、清泉埠、集口山雨量站。其中清泉埠雨量站，站码 41838850，位于山东省烟台市牟平区王格庄镇清泉埠村，于 1966 年设站，为全年站；集口山雨量站，站码 41838860，位于山东省烟台市牟平区王格庄镇集口山村，于 2015 年设站，为汛期站。

1.5.2　高程系情况

桃园水库站高程基面采用 1985 年国家高程基准面。

2　预报方案编制

2.1　资料情况

桃园水库站无实测年鉴水文摘录资料。

2.2　历史洪水

经调查，桃园水库流域历史上曾发生过多次较大洪水，根据《山东省烟台市牟平区山洪灾害调查评价历史洪水调查报告》（烟台市水文局 2015 年），主要洪水如下：

观水镇吴家村，1953 年 8 月 4 日河道发生洪水，河道向东改道 100 m；河床较过去淤高 1 m 左右。

观水镇北马村，1953 年、2002 年洪水入村，河床较过去淤高 1 m 左右。

观水镇南马村，1947 年发生洪水，1949 年之后未见洪水入户。

观水镇山北头村，1953 年 8 月 4 日发生洪水，河床淤高 0. 5 m 左右。

观水镇六甲村，1953 年 8 月 4 日发生洪水。

观水镇缫丝夼村，1997 年 8 月 19 日发生洪水。

2.3　参证站选择

桃园水库站地形地貌和下垫面基本特征与海阳站相似，故以海阳站作为桃园水库站的参证站。参证站海阳站以上流域面积 $F_{参} = 54.6\ km^2$；设计站桃园水库站以上流域面积 $F_{设} = 64\ km^2$。

2.4　产流方案

2.4.1　降雨径流关系

产流方案根据桃园水库站以上流域地形地貌、自然地理、水土保持、水利工程、暴雨时空分布等，移用海阳站的降雨径流关系，修订后在该流域应用，并在实际预报中完善，形成适合该流域的降雨径流关系，详见图 23-2。

海阳水文站降雨径流关系，因为流域内水利工程、下垫面条件、水土保持条件等的变化，出现了两条关系曲线，一条同级降水产流较小，一条同级降水产流较大，前者适合较干旱或者汛初降水发生洪水情况，另一条适合汛中后期、下垫面含水量较大、水利工程近于蓄满情况。

2.4.2 相关要素的分析计算

2.4.2.1 流域平均雨量 P 的计算

流域平均雨量 P 采用流域内桃园水库、清泉埠、集山口 3 处雨量站的算术平均值。

2.4.2.2 流域平均前期影响雨量 P_a 的计算

分析汛前降水情况，初步确定四月或五月初土壤含水量经验值，然后根据公式逐日计算，直到汛期发生暴雨洪水，P_a 基本接近实值。其计算公式为

$$P_{a,t}=K(P_{a,t-1}+P_{t-1})$$

式中：$P_{a,t}$ 为当日的前期影响雨量（mm）；$P_{a,t-1}$ 为前一日的前期影响雨量（mm）；P_{t-1} 为前一日流域平均雨量（mm）；K 为前期影响雨量递减系数。

$K=0.95$（$P_{t-1}<1.0$ mm）；$K=0.98$（$1.0\ \text{mm}\leqslant P_{t-1}<10.0$ mm）；$K=1.00$（$P_{t-1}\geqslant 10.0$ mm）。

2.4.2.3 最大损失量 I_m 的确定

根据本流域下垫面情况综合分析，采用 $I_m=100$ mm，当 $P_a\geqslant 100$ mm 时，取 $P_a=I_m$，故 P_a 的取值范围为 $0<P_a\leqslant 100$ mm。

2.5 汇流方案

将参证站海阳站单位线（$\Delta t=1$ h）进行缩放后作为桃园水库站单位线，详见图 23-3。

单位线的缩放按下列公式计算：

$$\alpha=(F_{设}/F_{参})^{0.5}$$

$$T_{设i}=\alpha T_{参i}$$

$$q_{设i}=\alpha q_{参i}$$

式中：α 为单位线缩放系数；$F_{参}$、$F_{设}$ 分别为参证站、设计站以上控制流域面积；$T_{参i}$ 为参证站单位线逐时段，$T_{参i}=1, 2, \cdots, N$；$T_{设i}$ 为设计站单位线逐时段，通常为小数，为满足实际要求，需进一步对缩放结果进行插值，从而得到整时段单位线结果；$q_{参i}$ 为参证站单位线逐时段流量；$q_{设i}$ 为设计站单位线逐时段流量。

3 方案使用说明

预报方案反映了流域综合因素影响下的降雨径流关系、峰量关系。就单次洪水而言，它既有群体的共性，又有单体的个性，所以在具体预报作业中，要从主到次分析影响降雨径流的各水文因素，用以修正各预报值，提高预报精度。

3.1 产流方案

3.1.1 前期影响雨量 P_a 的确定

在进行洪水预报时，应对雨前计算的 P_a 值进行合理性分析，以确定 P_a 的取用值。由于 P_a 是根据公式逐日推算的，如果是流域内局部降雨等代表性差的雨型，容易造成 P_a 值计算误差。如果 P_a 计算值很小，遭遇强度较大的降雨，查读 $P+P_a-R$ 关系曲线时容易造成 R 的查读值偏小；如果 P_a 计算值达到 I_m 值，应分析流域下垫面饱和程度，实际情况是否真正达到 I_m 值。同量级的 P_a 值在汛初、汛中、汛末对降雨径流的影响也不相同，一般来讲，汛初 P_a 计算值代表性较差，往往偏大；汛中以后的 P_a 计算值代表性较好，相对准确。

3.1.2 流域平均雨量 P 的确定

根据流域内雨情逐时段（$\Delta t=1$ h）计算时段平均雨量。当累积量达到或超过 50 mm 时，即可进行洪水作业预报。

3.1.3 产流面积 F 的确定

产流面积的取值视下垫面、本次降雨情况而定，一般来讲，当本流域次雨量达到 50 mm时，首先考虑上游小型水库蓄水情况，若小（1）、小（2）型水库均未蓄满，产流面积取 58.2 km^2；当小（2）型水库蓄满、小（1）型水库未蓄满时，产流面积取 60.5 km^2；当小（1）、小（2）型水库均蓄满时，全流域产流，产流面积为 64 km^2。当流域平均降水量大于 100 mm 时，流域内小型水库等水利工程全部蓄满，全流域产流，产流面积取近于 64 km^2（具体视前期降水情况、蓄水情况等而定）。

3.1.4 综合因素的影响

降雨径流除受 P_a、F、i 因素影响外，降雨自身的时空分布、河网基流情况等因素的影响也不可忽视。一般来讲，降水中心在中下游、降雨强度大、降雨历时短，有利于产汇流。产流面积大，流域河网基流充足，遇有较大降水，将会产生峰高量大的洪水过程，绝大多数大洪水、特大洪水具备以上有利于产汇流的因素；产流面积小，河网基流较小或干枯，即使遭遇较大降水，也很难产生大的洪水过程，尤其是汛初和久旱无雨状态下，特别明显。当降雨径流各影响因素互补平衡时，会产生相对正常的洪水过程。因此在进行洪水预报作业时，应准确分析各影响因素，灵活运用相关曲线，并进行经验修订，做出相应的洪水预报。

3.1.5 径流深 R 的预报

根据所计算的前期影响雨量 P_a、流域平均雨量 P 查降雨径流相关图（$P+P_a-R$）得到径流深 R。在实际预报作业时，应对有关影响因素进行分析判断，确定线形，并进行经验修正。一般来讲，汛初或久旱无雨，查Ⅱ线；P_a 值较高、产流面积较大、降雨强度较大、河网基流充盈，查Ⅰ线；当已经发生洪水过程再遭遇较大降水过程时，应结合上一场次暴雨洪水的径流系数校核预报的径流深。

3.1.6 洪水总量 W 的计算

根据确定的产流面积 F、预报的径流深 R，由公式 $W=0.1RF$ 计算得到洪水总量 W（或 $W_{净}$）。

3.2 汇流方案

3.2.1 降雨强度的影响

同量级的降雨因雨强的不同，产汇流的效果也不相同。雨强越大，越有利于产汇流，反之，则不利于产汇流。雨强的大小对洪峰流量、峰现时间的影响尤其明显。

3.2.2 单位线推流

在洪水预报作业时，根据洪水特性选取代表性较好的经验单位线，由 R_1，R_2，…，R_n 叠加计算来水过程。如果前后时段净雨强度相差很大，可变更经验单位线叠加推求来水过程。

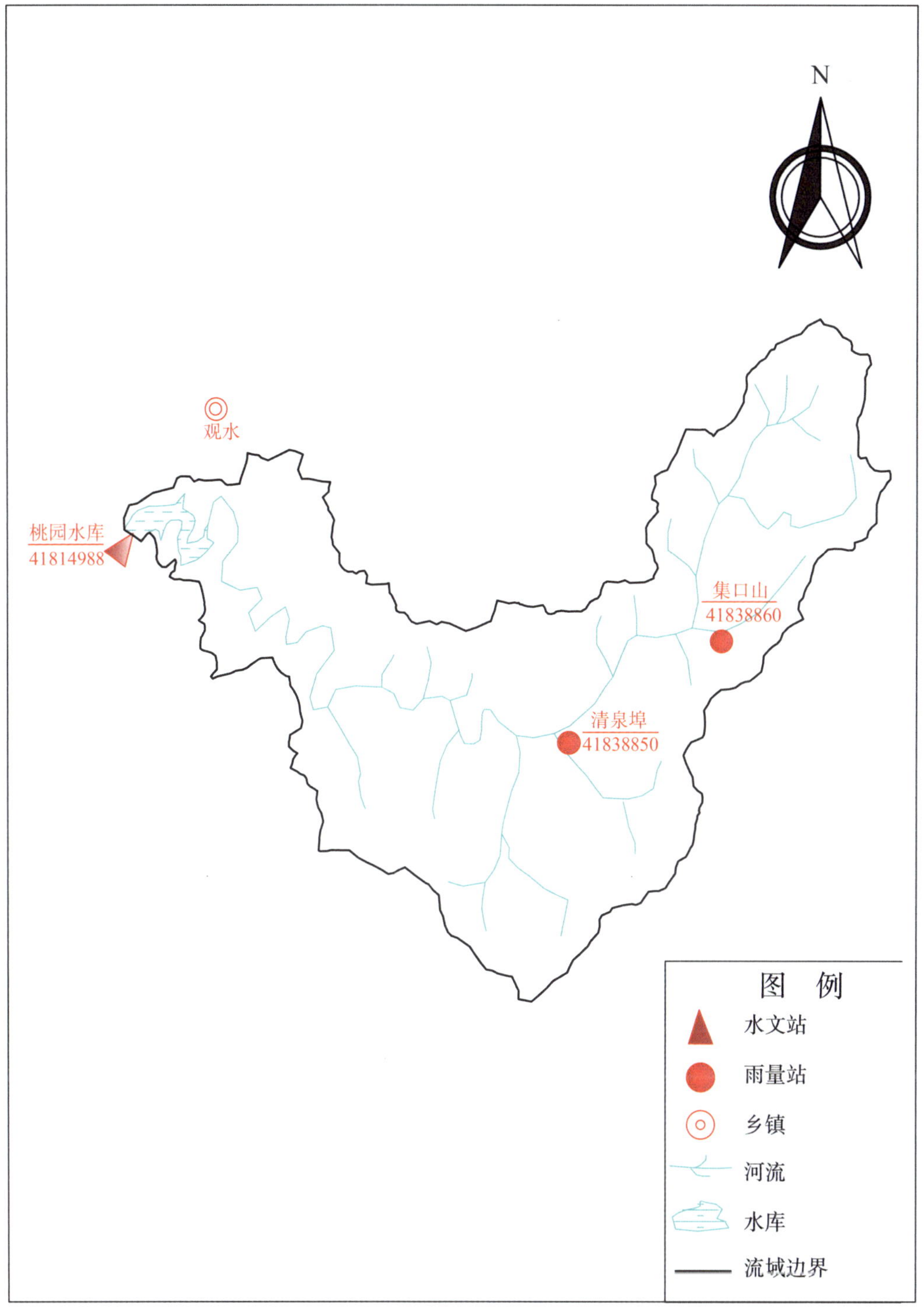

图 23-1 中村河桃园水库站以上流域图

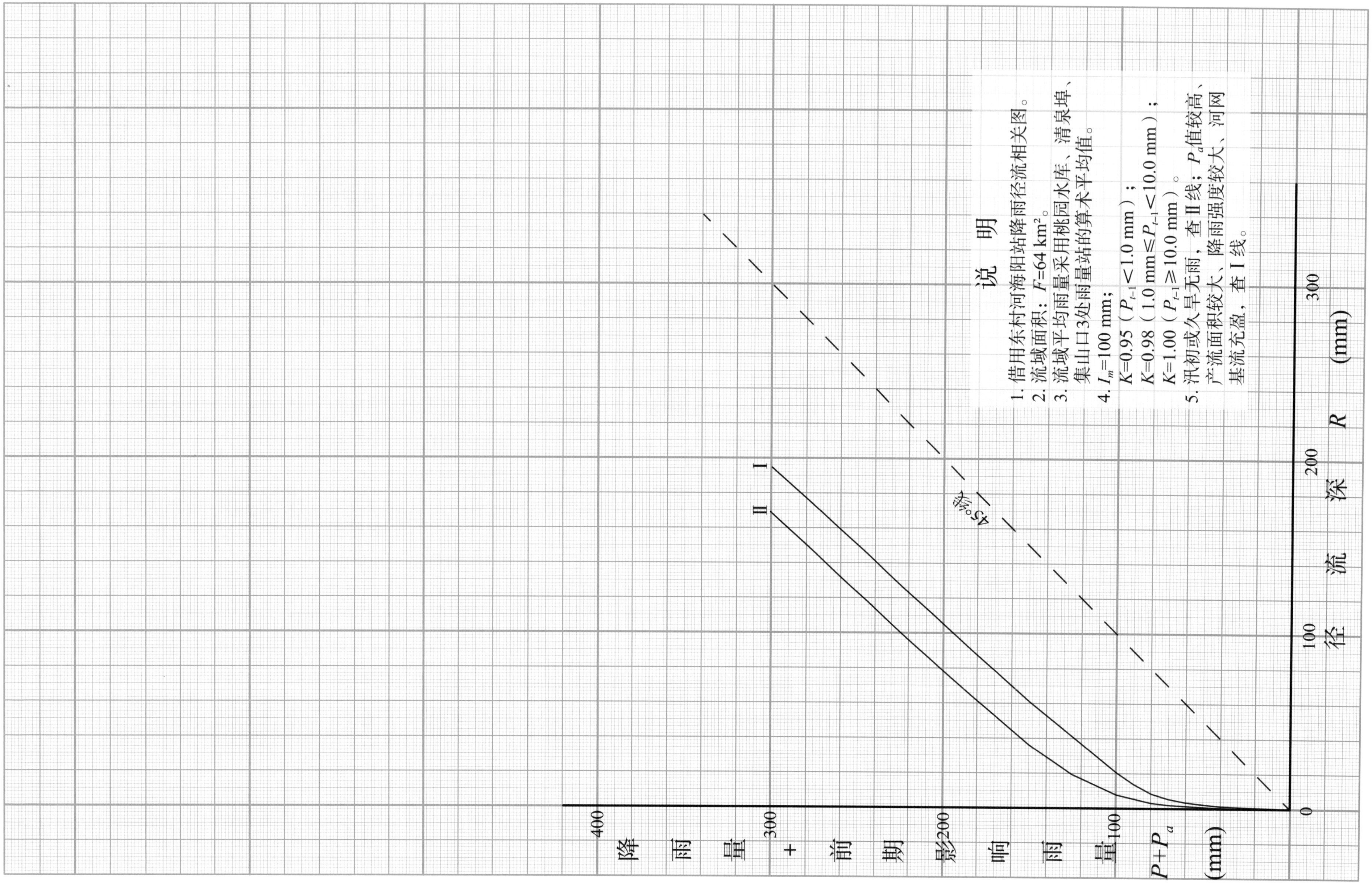

图 23-2　中村河桃园水库站降雨径流相关图（$P+P_a$-R）

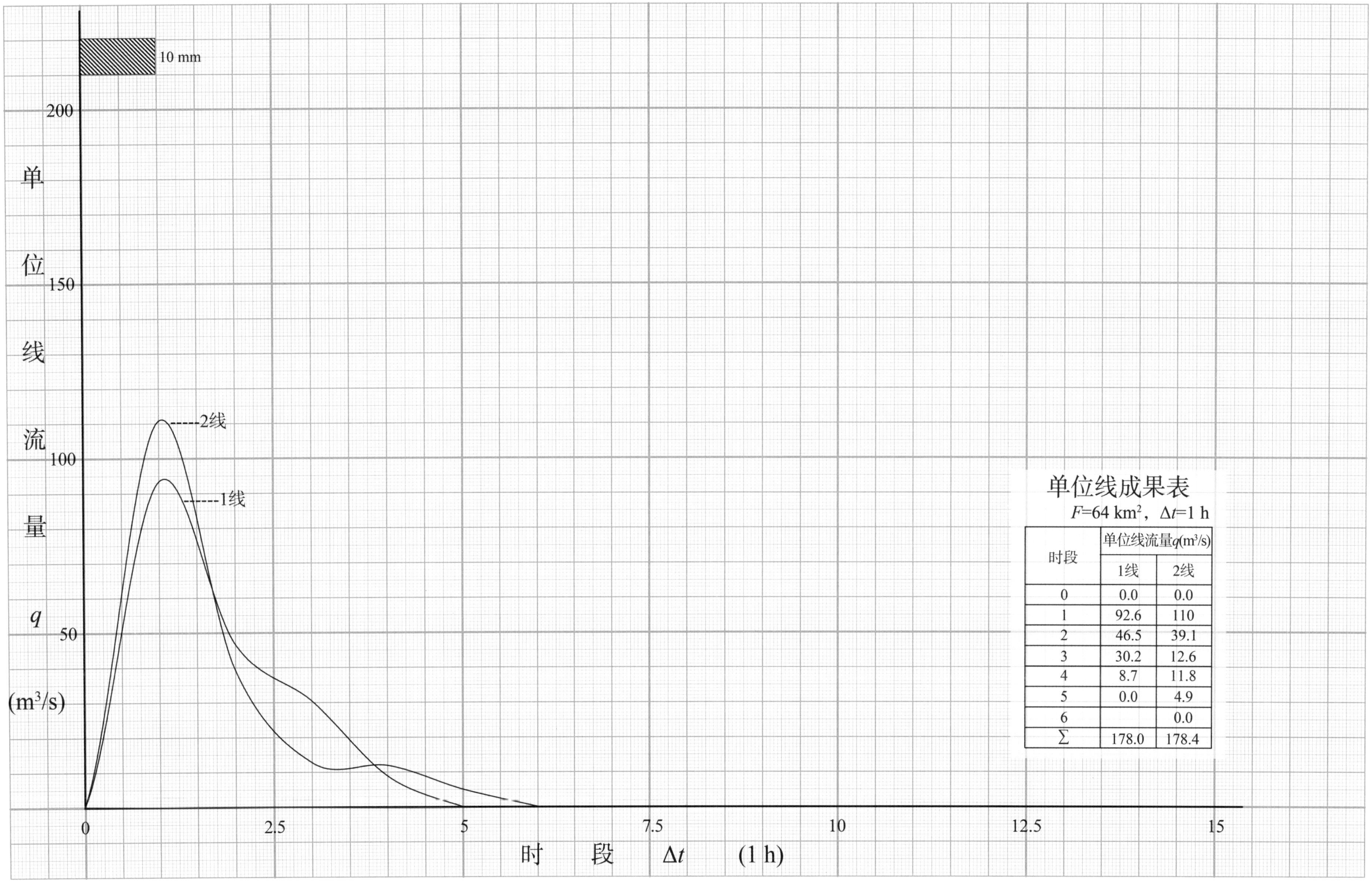

单位线成果表

F=64 km^2，Δt=1 h

时段	单位线流量q(m^3/s)	
	1线	2线
0	0.0	0.0
1	92.6	110
2	46.5	39.1
3	30.2	12.6
4	8.7	11.8
5	0.0	4.9
6		0.0
Σ	178.0	178.4

图 23-3　中村河桃园水库站单位线图

第二十四章　辛安河高陵水库站水文预报方案编制说明

1　流域概况

1.1　流域自然地理特征

高陵水库位于烟台市牟平区西南 15 km 处的高陵镇高陵村南、辛安河中游，控制流域面积 160 km^2。辛安河发源于牟平区水道镇南徐格庄村南狼东顶，流域形状为扇形，河流分布为双支型，流域内低山丘陵连绵起伏，西南部有山，主峰海拔 653 m，整个流域山丘约占 40%，丘陵占 60%。东支流（主干流）平均比降为 3.65‰，流域面积 85 km^2；西支流平均比降为 6.76‰，流域面积 75 km^2。高陵水库站以上流域图见图 24-1。

辛安河流域内为花岗岩及部分石灰岩，风化层较厚。土壤为黏土、壤土和砂土，土质比较肥沃。主要农作物为冬小麦、玉米和花生。

辛安河流域属暖温带大陆性季风气候，受海域影响，伴有明显的海洋性气候特征。流域多年平均降水量 743.0 mm，降水量年际变化较大，年内分配不均匀。流域多年平均气温 11.8 ℃，历史最高气温 38.4 ℃，最低气温-13.1 ℃。多年平均水面蒸发量 1 037.6 mm，多年平均无霜期在 230 d 左右，历年最大冻土深 0.46 m，多年平均最大风速 15 m/s。

1.2　水库工程概况

根据《水利水电工程等级划分及洪水标准》（SL 252—2017），高陵水库工程规模为中型，工程等别为Ⅲ等，主要建筑物（大坝、溢洪道、放水洞）为 3 级，次要建筑物为 4 级。依据《防洪标准》（GB 50201—2014），高陵水库正常运用（设计）洪水标准为 50 年一遇，非常运用（校核）洪水标准为 1 000 年一遇。

高陵水库总库容 6 884 万 m^3，兴利库容 3 496 万 m^3，坝顶高程 63.40 m，死水位 49.51 m。高陵水库枢纽工程由大坝、溢洪道和放水洞三部分组成。

大坝全长 1 198 m，最大坝高 18.85 m，坝顶宽 8.5 m，坝型为壤土心墙坝，坝顶高程 63.40 m。

溢洪道为有闸控制，闸孔数为 3，为露顶式平面定轮钢闸门，堰顶高程 53.01 m，净宽 24.0 m，最大泄洪流量 1 128.3 m^3/s，消能方式为挑流消能。

放水洞分为东、西放水洞。东放水洞为钢筋混凝土箱涵洞，断面尺寸 ϕ2.0 m，洞长 83.9 m，采用平板钢闸门，闸门尺寸 2.0 m×2.0 m，泄洪流量 9.0 m^3/s；西放水洞为拱涵洞，断面尺寸 1.6 m×1.8 m，洞长 530 m，采用平板钢闸门，闸门尺寸 1.2 m×1.8 m，进口底高程 51.01 m，泄洪流量 2.1 m^3/s。

1.3　上游水利工程概况

高陵水库坝址以上自 20 世纪 60 年代末至今先后建成小（1）型水库 4 座、小（2）型水库 5 座，控制流域面积 22.1 km^2，总库容 863.8 万 m^3，总兴利库容 526.3 万 m^3，详见表 24-1。

表 24-1　高陵水库坝址以上小型水库情况表

水库名称		建成时间	控制流域面积（km^2）	库容（万 m^3）	
				总库容	兴利库容
小（1）型	马山	1973 年 5 月	2.4	133	73.2
	朱车	1971 年 6 月	8.2	374.7	235
	屯车夼	1970 年 8 月	4.2	123	72.5
	徐村	1971 年 3 月	2.7	132.9	82
	小计		17.5	763.6	462.7
小（2）型	上潘东夼	1969 年 12 月	1.0	17.1	10
	刘家沟	1978 年 5 月	0.9	29.9	20.7
	宋家	1974 年 6 月	1.4	27.4	16.5
	下朱车	1978 年 2 月	0.6	10	5.7
	磨山南沟	1969 年 5 月	0.7	15.8	10.7
	小计		4.6	100.2	63.6
合计			22.1	863.8	526.3

1.4　水库工程指标及汛期控制运用指标

高陵水库于 1970 年 8 月开工，1973 年 12 月竣工，其工程指标及汛期控制运用指标见表 24-2。

表 24-2　高陵水库工程指标及汛期控制运用指标表

1. 工程指标					
总库容（万 m^3）	防浪墙顶高程（m）	坝顶高程（m）	溢洪道（闸）		
			底高程（m）	孔数	净宽（m）
6 884	64.40	63.40	53.01	3	24.0
兴利水位（m）	兴利水位相应库容（万 m^3）	死水位（m）	死库容（万 m^3）		
58.51	3 622	49.51	126		

续表

2. 防洪标准					
设计		校核		历史	
重现期（年）	最高水位（m）	重现期（年）	最高水位（m）	最高水位（m）/出现日期	最大泄量（m^3/s）/出现日期
100	60.79	2 000	62.40	58.48/2007-8-27	486.6/2003-8-23
3. 控制运用指标					
汛中				汛末	
限制水位（m）	相应库容（万 m^3）	超蓄水位（m）	相应库容（万 m^3）	蓄水位（m）	相应库容（万 m^3）
57.50	2 945	58.00	3 272	58.51	3 622
允许壅高水位（m）	警戒水位（m）	允许最高水位（m）	高程基准面		
59.34	60.21	62.08	1985 年国家高程基准		
水库下游安全泄量（m^3/s）				390	
控泄方式				一级控泄	

1.5 测站概况

1.5.1 站网情况

高陵水库水文站，站码 41815100，为高陵水库坝上站，位于山东省烟台市牟平区高陵镇高陵村，于 2011 年 1 月设站，主要收集流域内降水量、水库水位、出入库流量等有关水文资料，进行水库洪水预报、抗洪能力计算、调洪演算等，为防汛抗旱、水资源控制运用提供信息。水位、流量、降水量等水文资料具有较好的连续性。

高陵流域内有五处雨量站，分别为高陵水库、屯车夼、石门口、朱车、鲍家泊。雨量器均采用 20 cm JDZ05 型翻斗式雨量计。

高陵水库雨量站，站码同水文站，于 2017 年设站，为汛期站。

屯车夼雨量站，站码 41839150，位于烟台市牟平区高陵镇屯车夼，于 1958 年设站，为全年站。

石门口雨量站，站码 41839140，位于烟台市牟平区王格庄镇南石门口村，于 2015 年设站，为汛期站。

朱车雨量站，站码 41839165，位于烟台市牟平区水道镇中朱车村，于 2015 年设站，为汛期站。

鲍家泊雨量站，站码 41839170，位于烟台市牟平区高陵镇鲍家泊村，于 2015 年设站，为汛期站。

1.5.2 高程系情况

高陵水库站高程基面采用 1985 年国家高程基准面。

2 预报方案编制

2.1 资料情况

高陵水库站无实测年鉴水文摘录资料。

2.2 历史洪水

1965 年 7 月 27 日，高陵镇下雨村曾发生历史洪水。天然河道在村东南有一处弯道，2009 年清淤；河床冲刷，下降 3 m 左右；1965 年、1975 年洪水进家，其后村地基面抬升 1 m 左右。

1975 年 8 月 15 日，水道镇上朱车村曾发生历史洪水。20 世纪 70 年代河道改道，向南移动 700~800 m。目前河道无整修、护坡；河床较过去淤高 1~2 m。

1997 年 8 月 19 日，水道镇下朱车村曾发生历史洪水。20 世纪 70 年代河道向西移动 20 m 左右；河道无整修、护坡，目前河床较过去下降 1 m 左右。该村北高南低，洪水入村只淹没村南几户。

2.3 参证站选择

高陵水库站地形地貌和下垫面基本特征与牟平站相似，故以牟平站作为高陵水库站的参证站。参证站牟平站以上流域面积 $F_{参}=168\ km^2$；设计站高陵水库站以上流域面积 $F_{设}=160\ km^2$。

2.4 产流方案

2.4.1 降雨径流关系

产流方案根据高陵水库站以上流域地形地貌、自然地理、水土保持、水利工程、暴雨时空分布等，移用牟平站的降雨径流关系，修订后在该流域应用，并在实际预报中完善，形成适合该流域的降雨径流关系，详见图 24-2。

牟平水文站降雨径流关系，因为流域内水利工程、下垫面条件、水土保持条件等的变化，出现了两条关系曲线，一条同级降水产流较小，一条同级降水产流较大，前者适合较干旱或者汛初降水发生洪水情况，另一条适合汛中后期、下垫面含水量较大、水利工程近于蓄满情况。

2.4.2 相关要素的分析计算

2.4.2.1 流域平均雨量 P 的计算

流域平均雨量 P 采用流域内高陵水库、屯车夼、石门口、朱车、鲍家泊五处雨量站的算术平均值。

2.4.2.2 流域平均前期影响雨量 P_a 的计算

分析汛前降水情况，初步确定四月或五月初土壤含水量经验值，然后根据公式逐日计算，直到汛期发生暴雨洪水，P_a 基本接近实值。其计算公式为

$$P_{a,t}=K(P_{a,t-1}+P_{t-1})$$

式中：$P_{a,t}$ 为当日的前期影响雨量（mm）；$P_{a,t-1}$ 为前一日的前期影响雨量（mm）；P_{t-1} 为前一日流域平均雨量（mm）；K 为前期影响雨量递减系数。

$K=0.95$（$P_{t-1}<1.0$ mm）；$K=0.98$（1.0 mm $\leqslant P_{t-1}<10.0$ mm）；$K=1.00$（$P_{t-1}\geqslant$ 10.0 mm）。

2.4.2.3 最大损失量 I_m 的确定

根据本流域下垫面情况综合分析，采用 $I_m=100$ mm，当 $P_a\geqslant 100$ mm 时，取 $P_a=I_m$，故 P_a 的取值范围为 $0<P_a\leqslant 100$ mm。

2.5 汇流方案

将参证站牟平站单位线（$\Delta t=1$ h）进行缩放后作为高陵水库站单位线，详见图 24-3。

单位线的缩放按下列公式计算：

$$\alpha=(F_{设}/F_{参})^{0.5}$$

$$T_{设i}=\alpha T_{参i}$$

$$q_{设i}=\alpha q_{参i}$$

式中：α 为单位线缩放系数；$F_{参}$、$F_{设}$ 分别为参证站、设计站以上控制流域面积；$T_{参i}$ 为参证站单位线逐时段，$T_{参i}=1,2,\cdots,N$；$T_{设i}$ 为设计站单位线逐时段，通常为小数，为满足实际要求，需进一步对缩放结果进行插值，从而得到整时段单位线结果；$q_{参i}$ 为参证站单位线逐时段流量；$q_{设i}$ 为设计站单位线逐时段流量。

3 方案使用说明

预报方案反映了流域综合因素影响下的降雨径流关系、峰量关系。就单次洪水而言，它既有群体的共性，又有单体的个性，所以在具体预报作业中，要从主到次分析影响降雨径流的各水文因素，用以修正各预报值，提高预报精度。

3.1 产流方案

3.1.1 前期影响雨量 P_a 的确定

在进行洪水预报时，应对雨前计算的 P_a 值进行合理性分析，以确定 P_a 的取用值。由于 P_a 是根据公式逐日推算的，如果是流域内局部降雨等代表性差的雨型，容易造成 P_a 值计算误差。如果 P_a 计算值很小，遭遇强度较大的降雨，查读 $P+P_a-R$ 关系曲线时容易造成 R 的查读值偏小；如果 P_a 计算值达到 I_m 值，应分析流域下垫面饱和程度，实际情况是否真正达到 I_m 值。同量级的 P_a 值在汛初、汛中、汛末对降雨径流的影响也不相同，一般来讲，汛初 P_a 计算值代表性较差，往往偏大；汛中以后的 P_a 计算值代表性较好，相对准确。

3.1.2 流域平均雨量 P 的确定

根据流域内雨情逐时段（$\Delta t=1$ h）计算时段平均雨量。当累积量达到或超过 50 mm 时，即可进行洪水作业预报。

3.1.3 产流面积 F 的确定

产流面积的取值视下垫面、本次降雨情况而定，一般来讲，当本流域次雨量达到 50 mm时，首先考虑上游小型水库蓄水情况，若小（1）、小（2）型水库均未蓄满，产流面积取 137.9 km^2；若小（2）型蓄满、小（1）型水库未蓄满，产流面积取 142.5 km^2；当小（1）、小（2）型水库均蓄满时，产流面积取 160 km^2。当流域平均降水量大于 100 mm 时，流域内小型水库等水利工程全部蓄满，全流域产流，产流面积取近于 160 km^2（具体视前期降水情况、蓄水情况等而定）。

3.1.4 综合因素的影响

降雨径流除受 P_a、F、i 因素影响外，降雨自身的时空分布、河网基流情况等因素的影响也不可忽视。一般来讲，降水中心在中下游、降雨强度大、降雨历时短，有利于产汇流。产流面积大，流域河网基流充足，遇有较大降水，将会产生峰高量大的洪水过程，绝大多数大洪水、特大洪水具备以上有利于产汇流的因素；产流面积小，河网基流较小或干枯，即使遭遇较大降水，也很难产生大的洪水过程，尤其是汛初和久旱无雨状态下，特别明显。当降雨径流各影响因素互补平衡时，会产生相对正常的洪水过程。因此在进行洪水预报作业时，应准确分析各影响因素，灵活运用相关曲线，并进行经验修订，做出相应的洪水预报。

3.1.5 径流深 R 的预报

根据所计算的前期影响雨量 P_a、流域平均雨量 P 查降雨径流相关图（$P+P_a-R$）得到径流深 R。在实际预报作业时，应对有关影响因素进行分析判断，确定线形，并进行经验修正。一般来讲，汛初或久旱无雨，查Ⅱ线；P_a 值较高、产流面积较大、降雨强度较大、河网基流充盈，查Ⅰ线；当已经发生洪水过程再遭遇较大降水过程时，应结合上一场次暴雨洪水的径流系数校核预报的径流深。

3.1.6 洪水总量 W 的计算

根据确定的产流面积 F、预报的径流深 R，由公式 $W=0.1RF$ 计算得到洪水总量 W（或 $W_{净}$）。

3.2 汇流方案

3.2.1 降雨强度的影响

同量级的降雨因雨强的不同，产汇流的效果也不相同。雨强越大，越有利于产汇流，反之，则不利于产汇流。雨强的大小对洪峰流量、峰现时间的影响尤其明显。

3.2.2 单位线推流

在洪水预报作业时，根据洪水特性选取代表性较好的经验单位线，由 R_1，R_2，…，R_n 叠加计算来水过程。如果前后时段净雨强度相差很大，可变更经验单位线叠加推求来水过程。

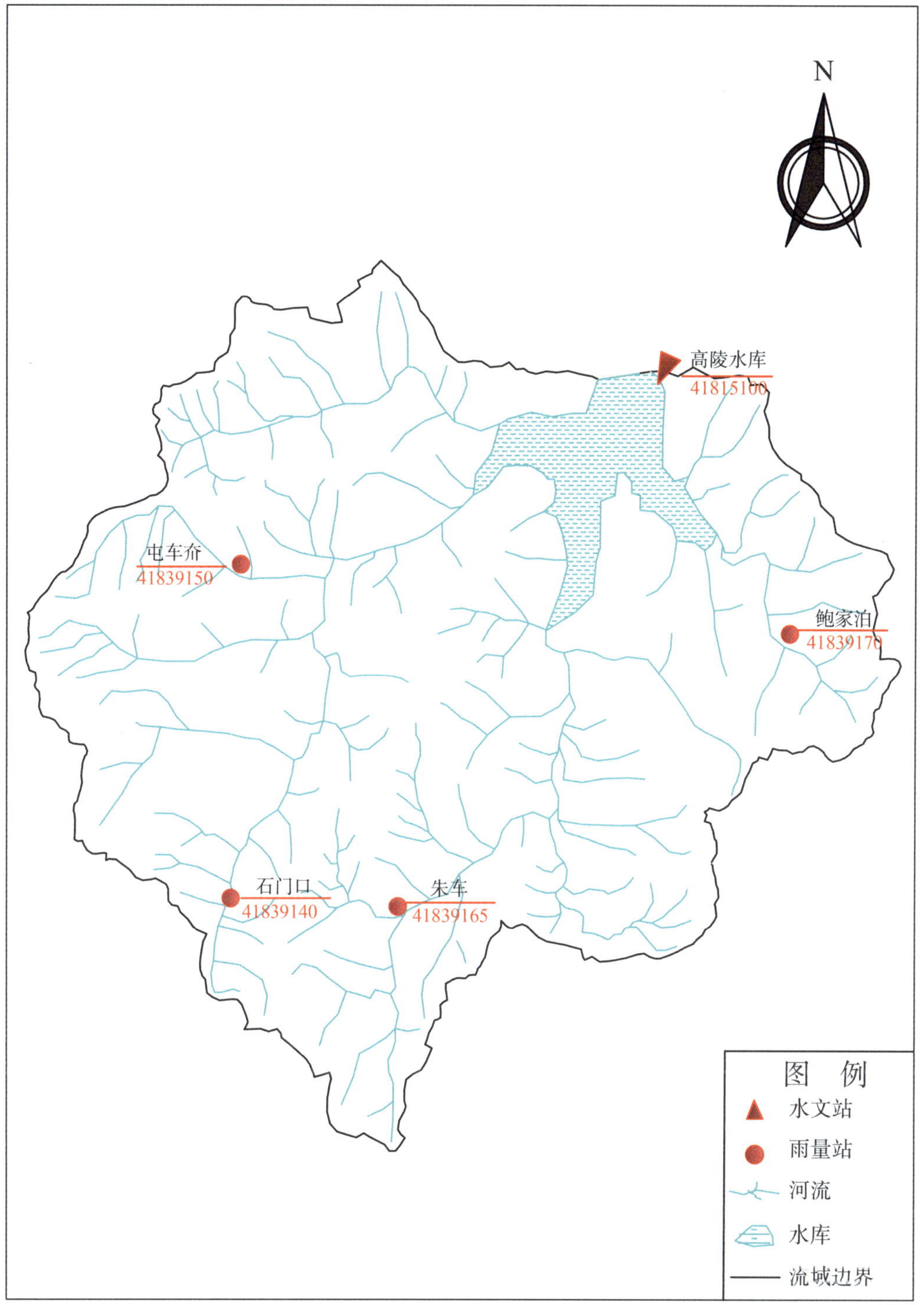

图 24-1 辛安河高陵水库站以上流域图

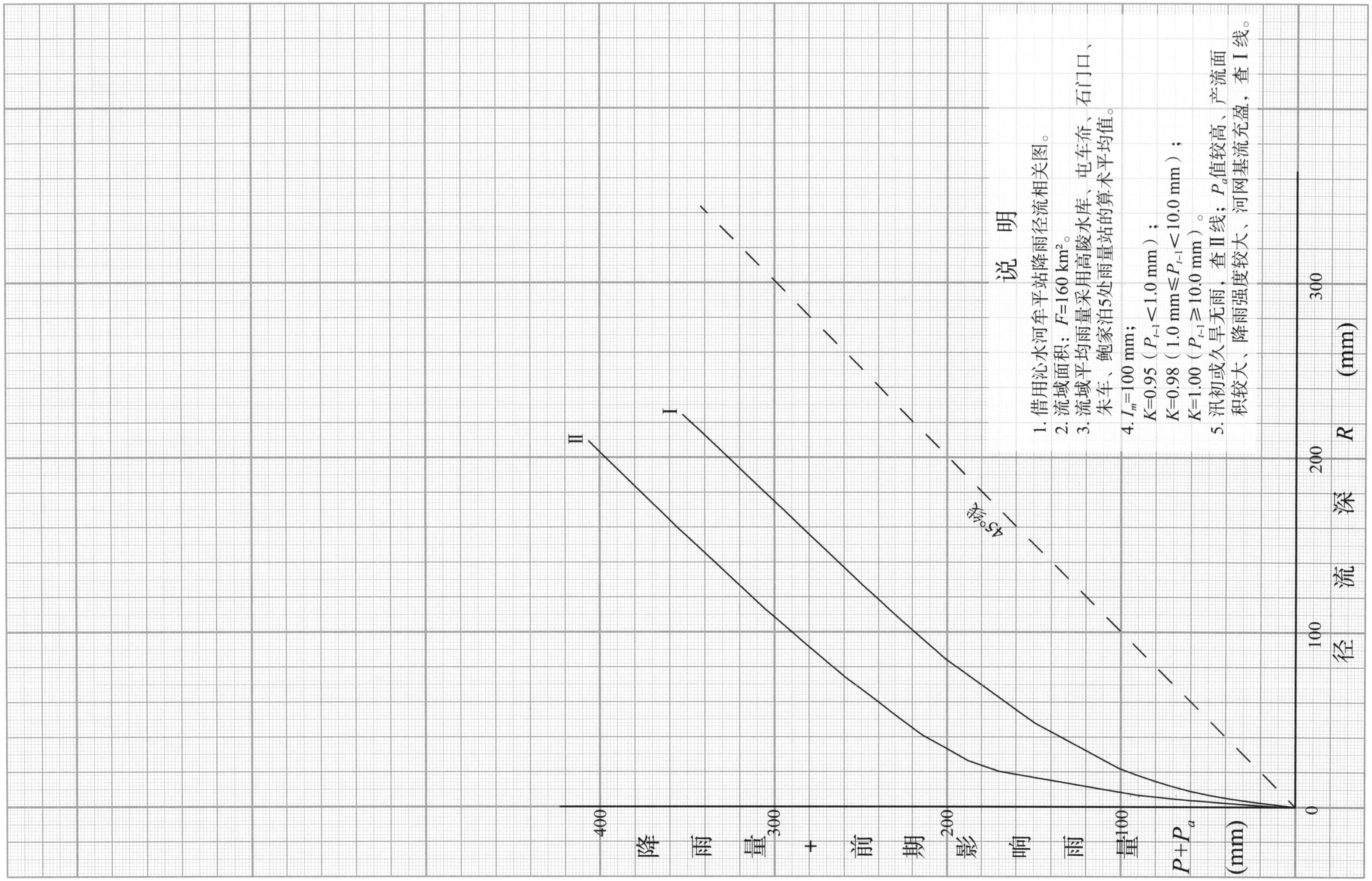

图 24-2　辛安河高陵水库站降雨径流相关图（P+P_a-R）

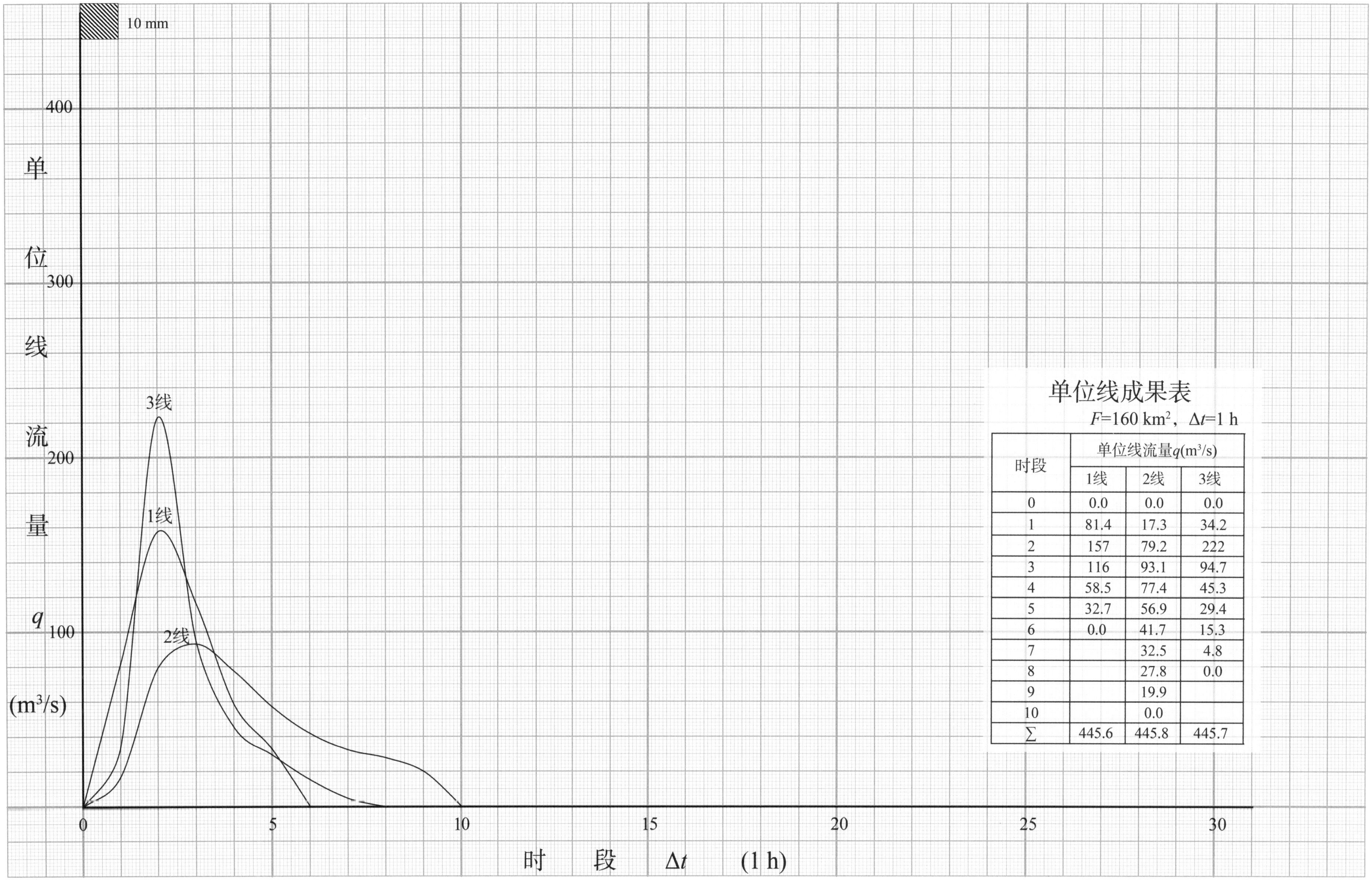

单位线成果表

F=160 km²，Δt=1 h

时段	单位线流量q(m³/s)		
	1线	2线	3线
0	0.0	0.0	0.0
1	81.4	17.3	34.2
2	157	79.2	222
3	116	93.1	94.7
4	58.5	77.4	45.3
5	32.7	56.9	29.4
6	0.0	41.7	15.3
7		32.5	4.8
8		27.8	0.0
9		19.9	
10		0.0	
∑	445.6	445.8	445.7

图 24-3　辛安河高陵水库站单位线图

第二十五章　广汉河龙泉水库站水文预报方案编制说明

1　流域概况

1.1　流域自然地理特征

龙泉水库位于烟台市牟平区龙泉镇埠前村南、昆嵛山北麓、广汉河上游。龙泉水库坝址以上总控制流域面积 50 km^2，水库流域形状近似平行四边形，干流平均坡度为 26.1‰。龙泉水库所在区地貌主要为侵蚀构造、构造剥蚀低山丘陵和侵蚀堆积山间河谷。库区周围为低山丘陵区，海拔 150 ~ 922 m，最高峰为昆嵛山泰礴顶，海拔 922.8 m，山区占 80%，丘陵占 20%。地势为南高北低，地面坡度很大，冲沟发育。龙泉水库站以上流域图见图 25-1。

龙泉水库所在的烟台市牟平区，地处中纬度，属暖温带东亚大陆性季风气候，具有四季分明、气候温和等特点。流域多年平均降水量 631.7 mm（1981—2005 年），降水量年际变化较大，年内分配极不均匀，70% 集中在 6—9 月。流域多年平均气温 11.6 ℃，历史最高气温 38.4 ℃，最低气温 -13.1 ℃。多年平均水面蒸发量 1 086 mm，多年平均陆面蒸发量 491 mm，平均无霜期在 230 d 左右，历年最大冻土深 47 cm。冬季多北风，夏季多南风，多年平均最大风速 15 m/s。

库区地下水类型按埋藏条件可分为松散岩类孔隙水和基岩裂隙水两种。其中，松散岩类孔隙水分布于第四纪松散沉积物孔隙中，主要分布于河谷及两侧平原和山前冲积、洪积地带，含水层由中粗砂和砂砾层组成，渗透性良好。基岩裂隙水分布广泛，赋存在火成岩及变质岩的裂隙中，岩石富水性差；地下水主要由大气降水及地表水体补给，排泄方式为地下径流、人工开采和蒸发。

该流域内植被较好，林草覆盖率 70%，土壤侵蚀类型以地表径流冲刷引起的水力侵蚀为主；基岩风化层剥落后形成中粗砂、砾砂，被雨水冲蚀流入库内，导致库区淤积问题。

1.2　水库工程概况

龙泉水库于 1958 年 10 月动工兴建，1969 年 12 月竣工。除险加固工程于 2009 年 11 月全部完工，2010 年 10 月 28 日通过山东省水利厅竣工验收。龙泉水库除险加固主要内容包括大坝工程、溢洪道工程、放水洞工程等。龙泉水库除险加固前、后主要指标特性见表 25-1。

表 25-1　龙泉水库除险加固前、后主要指标特性表

序号及名称	单位	数量	
		加固前	加固后
一、水文			
1. 流域面积坝址以上	km^2	50	50
2. 利用水文系列年限	年	41	41
3. 多年平均径流量	万 m^3	1 549	1 549
4. 洪水标准			
设计洪水流量（2%）	m^3/s		913.1
设计洪水流量（0.1%）	m^3/s	1 299.3	1 555.4
消能防冲洪水流量（3.3%）	m^3/s		775.8
施工洪水流量（10%）	m^3/s		65.8
5. 洪量			
设计洪水总量（24 h）	万 m^3		1 593.1
校核洪水总量（24 h）	万 m^3		2 815.3
二、工程规模			
1. 水库			
校核洪水位	m	49.97	51.07
设计洪水位	m	49.72	49.97
兴利水位	m	49.30	49.30
死水位	m	35.76	35.76
总库容	万 m^3	1 727	1 899.5
防洪库容	万 m^3	172	344.5
兴利库容	万 m^3	1 466	1 466
死库容	万 m^3	89	89
校核洪水位时最大泄量	m^3/s	443.8	1 053.4
设计洪水位时最大泄量	m^3/s	246.8	798.2
2. 正常蓄水位时水面面积	km^2	1.85	1.85
3. 灌溉面积			
设计灌溉面积	万亩	4.86	2.5
灌溉保证率	%		50
年平均灌水量	万 m^3		331
4. 城市供水工程			
供水规模	万 t/d		1.57
供水保证率	%		90
年均供水量	万 t		561

续表

序号及名称	单位	数量	
		加固前	加固后
5. 调节特性		多年调节	多年调节
三、主要建筑物			
1. 大坝			
型式		黏土心墙风化料沙壳坝	黏土心墙风化料沙壳坝
地震基本烈度	度	7	7
坝顶高程	m	51.50~51.70	51.50~51.70
最大坝高	m	25.86	25.86
大坝长度	m	1 280	1 280
2. 溢洪道			
型式		开敞式、有控制	开敞式、有控制
堰顶高程	m	44.80/46.80	44.60
堰顶净宽	m	63.36	43.9
设计最大泄量	m^3/s	766	798.2
校核最大泄量	m^3/s	915	1 053.4
3. 放水洞			
型式		隧洞式、有控制	隧洞式、有控制
进口洞底高程	m	35.76	35.76
出口洞底高程	m	35.06	35.06
设计流量	m^3/s	3.30	3.30
隧洞内径	m	1.20~1.40	1.20~1.40

1.3 上游水利工程概况

龙泉水库坝址以上无小（2）型水库及以上拦蓄工程，仅有一座塘坝，流域面积 1.8 km^2，总库容 6.3 万 m^3，兴利库容 5.4 万 m^3。

1.4 水库工程指标及汛期控制运用指标

龙泉水库工程指标及汛期控制运用指标见表 25-2。

表 25-2 龙泉水库工程指标及汛期控制运用指标表

1. 工程指标					
总库容（万 m^3）	防浪墙顶高程（m）	坝顶高程（m）	溢洪道（闸）		
			底高程（m）	孔数	净宽（m）
1 899.5	52.50	51.60	44.60	4	40.0
兴利水位（m）	兴利水位相应库容（万 m^3）	死水位（m）	死库容（万 m^3）		
49.30	1 553	35.76	89		
2. 防洪标准					
设计		校核		历史	
重现期（年）	最高水位（m）	重现期（年）	最高水位（m）	最高水位（m）/出现日期	最大泄量（m^3/s）/出现日期
50	49.97	1 000	51.07	49.40 /2005-8-8	680 /1975-8-16
3. 控制运用指标					
汛中				汛末	
限制水位（m）	相应库容（万 m^3）	超蓄水位（m）	相应库容（万 m^3）	蓄水位（m）	相应库容（万 m^3）
47.50	1 238.8	48.30	1 374.6	48.50	1 409.6
允许壅高水位（m）	警戒水位（m）	允许最高水位（m）	高程基准面		
—	49.57	51.07	1956 年黄海		
水库下游安全泄量（m^3/s）				300	
控泄方式				一级控泄	

1.5 测站概况

1.5.1 站网情况

龙泉水库水文站，位于山东省烟台市牟平区龙泉镇埠前村，站码 41839650，于 2014 年 1 月设站，主要收集汛期降水量、水库水位、出入库流量等有关水文资料，进行水库洪水预报、抗洪能力计算、调洪演算等，为防汛抗旱、水资源控制运用提供信息。

龙泉水库流域内有三处国家雨量站，分别为龙泉水库、西庄、涝夼。其中西庄雨量站，站码 41839635，位于烟台市昆嵛山风景区东殿后村，于 2015 年设站，为汛期站；涝夼雨量站，站码 41839645，位于烟台市昆嵛山风景区昆嵛镇涝夼村，于 2015 年设站，为汛期站。

1.5.2 高程系情况

龙泉水库站高程基面采用 1956 年黄海基面。

2 预报方案编制

2.1 资料情况

龙泉水库站无实测年鉴水文摘录资料。

2.2 历史洪水

经调查，龙泉水库流域历史上曾发生过多次较大洪水，根据《山东省栖霞市山洪灾害调查评价历史洪水调查报告》(烟台市水文局 2015 年)，主要洪水如下：

1975 年 8 月 13 日发生大洪水，洪水入村。

2005 年 8 月 8 日 7：00，受台风“麦莎”影响，12 h 降雨量 130 mm，汉河河堤决口 1 处，致使沙湾庄村、上庄村 1 500 亩粮田、400 亩蔬菜浸泡在水中，淹没省道 302 共 2 km，造成直接经济损失 40 万元；广河村河堤决口 2 处，致使沿岸 9 个村 3 000 余亩粮田浸泡在水中，5 座牲畜养殖场被淹，32 户村民家中进水，造成直接经济损失 65 万元。

2.3 参证站选择

龙泉水库站地形地貌和下垫面基本特征与海阳站相似，故以海阳站作为龙泉水库站的参证站。参证站海阳站以上流域面积 $F_{参} = 54.6\ km^2$；设计站龙泉水库站以上流域面积 $F_{设} = 50\ km^2$。

2.4 产流方案

2.4.1 降雨径流关系

产流方案根据龙泉水库站以上流域地形地貌、自然地理、水土保持、水利工程、暴雨时空分布等，移用海阳站的降雨径流关系，修订后在该流域应用，并在实际预报中完善，形成适合该流域的降雨径流关系，详见图 25–2。

海阳水文站降雨径流关系，因为流域内水利工程、下垫面条件、水土保持条件等的变化，出现了两条关系曲线，一条同级降水产流较小，一条同级降水产流较大，前者适合较干旱或者汛初降水发生洪水情况，另一条适合汛中后期、下垫面含水量较大、水利工程近于蓄满情况。

2.4.2 相关要素的分析计算

2.4.2.1 流域平均雨量 P 的计算

流域平均雨量 P 采用流域内龙泉水库、西庄、涝奋 3 处雨量站的算术平均值。

2.4.2.2 流域平均前期影响雨量 P_a 的计算

分析汛前降水情况，初步确定四月或五月初土壤含水量经验值，然后根据公式逐日计算，直到汛期发生暴雨洪水，P_a 基本接近实值。其计算公式为

$$P_{a,t} = K(P_{a,t-1} + P_{t-1})$$

式中：$P_{a,t}$ 为当日的前期影响雨量（mm）；$P_{a,t-1}$ 为前一日的前期影响雨量（mm）；P_{t-1} 为前一日流域平均雨量（mm）；K 为前期影响雨量递减系数。

$K=0.95$（$P_{t-1} < 1.0$ mm）；$K = 0.98$（$1.0\ \text{mm} \leqslant P_{t-1} < 10.0$ mm）；$K = 1.00$（$P_{t-1} \geqslant 10.0$ mm）。

2.4.2.3 最大损失量 I_m 的确定

根据本流域下垫面情况综合分析，采用 $I_m = 100$ mm，当 $P_a \geqslant 100$ mm 时，取 $P_a = I_m$，故 P_a 的取值范围为 $0<P_a \leqslant 100$ mm。

2.5 汇流方案

将参证站海阳站单位线（$\Delta t = 1$ h）进行缩放后作为龙泉水库站单位线，详见图 25–3。

单位线的缩放按下列公式计算：

$$\alpha = (F_{设} / F_{参})^{0.5}$$

$$T_{设i} = \alpha T_{参i}$$

$$q_{设i} = \alpha q_{参i}$$

式中：α 为单位线缩放系数；$F_{参}$、$F_{设}$ 分别为参证站、设计站以上控制流域面积；$T_{参i}$ 为参证站单位线逐时段，$T_{参i}=1, 2, \cdots, N$；$T_{设i}$ 为设计站单位线逐时段，通常为小数，为满足实际要求，需进一步对缩放结果进行插值，从而得到整时段单位线结果；$q_{参i}$ 为参证站单位线逐时段流量；$q_{设i}$ 为设计站单位线逐时段流量。

3 方案使用说明

预报方案反映了流域综合因素影响下的降雨径流关系、峰量关系。就单次洪水而言，它既有群体的共性，又有单体的个性，所以在具体预报作业中，要从主到次分析影响降雨径流的各水文因素，用以修正各预报值，提高预报精度。

3.1 产流方案

3.1.1 前期影响雨量 P_a 的确定

在进行洪水预报时，应对雨前计算的 P_a 值进行合理性分析，以确定 P_a 的取用值。由于 P_a 是根据公式逐日推算的，如果是流域内局部降雨等代表性差的雨型，容易造成 P_a 值计算误差。如果 P_a 计算值很小，遭遇强度较大的降雨，查读 $P+P_a$-R 关系曲线时容易造成 R 的查读值偏小；如果 P_a 计算值达到 I_m 值，应分析流域下垫面饱和程度，实际情况是否真正达到 I_m 值。同量级的 P_a 值在汛初、汛中、汛末对降雨径流的影响也不相同，一般来讲，汛初 P_a 计算值代表性较差，往往偏大；汛中以后的 P_a 计算值代表性较好，相对准确。

3.1.2 流域平均雨量 *P* 的确定

根据流域内雨情逐时段（$\Delta t=1$ h）计算时段平均雨量。当累积量达到或超过 50 mm 时，即可进行洪水作业预报。

3.1.3 产流面积 *F* 的确定

产流面积的取值视下垫面、本次降雨情况而定。一般来讲，当本流域次雨量达到50 mm时，首先考虑上游水利工程蓄水情况，龙泉水库上游只有一个塘坝，若塘坝未蓄满，产流面积取 48.2 km^2；当塘坝蓄满时，产流面积取 50 km^2。当流域平均降水量大于 100 mm 时，流域内水利工程全部蓄满，全流域产流，产流面积取近于 50 km^2（具体视前期降水情况、蓄水情况等而定）。

3.1.4 综合因素的影响

降雨径流除受 P_a、F、i 因素影响外，降雨自身的时空分布、河网基流情况等因素的影响也不可忽视。一般来讲，降水中心在中下游、降雨强度大、降雨历时短，有利于产汇流。产流面积大，流域河网基流充足，遇有较大降水，将会产生峰高量大的洪水过程，绝大多数大洪水、特大洪水具备以上有利于产汇流的因素；产流面积小，河网基流较小或干枯，即使遭遇较大降水，也很难产生大的洪水过程，尤其是汛初和久旱无雨状态下，特别明显。当降雨径流各影响因素互补平衡时，会产生相对正常的洪水过程。因此在进行洪水预报作业时，应准确分析各影响因素，灵活运用相关曲线，并进行经验修订，做出相应的洪水预报。

3.1.5 径流深 *R* 的预报

根据所计算的前期影响雨量 P_a、流域平均雨量 P 查降雨径流相关图（$P+P_a$-R）得到径流深 R。在实际预报作业时，应对有关影响因素进行分析判断，确定线形，并进行经验修正。一般来讲，汛初或久旱无雨，查Ⅱ线；P_a 值较高、产流面积较大、降雨强度较大、河网基流充盈，查Ⅰ线；当已经发生洪水过程再遭遇较大降水过程时，应结合上一场次暴雨洪水的径流系数校核预报的径流深。

3.1.6 洪水总量 *W* 的计算

根据确定的产流面积 F、预报的径流深 R，由公式 $W=0.1RF$ 计算得到洪水总量 W（或 $W_{净}$）。

3.2 汇流方案

3.2.1 降雨强度的影响

同量级的降雨因雨强的不同，产汇流的效果也不相同。雨强越大，越有利于产汇流，反之，则不利于产汇流。雨强的大小对洪峰流量、峰现时间的影响尤其明显。

3.2.2 单位线推流

在洪水预报作业时，根据洪水特性选取代表性较好的经验单位线，由 R_1，R_2，…，R_n 叠加计算来水过程。如果前后时段净雨强度相差很大，可变更经验单位线叠加推求来水过程。

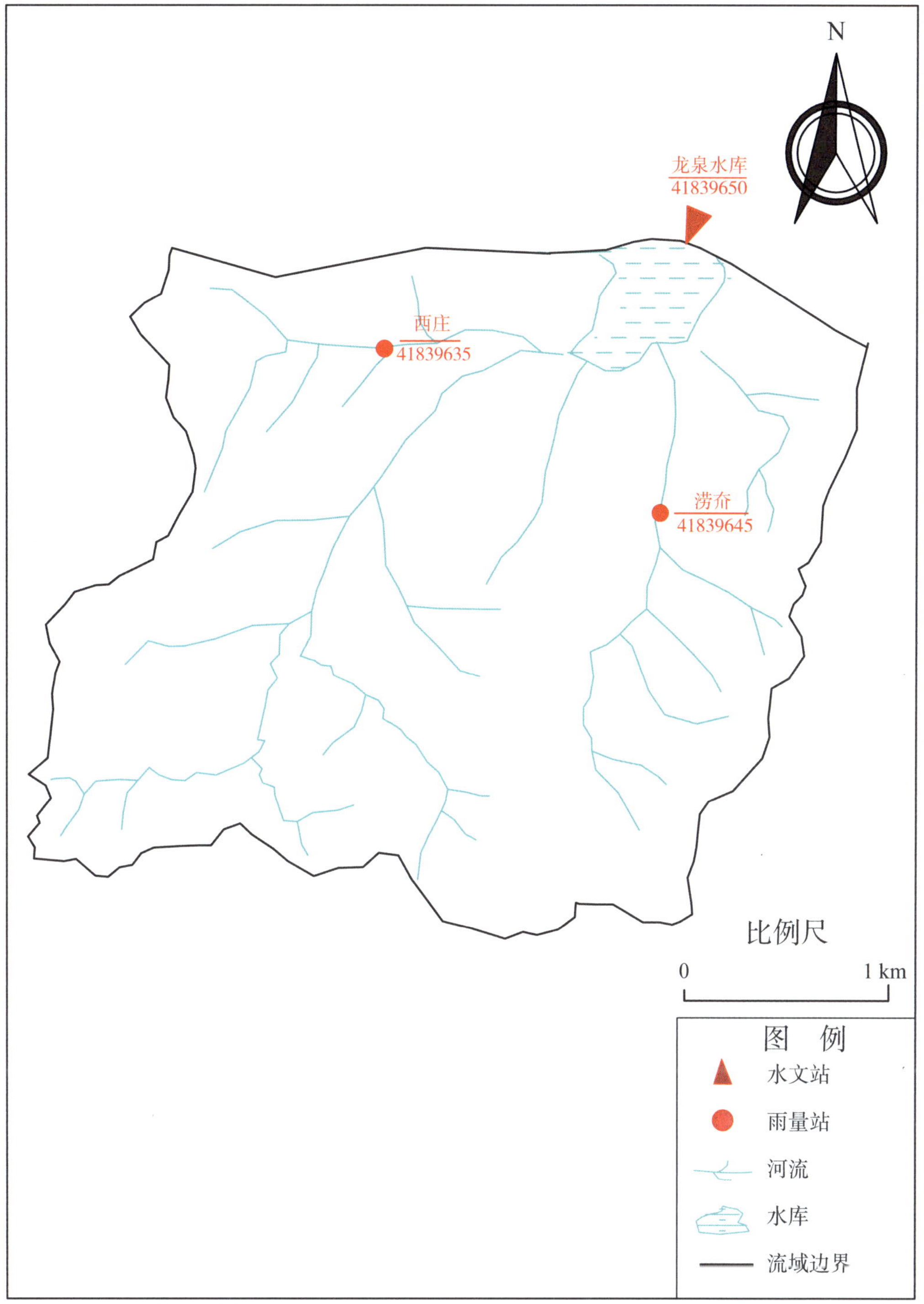

图 25-1 广汉河龙泉水库站以上流域图

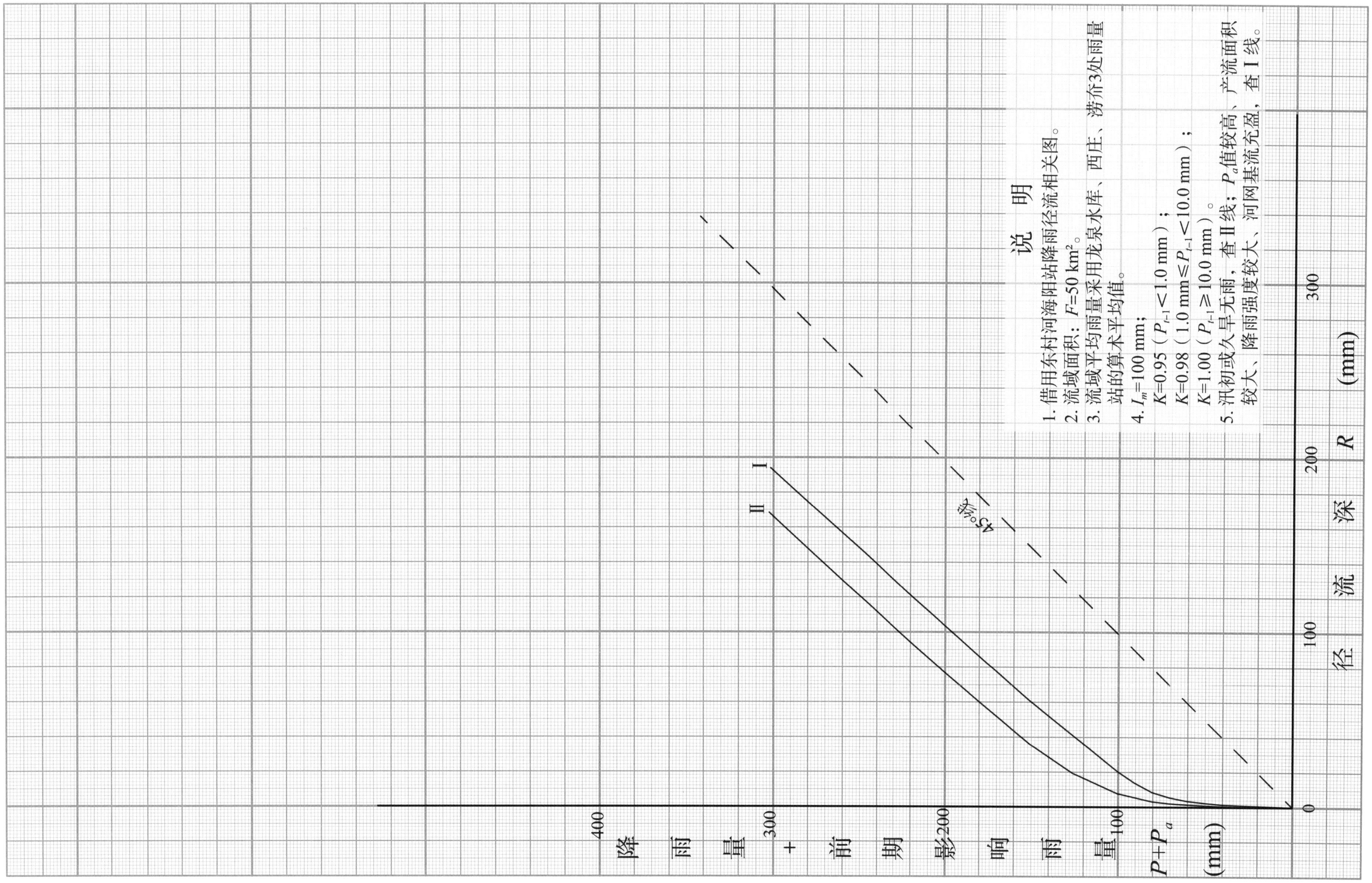

图 25-2 广汉河龙泉水库站降雨径流相关图（$P+P_a$-R）

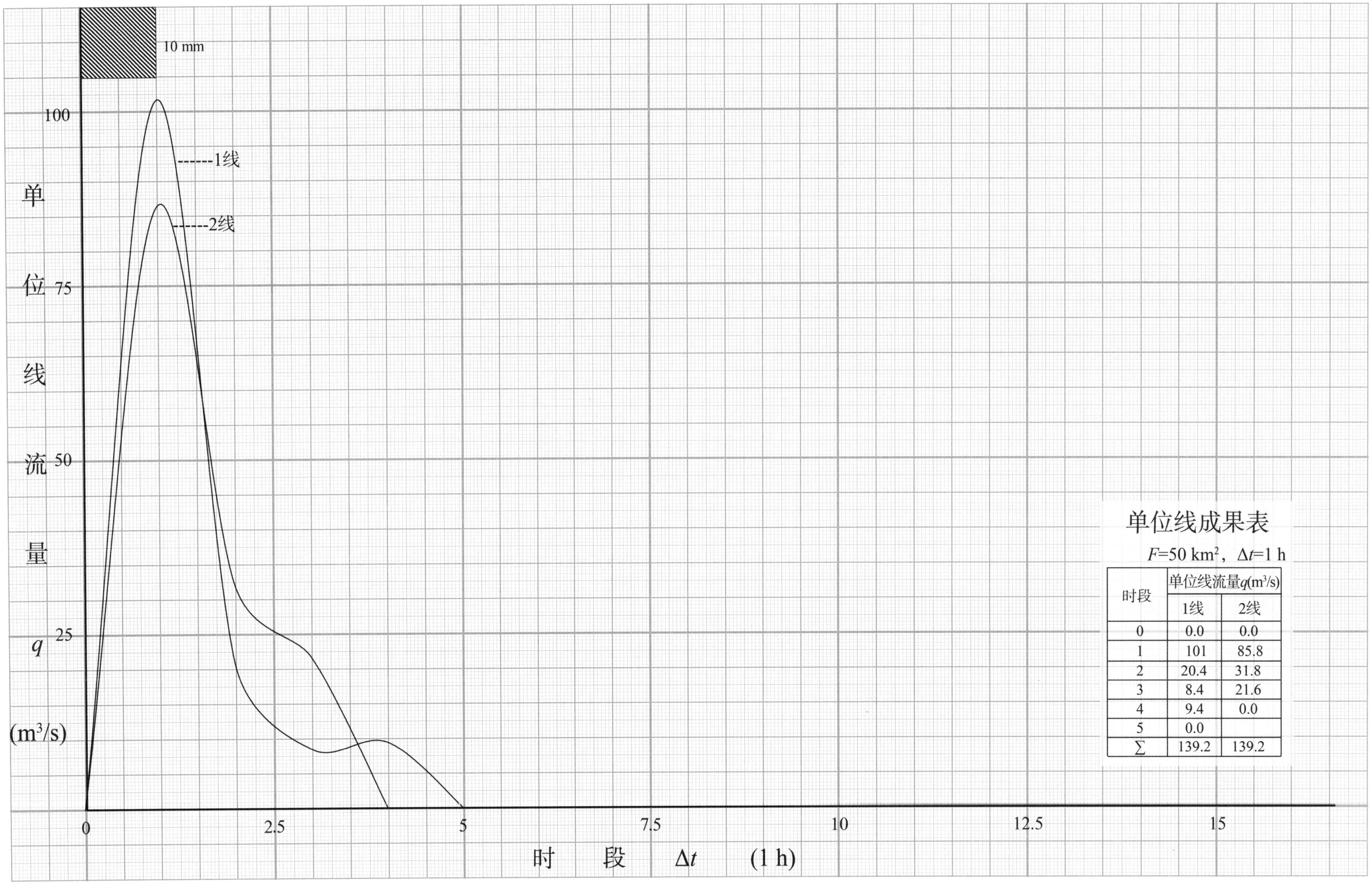

单位线成果表

F=50 km²，Δt=1 h

时段	单位线流量q(m³/s)	
	1线	2线
0	0.0	0.0
1	101	85.8
2	20.4	31.8
3	8.4	21.6
4	9.4	0.0
5	0.0	
∑	139.2	139.2

图 25-3　广汉河龙泉水库站单位线图

第二十六章　蚬河龙门口水库站水文预报方案编制说明

1　流域概况

1.1　流域自然地理特征

龙门口水库位于栖霞市官道镇龙门口村东、蚬河（亦称漩河，起源于栖霞市苏家店镇马蹄夼村）上游，属五龙河水系。水库控制流域面积 116 km^2，其中山区占 88%，丘陵占 12%。流域形状为扇形，平均宽度 8.9 km，干流平均比降 6‰。龙门口水库分为双支，干流最长 30 km。龙门口水库站以上流域图见图 26-1。

龙门口水库流域地层基底为太古界变质岩，其次为第四系松散沉积物，河床覆盖层厚 1~6 m，下为节理发育的火成岩。土壤以沙壤土为主，主要农作物为小麦、玉米，主要经济作物为花生，主要经济树为苹果树等。

龙门口水库流域属暖温带东亚大陆性季风气候，暴雨天气系统以台风、台风侧槽、高空槽、江淮气旋为主。多年平均降水量 676.6 mm，汛期（6—9 月）降水量约占全年的 73.9%，其中 7—8 月份最多，约占全年的 53%。流域内河网发育较好，河床比降大，源短流急，洪水暴涨暴落，属山溪性雨源型河流。

1.2　水库工程概况

龙门口水库是烟台市比较大的中型水库，灌区设计灌溉面积 6.1 万亩，城市及工业用水日为供水量 2 万 m^3。工程等别为Ⅲ等，主要建筑物级别为 3 级，次要建筑物级别为 4 级，临时建筑物级别为 5 级。水库除险加固前，设计洪水标准为 PMP，实际达到洪水标准 100 年一遇。水库除险加固后，设计洪水标准为 50 年一遇，校核洪水标准 1 000 年一遇。水库工程地震设防烈度 7 度。

水库枢纽工程包括主坝、三座副坝、溢洪道和三处放水洞等。

主坝为黏土心墙坝，全长 347 m，最大坝高 27.18 m，坝顶宽 6 m，坝顶高程 145.51 m。

一副坝、二副坝、三副坝坝型均为黏土心墙坝，大坝长分别为 550 m、440 m、702 m。坝顶宽都为 6 m，坝顶高程都为 145.51 m。

溢洪道位于主坝与一副坝之间，为开敞式溢洪道，堰顶宽 60.0 m，堰顶高程 140.60 m，最大泄洪流量 567.26 m^3/s。

三处放水洞分别在主坝北端、二副坝中部、三副坝中部，断面尺寸分别为 0.83 m×1.3 m、0.6 m×0.6 m、ϕ1.7 m。

1.3　上游水利工程概况

龙门口水库流域内自 1956 年先后建成小（1）型水库 2 座、小（2）型水库 12 座，总控制流域面积 27.26 km^2，总兴利库容 500.5 万 m^3，详见表 26-1。

表 26-1　龙门口水库坝址以上小型水库情况表

水库名称		建成时间	控制流域面积（km^2）	库容（万 m^3）	
				总库容	兴利库容
小（1）型	旗杆山	1970 年 2 月	10.4	408	150
	战家	1974 年 8 月	2.6	120	103
小（2）型	哨上	1972 年 6 月	0.66	22	13
	毛家	1966 年 1 月	1.9	23.92	9.0
	左家	1978 年 6 月	1.5	15	13
	孟家沟	1979 年 8 月	0.4	11.5	8.5
	灵山	1970 年 9 月	0.4	15	11
	纸房上沟	1959 年 6 月	1.9	38	33
	寺口	1971 年 7 月	1.6	38	31
	宋家沟	1970 年 9 月	0.8	25.75	20
	回兵崖	1979 年 6 月	0.7	28	21
	西南疃	1970 年 7 月	1.3	13	11
	任家庄	1959 年 5 月	1.27	37	33
	纸房兵山	1959 年 4 月	1.83	70.1	44
合计			27.26	865.27	500.5

1.4　水库工程指标及汛期控制运用指标

龙门口水库建于 1960 年 6 月，其工程指标及汛期控制运用指标见表 26-2。

表 26-2　龙门口水库工程指标及汛期控制运用指标表

1. 工程指标					
总库容（万 m^3）	防浪墙顶高程（m）	坝顶高程（m）	溢洪道（闸）		
			底高程（m）	孔数	净宽（m）
6 761.8	146.51	145.51	140.60	无闸	60.0
兴利水位（m）	兴利水位相应库容（万 m^3）	死水位（m）	死库容（万 m^3）		
140.60	4 325	127.09	220		

续表

2. 防洪标准					
设计		校核		历史	
重现期（年）	最高水位（m）	重现期（年）	最高水位（m）	最高水位（m）/出现日期	最大泄量（m^3/s）/出现日期
50	142.47	1 000	144.04	142.11 /2022-9-16	133.3 /2022-9-16
3. 控制运用指标					
汛中				汛末	
限制水位（m）	相应库容（万 m^3）	超蓄水位（m）	相应库容（万 m^3）	蓄水位（m）	相应库容（万 m^3）
140.60	4 325	140.60	4 325	140.60	4 325
允许壅高水位（m）	警戒水位（m）	允许最高水位（m）	高程基准面		
—	142.47	144.04	1956 年黄海		
水库下游安全泄量（m^3/s）				70	
控泄方式				敞泄	

1.5 测站概况

1.5.1 站网情况

龙门口水库水文站，位于山东省栖霞市官道镇龙门口村，站码 41842750，于 2020 年 1 月设站，主要收集汛期降水量、水库水位、出入库流量等有关水文资料，进行水库洪水预报、抗洪能力计算、调洪演算等，为防汛抗旱、水资源控制运用提供信息。

龙门口水库流域内有 3 处国家雨量站，分别为龙门口水库、寺口、任留雨量站。三处雨量站网控制权重：龙门口水库 11.9%，寺口 46.6%，任留 41.5%。

寺口雨量站，站码 41842650，位于栖霞市寺口镇寺口村，于 1952 年设站，为全年站。

任留雨量站，站码 41842700，位于栖霞市西城镇任留村，于 1965 年设站，为汛期站。

1.5.2 高程系情况

龙门口水库站高程基面采用 1956 年黄海基面。

2 预报方案编制

2.1 资料情况

龙门口水库站无实测年鉴水文摘录资料。

2.2 历史洪水

经调查，龙门口水库流域历史上曾发生过多次较大洪水，根据《山东省栖霞市山洪灾害调查评价历史洪水调查报告》（烟台市水文局 2015 年），主要洪水如下：

1965 年 7 月 25 日，寺口镇院上村发生洪水，洪水进入村中淹没村民房屋，水深最高 1.4 m。

1979 年 7 月 31 日，西城镇西陡崖村发生大洪水，洪水进入村中，并淹没村民房屋，水深最高达 0.9 m；同期，西城镇东陡崖村、左家村，洪水进入村中，并淹没村民房屋，水深最高达 0.7 m；任留村，洪水进入村中，并淹没村民房屋，水深最高达 1.6 m。

2.3 参证站选择

龙门口水库站地形地貌和下垫面基本特征与招远站相似，故以招远站作为龙门口水库站的参证站。参证站招远站以上流域面积 $F_{参}=98.6\ km^2$；设计站龙门口水库站以上流域面积 $F_{设}=116\ km^2$。

2.4 产流方案

2.4.1 降雨径流关系

产流方案根据龙门口水库站以上流域地形地貌、自然地理、水土保持、水利工程、暴雨时空分布等，移用招远站的降雨径流关系，修订后在该流域应用，并在实际预报中完善，形成适合该流域的降雨径流关系，详见图 26-2。

招远水文站降雨径流关系，因为流域内水利工程、下垫面条件、水土保持条件等的变化，出现了两条关系曲线，一条同级降水产流较小，一条同级降水产流较大，前者适合较干旱或者汛初降水发生洪水情况，另一条适合汛中后期、下垫面含水量较大、水利工程近于蓄满情况。

2.4.2 相关要素的分析计算

2.4.2.1 流域平均雨量 P 的计算

流域平均雨量 P 采用流域内龙门口水库、寺口、任留三处雨量站的加权平均值。

2.4.2.2 流域平均前期影响雨量 P_a 的计算

分析汛前降水情况，初步确定四月或五月初土壤含水量经验值，然后根据公式逐日计算，直到汛期发生暴雨洪水，P_a 基本接近实值。其计算公式为

$$P_{a,t}=K(P_{a,t-1}+P_{t-1})$$

式中：$P_{a,t}$ 为当日的前期影响雨量（mm）；$P_{a,t-1}$ 为前一日的前期影响雨量（mm）；P_{t-1} 为前一日流域平均雨量（mm）；K 为前期影响雨量递减系数。

$K=0.95$（$P_{t-1}<1.0$ mm）；$K=0.98$（$1.0\ mm \leqslant P_{t-1}<10.0$ mm）；$K=1.00$（$P_{t-1}\geqslant 10.0$ mm）。

2.4.2.3 最大损失量 I_m 的确定

根据本流域下垫面情况综合分析，采用 $I_m = 100$ mm，当 $P_a \geq 100$ mm 时，取 $P_a = I_m$，故 P_a 的取值范围为 $0 < P_a \leq 100$ mm。

2.5 汇流方案

将参证站招远站单位线（$\Delta t = 1$ h）进行缩放后作为龙门口水库站单位线，详见图 26-3。

单位线的缩放按下列公式计算：

$$\alpha = (F_{设} / F_{参})^{0.5}$$

$$T_{设i} = \alpha T_{参i}$$

$$q_{设i} = \alpha q_{参i}$$

式中：α 为单位线缩放系数；$F_{参}$、$F_{设}$ 分别为参证站、设计站以上控制流域面积；$T_{参i}$ 为参证站单位线逐时段，$T_{参i} = 1, 2, \cdots, N$；$T_{设i}$ 为设计站单位线逐时段，通常为小数，为满足实际要求，需进一步对缩放结果进行插值，从而得到整时段单位线结果；$q_{参i}$ 为参证站单位线逐时段流量；$q_{设i}$ 为设计站单位线逐时段流量。

3 方案使用说明

预报方案反映了流域综合因素影响下的降雨径流关系、峰量关系。就单次洪水而言，它既有群体的共性，又有单体的个性，所以在具体预报作业中，要从主到次分析影响降雨径流的各水文因素，用以修正各预报值，提高预报精度。

3.1 产流方案

3.1.1 前期影响雨量 P_a 的确定

在进行洪水预报时，应对雨前计算的 P_a 值进行合理性分析，以确定 P_a 的取用值。由于 P_a 是根据公式逐日推算的，如果是流域内局部降雨等代表性差的雨型，容易造成 P_a 值计算误差。如果 P_a 计算值很小，遭遇强度较大的降雨，查读 $P+P_a-R$ 关系曲线时容易造成 R 的查读值偏小；如果 P_a 计算值达到 I_m 值，应分析流域下垫面饱和程度，实际情况是否真正达到 I_m 值。同量级的 P_a 值在汛初、汛中、汛末对降雨径流的影响也不相同，一般来讲，汛初 P_a 计算值代表性较差，往往偏大；汛中以后的 P_a 计算值代表性较好，相对准确。

3.1.2 流域平均雨量 P 的确定

根据流域内雨情逐时段（$\Delta t = 1$ h）计算时段平均雨量。当累积量达到或超过 50 mm 时，即可进行洪水作业预报。

3.1.3 产流面积 F 的确定

产流面积的取值视下垫面、本次降雨情况而定。一般来讲，当本流域次雨量达到 50 mm时，首先考虑上游小型水库蓄水情况，若小（1）、小（2）型水库均未蓄满，产流面积取 88.74 km^2；当小（2）型水库蓄满、小（1）型未蓄满时，产流面积取 103 m^2；若小型水库全部蓄满，产流面积取 116 km^2。当流域平均降水量大于 100 mm 时，流域内小型水库等水利工程全部蓄满，全流域产流，产流面积取近于 116 km^2（具体视前期降水情况、蓄水情况等而定）。

3.1.4 综合因素的影响

降雨径流除受 P_a、F、i 因素影响外，降雨自身的时空分布、河网基流情况等因素的影响也不可忽视。一般来讲，降水中心在中下游、降雨强度大、降雨历时短，有利于产汇流。产流面积大，流域河网基流充足，遇有较大降水，将会产生峰高量大的洪水过程，绝大多数大洪水、特大洪水具备以上有利于产汇流的因素；产流面积小，河网基流较小或干枯，即使遭遇较大降水，也很难产生大的洪水过程，尤其是汛初和久旱无雨状态下，特别明显。当降雨径流各影响因素互补平衡时，会产生相对正常的洪水过程。因此在进行洪水预报作业时，应准确分析各影响因素，灵活运用相关曲线，并进行经验修订，做出相应的洪水预报。

3.1.5 径流深 R 的预报

根据所计算的前期影响雨量 P_a、流域平均雨量 P 查降雨径流相关图（$P+P_a-R$）得到径流深 R。在实际预报作业时，应对有关影响因素进行分析判断，确定线形，并进行经验修正。一般来讲，汛初或久旱无雨，查Ⅱ线；P_a 值较高、产流面积较大、降雨强度较大、河网基流充盈，查Ⅰ线；当已经发生洪水过程再遭遇较大降水过程时，应结合上一场次暴雨洪水的径流系数校核预报的径流深。

3.1.6 洪水总量 W 的计算

根据确定的产流面积 F、预报的径流深 R，由公式 $W = 0.1RF$ 计算得到洪水总量 W（或 $W_{净}$）。

3.2 汇流方案

3.2.1 降雨强度的影响

同量级的降雨因雨强的不同，产汇流的效果也不相同。雨强越大，越有利于产汇流，反之，则不利于产汇流。雨强的大小对洪峰流量、峰现时间的影响尤其明显。

3.2.2 单位线推流

在洪水预报作业时，根据洪水特性选取代表性较好的经验单位线，由 R_1，R_2，$\cdots$，R_n 叠加计算来水过程。如果前后时段净雨强度相差很大，可变更经验单位线叠加推求来水过程。

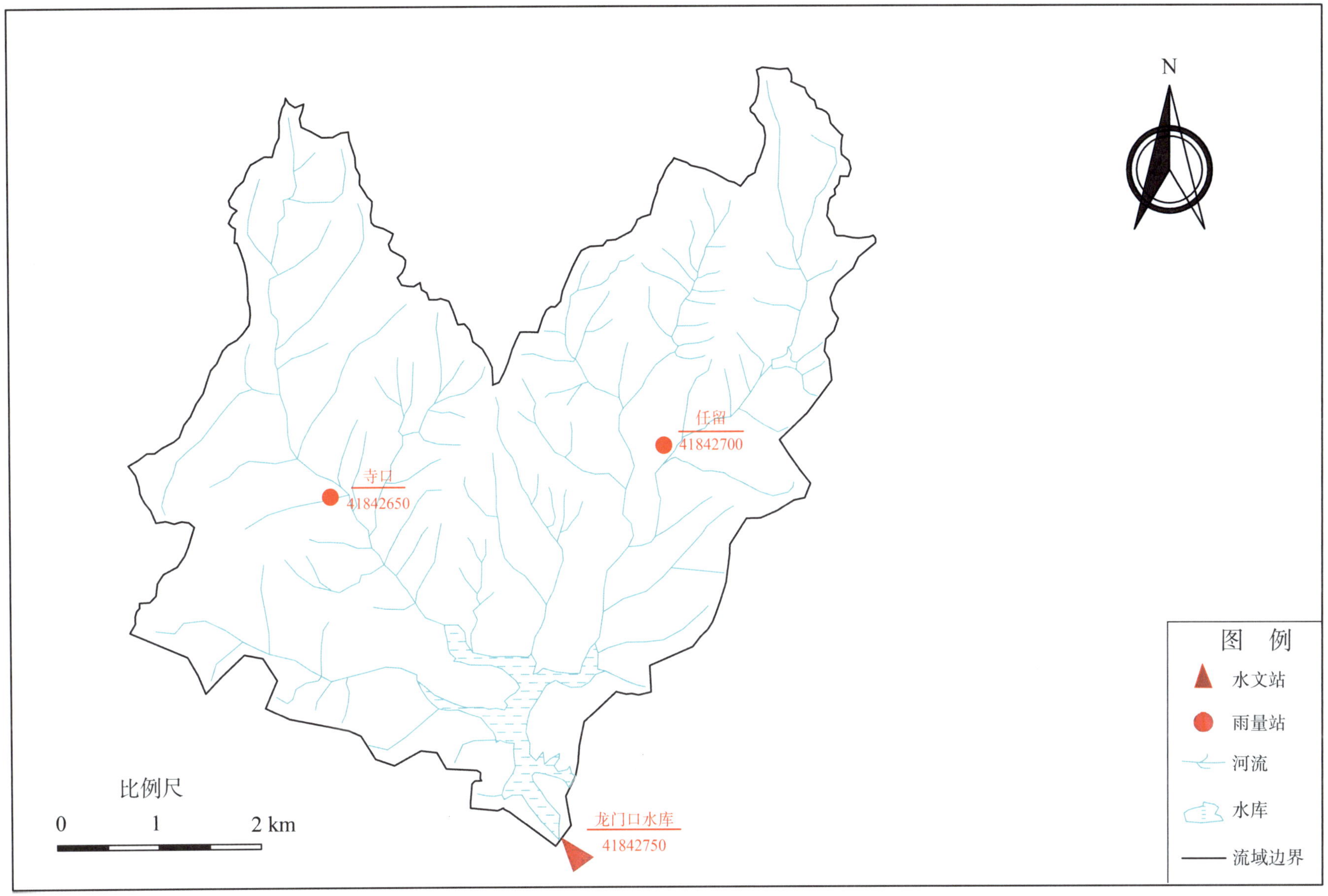

图 26-1　蚬河龙门口水库站以上流域图

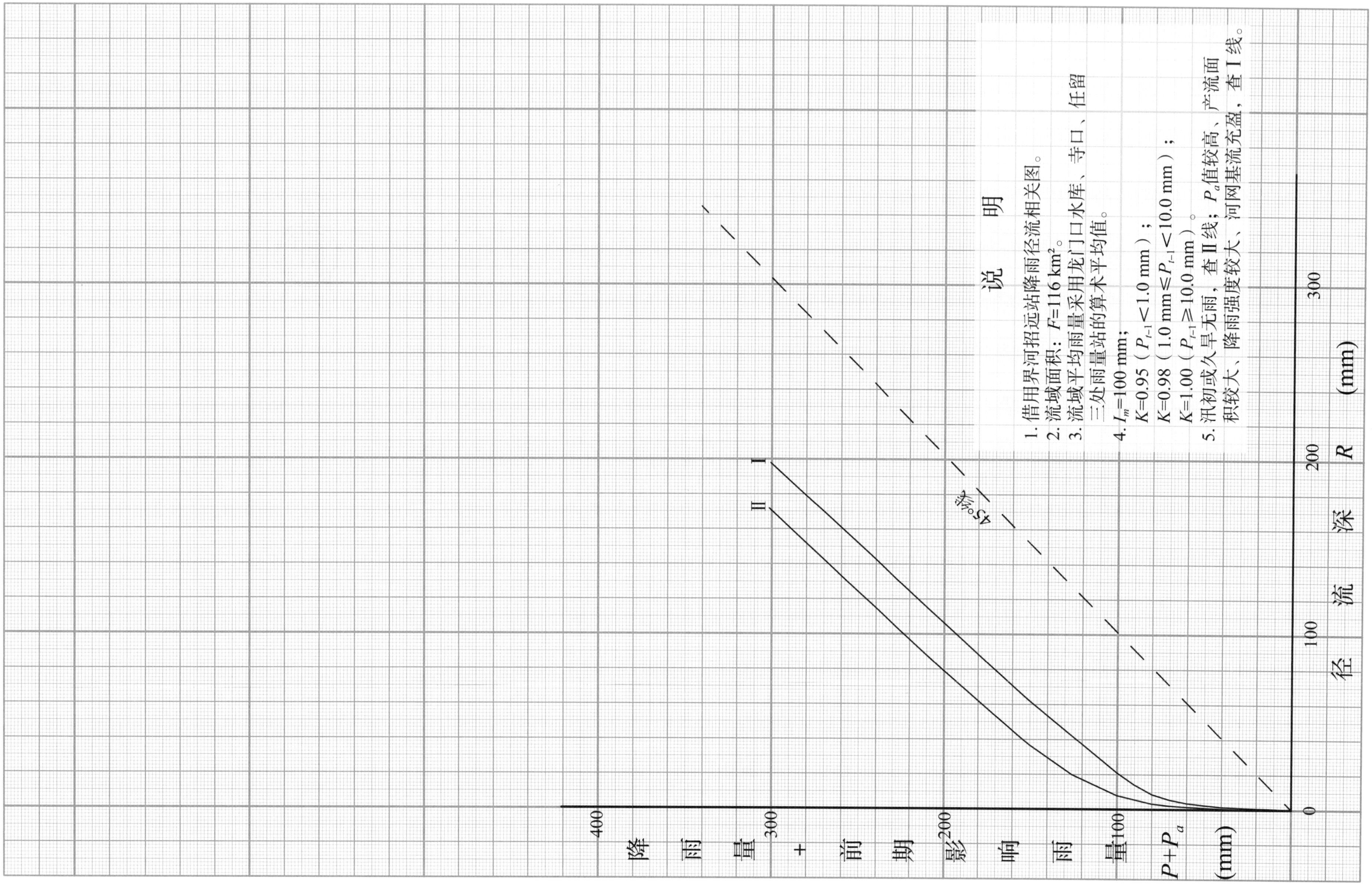

图 26-2　蚬河龙门口水库站降雨径流相关图（$P+P_a$-R）

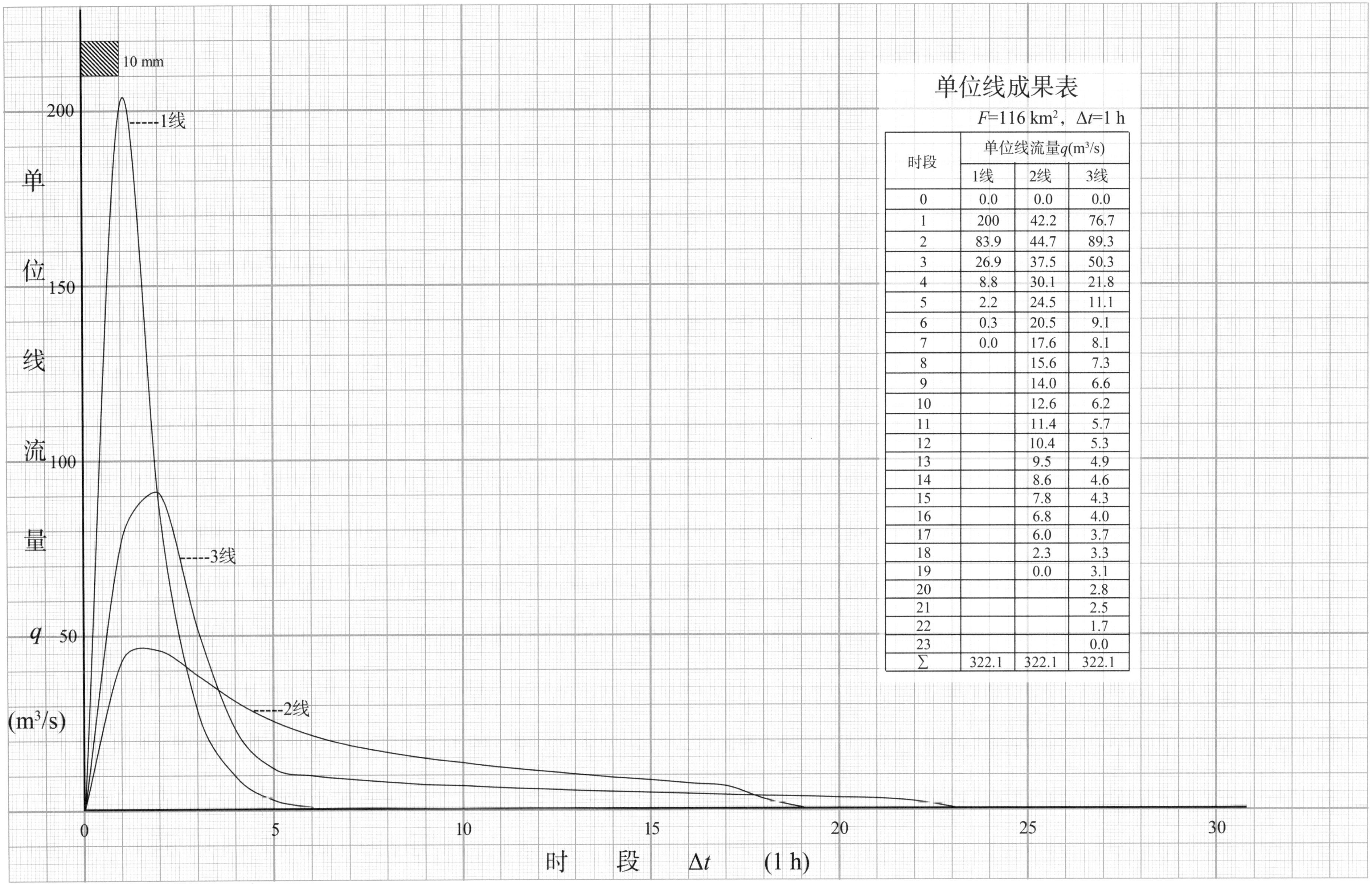

单位线成果表

F=116 km², Δt=1 h

时段	单位线流量q(m³/s)		
	1线	2线	3线
0	0.0	0.0	0.0
1	200	42.2	76.7
2	83.9	44.7	89.3
3	26.9	37.5	50.3
4	8.8	30.1	21.8
5	2.2	24.5	11.1
6	0.3	20.5	9.1
7	0.0	17.6	8.1
8		15.6	7.3
9		14.0	6.6
10		12.6	6.2
11		11.4	5.7
12		10.4	5.3
13		9.5	4.9
14		8.6	4.6
15		7.8	4.3
16		6.8	4.0
17		6.0	3.7
18		2.3	3.3
19		0.0	3.1
20			2.8
21			2.5
22			1.7
23			0.0
∑	322.1	322.1	322.1

图 26-3 蚬河龙门口水库站单位线图

第二十七章　白龙河小平水库站水文预报方案编制说明

1　流域概况

1.1　流域自然地理特征

小平水库位于莱阳市城区西北柏林庄街道北小平村北、五龙河支流白龙河上游，控制流域面积 21 km^2。小平水库流域地势北高南低，属单支河流，干流河道长度 5 km，干流比降 1.0%。小平水库站以上流域图见图 27-1。

小平水库枢纽工程地处前震旦纪地层，其基岩为角闪片麻岩，其造岩矿物主要为长石、角闪石、云母，颜色为灰绿、灰白，具有片麻状构造，结构致密，坚硬，但存在由于几次变质作用和火山活动的影响而形成的破碎现象。大坝东端的小山包为火山堆积岩。河床地带为第四纪地层，由上至下为砂、粗砂及砾石，是由河流的冲击而成的。坝区及东南三角下厚约 10 m 的黏土层是该坝的主要建筑材料。小平水库地形条件很好，四周环山，岩性为古老变质岩，没有节理和断层，虽有破碎现象，但渗漏问题对水库影响不大。流域内大部是丘陵地，土壤以壤土为主，占 80%；沙壤土占 20%。

小平水库流域属温带大陆性半湿润季风气候，光照充足，四季分明，具有春季风多易旱、夏季炎热多雨、秋季昼暖夜凉、冬季寒冷干燥的特点。流域多年平均降水量为 673.7 mm，年平均气温 11.2 ℃，年平均相对湿度 73%，年平均日照时数 2 996 h，年平均风速 2.7 m/s，年平均无霜期 173 d。河道系山溪性河流，汛期河水暴涨暴落，水流急湍。

1.2　水库工程概况

小平水库是一座以防洪和工农业供水为主的中型水库，水库总库容 1 032.5 万 m^3，兴利库容 668 万 m^3，灌区设计灌溉面积 1.23 万亩，最大灌溉面积 0.7 万亩，设计灌溉保证率 50%。设计城市供水量 300 万 m^3/a。水库除险加固前，防洪标准为 100 年一遇设计、1 000 年一遇校核。水库除险加固后，防洪标准为 100 年一遇设计，2 000 年一遇校核。水库工程地震设防烈度为 6 度。

水库枢纽工程包括大坝、溢洪道和放水洞三部分。

大坝为黏土心墙砂壳坝，全长 250 m，最大坝高 24.0 m，坝顶宽 5.0 m，坝顶高程 96.80 m。

溢洪道位于大坝右端，宽 60.0 m，最大泄量 795 m^3/s。建有 3 孔溢洪闸，闸底高程 91.24 m，闸门型式为平面钢闸门。

放水洞位于大坝东端，为浆砌无压盖板方涵，闸门断面尺寸为 0.8 m×0.6 m，进口底高程 83.26 m，设计最大流量 1.13 m^3/s。

1.3　上游水利工程概况

水平水库流域内有小（2）型水库一座——留家水库，于 1968 年 5 完工，控制流域面积 4.2 km^2，兴利库容 22.4 万 m^3，详见表 27-1。

表 27-1　小平水库坝址以上小型水库情况表

水库名称	建成时间	控制流域面积（km^2）	库容（万 m^3）	
			总库容	兴利库容
留家	1968 年 5 月	4.2	58.9	22.4

1.4　水库工程指标及汛期控制运用指标

小平水库建成于 1960 年 10 月，除险加固工程于 2016 年 10 月 20 日开工建设，2018 年 8 月完工，其工程指标及汛期控制运用指标见表 27-2。

表 27-2　小平水库工程指标及控制运用指标表

1. 工程指标					
总库容（万 m^3）	防浪墙顶高程（m）	坝顶高程（m）	溢洪道（闸）		
			底高程（m）	孔数	净宽（m）
1 032.5	97.60	96.80	91.24	3	21.0
兴利水位（m）	兴利水位相应库容（万 m^3）	死水位（m）	死库容（万 m^3）		
94.24	772	82.00	104		
2. 防洪标准					
设计		校核		历史	
重现期（年）	最高水位（m）	重现期（年）	最高水位（m）	最高水位（m）/出现日期	最大泄量（m^3/s）/出现日期
100	95.25	2 000	96.28	96.30 /2003-9-17	70.0 /2003-9-17

续表

3. 控制运用指标					
汛中				汛末	
限制水位（m）	相应库容（万 m^3）	超蓄水位（m）	相应库容（万 m^3）	蓄水位（m）	相应库容（万 m^3）
93.24	672	93.74	720	94.24	772
允许壅高水位（m）	警戒水位（m）	允许最高水位（m）	高程基准面		
94.43	94.91	95.96	1985 年国家高程基准		
水库下游安全泄量（m^3/s）				73.0	
控泄方式				闸门控制泄洪，控制泄量 73.0 m^3/s；水位高于允许壅高水位 94.43 m 时，敞泄	

1.5 测站概况

1.5.1 站网情况

小平水库水文站，位于山东省莱阳市柏林庄街道北小平村，站码 41816450，于 2020 年 1 月设站，主要收集汛期降水量、水库水位、出入库流量等有关水文资料，进行水库洪水预报、抗洪能力计算、调洪演算等，为防汛抗旱、水资源控制运用提供信息。

小平水库流域内有两处雨量站，分别为小平水库、上孙家雨量站。其中上孙家雨量站，站码 41843150，位于山东省烟台市莱阳市谭格庄镇上孙家村，于 2015 年设站，为汛期站。

1.5.2 高程系情况

小平水库站高程基面采用 1985 年国家高程基准面。

2 预报方案编制

2.1 资料情况

小平水库站无实测年鉴水文摘录资料。

2.2 历史洪水

经调查，小平水库流域历史上曾发生过多次较大洪水，根据《山东省莱阳市山洪灾害调查评价历史洪水调查报告》（烟台市水文局 2015 年），主要洪水如下：

1979 年 7 月 30 日中午到 8 月 2 日下午，莱阳市 14 处公社下了大暴雨，最大 1 h 雨量 100 mm。谭格庄公社降雨 420 mm。全市水淹地 20 多万亩，绝产 4 万亩。冲垮坝头 400 个，倒塌房屋 756 间，民房进水临时转移的社员 5 000 多人，死亡牲畜 160 头，冲垮塘坝 8 座。

1985 年 8 月 18 日至 21 日，全市发生台风暴雨，最大风力 10 级，平均降雨233.5 mm（谭格庄乡最大，为 435 mm），受灾作物达 46 万亩，绝产 16 万亩，倒塌房屋 11 592 间，损失水果 5 600 万 kg，损坏通信和供电线杆 10 230 支，冲毁鱼虾池 1 483 亩，冲毁桥涵 21 座。

2.3 参证站选择

小平水库站地形地貌和下垫面基本特征与海阳站相似，故以海阳站作为小平水库站的参证站。参证站海阳站以上流域面积 $F_{参} = 54.6\ km^2$；设计站小平水库站以上流域面积 $F_{设} = 21\ km^2$。

2.4 产流方案

2.4.1 降雨径流关系

产流方案根据小平水库站以上流域地形地貌、自然地理、水土保持、水利工程、暴雨时空分布等，移用海阳站的降雨径流关系，修订后在该流域应用，并在实际预报中完善，形成适合该流域的降雨径流关系，详见图 27-2。

海阳水文站降雨径流关系，因为流域内水利工程、下垫面条件、水土保持条件等的变化，出现了两条关系曲线，一条同级降水产流较小，一条同级降水产流较大，前者适合较干旱或者汛初降水发生洪水情况，另一条适合汛中后期、下垫面含水量较大、水利工程近于蓄满情况。

2.4.2 相关要素的分析计算

2.4.2.1 流域平均雨量 P 的计算

流域平均雨量 P 采用流域内小平水库、上孙家两处雨量站的算术平均值。

2.4.2.2 流域平均前期影响雨量 P_a 的计算

分析汛前降水情况，初步确定四月或五月初土壤含水量经验值，然后根据公式逐日计算，直到汛期发生暴雨洪水，P_a 基本接近实值。其计算公式为

$$P_{a,\ t} = K(P_{a,\ t-1} + P_{t-1})$$

式中：$P_{a,t}$ 为当日的前期影响雨量（mm）；$P_{a,t-1}$ 为前一日的前期影响雨量（mm）；P_{t-1} 为前一日流域平均雨量（mm）；K 为前期影响雨量递减系数。

$K=0.95$（$P_{t-1} < 1.0$ mm）；$K = 0.98$（$1.0\ mm \leqslant P_{t-1} < 10.0\ mm$）；$K = 1.00$（$P_{t-1} \geqslant 10.0$ mm）。

2.4.2.3 最大损失量 I_m 的确定

根据本流域下垫面情况综合分析，采用 $I_m = 100$ mm，当 $P_a \geqslant 100$ mm 时，取 $P_a = I_m$，故 P_a 的取值范围为 $0 < P_a \leqslant 100$ mm。

2.5 汇流方案

将参证站海阳站单位线（$\Delta t=1$ h）进行缩放后作为小平水库站单位线，详见图 27-3。

单位线的缩放按下列公式计算：

$$\alpha=(F_{设}/F_{参})^{0.5}$$

$$T_{设i}=\alpha T_{参i}$$

$$q_{设i}=\alpha q_{参i}$$

式中：α 为单位线缩放系数；$F_{参}$、$F_{设}$ 分别为参证站、设计站以上控制流域面积；$T_{参i}$ 为参证站单位线逐时段，$T_{参i}=1, 2, \cdots, N$；$T_{设i}$ 为设计站单位线逐时段，通常为小数，为满足实际要求，需进一步对缩放结果进行插值，从而得到整时段单位线结果；$q_{参i}$ 为参证站单位线逐时段流量；$q_{设i}$ 为设计站单位线逐时段流量。

3 方案使用说明

预报方案反映了流域综合因素影响下的降雨径流关系、峰量关系。就单次洪水而言，它既有群体的共性，又有单体的个性，所以在具体预报作业中，要从主到次分析影响降雨径流的各水文因素，用以修正各预报值，提高预报精度。

3.1 产流方案

3.1.1 前期影响雨量 P_a 的确定

在进行洪水预报时，应对雨前计算的 P_a 值进行合理性分析，以确定 P_a 的取用值。由于 P_a 是根据公式逐日推算的，如果是流域内局部降雨等代表性差的雨型，容易造成 P_a 值计算误差。如果 P_a 计算值很小，遭遇强度较大的降雨，查读 $P+P_a-R$ 关系曲线时容易造成 R 的查读值偏小；如果 P_a 计算值达到 I_m 值，应分析流域下垫面饱和程度，实际情况是否真正达到 I_m 值。同量级的 P_a 值在汛初、汛中、汛末对降雨径流的影响也不相同，一般来讲，汛初 P_a 计算值代表性较差，往往偏大；汛中以后的 P_a 计算值代表性较好，相对准确。

3.1.2 流域平均雨量 P 的确定

根据流域内雨情逐时段（$\Delta t=1$ h）计算时段平均雨量。当累积量达到或超过 50 mm 时，即可进行洪水作业预报。

3.1.3 产流面积 F 的确定

产流面积的取值视下垫面、本次降雨情况而定。一般来讲，当本流域次雨量达到50 mm 时，首先考虑上游小型水库蓄水情况，若小（2）型水库未蓄满，产流面积取16.8 km^2；若小（2）型水库蓄满，产流面积取 21 km^2。当流域平均降水量大于 100 mm 时，流域内小型水库等水利工程全部蓄满，全流域产流，产流面积取近于 21 km^2（具体视前期降水情况、蓄水情况等而定）。

3.1.4 综合因素的影响

降雨径流除受 P_a、F、i 因素影响外，降雨自身的时空分布、河网基流情况等因素的影响也不可忽视。一般来讲，降水中心在中下游、降雨强度大、降雨历时短，有利于产汇流。产流面积大，流域河网基流充足，遇有较大降水，将会产生峰高量大的洪水过程，绝大多数大洪水、特大洪水具备以上有利于产汇流的因素；产流面积小，河网基流较小或干枯，即使遭遇较大降水，也很难产生大的洪水过程，尤其是汛初和久旱无雨状态下，特别明显。当降雨径流各影响因素互补平衡时，会产生相对正常的洪水过程。因此在进行洪水预报作业时，应准确分析各影响因素，灵活运用相关曲线，并进行经验修订，做出相应的洪水预报。

3.1.5 径流深 R 的预报

根据所计算的前期影响雨量 P_a、流域平均雨量 P 查降雨径流相关图（$P+P_a-R$）得到径流深 R。在实际预报作业时，应对有关影响因素进行分析判断，确定线形，并进行经验修正。一般来讲，汛初或久旱无雨，查Ⅱ线；P_a 值较高、产流面积较大、降雨强度较大、河网基流充盈，查Ⅰ线；当已经发生洪水过程再遭遇较大降水过程时，应结合上一场次暴雨洪水的径流系数校核预报的径流深。

3.1.6 洪水总量 W 的计算

根据确定的产流面积 F、预报的径流深 R，由公式 $W=0.1RF$ 计算得到洪水总量 W（或 $W_{净}$）。

3.2 汇流方案

3.2.1 降雨强度的影响

同量级的降雨因雨强的不同，产汇流的效果也不相同。雨强越大，越有利于产汇流，反之，则不利于产汇流。雨强的大小对洪峰流量、峰现时间的影响尤其明显。

3.2.2 单位线推流

在洪水预报作业时，根据洪水特性选取代表性较好的经验单位线，由 R_1, R_2, $\cdots$, R_n 叠加计算来水过程。如果前后时段净雨强度相差很大，可变更经验单位线叠加推求来水过程。

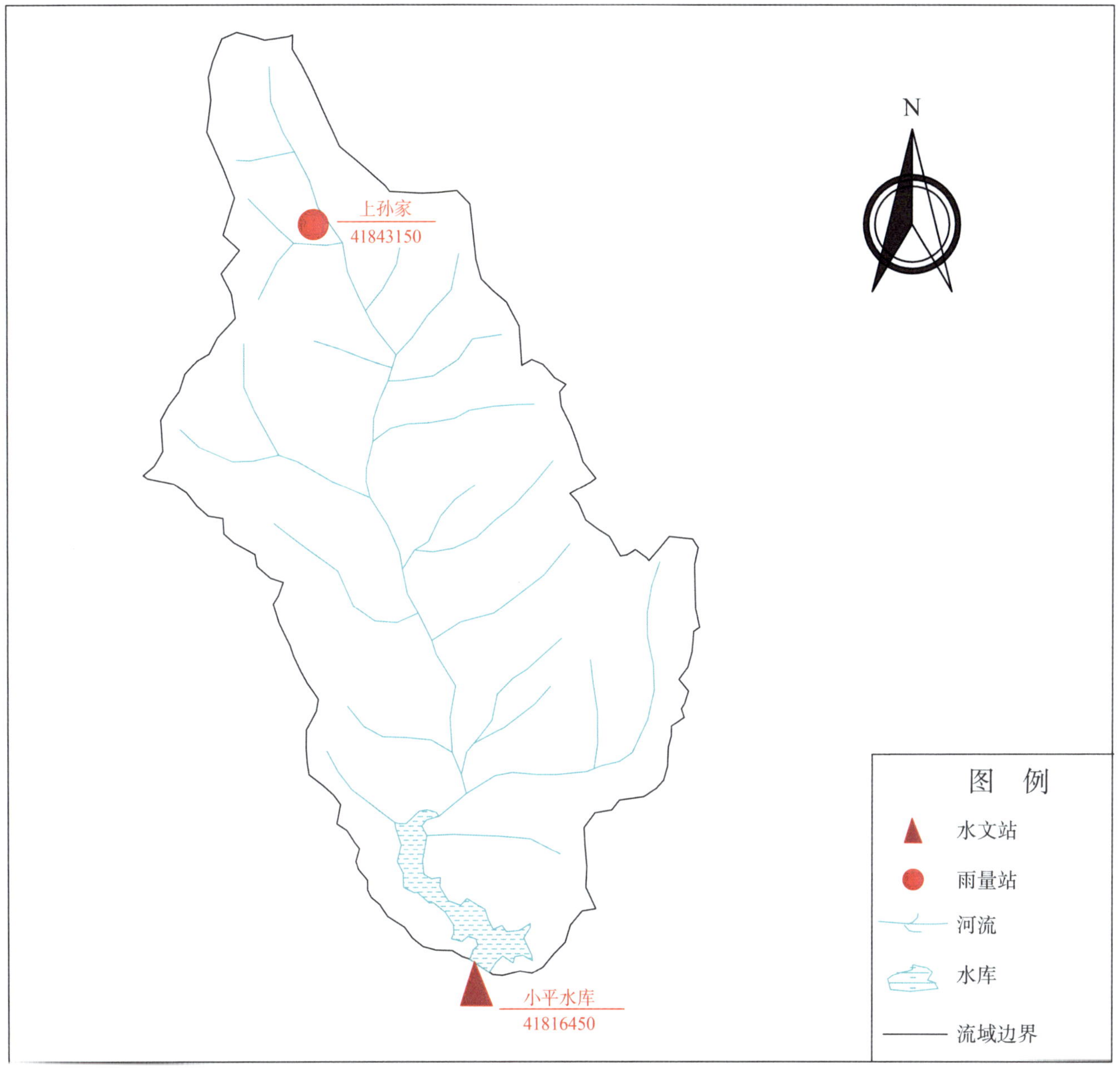

图 27-1　白龙河小平水库站以上流域图

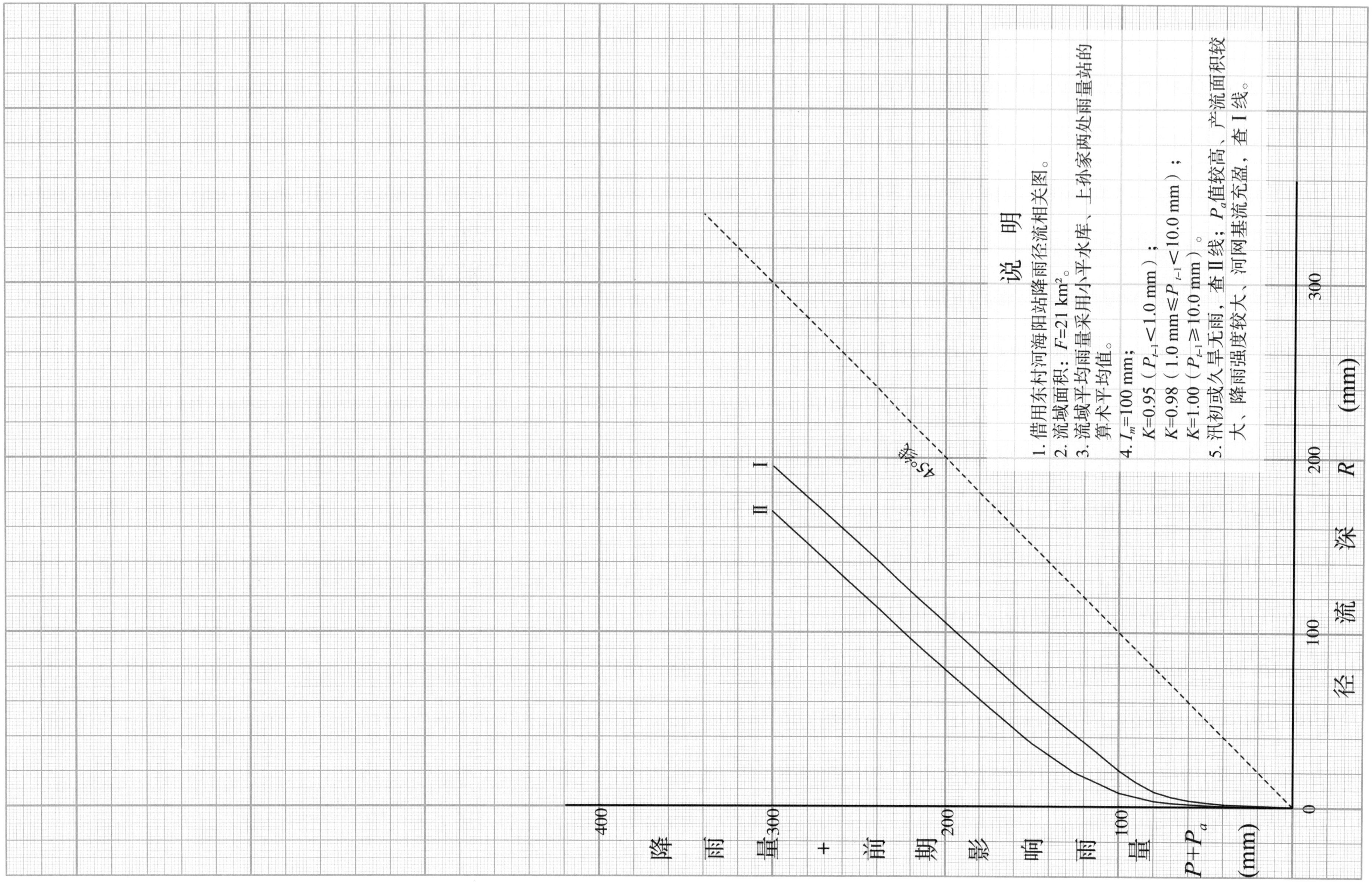

图 27-2　白龙河小平水库站降雨径流相关图（P+P_a-R）

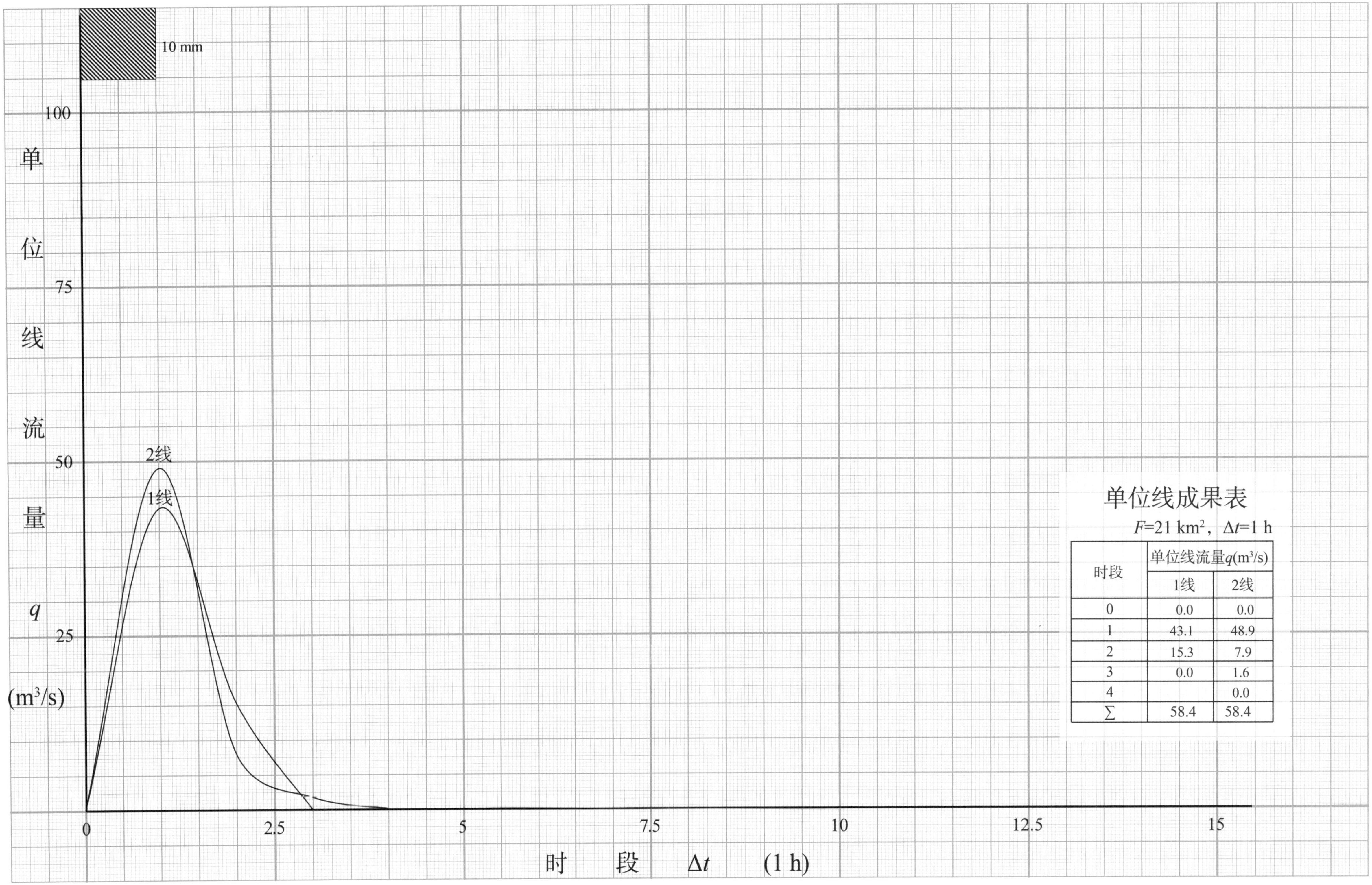

单位线成果表

F=21 km^2，Δt=1 h

时段	单位线流量q(m^3/s)	
	1线	2线
0	0.0	0.0
1	43.1	48.9
2	15.3	7.9
3	0.0	1.6
4		0.0
∑	58.4	58.4

图 27–3　白龙河小平水库站单位线图

第二十八章　富水河建新水库站水文预报方案编制说明

1　流域概况

1.1　流域自然地理特征

建新水库位于海阳市郭城镇战场泊村北、富水河上游，控制流域面积60 km^2。富水河为五龙河的一级支流，起源于海阳市朱吴镇上尹家村。流域形状为长条形，平均长 17.1 km、宽 3.5 km，干流坡度为 3.1‰，属浅山区单支汇流。整个地形是北高南低，其中山区约占 20%，丘陵区约占 80%。建新水库站以上流域图见图 28-1。

建新水库流域内主要岩性为大理石、花岗片麻岩，其次是煌斑岩和闪长斑岩的入侵。土壤主要是沙壤土和壤土，其次是黏土，土层厚 0.3~1.0 m，水土保持情况一般。

建新水库所处区域属于暖温带半湿润大陆性季风气候，四季分明，季风进退明显，雨热同期。流域多年平均气温 11.2 ℃；全年无霜期 160~210 d；多年平均水面蒸发量 1 347.4 mm，最大年蒸发量为 1997 年的 1 814.4 mm，最小年蒸发量为 2003 年的 811.1 mm。流域多年平均降水量 677.6 mm，最大年降水量为 1964 年的 1 232.8 mm，最小年降水量为 1999 年的 287.9 mm；降水年内分配不均，汛期（6—9 月）降水量约占全年的 73.3%。多年平均径流深 210.0 mm，多年平均最大风速 15.75 m/s。

建新水库流域暴雨主要受大气环流和季风影响，暴雨中心多在流域上游，且每年降水量季节性变化明显，汛期（6—9 月）降雨高度集中，尤以 7—8 月更为明显，其间暴雨频繁、降雨强度大、雨量多，易形成大暴雨洪水。由于流域面积较小，暴雨空间分布比较均匀。

1.2　水库工程概况

建新水库是一座集防洪、农业灌溉、养殖等综合运用的多年调节中型水库。水库总库容 2 049 万 m^3，兴利库容 775 万 m^3，水库下游保护着 309 国道以及郭城、发城 2 个镇，27 个村庄，约 3.5 万亩土地、3.2 万人生命财产安全。水库原设计灌溉面积 2.91 万亩，有效灌溉面积 1.9 万亩，历年最大实灌面积 1.5 万亩。

水库枢纽工程由大坝、溢洪道和放水洞组成，工程等级为Ⅲ等，主要建筑物级别为 3 级，次要建筑物级别为 4 级。

大坝为黏土心墙坝，长 350 m，最大坝高 24.61 m，坝顶宽 6.0 m，坝顶高程 128.40 m。

溢洪道为开敞式，底高程 120.40 m，溢洪道底宽 42.0 m，最大泄量 861.0 m^3/s。

放水洞为砌石拱涵洞，断面为 1.6 m×1.8 m，进口底高程 111.77 m，设计流量 7.42 m^3/s。

1.3　上游水利工程概况

建新水库流域内有小（1）型 1 座、小（2）型水库 3 座，总控制流域面积 27.4 km^2，总库容 777.43 万 m^3，总兴利库容 400.3 万 m^3，详见表 28-1。

表 28-1　建新水库坝址以上小型水库情况表

水库名称		建成时间	控制流域面积（km^2）	库容（万 m^3）	
				总库容	兴利库容
小（1）型	桂山	1960 年 6 月	25.8	734.5	369
小（2）型	路南	1978 年 10 月	0.4	11.65	9.2
	松树夼	1979 年 5 月	0.44	18.4	13.3
	簸箕掌	1978 年 5 月	0.76	12.88	8.8
合计			27.4	777.43	400.3

1.4　水库工程指标及汛期控制运用指标

建新水库建成于 1960 年 3 月，其工程指标及汛期控制运用指标见表 28-2。

表 28-2　建新水库工程指标及汛期控制运用指标表

1. 工程指标					
总库容（万 m^3）	防浪墙顶高程（m）	坝顶高程（m）	溢洪道（闸）		
			底高程（m）	孔数	净宽（m）
2 049	129.20	128.40	120.40	无闸	42.0
兴利水位（m）	兴利水位相应库容（万 m^3）	死水位（m）	死库容（万 m^3）		
120.40	855	111.70	80		
2. 防洪标准					
设计		校核		历史	
重现期（年）	最高水位（m）	重现期（年）	最高水位（m）	最高水位（m）/出现日期	最大泄量（m^3/s）/出现日期
100	123.98	2 000	126.15	122.80 /1960-7-15	110 /1960-7-15

续表

3. 控制运用指标					
汛中				汛末	
限制水位（m）	相应库容（万 m^3）	超蓄水位（m）	相应库容（万 m^3）	蓄水位（m）	相应库容（万 m^3）
120.43	935	120.43	935	120.43	935
允许壅高水位（m）	警戒水位（m）	允许最高水位（m）	高程基准面		
122.45	123.29	124.79	1956 年黄海		
水库下游安全泄量（m^3/s）				205.8	
控泄方式				无闸开敞式	

1.5 测站概况

1.5.1 站网情况

建新水库水文站，站码 41843200，位于山东省海阳市郭城镇战场泊村，于 2020 年设站，主要收集流域内汛期降水量、水库水位、出入库流量等有关水文资料，进行水库洪水预报、抗洪能力计算、调洪演算等，为防汛抗旱、水资源控制运用提供信息。

建新水库流域内有一处雨量站，即阵胜雨量站，站码 41843190，于 2015 年设站，为汛期站。

1.5.2 高程系情况

建新水库站高程基面采用 1956 年黄海基面。

2 预报方案编制

2.1 资料情况

建新水库站无实测年鉴水文摘录资料。

2.2 参证站选择

建新水库站地形地貌和下垫面基本特征与海阳站相似，故以海阳站作为建新水库站的参证站。参证站海阳站以上流域面积 $F_{参}$=54.6 km^2；设计站建新水库站以上流域面积 $F_{设}$=60 km^2。

2.3 产流方案

2.3.1 降雨径流关系

产流方案根据建新水库站以上流域地形地貌、自然地理、水土保持、水利工程、暴雨时空分布等，移用海阳站的降雨径流关系，修订后在该流域应用，并在实际预报中完善，形成适合该流域的降雨径流关系，详见图 28-2。

海阳水文站降雨径流关系，因为流域内水利工程、下垫面条件、水土保持条件等的变化，出现了两条关系曲线，一条同级降水产流较小，一条同级降水产流较大，前者适合较干旱或者汛初降水发生洪水情况，另一条适合汛中后期、下垫面含水量较大、水利工程近于蓄满情况。

2.3.2 相关要素的分析计算

2.3.2.1 流域平均雨量 P 的计算

流域平均雨量 P 采用流域内建新水库、阵胜两个雨量站的算术平均值。

2.3.2.2 流域平均前期影响雨量 P_a 的计算

分析汛前降水情况，初步确定四月或五月初土壤含水量经验值，然后根据公式逐日计算，直到汛期发生暴雨洪水，P_a 基本接近实值。其计算公式为

$$P_{a,\ t} = K(P_{a,\ t-1} + P_{t-1})$$

式中：$P_{a,t}$ 为当日的前期影响雨量（mm）；$P_{a,t-1}$ 为前一日的前期影响雨量（mm）；P_{t-1} 为前一日流域平均雨量（mm）；K 为前期影响雨量递减系数。

K=0.95（P_{t-1}<1.0 mm）；K = 0.98（1.0 mm ≤ P_{t-1} < 10.0 mm）；K = 1.00（P_{t-1} ≥ 10.0 mm）。

2.3.2.3 最大损失量 I_m 的确定

根据本流域下垫面情况综合分析，采用 I_m=100 mm，当 P_a≥100 mm 时，取 P_a=I_m，故 P_a 的取值范围为 0<P_a≤100 mm。

2.4 汇流方案

将参证站海阳站单位线（Δt=1 h）进行缩放后作为建新水库站单位线，详见图 28-3。

单位线的缩放按下列公式计算：

$$\alpha = (F_{设}/F_{参})^{0.5}$$

$$T_{设i} = \alpha T_{参i}$$

$$q_{设i} = \alpha q_{参i}$$

式中：α 为单位线缩放系数；$F_{参}$、$F_{设}$ 分别为参证站、设计站以上控制流域面积；$T_{参i}$ 为参证站单位线逐时段，$T_{参i}$=1，2，…，N；$T_{设i}$ 为设计站单位线逐时段，通常为小数，为满足实际要求，需进一步对缩放结果进行插值，从而得到整时段单位线结果；$q_{参i}$ 为参证站单位线逐时段流量；$q_{设i}$ 为设计站单位线逐时段流量。

3 方案使用说明

预报方案反映了流域综合因素影响下的降雨径流关系、峰量关系。就单次洪水而言，它既有群体的共性，又有单体的个性，所以在具体预报作业中，要从主到次分析影响降雨径流的各水文因素，用以修正各预报值，提高预报精度。

3.1 产流方案

3.1.1 前期影响雨量 P_a 的确定

在进行洪水预报时，应对雨前计算的 P_a 值进行合理性分析，以确定 P_a 的取用值。由于 P_a 是根据公式逐日推算的，如果是流域内局部降雨等代表性差的雨型，容易造成 P_a 值计算误差。如果 P_a 计算值很小，遭遇强度较大的降雨，查读 P+P_a-R 关系曲线时容易造成 R 的查读

值偏小；如果 P_a 计算值达到 I_m 值，应分析流域下垫面饱和程度，实际情况是否真正达到 I_m 值。同量级的 P_a 值在汛初、汛中、汛末对降雨径流的影响也不相同，一般来讲，汛初 P_a 计算值代表性较差，往往偏大；汛中以后的 P_a 计算值代表性较好，相对准确。

3.1.2　流域平均雨量 *P* 的确定

根据流域内雨情逐时段（$\Delta t = 1$ h）计算时段平均雨量。当累积量达到或超过 50 mm 时，即可进行洪水作业预报。

3.1.3　产流面积 *F* 的确定

产流面积的取值视下垫面、本次降雨情况而定。一般来讲，当本流域次雨量达到50 mm 时，首先考虑上游小型水库蓄水情况，若小（1）和小（2）型水库均未蓄满，产流面积取 32.6 km^2；若小（2）型水库蓄满、小（1）型水库未蓄满，产流面积取 34.2 km^2；当小（1）、小（2）型水库均蓄满时，产流面积取 60 km^2。当流域平均降水量大于 100 mm 时，流域内小型水库等水利工程全部蓄满，全流域产流，产流面积取近于 60 km^2（具体视前期降水情况、蓄水情况等而定）。

3.1.4　综合因素的影响

降雨径流除受 P_a、F、i 因素影响外，降雨自身的时空分布、河网基流情况等因素的影响也不可忽视。一般来讲，降水中心在中下游，降雨强度大、降雨历时短，有利于产汇流。产流面积大，流域河网基流充足，遇有较大降水，将会产生峰高量大的洪水过程，绝大多数大洪水、特大洪水具备以上有利于产汇流的因素；产流面积小，河网基流较小或干枯，即使遭遇较大降水，也很难产生大的洪水过程，尤其是汛初和久旱无雨状态下，特别明显。当降雨径流各影响因素互补平衡时，会产生相对正常的洪水过程。因此在进行洪水预报作业时，应准确分析各影响因素，灵活运用相关曲线，并进行经验修订，做出相应的洪水预报。

3.1.5　径流深 *R* 的预报

根据所计算的前期影响雨量 P_a、流域平均雨量 P 查降雨径流相关图（$P+P_a-R$）得到径流深 R。在实际预报作业时，应对有关影响因素进行分析判断，确定线形，并进行经验修正。一般来讲，汛初或久旱无雨，查Ⅱ线；P_a 值较高、产流面积较大、降雨强度较大、河网基流充盈，查Ⅰ线；当已经发生洪水过程再遭遇较大降水过程时，应结合上一场次暴雨洪水的径流系数校核预报的径流深。

3.1.6　洪水总量 *W* 的计算

根据确定的产流面积 F、预报的径流深 R，由公式 $W=0.1RF$ 计算得到洪水总量 W（或 $W_{净}$）。

3.2　汇流方案

3.2.1　降雨强度的影响

同量级的降雨因雨强的不同，产汇流的效果也不相同。雨强越大，越有利于产汇流，反之，则不利于产汇流。雨强的大小对洪峰流量、峰现时间的影响尤其明显。

3.2.2　单位线推流

在洪水预报作业时，根据洪水特性选取代表性较好的经验单位线，由 R_1，R_2，…，R_n 叠加计算来水过程。如果前后时段净雨强度相差很大，可变更经验单位线叠加推求来水过程。

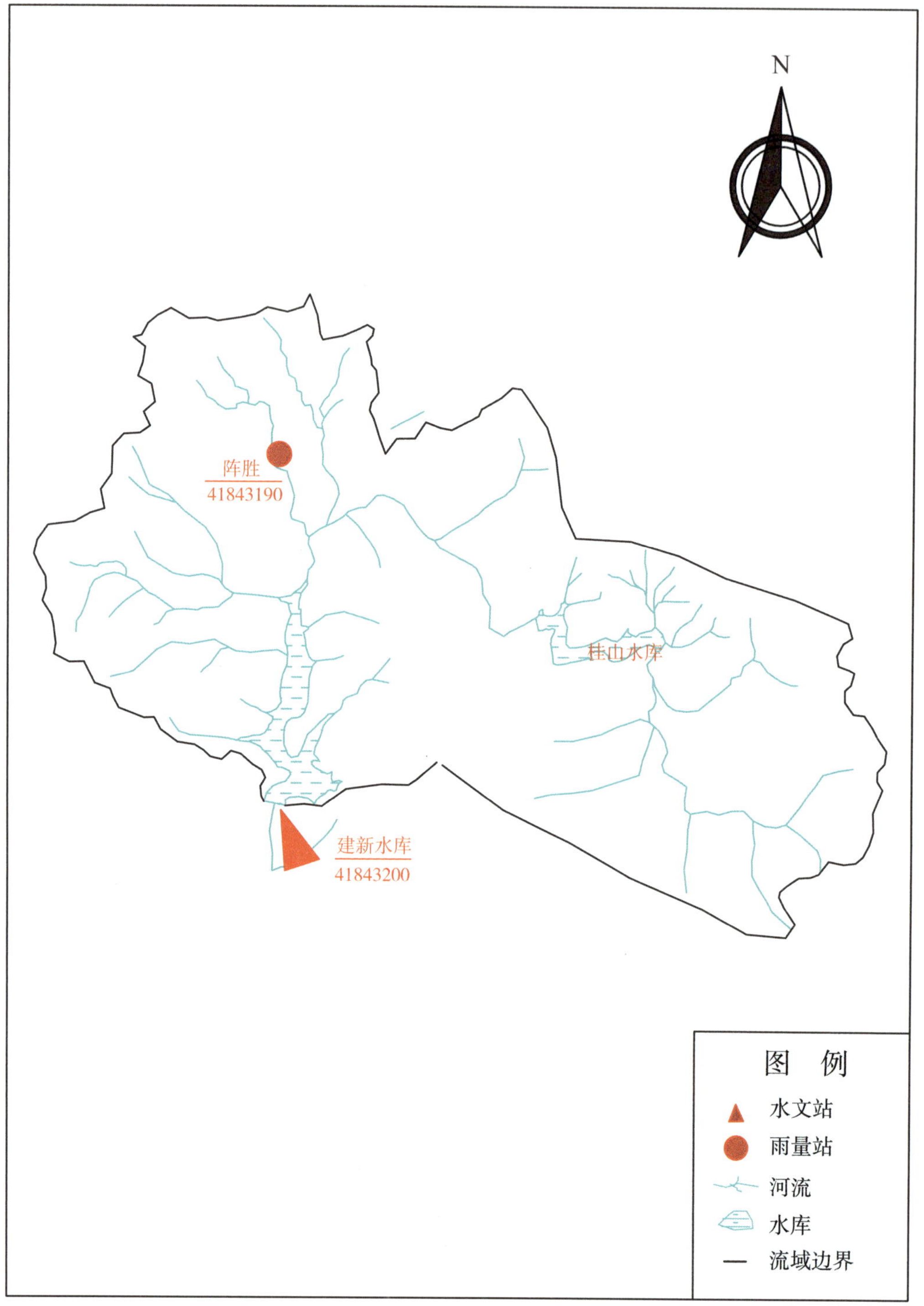

图 28-1　富水河建新水库站以上流域图

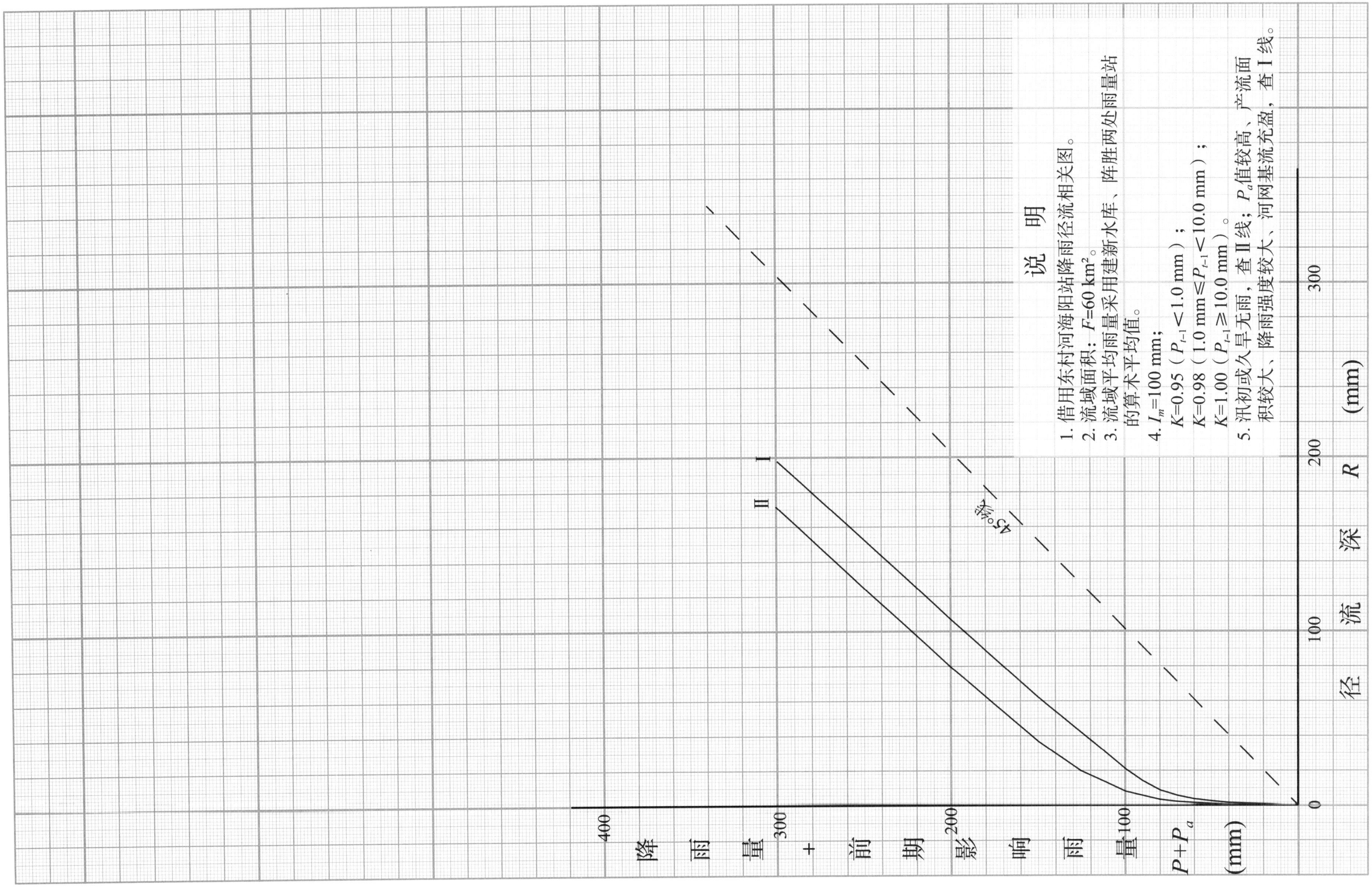

图 28-2 富水河建新水库站降雨径流相关图（$P+P_a$-R）

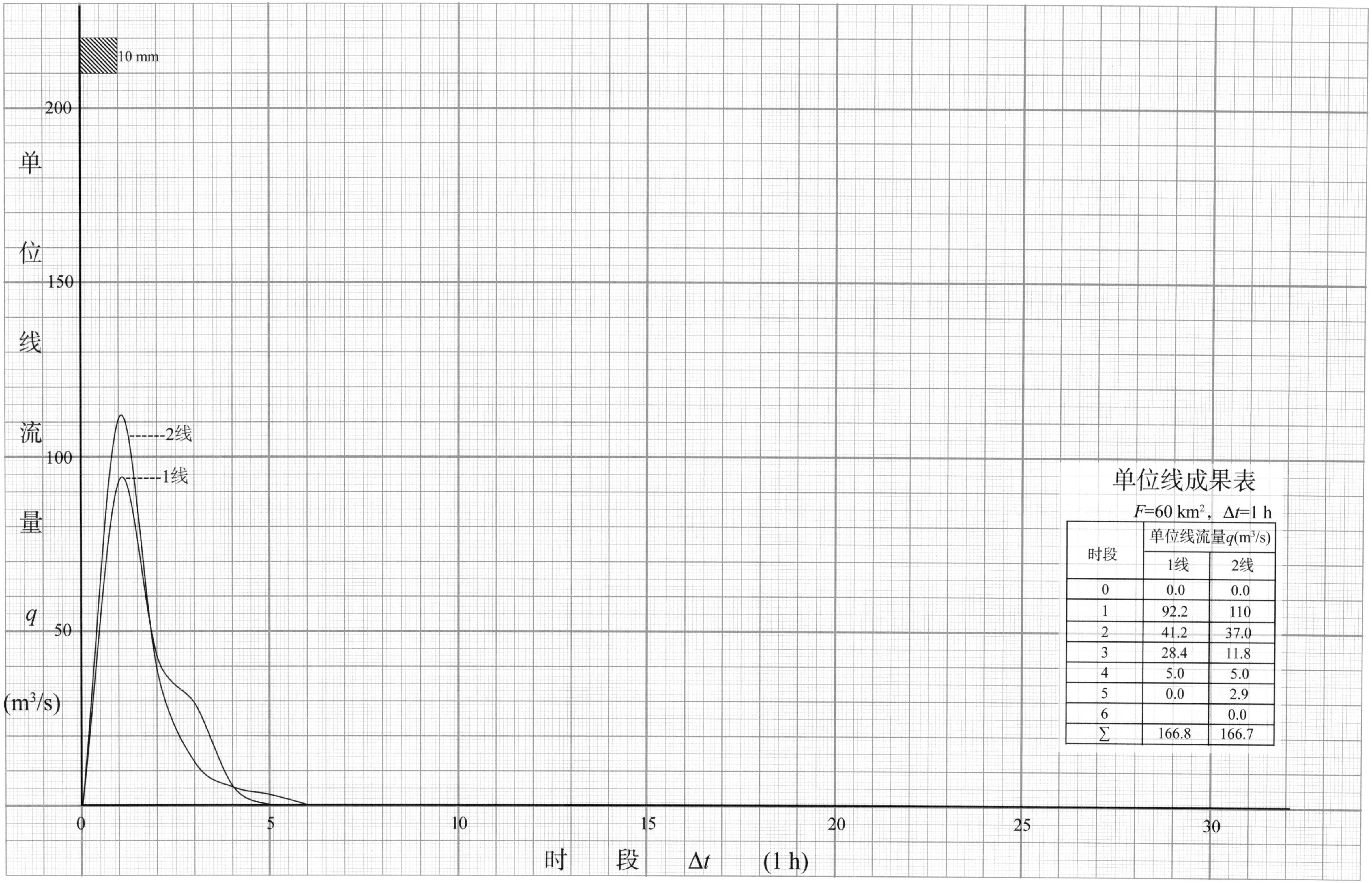

单位线成果表

F=60 km², Δt=1 h

时段	单位线流量q(m³/s)	
	1线	2线
0	0.0	0.0
1	92.2	110
2	41.2	37.0
3	28.4	11.8
4	5.0	5.0
5	0.0	2.9
6		0.0
Σ	166.8	166.7

图 28-3　富水河建新水库站单位线图

第二十九章　白沙河南台水库站水文预报方案编制说明

1　流域概况

1.1　流域自然地理特征

南台水库位于海阳市小纪镇南台村东、白沙河上游，水库控制流域面积 27 km^2，其中山区约占 80%，丘陵约占 20%。流域形状呈长槽形，流域平均宽度 2.73 km，地势为北高南低、东西高中间低，干流平均坡度 8.74‰。南台水库站以上流域图见图 29-1。

南台水库流域内岩层以白垩纪火成岩、风化花岗岩和石英斑岩为主，其次为第四系松散堆积物。区内断裂构造发育，主要为北东向断裂，多呈压扭性。土壤以壤土和沙壤土为主，植被一般，农作物以冬小麦、夏玉米和花生为主。

1.2　水库工程概况

南台水库是一座集防洪、灌溉、养殖等综合运用的多年调节中型水库，灌区设计灌溉面积 1 万亩。水库工程等别为Ⅲ等，主要建筑物级别为 3 级，次要建筑物级别为 4 级，临时建筑物级别为 5 级。南台水库正常运用洪水标准为 50 年一遇，非常运用洪水标准为 1 000 年一遇，溢洪道消能防冲设计洪水标准为 30 年一遇。坝址区地震基本烈度为Ⅵ度，不设防。南台水库总库容 1 071.7 万 m^3，兴利库容 625 万 m^3，死水位 69.37 m。水库枢纽工程包括主坝、副坝、小副坝、溢洪道和放水洞等。

主坝为黏土心墙坝，坝顶高程 84.15 m，最大坝高 18.2 m，坝顶宽度 6.0 m，坝顶为沙石路面，上游坝肩设有 1.05 m 高的防浪墙。

副坝为黏土心墙坝，坝顶高程 84.15 m，最大坝高 3.0 m，坝顶宽度 3.0 m，上游坝肩设有 1.05 m 高的防浪墙。

小副坝为原溢洪道，位于大坝西头 200 m 处，泄槽下游为南台村，泄洪时会危及该村安全。1976 年除险加固时，封堵建坝（小副坝），在大坝东头重新开挖溢洪道。小副坝坝顶宽 2 m，坝顶高程 82.50~83.00 m，最大坝高 4.38 m。

溢洪道位于主坝与东部小山交接处，为开敞式溢洪道，堰顶宽 35.0 m，泄槽底宽 21.0 m，长 194 m，堰顶高程 78.62 m，溢洪道西岸为浆砌块石翼墙，东岸为山体，最大泄量 708 m^3/s；溢洪道上建有长 27.2 m、宽 10 m 的交通桥一座。

放水洞位于主坝东端，靠近溢洪道，属于浆砌石半圆拱有压涵洞，洞净宽 0.5 m，洞高 0.4 m，矢高 0.25 m。进口底高程 69.37 m，出口底高程 69.22 m，全长 60 m。设计引水流量 1.5 m^3/s，竖井内设有 0.6 m×0.8 m 的铸铁闸门，配有 5 t 手摇螺杆式启闭机。

1.3　上游水利工程概况

南台水库坝址以上只有 1 座小（2）型水库，集水面积 1.6 km^2，总库容 16.2 万 m^3，兴利库容 10.5 万 m^3，详见表 29-1。

表 29-1　南台水库坝址以上小型水库情况表

水库名称	建成时间	控制流域面积（km^2）	库容（万 m^3）	
			总库容	兴利库容
纪家庄	1959 年 10 月	1.6	16.2	10.5

1.4　水库工程指标及汛期控制运用指标

南台水库建成于 1963 年 3 月，其工程指标及汛期控制运用指标见表 29-2。

表 29-2　南台水库工程指标及汛期控制运用指标表

<table>
<tr><td colspan="6">1. 工程指标</td></tr>
<tr><td rowspan="2">总库容（万 m^3）</td><td rowspan="2">防浪墙顶高程（m）</td><td rowspan="2">坝顶高程（m）</td><td colspan="3">溢洪道（闸）</td></tr>
<tr><td>底高程（m）</td><td>孔数</td><td>净宽（m）</td></tr>
<tr><td>1 071.7</td><td>85.20</td><td>84.15</td><td>78.62</td><td>无闸</td><td>35.0</td></tr>
<tr><td>兴利水位（m）</td><td>兴利水位相应库容（万 m^3）</td><td>死水位（m）</td><td>死库容（万 m^3）</td><td></td><td></td></tr>
<tr><td>78.62</td><td>675</td><td>69.37</td><td>50</td><td></td><td></td></tr>
<tr><td colspan="6">2. 防洪标准</td></tr>
<tr><td colspan="2">设计</td><td colspan="2">校核</td><td colspan="2">历史</td></tr>
<tr><td>重现期（年）</td><td>最高水位（m）</td><td>重现期（年）</td><td>最高水位（m）</td><td>最高水位（m）/出现日期</td><td>最大泄量（m^3/s）/出现日期</td></tr>
<tr><td>50</td><td>80.77</td><td>1 000</td><td>81.85</td><td>80.78 /1974-8-1</td><td>70.0 /1974-8-1</td></tr>
<tr><td colspan="6">3. 控制运用指标</td></tr>
<tr><td colspan="4">汛中</td><td colspan="2">汛末</td></tr>
<tr><td>限制水位（m）</td><td>相应库容（万 m^3）</td><td>超蓄水位（m）</td><td>相应库容（万 m^3）</td><td>蓄水位（m）</td><td>相应库容（万 m^3）</td></tr>
<tr><td>78.62</td><td>675</td><td>78.62</td><td>675</td><td>78.62</td><td>675</td></tr>
<tr><td>允许壅高水位（m）</td><td>警戒水位（m）</td><td>允许最高水位（m）</td><td>高程基准面</td><td></td><td></td></tr>
<tr><td>79.60</td><td>80.77</td><td>81.85</td><td>1956 年黄海</td><td></td><td></td></tr>
<tr><td colspan="4">水库下游安全泄量（m^3/s）</td><td colspan="2">50</td></tr>
<tr><td colspan="4">控泄方式</td><td colspan="2">开敞式</td></tr>
</table>

1.5 测站概况

1.5.1 站网情况

南台水库水文站，位于山东省海阳市小纪镇南台村，站码41816188，于2014年1月设站，主要收集汛期降水量、水库水位、出入库流量等有关水文资料，进行水库洪水预报、抗洪能力计算、调洪演算等，为防汛抗旱、水资源控制运用提供信息。

南台水库流域内有一处雨量站，即宝玉石雨量站，站码41842530，位于山东省烟台市海阳市朱吴镇宝玉石村，于2015年设站，为汛期站。

1.5.2 高程系情况

南台水库站高程基面采用1956年黄海基面。

2 预报方案编制

2.1 资料情况

南台水库站无实测年鉴水文摘录资料。

2.2 历史洪水

1975年8月14日，宝玉石村曾发生历史洪水。天然河道无浆砌，河道内垃圾、杂草阻水，河水漫出淹没房屋。

1975年8月14日，上碾头村曾发生历史洪水。村内部分河道干涸，河道内垃圾、杂草阻水，河水漫出淹没房屋。

1975年8月流域暴雨引发山洪，造成下碾头村南100余亩土地被淹。由于村庄地势较高，1949年以来没有发生入村洪水。

2.3 参证站选择

南台水库站地形地貌和下垫面基本特征与海阳站相似，故以海阳站作为南台水库站的参证站。参证站海阳站以上流域面积 $F_{参}=54.6\ km^2$；设计站南台水库站以上流域面积 $F_{设}=27\ km^2$。

2.4 产流方案

2.4.1 降雨径流关系

产流方案根据南台水库站以上流域地形地貌、自然地理、水土保持、水利工程、暴雨时空分布等，移用海阳站的降雨径流关系，修订后在该流域应用，并在实际预报中完善，形成适合该流域的降雨径流关系，详见图29-2。

海阳水文站降雨径流关系，因为流域内水利工程、下垫面条件、水土保持条件等的变化，出现了两条关系曲线，一条同级降水产流较小，一条同级降水产流较大，前者适合较干旱或者汛初降水发生洪水情况，另一条适合汛中后期、下垫面含水量较大、水利工程近于蓄满情况。

2.4.2 相关要素的分析计算

2.4.2.1 流域平均雨量 P 的计算

流域平均雨量 P 采用流域内南台水库、宝玉石两处雨量站的算术平均值。

2.4.2.2 流域平均前期影响雨量 P_a 的计算

分析汛前降水情况，初步确定四月或五月初土壤含水量经验值，然后根据公式逐日计算，直到汛期发生暴雨洪水，P_a 基本接近实值。其计算公式为

$$P_{a,t}=K(P_{a,t-1}+P_{t-1})$$

式中：$P_{a,t}$ 为当日的前期影响雨量（mm）；$P_{a,t-1}$ 为前一日的前期影响雨量（mm）；P_{t-1} 为前一日流域平均雨量（mm）；K 为前期影响雨量递减系数。

K=0.95（$P_{t-1}<1.0$ mm）；K=0.98（1.0 mm≤$P_{t-1}<10.0$ mm）；K=1.00（$P_{t-1}\geq10.0$ mm）。

2.4.2.3 最大损失量 I_m 的确定

根据本流域下垫面情况综合分析，采用 I_m=100 mm，当 $P_a\geq100$ mm 时，取 $P_a=I_m$，故 P_a 的取值范围为 $0<P_a\leq100$ mm。

2.5 汇流方案

将参证站海阳站单位线（Δt=1 h）进行缩放后作为南台水库站单位线，详见图29-3。

单位线的缩放按下列公式计算：

$$\alpha=(F_{设}/F_{参})^{0.5}$$

$$T_{设i}=\alpha T_{参i}$$

$$q_{设i}=\alpha q_{参i}$$

式中：α 为单位线缩放系数；$F_{参}$、$F_{设}$ 分别为参证站、设计站以上控制流域面积；$T_{参i}$ 为参证站单位线逐时段，$T_{参i}$=1，2，…，N；$T_{设i}$ 为设计站单位线逐时段，通常为小数，为满足实际要求，需进一步对缩放结果进行插值，从而得到整时段单位线结果；$q_{参i}$ 为参证站单位线逐时段流量；$q_{设i}$ 为设计站单位线逐时段流量。

3 方案使用说明

预报方案反映了流域综合因素影响下的降雨径流关系、峰量关系。就单次洪水而言，它既有群体的共性，又有单体的个性，所以在具体预报作业中，要从主到次分析影响降雨径流的各水文因素，用以修正各预报值，提高预报精度。

3.1 产流方案

3.1.1 前期影响雨量 P_a 值的确定

在进行洪水预报时，应对雨前计算的 P_a 值进行合理性分析，以确定 P_a 的取用值。由于 P_a 是根据公式逐日推算的，如果是流域内局部降雨等代表性差的雨型，容易造成 P_a 值计算误差。如果 P_a 计算值很小，遭遇强度较大的降雨，查读 $P+P_a$-R 关系曲线时容易造成 R 的查读值偏小；如果 P_a 计算值达到 I_m 值，应分析流域下垫面饱和程度，实际情况是否真正达到

I_m 值。同量级的 P_a 值在汛初、汛中、汛末对降雨径流的影响也不相同，一般来讲，汛初 P_a 计算值代表性较差，往往偏大；汛中以后的 P_a 计算值代表性较好，相对准确。

3.1.2 流域平均雨量 *P* 的确定

根据流域内雨情逐时段（$\Delta t=1$ h）计算时段平均雨量。当累积量达到或超过 50 mm 时，即可进行洪水作业预报。

3.1.3 产流面积 *F* 的确定

产流面积的取值视下垫面、本次降雨情况而定。一般来讲，当本流域次雨量达到50 mm 时，首先考虑上游小型水库蓄水情况，若小（2）型水库未蓄满，产流面积取 25.4 km^2；当小（2）型水库蓄满，产流面积取 27 km^2。当流域平均降水量大于 100 mm 时，流域内小型水库等水利工程全部蓄满，全流域产流，产流面积取近于 27 km^2（具体视前期降水情况、蓄水情况等而定）。

3.1.4 综合因素的影响

降雨径流除受 P_a、F、i 因素影响外，降雨自身的时空分布、河网基流情况等因素的影响也不可忽视。一般来讲，降水中心在中下游、降雨强度大、降雨历时短，有利于产汇流。产流面积大，流域河网基流充足，遇有较大降水，将会产生峰高量大的洪水过程，绝大多数大洪水、特大洪水具备以上有利于产汇流的因素；产流面积小，河网基流较小或干枯，即使遭遇较大降水，也很难产生大的洪水过程，尤其是汛初和久旱无雨状态下，特别明显。当降雨径流各影响因素互补平衡时，会产生相对正常的洪水过程。因此在进行洪水预报作业时，应准确分析各影响因素，灵活运用相关曲线，并进行经验修订，做出相应的洪水预报。

3.1.5 径流深 *R* 的预报

根据所计算的前期影响雨量 P_a、流域平均雨量 P 查降雨径流相关图（$P+P_a$-R）得到径流深 R。在实际预报作业时，应对有关影响因素进行分析判断，确定线形，并进行经验修正。一般来讲，汛初或久旱无雨，查Ⅱ线；P_a 值较高、产流面积较大、降雨强度较大、河网基流充盈，查Ⅰ线；当已经发生洪水过程再遭遇较大降水过程时，应结合上一场次暴雨洪水的径流系数校核预报的径流深。

3.1.6 洪水总量 *W* 的计算

根据确定的产流面积 F、预报的径流深 R，由公式 $W=0.1RF$ 计算得到洪水总量 W（或 $W_净$）。

3.2 汇流方案

3.2.1 降雨强度的影响

同量级的降雨因雨强的不同，产汇流的效果也不相同。雨强越大，越有利于产汇流，反之，则不利于产汇流。雨强的大小对洪峰流量、峰现时间的影响尤其明显。

3.2.2 单位线推流

在洪水预报作业时，根据洪水特性选取代表性较好的经验单位线，由 R_1，R_2，…，R_n 叠加计算来水过程。如果前后时段净雨强度相差很大，可变更经验单位线叠加推求来水过程。

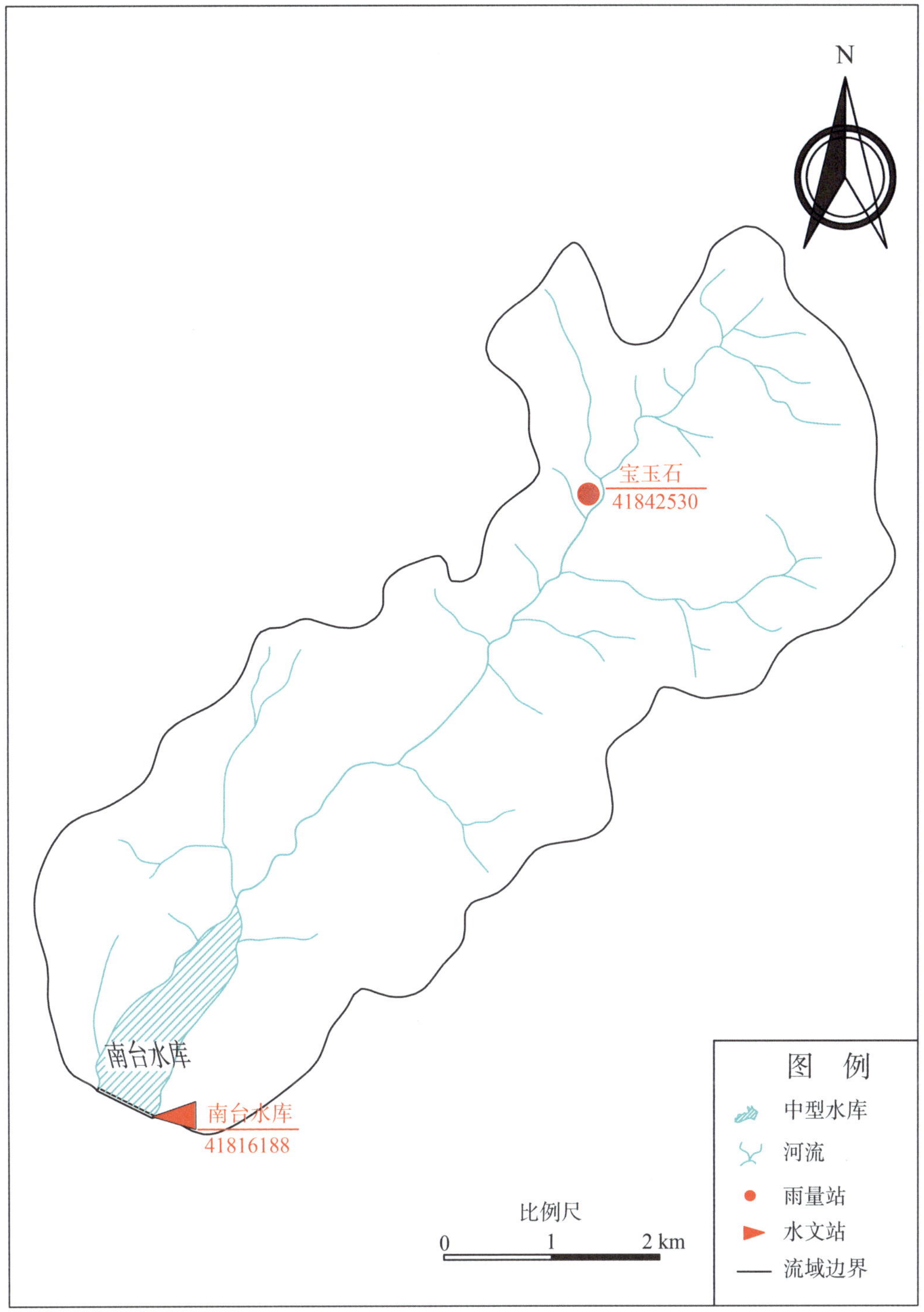

图 29-1 白沙河南台水库站以上流域图

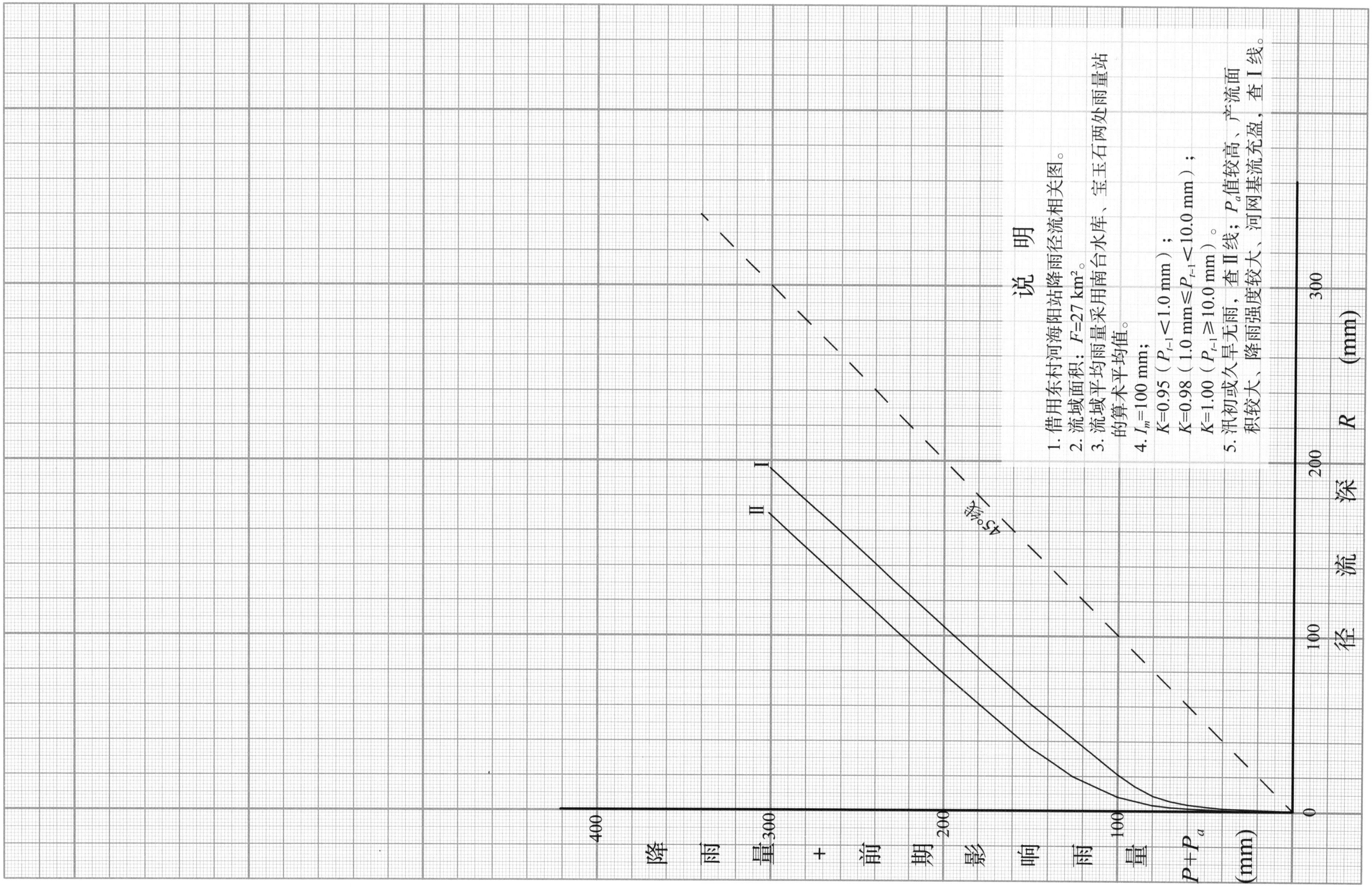

图 29-2　白沙河南台水库站降雨径流相关图（$P+P_a$-R）

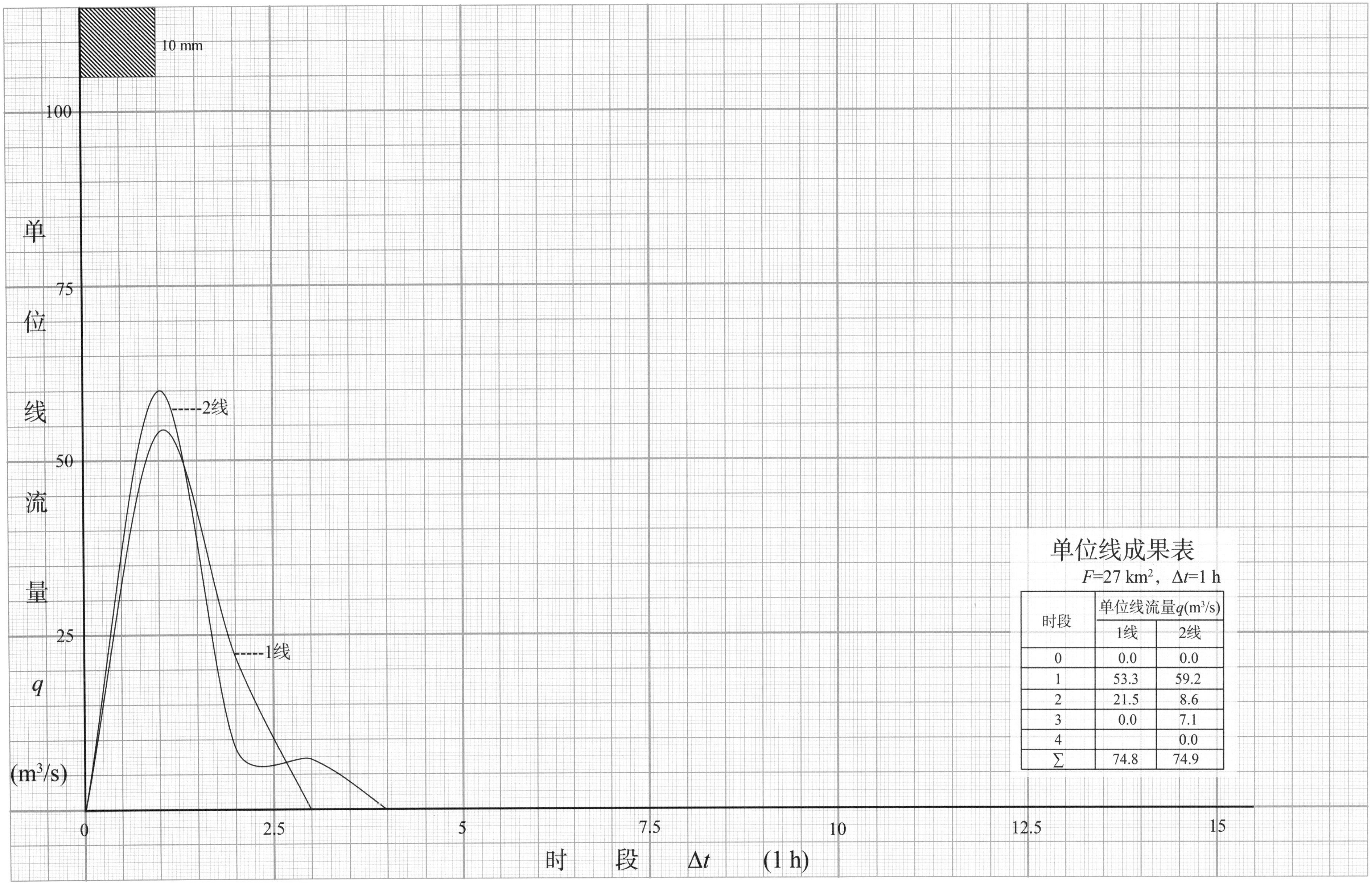

单位线成果表

F=27 km²，Δt=1 h

时段	单位线流量q(m³/s)	
	1线	2线
0	0.0	0.0
1	53.3	59.2
2	21.5	8.6
3	0.0	7.1
4		0.0
∑	74.8	74.9

图 29-3　白沙河南台水库站单位线图

第三十章　纪疃河里店水库站水文预报方案编制说明

1　流域概况

1.1　流域自然地理特征

里店水库位于海阳市二十里店镇纪疃村北、纪疃河中游，距海阳城区 7 km，控制流域面积 104 km^2，流域形状为狭长形，长 16 km，宽 6.5 km，属双支河道。里店水库站以上流域图见图 30-1。

里店水库流域属暖温带东亚大陆性季风气候，四季分明，气候温和，寒暑显著，昼夜温差小，无霜日期长，雨量集中，夏季多雨，干湿季和季风进退均较明显，降水时空分布不均，光照充足，气候资源丰富。年平均气温 12.0 ℃，年平均降水量 755.5 mm，年降水日数 124 d。

1.2　水库工程概况

里店水库是一座集防洪、城镇及核电供水、农业灌溉等综合运用为一体的多年调节中型水库，总库容 2 665 万 m^3，兴利水位 28.25 m，兴利库容 1 000 万 m^3，工程等别为Ⅲ等，主要建筑物级别为 3 级，次要建筑物级别为 4 级。防洪标准为 50 年一遇设计、1 000 年一遇校核。水库工程基本地震烈度 6 度。

里店水库枢纽工程由大坝（主坝、副坝和小副坝）、溢洪道和放水洞（分东、西放水洞）等组成。

大坝：主坝为黏土心墙砂壳坝，坝顶长 400 m，坝顶高程 34.10 m，坝顶宽 6.0 m，最大坝高 15.6 m，防浪墙顶高程 35.20 m。副坝为黏土心墙砂壳坝，坝顶长 1 050 m，坝顶高程 34.10 m，坝顶宽 6.0 m，最大坝高 12.1 m，防浪墙顶高程 35.20 m。小副坝（原非常溢洪道）坝长 120 m，坝顶高程 32.80 m，坝顶宽 2.0 m，迎、背水坡坡比均为 1∶1.32，坝高 4.55 m，迎水坡没有护砌。小副坝为均质坝，仍保留其非常溢洪道功能。

溢洪道：工程包括进水渠段、控制段、泄槽段、消能设施段及出水渠。进水渠渠底开挖高程 28.25 m，平坡，上、下游均设 1.2 m 深齿墙。泄槽段及消能设施段断面均为矩形。出水渠底宽 22.5 m。

放水洞：东放水洞洞身长 50.37 m，进口底高程 22.95 m，出口底高程 22.75 m，洞身型式为钢筋混凝土管涵洞，洞身内径 1.6 m，闸门型式为潜孔式平面定轮钢闸门，闸门尺寸 1.5 m×1.5 m，设计泄流量 10.81 m^3/s。西放水洞洞身长 50.0 m，进口底高程 22.43 m，出口底高程 22.18 m，洞身型式为砌石拱涵内衬钢管，断面尺寸为 DN900 钢管，闸门型式为潜孔式平面定轮钢闸门，闸门尺寸 1.0 m×1.0 m，设计泄流量 2.86 m^3/s。

1.3　上游水利工程概况

里店水库流域内自 1959 年先后建成小（1）型水库 1 座、小（2）型水库 7 座，总控制流域面积 9.35 km^2，总兴利库容 138.32 万 m^3，详见表 30-1。

表 30-1　里店水库坝址以上小型水库情况表

水库名称		建成时间	控制流域面积（km^2）	库容（万 m^3）	
				总库容	兴利库容
小（1）型	大磊石	1974 年 8 月	2.22	103.5	72.0
小（2）型	半社乡	1977 年 5 月	0.7	16.9	12.9
	姜家庄	1959 年 6 月	0.98	12.91	6.3
	上于朋	1974 年 5 月	2.0	38.71	17.82
	邵伯	1971 年 5 月	1.0	15.3	8.6
	修家夼	1971 年 5 月	0.5	10.0	5.3
	东野口	1969 年 3 月	0.75	11.69	7.2
	花崖联办	1977 年 3 月	1.2	15.74	8.2
合计			9.35	224.75	138.32

1.4　水库工程指标及汛期控制运用指标

里店水库建成于 1960 年 5 月，其工程指标及汛期控制运用指标见表 30-2。

表 30-2　里店水库工程指标及汛期控制运用指标

1. 工程指标					
总库容（万 m^3）	防浪墙顶高程（m）	坝顶高程（m）	溢洪道（闸）		
			底高程（m）	孔数	净宽（m）
2 665	35.20	34.10	27.25	7	80.0
兴利水位（m）	兴利水位相应库容（万 m^3）	死水位（m）	死库容（万 m^3）		
28.25	1 090	22.43	90		

续表

2. 防洪标准					
设计		校核		历史	
重现期（年）	最高水位（m）	重现期（年）	最高水位（m）	最高水位（m）/出现日期	最大泄量（m^3/s）/出现日期
50	31.10	1 000	32.43	30.63 /1975-8-15	320 /1975-8-15
3. 控制运用指标					
汛中				汛末	
限制水位（m）	相应库容（万 m^3）	超蓄水位（m）	相应库容（万 m^3）	蓄水位（m）	相应库容（万 m^3）
27.25	826	27.25	826	28.25	1 090
允许壅高水位（m）	警戒水位（m）	允许最高水位（m）	高程基准面		
29.76	30.32	31.81	1956 年黄海		
水库下游安全泄量（m^3/s）				500	
控泄方式				有闸	

1.5 测站概况

1.5.1 站网情况

里店水库水文站，位于山东省海阳市二十里店镇纪疃村，站码 41816288，于 2010 年 1 月设站，主要收集汛期降水量、水库水位、出入库流量等有关水文资料，进行水库洪水预报、抗洪能力计算、调洪演算等，为防汛抗旱、水资源控制运用提供信息。

里店水库流域内有三处雨量站，分别为孙格庄、山后、里店水库。

孙格庄雨量站，站码 41842515，位于烟台市海阳市二十里店镇孙格庄村，于 2015 年设站，为汛期站。

山后雨量站，站码 41842510，位于烟台市海阳市东村街道小丛家村，于 2015 年设站，为汛期站。

1.5.2 高程系情况

里店水库站高程基面采用 1956 年黄海基面。

2 预报方案编制

2.1 资料情况

里店水库站无实测年鉴水文摘录资料。

2.2 历史洪水

经调查，里店水库流域历史上曾发生过多次较大洪水，根据《山东省海阳市山洪灾害调查评价历史洪水调查报告》（烟台市水文局 2015 年），主要洪水如下：

1994 年 6 月 29 日 10 时至 19 时，海阳县（现海阳市）普降大到暴雨，平均降雨 105.3 mm。其中降雨量超过 100 mm 以上的有 13 处乡镇，这次降雨雨量大，来势猛，分布不均，给全县工农业生产和人民生命财产造成极大损失。据不完全统计，全县共死亡 7 人，失踪 3 人，损害船只 350 多条，毁坏对虾池超 133.3 hm^2，桥涵 23 座，淹没、冲毁农田 0.73 万 hm^2，其中作物绝产 0.23 万 hm^2，造成直接经济损失 7 000 多万元、间接经济损失近 2 亿元。

1995 年 8 月 22 日 11 时至 23 日 5 时，海阳县普降大雨并伴有大风，风力达到 8 级，阵风 9 级。全县平均降雨量 83.4 mm，降雨量在 100 mm 以上的乡镇有 8 处，其中高家乡达到 159 mm，县城驻地 148.8 mm，此次最大降雨量集中在深夜，风力大，造成了全县停电，县城驻地有 1 000 余户家庭及企业进水，给全县工农业生产和人民的生命财产造成极大损失，共造成直接经济损失 3 724 万元、间接经济损失达 7 600 万元。

2001 年 8 月 1 日 16 时至 18 时，海阳市遭受了特大暴风雨的袭击，造成直接经济损失 10 413 万元，其中农业直接经济损失 8 426 万元。全市受灾人口达 50 万人。农作物受灾面积 2.53 万 hm^2，成灾面积 2.06 万 hm^2，经济损失 2 604 万元；水果受灾面积 1.07 万 hm^2，摔落水果 2 400 万 kg，经济损失 3 840 万元；刮倒毁坏蔬菜塑料大棚、鸡棚、蚕棚 4 546 个，经济损失 1 818 万元；倒塌房屋 624 间，损坏房屋 1 172 间，经济损失 164 万元；另外，刮倒树木 29 670 棵，各类线杆 879 棵，冲毁道路 70 km，大、小桥梁 43 座，塘坝 3 座，拦河闸 68 处，虾池、海虹养殖场 5 处 80 hm^2，沉船 6 只，损坏船只 16 只，约造成直接经济损失 1.9 亿元。

2.3 参证站选择

里店水库站地形地貌和下垫面基本特征与招远站相似，故以招远站作为里店水库站的参证站。参证站招远站以上流域面积 $F_{参} = 98.6\ km^2$；设计站里店水库站以上流域面积 $F_{设} = 104\ km^2$。

2.4 产流方案

2.4.1 降雨径流关系

产流方案根据里店水库站以上流域地形地貌、自然地理、水土保持、水利工程、暴雨时空分布等，移用招远站的降雨径流关系，修订后在该流域应用，并在实际预报中完善，形成适合该流域的降雨径流关系，详见图 30-2。

招远水文站降雨径流关系，因为流域内水利工程、下垫面条件、水土保持条件等的变化，出现了两条关系曲线，一条同级降水产流较小，一条同级降水产流较大，前者适合较干旱或者汛初降水发生洪水情况，另一条适合汛中后期、下垫面含水量较大、水利工程近于蓄满情况。

2.4.2 相关要素的分析计算

2.4.2.1 流域平均雨量 P 的计算

流域平均雨量 P 采用流域内孙格庄、山后、里店水库三处雨量站的算术平均值。

2.4.2.2 流域平均前期影响雨量 P_a 的计算

分析汛前降水情况，初步确定四月或五月初土壤含水量经验值，然后根据公式逐日计算，直到汛期发生暴雨洪水，P_a 基本接近实值。其计算公式为

$$P_{a,t}=K(P_{a,t-1}+P_{t-1})$$

式中：$P_{a,t}$ 为当日的前期影响雨量（mm）；$P_{a,t-1}$ 为前一日的前期影响雨量（mm）；P_{t-1} 为前一日流域平均雨量（mm）；K 为前期影响雨量递减系数。

$K=0.95$（$P_{t-1}<1.0$ mm）；$K=0.98$（$1.0\ \text{mm}\leqslant P_{t-1}<10.0$ mm）；$K=1.00$（$P_{t-1}\geqslant 10.0$ mm）。

2.4.2.3 最大损失量 I_m 的确定

根据本流域下垫面情况综合分析，采用 $I_m=100$ mm，当 $P_a\geqslant 100$ mm 时，取 $P_a=I_m$，故 P_a 的取值范围为 $0<P_a\leqslant 100$ mm。

2.5 汇流方案

将参证站招远站单位线（$\Delta t=1$ h）进行缩放后作为里店水库站单位线，详见图 30-3。

单位线的缩放按下列公式计算：

$$\alpha=(F_{设}/F_{参})^{0.5}$$

$$T_{设i}=\alpha T_{参i}$$

$$q_{设i}=\alpha q_{参i}$$

式中：α 为单位线缩放系数；$F_{参}$、$F_{设}$ 分别为参证站、设计站以上控制流域面积；$T_{参i}$ 为参证站单位线逐时段，$T_{参i}=1,2,\cdots,N$；$T_{设i}$ 为设计站单位线逐时段，通常为小数，为满足实际要求，需进一步对缩放结果进行插值，从而得到整时段单位线结果；$q_{参i}$ 为参证站单位线逐时段流量；$q_{设i}$ 为设计站单位线逐时段流量。

3 方案使用说明

预报方案反映了流域综合因素影响下的降雨径流关系、峰量关系。就单次洪水而言，它既有群体的共性，又有单体的个性，所以在具体预报作业中，要从主到次分析影响降雨径流的各水文因素，用以修正各预报值，提高预报精度。

3.1 产流方案

3.1.1 前期影响雨量 P_a 的确定

在进行洪水预报时，应对雨前计算的 P_a 值进行合理性分析，以确定 P_a 的取用值。由于 P_a 是根据公式逐日推算的，如果是流域内局部降雨等代表性差的雨型，容易造成 P_a 值计算误差。如果 P_a 计算值很小，遭遇强度较大的降雨，查读 $P+P_a$-R 关系曲线时容易造成 R 的查读值偏小；如果 P_a 计算值达到 I_m 值，应分析流域下垫面饱和程度，实际情况是否真正达到 I_m 值。同量级的 P_a 值在汛初、汛中、汛末对降雨径流的影响也不相同，一般来讲，汛初 P_a 计算值代表性较差，往往偏大；汛中以后的 P_a 计算值代表性较好，相对准确。

3.1.2 流域平均雨量 P 的确定

根据流域内雨情逐时段（$\Delta t=1$ h）计算时段平均雨量。当累积量达到或超过 50 mm 时，即可进行洪水作业预报。

3.1.3 产流面积 F 的确定

产流面积的取值视下垫面、本次降雨情况而定。一般来讲，当本流域次雨量达到 50 mm时，首先考虑上游小型水库蓄水情况，若小（1）和小（2）型水库均未蓄满，产流面积取 94.65 km^2；若小（2）型水库蓄满、小（1）型水库未蓄满，产流面积取 101.78 km^2；当小（1）、小（2）型水库均蓄满时，产流面积取 104 km^2。当流域平均降水量大于 100 mm 时，流域内小型水库等水利工程全部蓄满，全流域产流，产流面积取近于 104 km^2（具体视前期降水情况、蓄水情况等而定）。

3.1.4 综合因素的影响

降雨径流除受 P_a、F、i 因素影响外，降雨自身的时空分布、河网基流情况等因素的影响也不可忽视。一般来讲，降水中心在中下游、降雨强度大、降雨历时短，有利于产汇流。产流面积大，流域河网基流充足，遇有较大降水，将会产生峰高量大的洪水过程，绝大多数大洪水、特大洪水具备以上有利于产汇流的因素；产流面积小，河网基流较小或干枯，即使遭遇较大降水，也很难产生大的洪水过程，尤其是汛初和久旱无雨状态下，特别明显。当降雨径流各影响因素互补平衡时，会产生相对正常的洪水过程。因此在进行洪水预报作业时，应准确分析各影响因素，灵活运用相关曲线，并进行经验修订，做出相应的洪水预报。

3.1.5 径流深 R 的预报

根据所计算的前期影响雨量 P_a、流域平均雨量 P 查降雨径流相关图（$P+P_a$-R）得到径流深 R。在实际预报作业时，应对有关影响因素进行分析判断，确定线形，并进行经验修正。一般来讲，汛初或久旱无雨，查Ⅱ线；P_a 值较高、产流面积较大、降雨强度较大、河网基流充盈，查Ⅰ线；当已经发生洪水过程再遭遇较大降水过程时，应结合上一场次暴雨洪水的径流系数校核预报的径流深。

3.1.6 洪水总量 *W* 的计算

根据确定的产流面积 F、预报的径流深 R，由公式 $W=0.1RF$ 计算得到洪水总量 W（或 $W_{净}$）。

3.2 汇流方案

3.2.1 降雨强度的影响

同量级的降雨因雨强的不同，产汇流的效果也不相同。雨强越大，越有利于产汇流，反之，则不利于产汇流。雨强的大小对洪峰流量、峰现时间的影响尤其明显。

3.2.2 单位线推流

在洪水预报作业时，根据洪水特性选取代表性较好的经验单位线，由 R_1，R_2，…，R_n 叠加计算来水过程。如果前后时段净雨强度相差很大，可变更经验单位线叠加推求来水过程。

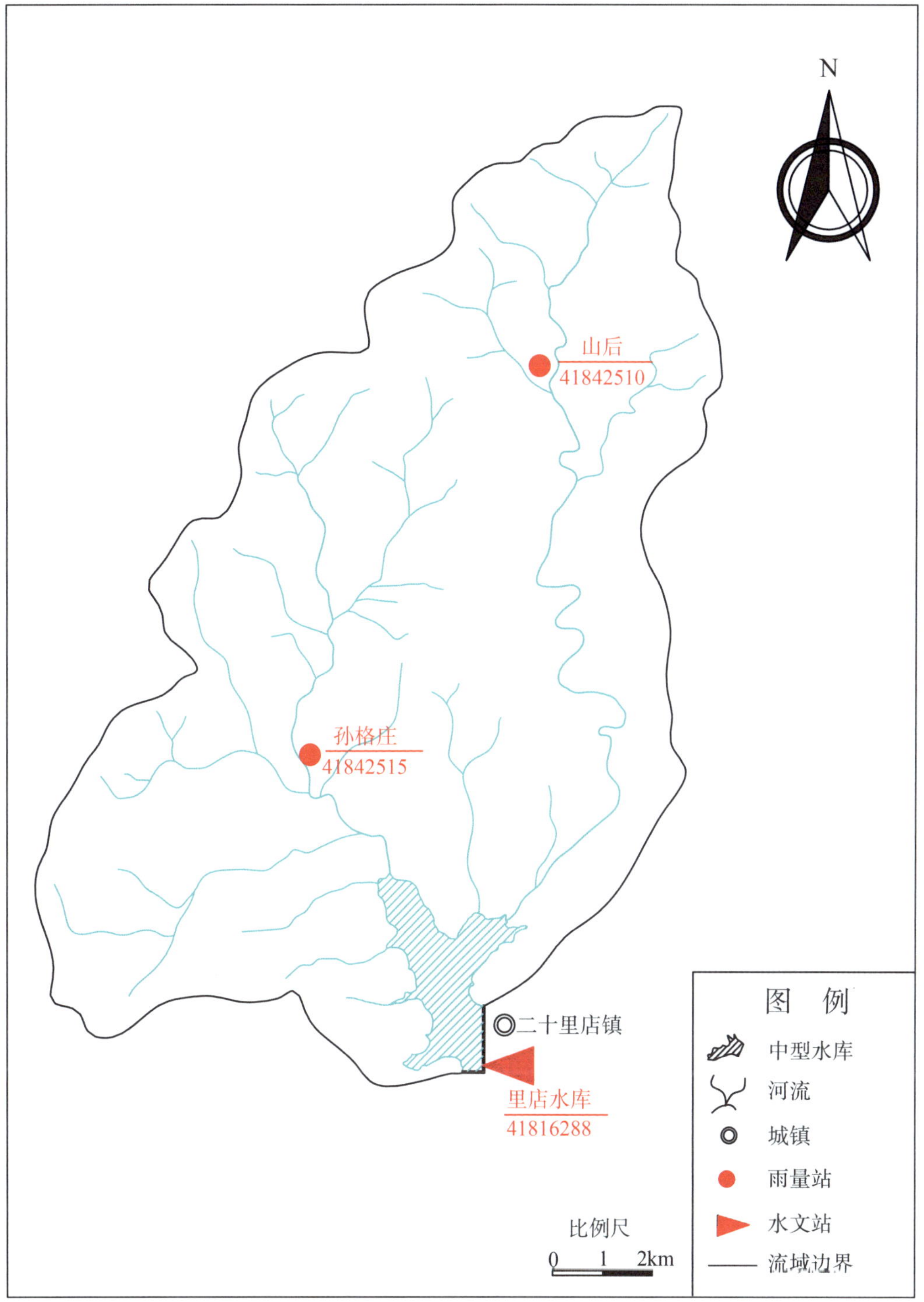

图 30-1　纪疃河里店水库站以上流域图

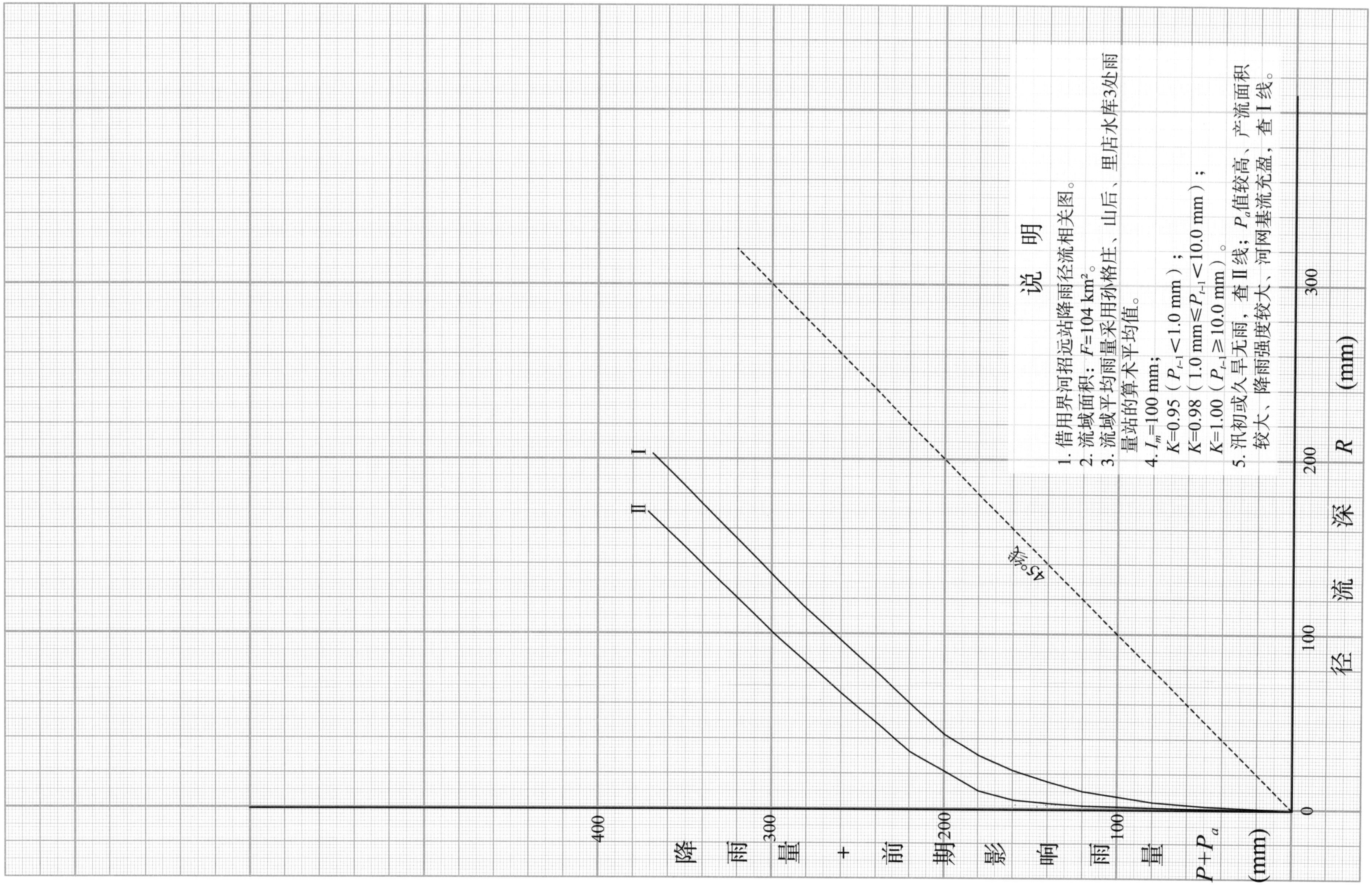

图 30-2　纪疃河里店水库站降雨径流相关图（$P+P_a$-R）

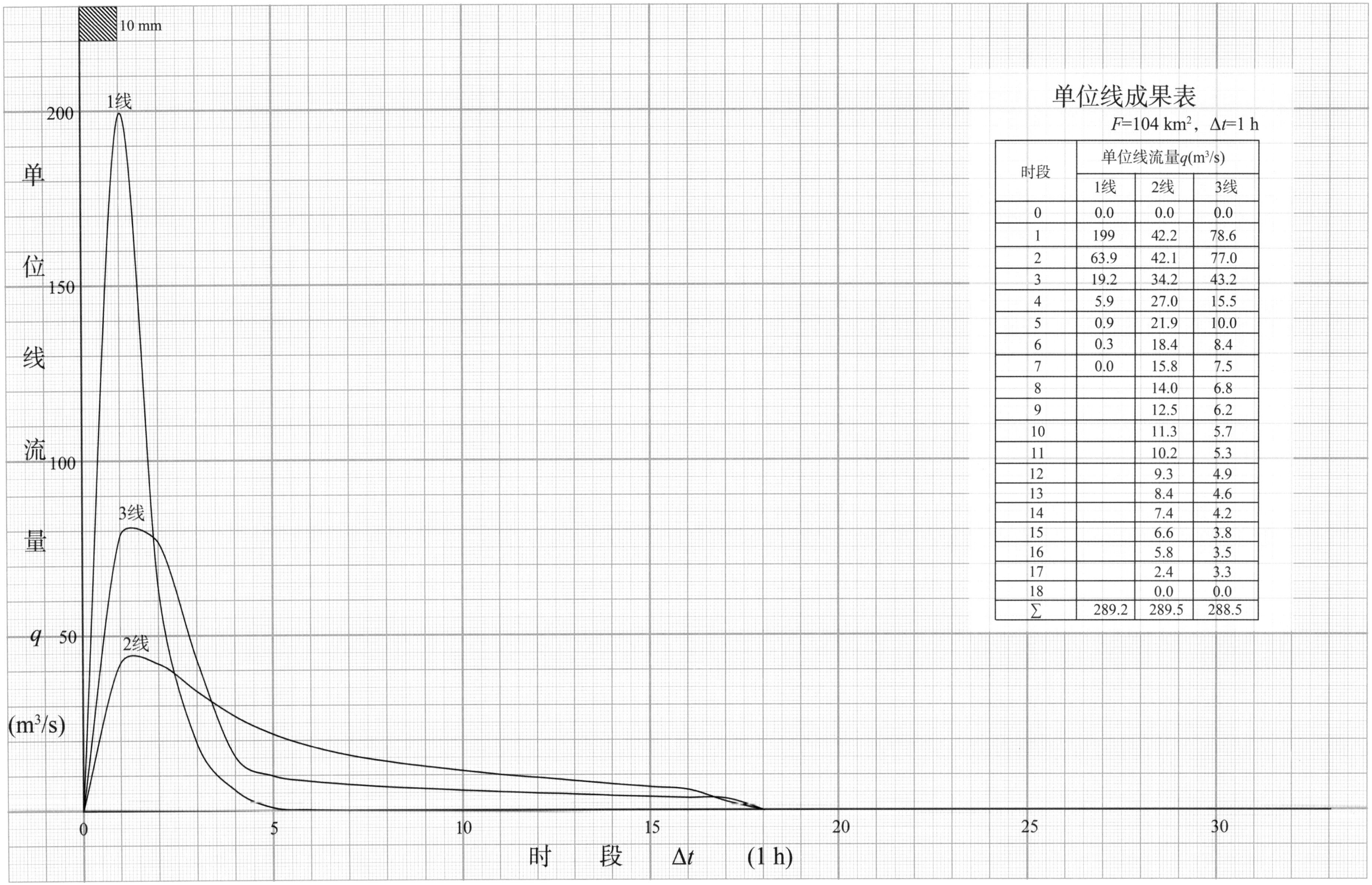

单位线成果表

F=104 km²，Δt=1 h

时段	单位线流量q(m³/s)		
	1线	2线	3线
0	0.0	0.0	0.0
1	199	42.2	78.6
2	63.9	42.1	77.0
3	19.2	34.2	43.2
4	5.9	27.0	15.5
5	0.9	21.9	10.0
6	0.3	18.4	8.4
7	0.0	15.8	7.5
8		14.0	6.8
9		12.5	6.2
10		11.3	5.7
11		10.2	5.3
12		9.3	4.9
13		8.4	4.6
14		7.4	4.2
15		6.6	3.8
16		5.8	3.5
17		2.4	3.3
18		0.0	0.0
∑	289.2	289.5	288.5

图 30-3　纪疃河里店水库站单位线图

第三十一章　留格河盘石水库站水文预报方案编制说明

1　流域概况

1.1　流域自然地理特征

盘石水库位于海阳市盘石店镇龙头村西、留格河上游，属沿海诸小河水系。水库控制流域面积 33 km^2，流域内土壤多为棕壤土、沙壤土。流域平均宽度 7.26 km，干流平均比降为 2.41‰。盘石水库站以上流域图见图 31-1。

盘石水库流域属于暖温带东亚湿润季风气候，年平均降水量 716.7 mm，汛期降水集中，6—9 月降水量占全年的 73.3%，其中 7—8 月份最多。

1.2　水库工程概况

盘石水库是一座以防洪、灌溉、水产养殖、农业供水为主的中型水库，灌区设计灌溉面积 1.6 万亩。工程等别为 I 等，主要建筑物为 1 级。水库除险加固前，设计洪水标准为 100 年一遇，实际达到 50 年一遇。水库除险加固后，设计洪水标准为 100 年一遇，校核洪水标准为 1 000 年一遇。水库工程地震设防烈度为 5 度。

水库枢纽工程包括大坝、溢洪道和放水洞三部分。

大坝为黏土心墙砂壳坝，坝顶高程 67.40 m，最大坝高 21.01 m，坝长 350 m。

溢洪道为溢洪闸式 3 孔闸，闸门为平面钢闸门，闸门尺寸 5 m×3 m，每孔净宽 5.0 m，闸室顺水流方向总长 10.0 m，中墩厚 1.1 m，边墩顶宽 0.8 m，底宽 2.1 m，闸底板顶高程 60.50 m，厚 1 m。闸底板上下游侧设齿墙，闸墩顶高程 66.91 m。机架桥顶高程 71.81 m，机架桥上设启闭机房，机房为钢筋混凝土框架轻型结构，启闭机为 2×63 kN/3 台。闸前设进水渠，底宽 17.2 m，边坡 1∶1.5；闸后设宽 17.2 m 的泄槽，最大泄量 358.6 m^3/s。

放水洞为隧洞，尺寸为 ϕ1 800 mm，进口底板高程 51.91 m，设计流量 2.44 m^3/s,闸门型式为平板钢闸门，启闭机为 250 kN/1 台。

1.3　水库工程及汛期控制指标运用指标

盘石水库于 1970 年 8 月开工兴建，1977 年 3 月竣工。其工程指标及控制运用指标见表 31-1。

表 31-1　盘石水库工程指标及控制运用指标表

1. 工程指标					
总库容（万 m^3）	防浪墙顶高程（m）	坝顶高程（m）	溢洪道（闸）		
			底高程（m）	孔数	净宽（m）
1 610	68.40	67.40	60.50	3	15.0
兴利水位（m）	兴利水位相应库容（万 m^3）	死水位（m）	死库容（万 m^3）		
62.98	1 051	51.91	106		
2. 防洪标准					
设计		校核		历史	
重现期（年）	最高水位（m）	重现期（年）	最高水位（m）	最高水位（m）/出现日期	最大泄量（m^3/s）/出现日期
100	65.10	1 000	66.41	64.3 /1985-8-14	150 /1985-8-14
3. 控制运用指标					
汛中				汛末	
限制水位（m）	相应库容（万 m^3）	超蓄水位（m）	相应库容（万 m^3）	蓄水位（m）	相应库容（万 m^3）
61.50	858	62.50	986	62.98	1 051
允许壅高水位（m）	警戒水位（m）	允许最高水位（m）	高程基准面		
64.10	65.05	66.33	1956 年黄海		
水库下游安全泄量（m^3/s）		300			
控泄方式		一级控泄，提闸高度 1.558 m			

1.4　测站概况

1.4.1　站网情况

盘石水库水文站，站码 41842300，位于山东省海阳市盘石店镇龙头村，于 2020 年 1 月设站，主要搜集汛期降水量、水库水位、出入库流量等有关水文资料，进行水库洪水预报、抗洪能力计算、调洪演算等，为防汛抗旱、水资源控制运用提供信息。

盘石水库流域内有 2 处国家雨量站，为盘石水库、薛家雨量站。其中薛家雨量站，站码 41842290，位于山东省烟台海阳市盘石店镇嘴子前村，为汛期站。

1.4.2　高程系情况

本方案高程基面采用 1956 年黄海基面。

2　预报方案编制

2.1　资料情况

盘石水库站无实测年鉴水文摘录资料。

2.2　历史洪水

经调查，盘石水库流域历史上曾发生过多次较大洪水，根据《山东省海阳市山洪灾害调查评价历史洪水调查报告》（烟台市水文局 2015 年），主要洪水如下：

1966 年 8 月 12 日，盘石店镇周家村遭龙卷风袭击，风过处，宽百米，横扫 1 km，中心地带 30 幢房屋、30 座垣墙掠基摧毁，碎砖乱石刮出 1 km，尺深的河水旋涸，酥石硼被揭去 2 寸，共毁庄稼 10 hm^2、房屋 535 间，造成 7 人死亡、重伤 27 人。

2.3　参证站选择

盘石水库站地形地貌和下垫面基本特征与海阳站相似，故以海阳站作为盘石水库站的参证站。参证站海阳站以上流域面积 $F_{参}=54.6\ km^2$；设计站盘石水库站以上流域面积 $F_{设}=33\ km^2$。

2.4　产流方案

2.4.1　降雨径流关系

产流方案根据盘石水库站以上流域地形地貌、自然地理、水土保持、水利工程、暴雨时空分布等，移用海阳站的降雨径流关系，修订后在该流域应用，并在实际预报中完善，形成适合该流域的降雨径流关系，详见图 31-2。

海阳水文站降雨径流关系，因为流域内水利工程、下垫面条件、水土保持条件等的变化，出现了两条关系曲线，一条同级降水产流较小，一条同级降水产流较大，前者适合较干旱或者汛初降水发生洪水情况，另一条适合汛中后期、下垫面含水量较大、水利工程近于蓄满情况。

2.4.2　相关要素的分析计算

2.4.2.1　流域平均雨量 P 的计算

流域平均雨量 P 采用流域内盘石水库、薛家 2 处雨量站的算术平均值。

2.4.2.2　流域平均前期影响雨量 P_a 的计算

分析汛前降水情况，初步确定四月或五月初土壤含水量经验值，然后根据公式逐日计算，直到汛期发生暴雨洪水，P_a 基本接近实值。其计算公式为

$$P_{a,t}=K(P_{a,t-1}+P_{t-1})$$

式中：$P_{a,t}$ 为当日的前期影响雨量（mm）；$P_{a,t-1}$ 为前一日的前期影响雨量（mm）；P_{t-1} 为前一日流域平均雨量（mm）；K 为前期影响雨量递减系数，$K=0.95$（$P_{t-1}<1.0$ mm），$K=0.98$（$1.0\ mm\leqslant P_{t-1}<10.0$ mm），$K=1.00$（$P_{t-1}\geqslant 10.0$ mm）。

2.4.2.3　最大损失量 I_m 的确定

根据本流域下垫面情况综合分析，采用 $I_m=100$ mm，当 $P_a\geqslant 100$ mm 时，取 $P_a=I_m$，故 P_a 的取值范围为 $0<P_a\leqslant 100$ mm。

2.5　汇流方案

将参证站海阳站单位线（$\Delta t=1$ h）进行缩放后作为盘石水库站单位线，详见图 31-3。

单位线的缩放按下列公式计算：

$$\alpha=(F_{设}/F_{参})^{0.5}$$

$$T_{设i}=\alpha T_{参i}$$

$$q_{设i}=\alpha q_{参i}$$

式中：α 为单位线缩放系数；$F_{参}$、$F_{设}$ 分别为参证站、设计站以上控制流域面积；$T_{参i}$ 为参证站单位线逐时段，$T_{参i}=1,2,\cdots,N$；$T_{设i}$ 为设计站单位线逐时段，通常为小数，为满足实际要求，需进一步对缩放结果进行插值，从而得到整时段单位线结果；$q_{参i}$ 为参证站单位线逐时段流量；$q_{设i}$ 为设计站单位线逐时段流量。

3　方案使用说明

预报方案反映了流域综合因素影响下的降雨径流关系、峰量关系。就单次洪水而言，它既有群体的共性，又有单体的个性，所以在具体预报作业中，要从主到次分析影响降雨径流的各水文因素，用以修正各预报值，提高预报精度。

3.1　产流方案

3.1.1　前期影响雨量 P_a 的确定

在进行洪水预报时，应对雨前计算的 P_a 值进行合理性分析，以确定 P_a 的取用值。由于 P_a 是根据公式逐日推算的，如果是流域内局部降雨等代表性差的雨型，容易造成 P_a 值计算误差。如果 P_a 计算值很小；遭遇强度较大的降雨，查读 $P+P_a-R$ 关系曲线时容易造成 R 的查读值偏小；如果 P_a 计算值达到 I_m 值，应分析流域下垫面饱和程度，实际情况是否真正达到 I_m 值。同量级的 P_a 值在汛初、汛中、汛末对降雨径流的影响也不相同，一般来讲，汛初 P_a 计算值代表性较差，往往偏大；汛中以后的 P_a 计算值代表性较好，相对准确。

3.1.2　流域平均雨量 P 的计算

根据流域内雨情逐时段（$\Delta t=1$ h）计算时段平均雨量。当累积量达到或超过 50 mm 时，即可进行洪水作业预报。

3.1.3 产流面积 *F* 的确定

产流面积的取值视下垫面、本次降雨情况而定。一般来讲，当本流域次雨量达到50 mm时，首先考虑上游水利工程蓄水情况，盘石水库上游无小型水库，只考虑塘坝情况，汛初产流面积一般取水库流域面积的 80%；当塘坝蓄满，产流面积取 33 km^2。当流域平均降水量大于 100 mm 时，流域内小型水库等水利工程全部蓄满，全流域产流，产流面积取近于 33 km^2（具体视前期降水情况、蓄水情况等而定）。

3.1.4 综合因素的影响

降雨径流除受 P_a、F、i 因素影响外，降雨自身的时空分布、河网基流情况等因素的影响也不可忽视。一般来讲，降水中心在中下游、降雨强度大、降雨历时短，有利于产汇流。产流面积大，流域河网基流充足，遇有较大降水，将会产生峰高量大的洪水过程，绝大多数大洪水、特大洪水具备以上有利于产汇流的因素；产流面积小，河网基流较小或干枯，即使遭遇较大降水，也很难产生大的洪水过程，尤其是汛初和久旱无雨状态下，特别明显。当降雨径流各影响因素互补平衡时，会产生相对正常的洪水过程。因此在进行洪水预报作业时，应准确分析各影响因素，灵活运用相关曲线，并进行经验修订，做出相应的洪水预报。

3.1.5 径流深 *R* 的预报

根据所计算的前期影响雨量 P_a、流域平均雨量 P 查降雨径流相关图（$P+P_a$-R）得到径流深 R。在实际预报作业时，应对有关影响因素进行分析判断，确定线形，并进行经验修正。一般来讲，汛初或久旱无雨，查Ⅱ线；P_a 值较高、产流面积较大、降雨强度较大、河网基流充盈，查Ⅰ线；当已经发生洪水过程再遭遇较大降水过程时，应结合上一场次暴雨洪水的径流系数校核预报的径流深。

3.1.6 洪水总量 *W* 的计算

根据确定的产流面积 F、预报的径流深 R，由公式 $W=0.1RF$ 计算得洪水总量 W（或 $W_{净}$）。

3.2 汇流方案

3.2.1 降雨强度的影响

同量级的降雨因雨强的不同，产汇流的效果也不相同。雨强越大，越有利于产汇流，反之，则不利于产汇流。雨强的大小对洪峰流量、峰现时间的影响尤其明显。

3.2.2 单位线推流

在洪水预报作业时，根据洪水特性选取代表性较好的经验单位线，由 R_1，R_2，…，R_n 叠加计算来水过程。如果前后时段净雨强度相差很大，可变更经验单位线叠加推求来水过程。

图 31-1 留格河盘石水库站以上流域图

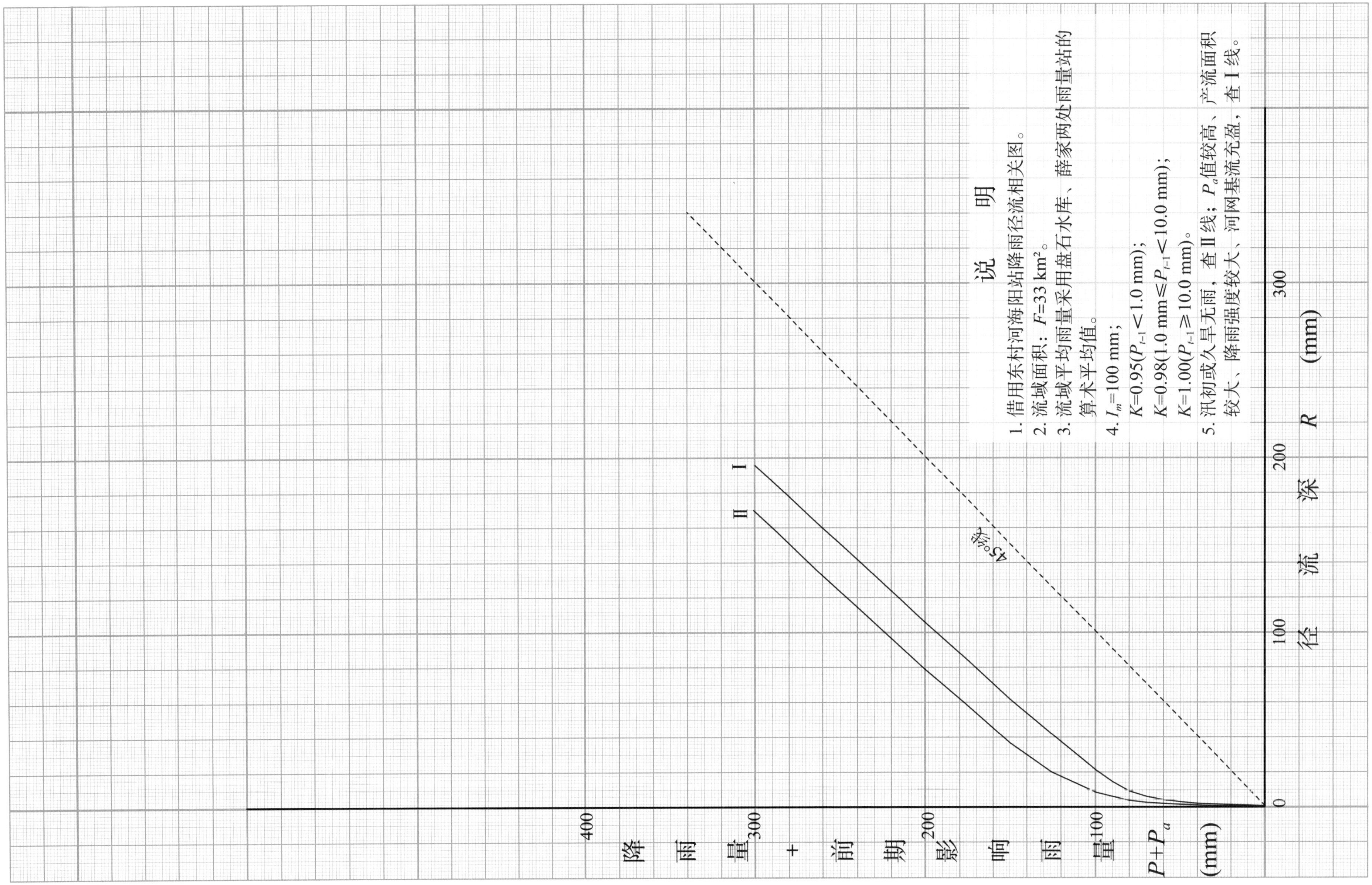

图 31-2 留格河盘石水库站降雨径流相关图（$P+P_a$-R）

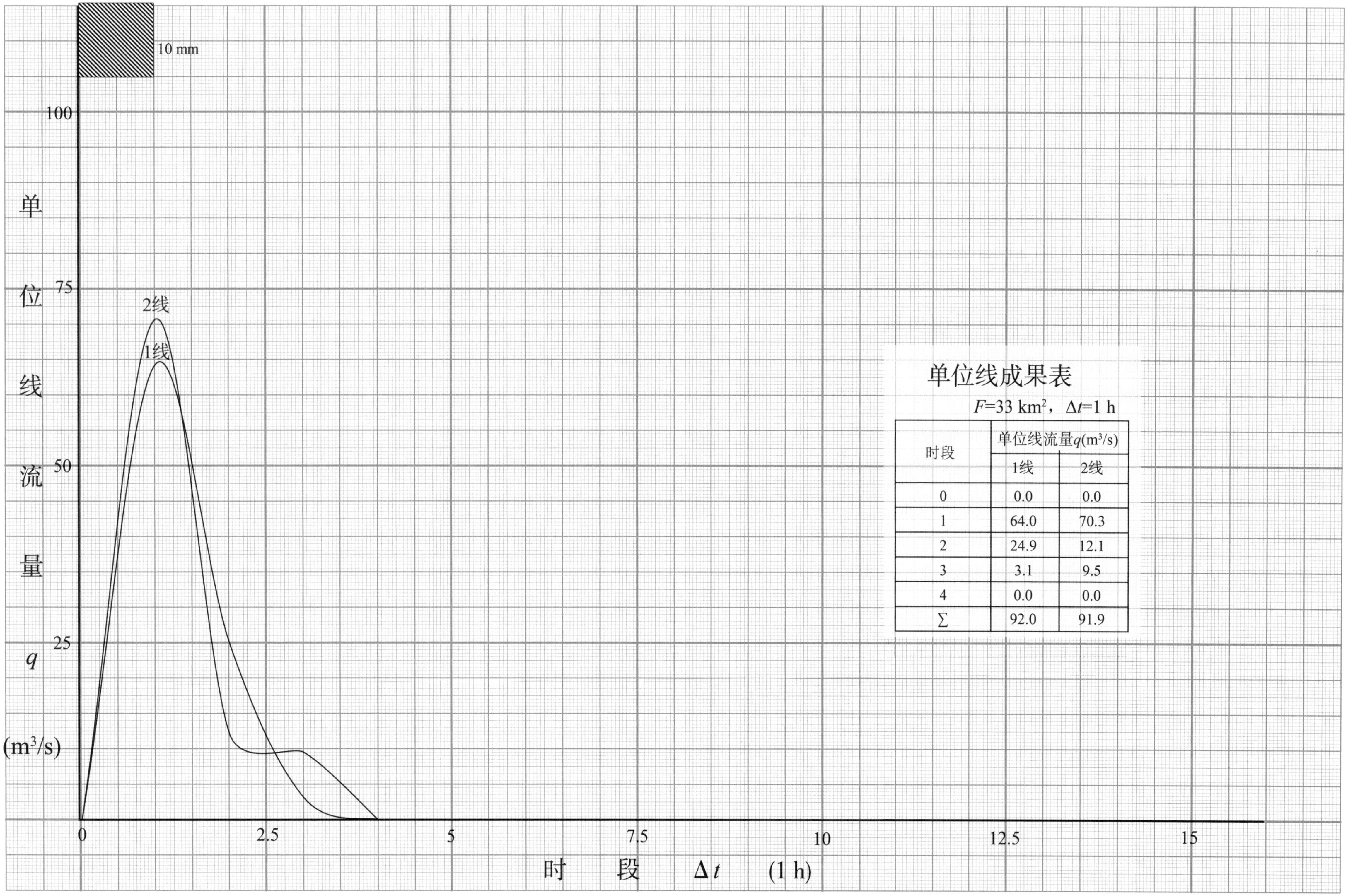

单位线成果表

F=33 km²，Δt=1 h

时段	单位线流量q(m³/s)	
	1线	2线
0	0.0	0.0
1	64.0	70.3
2	24.9	12.1
3	3.1	9.5
4	0.0	0.0
Σ	92.0	91.9

图 31-3 留格河盘石水库站单位线图

第三十二章　崔家河台依水库站水文预报方案编制说明

1　流域概况

1.1　流域自然地理特征

台依水库位于乳山市夏村镇台依村东北、崔家河中上游，属乳山河水系。水库控制流域面积 28 km^2，流域平均宽度 3.3 km，水库下游距乳山市区 5 km，干流平均坡降 10‰，流域呈叶状，地貌为一般丘陵区，绝对高度为 50~100 m，沿河两岸有较狭长的平原泊地，整个流域内梯田密布，打乱了原本地地貌，水土流失较重。流域内土层较厚，多为黏壤土，适宜种植，主要农作物有小麦、玉米、花生等。流域内多年平均年降水量 715.6 mm，多年平均汛期降水量 511.5 mm，占年降水量的 71.5%，多年平均年径流深 255.7 mm。台依水库站以上流域图见图 32-1。

1.2　水库工程概况

1.2.1　台依水库概况

台依水库于 1959 年 11 月动工兴建，1960 年 4 月建成蓄水，是一座以防洪为主，兼顾城市供水、灌溉、养殖等综合利用的中型水库。台依水库除险加固工程于 2009 年 8 月开工建设，2010 年 11 月通过工程竣工验收。根据《山东省威海市乳山市台依水库除险加固工程初步设计报告》（2008 年），台依水库除险加固后，设计标准为 100 年一遇，校核标准为 1 000 年一遇，总库容 1 896 万 m^3，兴利库容 1 250 万 m^3，死库容 110 万 m^3，正常蓄水位 31.80 m，死水位 23.91 m，100 年一遇设计水位为 32.97 m，1 000 年一遇校核洪水位为 33.82 m。

台依水库枢纽工程主要由大坝、溢洪道、放水洞三部分组成，水库主要工程指标见表 32-1。

表 32-1　台依水库主要工程指标表

流域面积（km^2）		多年平均年径流深（mm）		设计洪峰流量（m^3/s）
28		255.7		513
水库特征				
特征	死	兴利	设计	校核
水位（m）	23.91	31.80	32.97	33.82
库容（万 m^3）	110	1 250	1 636	1 896

续表

控制运用指标					
允许最高水位（m）	警戒水位（m）	汛末蓄水位（m）		汛中超蓄水位（m）	
33.64	32.96	31.80		31.80	
大坝					
坝长（m）	坝高（m）	坝顶宽（m）	坝顶高程（m）	防浪墙顶高程（m）	
550	15.5	7.5	35.40	36.45	
溢洪道					
型式	底高程（m）	净宽（m）		最大泄量（m^3/s）	
无控制	29.30	24.0		363	
放水洞					
名称	型式	尺寸（m×m）	进口底高程（m）	最大流量（m^3/s）	闸门型式
东/西放水洞	钢筋混凝土箱涵	1.0×1.5	23.91	6.13	平面钢闸门

1.2.2　水库上游水利工程概况

台依水库上游无小（1）、小（2）型水库，只有小塘坝 9 座，控制流域面积 0.7 km^2，只占水库控制流域面积的 2.5%，对水库洪水不会有多大影响。

1.3　测站概况

台依水库流域内设有水库水文站 1 处，水库水准基面为 1956 年黄海基面。

2　预报方案编制

台依水库位于崔家河中上游，本方案中产流方案采用降雨径流相关图（$P+P_a-R$），曲线移用龙角山水库站 $P+P_a-R$ 关系曲线，详见图 32-2；汇流方案采用单位线法，其单位线根据龙角山水库站预报方案等比例缩放后得到，详见图 32-3。

3　方案使用说明

预报径流量、入库洪峰流量及洪水过程线时，可按下列框图进行。

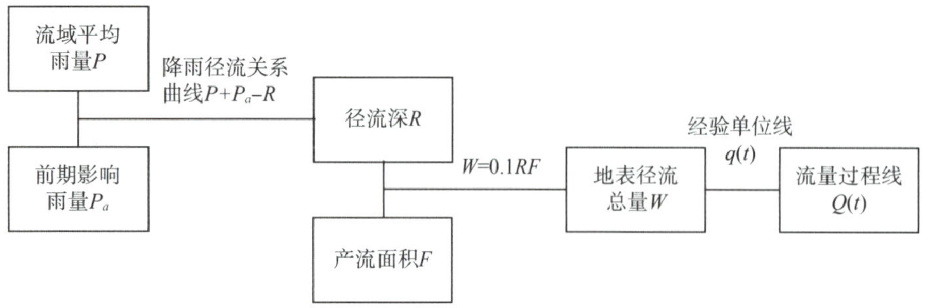

3.1 产流预报

3.1.1 流域平均雨量 *P* 的计算

根据流域内雨情逐时段（Δt=1 h）计算时段平均雨量。当累计雨量达到或超过 50 mm 时，即可进行洪水作业预报。

3.1.2 流域平均前期影响雨量 P_a 的计算

根据下式计算 P_a 值：

$$P_{a,\ t+1}=K(P_{a,\ t}+P_t)$$

式中：$P_{a,t+1}$ 为第 t+1 日的前期影响雨量（mm）；$P_{a,t}$ 为第 t 日的前期影响雨量（mm）；P_t 为第 t 日的流域平均雨量（mm）；K 为前期影响雨量递减系数。

3.1.3 径流深 *R* 的计算

由计算得到的 P_a、P，根据降雨径流相关图（$P+P_a-R$）查算的结果进行综合分析，确定地表径流深 R 的预报值。

3.1.4 产流面积 *F* 的确定

因台依水库上游无小型水库，因此产流面积即为水库的控制流域面积 28 km^2。

3.1.5 地表径流总量 *W* 预报

根据确定的产流面积 F、预报的径流深 R，由公式 W = 0.1RF 计算得到地表径流总量。

3.2 入库流量过程预报

根据单位线及各时段净雨量，计算得到各时段净雨形成的部分径流量过程，错时段叠加，结合基流，得到该次降雨入库流量过程。其中，各时段净雨部分径流量计算公式为

$$Q_i'(t)=\frac{h_i(t)}{10}q(t)$$

式中：$Q_i'(t)$ 为第 i 次时段净雨形成的部分径流量；$h_i(t)$ 为第 i 次时段净雨量；$q(t)$ 为单位线对应的时段单位流量。

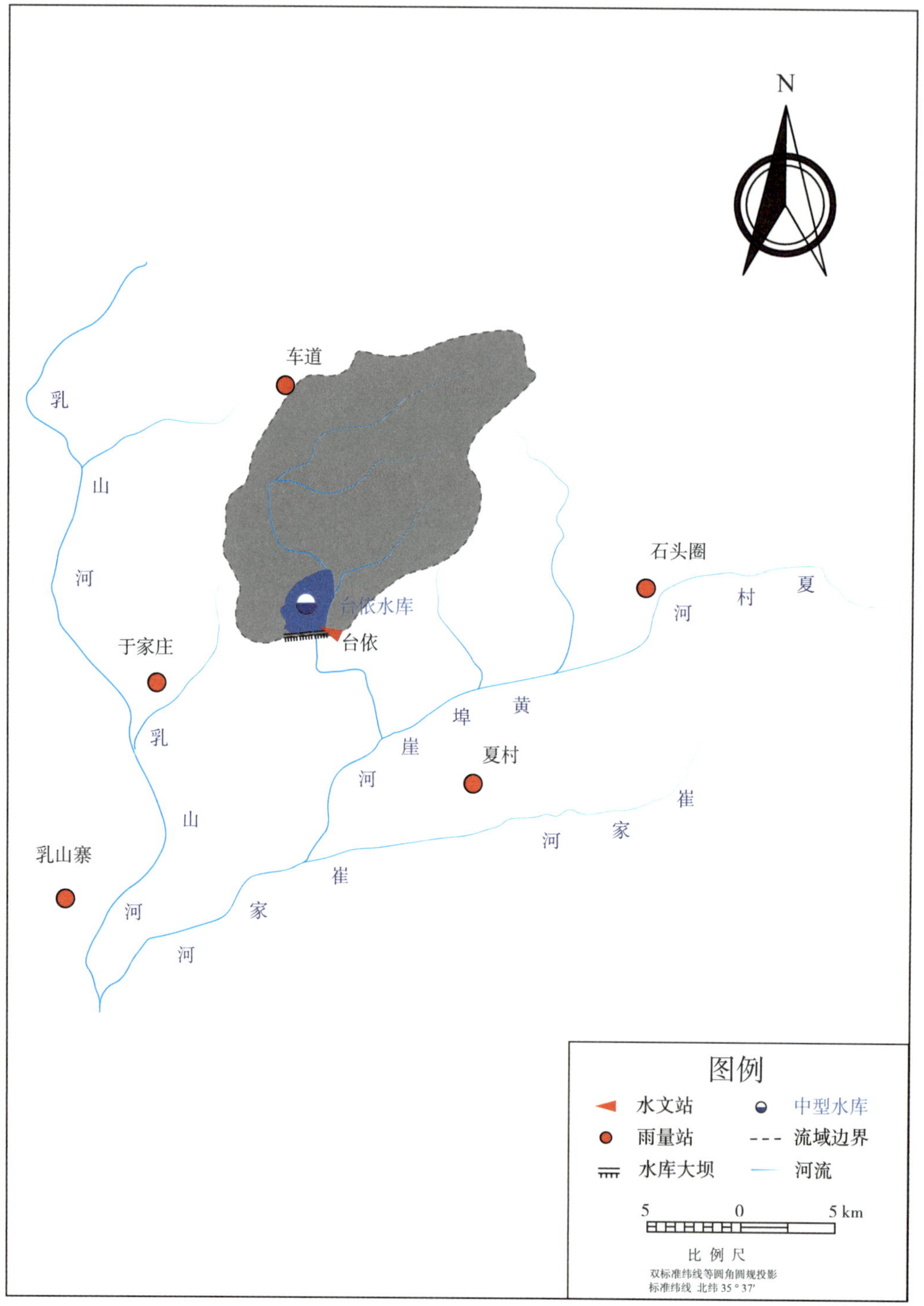

图 32-1 崔家河台依水库站以上流域图

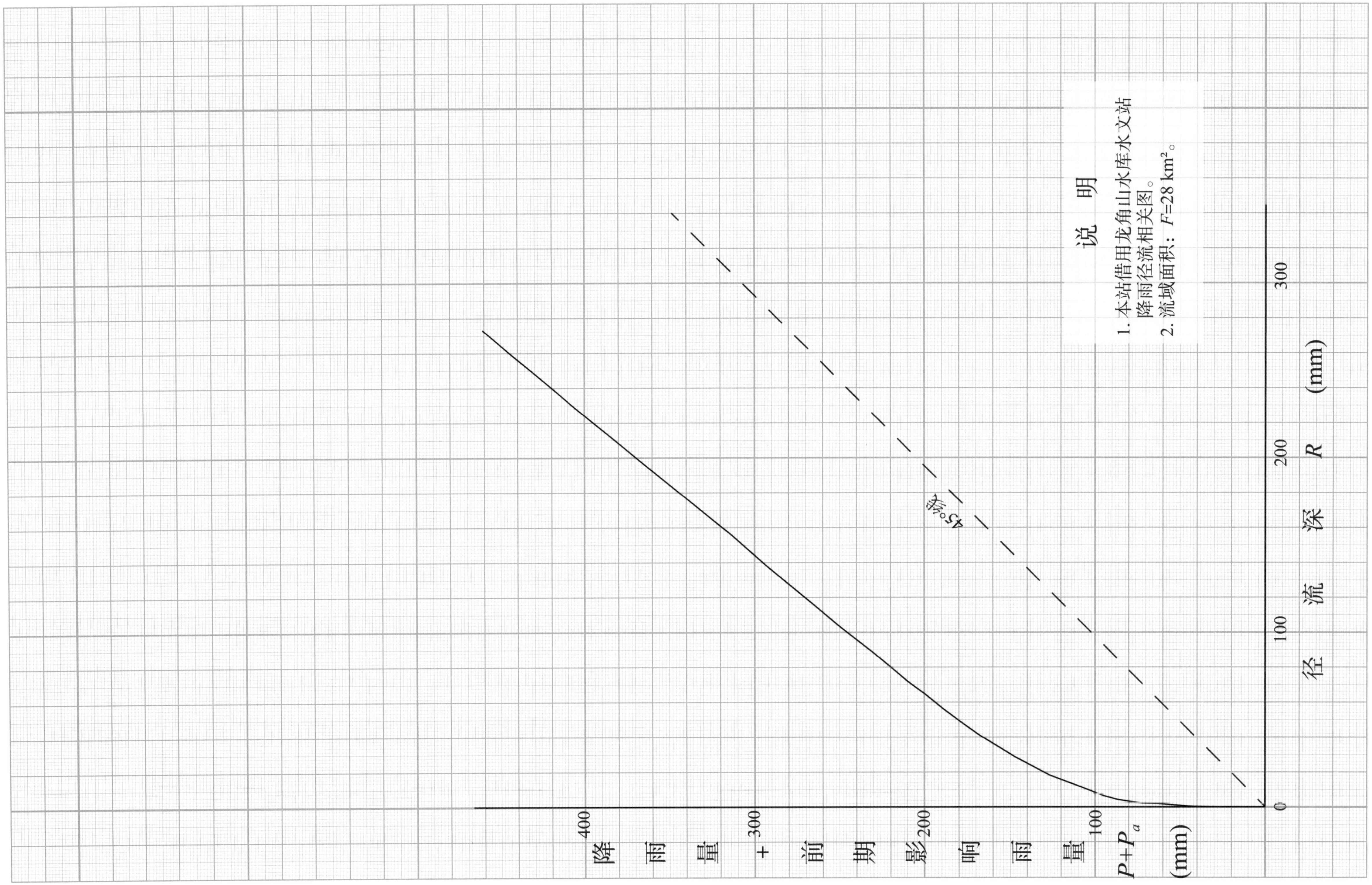

图 32-2　崔家河台依水库站降雨径流相关图（$P+P_a-R$）

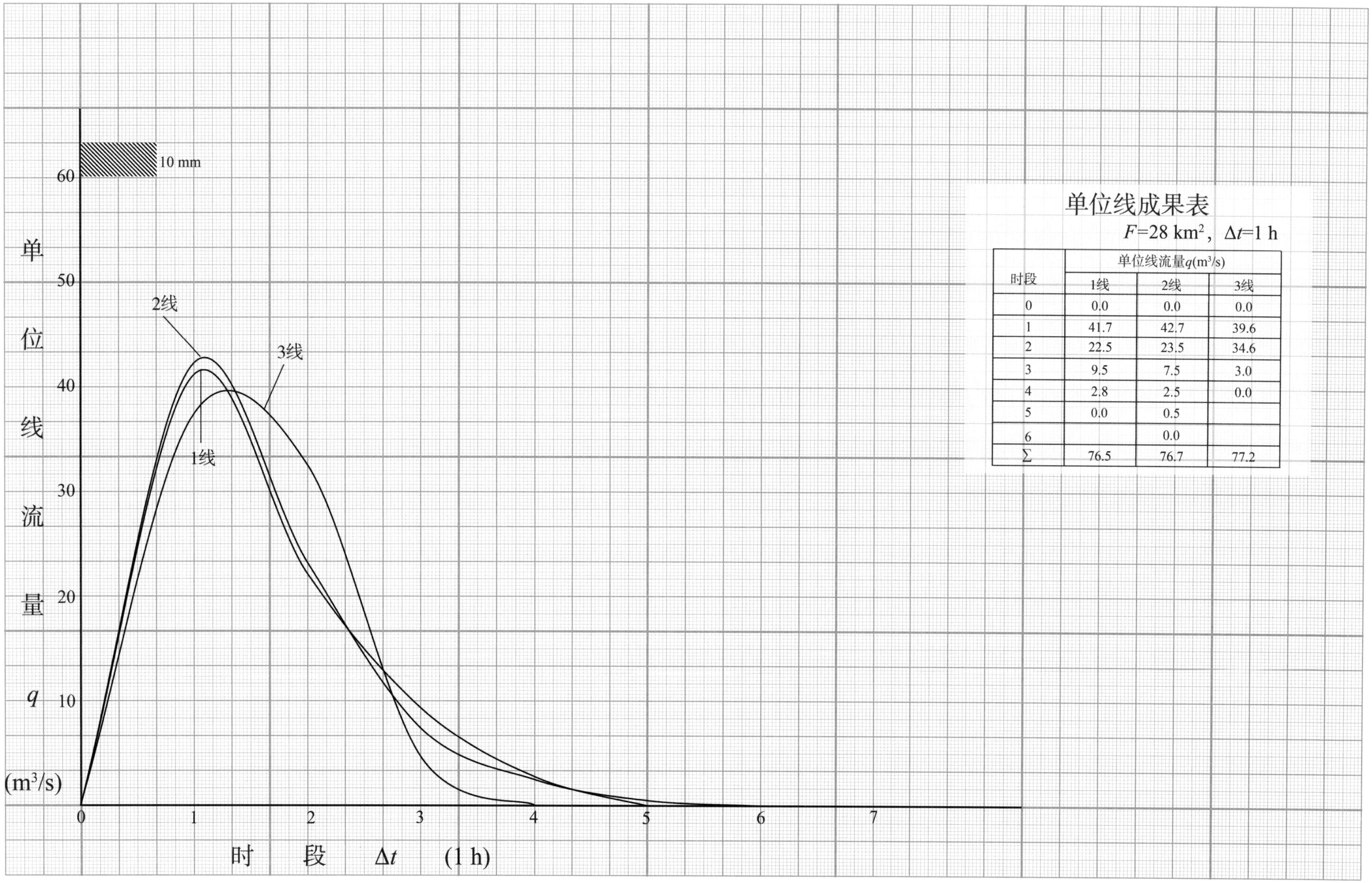

单位线成果表

F=28 km²，Δt=1 h

时段	单位线流量q(m³/s)		
	1线	2线	3线
0	0.0	0.0	0.0
1	41.7	42.7	39.6
2	22.5	23.5	34.6
3	9.5	7.5	3.0
4	2.8	2.5	0.0
5	0.0	0.5	
6		0.0	
Σ	76.5	76.7	77.2

图 32-3　崔家河台依水库站单位线图

第三十三章　乳山河院里水库站水文预报方案编制说明

1　流域概况

1.1　流域自然地理特征

院里水库位于乳山市乳山寨镇耳沟村西的乳山河支流耳沟河上，控制流域面积 15 km^2。乳山河发源于乳山、海阳两地交界的玉皇山，上游海拔 100~400 m，属石山区。院里水库流域呈扇形，坝址以上流域干流平均坡降 2%，主河道全长 2.5 km。流域内山沟谷坊较多，封山育林较好，土壤为碎石土，土质较差，一般土层厚 0.3~0.5 m，地下水较贫乏；丘陵平原地区主要分布在沿河两岸，多为沙壤土。流域内主要农作物有小麦、玉米、花生、地瓜等。院里水库站以上流域图见图 33-1。

院里水库无观测资料，根据流域周围邻近雨量站实测暴雨资料分析，最大年降水量为 1 428 mm，最小年降水量为 337.4 mm，丰枯比为 4.2。降水量年内分配不均，主要集中在汛期。根据流域周围参证站暴雨资料统计，各雨量站多年平均年最大 24 h 降雨量为 102.3~112.7 mm，1997 年实测最大 24 h 点雨量为 313.4 m，为实测最大值，1967 年实测最大 24 h 点雨量为 39.6 mm。多年平均年径流量 390.8 万 m^3。

1.2　水利工程情况

1.2.1　院里水库概况

院里水库于 1958 年 4 月动工，1960 年 5 月建成蓄水，是一座以防洪为主，兼有农业灌溉、养鱼等综合利用的中型水库。2007 年 12 月实施除险加固工程，2009 年 7 月完工。根据《山东省威海市乳山市院里水库除险加固工程初步设计报告》，院里水库除险加固后总库容 1 098 万 m^3，相应水位 37.65 m，兴利库容 700 万 m^3，兴利水位 34.37 m，死库容 75 万 m^3，死水位 20.50 m。

水院里库枢纽工程主要由大坝、溢洪道、放水洞三部分组成，水库主要工程指标见表 33-1。

表 33-1　院里水库主要工程指标表

流域面积（km^2）	多年平均年径流量（万 m^3）	设计洪峰流量（m^3/s）
15	390.8	163

续表

水库特征					
特征	死	兴利	设计	校核	
水位（m）	20.50	34.37	36.80	37.65	
库容（万 m^3）	75	700	1 010.5	1 098	
控制运用指标					
允许最高水位（m）	警戒水位（m）	汛末蓄水位（m）		汛末蓄水位相应库容（万 m^3）	
37.69	36.94	34.37		775	
大坝					
坝长（m）	坝高（m）	坝顶宽（m）	坝顶高程（m）	防浪墙顶高程（m）	
230	27.2	6	37.80	38.80	
溢洪道					
型式	底宽（m）	堰顶高程（m）		最大泄量（m^3/s）	
溢流堰	8.0	34.37		122.1	
放水洞					
名称	型式	尺寸（m）	进口底高程（m）	最大流量（m^3/s）	闸门型式
南放水洞	钢筋铸混凝土管	ϕ1.2	20.50	10	平板钢闸门

1.2.2　水库上游水利工程概况

院里水库上游无水库、塘坝等小型水利工程。

1.3　测站概况

院里水库流域内设有水库水文站 1 处，水库水准基面为 1956 年黄海基面。

2　预报方案编制

院里水库位于耳沟河上游，本方案中产流方案采用降雨径流相关图（$P+P_a$-R），曲线移用龙角山水库水文站 $P+P_a$-R 关系曲线，详见图 33-2；汇流方案采用单位线法，其单位线根据龙角山水库水文站预报方案等比例缩放后得到，详见图 33-3。

3　方案使用说明

预报径流量、入库洪峰流量及洪水过程线时，可按下列框图进行。

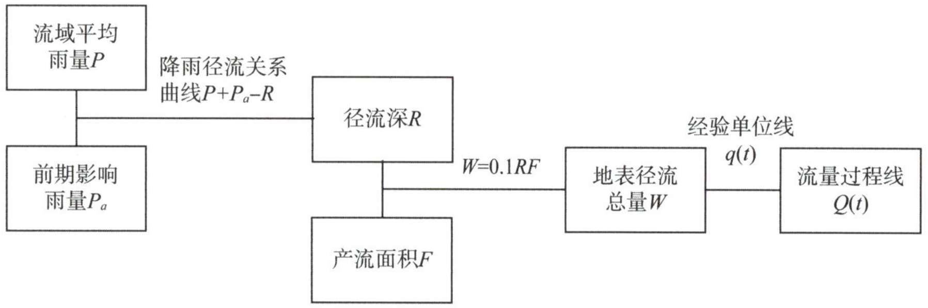

3.1 产流预报

3.1.1 流域平均雨量 *P* 的计算

根据流域内雨情逐时段（$\Delta t=1$ h）计算时段平均雨量。当累计雨量达到或超过 50 mm 时，即可进行洪水作业预报。

3.1.2 流域平均前期影响雨量 P_a 的计算

根据下式计算 P_a 值：

$$P_{a,\ t+1}=K(P_{a,\ t}+P_t)$$

式中：$P_{a,t+1}$ 为第 t+1 日的前期影响雨量（mm）；$P_{a,t}$ 为第 t 日的前期影响雨量（mm）；P_t 为第 t 日的流域平均雨量（mm）；K 为前期影响雨量递减系数。

3.1.3 径流深 *R* 的计算

由计算得到的 P_a、P，根据降雨径流相关图（$P+P_a$-R）查算的结果进行综合分析，确定地表径流深 R 的预报值。

3.1.4 产流面积 *F* 的确定

因院里水库上游无小型水利工程，因此产流面积即为水库的控制流域面积 15 km^2。

3.1.5 地表径流总量 *W* 预报

根据确定的产流面积 F、预报的径流深 R，由公式 $W=0.1RF$ 计算得到地表径流总量。

3.2 入库流量过程预报

根据单位线及各时段净雨量，计算得到各时段净雨形成的部分径流量过程，错时段叠加，结合基流，得到该次降雨入库流量过程。其中，各时段净雨部分径流量计算公式为

$$Q_i'(t)=\frac{h_i(t)}{10}q(t)$$

式中：$Q_i'(t)$ 为第 i 次时段净雨形成的部分径流量；$h_i(t)$ 为第 i 次时段净雨量；$q(t)$ 为单位线对应的时段单位流量。

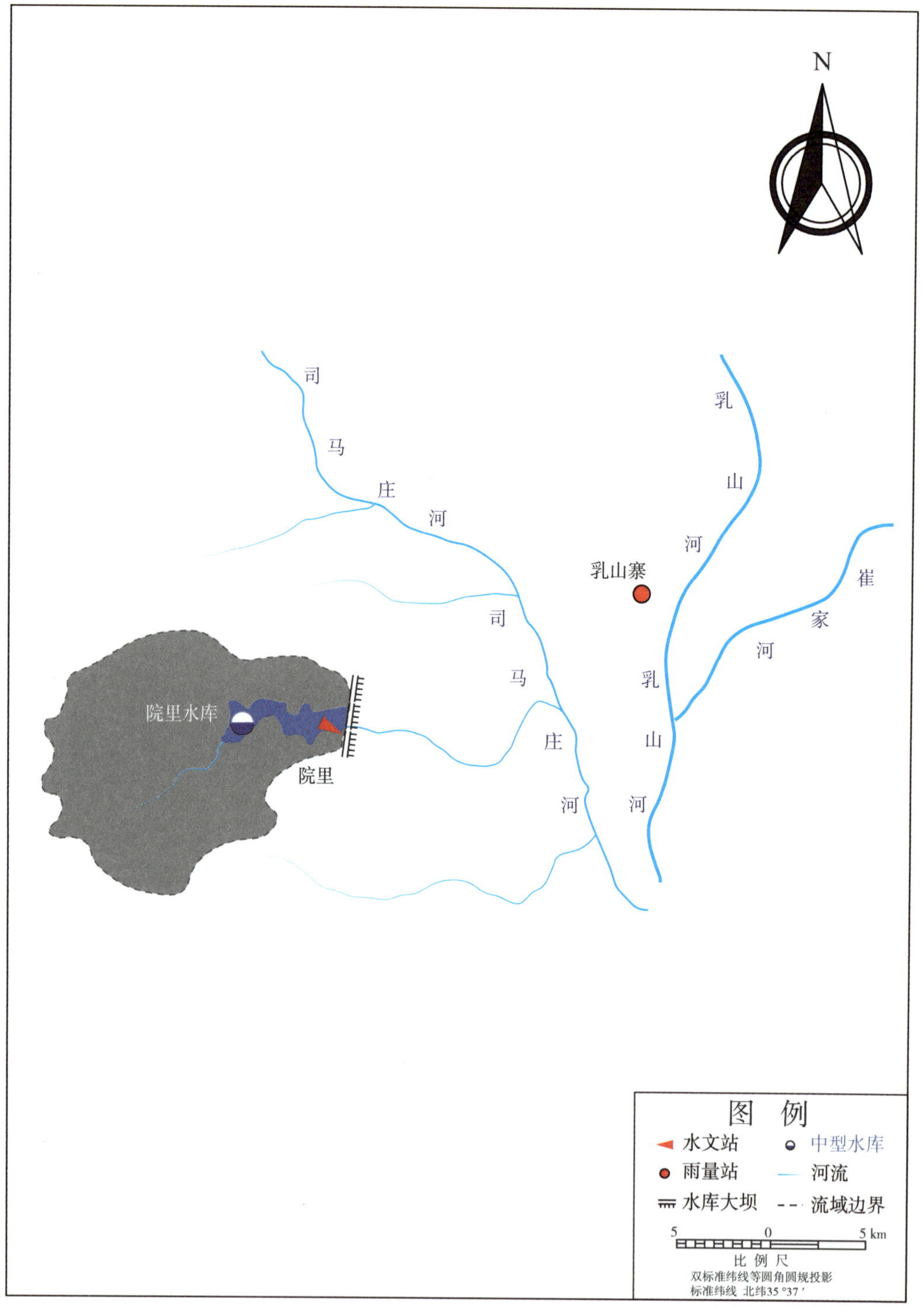

图 33-1 乳山河院里水库站以上流域图

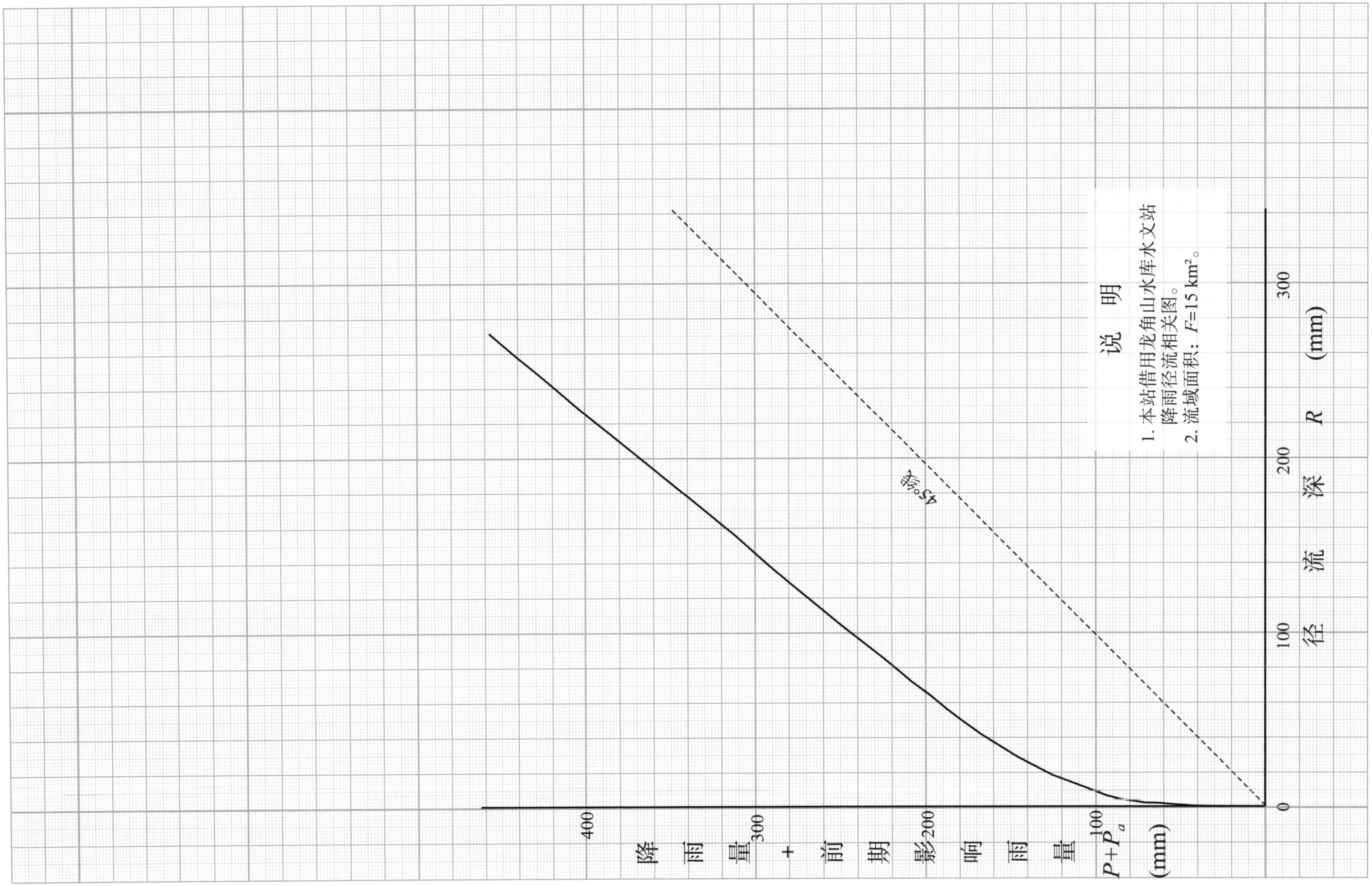

图 33-2　乳山河院里水库站降雨径流相关图（P+P_a-R）

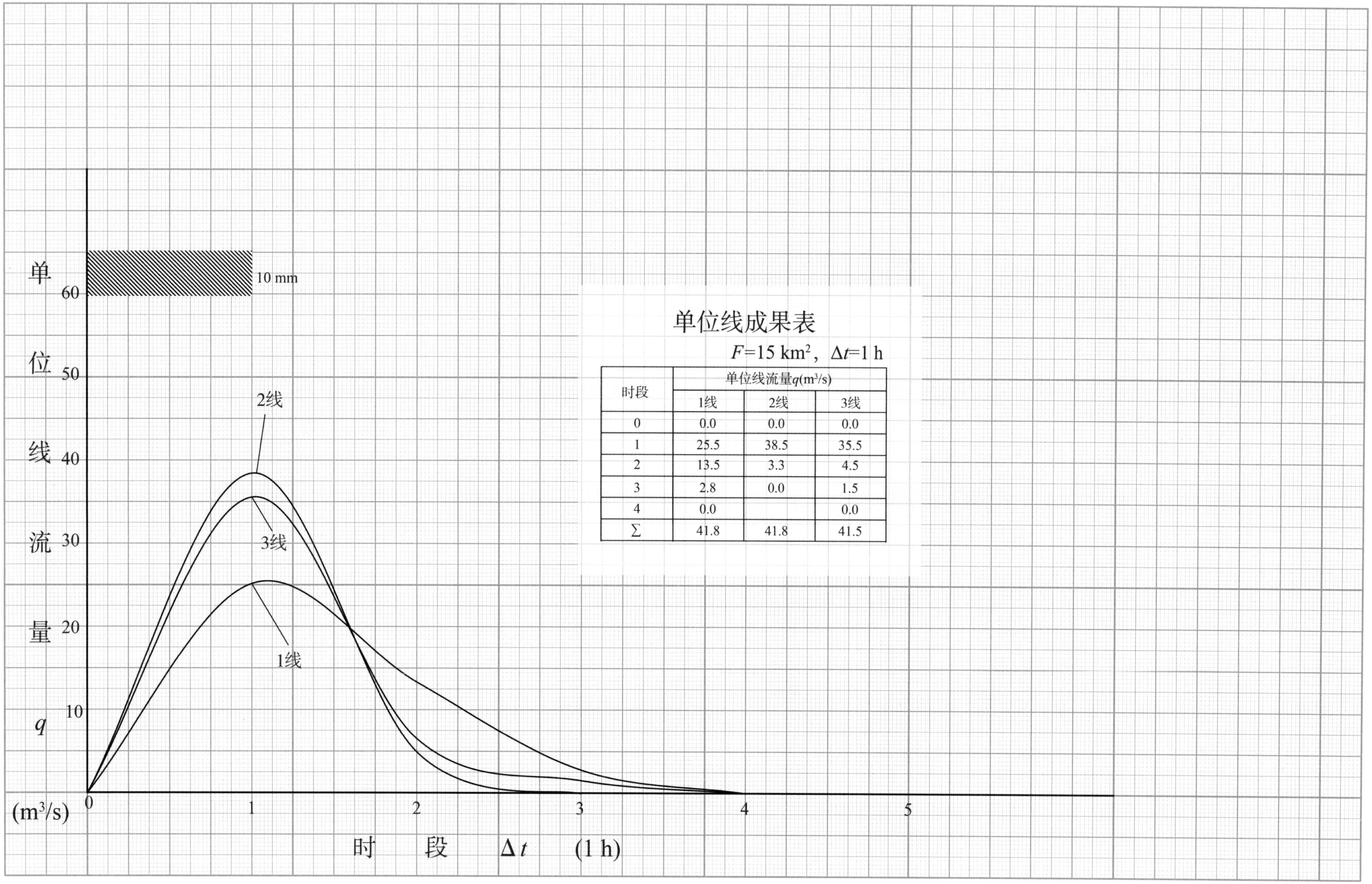

单位线成果表

F=15 km²，Δt=1 h

时段	单位线流量q(m³/s)		
	1线	2线	3线
0	0.0	0.0	0.0
1	25.5	38.5	35.5
2	13.5	3.3	4.5
3	2.8	0.0	1.5
4	0.0		0.0
Σ	41.8	41.8	41.5

图 33-3　乳山河院里水库站单位线图

第三十四章　黄垒河瓦善水库站水文预报方案编制说明

1　流域概况

1.1　流域自然地理特征

瓦善水库位于烟台市牟平区莒格庄镇瓦善村东 200 m 的黄垒河上游、昆嵛山南麓，水库以上流域面积 35 km^2。瓦善水库站以上流域图见图 34-1。

黄垒河位于烟台市牟平区的东南部，其发源于昆嵛山南麓曲家口村东北，从牟平区的莒格庄和水道两镇向南流经乳山市的下初、冯家、南黄和文登区的小观等镇，于浪暖口入黄海，全长 69 km，流域面积 652 km^2。瓦善水库周围为构造剥蚀的低山丘陵地形，山顶浑圆，坝址两端为低缓的丘陵，流域形状为扇形，河流分布为双支流，流域内山高坡陡，河道东支干流平均坡度 17‰，西支干流比降 16‰。

黄垒河属于跨区域河流，该河道上游流域内较高的山脉皆属昆嵛山系，整个流域呈叶状，其地貌有山区、丘陵和平原，其中山区约占 15.4%、丘陵约占 49.2%、山间平原约占 35.4%。中上游一带地势较高，坡度大，下游和河口一带地势平坦且低洼；中上游地下水位较高，大都分布于火成岩中，成为裂隙泉或孔隙泉，下游地下水则分布在第四纪松散的砂土和沙壤土中，成为浅层水。海潮的顶托对下游影响较大，洪水期若遇大潮可使洪水迟退 1~2 d，致使下游沿河两岸遭受水灾。

流域内多属花岗岩及部分石灰岩地区，风化层较厚；土壤为黏土、壤土和砂土，土质比较肥沃，土壤透水性较好，肥力一般，适宜温带植物生长；农作物以冬小麦、夏玉米和花生为主；流域内植被较好，水土流失程度较轻，土壤侵蚀类型主要为水蚀。

黄垒河流域濒临黄海，属暖温带东亚大陆性季风气候，并伴有明显的海洋性气候特征，四季分明。流域多年平均气温 11.6 ℃，历年最高气温 39.6 ℃、最低气温-19.6 ℃。区域内昼夜温差较小，无霜期较长。区域干旱指数为 1.3，属于半湿润地区。流域多年平均降水量 788.9 mm，多年平均水面蒸发量 1 012.2 mm。流域降水受气候影响较大，时空、地域分布极不均匀，年际丰枯变化很大，有观测资料以来最大年降水量为 1964 年的1 283.6 mm，最小为 1999 年的 371.8 mm，汛期（6—9 月）降水量占全年降水量的 70% 以上。历年最大冻土深 0.5 m，多年平均年最大风速 15.0 m/s（NNE），常年风向夏季多东南风，冬季多西北风。

黄垒河为典型的山溪性雨源型河道，河道径流量与降水量变化规律一致，且年内、年际变化大。洪水季节性很强，枯季流量较小，洪水主要集中在汛期（6—9 月），呈陡涨陡落型，一次洪水过程持续时间较短。

1.2　水库工程概况

瓦善水库于 1970 年 8 月动工兴建，1971 年冬因缺资金缓建，1975 年 3 月开工续建至 1977 年 3 月基本完成。大坝枢纽工程建成后，1976 年 9 月开始大坝灌浆，1977 年 2 月结束。1978 年 8 月 12 日修建了临时工程。1982 年 11 月开始修建防浪墙，1983 年 6 月竣工。1985 年 6 月完成坝坡照明设施。1984 年 4 月开工修建溢洪闸桥，1985 年 6 月竣工。1990 年开工修建泄水渠，1992 年完成了 245 m，尚有 275 m 未完成。1998—1999 年完成了大坝迎水坡护坡石改建工程，在高程 105~107 m 坝段。2000 年 7 月开工修建溢洪闸工程，2001 年 6 月完工。2001 年开工修建大坝迎水坡护坡改建工程，在高程 107~111 m 坝段，采用了喷射混凝土方案。2011 年 6 月烟台市水利局组织专家组对大坝安全鉴定进行了审定，大坝被评定为“三类坝”。2012 年 11 月 28 日水利部淮河水利委员会以淮委规计函〔2012〕307 号文《关于山东省烟台市瓦善水库除险加固工程初步设计复核意见的函》进行了批复，计划对瓦善水库进行除险加固，以提高其防洪能力，保护工程及下游安全，解决当地经济发展与用水之间的矛盾，消除工程隐患。2015 年 3 月瓦善水库除险加固工程开工，工程内容包括溢洪道（闸）工程、放水洞工程、金属结构及电气工程、工程管理及监测设施、大坝工程等。2016 年 6 月通过了烟台市水利局组织的蓄水安全验收。2021 年 4 月 9 日完成竣工验收并移交。

瓦善水库按照 100 年一遇洪水设计、2 000 年一遇洪水校核，兴利水位 110.17 m，设计洪水位 110.62 m，校核洪水位 111.24 m；总库容 1 198 万 m^3，兴利库容 866 万 m^3,死库容 80 万 m^3，调洪库容 1 118 万 m^3。

枢纽建筑物包括大坝、溢洪道、放水洞等 3 部分。其中主坝为壤土心墙砂壳坝，坝顶高程 113.90 m，最大坝高 17.4 m，坝轴线长度 690 m。放水洞设 1.2 m×1.8 m 钢筋混凝土箱式涵洞，设计灌溉流量 2.61 m^3/s，最大流量 19 m^3/s。放水洞出口底高程 102.81 m，进口底高程 102.97 m。

1.3　上游水利工程概况

瓦善水库流域内有 4 座小（2）型水库，控制流域面积 5.25 km^2，总库容 59.1 万 m^3，总兴利库容 28.7 万 m^3，详见表 34-1。

瓦善水库流域内已建 20 马力①以上扬水站 15 座，总装机容量 421 kW，灌溉面积 49 hm^2。

1.4　水库工程指标及汛期控制运用指标

瓦善水库于 1970 年 8 月开工兴建，1977 年 3 月竣工，其工程指标及汛期控制运用指标见表 34-2。

① 1 马力≈735 W。

表 34-1　瓦善水库坝址以上小型水库情况表

水库名称		建成时间	控制流域面积（km^2）	库容（万 m^3）	
				总库容	兴利库容
小（2）型水库	沙窝子	1972 年 10 月	2.2	14.3	3.5
	安夼	1971 年 12 月	1.2	12.0	8.3
	张家夼	1973 年 3 月	0.8	19.9	8.7
	北夼	1990 年 10 月	1.05	12.9	8.2
合计			5.25	59.1	28.7

表 34-2　瓦善水库工程指标及汛期控制运用指标表

1. 工程指标					
总库容（万 m^3）	防浪墙顶高程（m）	坝顶高程（m）	溢洪道（闸）		
			底高程（m）	孔数	净宽（m）
1 198	114.70	113.90	105.80	8	40.0
兴利水位（m）	兴利水位相应库容（万 m^3）	死水位（m）	死库容（万 m^3）		
110.17	946	102.97	80		
2. 防洪标准					
设计		校核		历史	
重现期（年）	最高水位（m）	重现期（年）	最高水位（m）	最高水位（m）/出现日期	最大泄量（m^3/s）/出现日期
100	110.62	2 000	111.24	110.78 /2005-8-8	275 /1978-8-12
3. 控制运用指标					
汛中				汛末	
限制水位（m）	相应库容（万 m^3）	超蓄水位（m）	相应库容（万 m^3）	蓄水位（m）	相应库容（万 m^3）
109.50	816	110.00	909	110.17	946
允许壅高水位（m）	警戒水位（m）	允许最高水位（m）	高程基准面		
110.13	110.36	110.98	1985 年国家高程基准		
水库下游安全泄量（m^3/s）		270			
控泄方式		一级控泄			

1.5　测站概况

1.5.1　站网情况

瓦善水库水文站，站码 41815788，位于烟台市牟平区莒格庄镇瓦善村，于 2017 年 1 月设站，主要收集流域内汛期降水量、水库水位、出入库流量等有关水文资料，进行水库洪水预报、抗洪能力计算、调洪演算等，为防汛抗旱、水资源控制运用提供信息。

瓦善水库流域内有 2 处雨量站，分别为曲家口和义庄和。曲家口雨量站，站码 41841385，位于烟台市昆嵛区昆嵛镇曲家口村，于 2015 年设站，为汛期站；义和庄雨量站，站码 41841395，位于烟台市昆嵛区昆嵛镇义合庄村，于 2015 年设站，为汛期站。

1.5.2　高程系情况

瓦善水库站高程基面采用 1985 年国家高程基准面。

2　预报方案编制

2.1　资料情况

瓦善水库站无实测年鉴水文摘录资料。

2.2　历史洪水

根据烟台市水文局 2015 年《山东省烟台市牟平区山洪灾害调查评价历史洪水调查报告》，黄垒河流域于 1975 年 8 月 15 日曾发生规模洪水，具体不详。

2.3　参证站选择

瓦善水库站地形地貌和下垫面基本特征与海阳站相似，故以海阳站作为瓦善水库站的参证站。参证站海阳站以上流域面积 $F_{参}=54.6\ km^2$；设计站瓦善水库站以上流域面积 $F_{设}=35\ km^2$。

2.4　产流方案

2.4.1　降雨径流关系

产流方案根据瓦善水库流域地形地貌、自然地理、水土保持、水利工程、暴雨时空分布等，移用海阳站的降雨径流关系，修订后在该流域应用，并在实际预报中完善，形成适合该流域的降雨径流关系，详见图 34-2。

海阳水文站降雨径流关系，因为流域内水利工程、下垫面条件、水土保持条件等的变化，出现了两条关系曲线，一条同级降水产流较小，一条同级降水产流较大，前者适合较干旱或者汛初降水发生洪水情况，另一条适合汛中后期、下垫面含水量较大、水利工程近于蓄满情况。

2.4.2 相关要素的分析计算

2.4.2.1 流域平均雨量 P 的计算

流域平均雨量 P 采用流域内瓦善水库、曲家口、义和庄三处雨量站的算术平均值。

2.4.2.2 流域平均前期影响雨量 P_a 的计算

分析汛前降水情况，初步确定四月或五月初土壤含水量经验值，然后根据公式逐日计算，直到汛期发生暴雨洪水，P_a 基本接近实值。其计算公式为

$$P_{a,t} = K(P_{a,t-1} + P_{t-1})$$

式中：$P_{a,t}$ 为当日的前期影响雨量（mm）；$P_{a,t-1}$ 为前一日的前期影响雨量（mm）；P_{t-1} 为前一日流域平均雨量（mm）；K 为前期影响雨量递减系数。

$K=0.95$（$P_{t-1}<1.0$ mm）；$K=0.98$（1.0 mm $\leqslant P_{t-1}<10.0$ mm）；$K=1.00$（$P_{t-1}\geqslant$ 10.0 mm）。

2.4.2.3 最大损失量 I_m 的确定

根据本流域下垫面情况综合分析，采用 $I_m=100$ mm，当 $P_a\geqslant 100$ mm 时，取 $P_a=I_m$，故 P_a 的取值范围为 $0<P_a\leqslant 100$ mm。

2.5 汇流方案

将参证站海阳站单位线（$\Delta t=1$ h）进行缩放后作为瓦善水库站单位线，详见图 34-3。

单位线的缩放按下列公式计算：

$$\alpha = (F_{设}/F_{参})^{0.5}$$

$$T_{设i} = \alpha T_{参i}$$

$$q_{设i} = \alpha q_{参i}$$

式中：α 为单位线缩放系数；$F_{参}$、$F_{设}$ 分别为参证站、设计站以上控制流域面积；$T_{参i}$ 为参证站单位线逐时段，$T_{参i}=1, 2, \cdots, N$；$T_{设i}$ 为设计站单位线逐时段，通常为小数，为满足实际要求，需进一步对缩放结果进行插值，从而得到整时段单位线结果；$q_{参i}$ 为参证站单位线逐时段流量；$q_{设i}$ 为设计站单位线逐时段流量。

3 方案使用说明

预报方案反映了流域综合因素影响下的降雨径流关系、峰量关系。就单次洪水而言，它既有群体的共性，又有单体的个性，所以在具体预报作业中，要从主到次分析影响降雨径流的各水文因素，用以修正各预报值，提高预报精度。

3.1 产流方案

3.1.1 前期影响雨量 P_a 的确定

在进行洪水预报时，应对雨前计算的 P_a 值进行合理性分析，以确定 P_a 的取用值。由于 P_a 是根据公式逐日推算的，如果是流域内局部降雨等代表性差的雨型，容易造成 P_a 值计算误差。如果 P_a 计算值很小，遭遇强度较大的降雨，查读 $P+P_a-R$ 关系曲线时容易造成 R 的查读值偏小；如果 P_a 计算值达到 I_m 值，应分析流域下垫面饱和程度，实际情况是否真正达到 I_m 值。同量级的 P_a 值在汛初、汛中、汛末对降雨径流的影响也不相同，一般来讲，汛初 P_a 计算值代表性较差，往往偏大；汛中以后的 P_a 计算值代表性较好，相对准确。

3.1.2 流域平均雨量 P 的确定

根据流域内雨情逐时段（$\Delta t=1$ h）计算时段平均雨量。当累积量达到或超过 50 mm 时，即可进行洪水作业预报。

3.1.3 产流面积 F 的确定

产流面积的取值视下垫面、本次降雨情况而定。一般来讲，当本流域次雨量达到50 mm 时，首先考虑上游小型水库蓄水情况，若小（2）型水库均未蓄满，产流面积取 29.75 km^2；当小（2）型水库均蓄满时，产流面积取 35 km^2。当流域平均降水量大于 100 mm 时，流域内小型水库等水利工程全部蓄满，全流域产流，产流面积取近于 35 km^2（具体视前期降水情况、蓄水情况等而定）。

3.1.4 综合因素的影响

降雨径流除受 P_a、F、i 因素影响外，降雨自身的时空分布、河网基流情况等因素的影响也不可忽视。一般来讲，降水中心在中下游、降雨强度大、降雨历时短，有利于产汇流。产流面积大，流域河网基流充足，遇有较大降水，将会产生峰高量大的洪水过程，绝大多数大洪水、特大洪水具备以上有利于产汇流的因素；产流面积小，河网基流较小或干枯，即使遭遇较大降水，也很难产生大的洪水过程，尤其是汛初和久旱无雨状态下，特别明显。当降雨径流各影响因素互补平衡时，会产生相对正常的洪水过程。因此在进行洪水预报作业时，应准确分析各影响因素，灵活运用相关曲线，并进行经验修订，做出相应的洪水预报。

3.1.5 径流深 R 的预报

根据所计算的前期影响雨量 P_a、流域平均雨量 P 查降雨径流相关图（$P+P_a-R$）得到径流深 R。在实际预报作业时，应对有关影响因素进行分析判断，确定线形，并进行经验修正。一般来讲，汛初或久旱无雨，查Ⅱ线；P_a 值较高、产流面积较大、降雨强度较大、河网基流充盈，查Ⅰ线；当已经发生洪水过程再遭遇较大降水过程时，应结合上一场次暴雨洪水的径流系数校核预报的径流深。

3.1.6 洪水总量 W 的计算

根据确定的产流面积 F、预报的径流深 R，由公式 $W=0.1RF$ 计算得到洪水总量 W（或 $W_{净}$）。

3.2 汇流方案

3.2.1 降雨强度的影响

同量级的降雨因雨强的不同，产汇流的效果也不相同。雨强越大，越有利于产汇流，反之，则不利于产汇流。雨强的大小对洪峰流量、峰现时间的影响尤其明显。

3.2.2 单位线推流

在洪水预报作业时，根据洪水特性选取代表性较好的经验单位线，由 R_1，R_2，…，R_n 叠加计算来水过程。如果前后时段净雨强度相差很大，可变更经验单位线叠加推求来水过程。

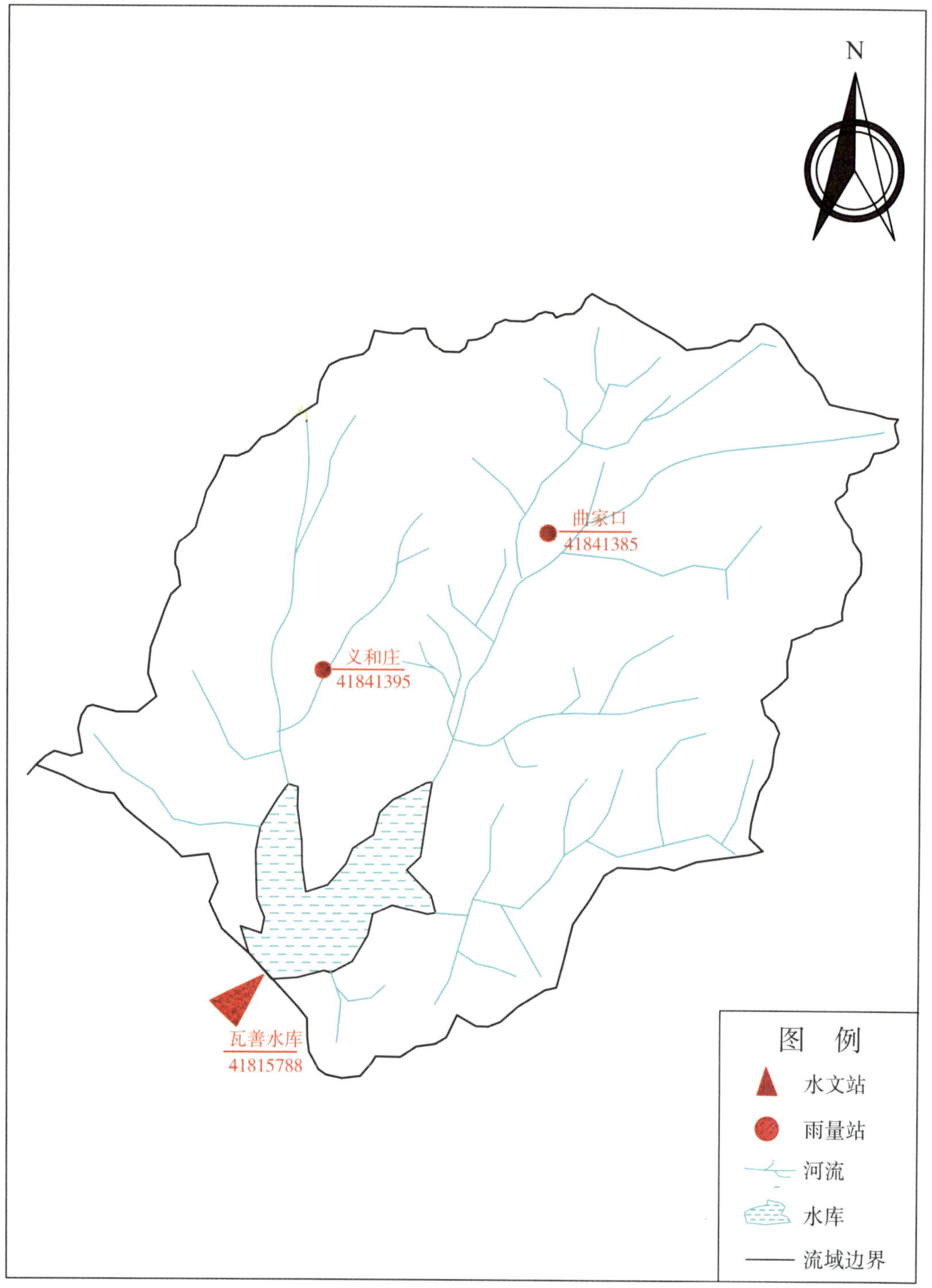

图 34-1 黄垈河瓦善水库站以上流域图

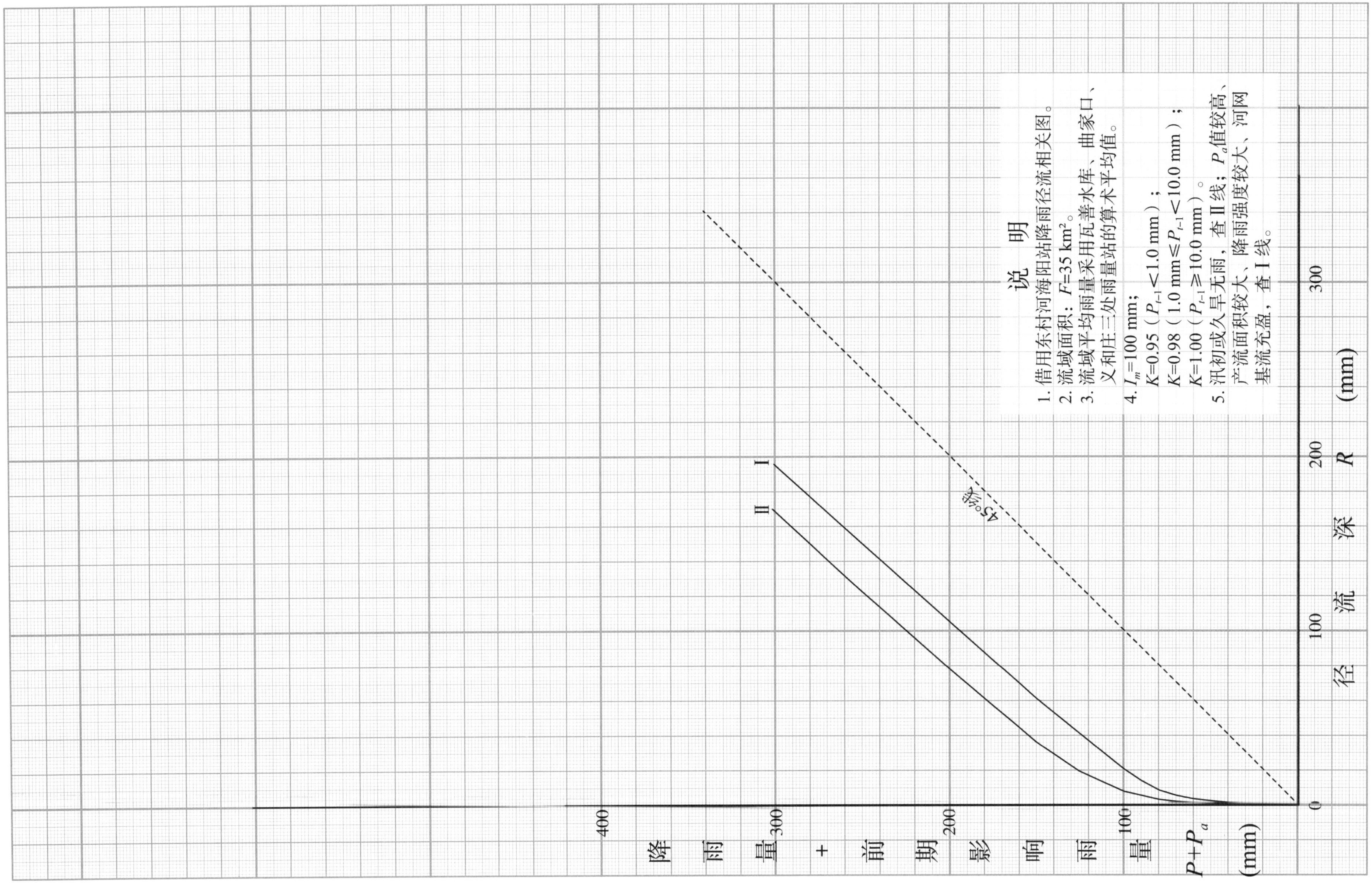

图 34-2 黄垒河瓦善水库站降雨径流相关图（P+P_a-R）

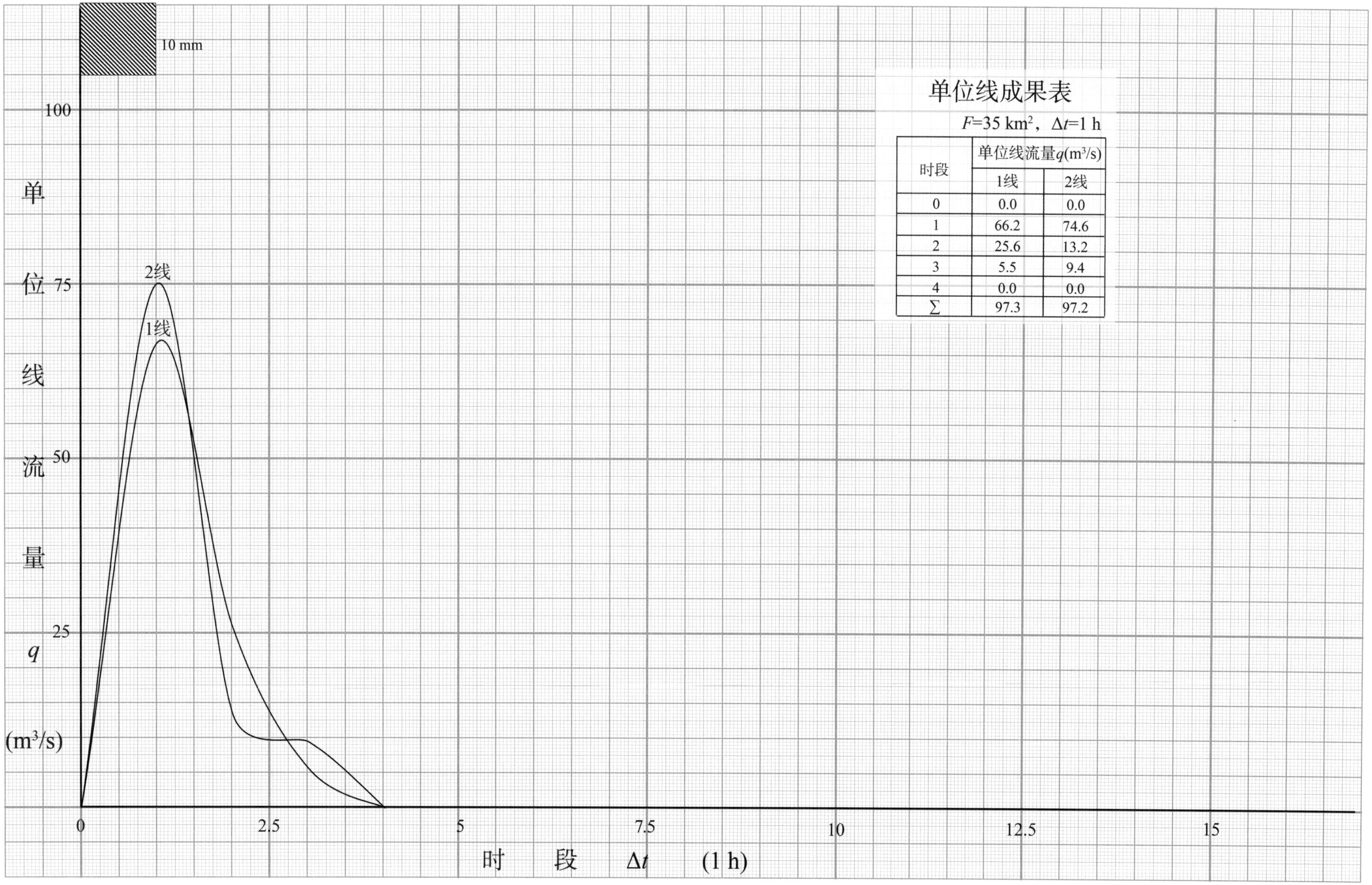

时段	单位线流量 q(m^3/s) 1线	单位线流量 q(m^3/s) 2线
0	0.0	0.0
1	66.2	74.6
2	25.6	13.2
3	5.5	9.4
4	0.0	0.0
∑	97.3	97.2

图 34–3　黄垒河瓦善水库站单位线图

第三十五章　黄垒河花家疃水库站水文预报方案编制说明

1　流域概况

1.1　流域自然地理特征

花家疃水库位于乳山市冯家镇花家疃村北、黄垒河支流的老清河中游，控制流域面积81 km^2。该流域属浅山丘陵区，上游为山丘区，土层较薄，植被情况较好，水土流失程度较轻，土壤以砂土、黏壤土为主，地下水较贫乏。流域形状为羽毛状，平均宽度4.56 km，有两条支流直接入库。流域内主要农作物有小麦、玉米、花生等。花家疃水库流域图见图35-1。

花家疃水库流域多年平均年降水量770 mm，汛期（6—9月）降水量549.9 mm，降水量年际、年内分布很不均匀，最大年降水量1 217.8 mm（1975年），最小年降水量332.7 mm（1982年），年内降雨多集中在6—9月份，占全年的73.5%以上；多年平均年径流量2 533.7万 m^3。多年平均气温12.1 ℃，昼夜温差较小，无霜期较长，多年平均年最大风速12.9 m/s。

1.2　水利工程情况

1.2.1　花家疃水库概况

花家疃水库于1970年5月开工建设，1971年5月竣工，是一座以防洪和农业灌溉功能为主的中型水库。花家疃水库除险加固工程自2009年8月开工建设，2010年11月已按批复的设计内容全部完成，主要工程内容为大坝帷幕灌浆、混凝土防渗墙修建；原护坡拆除新建干砌方块石护坡，整修防浪墙；新建3孔溢洪闸、消能防冲设施等；东、西放水洞拆除重建。

根据山东省水利厅2013年6月发布的《山东省水库资料汇编》（大型水库分册），花家疃水库总库容1 894万 m^3，兴利库容558万 m^3，死库容37.2万 m^3。

花家疃水库工程由大坝、溢洪道（闸）、放水洞、电站等部分组成，水库主要工程指标见表35-1。

表35-1　花家疃水库主要工程指标表

流域面积（km^2）	多年平均年径流量（万 m^3）	设计洪峰流量（m^3/s）
81	2 533.7	1 267（P=1%）

续表

水库特征					
特征	死	兴利	设计	校核	
水位（m）	52.26	59.00	62.09	63.42	
库容（万 m^3）	37.2	558	1 447	1 894	
控制运用指标					
允许最高（m）	警戒水位（m）	汛末蓄水位（m）		汛末蓄水位相应库容（万 m^3）	
63.31	62.06	58.20		511	
大坝					
坝长（m）	坝高（m）	坝顶宽（m）	坝顶高程（m）	防浪墙顶高程（m）	
171	15.24	6.0	64.60	65.80	
溢洪道					
型式	堰顶高程（m）	净宽（m）	尺寸（m×m）	最大泄量（m^3/s）	
有控制	55.00	24	8×5	1 156	
放水洞					
名称	型式	尺寸（m×m）	进口底高程（m）	设计流量（m^3/s）	闸门型式
东放水洞	钢筋混凝土箱涵	1×1.5	52.39	10.93	平面钢闸门
西放水洞	钢筋混凝土箱涵	1×1.5	52.30	11.07	平面钢闸门

1.2.2　水库上游水利工程概况

花家疃水库上游有小（1）型水库1座、小（2）型水库5座，控制流域面积7.04 km^2，占水库全流域面积的8.7%；总库容243.49万 m^3，占水库总库容的12.9%，详见表35-2。

表35-2　花家疃水库上游水利工程情况表

水库名称	所在乡镇	规模	流域面积（km^2）	总库容（万 m^3）	建成时间
院下	莒格庄	小（1）型	4.0	173.2	1979年3月
贵家庄西北夼	莒格庄	小（2）型	0.5	11.0	1972年3月
张皮南夼	莒格庄	小（2）型	0.65	10.04	1967年2月
杨家夼后夼	莒格庄	小（2）型	0.75	22.91	1974年12月
金家埠凉泉	莒格庄	小（2）型	0.73	10.14	1966年4月
沙家南沟	莒格庄	小（2）型	0.41	16.2	1978年10月
总计			7.04	243.49	

1.3　测站概况

花家疃水库流域内设有雨量站、水文站各1处，水库水准基面为1956年黄海基面。

2 预报方案编制

花家疃水库位于老清河中游，本方案中产流方案使用降雨径流相关图（$P+P_a-R$），曲线移用龙角山水库水文站 $P+P_a-R$ 关系曲线，详见图 35-2；汇流方案采用单位线法，其单位线根据龙角山水库水文站预报方案等比例缩放后得到，详见图 35-3。

3 方案使用说明

预报径流量、入库洪峰流量及洪水过程线时，可按下列框图进行。

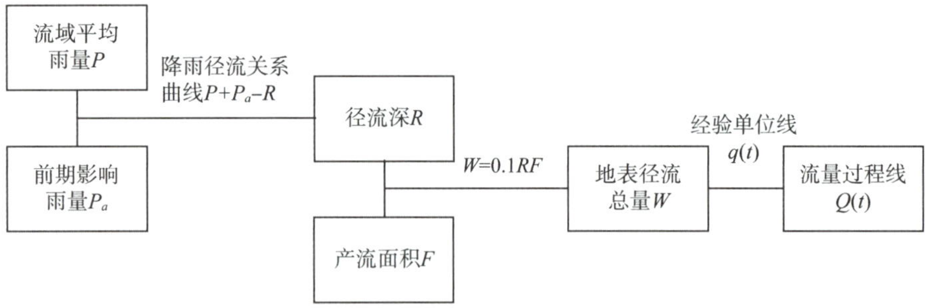

3.1 产流预报

3.1.1 流域平均雨量 *P* 的计算

根据流域内雨情逐时段（$\Delta t=1$ h）计算时段平均雨量。当累计雨量达到或超过 50 mm 时，即可进行洪水作业预报。

3.1.2 流域平均前期影响雨量 P_a 的计算

根据下式计算 P_a 值：

$$P_{a,\ t+1} = K(P_{a,\ t} + P_t)$$

式中：$P_{a,t+1}$ 为第 t+1 日的前期影响雨量（mm）；$P_{a,t}$ 为第 t 日的前期影响雨量（mm）；P_t 为第 t 日的流域平均雨量（mm）；K 为前期影响雨量递减系数。

3.1.3 径流深 *R* 的计算

由计算得到的 P_a、P，根据降雨径流相关图（$P+P_a-R$）查算的结果进行综合分析，确定地表径流深 R 的预报值。

3.1.4 产流面积 *F* 的确定

花家疃水库流域产流面积即为水库的控制流域面积 81 km^2。

3.1.5 地表径流总量 *W* 预报

根据确定的产流面积 F、预报的径流深 R，由公式 $W=0.1RF$ 计算得到地表径流总量。

3.2 入库流量过程预报

根据单位线及各时段净雨量，计算得到各时段净雨形成的部分径流量过程，错时段叠加，结合基流，得到该次降雨入库流量过程。其中，各时段净雨部分径流量计算公式为

$$Q_i'(t) = \frac{h_i(t)}{10}q(t)$$

式中：$Q_i'(t)$ 为第 i 次时段净雨形成的部分径流量；$h_i(t)$ 为第 i 次时段净雨量；$q(t)$ 为单位线对应的时段单位流量。

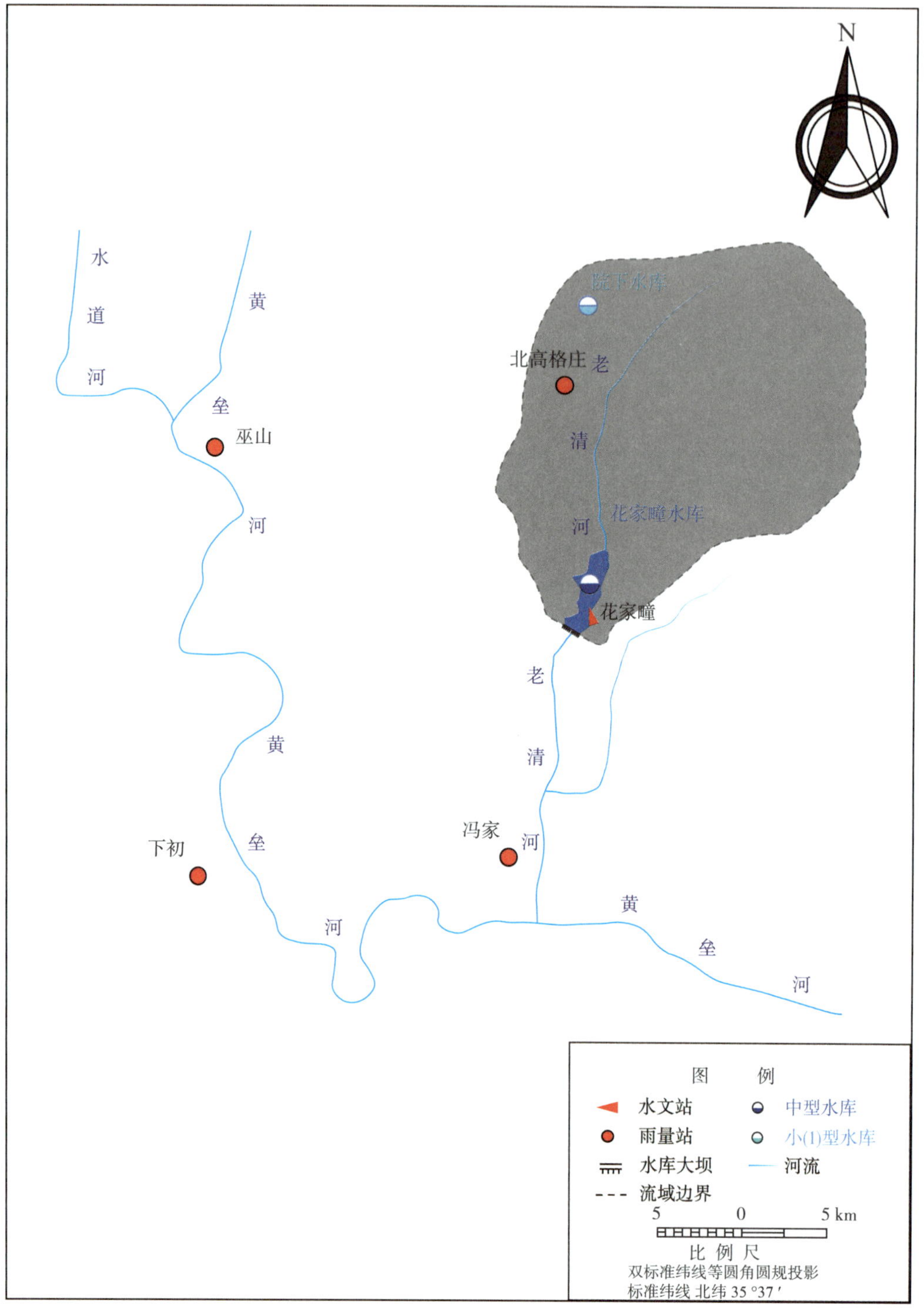

图 35-1 黄垒河花家疃水库流域图

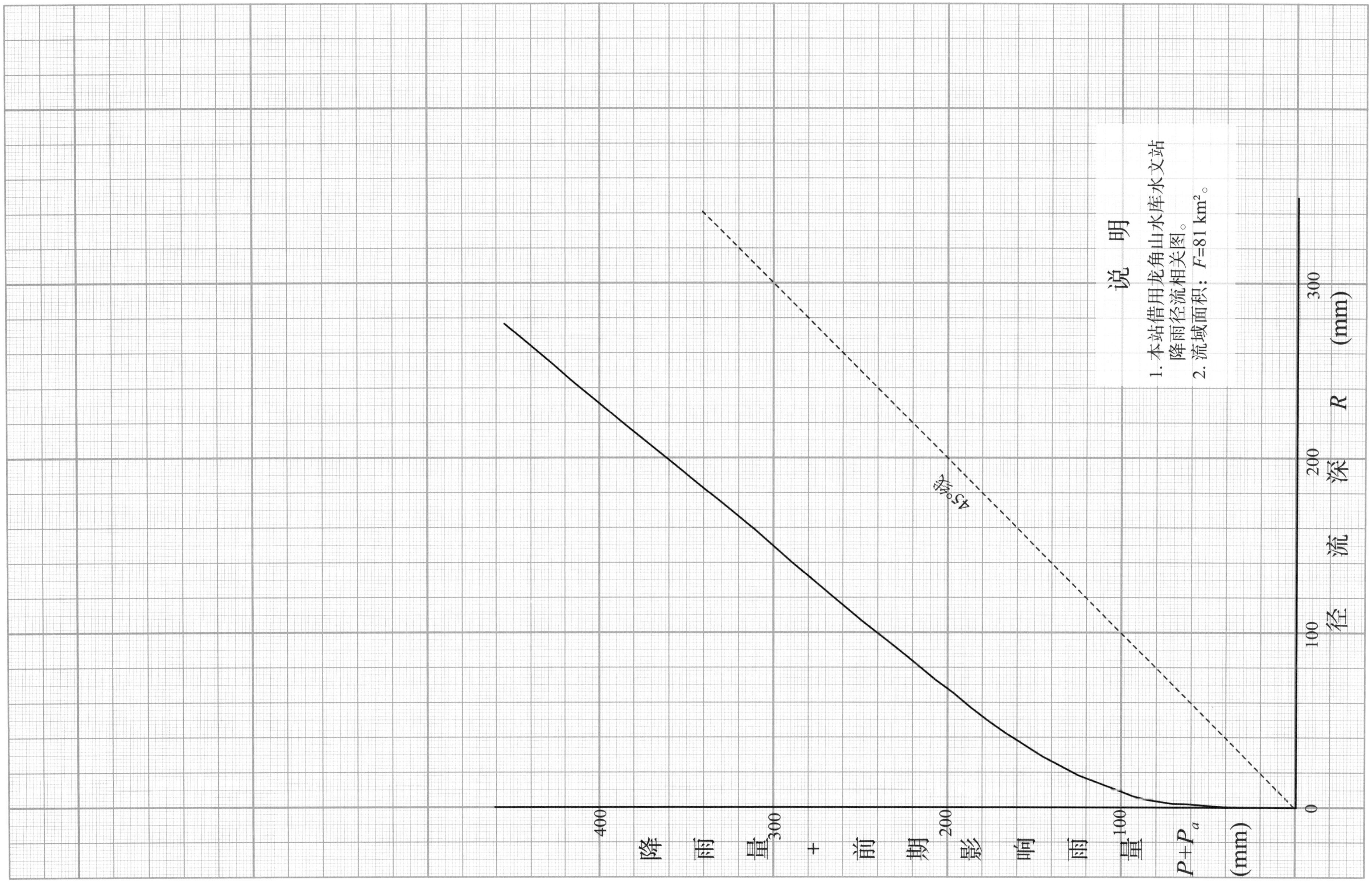

图 35-2　黄垒河花家疃水库站降雨径流相关图（$P+P_a$-R）

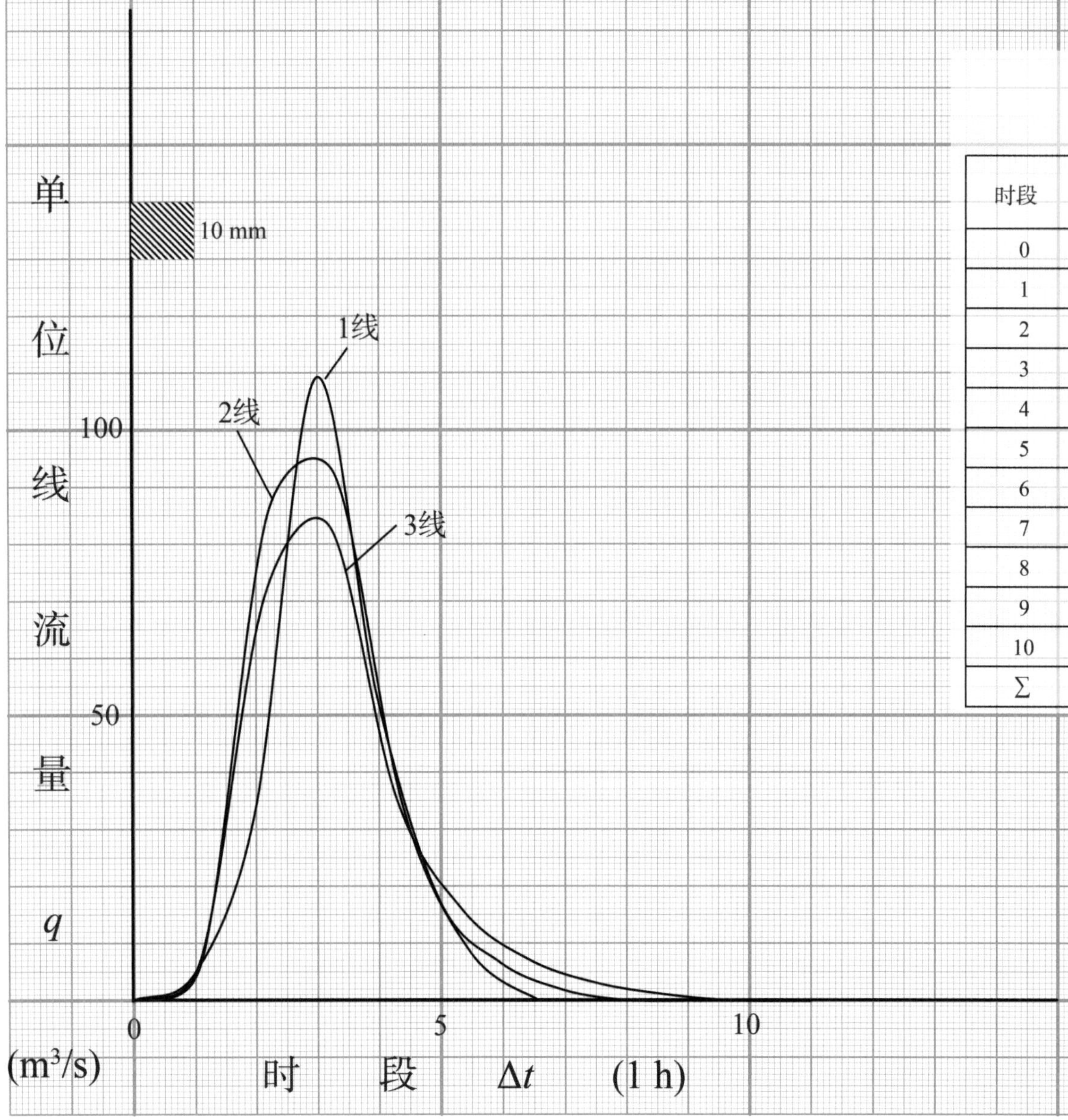

单位线成果表

F=81 km²，Δt=1 h

时段	单位线流量q(m³/s)		
	1线	2线	3线
0	0.0	0.0	0.0
1	2.6	0.1	4.0
2	33.4	87.2	72.4
3	109	94.4	84.1
4	53.0	35.1	36.0
5	17.9	8.7	16.1
6	6.7	0.0	7.2
7	2.0		3.2
8	0.2		1.2
9	0.0		0.1
10			0.0
∑	224.8	225.5	224.3

图 35-3　黄垕河花家疃水库站单位线图

第三十六章　母猪河武林水库站水文预报方案编制说明

1　流域概况

1.1　流域自然地理特征

武林水库位于威海市临港区二武林村东 200 m 处母猪河一级支流山马河上游，是米山水库（大型水库）流域内的上游水库，控制流域面积 16 km^2。武林水库流域形状为叶状椭圆形，流域平均宽度 4 km，干流平均坡度 18.3‰，流域地貌类型大多为低山丘陵，土层较薄，植被良好。武林水库流域图见图 36-1。

武林水库流域地形自东北向西南低凹，海拔大多在 200 m 以内，相对高差小于 100 m。库区内基岩裸露，土层较薄；出露的地层按由老到新的顺序依次为花岗岩、第四纪松散冲洪积层。

该流域属暖温带海洋性季风气候区，四季分明，气候较温和，雨量较丰富，冬季降雪较多，多年平均年降水量 830.0 mm，多年平均年径流深 335.0 mm，多年平均水面蒸发量 1 037.0 mm，历年极端最高气温 36.4℃，最低气温 -25.5℃，多年平均气温 11 ℃，无霜期 191 d，风向常年多东南风。

1.2　水利工程情况

1.2.1　武林水库概况

武林水库于 1970 年 11 月动工兴建，1974 年 6 月建成蓄水，是一座以防洪为主，兼有供水、发电、养殖等综合效益的中型水库。水库除险加固工程于 2009 年 2 月正式开工；2010 年 9 月 28 日，威海市水利局主持对工程进行了投入使用验收。水库枢纽工程主要包括大坝、溢洪道及放水洞，水库主要工程指标见表 36-1。

表 36-1　武林水库主要工程指标表

流域面积（km^2）		多年平均年径流量（万 m^3）		设计洪峰流量（m^3/s）	
16		560		344. 8	
水库特征					
特征	死	兴利	设计	校核	历史最高
水位（m）	77. 50	87. 00	89. 80	90. 87	87. 80
库容（万 m^3）	138	650	1 160	1 337. 8	886

续表

控制运用指标				
允许最高水位（m）	警戒水位（m）	汛末蓄水位（m）		汛末蓄水位相应库容（万 m^3）
90. 40	89. 51	87. 00		788
大坝				
坝长（m）	坝高（m）	坝顶宽（m）	坝顶高程（m）	防浪墙顶高程（m）
286	21. 0	6. 0	91. 00	92. 00
溢洪道				
型式	堰顶高程（m）	净宽（m）	尺寸（m×m）	最大泄量（m^3/s）
开敞式宽顶堰	87. 00	18. 0	6. 5×4	170. 3
放水洞				
名称	型式	尺寸（m×m）	进口底高程（m）	最大流量（m^3/s）
放水洞	钢筋混凝土箱涵	1×1	77. 50	4. 00

1.2.2　上游水利工程概况

武林水库流域内没有小（1）型、小（2）型水库等水利工程。

1.3　测站概况

武林水库流域内设有水库水文站 1 处，水库水准基面为 1956 年黄海基面。

2　预报方案编制

武林水库位于山马河上游，本方案中产流方案使用降雨径流相关图（$P+P_a-R$），曲线移用米山水库水文站 $P+P_a-R$ 关系曲线，详见图 36-2；汇流方案采用单位线法，其单位线根据米山水库水文站预报方案等比例缩放后得到，详见图 36-3。

3　方案使用说明

预报径流量、入库洪峰流量及洪水过程线时，可按下列框图进行。

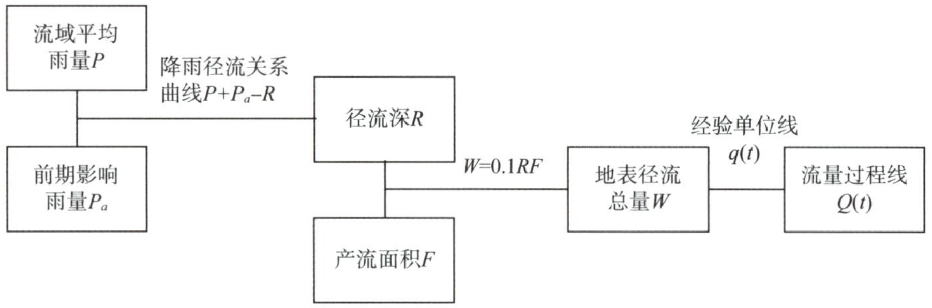

3.1 产流预报

3.1.1 流域平均雨量 P 的计算

根据流域内雨情逐时段（$\Delta t=1$ h）计算时段平均雨量。当累计雨量达到或超过 50 mm 时，即可进行洪水作业预报。

3.1.2 流域平均前期影响雨量 P_a 的计算

根据下式计算 P_a 值：

$$P_{a,\ t+1}=K(P_{a,\ t}+P_t)$$

式中：$P_{a,t+1}$ 为第 t+1 日的前期影响雨量（mm）；$P_{a,t}$ 为第 t 日的前期影响雨量（mm）；P_t 为第 t 日的流域平均雨量（mm）；K 为前期影响雨量递减系数。

3.1.3 径流深 R 的计算

由计算得到的 P_a、P，根据降雨径流相关图（$P+P_a$-R）查算的结果进行综合分析，确定地表径流深 R 的预报值。

3.1.4 产流面积 F 的确定

武林水库上游无小型水库等水利工程，流域产流面积即为水库的控制流域面积 16 km^2。

3.1.5 地表径流总量 W 预报

根据确定的产流面积 F、预报的径流深 R，由公式 $W=0.1RF$ 计算得到地表径流总量。

3.2 入库流量过程预报

根据单位线及各时段净雨量，计算得到各时段净雨形成的部分径流量过程，错时段叠加，结合基流，得到该次降雨入库流量过程。其中，各时段净雨部分径流量计算公式为

$$Q_i'(t)=\frac{h_i(t)}{10}q(t)$$

式中：$Q_i'(t)$ 为第 i 次时段净雨形成的部分径流量；$h_i(t)$ 为第 i 次时段净雨量；$q(t)$ 为单位线对应的时段单位流量。

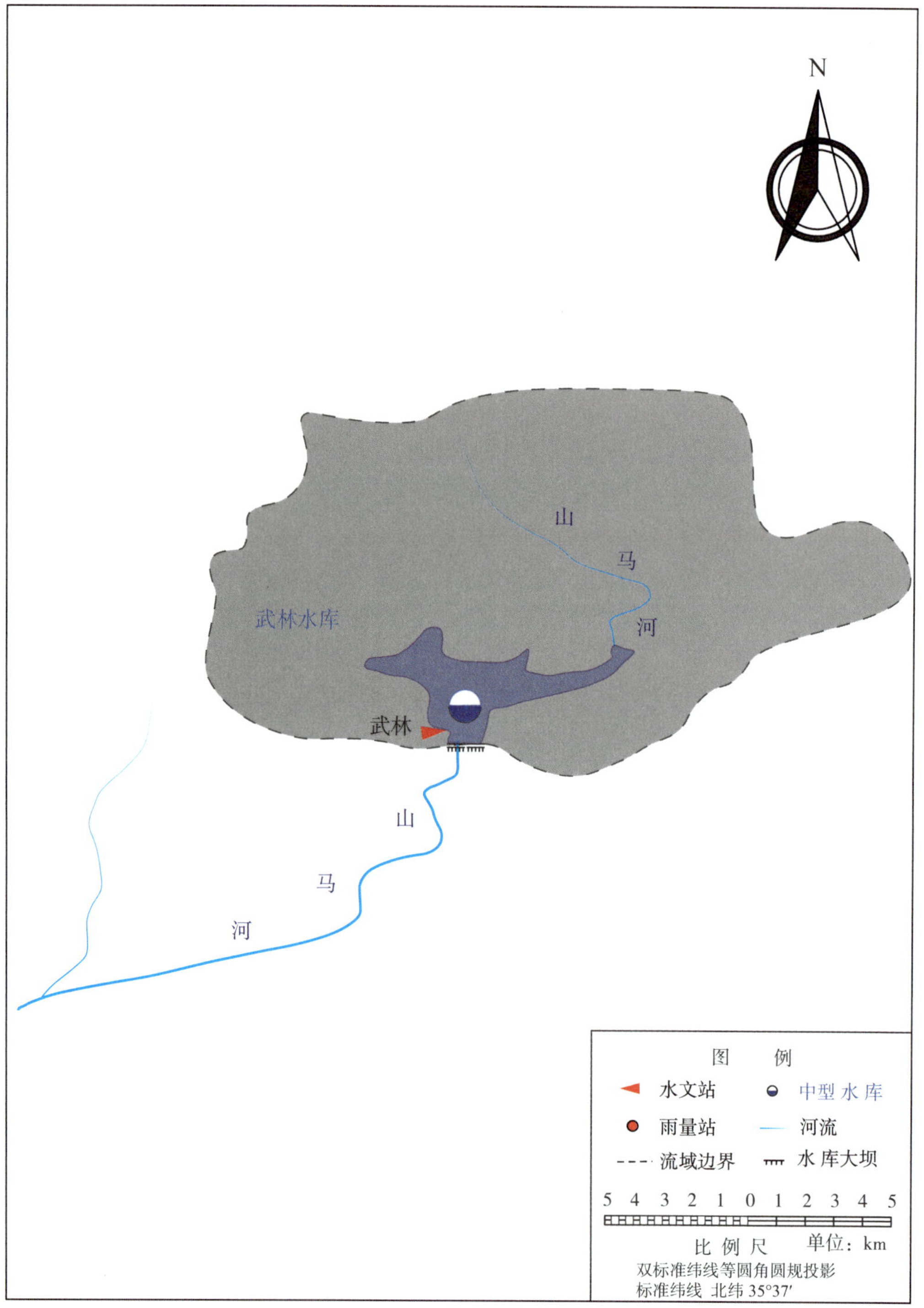

图 36-1 母猪河武林水库流域图

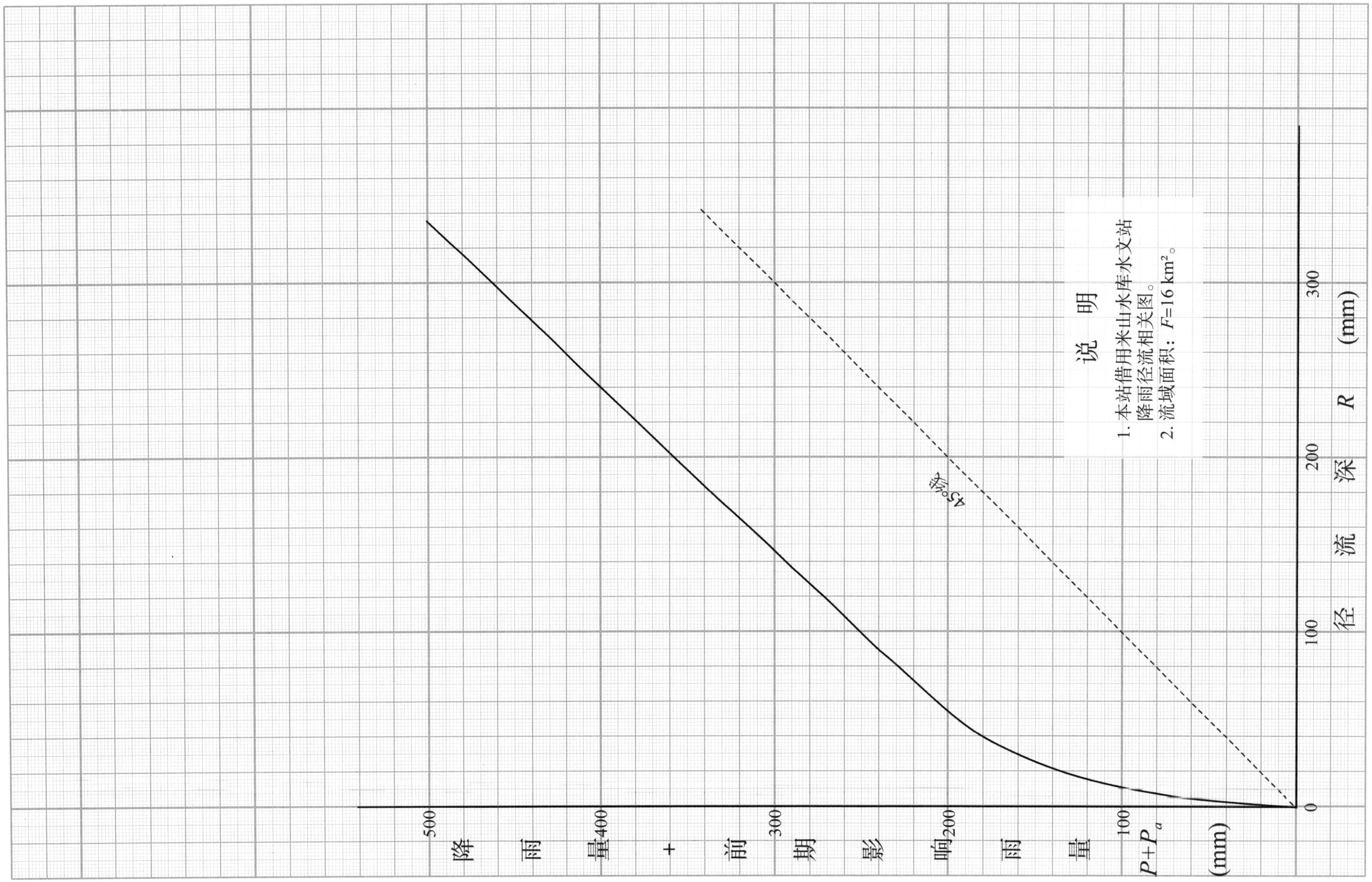

图 36-2　母猪河武林水库站降雨径流相关图（$P+P_a$-R）

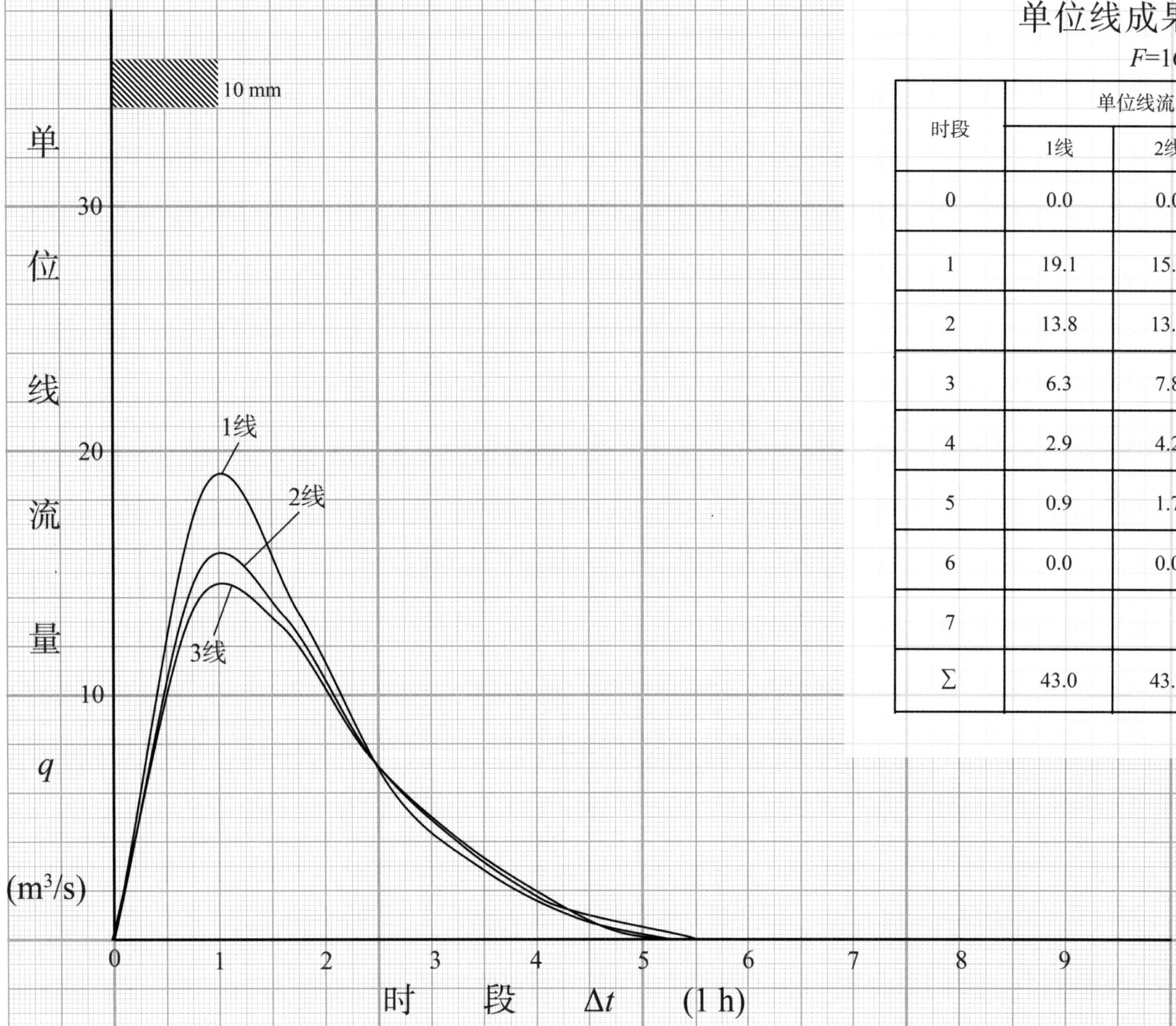

单位线成果表

F=16 km²，Δt=1 h

时段	单位线流量q(m³/s)		
	1线	2线	3线
0	0.0	0.0	0.0
1	19.1	15.7	14.5
2	13.8	13.8	13.6
3	6.3	7.8	8.1
4	2.9	4.2	4.6
5	0.9	1.7	2.1
6	0.0	0.0	0.3
7			0.0
Σ	43.0	43.2	43.2

图 36-3　母猪河武林水库站单位线图

第三十七章　东母猪河郭格庄水库站水文预报方案编制说明

1　流域概况

1.1　流域自然地理特征

郭格庄水库位于威海市临港区草庙子镇北郭格村、东母猪河上游，水库控制流域面积 15 km^2，流域形状为扇形，平均宽度 2.63 km，主河道长 5.7 km，干流平均坡度 3.3‰。流域分为浅山区和丘陵区，山区绝大部分为青石山，土层较薄；丘陵区大部分为砂石，土层瘠薄，土质为砂土和沙壤土，植被情况较好，水土流失较少。郭格庄水库流域图见图 37-1。

郭格庄水库流域属暖温带大陆性季风气候，春季风多雨少，夏季湿热多雨，秋季凉爽易旱，冬季寒冷。多年平均气温 12.1 ℃，多年平均年降水量 734.4 mm，降水量年内分配不均，降水主要集中在汛期（6—9 月），暴雨洪水多发生在夏季 7—8 月，汛期多年平均降水量为 518.2 mm，占全年降水量的 70.6%。降水量年际变化较大，根据流域周围邻近雨量站实测暴雨资料分析，最大年降水量为 1964 年的 1 274.0 mm，最小年降水量为 1980 年的 335.4 mm，丰枯比为 3.8。各站多年平均年最大 24 h 降水量为 108.5~112.1 mm，年最大 24 h 降水量实测最大值为 1965 年汪疃站的 374.9 mm，实测最小值为 1980 年温泉站的 37.4 mm，最大值为最小值的 10 倍。昼夜温差较小，无霜期较长，多年平均年最大风速 13.8 m/s。

1.2　水利工程情况

1.2.1　郭格庄水库概况

郭格庄水库于 1958 年 11 月开工兴建，1960 年 3 月建成蓄水，是一座集防洪、灌溉、供水等综合利用于一体的中型水库。2009 年 8 月进行除险加固工程，2010 年 7 月 30 日，威海市水务局主持对该工程进行了投入使用验收。郭格庄水库枢纽工程由大坝、溢洪道和放水洞等组成。水库主要工程指标见表 37-1。

表 37-1　郭格庄水库主要工程指标表

水库特征				
特征	死	兴利	设计	校核
水位（m）	74.24	81.92	84.35	85.27
库容（万 m^3）	74	722	1 219.2	1 401.2

续表

<table>
<tr><td colspan="6">控制运用指标</td></tr>
<tr><td>允许最高（m）</td><td>警戒水位（m）</td><td colspan="2">汛末蓄水位（m）</td><td colspan="2">汛末蓄水位相应库容（万 m³）</td></tr>
<tr><td>85.21</td><td>84.14</td><td colspan="2">81.92</td><td colspan="2">796</td></tr>
<tr><td colspan="6">大坝</td></tr>
<tr><td>坝长（m）</td><td>坝高（m）</td><td>坝顶宽（m）</td><td>坝顶高程（m）</td><td colspan="2">防浪墙顶高程（m）</td></tr>
<tr><td>572</td><td>18.0</td><td>7.0</td><td>86.00</td><td colspan="2">87.00</td></tr>
<tr><td colspan="6">溢洪道</td></tr>
<tr><td>型式</td><td>堰顶高程（m）</td><td>净宽（m）</td><td>尺寸（m×m）</td><td colspan="2">最大泄量（m³/s）</td></tr>
<tr><td>开敞式宽顶堰</td><td>81.92</td><td>10.0</td><td>10×4.08</td><td colspan="2">90.3</td></tr>
<tr><td colspan="6">放水洞</td></tr>
<tr><td colspan="2">型式</td><td>尺寸（m×m）</td><td>进口底高程（m）</td><td>最大流量（m³/s）</td><td>闸门型式</td></tr>
<tr><td colspan="2">钢筋混凝土方涵</td><td>1.5×1.8</td><td>74.27</td><td>21.0</td><td>潜孔式
平面钢门</td></tr>
</table>

1.2.2　上游水利工程概况

郭格庄水库流域内没有小（1）型、小（2）型水库等水利工程，流域内已建塘坝 6 座，总库容 6 万 m^3，另外建有一座装机容量为 75 马力的扬水站工程。

1.3　测站概况

郭格庄水库流域内设有水库水文站 1 处，水库水准基面为 1956 年黄海基面。

2　预报方案编制

郭格庄水库位于东母猪河上游，本方案中产流方案使用降雨径流相关图（$P+P_a$　R），曲线移用米山水库水文站 $P+P_a$-R 关系曲线，详见图 37-2；汇流方案采用单位线法，其单位线根据米山水库水文站预报方案等比例缩放后得到，详见图 37-3。

3　方案使用说明

在预报径流量、入库洪峰流量及洪水过程线时，可按下列框图进行。

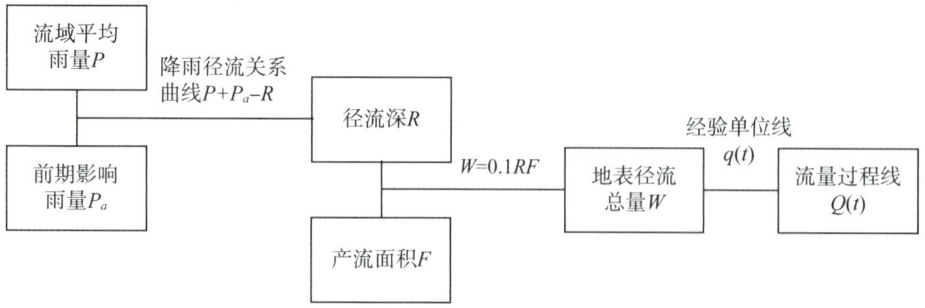

3.1 产流预报

3.1.1 流域平均雨量 *P* 的计算

根据流域内雨情逐时段（$\Delta t=1$ h）计算时段平均雨量。当累计雨量达到或超过 50 mm 时，即可进行洪水作业预报。

3.1.2 流域平均前期影响雨量 P_a 的计算

根据下式计算 P_a 值：

$$P_{a,\ t+1}=K(P_{a,\ t}+P_t)$$

式中：$P_{a,t+1}$ 为第 t+1 日的前期影响雨量（mm）；$P_{a,t}$ 为第 t 日的前期影响雨量（mm）；P_t 为第 t 日的流域平均雨量（mm）；K 为前期影响雨量递减系数。

3.1.3 径流深 *R* 的计算

由计算得到的 P_a、P，根据降雨径流相关图（$P+P_a$-R）查算的结果进行综合分析，确定地表径流深 R 的预报值。

3.1.4 产流面积 *F* 的确定

郭格庄水库上游无小型水库等水利工程，流域产流面积即为水库的控制流域面积 15 km^2。

3.1.5 地表径流总量 *W* 预报

根据确定的产流面积 F、预报的径流深 R，由公式 $W=0.1RF$ 计算得到地表径流总量。

3.2 入库流量过程预报

根据单位线及各时段净雨量，计算得到各时段净雨形成的部分径流量过程，错时段叠加，结合基流，得到该次降雨入库流量过程。其中，各时段净雨部分径流量计算公式为

$$Q_i'(t)=\frac{h_i(t)}{10}q(t)$$

式中：$Q_i'(t)$ 为第 i 次时段净雨形成的部分径流量；$h_i(t)$ 为第 i 次时段净雨量；$q(t)$ 为单位线对应的时段单位流量。

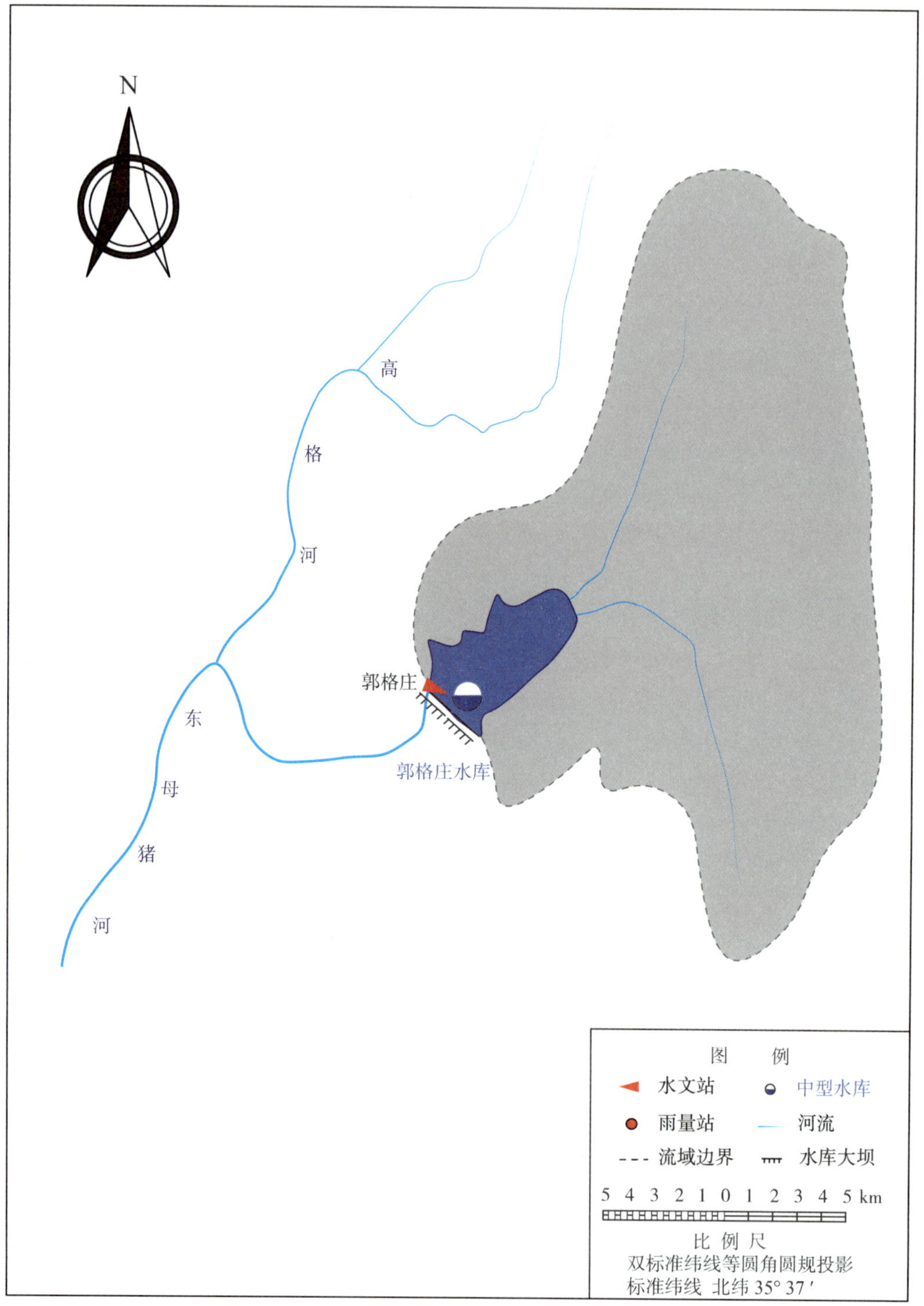

图 37-1　东母猪河郭格庄水库流域图

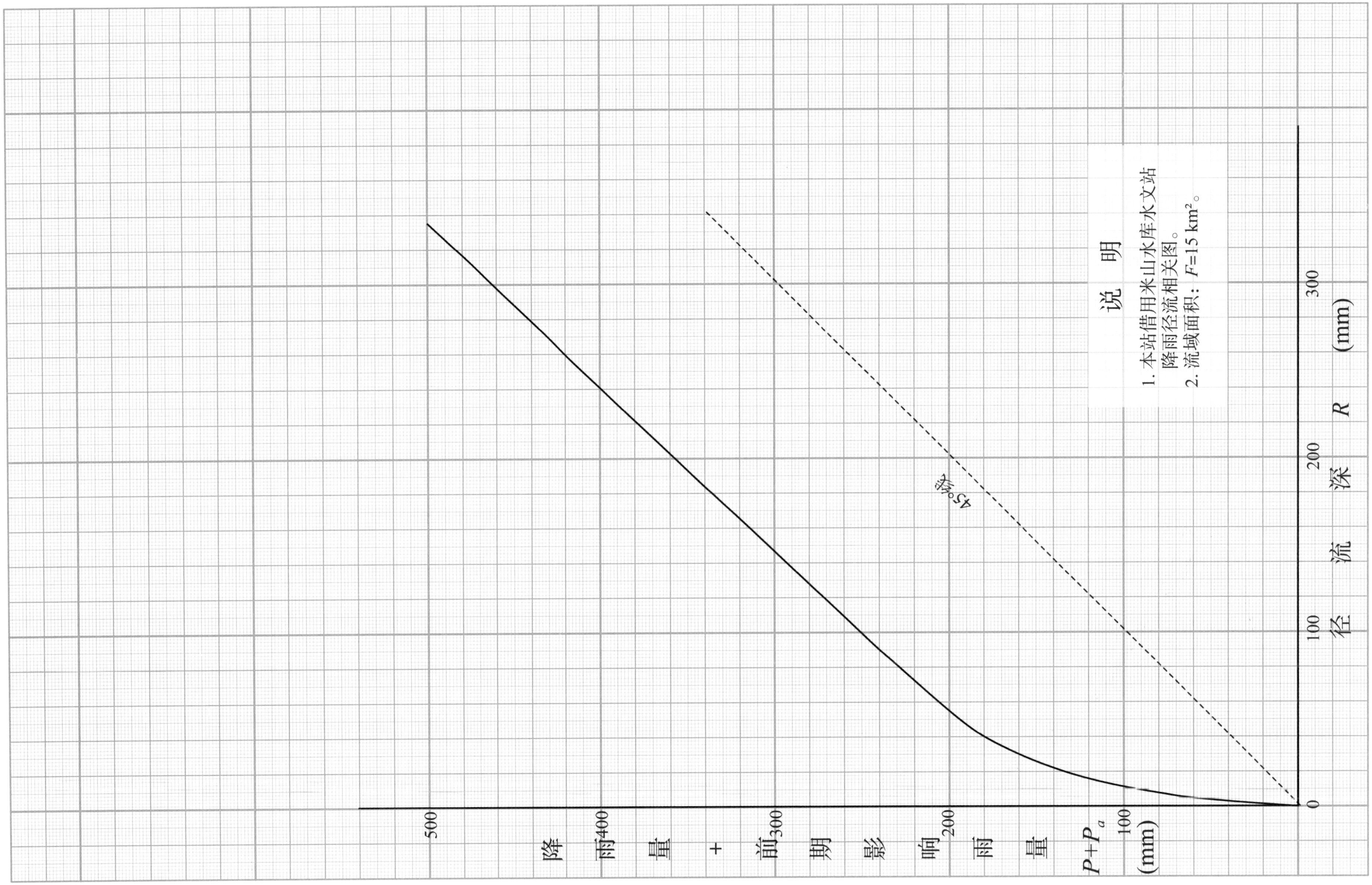

图 37-2　东母猪河郭格庄水库站降雨径流相关图（P+P_a-R）

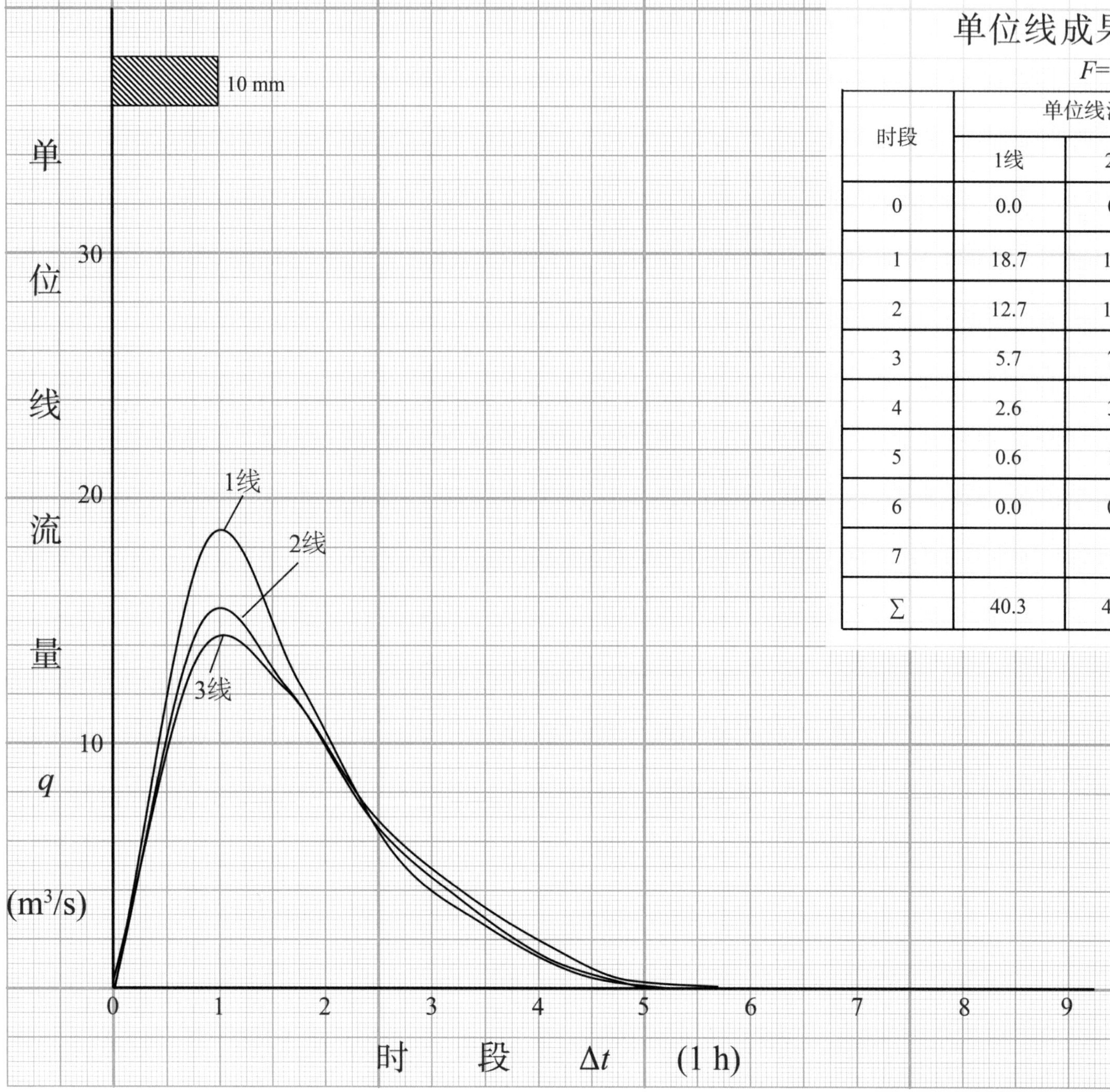

单位线成果表

F=15 km², Δt=1 h

时段	单位线流量q(m³/s)		
	1线	2线	3线
0	0.0	0.0	0.0
1	18.7	15.5	14.3
2	12.7	12.8	12.8
3	5.7	7.1	7.4
4	2.6	3.8	4.1
5	0.6	1.3	1.7
6	0.0	0.0	0.1
7			0.0
Σ	40.3	40.5	40.4

图 37–3　东母猪河郭格庄水库站单位线图

第三十八章　昌阳河南圈水库站水文预报方案编制说明

1　流域概况

1.1　流域自然地理特征

南圈水库位于威海市文登区正南 11 km 张家产镇南圈村南、昌阳河支流岔河上游，水库控制流域面积 25.6 km²。流域地形可分为两类：一类是浅山丘陵区，海拔为 50 ~ 100 m，土层较薄，大部分是梯田，植被较好；另一类是沿河两岸狭长的河谷小平原，海拔在 50 m 以下，多为黏壤土，土层较厚，土质肥沃。流域呈扇形，主河道长 7. 825 km，平均宽度 3. 28 km，干流平均坡降 7. 13‰，有 2 条支流直接入库。流域内主要农作物有小麦、玉米、花生等。南圈水库流域图见图 38-1。

南圈水库流域属暖温带大陆性季风气候，春季风多雨少，夏季湿热多雨，秋季凉爽易旱，冬季寒冷少雪。多年平均气温 11. 5 ℃，多年平均年降水量 723. 2 mm，降水量年际、年内分布很不均匀。最大年降水量为 1 217. 3 mm（1959 年），最小年降水量为 328. 1 mm（1999 年）；年内降雨量多集中在 6—9 月份，汛期降雨量占全年的 72. 2% 以上。昼夜温差较小，无霜期较长，多年平均年最大风速为 13. 8 m/s。

1.2　水利工程情况

1.2.1　南圈水库概况

南圈水库是一座以防洪、工业供水、城镇供水为主，兼顾发电、养鱼等综合效益的重点中型水库，水库于 1958 年 9 月动工兴建，1959 年 11 月建成蓄水；2009 年 9 月实施除险加固工程，2010 年 11 月竣工。水库除险加固后总库容为 1 296 万 m³，兴利水位 29. 70 m，兴利库容 716 万 m³，死水位 20. 05 m，死库容 10. 9 万 m³。

南圈水库工程枢纽建筑物由大坝、溢洪道、放水洞等组成，水库主要工程指标见表 38-1。

表 38-1　南圈水库主要工程指标表

流域面积（km²）		多年平均年径流量（万 m³）		
25. 6		690. 1		
水库特征				
特征	死	兴利	设计	校核
水位（m）	20. 05	29. 70	32. 11	32. 90
库容（万 m³）	10. 9	716	1 141	1 296

续表

控制运用指标					
允许最高水位（m）	警戒水位（m）	汛末蓄水位（m）		汛末蓄水位相应库容（万 m³）	
32. 67	31. 87	29. 70		727	
大坝					
坝长	坝高（m）	坝顶宽（m）	坝顶高程（m）	防浪墙顶高程（m）	
黏土心墙坝	16. 48	6. 5	33. 06	34. 06	
溢洪道					
型式	堰顶高程（m）	净宽（m）	尺寸（m×m）	最大泄量（m³/s）	
溢洪闸	29. 70	50. 0	6×3. 7	306	
输水洞					
型式		尺寸（m×m）	进口底高程（m）	最大流量（m³/s）	闸门型式
钢筋混凝土压力洞		1. 0×1. 5	20. 50	15. 1	平板钢闸门

1.2.2　上游水利工程概况

南圈水库上游有 3 座小（2）型水库，控制流域面积 10. 27 km²，占水库全流域面积的 40. 12%；总库容 80. 24 万 m³，总兴利库容 21. 8 万 m³，总兴利库容占水库兴利库容的 3. 04%，详见表 38-2。

表 38-2　南圈水库上游水利工程情况表

水库名称	所在乡镇	规模	流域面积（km²）	总库容（万 m³）	兴利库容（万 m³）	建成时间
大官庄	张家产镇	小（2）型	6. 5	35. 54	3. 2	1972 年 5 月
河胡家	张家产镇	小（2）型	1. 19	10. 0	1. 5	1980 年 6 月
勃鸽崖	宋村镇	小（2）型	2. 58	34. 7	17. 1	1959 年 11 月
总计			10. 27	80. 24	21. 8	

1.3　测站概况

南圈水库流域内设有水库水文站 1 处，水库水准基面为 1956 年黄海基面。

2　预报方案编制

南圈水库位于岔河上游，本方案中产流方案使用降雨径流相关图（$P+P_a-R$），曲线移用米山水库水文站 $P+P_a-R$ 关系曲线，详见图 38-2；汇流方案采用单位线法，其单位线根据米山水库水文站预报方案等比例缩放后得到，详见图 38-3。

3 方案使用说明

预报径流量、入库洪峰流量及洪水过程线时，可按下列框图进行。

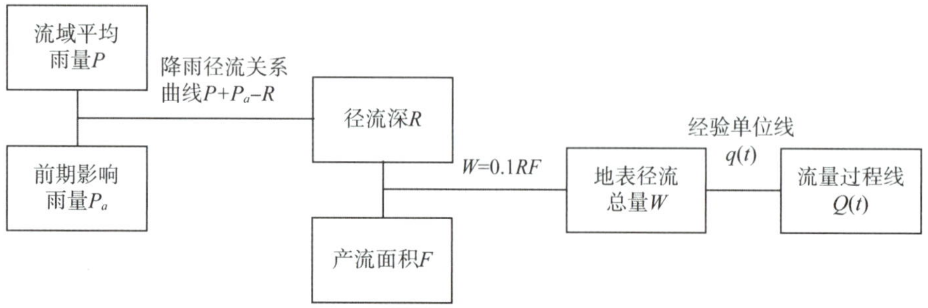

3.1 产流预报

3.1.1 流域平均雨量 *P* 的计算

根据流域内雨情逐时段（Δt=1 h）计算时段平均雨量。当累计雨量达到或超过 50 mm 时，即可进行洪水作业预报。

3.1.2 流域平均前期影响雨量 P_a 的计算

根据下式计算 P_a 值：

$$P_{a,\ t+1} = K(P_{a,\ t} + P_t)$$

式中：$P_{a,t+1}$ 为第 t+1 日的前期影响雨量（mm）；$P_{a,t}$ 为第 t 日的前期影响雨量（mm）；P_t 为第 t 日的流域平均雨量（mm）；K 为前期影响雨量递减系数。

3.1.3 径流深 *R* 的计算

由计算得到的 P_a、P，根据降雨径流相关图（$P+P_a-R$）查算的结果进行综合分析，确定地表径流深 R 的预报值。

3.1.4 产流面积 *F* 的确定

南圈水库流域产流面积即为水库的控制流域面积 25.6 km^2。

3.1.5 地表径流总量 *W* 预报

根据确定的产流面积 F、预报的径流深 R，由公式 W = 0.1RF 计算得到地表径流总量。

3.2 入库流量过程预报

根据单位线及各时段净雨量，计算得到各时段净雨形成的部分径流量过程，错时段叠加，结合基流，得到该次降雨入库流量过程。其中，各时段净雨部分径流量计算公式为

$$Q_i'(t) = \frac{h_i(t)}{10}q(t)$$

式中：$Q_i'(t)$ 为第 i 次时段净雨形成的部分径流量；$h_i(t)$ 为第 i 次时段净雨量；$q(t)$ 为单位线对应的时段单位流量。

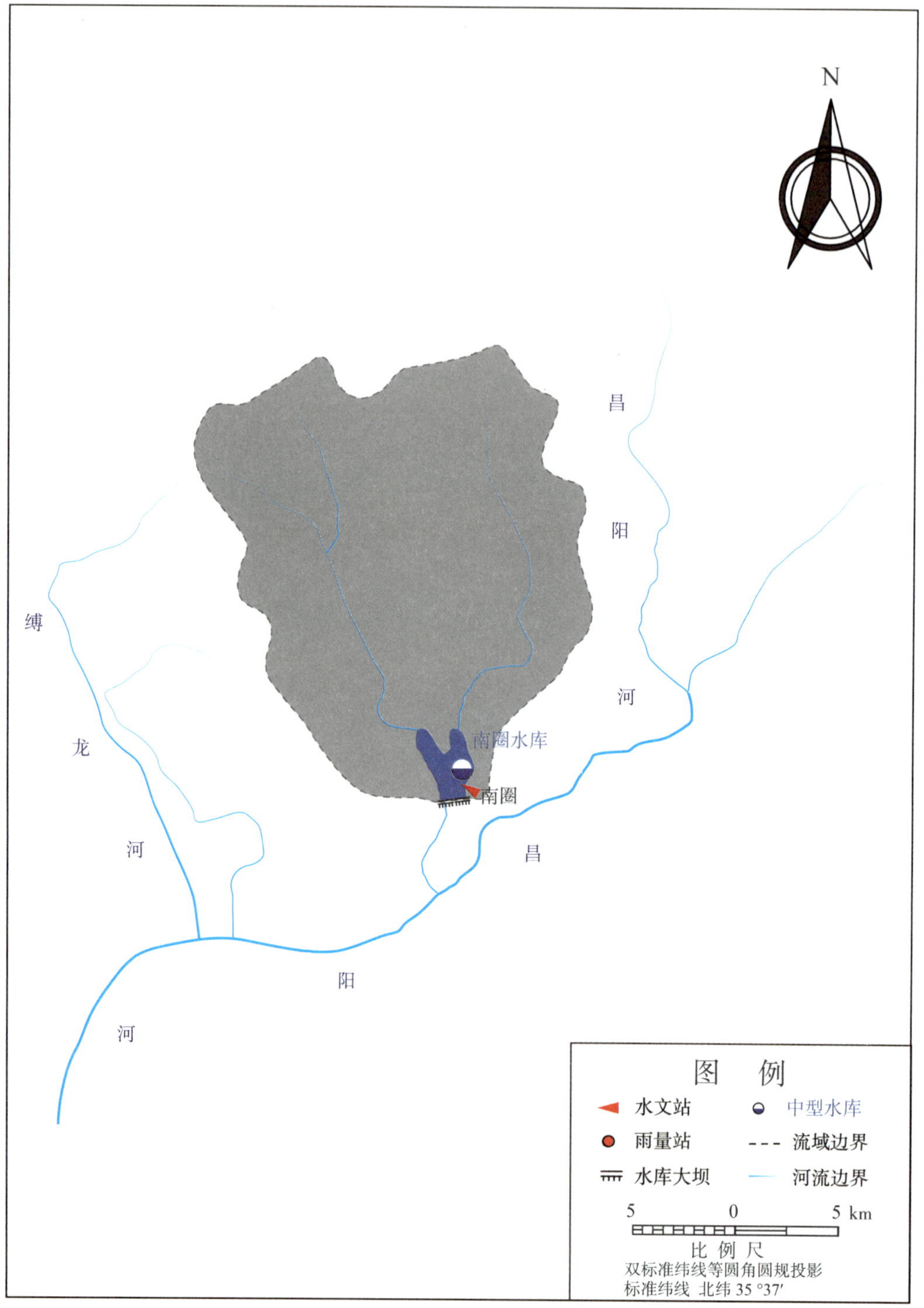

图 38-1 昌阳河南圈水库流域图

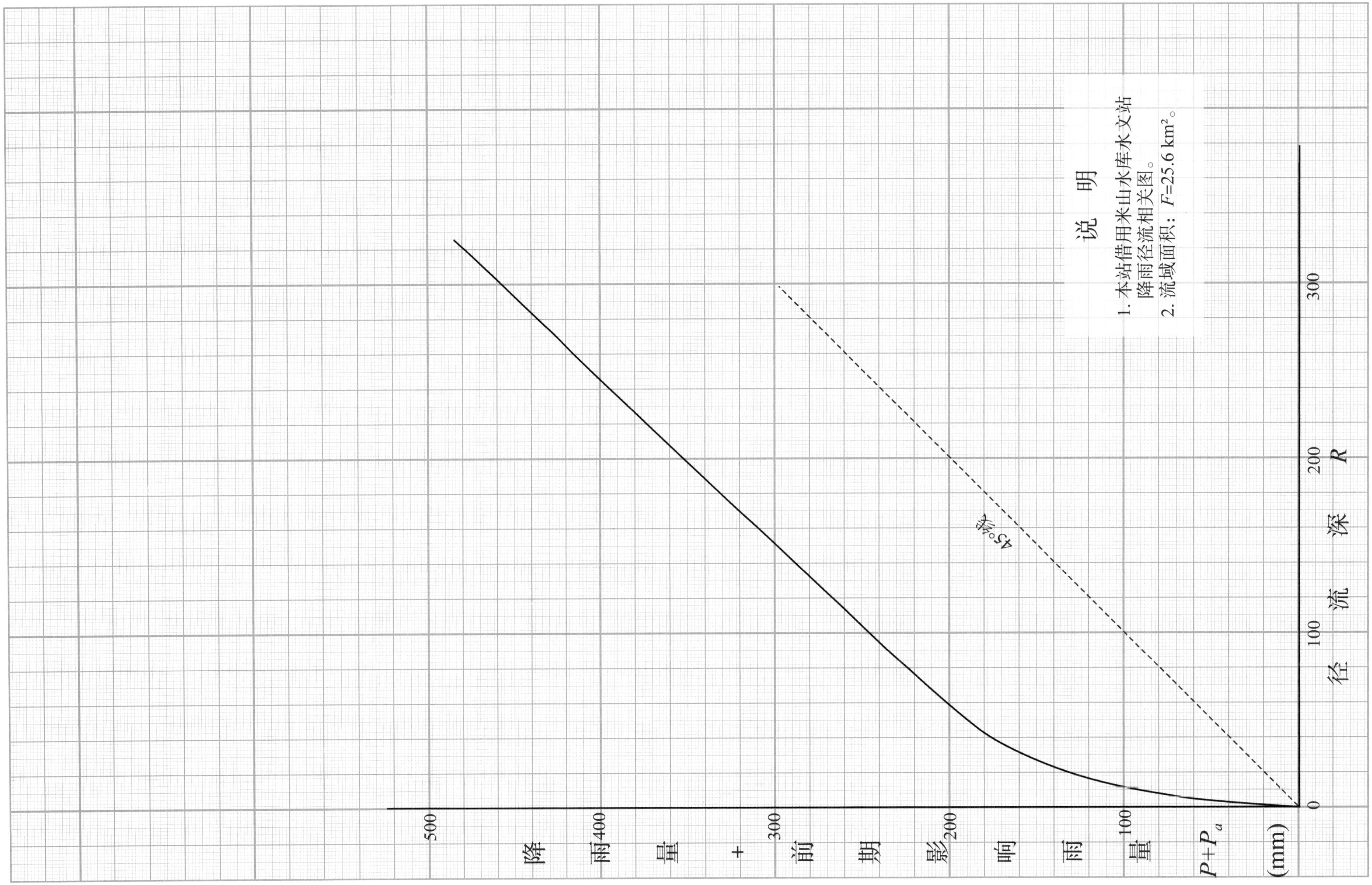

图 38-2　昌阳河南圈水库站降雨径流相关图（$P+P_a$-R）

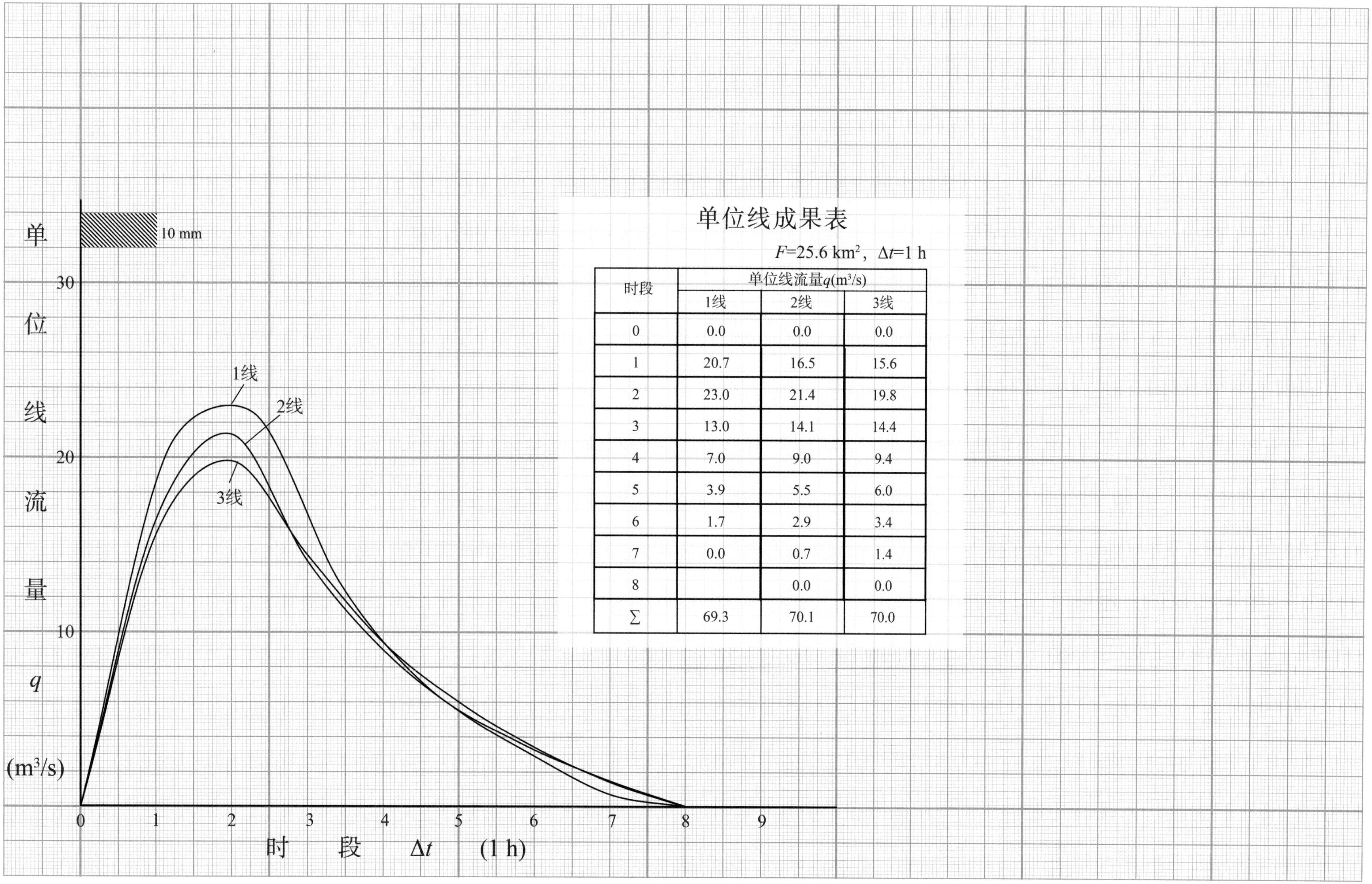

单位线成果表

F=25.6 km^2，Δt=1 h

时段	单位线流量q(m^3/s)		
	1线	2线	3线
0	0.0	0.0	0.0
1	20.7	16.5	15.6
2	23.0	21.4	19.8
3	13.0	14.1	14.4
4	7.0	9.0	9.4
5	3.9	5.5	6.0
6	1.7	2.9	3.4
7	0.0	0.7	1.4
8		0.0	0.0
∑	69.3	70.1	70.0

图 38-3　昌阳河南圈水库站单位线图

第三十九章　青龙河坤龙邢水库站水文预报方案编制说明

1　流域概况

1.1　流域自然地理特征

青龙河发源于驾山山脉的岳家口、天福山一带，流域面积 245 km^2，干流长度 31 km，由北向南流入埠口湾。流域内无高山峻岭，一般为 300 m 以下的低山丘陵。流域东北、西北分别和威海市区内北流的石家河、文登区境内南流的东母猪河相邻，流域西边与昌阳河为邻，东边和东南边分别与荣成境内的沽河、小落河相邻。流域土壤主要为砾质砂土，植被较好，农作物以小麦、玉米、花生为主。

坤龙邢水库位于威海市文登区高村镇中邢家村西、青龙河中游，控制流域面积 136 km^2，其中山区占 25%，丘陵区占 75%。流域呈扇形，主河道长约 18 km，干流坡度为 3.2‰，平均宽度 8.3 km。库区地势低缓起伏，丘顶多呈馒头状，地面高程一般 32~100 m，相对高差 30~72 m，库区最高 176 m，地面坡度一般 3.5°~10°，冲沟较发育。上游河谷一般呈“V”形，下游呈宽“U”形。坤龙邢水库流域图见图 39-1。

1.2　水利工程情况

1.2.1　坤龙邢水库概况

坤龙邢水库主体工程于 1959 年 11 月 14 日开工建设，1960 年 6 月 15 日竣工。除险加固工程于 2007 年 1 月开工，2009 年 9 月竣工，2010 年 11 月通过竣工验收。水库增容工程于 2019 年 8 月 21 日开工建设，2020 年 6 月主体工程竣工，2020 年 9 月 23 日通过合同工程验收。

坤龙邢水库枢纽工程由大坝、溢洪道和放水洞等组成，水库主要工程指标见表 39-1。

表 39-1　坤龙邢水库主要工程指标表

流域面积（km^2）	多年平均年径流量（万 m^3）		设计洪峰流量（m^3/s）	
136	3 357		1 724	
水库特征				
特征	死	兴利	设计	校核
水位（m）	18.92	26.70	29.53	30.95
库容（万 m^3）	160	2 292	3 002.4	5 295

续表

控制运用指标				
允许最高水（m）	警戒水位（m）	汛末蓄水位（m）		汛末蓄水位相应库容（万 m^3）
30.95	29.53	26.70		2 452
大坝				
坝长（m）	坝高（m）	坝顶宽（m）	坝顶高程（m）	防浪墙顶高程（m）
525	19.92	7.5	33.00	34.00
溢洪道				
型式	堰顶高程（m）	净宽（m）	尺寸（m×m）	最大泄量（m^3/s）
宽顶堰	23.50	8.0	5.5×8	1 023
放水洞				
尺寸（m×m）	进口底高程（m）	设计流量（m^3/s）		闸门型式
1.5×1.2	19.42	3.00		平板钢闸门

1.2.2　上游水利工程概况

坤龙邢水库流域内建有小（1）型水库 2 座、小（2）型水库 8 座，控制流域面积 24.61 km^2，总兴利库容 281.7 万 m^3，详见表 39-2。

表 39-2　坤龙邢水库流域内水利工程情况表

水库名称	所在乡镇	规模	流域面积（km^2）	总库容（万 m^3）	兴利库容（万 m^3）	建成时间
天福山	文登营镇	小（1）型	2.0	100	67.6	1960 年 6 月
李家	大水泊镇	小（1）型	13.5	362.4	101	1959 年 8 月
陈驾埠	大水泊镇	小（2）型	1.08	11.78	3.9	1965 年 11 月
初家	大水泊镇	小（2）型	1.73	36.15	18.0	1978 年 10 月
时埠	大水泊镇	小（2）型	0.57	17.01	10.8	1959 年 6 月
三庄	大水泊镇	小（2）型	1.12	22.08	10.6	1958 年 6 月
方家	大水泊镇	小（2）型	1.1	46.8	32.7	1972 年 6 月
大台	大水泊镇	小（2）型	0.96	21.7	14.2	1958 年 6 月
山后孙家	大水泊镇	小（2）型	1.3	23.49	15.0	1965 年 10 月
西北岔	文登营镇	小（2）型	1.25	14.06	7.9	1960 年 6 月
总计			24.61	655.47	281.7	

1.3　测站概况

坤龙邢水库流域内有天福山、口子和泊岳家 3 处雨量站，1 处坤龙邢水库水文站。水库水准基面为 1956 年黄海基面。

2　预报方案编制

本方案中产流方案使用降雨径流相关图（$P+P_a-R$），曲线移用米山水库水文站 $P+P_a-R$ 关系曲线，详见图 39-2；汇流方案采用单位线法，其单位线根据米山水库水文站预报方案等比例缩放后得到，详见图 39-3。

3 方案使用说明

预报径流量、入库洪峰流量及洪水过程线时，可按下列框图进行。

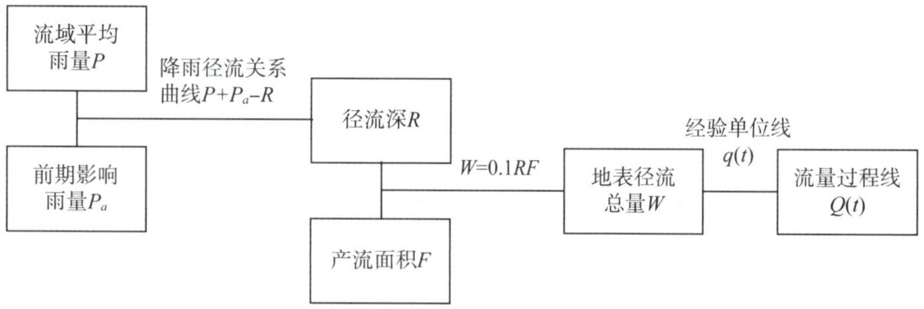

3.1 产流预报流程

3.1.1 流域平均雨量 *P* 的计算

根据流域内雨情逐时段（$\Delta t=1$ h）计算时段平均雨量。当累计雨量达到或超过 50 mm 时，即可进行洪水作业预报。

3.1.2 流域平均前期影响雨量 P_a 的计算

根据下式计算 P_a 值：

$$P_{a,\ t+1}=K(P_{a,\ t}+P_t)$$

式中：$P_{a,t+1}$ 为第 t+1 日的前期影响雨量（mm）；$P_{a,t}$ 为第 t 日的前期影响雨量（mm）；P_t 为第 t 日的流域平均雨量（mm）；K 为前期影响雨量递减系数。

3.1.3 径流深 *R* 的计算

由计算得到的 P_a、P，根据降雨径流相关图（$P+P_a-R$）查算的结果进行综合分析，确定地表径流深 R 的预报值。

3.1.4 产流面积 *F* 的确定

坤龙邢水库流域产流面积即为水库的控制流域面积 136 km^2。

3.1.5 地表径流总量 *W* 预报

根据确定的产流面积 F、预报的径流深 R，由公式 $W=0.1RF$ 计算得到地表径流总量。

3.2 入库流量过程预报

根据单位线及各时段净雨量，计算得到各时段净雨形成的部分径流量过程，错时段叠加，结合基流，得到该次降雨入库流量过程。其中，各时段净雨部分径流量计算公式为

$$Q_i'(t)=\frac{h_i(t)}{10}q(t)$$

式中：$Q_i'(t)$ 为第 i 次时段净雨形成的部分径流量；$h_i(t)$ 为第 i 次时段净雨量；$q(t)$ 为单位线对应的时段单位流量。

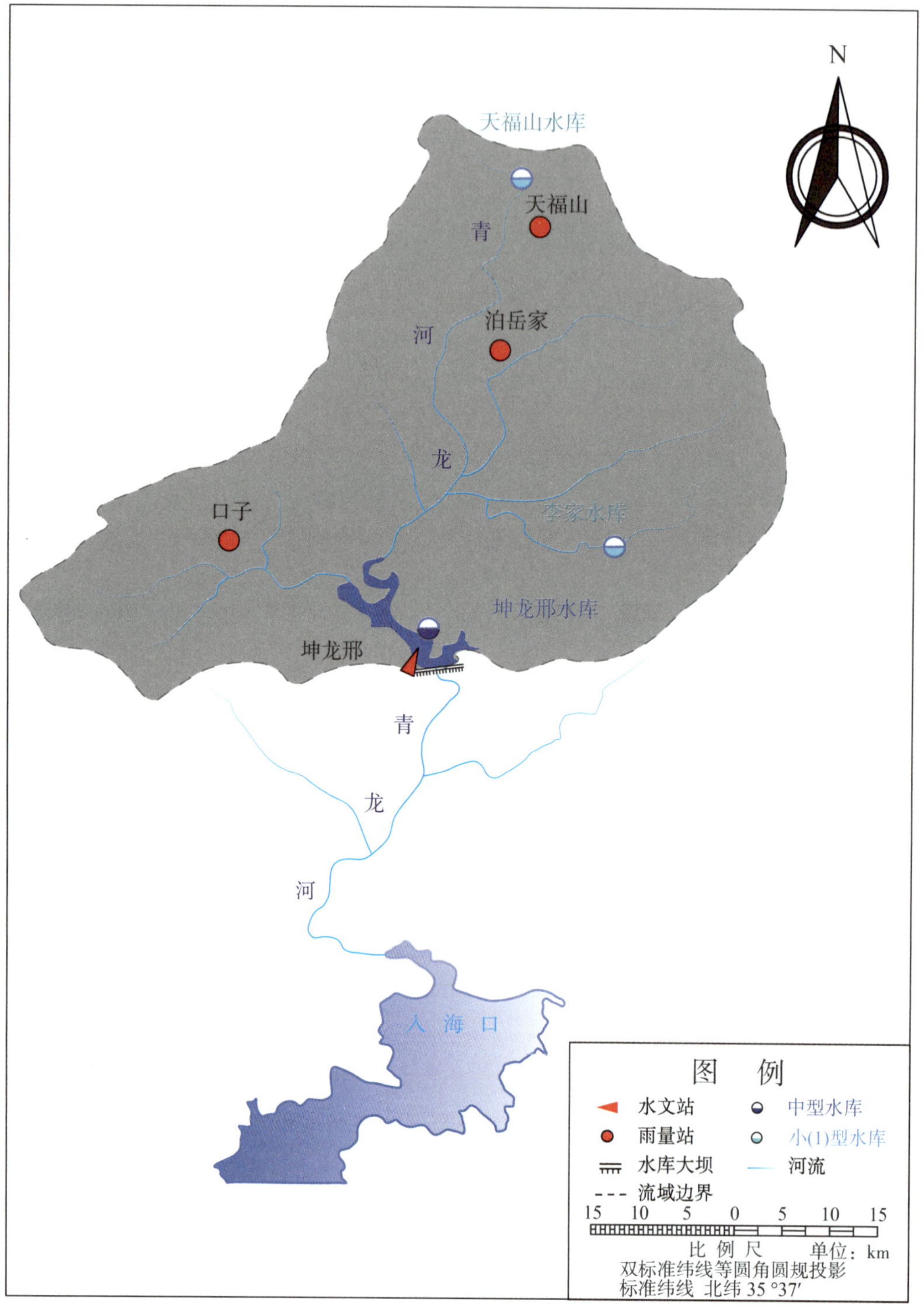

图 39-1 青龙河坤龙邢水库流域图

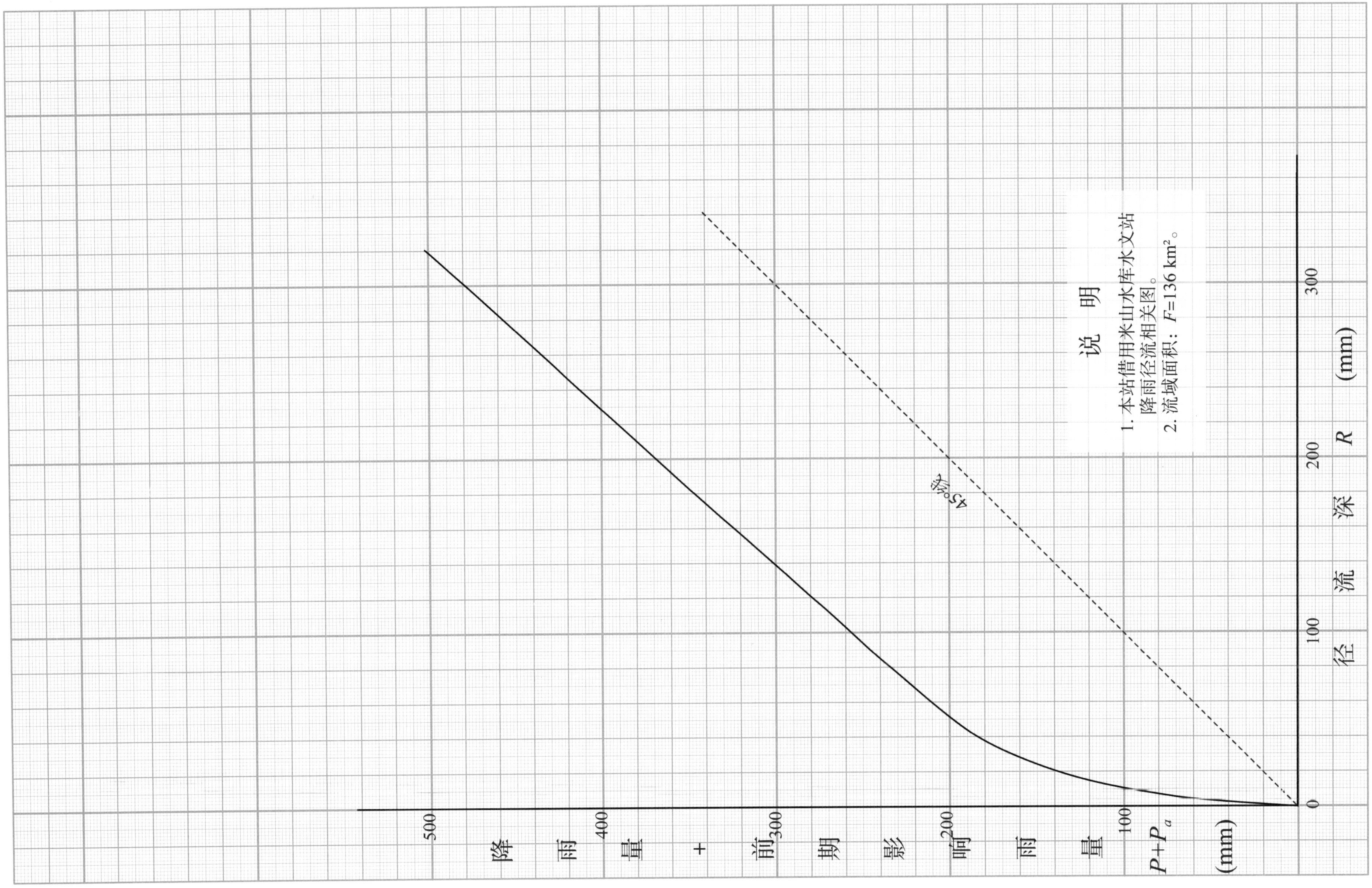

图 39-2　青龙河坤龙邢水库站降雨径流相关图（$P+P_a-R$）

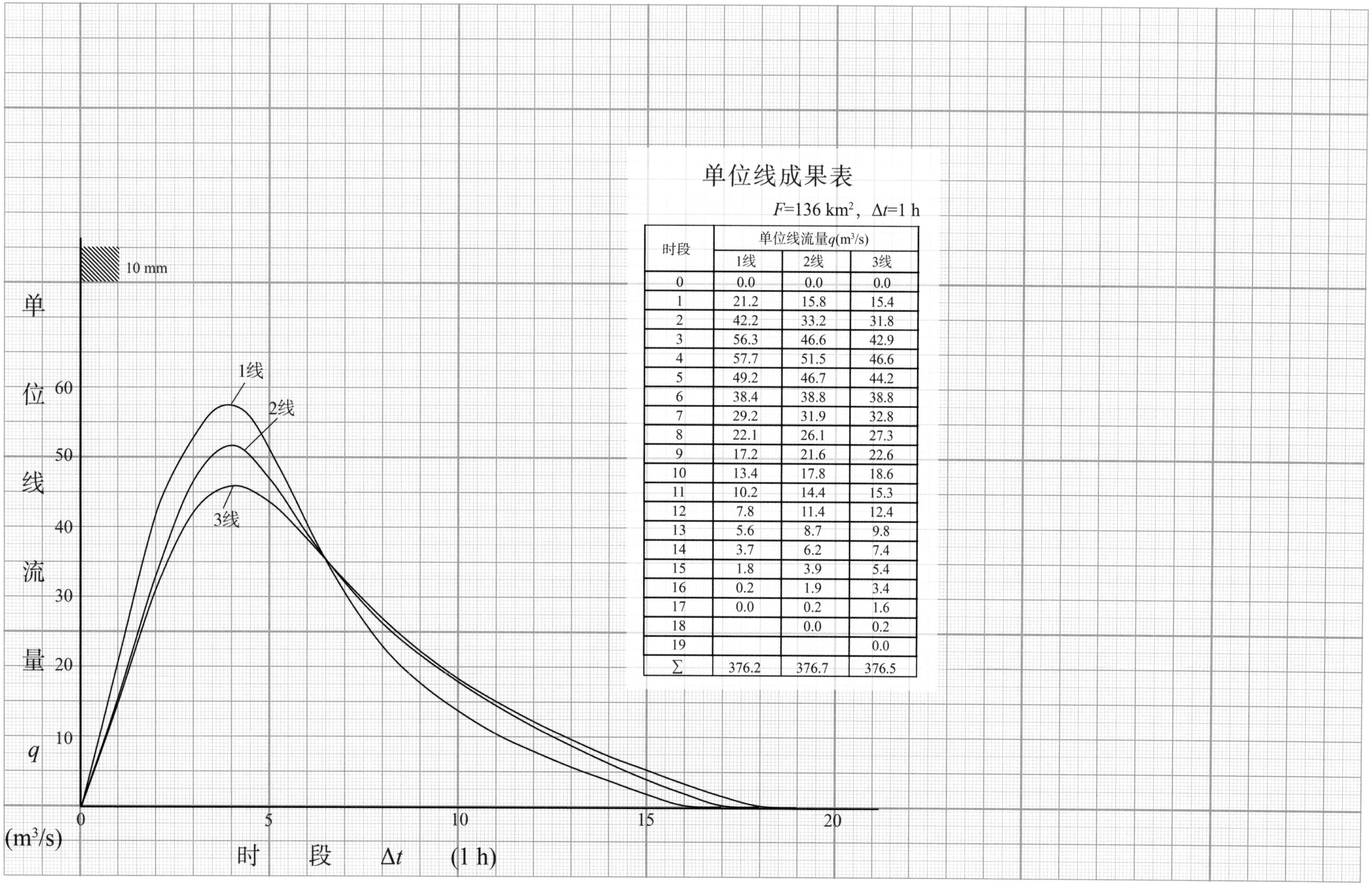

单位线成果表

F=136 km², Δt=1 h

时段	单位线流量q(m³/s)		
	1线	2线	3线
0	0.0	0.0	0.0
1	21.2	15.8	15.4
2	42.2	33.2	31.8
3	56.3	46.6	42.9
4	57.7	51.5	46.6
5	49.2	46.7	44.2
6	38.4	38.8	38.8
7	29.2	31.9	32.8
8	22.1	26.1	27.3
9	17.2	21.6	22.6
10	13.4	17.8	18.6
11	10.2	14.4	15.3
12	7.8	11.4	12.4
13	5.6	8.7	9.8
14	3.7	6.2	7.4
15	1.8	3.9	5.4
16	0.2	1.9	3.4
17	0.0	0.2	1.6
18		0.0	0.2
19			0.0
Σ	376.2	376.7	376.5

图 39-3 青龙河坤龙邢水库站单位线图

第四十章　五渚河崮山水库站水文预报方案编制说明

1　流域概况

1.1　流域自然地理特征

崮山水库位于威海经济技术开发区崮山镇西村西南 1 km 处、五渚河下游，距下游入海口 4 km，控制流域面积 90.3 km²。五渚河发源于威海市环翠区温泉镇，于崮山镇张家滩村入海，流经温泉、崮山两镇，干流长 24.5 km，流域面积 113.5 km²，其中山区占 60%，丘陵占 40%。流域形状为三角形，流域内土壤主要为砂土、沙壤土，植被较好，主要农作物有小麦、玉米、花生等。崮山水库流域图见图 40-1。

崮山水库流域属暖温带海洋性季风气候，春季风多雨少，夏季湿热多雨，秋季凉爽易旱，冬季寒冷多雪。昼夜温差较小，无霜期较长，根据威海市气象台资料，崮山水库流域多年平均气温 11.5 ℃，多年平均最大风速为 16.2 m/s。

崮山水库流域内设有温泉汤雨量站。根据温泉汤雨量站 1976—2013 年 38 年实测雨量资料分析，多年平均年降水量 721.9 mm，降水主要集中在汛期 6—9 月，其中 7—8 月降水量尤为集中。多年平均汛期（6—9 月）降水量 500.1 mm，占全年的 69.3%。

1.2　水利工程情况

1.2.1　崮山水库概况

崮山水库于 1983 年 8 月 28 日动工兴建，1984 年 7 月 1 日建成，是一座集防洪、供水、养殖等综合利用的中型水库。除险加固工程于 2018 年 10 月正式开工；2021 年 4 月 14 日，威海市水务局进行了竣工验收。

崮山水库枢纽工程由大坝、溢洪道和放水洞等组成，水库主要工程指标见表 40-1。

表 40-1　崮山水库主要工程指标表

流域面积（km²）	多年平均年径流量（万 m³）	设计洪峰流量（P=1%）（m³/s）
90.3	2 534	1 516

续表

水库特征				
特征	死	兴利	设计（P=1%）	校核（P=0.05%）
水位（m）	14.20	24.60	26.36	27.60
库容（万 m³）	100	1 500	2 089	2 505
控制运用指标				
允许最高水位（m）	警戒水位（m）	汛末蓄水位（m）		汛末蓄水位相应库容（万 m³）
27.17	25.35	24.60		1 600
大坝（m）				
坝长（m）	坝高（m）	坝顶宽（m）	坝顶高程（m）	防浪墙顶高程（m）
385	20.3	7.0	28.80	29.80
溢洪道				
型式	堰顶高程（m）	孔数	尺寸（m×m）	最大泄量（m³/s）
开敞式实用堰	15.67	3	8×9.4	1 586
放水洞				
型式	设计流量（m³/s）	尺寸（m×m）	进口底高程（m）	闸门型式
现浇钢筋混凝土箱涵	25.67	1.5×1.8	12.17	潜孔式平面钢闸门

1.2.2　上游水利工程概况

崮山水库流域内有小（1）型水库 1 座（冶口水库）、小（2）型水库 12 座，详见表 40-2。

表 40-2　崮山水库流域内水利工程情况表

水库名称	水库类型	集水面积（km²）	总库容（万 m³）	兴利库容（万 m³）	竣工时间
冶口水库	小（1）型	14	690.3	382	1961 年 10 月
雨夼水库	小（2）型	0.3	9.1	7	1975 年 3 月
小庄水库	小（2）型	0.4	12.6	9.4	1978 年 10 月
栾家店水库	小（2）型	0.7	14.6	10.4	1971 年 4 月
栾家店（新）水库	小（2）型	0.4	10.8	9	1991 年 4 月
安夼水库	小（2）型	1.0	62.4	43.2	1975 年 4 月
张家山水库	小（2）型	0.4	11	7	1979 年 5 月

续表

水库名称	水库类型	集水面积（km^2）	总库容（万 m^3）	兴利库容（万 m^3）	竣工时间
西七夼水库	小（2）型	0.3	12	9	1975 年 4 月
绿豆河水库	小（2）型	0.7	22.2	13.4	1973 年 5 月
九家疃水库	小（2）型	0.3	29.7	25.5	1973 年 4 月
南虎口水库	小（2）型	0.9	36.2	25.1	1980 年 5 月
陈家庄水库	小（2）型	0.9	35	22.4	1960 年 10 月
艾于水库	小（2）型	0.1	8.8	7	1979 年 7 月
总计		20.4	954.7	570.4	

1.3 测站概况

崮山水库流域内设有雨量站、水库水文站各 1 处。水库水准基面为 1956 年黄海基面。

2 预报方案编制

崮山水库位于五渚河下游，本方案中产流方案使用降雨径流相关图（$P+P_a-R$），曲线移用米山水库水文站 $P+P_a-R$ 关系曲线，详见图 40-2；汇流方案采用单位线法，其单位线根据米山水库水文站预报方案等比例缩放后得到，详见图 40-3。

3 方案使用说明

预报径流量、入库洪峰流量及洪水过程线时，可按下列框图进行。

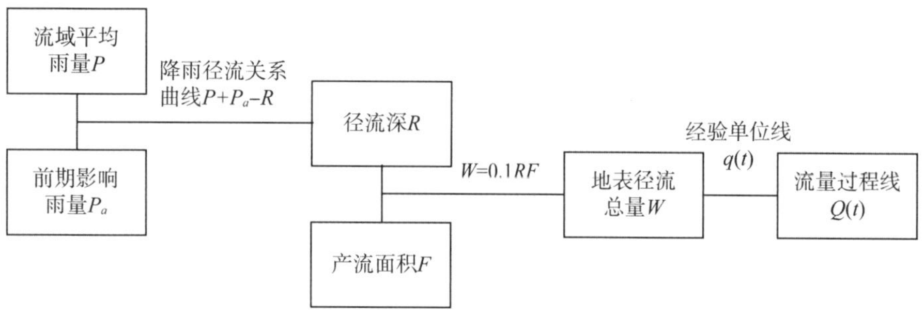

3.1 产流预报流程

3.1.1 流域平均雨量 P 的计算

根据流域内雨情逐时段（$\Delta t=1$ h）计算时段平均雨量。当累计雨量达到或超过 50 mm 时，即可进行洪水作业预报。

3.1.2 流域平均前期影响雨量 P_a 的计算

根据下式计算 P_a 值：

$$P_{a,\ t+1}=K(P_{a,\ t}+P_t)$$

式中：$P_{a,t+1}$ 为第 t+1 日的前期影响雨量（mm）；$P_{a,t}$ 为第 t 日的前期影响雨量（mm）；P_t 为第 t 日的流域平均雨量（mm）；K 为前期影响雨量递减系数。

3.1.3 径流深 R 的计算

由计算得到的 P_a、P，根据降雨径流相关图（$P+P_a-R$）查算的结果进行综合分析，确定地表径流深 R 的预报值。

3.1.4 产流面积 F 的确定

崮山水库流域产流面积即为水库的控制流域面积 90.3 km^2。

3.1.5 地表径流总量 W 预报

根据确定的产流面积 F、预报的径流深 R，由公式 $W=0.1RF$ 计算得到地表径流总量。

3.2 入库流量过程预报

根据单位线及各时段净雨量，计算得到各时段净雨形成的部分径流量过程，错时段叠加，结合基流，得到该次降雨入库流量过程。其中，各时段净雨部分径流量计算公式为

$$Q_i'(t)=\frac{h_i(t)}{10}q(t)$$

式中：$Q_i'(t)$ 为第 i 次时段净雨形成的部分径流量；$h_i(t)$ 为第 i 次时段净雨量；$q(t)$ 为单位线对应的时段单位流量。

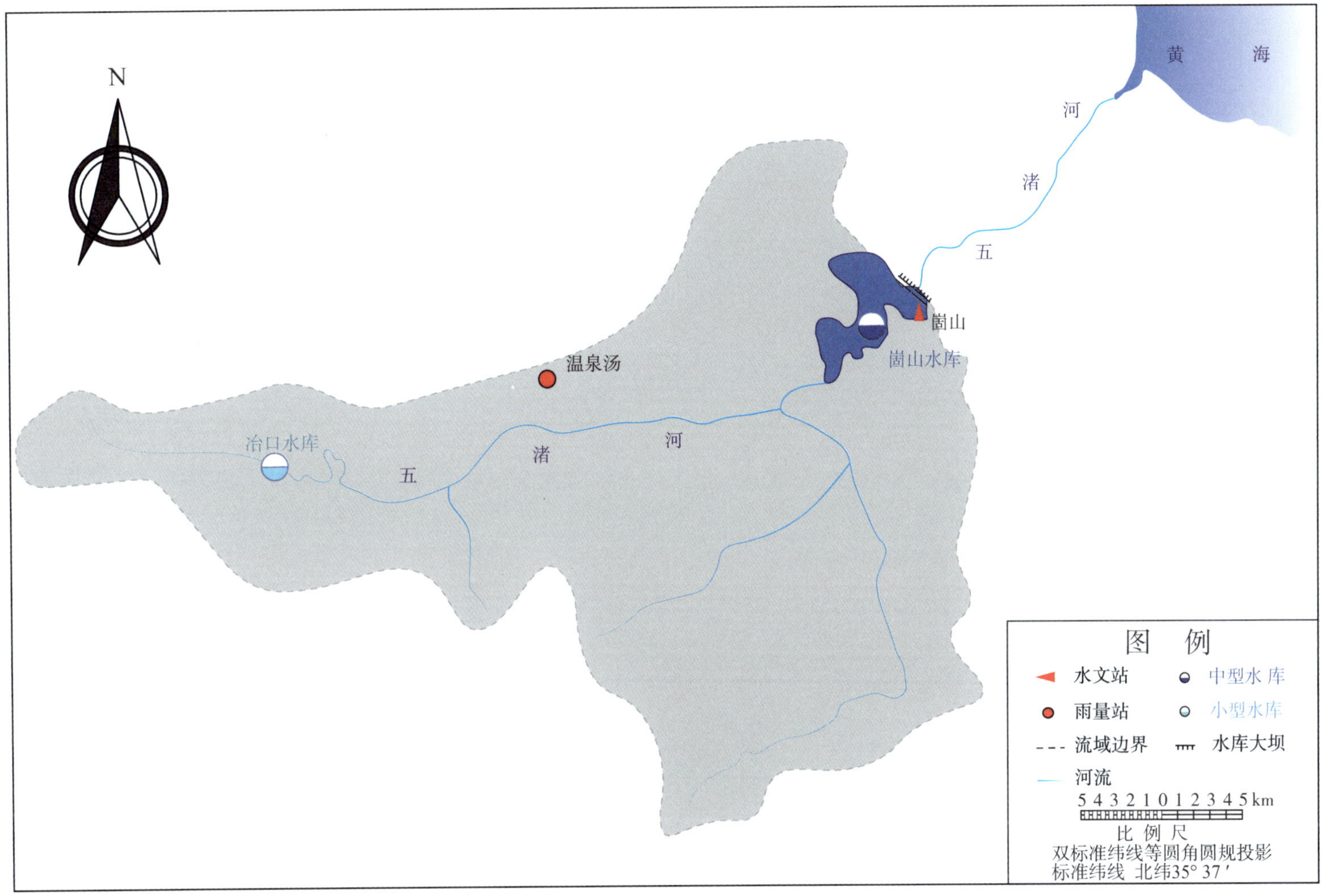

图 40-1 五渚河崮山水库流域图

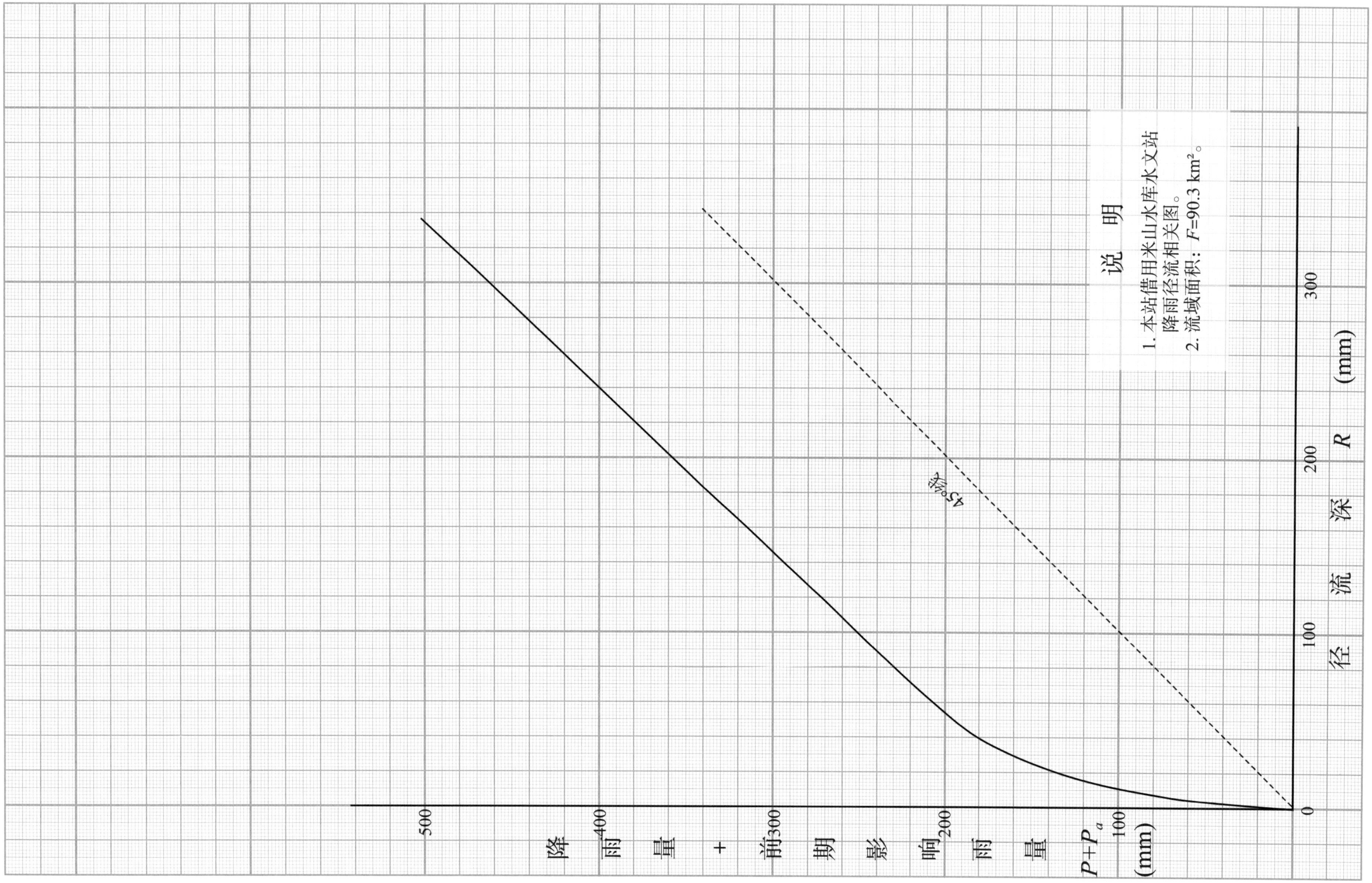

图 40-2　五渚河崮山水库站降雨径流相关图（$P+P_a-R$）

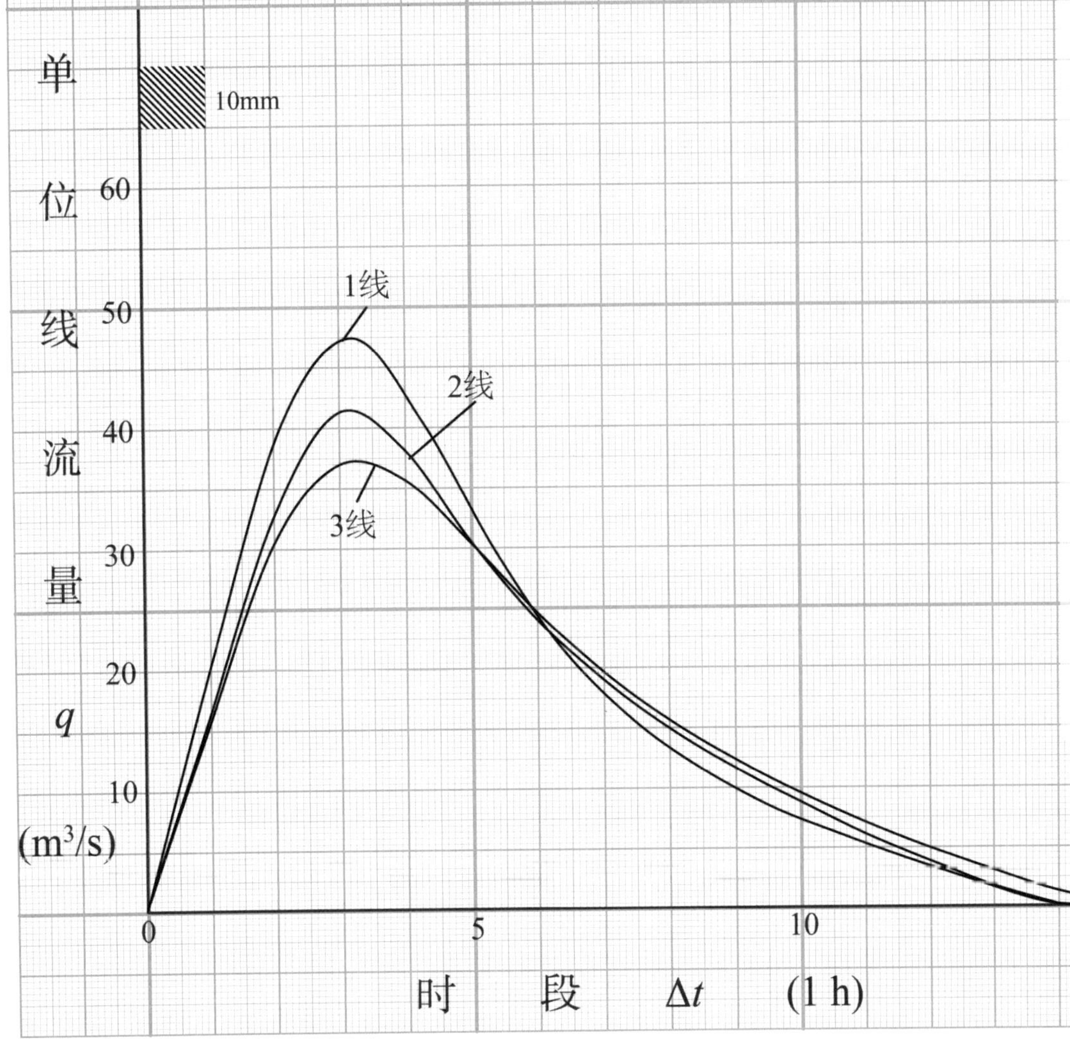

单位线成果表

F=90.3 km², Δt=1 h

时段	单位线流量q(m³/s)		
	1线	2线	3线
0	0.0	0.0	0.0
1	21.4	16.2	15.7
2	40.6	32.7	30.8
3	47.8	41.6	37.6
4	40.8	38.5	36.3
5	30.2	30.8	30.9
6	21.5	24.2	25.0
7	15.6	19.1	19.9
8	11.4	15.0	15.8
9	8.2	11.6	12.4
10	5.9	8.7	9.5
11	3.8	6.0	7.0
12	1.9	3.7	4.8
13	0.2	1.6	2.9
14	0.0	0.0	1.1
15			0.0
∑	249.3	249.7	249.7

图 40-3 五渚河崮山水库站单位线图

第四十一章 石家河所前泊水库站水文预报方案编制说明

1 流域概况

1.1 流域自然地理特征

所前泊水库位于威海市环翠区东南部桥头镇驻地以南 2 km 的石家河上游。水库大坝坝址以上控制流域面积 45 km^2，其中：山丘区占 50%，丘陵占 50%，流域形状为扇形，主要包括桥头、崖西、荫子和天福山 4 个镇的部分地域。水库以上主河道长 8 km，河道比降为 4.5‰，支流分布为双支，东支发源于伟德山西麓，西支发源于正棋山南麓，东、西两支流在桥头村南汇合后，东北流经泊于镇入海。东、西两支流中西支略长于东支，西支自宝泉庄村以上河长约 5 km，东支长约 4.5 km。全流域均为低山丘陵地形，起伏变化较大，地势南高北低，自南向北方向倾斜，地面高程一般为 100～200 m。流域多年平均年降水量 800 mm，多年平均年径流量 1 211.7 万 m^3，多年平均最大 24 h 降雨量 120 mm。所前泊水库流域图见图 41-1。

1.2 水利工程情况

1.2.1 所前泊水库概况

所前泊水库于 1958 年 10 月动工建设，1960 年 5 月建成蓄水，2004 年 5 月实施除险加固工程，2007 年 6 月完成，是一座集防洪、供水、灌溉、养殖等综合效益的中型水库。所前泊水库为 100 年一遇设计、2 000 年一遇校核，总库容为 3 663 万 m^3，兴利库容 1 760 万 m^3，调洪库容 1 423 万 m^3，死库容 480 万 m^3；水库校核水位 51.22 m，设计水位 50.23 m，正常蓄水位 48.10 m，死水位 41.50 m。

所前泊水库枢纽工程由大坝、溢洪道和放水洞等组成，水库主要工程指标见表 41-1。

表 41-1 所前泊水库主要工程指标表

流域面积（km^2）		多年平均年径流量（万 m^3）		设计洪峰流量（m^3/s）	
45		1 211.7		746	
水库特征					
特征	死	兴利	设计	校核	历史最高
水位（m）	41.50	48.10	50.23	51.22	48.60
库容（万 m^3）	480	1 760	3 167	3 663	2 444
控制运用指标					
允许最高水位（m）	警戒水位（m）	汛末蓄水位（m）		汛末蓄水位相应库容（万 m^3）	
51.36	50.27	48.10		2 240	
大坝					
坝长（m）	坝高（m）	坝顶宽（m）	坝顶高程（m）	防浪墙顶高程（m）	
954	20.0	7.0	52.00	53.20	
溢洪道					
型式	堰顶高程（m）	净宽（m）		最大泄量（m^3/s）	
开敞式、无控制	48.10	50.0		246.8	
放水洞					
名称	尺寸（m×m）	进口底高程（m）		最大流量（m^3/s）	
东放水洞	1×1.5	41.10		4.4	
西放水洞	1×1.5	39.32		10.22	

1.2.2 上游水利工程概况

所前泊水库流域内建有小（2）型水库 2 座，控制流域面积 1.93 km^2，总库容 77 万 m^3，总兴利库容 60 万 m^3。

1.3 测站概况

所前泊水库流域现有水库水文站 1 处，水库水准基面为 1956 年黄海基面。

2 预报方案编制

所前泊水库位于石家河上游，本方案中产流方案使用降雨径流相关图（$P+P_a-R$），曲线移用米山水库水文站 $P+P_a-R$ 关系曲线，详见图 41-2；汇流方案采用单位线法，其单位线根据米山水库水文站预报方案等比例缩放后得到，详见图 41-3。

3 方案使用说明

预报径流量、入库洪峰流量及洪水过程线时，可按下列框图进行。

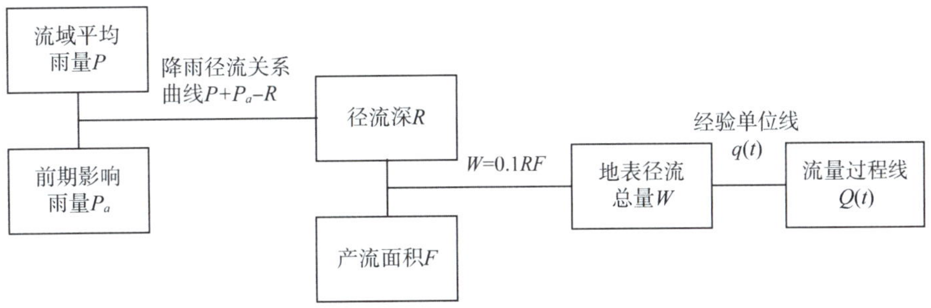

3.1 产流预报

3.1.1 流域平均雨量 *P* 的计算

根据流域内雨情逐时段（$\Delta t = 1$ h）计算时段平均雨量。当累计雨量达到或超过 50 mm 时，即可进行洪水作业预报。

3.1.2 流域平均前期影响雨量 P_a 的计算

根据下式计算 P_a 值：

$$P_{a,\ t+1} = K(P_{a,\ t} + P_t)$$

式中：$P_{a,t+1}$ 为第 t+1 日的前期影响雨量（mm）；$P_{a,t}$ 为第 t 日的前期影响雨量（mm）；P_t 为第 t 日的流域平均雨量（mm）；K 为前期影响雨量递减系数。

3.1.3 径流深 *R* 的计算

由计算得到的 P_a、P，根据降雨径流相关图（$P+P_a$-R）查算的结果进行综合分析，确定地表径流深 R 的预报值。

3.1.4 产流面积 *F* 的确定

所前泊水库流域产流面积即为水库的控制流域面积 45 km^2。

3.1.5 地表径流总量 *W* 预报

根据确定的产流面积 F、预报的径流深 R，由公式 $W = 0.1RF$ 计算得到地表径流总量。

3.2 入库流量过程预报

根据单位线及各时段净雨量，计算得到各时段净雨形成的部分径流量过程，错时段叠加，结合基流，得到该次降雨入库流量过程。其中，各时段净雨部分径流量计算公式为

$$Q_i'(t) = \frac{h_i(t)}{10} q(t)$$

式中：$Q_i'(t)$ 为第 i 次时段净雨形成的部分径流量；$h_i(t)$ 为第 i 次时段净雨量；$q(t)$ 为单位线对应的时段单位流量。

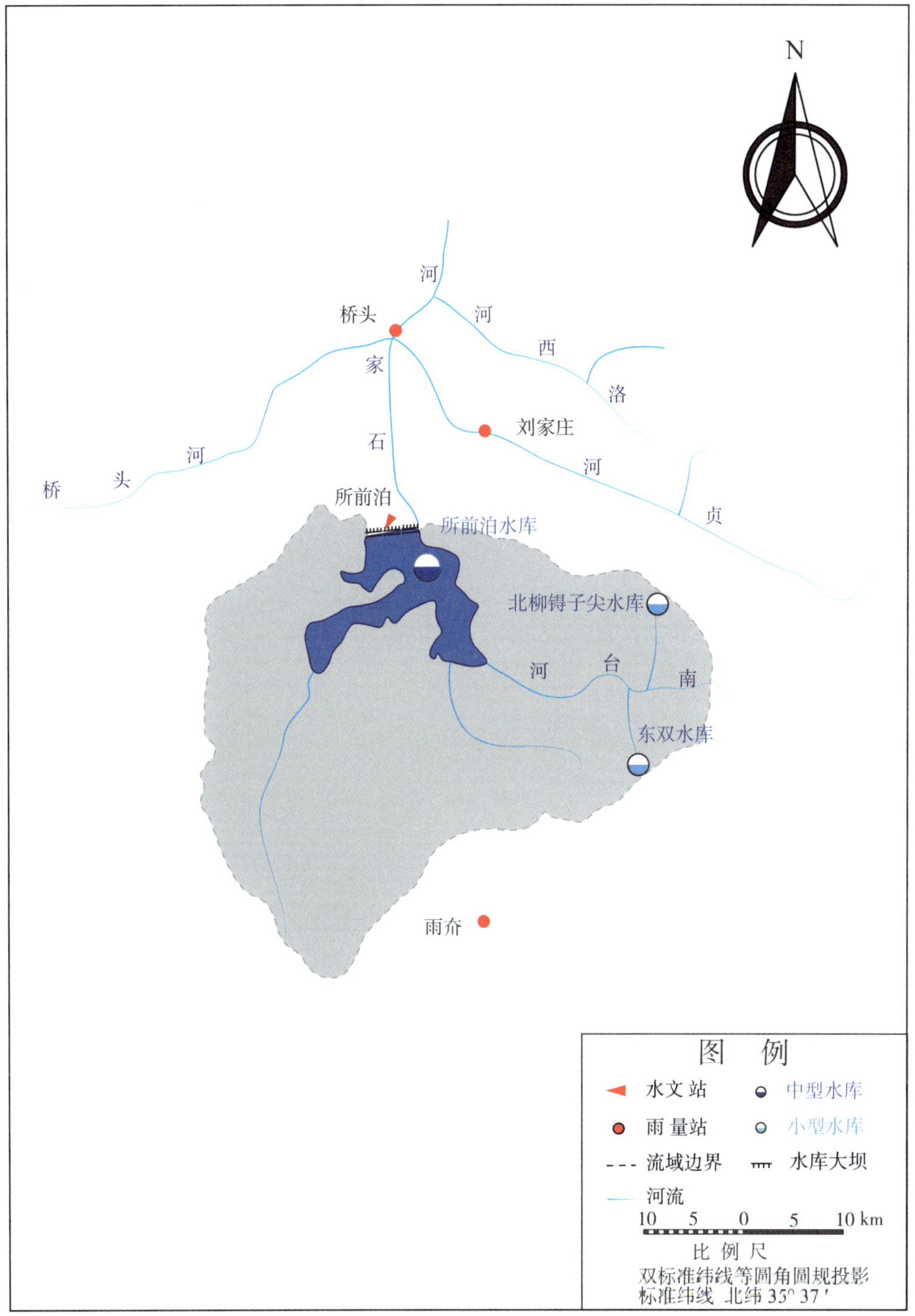

图 41-1 石家河所前泊水库流域图

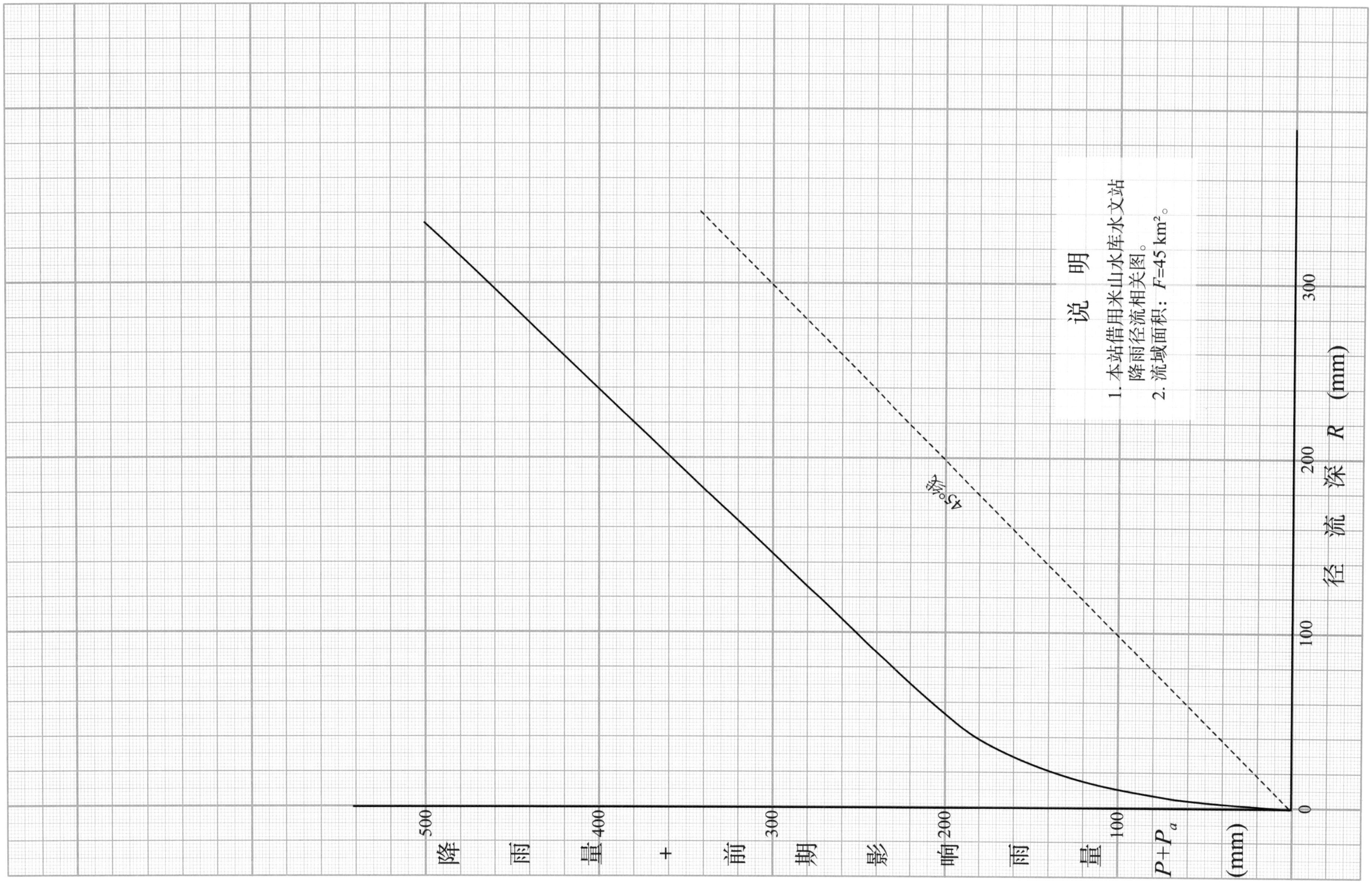

图 41-2　石家河所前泊水库站降雨径流相关图（$P+P_a$-R）

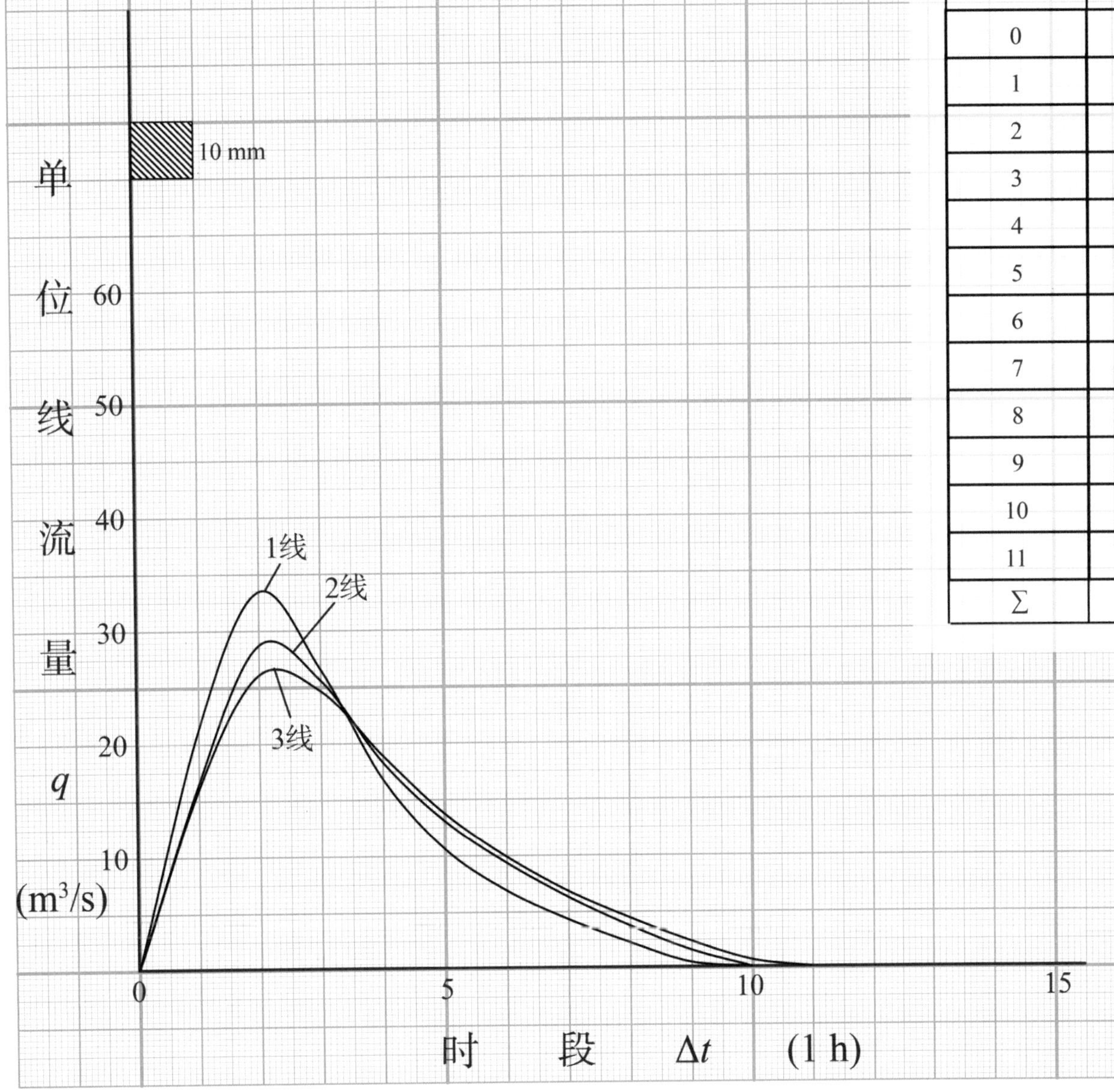

单位线成果表

F=45 km², Δt=1 h

时段	单位线流量q(m³/s)		
	1线	2线	3线
0	0.0	0.0	0.0
1	21.4	16.6	16.0
2	33.8	29.0	26.2
3	26.9	25.9	24.8
4	17.0	18.5	19.0
5	10.7	13.2	13.8
6	6.9	9.4	9.9
7	4.3	6.3	6.8
8	2.2	3.7	4.4
9	0.4	1.5	2.3
10	0.0	0.0	0.6
11			0.0
∑	123.6	124.1	123.8

图 41-3　石家河所前泊水库站单位线图

第四十二章 石家河泊于水库站水文预报方案编制说明

1 流域概况

1.1 流域自然地理特征

泊于水库位于威海市环翠区泊于镇大林格村、石家河下游，坝址以上控制流域面积 179.5 km²。石家河在威海市区东南部，桥头、泊于两镇境内，属季节性河流，有东西两大支流。西支流发源于正棋山南麓，桥头镇与文登营镇交界处。东支流发源于伟德山西麓，桥头镇与崖西镇交界处。两支流在桥头村南汇合后，东北流经泊于镇入海。石家河流域面积 199.34 km²，全长 28.05 km，河道干流平均坡度 4.3‰。流域属于胶东半岛低山丘陵区，南高北低，流域内土壤多为砂质土，植被覆盖较好。泊于水库流域图见图 42-1。

1.2 水利工程情况

1.2.1 泊于水库概况

泊于水库工程于 2015 年 12 月 29 日开工建设，2019 年 6 月竣工；2019 年 7 月 11—12 日，通过了下闸蓄水安全鉴定；2019 年 7 月 24 日通过蓄水验收。

泊于水库规模为中型水库，水库设计洪水标准为 100 年一遇，校核洪水标准为 300 年一遇。水库死水位 9.90 m，死库容 200 万 m³；兴利水位 15.00 m，兴利库容 2 024 万 m³；校核洪水位 17.21 m，总库容 3 005 万 m³。

泊于水库枢纽工程主要由大坝、溢洪道（闸）、放水洞等部分组成。大坝坝型为复合土工膜斜墙坝，全长 357 m，坝顶宽 7.5 m，坝顶高程 18.70 m，最大坝高 14.8 m。溢洪道位于大坝北端，采用底流消能，全长约 540.8 m，包括引水渠、控制段、护坦、泄槽、消能防冲以及海漫。放水洞位于溢洪道左侧，紧邻溢洪道左边墩，由引水渠、竖井闸室段、涵洞等部分组成。水库主要工程指标见表 42-1。

表 42-1 泊于水库主要工程指标表

水库特征				
特征	死	兴利	设计	校核
水位（m）	9.90	15.00	16.62	17.21
库容（万 m³）	200	2 024	2 759	3 005

续表

控制运用指标				
允许最高（m）	警戒水位（m）	汛末蓄水位（m）	汛末蓄水位库容（万 m³）	
16.91	16.19	15.00	2 069	
大坝				
型式	坝长（m）	坝高（m）	坝顶宽（m）	坝顶高程（m）
复合土工膜斜墙坝	357	14.8	7.5	18.70
溢洪道（m）				
型式	闸底板高程（m）	净宽（m）	孔数（m）	最大泄量（m³/s）
开敞式	10	60	5	1 648
放水洞				
尺寸（m×m）		进口底高程（m）		
2.0×2.0		9.00		

1.2.2 上游水利工程情况

泊于水库上游建有中型水库 1 座（所前泊水库）、小（1）型水库 1 座、小（2）型水库 10 座，总流域面积 53.12 km²，总库容 3 962.18 万 m³，兴利库容 2 441.88 万 m³，详见表 42-2。

表 42-2 泊于水库上游水利工程情况表

水库名称	规模	流域面积（km²）	总库容（万 m³）	兴利库容（万 m³）	建成时间
所前泊	中型	45	3 663	2 240	1960 年 5 月
里口	小（1）	1.4	113	89	1973 年 11 月
北柳锝子尖	小（2）	0.4	12.58	7.58	1965 年 11 月
东双	小（2）	0.4	13.4	10.0	1978 年 1 月
学福	小（2）	1.57	32.8	13.8	1991 年 4 月
洛西	小（2）	0.2	12.0	9.7	1971 年 11 月
大贞	小（2）	0.7	27.2	16.8	1982 年 12 月
报信	小（2）	0.5	12.5	7.9	1968 年 12 月
宋家店	小（2）	1.2	21.4	13.2	1976 年 12 月
盘川夼	小（2）	0.65	22.4	15.7	1972 年 1 月

续表

水库名称	规模	流域面积（km^2）	总库容（万 m^3）	兴利库容（万 m^3）	建成时间
白马	小（2）	0. 2	20. 8	10. 4	1979 年 1 月
方吉	小（2）	0. 9	11. 1	7. 8	1987 年 12 月
合计		53. 12	3 962. 18	2 441. 88	

1. 3　测站概况

泊于水库流域内设有雨量站、水库水文站各 2 处。水库水准基面为 1956 年黄海基面。

2　预报方案编制

泊于水库位于石家河下游，本方案中产流方案使用降雨径流相关图（$P+P_a-R$），曲线移用米山水库水文站 $P+P_a-R$ 关系曲线，详见图 42-2；汇流方案采用单位线法，其单位线根据米山水库水文站预报方案等比例缩放后得到，详见图 42-3。

3　方案使用说明

预报径流量、入库洪峰流量及洪水过程线时，可按下列框图进行。

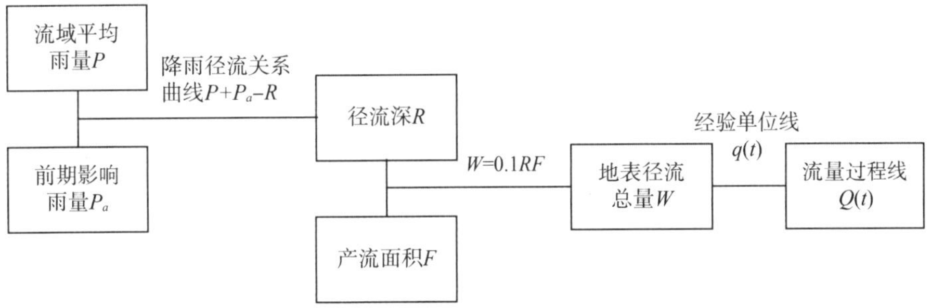

3. 1　产流预报

3. 1. 1 流域平均雨量 *P* 的计算

根据流域内雨情逐时段（$\Delta t=1$ h）计算时段平均雨量。当累计雨量达到或超过 50 mm 时，即可进行洪水作业预报。

3. 1. 2　流域平均前期影响雨量 P_a 的计算

根据下式计算 P_a 值：

$$P_{a,\ t+1}=K(P_{a,\ t}+P_t)$$

式中：$P_{a,t+1}$ 为第 t+1 日的前期影响雨量（mm）；$P_{a,t}$ 为第 t 日的前期影响雨量（mm）；P_t 为第 t 日的流域平均雨量（mm）；K 为前期影响雨量递减系数。

3. 1. 3　径流深 *R* 的计算

由计算得到的 P_a、P，根据降雨径流相关图（$P+P_a-R$）查算的结果进行综合分析，确定地表径流深 R 的预报值。

3. 1. 4　产流面积 *F* 的确定

泊于水库流域产流面积即为水库的控制流域面积 179. 5 km^2。

3. 1. 5　地表径流总量 *W* 预报

根据确定的产流面积 F、预报的径流深 R，由公式 $W=0.1RF$ 计算得到地表径流总量。

3. 2　入库流量过程预报

根据单位线及各时段净雨量，计算得到各时段净雨形成的部分径流量过程，错时段叠加，结合基流，得到该次降雨入库流量过程。其中，各时段净雨部分径流量计算公式为

$$Q_i'(t)=\frac{h_i(t)}{10}q(t)$$

式中：$Q_i'(t)$ 为第 i 次时段净雨形成的部分径流量；$h_i(t)$ 为第 i 次时段净雨量；$q(t)$ 为单位线对应的时段单位流量。

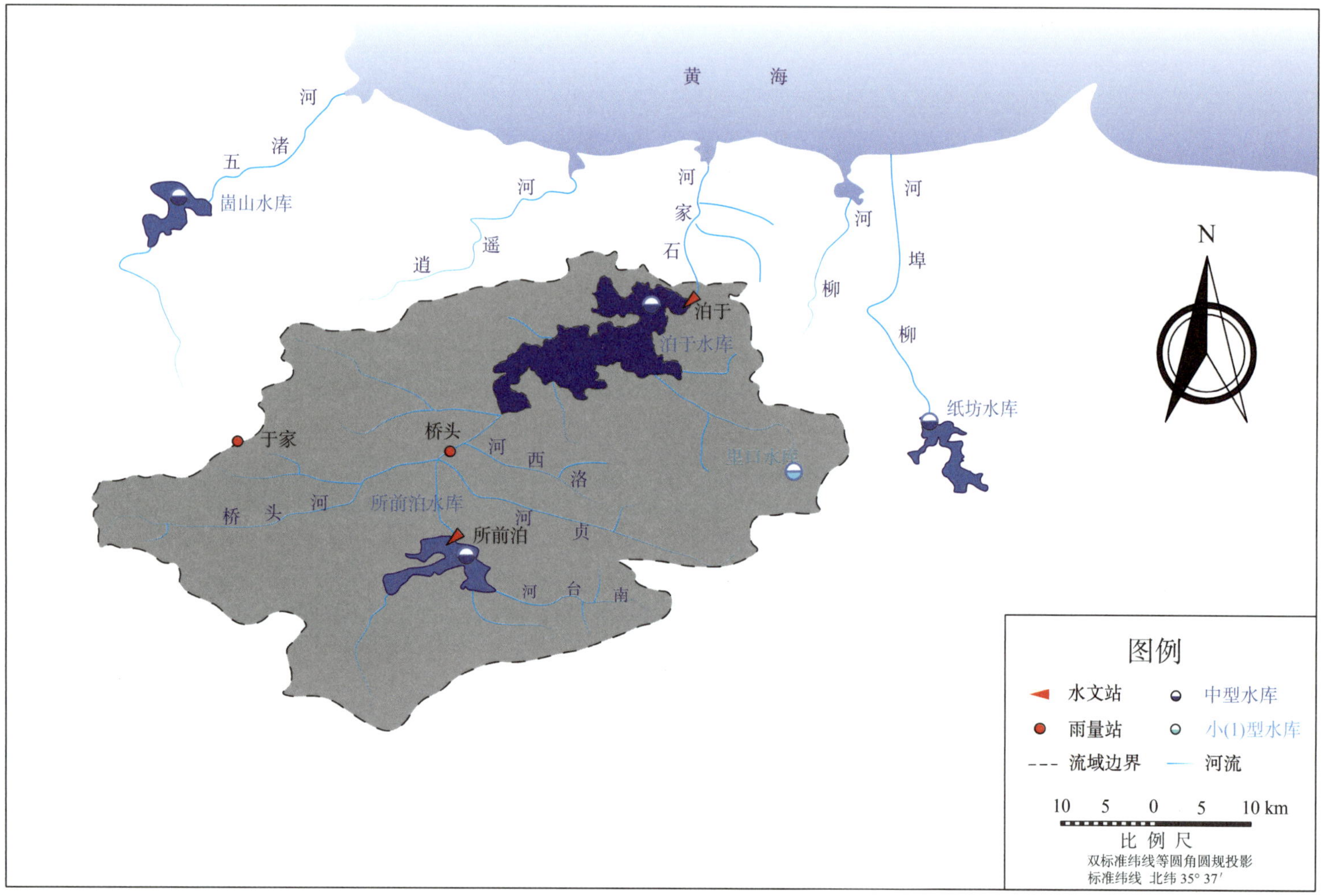

图 42-1　石家河泊于水库流域图

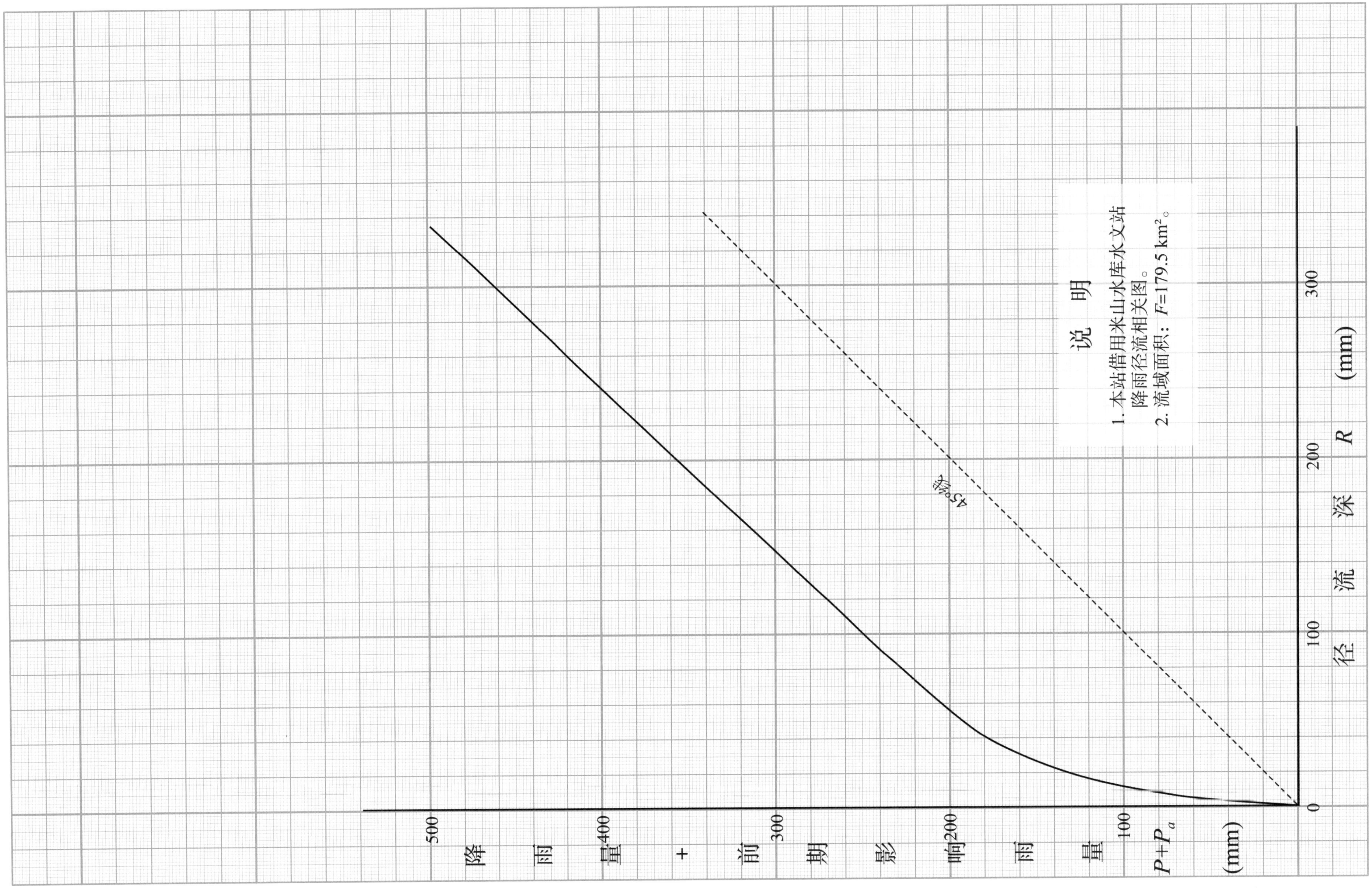

图 42-2　石家河泊于水库站降雨径流相关图（$P+P_a$-R）

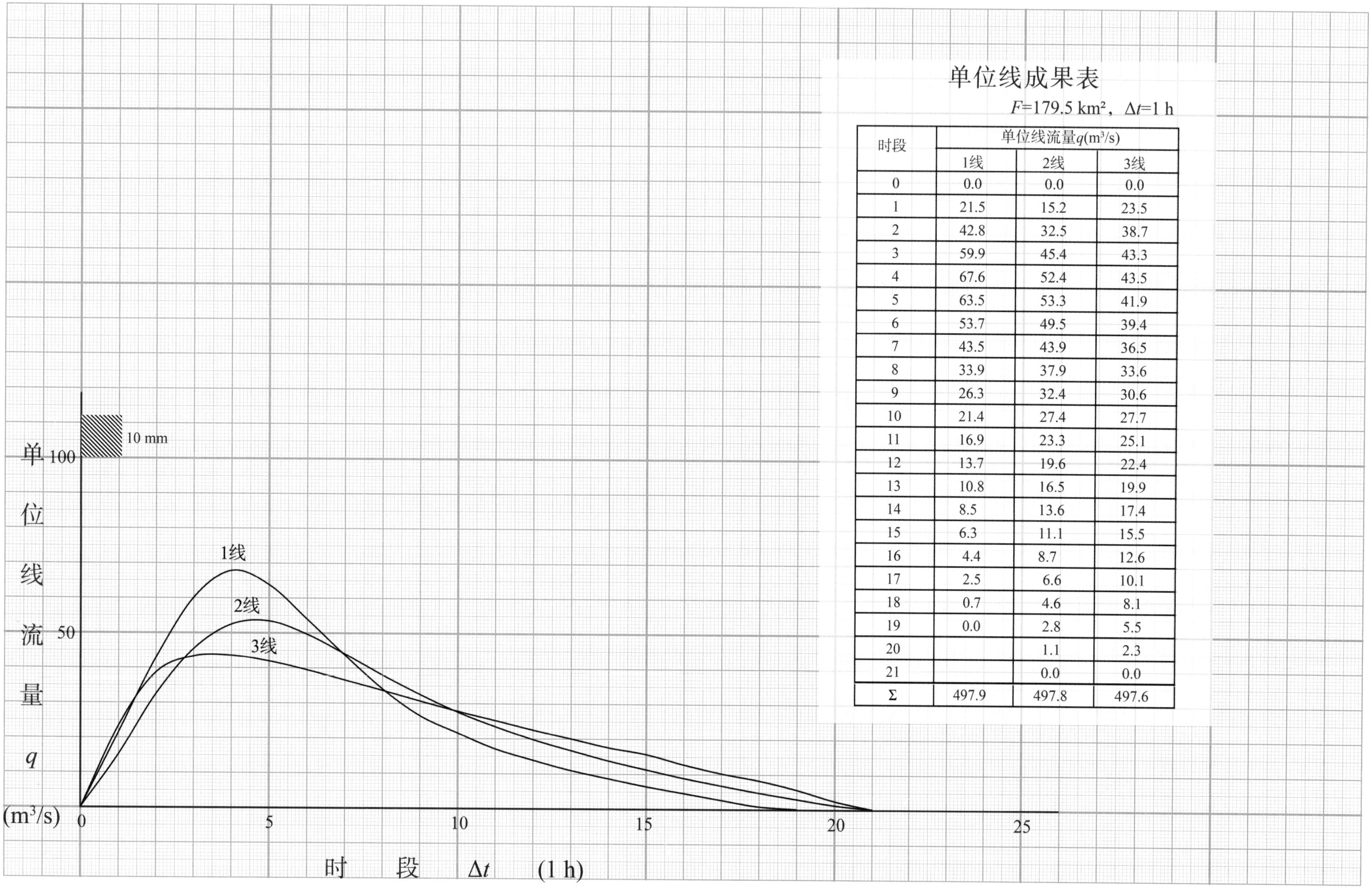

单位线成果表

F=179.5 km²，Δt=1 h

时段	单位线流量 q(m³/s)		
	1线	2线	3线
0	0.0	0.0	0.0
1	21.5	15.2	23.5
2	42.8	32.5	38.7
3	59.9	45.4	43.3
4	67.6	52.4	43.5
5	63.5	53.3	41.9
6	53.7	49.5	39.4
7	43.5	43.9	36.5
8	33.9	37.9	33.6
9	26.3	32.4	30.6
10	21.4	27.4	27.7
11	16.9	23.3	25.1
12	13.7	19.6	22.4
13	10.8	16.5	19.9
14	8.5	13.6	17.4
15	6.3	11.1	15.5
16	4.4	8.7	12.6
17	2.5	6.6	10.1
18	0.7	4.6	8.1
19	0.0	2.8	5.5
20		1.1	2.3
21		0.0	0.0
Σ	497.9	497.8	497.6

图 42-3　石家河泊于水库站单位线图

第四十三章　埠柳河纸坊水库站水文预报方案编制说明

1　流域概况

1.1　流域自然地理特征

纸坊水库位于荣成市埠柳镇埠柳村南 1 km 处埠柳河上游，控制流域面积 30 km^2，干流比降 19‰，平均宽度 4.5 km，流域呈扇形，主要是山地丘陵区，其中山区占 86%，丘陵占 14%。流域地层基底有片麻岩，土壤以沙壤土、壤土为主，主要农作物为小麦、玉米、花生、大豆。流域内多年平均年降水量 767.0 mm，多年平均汛期降雨量 529.0 mm，占全年的 69.0%，多年平均年径流量 902 万 m^3。纸坊水库流域图见图 43-1。

1.2　水利工程情况

1.2.1　纸坊水库概况

纸坊水库于 1958 年 11 月动工兴建，1960 年 4 月竣工，是一座以防洪和农业灌溉为主，兼有供水、发电、养殖等综合效益的中型水库。水库防洪标准为 100 年一遇设计、1 000 年一遇校核。2008 年除险加固后水库总库容 1 651 万 m^3，兴利库容 870 万 m^3，死库容 150 万 m^3。设计洪水位 55.21 m，校核洪水位 56.22 m，死水位 41.48 m，正常蓄水位 52.57 m。

纸坊水库枢纽工程主要包括大坝、溢洪道、放水洞，水库主要工程指标见表 43-1。

表 43-1　纸坊水库主要工程指标表

流域面积（km^2）		多年平均年径流量（万 m^3）		设计洪峰流量（m^3/s）
30		902		701
水库特征				
特征	死	兴利	设计	校核
水位（m）	41.48	52.57	55.21	56.22
库容（万 m^3）	150	870	1 458	1 651
控制运用指标				
允许最高水位（m）	警戒水位（m）	汛末蓄水位（m）		汛末蓄水位相应库容（万 m^3）
55.87	55.05	52.57		1 020

续表

大坝				
坝长（m）	坝高（m）	坝顶宽（m）	坝顶高程（m）	防浪墙顶高程（m）
913	26.28	6.0	56.60	57.78
溢洪道				
型式	堰顶高程（m）	净宽（m）		最大泄量（m^3/s）
开敞式	52.57	53.6		521
放水洞				
型式	尺寸（m）	进口底高程（m）	最大流量（m^3/s）	闸门型式
城门拱廊道内衬钢筋混凝土管涵洞	$\phi1.3$	40.62	1.90	铸铁斜盖板斜拉式

1.2.2　上游水利工程概况

纸坊水库流域内自 1961 年以来先后建成小（1）型水库 1 座、小（2）型水库 4 座，控制流域面积 5.55 km^2，详见表 43-2。

表 43-2　纸坊水库流域内水利工程情况表

水库名称	所在乡镇	规模	流域面积（km^2）	总库容（万 m^3）	兴利库容（万 m^3）	建成年月
黑夼	埠柳镇	小（1）型	2.1	115.7	84.0	1973 年 11 月
黄沟鸡山	埠柳镇	小（2）型	1.28	24.1	16.7	1968 年 4 月
黄沟	埠柳镇	小（2）型	0.26	10.9	7.6	1989 年 10 月
梨夼	埠柳镇	小（2）型	1.5	89.6	70.4	1969 年 10 月
邹家鸡冠	埠柳镇	小（2）型	0.41	11.9	1.5	1969 年 10 月
总计			5.55	252.2	180.2	

1.3　测站概况

纸坊水库流域内设有水库水文站 1 处。水库水准基面为 1956 年黄海基面。

2　预报方案编制

纸坊水库位于埠柳河上游，本方案中产流方案使用降雨径流相关图（$P+P_a-R$），曲线移用八河水库水文站 $P+P_a-R$ 关系曲线，详见图 43-2；汇流方案采用单位线法，其单位线根据八河水库水文站预报方案等比例缩放后得到，详见图 43-3。

3　方案使用说明

预报径流量、入库洪峰流量及洪水过程线时，可按下列框图进行。

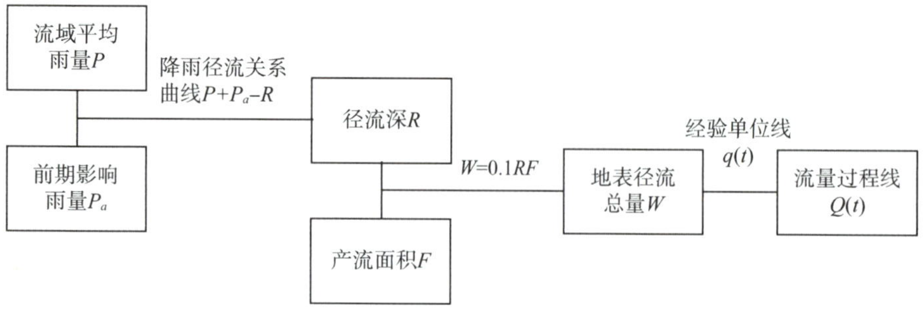

3.1 产流预报

3.1.1 流域平均雨量 P 的计算

根据流域内雨情逐时段（$\Delta t=1$ h）计算时段平均雨量。当累计雨量达到或超过 50 mm 时，即可进行洪水作业预报。

3.1.2 流域平均前期影响雨量 P_a 的计算

根据下式计算 P_a 值：

$$P_{a,\ t+1}=K(P_{a,\ t}+P_t)$$

式中：$P_{a,t+1}$ 为第 t+1 日的前期影响雨量（mm）；$P_{a,t}$ 为第 t 日的前期影响雨量（mm）；P_t 为第 t 日的流域平均雨量（mm）；K 为前期影响雨量递减系数。

3.1.3 径流深 R 的计算

由计算得到的 P_a、P，根据降雨径流相关图（$P+P_a-R$）查算的结果进行综合分析，确定地表径流深 R 的预报值。

3.1.4 产流面积 F 的确定

纸坊水库流域产流面积即为水库的控制流域面积 30 km^2。

3.1.5 地表径流总量 W 预报

根据确定的产流面积 F、预报的径流深 R，由公式 $W=0.1RF$ 计算得到地表径流总量。

3.2 入库流量过程预报

根据单位线及各时段净雨量，计算得到各时段净雨形成的部分径流量过程，错时段叠加，结合基流，得到该次降雨入库流量过程。其中，各时段净雨部分径流量计算公式为

$$Q_i'(t)=\frac{h_i(t)}{10}q(t)$$

式中：$Q_i'(t)$ 为第 i 次时段净雨形成的部分径流量；$h_i(t)$ 为第 i 次时段净雨量；$q(t)$ 为单位线对应的时段单位流量。

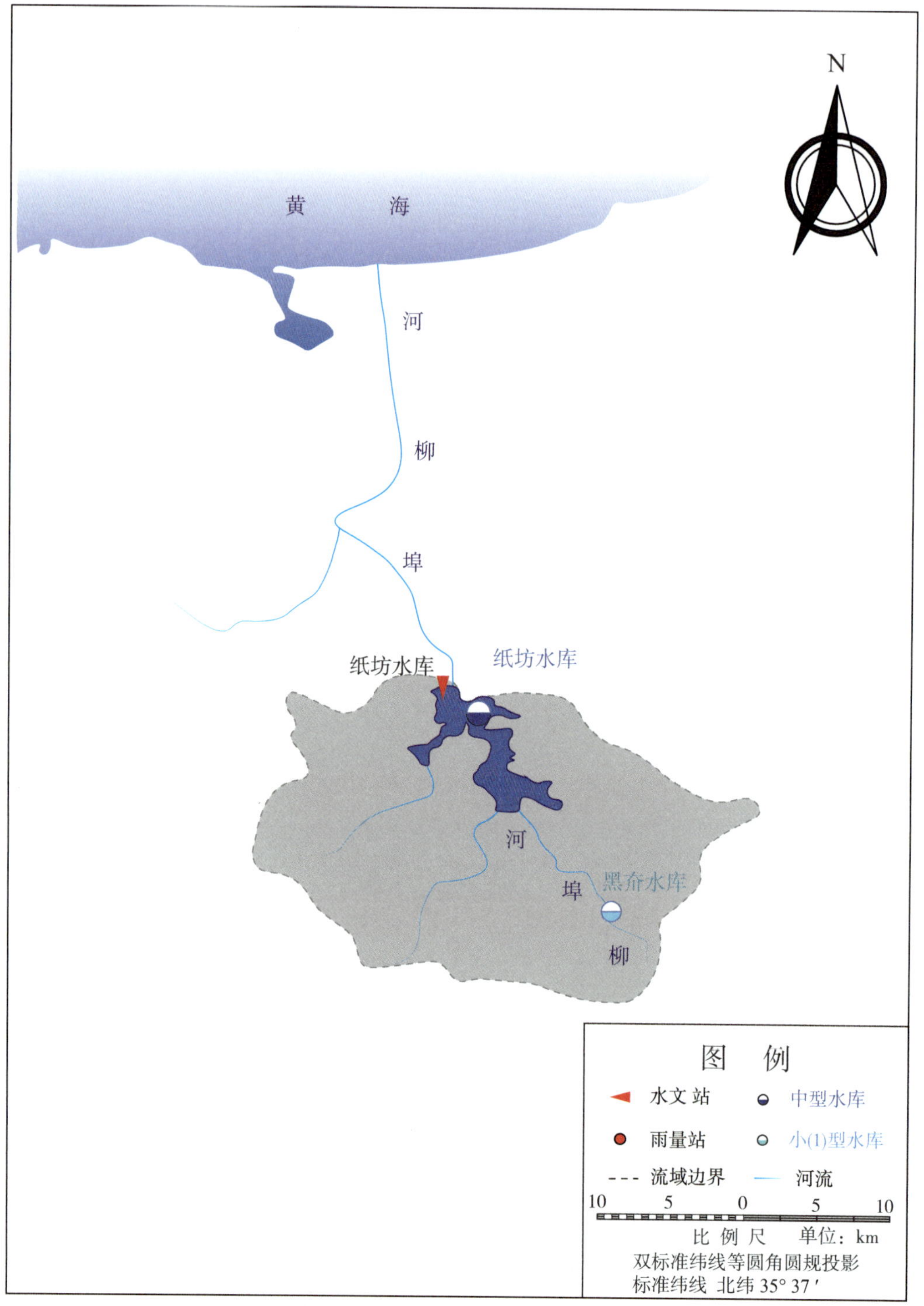

图 43-1 埠柳河纸坊水库流域图

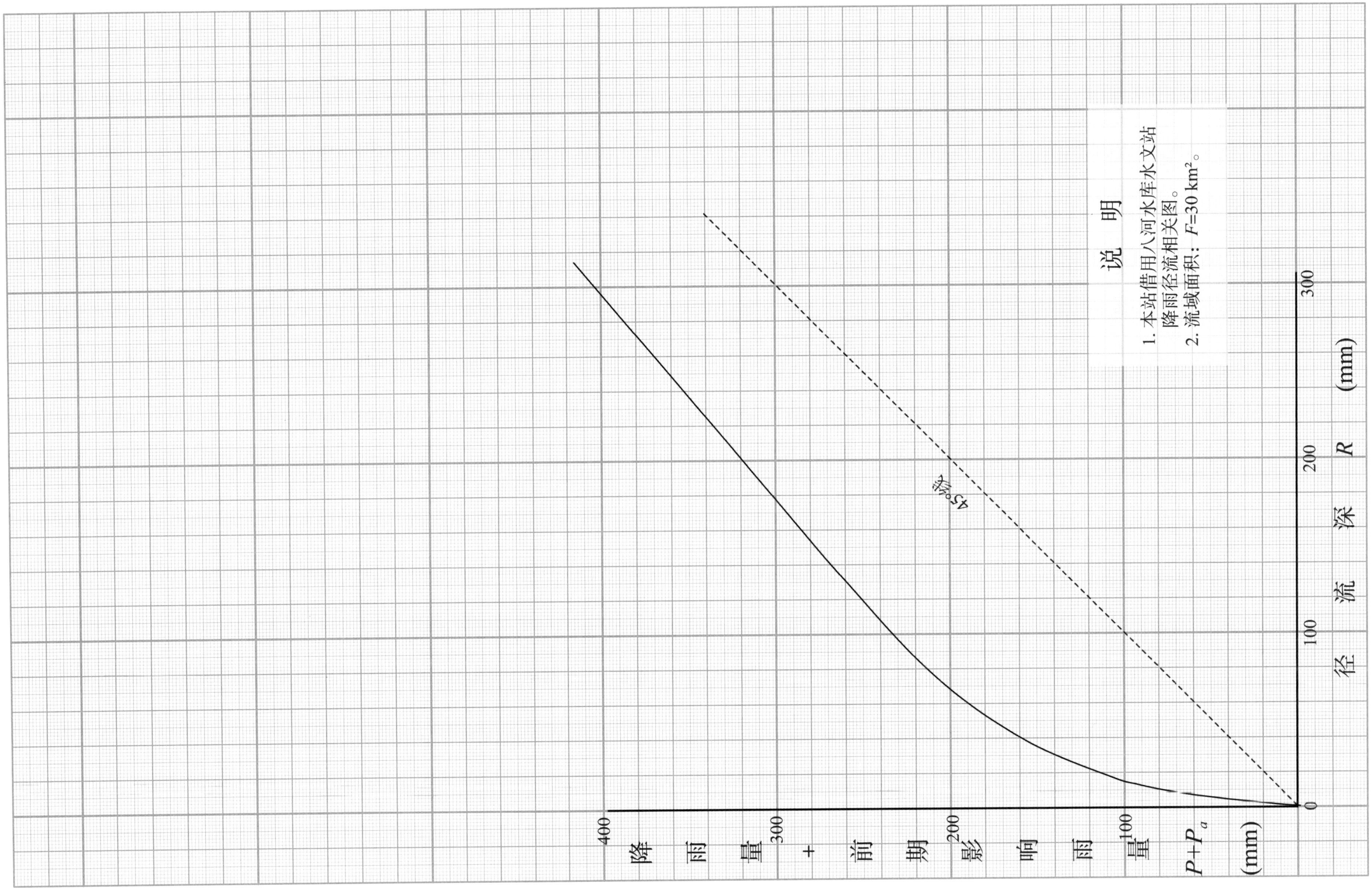

图 43-2　埠柳河纸坊水库站降雨径流相关图（$P+P_a-R$）

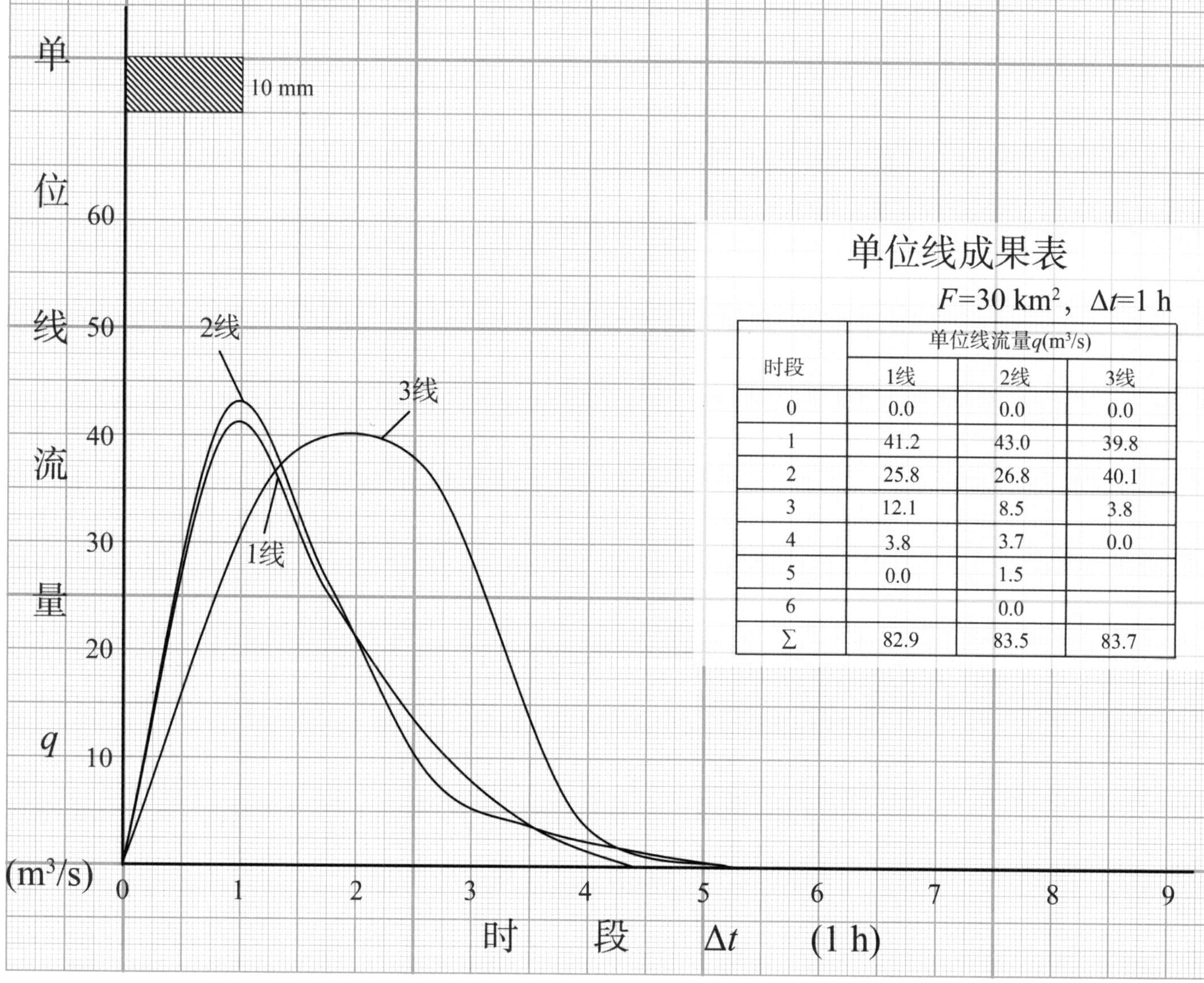

单位线成果表

F=30 km², Δt=1 h

时段	单位线流量q(m³/s)		
	1线	2线	3线
0	0.0	0.0	0.0
1	41.2	43.0	39.8
2	25.8	26.8	40.1
3	12.1	8.5	3.8
4	3.8	3.7	0.0
5	0.0	1.5	
6		0.0	
Σ	82.9	83.5	83.7

图 43-3　埠柳河纸坊水库站单位线图

第四十四章 沽河东支后龙河水库站水文预报方案编制说明

1 流域概况

1.1 流域自然地理特征

后龙河水库位于荣成市城西街道东北4 km的后龙河村北、沽河东支流中游。水库控制流域面积61.1 km^2，其中山区占60%，丘陵占40%，流域形状为扇形，主河道长10.2 km，干流平均坡降7‰，平均宽度5 km，有5条支流直接入库。流域内土壤主要为砂土、沙壤土，植被情况较好，主要农作物有小麦、玉米、花生等。后龙河水库流域图见图44-1。

该流域属暖温带海洋性季风气候，春季风多雨少，夏季湿热多雨，秋季凉爽易旱，冬季寒冷少雪。多年平均气温12.1 ℃，多年平均年降水量796.3 mm，降水量年际、年内分布很不均匀，最大年降水量为1 214.6 mm（1990年），最小年降水量为383.7 mm（1999年）；年内降雨多集中在6—9月份，多年汛期平均降水量占全年的70%以上。昼夜温差较小，无霜期较长，多年平均6—9月份最大风速为12.7 m/s。

1.2 水利工程情况

1.2.1 后龙河水库概况

后龙河水库是一座以防洪、工业供水、城镇供水为主，兼顾发电、养鱼等综合效益的重点中型水库。水库于1958年月10月动工兴建，1960年3月建成；2008年9月进行除险加固工程，2010年11月竣工。水库除险加固后总库容5 062万m^3，兴利水位54.00 m，兴利库容2 422万m^3，死水位43.10 m，死库容218万m^3。

后龙河水库工程枢纽建筑物由大坝、溢洪道、放水洞和发电站等组成，水库主要工程指标见表44-1。

表44-1 后龙河水库主要工程指标表

流域面积（km^2）	多年平均年径流量（万m^3）	设计洪峰流量（m^3/s）（P=1%）
61.1	1 758	1 215.3

续表

水库特征				
特征	死	兴利	设计（P=1%）	校核（P=0.05%）
水位（m）	43.10	54.00	56.82	58.80
库容（万m^3）	218	2 422	3 964	5 062
控制运用指标				
允许最高水位（m）	警戒水位（m）	汛末蓄水位（m）		汛末蓄水位相应库容（万m^3）
28.58	56.28	53.18		2 318
大坝				
坝长（m）	坝高（m）	坝顶宽（m）	坝顶高程（m）	防浪墙顶高程（m）
420	29.3	6.0	59.60	60.60
溢洪道				
堰顶高程（m）		净宽（m）	尺寸（m×m）	闸底板高程（m）
51.00		20.2	6×3.6	51.00
放水洞				
尺寸（m×m）		进口底高程（m）		闸门型式
1.5×1.5		42.10		平面钢闸门

1.2.2 上游水利工程概况

后龙河水库流域内自1957年先后建成小（1）型水库1座、小（2）型水库5座，小（1）、小（2）型水库总控制流域面积11.57 km^2，占水库全流域面积的18.9%；总库容333.58万m^3，占水库总库容的6.6%；总兴利库容239.95万m^3，占水库兴利库容的9.9%。详见表44-2。

表44-2 后龙河水库流域内水利工程情况表

水库名称	所在乡镇	规模	流域面积（km^2）	总库容（万m^3）	兴利库容（万m^3）	建成时间
大山口	崖西镇	小（1）型	6.3	230.8	173	1980年10月
小山口	崖西镇	小（2）型	0.68	10.8	6.1	1958年11月
小刘家	崖西镇	小（2）型	2.68	37.0	24.8	1964年8月
小蒿泊	崖西镇	小（2）型	1.06	14.13	9.5	1988年12月

续表

水库名称	所在乡镇	规模	流域面积（km^2）	总库容（万 m^3）	兴利库容（万 m^3）	建成时间
北崖西狼窝	崖西镇	小（2）型	0.5	29.4	19.7	1965 年 10 月
土城子	荫子镇	小（2）型	0.35	11.45	6.85	1959 年 4 月
总计			11.57	333.58	239.95	

1.3 测站概况

后龙河水库流域内设有雨量站、水库水文站各 1 处，水库水准基面为 1956 年黄海基面。

2 预报方案编制

后龙河水库位于沽河东支流中游，本方案中产流方案使用降雨径流相关图（$P+P_a-R$），曲线移用八河水库水文站 $P+P_a-R$ 关系曲线，详见图 44-2；汇流方案采用单位线法，其单位线根据八河水库水文站预报方案等比例缩放后得到，详见图 44-3。

3 方案使用说明

预报径流量、入库洪峰流量及洪水过程线时，可按下列框图进行。

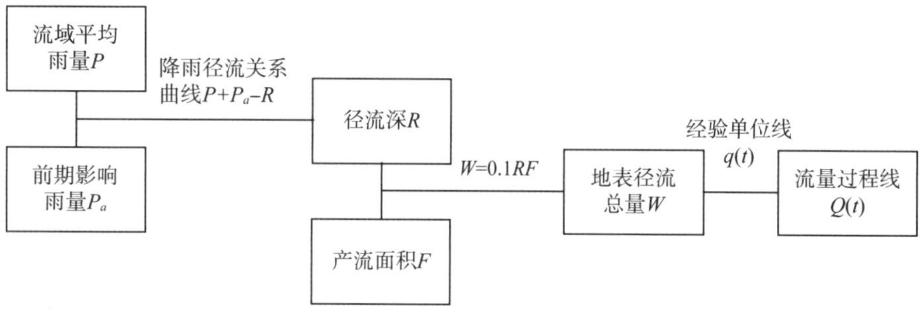

3.1 产流预报

3.1.1 流域平均雨量 P 的计算

根据流域内雨情逐时段（$\Delta t=1$ h）计算时段平均雨量。当累计雨量达到或超过 50 mm 时，即可进行洪水作业预报。

3.1.2 流域平均前期影响雨量 P_a 的计算

根据下式计算 P_a 值：

$$P_{a,\ t+1}=K(P_{a,\ t}+P_t)$$

式中：$P_{a,t+1}$ 为第 t+1 日的前期影响雨量（mm）；$P_{a,t}$ 为第 t 日的前期影响雨量（mm）；P_t 为第 t 日的流域平均雨量（mm）；K 为前期影响雨量递减系数。

3.1.3 径流深 R 的计算

由计算得到的 P_a、P，根据降雨径流相关图（$P+P_a-R$）查算的结果进行综合分析，确定地表径流深 R 的预报值。

3.1.4 产流面积 F 的确定

后龙河水库流域产流面积即为水库的控制流域面积 61.1 km^2。

3.1.5 地表径流总量 W 预报

根据确定的产流面积 F、预报的径流深 R，由公式 $W=0.1RF$ 计算得到地表径流总量。

3.2 入库流量过程预报

根据单位线及各时段净雨量，计算得到各时段净雨形成的部分径流量过程，错时段叠加，结合基流，得到该次降雨入库流量过程。其中，各时段净雨部分径流量计算公式为

$$Q_i'(t)=\frac{h_i(t)}{10}q(t)$$

式中：$Q_i'(t)$ 为第 i 次时段净雨形成的部分径流量；$h_i(t)$ 为第 i 次时段净雨量；$q(t)$ 为单位线对应的时段单位流量。

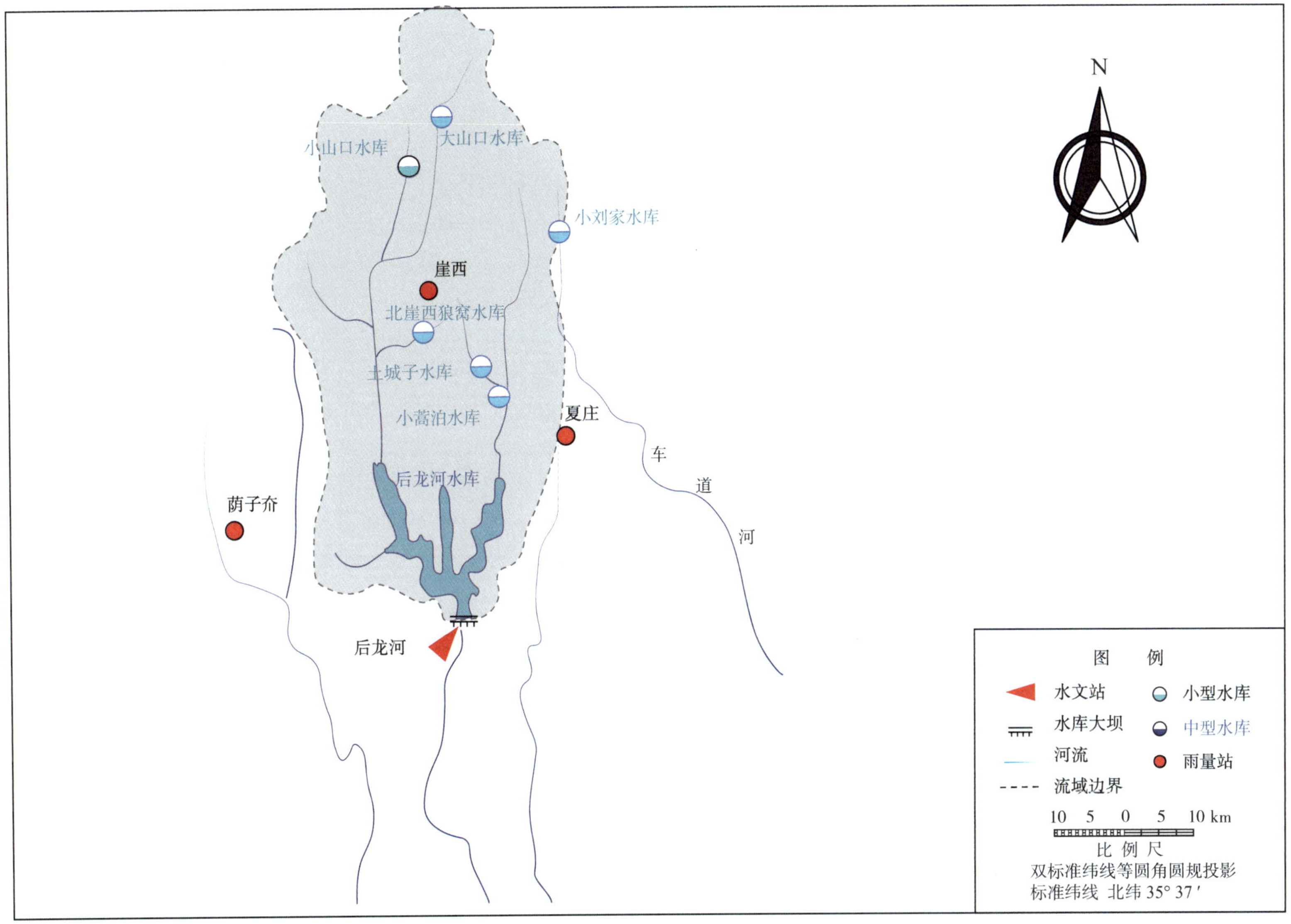

图 44-1　沽河东支后龙河水库流域图

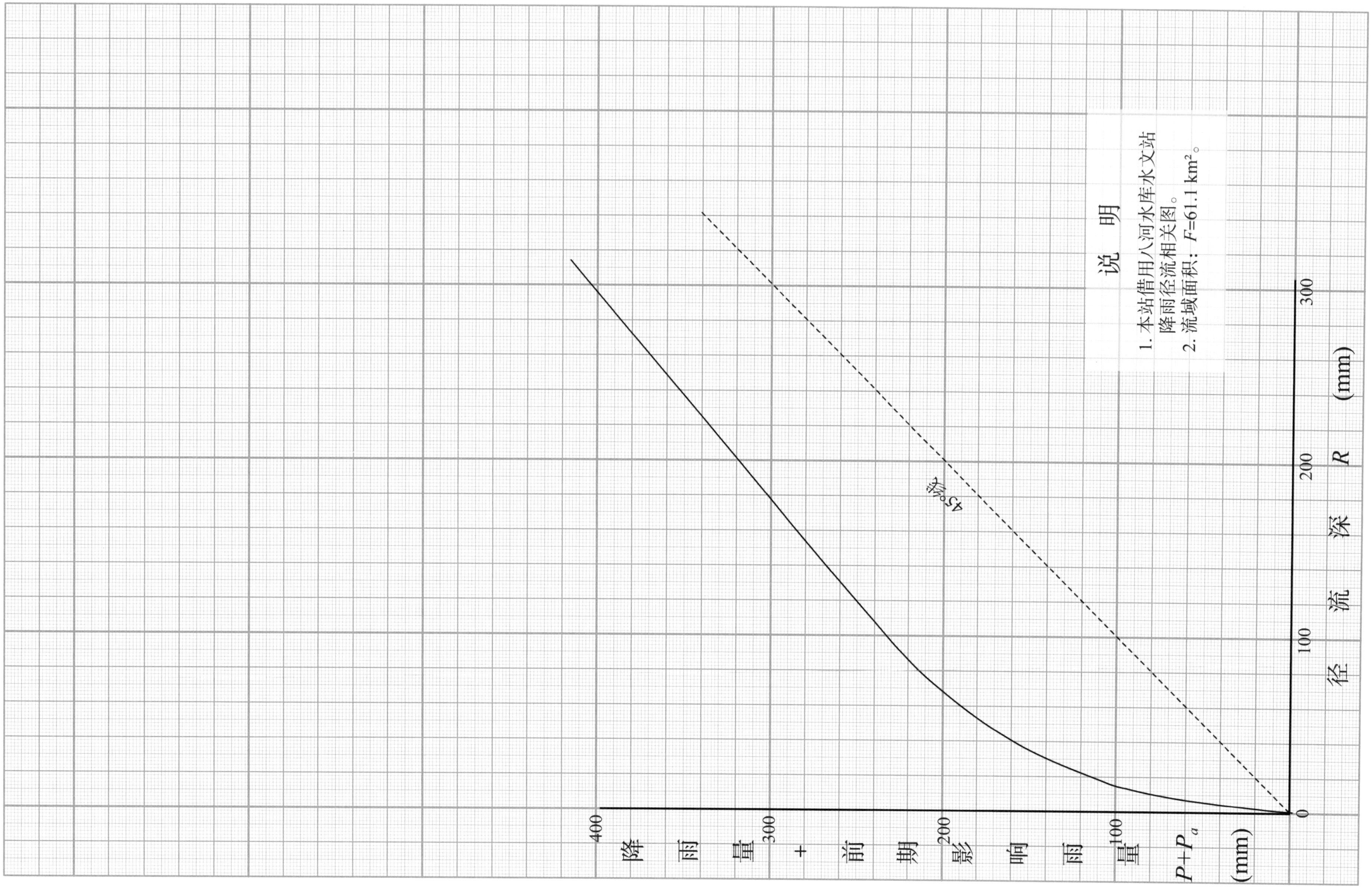

图 44-2　沽河东支后龙河水库站降雨径流相关图（$P+P_a$-R）

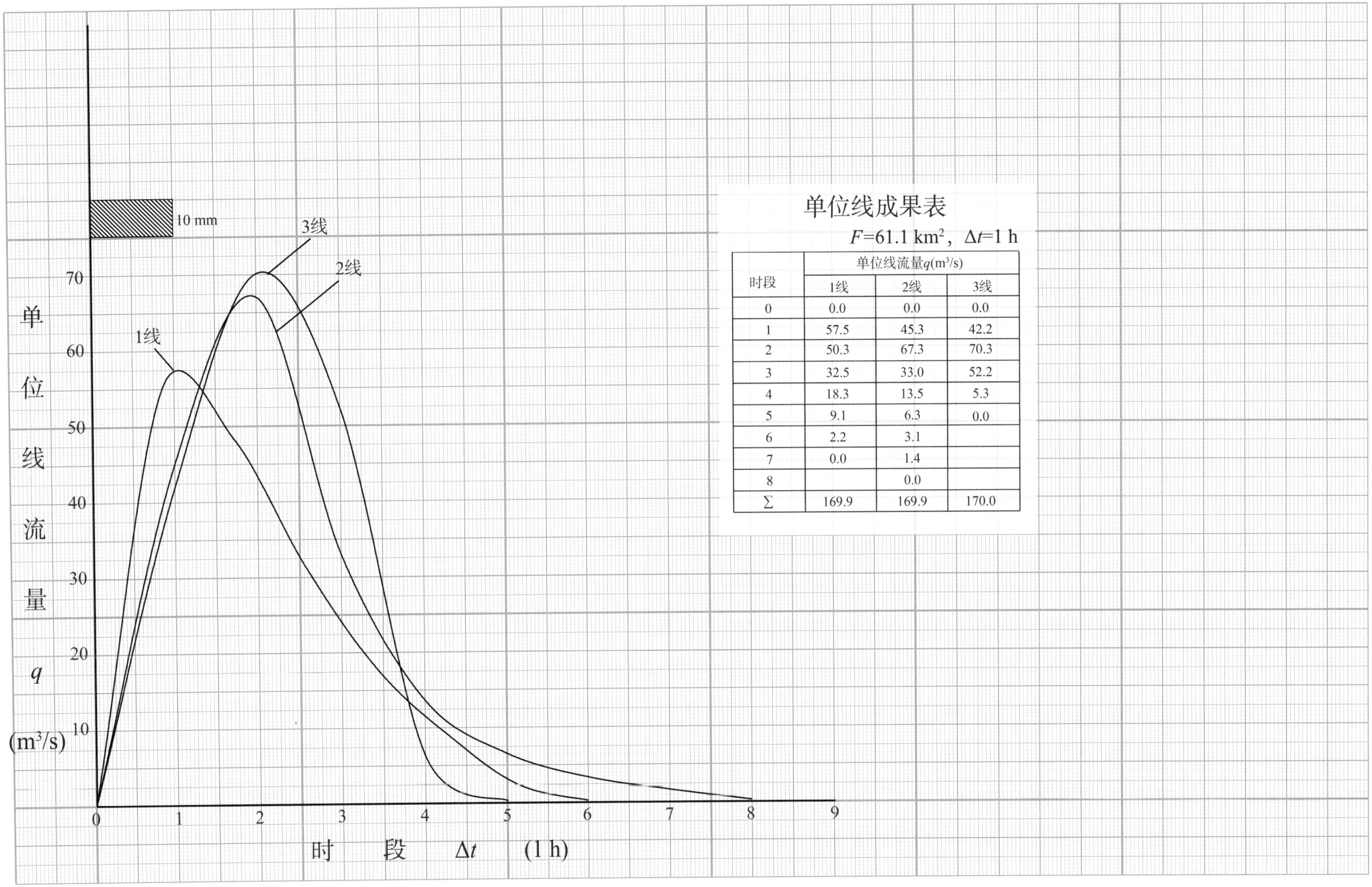

单位线成果表

F=61.1 km^2，Δt=1 h

时段	单位线流量q(m^3/s)		
	1线	2线	3线
0	0.0	0.0	0.0
1	57.5	45.3	42.2
2	50.3	67.3	70.3
3	32.5	33.0	52.2
4	18.3	13.5	5.3
5	9.1	6.3	0.0
6	2.2	3.1	
7	0.0	1.4	
8		0.0	
Σ	169.9	169.9	170.0

图 44-3　沽河东支后龙河水库站单位线图

第四十五章　小落河湾头水库站水文预报方案编制说明

1　流域概况

1.1　流域自然地理特征

湾头水库位于荣成市大疃镇小落河上游，坝址位于北湾头村西，轴向南北，控制流域面积 28 km^2。小落河有南北 2 条支流，其中北支发源于荣成、文登交界的邹山，干流长度 8.3 km，南支发源于龙庙山北麓，干流长度 15.5 km。流域呈扇形，属丘陵地区，海拔为 16.3~31.0 m，丘陵面积占流域面积的 70%，山区占 10%，平原占 20%。水库下游 5 km 处有荣成市藤家镇，有威石一级公路（距水库 5 km 左右），还有荣成水务石岛自来水分公司和八河水库。流域基底地层有片麻岩，土壤以沙壤土、壤土为主，主要农作物为小麦、玉米、花生。湾头水库流域图见图 45-1。

湾头水库自 2006 年有记录降水量以来，多年平均年降水量 741.1 mm，汛期多年平均降水量 502.5 mm，占全年的 67.8%，多年平均年径流深 265.8 mm。

1.2　水利工程情况

1.2.1　湾头水库概况

湾头水库始建于 1970 年 9 月，1971 年 6 月竣工，是一座以防洪和工业供水功能为主的防洪重点中型水库。2009 年 9 月实施除险加固工程，2010 年 11 月竣工。水库除险加固后总库容为 1 547 万 m^3，兴利水位 28.00 m，兴利库容 930 万 m^3，死水位 20.30 m，死库容 80 万 m^3。

湾头水库工程枢纽建筑物由大坝、溢洪道和放水洞等组成，水库主要工程指标见表 45-1。

1.2.2　上游水利工程概况

湾头水库流域内自 1971 年以来先后建成小（1）型水库 1 座、小（2）型 4 座，总流域面积 5.0 km^2，总库容 239.88 万 m^3，总兴利库容 135.8 万 m^3，详见表 45-2。

表 45-1　湾头水库主要工程指标表

流域面积（km^2）		多年平均年径流深（mm）		设计洪峰流量（m^3/s）
28		265.8		515
水库特征				
特征	死	兴利	设计	校核
水位（m）	20.30	28.00	29.22	30.11
库容（万 m^3）	80	930	1 269	1 303

续表

控制运用指标					
允许最高水位（m）	警戒水位（m）	汛末蓄水位（m）		汛末蓄水位相应库容（万 m^3）	
30.11	29.22	28.00		1 010	
大坝					
坝长（m）	坝高（m）	坝顶宽（m）	坝顶高程（m）	防浪墙顶高程（m）	
160	2.3	5.0	31.00	32.00	
溢洪道					
型式	堰顶高程（m）	净宽（m）	闸门尺寸（m×m）	最大泄量（m^3/s）	闸门型式
有控制	25.00	18.0	3×2.5	351.3	平面钢闸门
放水洞					
名称	型式	进口底高程（m）	最大流量（m^3/s）	闸门型式	启闭机型式
放水洞	钢筋混凝土方涵	20.00	5.58	平面钢闸门	卷扬式

表 45-2　湾头水库流域内水利工程情况表

水库名称	所在乡镇	规模	流域面积（km^2）	总库容（万 m^3）	兴利库容（万 m^3）	建成时间
徐田庄	大疃镇	小（1）型	2.3	122.0	68.0	1959 年 7 月
北疃	大疃镇	小（2）型	0.4	11.2	8.4	1960 年 5 月
南疃	大疃镇	小（2）型	0.5	47.08	30.0	1978 年 5 月
西中窑	大疃镇	小（2）型	0.4	33.2	18.8	1981 年 4 月
岳泊庄	大疃镇	小（2）型	1.4	26.4	10.6	1991 年 12 月
合计			5.0	239.88	135.8	

1.3　测站概况

湾头水库流域现有水库水文站 1 处，水库水准基面为 1956 年黄海基面。

2　预报方案编制

湾头水库位于小落河上游，本方案中产流方案使用降雨径流相关图（$P+P_a-R$），曲线移用八河水库水文站 $P+P_a-R$ 关系曲线，详见图 45-2；汇流方案采用单位线法，其单位线根据八河水库水文站预报方案等比例缩放后得到，详见图 45-3。

3　方案使用说明

预报径流量、入库洪峰流量及洪水过程线时，可按下列框图进行。

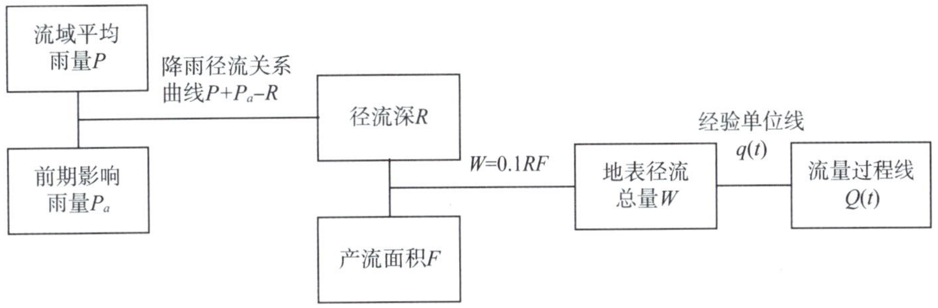

3.1 产流预报

3.1.1 流域平均雨量 P 的计算

根据流域内雨情逐时段（$\Delta t = 1$ h）计算时段平均雨量。当累计雨量达到或超过 50 mm 时，即可进行洪水作业预报。

3.1.2 流域平均前期影响雨量 P_a 的计算

根据下式计算 P_a 值：

$$P_{a,\ t+1} = K(P_{a,\ t} + P_t)$$

式中：$P_{a,t+1}$ 为第 t+1 日的前期影响雨量（mm）；$P_{a,t}$ 为第 t 日的前期影响雨量（mm）；P_t 为第 t 日的流域平均雨量（mm）；K 为前期影响雨量递减系数。

3.1.3 径流深 R 的计算

由计算得到的 P_a、P，根据降雨径流相关图（$P+P_a-R$）查算的结果进行综合分析，确定地表径流深 R 的预报值。

3.1.4 产流面积 F 的确定

湾头水库流域产流面积即为水库的控制流域面积 28 km^2。

3.1.5 地表径流总量 W 预报

根据确定的产流面积 F、预报的径流深 R，由公式 $W = 0.1RF$ 计算得到地表径流总量。

3.2 入库流量过程预报

根据单位线及各时段净雨量，计算得到各时段净雨形成的部分径流量过程，错时段叠加，结合基流，得到该次降雨入库流量过程。其中，各时段净雨部分径流量计算公式为

$$Q_i'(t) = \frac{h_i(t)}{10} q(t)$$

式中：$Q_i'(t)$ 为第 i 次时段净雨形成的部分径流量；$h_i(t)$ 为第 i 次时段净雨量；$q(t)$ 为单位线对应的时段单位流量。

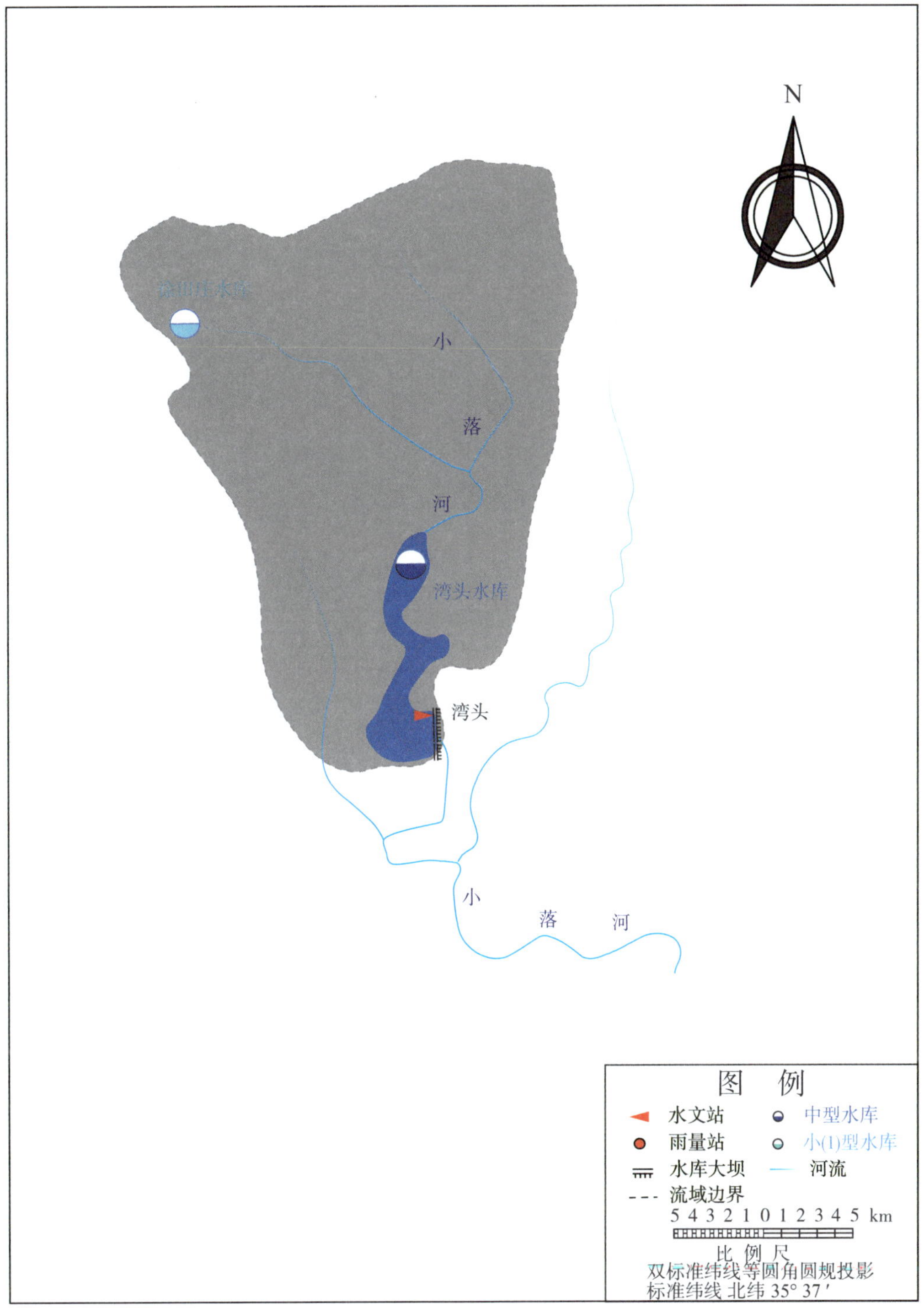

图 45-1 小落河湾头水库流域图

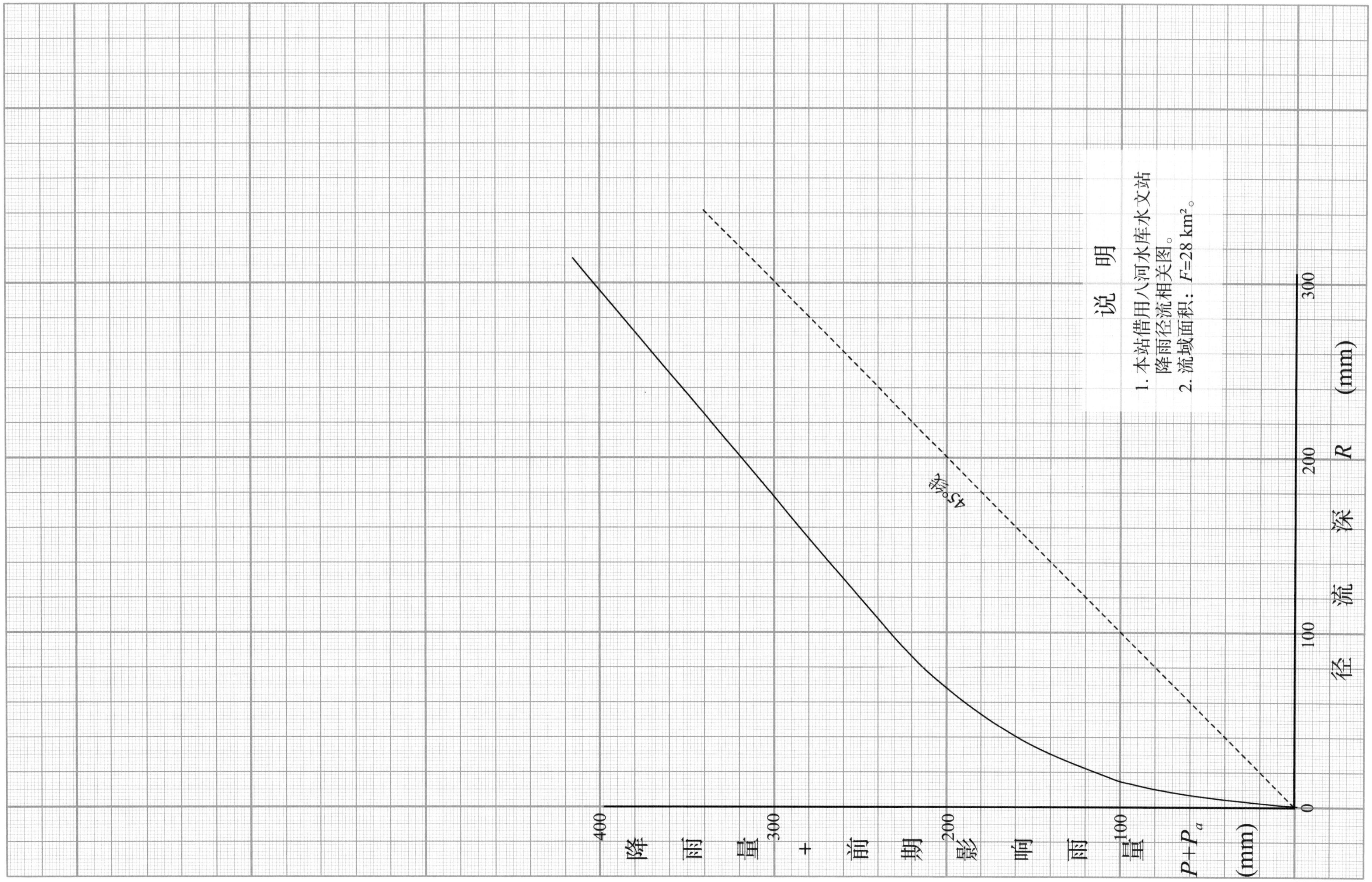

图 45-2　小落河湾头水库站降雨径流相关图（$P+P_a$-R）

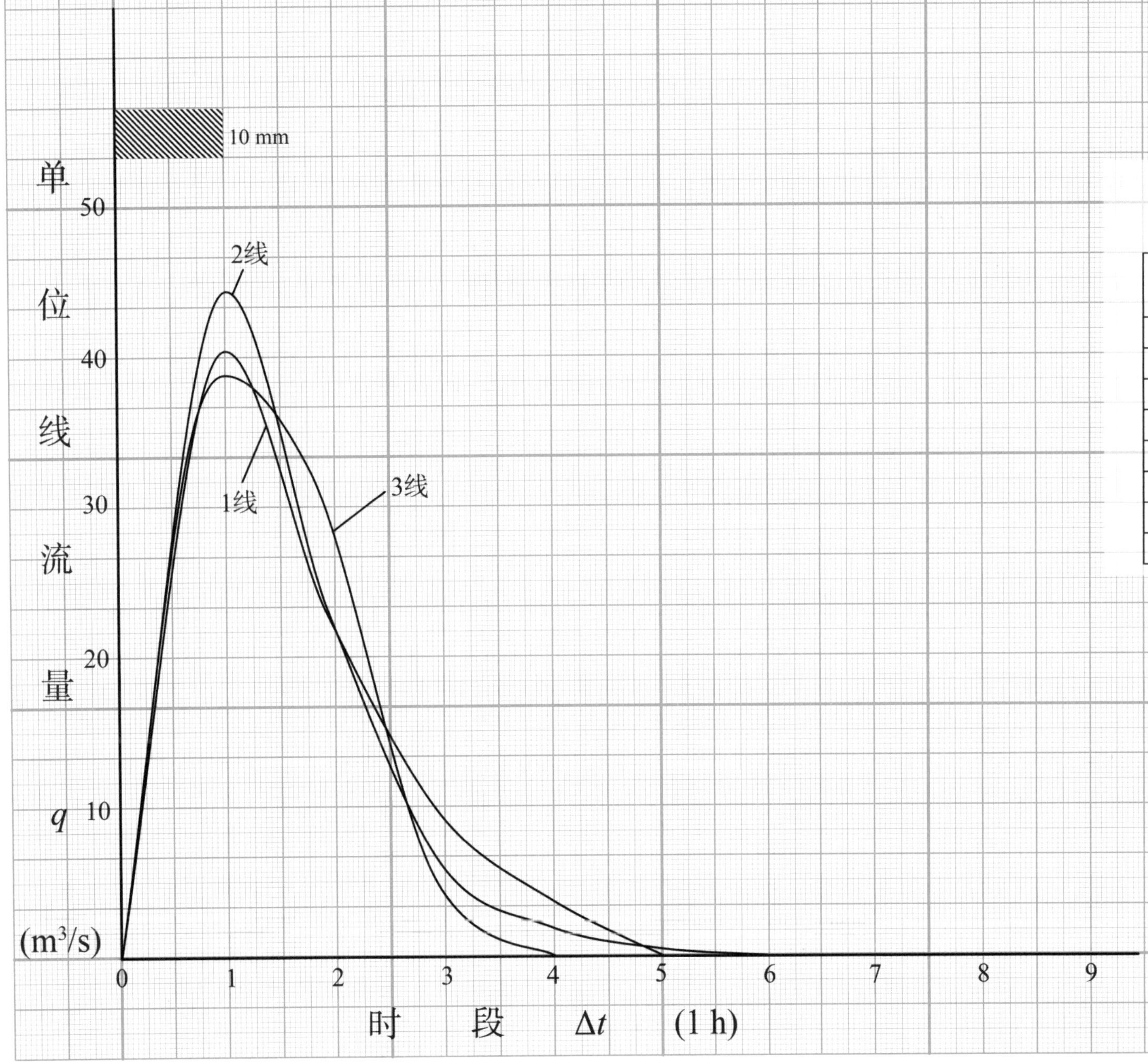

单位线成果表

F=28 km²，Δt=1 h

时段	单位线流量q(m³/s)		
	1线	2线	3线
0	0.0	0.0	0.0
1	40.5	44.7	39.6
2	23.3	23.5	35.5
3	9.7	6.4	3.0
4	3.8	2.5	0.0
5	0.0	0.5	
6		0.0	
Σ	77.3	77.6	78.1

图 45-3 小落河湾头水库站单位线图

第四十六章　小落河八河水库站水文预报方案编制说明*

1　流域概况

1.1　流域自然地理特征

八河水库位于山东省荣成市城区以南 14.0 km，地处小落河、王连河下游入海口，原八河港港湾处，濒临黄海，控制流域面积 256 km^2，其中，山丘区占 5%，丘陵区占 75%，平原区占 20%。流域形状为扇形，平均宽度 16.0 km，干流平均坡度 1.4‰，流域内土壤主要为砂土、沙壤土，植被情况较好，主要农作物有小麦、玉米、花生等。八河水库流域图见图 46-1。

八河水库流域属暖温带海洋性季风气候，春季风多雨少，夏季湿热多雨，秋季凉爽易旱，冬季寒冷多雪。多年平均年降水量 680 mm，降水量年际、年内分布很不均匀，年内降雨多集中在汛期（6—9 月），汛期（6—9 月）多年平均降水量 495.1 mm，占全年的 72.8%。多年平均年径流量 5 846 万 m^3。流域内昼夜温差较小，无霜期较长，多年平均气温 11.5 ℃，多年平均最大风速 16.5 m/s。

1.2　水利工程情况

1.2.1　八河水库概况

八河水库于 1975 年 12 月开工建设，1978 年 12 月竣工，是一座集城市供水、灌溉、养殖等综合利用为一体的大（2）型水库。2001 年实施扩建工程，2004 年 9 月竣工，扩建后为大（2）型水库。水库防洪标准为 50 年一遇洪水设计、300 年一遇洪水校核。2015 年八河水库实施了增容工程，2016 年完工。2018 年 11 月山东省水利厅公布了八河水库新库容曲线。水库增容后总库容为 10 382 万 m^3，正常蓄水位由现状 2.50 m 抬升至 5.00 m，兴利库容 6 384 万 m^3，死水位 0.60 m，死库容 907 万 m^3。水库枢纽工程有主坝、副坝、溢洪道。八河水库溢洪道出口位于入海口，下泄水量直接入海，下游无保护目标，溢洪道下泄水量对下游基本没有影响。八河水库工程基本情况详见表 46-1。

表 46-1　小落河八河水库工程基本情况表

大坝	项目		主坝
	坝长（m）		2 622.5
	坝顶高程（m）		9.00
	坝顶宽（m）		6.0
溢洪道	型式		平板钢闸门
	闸底高程（m）		10.20
	孔数		6
	闸门尺寸（m×m）		6.70×10
	最大泄量（m^3/s）		1 908
汛期控制运用指标	允许最高水位（m）		6.45
	警戒水位（m）		5.62
	允许壅高水位（m）		5.22
	下游安全泄量（m^3/s）		直接入海
	汛中	限制水位（m）	5.00
		相应库容（万 m^3）	7 291
	汛末	限制水位（m）	5.00
		相应库容（万 m^3）	7 291

备注：资料抄自《八河水库 2022 年汛期调度运用计划》，基面高程为 1956 年黄海高程。

1.2.2　八河水库上游水利工程情况

八河水库上游有中型水库 1 座（湾头水库）、小（1）型水库 1 座、小（2）型水库 38 座，详见表 46-2。

表 46-2　八河水库上游主要水利工程统计表

序号	水库名称	规模	所在镇（街道）	流域面积（km^2）	库容（万 m^3）		建成时间
					总	兴利	
1	湾头	中型	大疃	28	1 547	930	1971 年 6 月
2	徐田庄	小（1）	大疃	2.3	122	68	1959 年 7 月
3	北疃	小（2）	大疃	0.4	11.2	8.4	1960 年 5 月
4	南疃	小（2）	大疃	0.5	47.08	30	1978 年 5 月
5	西中窑	小（2）	大疃	0.4	33.2	18.8	1981 年 4 月
6	桑梓	小（2）	滕家	1.5	39	22.1	1957 年 11 月
7	马草夼	小（2）	滕家	0.95	18.6	10	1979 年 2 月
8	茂柞	小（2）	滕家	0.92	21.11	14.4	1958 年 2 月

续表

序号	水库名称	规模	所在镇（街道）	流域面积（km^2）	库容（万 m^3）		建成时间
					总	兴利	
9	西初家	小（2）	滕家	1.9	15.3	7	1959 年 11 月
10	鲁家	小（2）	崂山	1.0	41	22.8	1979 年 2 月
11	东旗杆石	小（2）	上庄	1.3	16.1	7.6	1978 年 12 月
12	二里周家	小（2）	上庄	0.93	20.92	11.65	1959 年 11 月
13	东仙	小（2）	滕家	1.48	66.8	38.2	1959 年 4 月
14	赵家	小（2）	王连	0.3	13.34	9.9	1973 年 1 月
15	东岛刘家	小（2）	王连	0.4	15.7	9.2	1973 年 12 月
16	西慕家	小（2）	王连	0.63	12.3	7.3	1959 年 1 月
17	涝村孙家	小（2）	上庄	3.42	41.5	8.4	1964 年 8 月
18	客岭	小（2）	王连	0.25	10	6.7	1967 年 11 月
19	常家庄	小（2）	王连	0.75	36.85	22.4	1978 年 1 月
20	大李家	小（2）	上庄	0.75	27.15	14	1975 年 12 月
21	西涝村	小（2）	上庄	0.38	11.6	6.4	1977 年 1 月
22	孙家	小（2）	王连	1.3	82.54	49	1976 年 3 月
23	吕家疃	小（2）	上庄	1.15	14.5	10	1957 年 3 月
24	北也子口	小（2）	上庄	0.35	39.91	28.5	1974 年 3 月
25	马岭许家	小（2）	王连	1.25	33	15.2	1978 年 12 月
26	沟曲家	小（2）	王连	0.68	19.59	10.3	1959 年 11 月
27	桥头庄	小（2）	虎山	1.25	12.4	6.3	1959 年 12 月
28	马山	小（2）	崂山	1.5	68.1	5	1993 年 6 月
29	脉埠	小（2）	崂山	0.5	12.2	5	1960 年 2 月
30	西寺	小（2）	滕家	1.0	24	13	1978 年 4 月
31	滕家	小（2）	滕家	0.27	16.9	13.1	1958 年 3 月
32	小落东河	小（2）	滕家	0.53	15.3	9.1	1958 年 3 月
33	高落山	小（2）	滕家	0.7	11.1	6.7	1979 年 3 月
34	迟家店	小（2）	大疃	0.93	11.28	5	1991 年 12 月
35	岳泊庄	小（2）	大疃	1.4	26.4	10.6	1991 年 12 月
36	大磨张家	小（2）	斥山	0.45	12.69	4.7	1974 年 3 月
37	干占	小（2）	东山	0.5	19.07	15.1	1976 年 12 月
38	石头河	小（2）	东山	0.4	10	6.1	1958 年 3 月

续表

序号	水库名称	规模	所在镇（街道）	流域面积（km^2）	库容（万 m^3）		建成时间
					总	兴利	
39	土山	小（2）	东山	0.93	10.78	7.4	1959 年 5 月
40	八里王家	小（2）	东山	0.38	10.2	7.1	1959 年 11 月
合计				63.98	2 617.71	1 500.45	

1.3 测站概况

八河水库水文站自 2006 年起有连续的实测水文资料。流域内设立 5 处报汛雨量站，分别为八河、上庄、王连、滕家、湾头，雨量代表性较好。

八河水库站采用 1956 年黄海基面高程。

2 预报方案编制

2.1 资料情况

八河水库站预报方案于 2022 年分析编制，资料系列为 2006—2020 年，共 18 场次洪水。产流方案采用降雨径流相关图（$P+P_a-R$），汇流方案采用峰量关系曲线图、经验单位线法。

本方案中产流方案的降雨径流相关图、汇流方案的峰量关系曲线图均采用 18 个点据进行分析；通过分析典型暴雨新建了时段为 1 h 的 7 条单位线。

2.2 产流方案

产流方案采用降雨径流经验相关图（$P+P_a-R$），用分析计算的 18 个点据点绘定线，详见图 46-2。其中：P 为次降雨流域平均雨量（mm）；P_a 为流域平均前期影响雨量（mm）；R 为次降雨所产生的径流深（mm）。

2.2.1 主要参数的计算

2.2.1.1 流域平均雨量 P 的计算

流域平均雨量 P 采用 5 处报汛雨量站雨量的算术平均值计算。

2.2.1.2 流域平均前期影响雨量 P_a 的计算

每年自汛初开始连续计算，先以算术平均法计算流域平均雨量，然后计算前期影响雨量 P_a，其计算公式为

$$P_{a,\ t+1}=K(P_{a,\ t}+P_t)$$

式中：$P_{a,t+1}$ 为第 $t+1$ 日的前期影响雨量（mm）；$P_{a,t}$ 为第 t 日的前期影响雨量（mm）；P_t 为第 t 日的流域平均雨量（mm）；K 为前期影响雨量递减系数。

2.2.1.3 最大初损值 I_m 和 K 值的确定

本方案采用 I_m=100 mm；当 P<5 mm 时，K=0.9；当 5 mm≤P<15 mm 时，K=0.95；当 P≥15 mm 时，K=1.0。

2.2.1.4 集水面积 F 的确定

八河水库流域内有中型、小（1）型、小（2）型水库工程共计 40 座，总控制流域面积 63.98 km^2，根据各水利工程的建成时间以及运行情况，具体确定集水面积 F 的大小。

2.2.1.5 径流深 R 的推求

在入库洪水过程线上采用斜线分割法割除基流，本次洪水径流深 R 等于洪水总量 W（扣除基流量）乘以 10 除以集水面积 F。八河水库站降雨径流分析成果见表 46-3。

2.2.1.6 暴雨中心位置的确定

根据流域特性和代表站分布情况，湾头、上庄站为上游区，滕家、王连站为中游区，八河站为下游区。

2.2.2 突出点分析

080831、100903 场次洪水偏大原因：降雨量集中，降雨强度大、径流系数偏大，造成实测径流深偏大。

150712 场次洪水偏小原因：该场洪水为汛期第一场洪水，前期影响雨量只有 7.5 mm，造成实测径流深远小于预报径流深。

2.2.3 精度评定

按许可误差=20%实测值的标准（当许可误差大于 20.0 mm 时以 20.0 mm 为上限，小于 3.0 mm 时以 3.0 mm 为下限）进行逐次洪水评定。$P+P_a$-R 相关图共选用 18 个点据，15 个合格，合格率为 83.3%，属于乙级方案，详见表 46-4。

2.3 汇流方案

汇流方案主要采用峰量关系曲线图、经验单位线等方法。

2.3.1 峰量关系曲线（R-T_c-$Q_{m净}$）

以有效降雨历时 T_c 作为参数，建立峰量关系曲线 R-T_c-$Q_{m净}$。其中 R 为一次降雨过程产生的径流深（mm）；T_c 为有效降雨历时，采用 $P+P_a=I_m$（100.0 mm）起至降雨结束的总历时；$Q_{m净}$为一次降雨过程产生的区间净峰流量。

根据 2006—2020 年 18 次洪水点据进行分析，通过点群中心并照顾同一 R 值的 $Q_{m净}$逐渐减少的趋势定线，R-T_c-$Q_{m净}$关系图见图 46-3。

精度评定：按许可误差=20%实测值的标准进行逐次洪水评定。本方案选用 18 个点据，70 个合格，合格率为 61.1%，属于丙级方案，精度评定见表 46-5。

2.3.2 经验单位线

根据 070811、070920、080831、090712、150712、180710、200801 场次洪水资料分析出 7 条单位线，所有单位线 Δt 均取 1 h。八河水库站单位线图见图 46-4。

2.4 水位与库容、面积关系曲线

八河水库站水位与库容、面积关系曲线依据《山东省水利厅关于公布八河水库新库容曲线的通知》（鲁水管函字〔2018〕26 号）进行点绘，详见图 46-5。

2.5 泄量关系曲线

八河水库分为堰流与闸孔出流。当 e/H>0.65 时，为自由堰流；当 e/H<0.65 时，为自由孔流。八河水库以闸门开启高度为参数的泄流曲线见图 46-6。

溢洪闸泄量计算公式采用山东省水文中心站网部 1992 年整编公式。

自由孔流计算公式：

$$Q=\mu eB\sqrt{2gH}$$

$$\mu=0.454(e/H)^{-0.18}$$

自由堰流计算公式：

$$Q=0.372B\sqrt{2g}H^{3/2}$$

式中：μ 为流量系数；e 为闸门开启高度（m）；B 为闸门宽（m）；g 为重力加速度，取 9.8 m/s^2；H 为闸前总水头（m）。

3 方案使用说明

3.1 径流深预报

首先计算出流域平均降雨量和流域平均前期影响雨量，根据降雨径流相关图（$P+P_a$-R）的查算结果进行综合分析，确定地表径流深 R 的预报值。

3.2 最大入库洪峰流量及洪水历时预报

3.2.1 查 R-T_c-$Q_{m净}$关系图

根据 R，T_c 查询 R-T_c-$Q_{m净}$关系曲线得到 $Q_{m净}$，当 T_c 介于两条关系曲线之间时，首先查出两条曲线中对应 $Q_{m净}$的数值，然后进行插补；当 T_c 大于 22 h 或者小于 8 h 时，根据最近两条关系线插补外延。$Q_{m净}$加上基流，即为入库洪峰流量。

3.2.2 经验单位线法

由次雨径流深 R、时段降雨量采用扣损法得到各时段净雨，然后根据暴雨中心位置选择相应单位线，各时段净雨错时段与 0.1 倍的单位线各时段流量相乘，同时段流量相加，再加上基

流量即为入库流量过程，最大入库流量及其出现时间即可得到。其中，各时段净雨部分径流量计算公式为

$$Q_i'(t)=\frac{h_i(t)}{10}q(t)$$

式中：$Q_i'(t)$ 为第 i 次时段净雨形成的部分径流量；$h_i(t)$ 为第 i 次时段净雨量；$q(t)$ 为单位线对应的时段单位流量。

3.3 入库洪水总量预报

根据公式 $W=0.1FR$ 得到入库洪水总量 W。

4 方案合理性检查及评定

在方案建立过程中，随时根据规范要求及有关文件规定进行合理性检查，特别对突出点据从原始资料反复查对，对中间处理过程也认真审查，发现不合理的问题基本上都做了检查改正。方案建立后，先从线形进行比较，防止出现矛盾现象，然后对每个方案尽量根据规范规定采用表格形式进行了精度评定。其中 $P+P_a-R$ 相关图合格率为 83.3%，属乙级方案；$R-T_c-Q_{m净}$ 关系图合格率为 61.1%，属丙级方案。

综合评定，各预报项目合格率算术平均值为 72.2%，本预报方案属于乙级方案。

5 方案适应能力

本方案适用于防洪标准以下的洪水作业预报。如遇超标准洪水，则需根据当时具体情况酌情修正。

6 注意事项

（1）方案的制作未考虑上游塘坝的影响，作业预报时也要根据前期降雨情况进行适当修正。

（2）应随时掌握上游工程蓄水及泄洪情况，要根据实际情况对预报值进行及时修正。

（3）局部暴雨时要注意超渗产流，可适当将查算的 R 值加大；久旱初雨时产流偏小，应适当修正所查 R 值。

（4）若第三场、第四场洪水时上游小（1）型水库蓄满，流域面积仍按照扣除小（1）型水库流域面积进行分析，若径流深偏大，应适当修正所查 R 值。

总之，由于影响因素太多，本方案不能完全反映实际情况，因而不能照搬，应具体问题具体分析，并采用多种方法，考虑各种因素进行综合分析，从而确定采用的预报值。

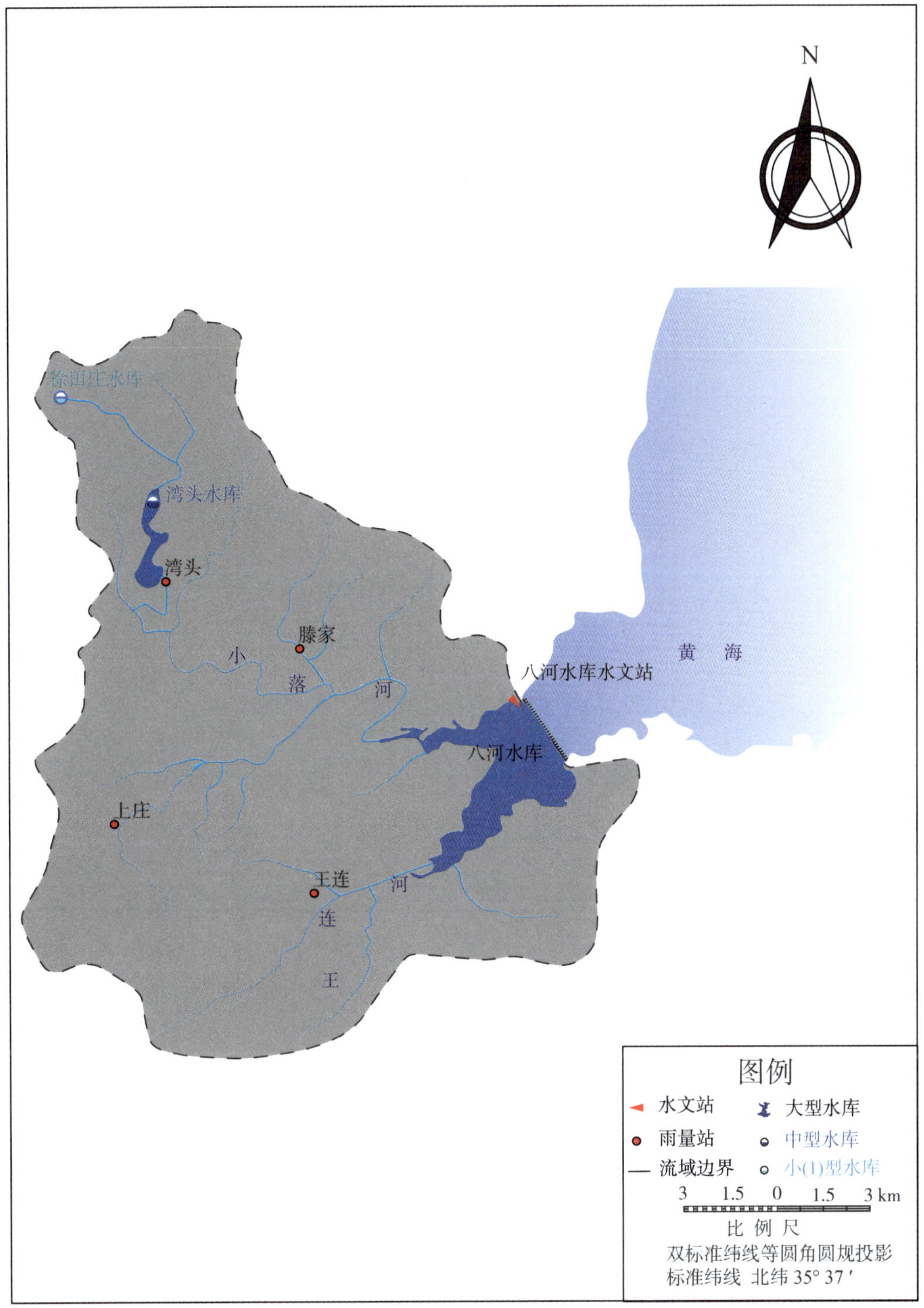

图 46-1 小落河八河水库流域图

表 46-3　小落河八河水库站降雨径流分析成果表

序号	洪号	降雨起止时间		流域平均雨量 P（mm）	前期影响雨量 P_a（mm）	降雨历时（h）		洪水发生时间			洪水总历时 $T_洪$（h）	洪峰流量 Q_m（m^3/s）	净峰流量 $Q_{m净}$（m^3/s）	洪水总量 W（万 m^3）	地表径流总量（万 m^3）	集水面积 F（km^2）	径流深 R（mm）	最高水位（m）	最大库容（万 m^3）	最大出库流量（m^3/s）	径流系数 α
		起	止			全部 T	有效 T_c	起涨	峰顶	落平											
1	060727	7月26日22：00	7月27日20：00	208.5	24.4	22	16	7月27日8：00	7月27日18：00	7月29日14：00	54	640	638	3 500	3 378	256	132.0	2.58	1 982	433	0.63
2	070811	8月10日16：00	8月12日14：00	140.7	54.5	46	22	8月10日22：00	8月11日22：00	8月13日4：00	54	375	375	2 370	2 218	256	86.6	2.71	2 150	400	0.62
3	070920	9月18日12：00	9月20日16：00	241.4	3.6	52	32	9月18日14：00	9月20日12：00	9月21日20：00	78	710	710	2 866	2 785	256	108.8	3.03	2 580	201	0.45
4	080831	8月31日6：00	9月1日6：00	115.1	35.3	24	16	8月31日14：00	9月1日0：00	9月2日14：00	48	290	290	1 600	1 530	256	59.8	2.72	2 160	196	0.52
5	090712	7月11日14：00	7月12日8：00	127.5	74.3	18	16	7月11日18：00	7月12日10：00	7月13日16：00	46	520	518	3 200	1 790	256	69.9	2.93	2 450	292	0.55
6	100901	8月31日22：00	9月1日14：00	74.9	74.0	16	10	9月1日4：00	9月1日12：00	9月2日12：00	32	250	250	959	925	256	36.1	2.50	1 880	98	0.48
7	100903	9月3日2：00	9月3日22：00	99.3	82.0	20	18	9月3日8：00	9月4日0：00	9月5日6：00	46	340	340	3 300	1 930	256	75.4	2.76	2 210	378	0.76
8	110718	7月17日22：00	7月18日14：00	75.4	47.6	16	8	7月19日0：00	7月18日22：00	7月19日8：00	8	145	143	700	682	256	26.6	2.38	1 730	144	0.35
9	110808	8月7日20：00	8月8日4：00	49.6	66.4	8	6	8月8日0：00	8月8日8：00	8月9日4：00	28	185	183	750	621	256	24.3	2.37	1 710	96.3	0.49
10	120710	7月9日22：00	7月10日20：00	99.0	54.1	22	16	7月10日10：00	7月10日16：00	7月12日4：00	42	320	320	1 154	1 009	256	39.4	2.49	1 860	314	0.40
11	120828	8月28日4：00	8月28日18：00	98.9	41.4	14	8	8月28日14：00	8月28日16：00	8月29日22：00	32	270	270	1 060	845	256	33.0	2.53	1 920	96.5	0.33
12	140725	7月24日20：00	7月25日20：00	199.4	24.0	24	16	7月24日20：00	7月25日12：00	7月26日22：00	50	290	290	2 300	2 246	256	87.7	2.54	1 930	188	0.44
13	150712	7月12日0：00	7月13日4：00	230.5	7.5	28	18	7月12日8：00	7月12日20：00	7月14日8：00	48	220	220	1 000	988	256	38.6	2.53	1 910	122	0.17
14	180710	7月9日6：00	7月11日2：00	147.6	46.6	44	26	7月9日20：00	7月10日14：00	7月14日12：00	112	280	280	1 630	1 527	256	59.6	2.63	3 500	0	0.40
15	180820	8月20日4：00	8月20日16：00	99.5	4.2	12	8	8月20日8：00	8月20日12：00	8月21日12：00	28	210	210	350	344	256	13.4	2.81	3 770	0	0.13
16	200723	7月23日0：00	7月23日20：00	105.1	60.3	20	14	7月23日4：00	7月23日18：00	7月25日14：00	58	530	530	1 290	1 264	256	49.4	3.73	5 220	0	0.47
17	200801	7月31日0：00	8月1日6：00	62.1	43.6	30	18	8月1日2：00	8月1日6：00	8月1日22：00	20	275	275	700	538	256	21.0	4.25	6 060	160	0.34
18	200822	8月21日20：00	8月22日8：00	85.9	20.8	12	8	8月21日20：00	8月22日2：00	8月22日16：00	20	230	230	680	540	256	21.1	4.45	6 390	227	0.25

备注：有效降雨历时采用 $P+P_a=I_m$（100.0 mm）起至降雨结束的总历时。

表 46-4　小落河八河水库站降雨径流预报精度评定表

序号	洪号	流域平均雨量 P（mm）	前期影响雨量 P_a（mm）	$P+P_a$（mm）	实测径流深 $R_{实}$（mm）	预报径流深 $R_{预}$（mm）	预报误差（mm）	许可误差（mm）	评定结果	
									合格	不合格
1	060727	208.5	24.4	232.9	132.0	113.1	−18.9	20.0	√	
2	070811	140.7	54.5	195.2	86.6	71.7	−14.9	17.3	√	
3	070920	241.4	3.6	245.0	108.8	123.1	14.3	20.0	√	
4	080831	115.1	35.3	150.4	59.8	38.7	−21.1	12.0		√
5	090712	127.5	74.3	201.8	69.9	78.1	8.2	14.0	√	
6	100901	74.9	74.0	148.9	36.1	38.2	2.1	7.2	√	
7	100903	99.3	82.0	181.3	75.4	60.2	−15.2	15.1		√
8	110718	75.4	47.6	123.0	26.6	25.2	−1.4	5.3	√	
9	110808	49.6	66.4	116.0	24.3	22.6	−1.7	4.9	√	
10	120710	99.0	54.1	153.1	39.4	40.2	0.8	7.9	√	
11	120828	98.9	41.4	140.3	33.0	33.3	0.3	6.6	√	
12	140725	199.4	24.0	223.4	87.7	101.8	14.1	17.5	√	
13	150712	230.5	7.5	238.0	38.6	120.1	81.5	7.7		√
14	180710	147.6	46.6	194.2	59.6	70.9	11.3	11.9	√	
15	180820	99.5	4.2	103.7	13.4	15.7	2.3	3.0	√	
16	200723	105.1	60.3	165.4	49.4	47.8	−1.6	9.9	√	
17	200801	62.1	43.6	105.7	21.0	18.0	−3.0	4.2	√	
18	200822	85.9	20.8	106.7	21.1	18.4	−2.7	4.2	√	

备注：1. 预报误差=预报值−实测值；2. 许可误差=实测值的 20%，以 20.0 mm 为上限，以 3.0 mm 为下限；3. 合格率=83.3%，为乙级方案。

表 46-5　小落河八河水库站峰量关系精度评定表

序号	洪号	实测径流深 $R_{实}$（mm）	有效降雨历时 T_c（h）	净峰流量（m^3/s）		预报误差（m^3/s）	许可误差（m^3/s）	评定结果	
				实测 $Q_{m净实}$	预报 $Q_{m净预}$			合格	不合格
1	060727	132.0	16	638	1 050	412	128		√
2	070811	86.6	22	375	310	−65	75.0	√	
3	070920	108.8	32	710	580	−130	142	√	
4	080831	59.8	16	290	410	120	58.0		√
5	090712	69.9	16	518	485	−33	104	√	
6	100901	36.1	10	250	240	−10	50.0	√	
7	100903	75.4	18	340	540	200	68.0		√
8	110718	26.6	8	143	168	25	28.6	√	
9	110808	24.3	6	183	180	−3	36.6	√	
10	120710	39.4	16	320	260	−60	64.0	√	
11	120828	33.0	8	270	233	−37	54.0	√	
12	140725	87.7	16	290	635	345	58.0		√
13	150712	38.6	18	220	210	−10	44.0	√	
14	180710	59.6	26	280	240	−40	56.0	√	
15	180820	13.4	8	210	80	−130	42.0		√
16	200723	49.4	14	530	430	−100	106	√	
17	200801	21.0	18	275	100	−175	55.0		√
18	200822	21.1	8	230	130	−100	46.0		√

备注：1. 预报误差=预报值−实测值；2. 许可误差=实测值的 20%；3. 合格率=61.1%，为丙级方案。

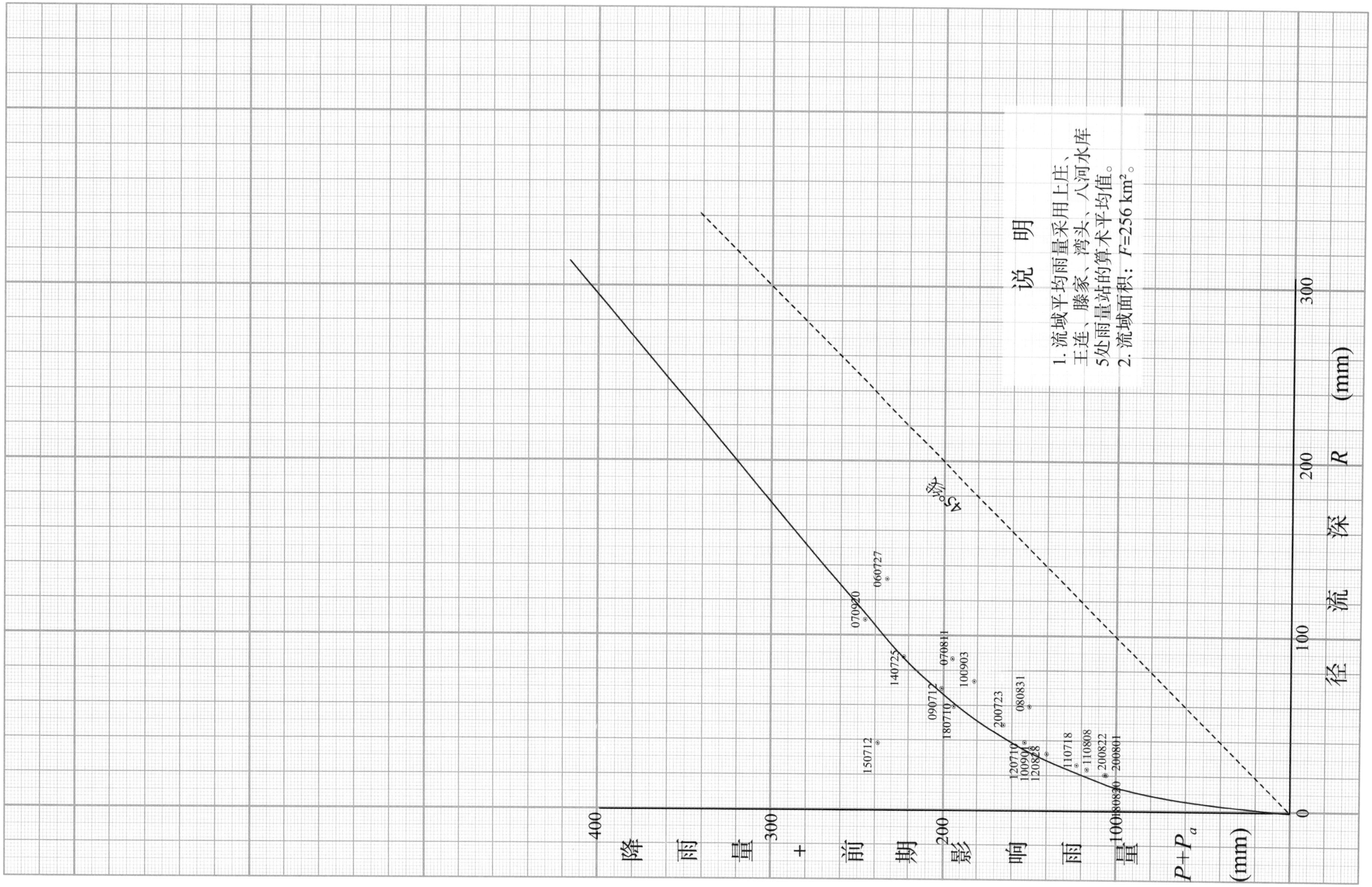

图 46-2 小落河八河水库站降雨径流相关图（$P+P_a$-R）

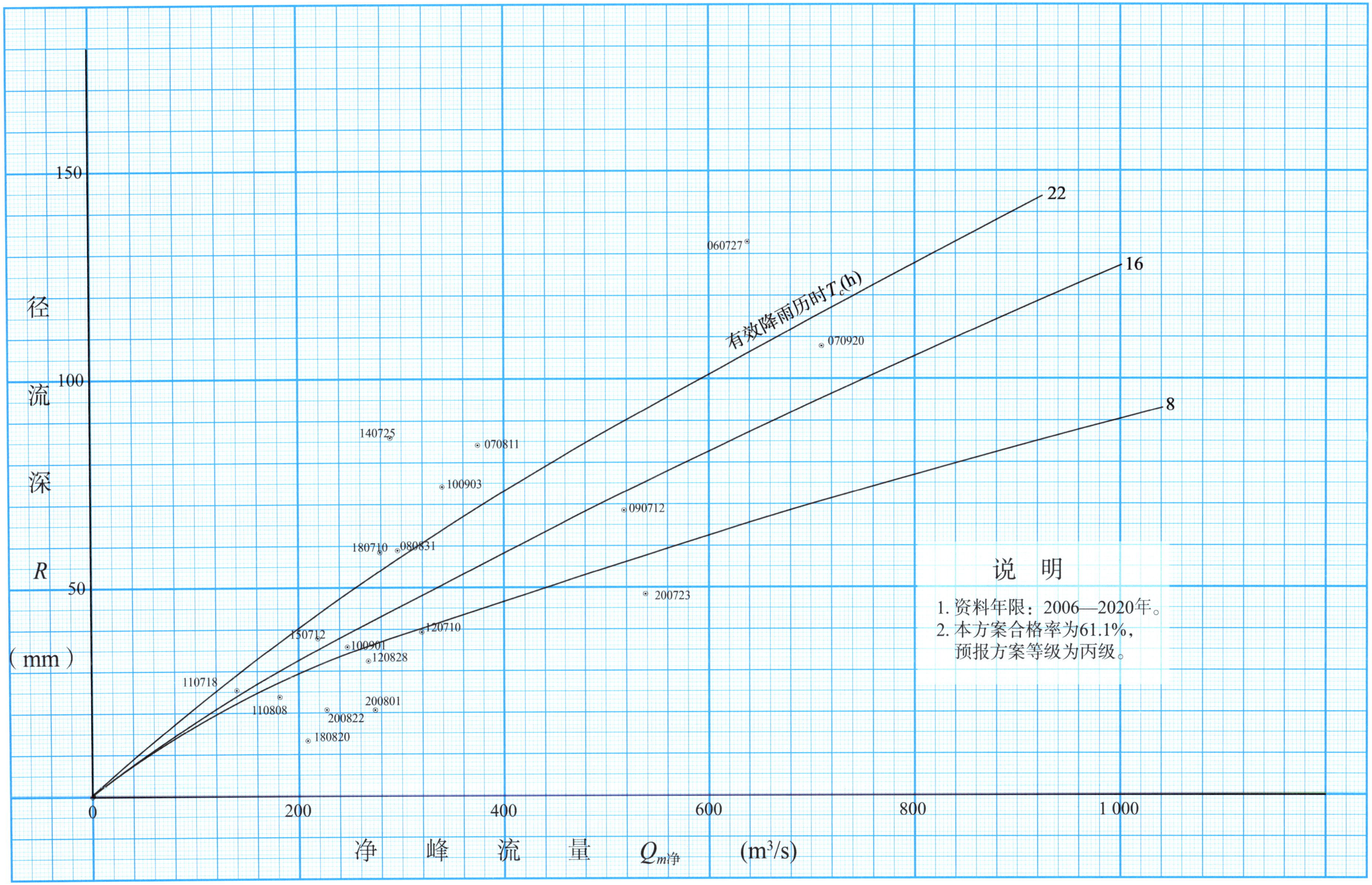

图 46-3　小落河八河水库站峰量关系曲线图（R-T_c-$Q_{m净}$）

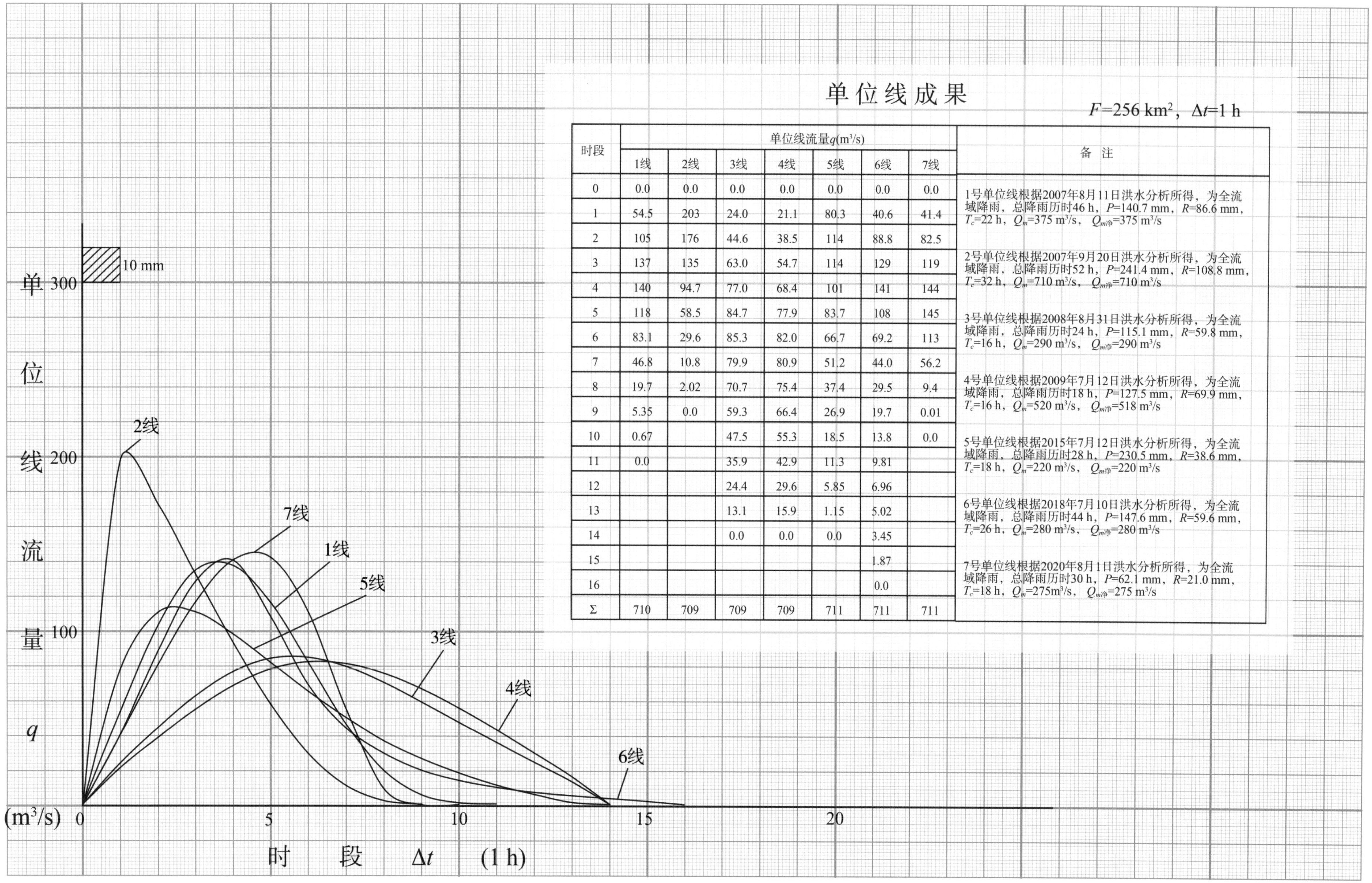

时段	单位线流量q(m^3/s)							备注
	1线	2线	3线	4线	5线	6线	7线	
0	0.0	0.0	0.0	0.0	0.0	0.0	0.0	1号单位线根据2007年8月11日洪水分析所得，为全流域降雨，总降雨历时46 h，P=140.7 mm，R=86.6 mm，T_c=22 h，Q_m=375 m^3/s，$Q_{m净}$=375 m^3/s
1	54.5	203	24.0	21.1	80.3	40.6	41.4	
2	105	176	44.6	38.5	114	88.8	82.5	
3	137	135	63.0	54.7	114	129	119	2号单位线根据2007年9月20日洪水分析所得，为全流域降雨，总降雨历时52 h，P=241.4 mm，R=108.8 mm，T_c=32 h，Q_m=710 m^3/s，$Q_{m净}$=710 m^3/s
4	140	94.7	77.0	68.4	101	141	144	
5	118	58.5	84.7	77.9	83.7	108	145	3号单位线根据2008年8月31日洪水分析所得，为全流域降雨，总降雨历时24 h，P=115.1 mm，R=59.8 mm，T_c=16 h，Q_m=290 m^3/s，$Q_{m净}$=290 m^3/s
6	83.1	29.6	85.3	82.0	66.7	69.2	113	
7	46.8	10.8	79.9	80.9	51.2	44.0	56.2	
8	19.7	2.02	70.7	75.4	37.4	29.5	9.4	4号单位线根据2009年7月12日洪水分析所得，为全流域降雨，总降雨历时18 h，P=127.5 mm，R=69.9 mm，T_c=16 h，Q_m=520 m^3/s，$Q_{m净}$=518 m^3/s
9	5.35	0.0	59.3	66.4	26.9	19.7	0.01	
10	0.67		47.5	55.3	18.5	13.8	0.0	5号单位线根据2015年7月12日洪水分析所得，为全流域降雨，总降雨历时28 h，P=230.5 mm，R=38.6 mm，T_c=18 h，Q_m=220 m^3/s，$Q_{m净}$=220 m^3/s
11	0.0		35.9	42.9	11.3	9.81		
12			24.4	29.6	5.85	6.96		
13			13.1	15.9	1.15	5.02		6号单位线根据2018年7月10日洪水分析所得，为全流域降雨，总降雨历时44 h，P=147.6 mm，R=59.6 mm，T_c=26 h，Q_m=280 m^3/s，$Q_{m净}$=280 m^3/s
14			0.0	0.0	0.0	3.45		
15						1.87		7号单位线根据2020年8月1日洪水分析所得，为全流域降雨，总降雨历时30 h，P=62.1 mm，R=21.0 mm，T_c=18 h，Q_m=275m^3/s，$Q_{m净}$=275 m^3/s
16						0.0		
Σ	710	709	709	709	711	711	711	

图 46-4　小落河八河水库站单位线图

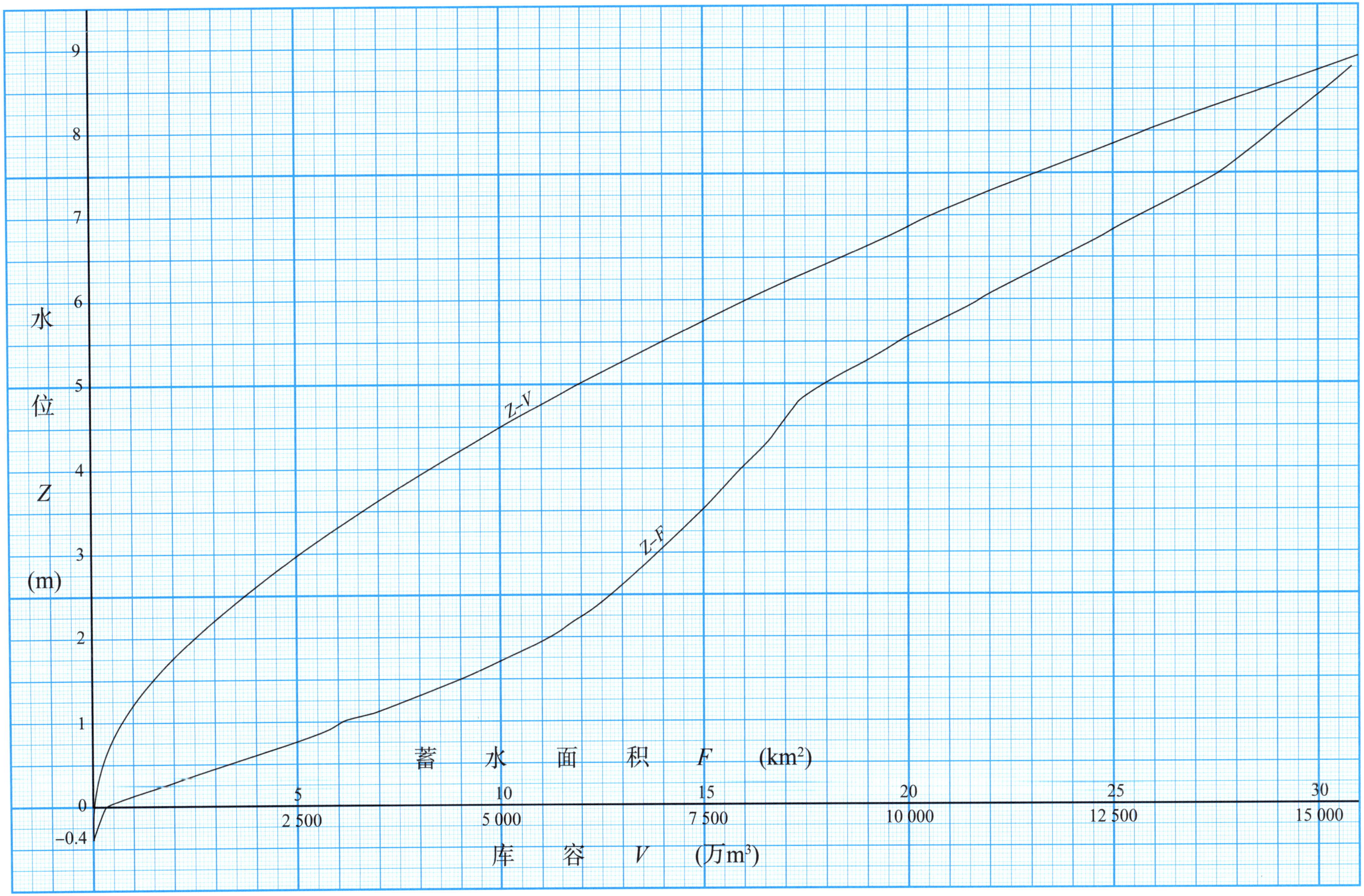

图 46-5 小落河八河水库站水位与库容、面积关系曲线图

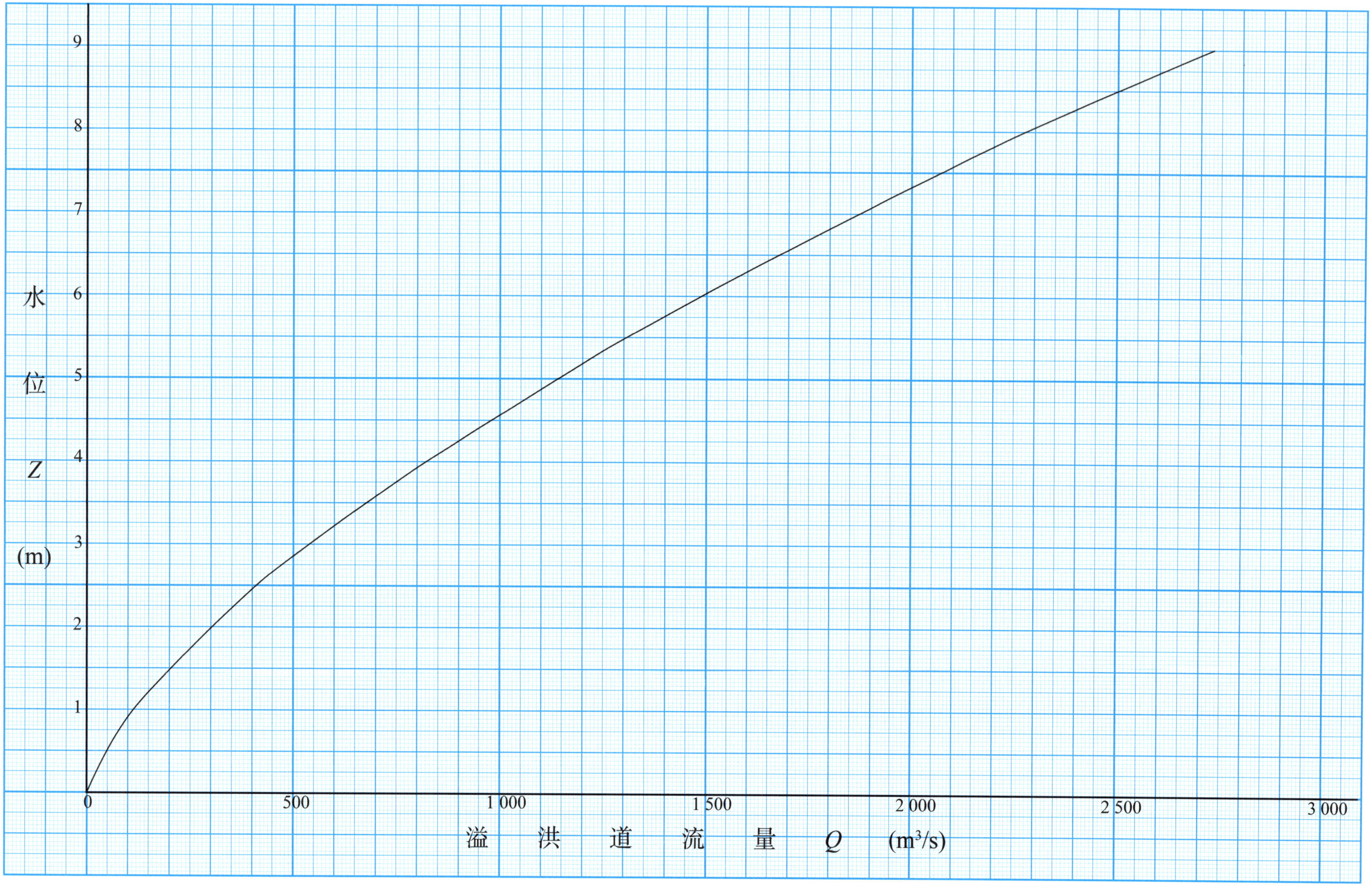

图 46-6　小落河八河水库泄量关系曲线图